LAÉRCIO VASCONCELOS

RACIOCÍNIO MATEMÁTICO 1

EDITORA CIÊNCIA MODERNA

Raciocínio Matemático 1

1ª Edição Copyright© Laércio Vasconcelos Computação., 2018

2ª Edição Copyright© Editora Ciência Moderna Ltda., 2023

Editor: Paulo André P. Marques
Produção Editorial: Dilene Sandes Pessanha

FICHA CATALOGRÁFICA

VASCONCELOS FILHO, Laércio Correia de.

Raciocínio Matemático 1

Rio de Janeiro: Editora Ciência Moderna Ltda., 2023.

1. Matemática 2. Sistemas matemáticos: intuitivo, indutivo, dedutivo
I — Título

ISBN: 978-65-5842-311-9 CDD 510
511.2

Editora Ciência Moderna Ltda.
R. Alice Figueiredo, 46 – Riachuelo
Rio de Janeiro, RJ – Brasil CEP: 20.950-150
Tel: (21) 2201-6662/ Fax: (21) 2201-6896
E-MAIL: LCM@LCM.COM.BR
WWW.LCM.COM.BR

09/23

PARA O MELHOR USO DESTE LIVRO

Este livro segue o estilo que muitos chamam de "provas comentadas". Muitos estudantes consideram isso, não como uma série de problemas para resolver, mas sim, questões para tomar conhecimento, aumentando as chances de resolução nas provas dos concursos reais. Isto pode funcionar em determinadas matérias, mas no caso da matemática, esta não é a melhor forma de estudar. O princípio de estudo que este livro segue, não é aquele em que o aluno espera encontrar na prova uma questão perecida com outra que já viu, ou no mesmo estilo. Isto eventualmente ocorre, mas a única forma do aluno ter grande possibilidade de resolver a maioria das questões de uma prova é adquirindo o conhecimento. O conhecimento ensinado neste livro é a habilidade do raciocínio para a resolução de problemas matemáticos.

O livro possui 10 capítulos, cada um deles com 10 testes, cada teste com 10 questões, o que totaliza 1000 questões. Consideramos uma questão como sendo um exercício, ou na maior parte das vezes, um problema que caiu na prova de um determinado concurso. Nos concursos, algumas vezes o que uma questão pede é um simples cálculo, mas quase todas elas vão mais longe: são problemas, que o aluno precisa ler, compreender, e descobrir qual caminho deverá tomar para chegar à solução. Aí sim, poderá fazer os cálculos necessários. A habilidade com cálculos é importante para chegar à resposta, mas somente a habilidade do raciocínio permite que o aluno descubra quais cálculos deve realizar.

O método de estudo recomendado é que o aluno estude um teste de cada vez. Em cada teste, o aluno deve tentar resolver as questões. Mesmo que não consiga resolver, é importante que "quebre a cabeça" tentando. A seguir, deve conferir o gabarito e checar quantas questões conseguiu resolver. Aí sim, pode ler as resoluções das questões. Desta forma, o aluno conseguirá, aos poucos, conseguir resolver mais questões sozinho. A ideia é que o aluno chegue no final do livro resolvendo a maioria das questões sem ajuda.

O livro utiliza como matéria, a aritmética, que é de conhecimento da maioria dos estudantes. O melhoramento de seu raciocínio permitirá obter posteriormente, sucesso com outras partes da matemática, como a álgebra, a geometria e suas derivadas.

Bons estudos!

Laércio Vasconcelos

Sumário

Capítulo 1

1000 questões

Todo estudante precisa fazer provas. Seja no caso de quem está na escola, ou no caso de quem vai prestar um concurso. As provas são formadas por <u>questões</u>.

As questões podem ser de dois tipos: exercícios e problemas. Um **exercício** é basicamente a realização de um cálculo, que pode ser fácil ou não. Por exemplo, quanto é 15% de 80, quanto vale 1/2 + 1/3 x 3/4, quantos litros são 2,5 metros cúbicos de água? Os exercícios são encontrados nos livros didáticos, com o objetivo de treinar a matéria ensinada, mediante realização de cálculos. Todo aluno deve ser "craque" em cálculos, caso contrário sempre encontrará dificuldades em matemática.

Um **problema** é uma espécie de exercício mais elaborado. Envolve um texto que apresenta uma história e faz uma pergunta ao final. O aluno precisa ter diversas habilidades: ler e compreender o texto matemático, raciocinar, identificar quais cálculos precisam ser feitos, fazer os cálculos e chegar ao resultado final. Por exemplo:

"Começou a chover forte, e a água da chuva, depois de 45 minutos, encheu uma piscina que estava inicialmente vazia, até o nível de 20 cm. Nesse instante foi aberto um ralo para escoar a água da piscina. Após mais 40 minutos de chuva, a água chegou ao nível de 30 cm, então parou de chover. Quanto tempo vai levar para que o ralo termine de esvaziar a piscina?"

A maior dificuldade para resolver problemas não é saber fazer as contas, mas saber usar o raciocínio matemático para chegar à solução. Saber fazer cálculos é importante e necessário, isso se aprende com muitos exercícios repetitivos. Por outro lado, desenvolver o raciocínio matemático é um processo mais demorado, que vem com o passar do tempo. Quanto mais problemas você resolver, mas apto estará para resolver qualquer problema desconhecido, que envolva a matéria ensinada.

Este livro é totalmente formado por testes, cujas questões foram obtidas de provas de diversos concursos. Quase todas as questões são problemas, mas existe ainda uma pequena quantidade de questões que são simples exercícios.

Este tipo de ensinamento é conhecido no ramo de concursos, como "Raciocínio Lógico Analítico", porém este autor não concorda com este nome. A matéria, na verdade é a **Resolução de Problemas**, e é claro que sempre será preciso raciocinar para resolver qualquer problema.

As 1000 questões são divididas em testes, cada um com 10 questões. Você deve trabalhar com um teste de cada vez. O trabalho com cada teste é o seguinte:

1) Tentar resolver as 10 questões do teste.

2) Se não conseguir resolver alguma questão, separe um tempo para "quebrar a cabeça" tentando resolver. Não se preocupe com o tempo. O maior objetivo com essa atividade é permitir que os neurônios do seu cérebro formem ligações entre eles, fazendo com que operem em conjunto, aumentando a habilidade de resolver problemas. Essas ligações entre os neurônios do cérebro ocorrem toda vez que estudamos ou realizemos atividades específicas. É o que chamamos de "aprender".
3) Depois de resolver algumas questões do teste, mas não resolver outras, confira o gabarito e veja quantas questões acertou. Depois disso, veja as resoluções das questões do teste, tanto aquelas que você acertou, como aquelas que você não conseguiu resolver. Na próxima etapa você pode passar para os testes seguintes, mas dentro de algumas semanas, tente repetir o teste para verificar o melhoramento na resolução. Os testes vão ficando mais difíceis ao longo dos capítulos.

O assunto usado na resolução das questões deste livro é **Aritmética Básica**. Este livro não vai ensinar a somar frações, converter unidades ou calcular o MMC, você precisará ter esses conhecimentos dos seus livros escolares, ou a partir de outro livro dessa série, o **"Base Matemática"**. O presente livro é para que você, de posse dos conhecimentos de cálculos, desenvolva a *habilidade para solucionar problemas.*

Este livro serve para alunos, desde o 5º ano do ensino fundamental, até o 3º ano do ensino médio. Nos concursos, a cobrança das questões de aritmética varia, mas a habilidade de resolver problemas é importante para todas as partes da matemática.

Na escola, ou nos concursos em nível de 6º ano (exemplo: ingresso em colégios militares, colégios de aplicação e similares), a matéria cobrada é quase toda aritmética. Nos concursos feitos no final do 9º ano (exemplo: escolas técnicas), a matemática tem três partes: aritmética, álgebra e geometria. A aritmética é em geral, apenas 1/3 do concurso, mas o raciocínio matemático desenvolvido o ajudará também nos estudos de álgebra e geometria. Nos concursos para universidades (Ex: ENEM), geralmente são cobradas algumas questões de aritmética. No ENEM cobram de 30% a 40%, mas em todas as questões, é cobrada a habilidade do raciocínio matemático, e isso irá ajudar em todas as outras partes da matemática.

O presente capítulo começa com testes fáceis, mas ao chegar ao final do livro, você será uma outra pessoa no que diz respeito à habilidade matemática.

As questões deste capítulo são de diversos concursos. Existem vários Institutos Federais, presentes em todos os estados brasileiros. IFRR é Instituto Federal de Roraima, IFAL é de Alagoas. IFAM é do Amazonas, IFRN é do Rio Grande do Norte, e assim por diante. São todos escolas técnicas federais, com concursos feitos no final do 9º ano, mas as questões escolhidas, justamente por serem de aritmética básica, podem ser resolvidos por alunos a partir do 5º ano.

Algumas questões são de colégios militares estaduais, por exemplo, CPM-CE e CPMPR. Os colégios militares estaduais são administrados pela polícia militar ou pelo corpo de bombeiros. No final deste capítulo apresentamos uma lista dos colégios citados.

Teste 1

1) IFRR – O triplo de um número, aumentado de 18, é igual a 60. Qual é esse número?

(A) 14 (B) 15 (C) 20 (D) 18 (E) 10

2) Instituto Federal Farroupilha – Em um terreno quadrangular cercado, um agricultor pretende plantar milho. Sabe-se que o terreno mede 14m de frente e 36m de fundo, e que ele

poderá plantar somente 12 sementes a cada m^2. Quantas sementes o agricultor precisará para plantar todo o terreno?

(A) 504 (B) 6.048 (C) 6.552 (D) 7.056 (E) 18.144

3) IFAL – A soma de dois números naturais é 13 e a diferença entre eles é 3. Qual o produto entre esses dois números?

(A) 30 (B) 36 (C) 39 (D) 40 (E) 42

4) IFAM – Num prédio de apartamentos há 20 andares acima do térreo e 5 andares no subsolo. Um elevador encontra-se parado no 3º andar do subsolo e executa o seguinte itinerário: sobe 17 andares, sobe mais 4 andares, desce 5 andares, desce mais 14 andares e finalmente sobe 2 andares, onde ficou estacionado no:

(A) Térreo (B) 1º andar (C) 2º andar (D) 1º andar do subsolo (E) 2º andar do subsolo

5) IFRN – Em um grande supermercado, a carga máxima de um elevador de serviço é 500kg. Joaquim, que pesa 75kg, deve transportar 45 caixas de 30kg cada, do térreo ao primeiro andar, usando esse elevador. Pode-se afirmar que o número mínimo de viagens, do térreo ao primeiro andar, que Joaquim efetuará será

(A) 8 (B) 7 (C) 5 (D) 4 (E) 9

6) CPM-CE – O relógio da Praça Ferreira, no centro de Fortaleza, marca 6 horas e 15 minutos. A partir daí, após trabalhar 22500 segundos, estará marcando:

(A) 11h (B) 11h 15min (C) 11h 30min (D) 12h (E) 12h 30min

7) CPMPR – Em um estacionamento há 21 veículos, entre carros e motos, num total de 66 rodas. Quantos carros e quantas motos há nesse estacionamento?

(A) 11 carros e 10 motos (B) 12 carros e 9 motos (C) 10 carros e 11 motos
(D) 13 carros e 8 motos (E) 17 carros e 4 motos

8) Colégio Militar 2 de julho – Usando dicas para economizar água, João reduziu seu consumo diário de 130 litros para 68 litros. Quantos litros de água João passou a consumir, após as dicas, durante uma semana?

(A) 476 (B) 376 (C) 364 (D) 464 (E) 340

9) FATEC – O sólido da figura é formado por cubos de aresta 1cm os quais foram sobrepostos e/ou colocados lado a lado. Para se completar esse sólido, formando um paralelepípedo reto retângulo com dimensões 3cm x 3cm x 4cm, são necessários N cubos de aresta 1cm. O valor mínimo de N é

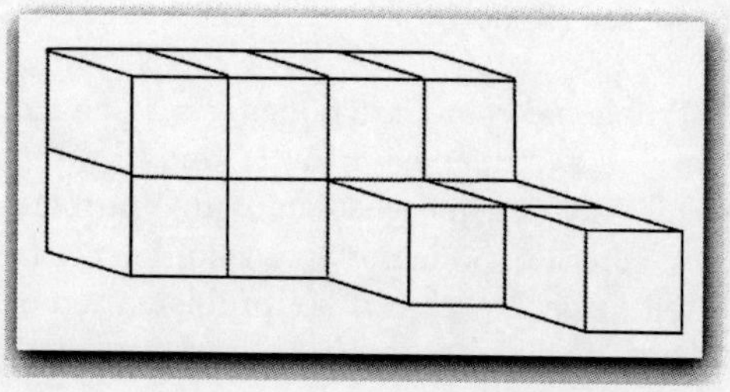

(A) 13 (B) 18 (C) 19 (D) 25 (E) 27

10) IFMG – Um barco com 5 pessoas, à deriva no mar, tem suprimento de água suficiente para 24 dias. Após 3 dias, o barco recolhe 2 náufragos. Se o consumo de água por pessoa se mantiver o mesmo, quantos dias mais durará a reserva?

(A) 21 (B) 29,4 (C) 15 (D) 12,6 (E) 18

Respostas do teste 1

A cada teste de 10 questões que você realizar, confira o gabarito, mais adiante no mesmo capítulo. Depois leia as resoluções detalhadas, pois elas incluem diversos conteúdos, por exemplo, técnicas para resoluções de problemas específicos, além de alguns conceitos da matéria necessária para cada resolução. Se você não conseguiu resolver uma determinada questão, veja a resolução, e posteriormente tente resolvê-la novamente.

1) A	3) D	5) B	7) B	9) D
2) B	4) B	6) E	8) A	10) C

Resoluções do teste 1

1) O triplo de um número, aumentado de 18, é igual a 60. Qual é esse número?

Um número dado, foi triplicado, e depois foi somado com 18, chegando ao resultado 60. Uma forma de descobrir o número é fazer as operações na ordem inversa, como um filme "passado ao contrário". Ficaria assim:
A frase normal: O triplo de um número, aumentado de 18, é igual a 60.
A frase invertida: Partindo de 60, subtraímos 18, e depois dividimos o resultado por três
60 ➔ (60 – 18) = 42 ➔ (42 ÷ 3) = 14
Então o número procurado é 14. Relendo a pergunta do problema: Qual é esse número?

Resposta: (A) 14

2) O terreno tem a forma de um retângulo. A palavra "quadrangular" se aplica a quadrados e retângulos. O enunciado está impreciso, pode deixar margem a dúvida. De fato, a esmagadora maioria dos terrenos tem o formato de um retângulo ou quadrado. O correto seria dizer que os valores dados são as dimensões, as medidas, ou a largura e comprimento do terreno, e não dizer "frente" e "fundo". Portanto, deixaremos de lado esta imprecisão no enunciado e consideraremos as medidas dadas como largura e comprimento deste retângulo.
Precisaremos saber qual é a área deste terreno, para saber o número total de sementes serão plantadas. A área é o produto das duas dimensões, largura e comprimento:
Área = 14m x 36m = 504 m^2.

Como usamos as dimensões em metros, a área será dada em metros quadrados (m^2). O enunciado informou ainda que em cada metro quadrado serão plantadas 12 sementes. Para saber o número total de sementes, basta multiplicar o número total de metros quadrados (ou seja, a área), por 12. Ficamos então com:
504 x 12 = 6048

Resposta: (B) 6048

3) Problemas como este podem ser resolvidos através de uma *equação*, que é uma matéria que você vai aprender no 8º ou 9º ano. Em séries anteriores, é preciso usar um tipo de equação simplificada, o que chamamos de "problema de quadradinho". Quando temos um número desconhecido, podemos chama-lo de □, e fazer os cálculos usando este símbolo, até descobrir o seu valor. No caso deste problema temos dois números desconhecidos, mas é dito que a diferença entre eles é 3. Nesse caso, podemos chamar os números da seguinte forma:

1º número: □
2º número: □+3

Claro, se a diferença entre os números é 3, então um deles é três unidades maior que o outro. Agora usemos a outra informação dada pelo problema: a soma desses dois números é 13. Podemos escrever então:

□ + □+3 = 13

Depois de somar os dois □, com 3 o resultado foi 13. Então os dois □ juntos valem 10. Portanto □ vale 5. Sendo assim, os dois números procurados são 5 e 8. De fato, a diferença entre eles é 3, e a soma é 13.

Agora, a pergunta do problema, que você deve sempre reler antes de marcar a resposta: o produto entre esses números, que é 5x8=40.

Resposta: (D) 40

4) Os andares são o térreo, 20 andares acima e 5 andares abaixo. A movimentação completa do elevador foi:
Sobe 17, sobe 4, desce 5, desce 14, sobe 2. Ou seja, subiu ao todo 23, e desceu ao todo 19. Isso é o mesmo que subir 23 – 19 = 4. Todas essas subidas e descidas, são equivalentes a subir 4 andares, a partir do 3º andar do subsolo. Subir 4 acima do 3S é 2S, 1S, T, 1. Então o elevador parou no 1º andar.

Resposta: (B) 1º andar

5) Em um grande supermercado, a carga máxima de um elevador de serviço é 500kg. Joaquim, que pesa 75kg, deve transportar 45 caixas de 30kg cada, do térreo ao primeiro andar, usando esse elevador. Pode-se afirmar que o número mínimo de viagens, do térreo ao primeiro andar, que Joaquim efetuará será

A carga máxima é 500kg. Claro que o S.r. Joaquim irá acompanhar a carga, então descontando seus 75 kg, sobrarão 225 kg para a carga. Isso é suficiente para 7 caixas de 30kg, pois 8 caixas somarão 240 kg, o que ultrapassaria a carga máxima permitida pelo elevador. Então devem ser transportadas 7 caixas de cada vez. Como são 45 caixas para transportar, serão necessárias 7 viagens: 6 transportando 7 caixas e uma última, transportando 3. Portanto o número de viagens é 7.

Resposta: (B) 7

6) 22500 segundos, para passar para minutos, basta dividir por 60.
22500 ÷ 60 = 375, resto 0
São portanto 375 minutos, para passar para hora/minuto, dividimos por 60. O quociente é o número de horas, e o resto é o número de minutos.
375 ÷ 60 = 6, resto 15, ou seja, 6h 15min.
O relógio estará marcando o horário inicial somado com 6h 15min.
6h 15min + 6h 15min = 12h 30min

Resposta: (E) 12h 30min

7) Aqui está uma questão clássica que aparece com vários enunciados, mas a resolução é semelhante. Para quem tem conhecimentos do 8º ou 9º ano, pode ser usado um *sistema de equações*, mas apresentaremos aqui uma técnica de resolução que usa apenas conhecimentos do 5º ano. Neste exemplo temos:
21 veículos, de 2 ou 4 rodas (motos e carros)
Total de 66 rodas.

Primeiramente, imagine se todos esses 21 veículos fossem motos. Nesse caso, cada veículo teria apenas duas rodas, e o total de rodas seria 21 x 2 = 42.
Entretanto, o problema afirma que são ao todo 66 rodas, ou seja, 24 rodas a mais que 42. Essas rodas a mais existem porque no conjunto de veículos existem carros, que têm 4 rodas, ao invés de 2. Cada carro contribui com 2 rodas, além das 2 que estávamos contando. Então, duas rodas a mais, vezes o número de carros, resulta nas rodas adicionais, ou seja, 24.
2 x carros = 24. Então o número de carros é 12. Como são 21 veículos, o número de motos deve ser 21 – 12 = 9. Portanto são:

12 carros ➔ 12 x 4 = 48 rodas
9 motos ➔ 9 x 2 = 18 rodas
Total: 48 + 18 = 66 rodas (CONFERE!)

Resposta: (B) 12 carros e 9 motos

8) João passou a consumir 68 litros por dia, ou seja, 68x7 = 476 litros por semana.

Resposta: (A) 476 litros por semana

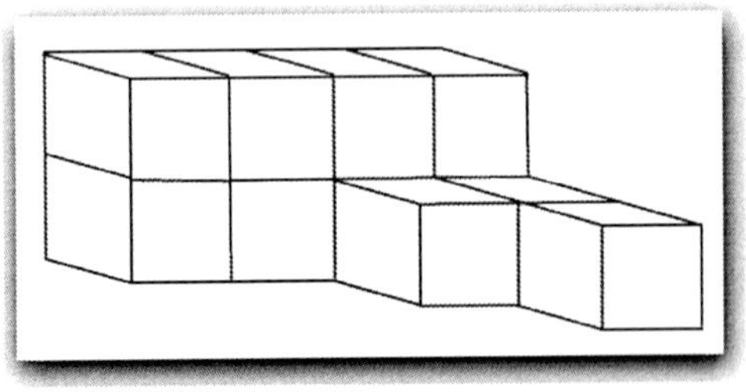

9) Para formar um paralelepípedo de dimensões 3x3x4, como já temos na figura incompleta, uma dimensão com 4 blocos, devemos ter as outras duas valendo 3, ou seja, a altura tem que ser 3. Devemos então completar 3 camadas, cada uma delas com 3x4 blocos.
1ª camada: faltam 2 + 3 = 5 blocos
2ª camada: faltam 4 + 4 = 8 blocos
3ª camada: faltam 3 x 4 = 12 blocos
Total: 25 blocos

Resposta: (D) 25

10) O suprimento de água é 5 x 24 = 120 porções. Uma porção é a quantidade de água para uma pessoa durante 1 dia.
Depois de 3 dias, 15 porções foram consumidas pelas 5 pessoas. Restam 120 – 15 = 105 porções.
Como agora são mais duas pessoas, o total de pessoas é 7, e o número de porções é 105.
O número de dias que a água vai durar é o número de porções, dividido pelo número de pessoas. 105 ÷ 7 = 15 dias. Ou sejam a água irá durar mais 15 dias.

Resposta: (C) 15

Teste 2

11) Colégio Militar Tiradentes PMMA – Uma fábrica engarrafa 3000 refrigerantes em 6 horas. Quantas horas levarão para engarrafar 4000 refrigerantes?

(A) 4,5h (B) 1h (C) 2h (D) 4h (E) 8h

12) CPM-CE – As arestas de um paralelepípedo medem respectivamente, 3cm, 4cm e 13cm. Qual o volume desse paralelepípedo, em cm^3 ?

(A) 12 (B) 39 (C) 156 (D) 25 (E) 52

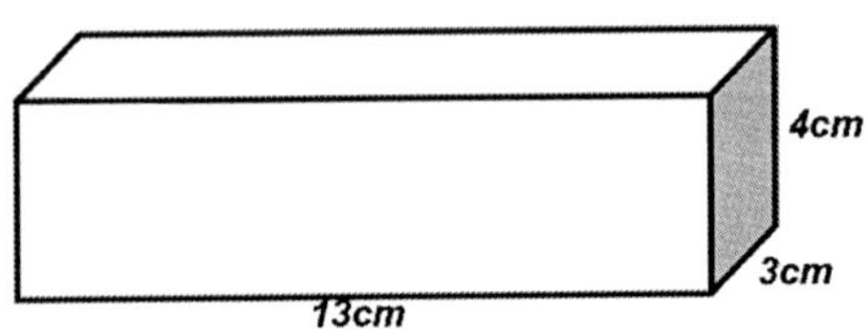

13) IFPE – Sabendo que o dobro de minha idade hoje é igual à minha idade daqui a 20 anos, qual será a minha idade daqui a 10 anos?

(A) 20 (B) 30 (C) 40 (D) 50 (E) 60

14) FATEC – Para revestir uma parede de $15m^2$, são necessários exatamente N azulejos quadrados com 20cm de lado. O valor de N é:

(A) 395 (B) 385 (C) 375 (D) 365 (E) 355

15) UTFPR – Três números consecutivos têm soma igual a 339. Qual é o maior deles?

(A) 112 (B) 113 (C) 114 (D) 115 (E) 116

16) UTFPR – Viviane comprou 5 camisetas do mesmo preço por R$ 125,30. Qual o preço de cada camiseta?

(A) R$ 22,60 (B) R$ 21,06 (C) R$ 25,60 (D) R$ 25,06 (E) R$ 23,60

17) UTFPR – Um ciclista faz um percurso de 700km percorrendo 35 km/dia. Se pedalasse 10km a menos por dia, faria o mesmo percurso em:

(A) 70 dias (B) 40 dias (C) 28 dias (D) 22,5 dias (E) 18 dias

18) IFPE – Multiplicando um número por 3 e subtraindo 7, resulta em 29. Que número é esse?

(A) 10 (B) 11 (C) 12 (D) 13 (E) 14

19) IFRR – O resultado da expressão numérica abaixo é:

$2+3\times10-4\div2+17$

(A) 47 (B) 33 (C) 50 (D) 31 (E) 40

20) IFS – Resolvendo a expressão abaixo, tem-se como resultado:

$[3 + 6 \div 3 + (2 - 5 \times 10 + 100)]$

(A) 57 (B) 72 (C) 98 (D) 107 (E) 121

Teste 3

21) CPM-CE – A figura representa a moldura de um quadro e suas respectivas medias. A área da moldura desse quadro, em centímetros quadrados (cm^2), é de:

(A) 375 (B) 750 (C) 1225 (D) 1400 (E) 1600

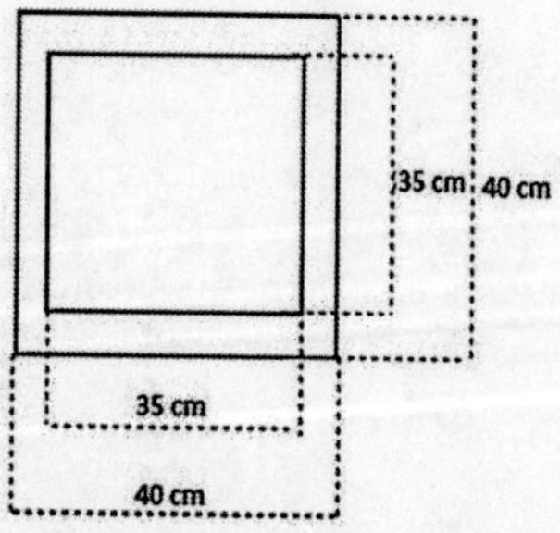

22) IFRN – Em uma determinada avenida de nossa cidade, existem 42 postes e a distância entre dois postes consecutivos de iluminação pública é de 45 metros. Se o primeiro e último ficam a 10 metros das extremidades da avenida, o comprimento dessa avenida é

(A) 2345m (B) 1865m (C) 1560m (D) 2185m (E) 2200m

23) IFAL – Certo consumidor gastou tudo que tinha no seu bolso durante as compras em 6 lojas. Em cada uma, gastou R$ 1,00 a mais do que a metade do que tinha ao entrar. Quanto tinha inicialmente?

(A) R$ 14,00 (B) R$ 30,00 (C) R$ 62,00 (D) R$ 126,00 (E) R$ 254,00

24) IFAL – Em um restaurante, existem 20 mesas, todas ocupadas, algumas por 4 pessoas e outras por 2 pessoas, num total de 54 fregueses. Qual o número de mesas ocupadas por 4 pessoas?

(A) 5 (B) 7 (C) 9 (D) 11 (E) 13

O gráfico ao lado mostra as tarifas de metrô em diversas cidades. Observe o gráfico e responda às duas questões seguintes.

Tarifa do metrô em cidades do mundo

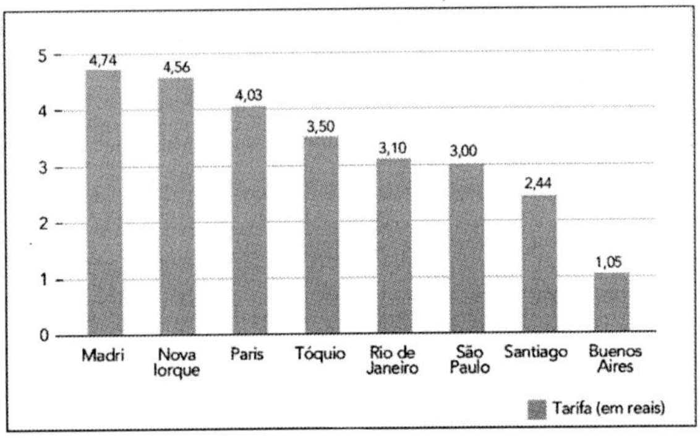

25) CAP UERJ - Calcule a diferença, em reais, entre a tarifa mais cara e a mais barata.

(A) 1,35 (B) 2,73 (C) 4,12
(D) 3,69 (E) 2,18

26) OBM - Perguntado, Armando diz que 1 bilhão é o mesmo que um milhão de milhões. Professor Pirando o corrigiu e disse que 1 bilhão é o mesmo que mil milhões. Qual é a diferença entre essas duas respostas?

(A) 1.000 (B) 999.000 (C) 1.000.000 (D) 999.000.000 (E) 999.000.000.000

27) Colégio Militar 2 de julho – Uma locadora aluga carros, nas seguintes condições: pagamento de R$ 86,00 no recebimento das chaves mais R$ 1,29 por cada quilômetro rodado. Carlos alugou um veículo nessas condições e rodou 92km. Quanto ele pagou em reais por esse aluguel?

(A) 204,68 (B) 304,68 (C) 118,68 (D) 86 (E) 290,68

28) Colégio Militar Tiradentes PMMA – A altura de uma lousa mede um metro e meio. Qual é a altura da lousa em centímetros?

(A) 250cm (B) 200cm (C) 190cm (D) 150cm (E) 110cm

29) Instituto Federal Farroupilha – Algumas partidas de futebol dos Jogos Pan-Americanos de 2007, no Brasil, foram realizadas no Estádio do Maracanã. O comprimento do campo tem 35 metros a mais que a largura e o seu perímetro é de 370 metros. Qual é a área desse campo, em m^2?

(A) 12.950 (B) 5.625 (C) 8.250 (D) 5.862,5 (E) 7.500

30) CFN – Qual símbolo que não pode ser repetido seguidamente no sistema de numeração romano?

(A) I (B) X (C) M (D) V (E) C

Teste 4

31) CPM-CE – No poliedro da figura ao lado, se somarmos o número de vértices com o número de faces e, em seguida, subtrairmos desse resultado o número de arestas, vamos encontrar o valor

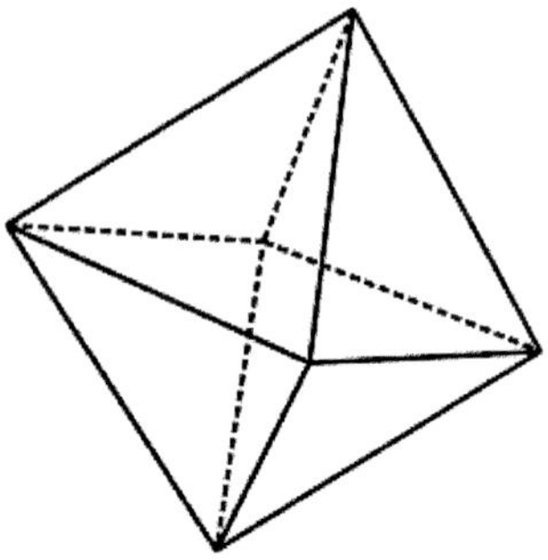

(A) 0 (B) 1 (C) 2 (D) 3 (E) 4

32) Colégio Militar 2 de julho – Um campo de futebol mede 80m de largura por 100m de comprimento. O perímetro e a área do campo de futebol, respectivamente, são:

(A) 360m e $800m^2$. (B) 360m e $8000m^2$. (C) 3600m e $800m^2$.
(D) 360m e $80000m^2$. (E) 3600m e $8000m^2$.

33) EAM – Uma copiadora XL2010 produz 12000 cópias em 12 horas. Quantas copiadoras XL2010 seriam necessárias para imprimir 12000 cópias em 4 horas?

(A) 2 (B) 3 (C) 4 (D) 5 (E) 6

34) CFN – Indique o número equivalente a CMXXVIII.

(A) 1.578 (B) 1.128 (C) 928 (D) 678 (E) 428

35) CAP UERJ – Uma piscina retangular com 12,5m de largura e 25m de comprimento vai ser construída em um terreno também retangular de 30m por 50m. Calcule, em m^2, a medida da área do terreno que restará livre após a construção da piscina.

(A) 1325,5 (B) 1245 (C) 1425,5 (D) 1187,5 (E) 1515

36) OBM – Um agricultor esperava receber cerca de 100 mil reais pela venda de sua safra. Entretanto, a falta de chuva provocou uma perda da safra avaliada entre 1/5 e 1/4 do total previsto. Qual dos valores a seguir pode representar a perda do agricultor?

(A) R$ 21.987,53 (B) R$ 34.900,00 (C) R$ 44.999,99 (D) R$ 51.987,53 (E) R$ 60.000,00

37) IFSC – Ana e Luiza possuem três dados cada uma. Resolveram jogá-los sobre uma mesa, uma de cada vez, adicionando as quantidades indicadas nas faces dos dados voltadas para cima. Cada uma registrou o seu valor encontrado. É correto afirmar que:

(A) Luiza obteve a soma 19. (B) A soma dos dois valores é menor que 20.
(C) Ana registrou o valor 2. (D) A maior soma possível é um número ímpar.
(E) A maior diferença possível entre os dois valores obtidos é um número ímpar.

38) UERJ – O ano bissexto possui 366 dias e sempre é múltiplo de 4. O ano de 2016 foi o último ano bissexto. Porém, há cases especiais de anos que, apesar de múltiplos de 4, não são bissextos: são aqueles que também são múltiplos de 100 e não são múltiplos de 400. O ano de 1900 foi o último caso especial. A soma dos algarismos do próximo ano que será um caso especial é:

(A) 3 (B) 4 (C) 5 (D) 6 (E) 7

39) ENEM – Desde 2005, o Banco Central não fabrica mais a nota de R$ 1,00 e, desde então, só produz dinheiro nesse valor em moedas. Apesar de ser mais caro produzir uma moeda, a durabilidade do metal é 30 vezes maior que a do papel. Fabricar uma moeda de R$ 1,00 custa R$ 0,26, enquanto uma nota custa R$ 0,17, entretanto, a cédula dura de oito a onze meses. Com R$ 1.000,00 destinados a fabricar moedas, o Banco Central conseguiria fabricar, aproximadamente, quantas cédulas a mais?

(A) 1667 (B) 2036 (C) 3846 (D) 4300 (E) 5883

40) OBM – Em um tanque há 4000 bolinhas de pingue-pongue. Um menino começou a retirar as bolinhas, uma por uma, com velocidade constante, quando eram 10h. Após 6 horas, havia no tanque 3520 bolinhas. Se o menino continuasse no mesmo ritmo quando o tanque ficaria com 2000 bolinhas?

(A) às 11h do dia seguinte (B) às 23h do mesmo dia (C) às 4h do dia seguinte
(D) às 7h do dia seguinte (E) às 9h do dia seguinte

Teste 5

41) Colégio Militar 2 de julho – A atleta brasileira Mauren Maggi escreveu seu nome na história em 2008 conquistando a medalha de ouro na prova do salto em distância obtendo 7,04m. Quantos centímetros corresponde esse salto?

(A) 700 cm (B) 714 cm (C) 724 cm (D) 710cm (E) 704cm

42) CPM-CE – Indique a sequência correta do nome de cada figura sólida abaixo:

(A) 1 – Cone, 2 – Cilindro, 3 – Cubo, 4 – Pirâmide
(B) 1 – Cubo, 2 – Cone, 3 – Pirâmide. 4 – Cilindro
(C) 1 – Cubo, 2 – Cilindro, 3 – Cone, 4 – Pirâmide
(D) 1 – Cone, 2 – Cubo, 3 – Pirâmide. 4 – Cilindro
(E) 1 – Cubo, 2 – Cilindro, 3 – Pirâmide, 4 – Cone

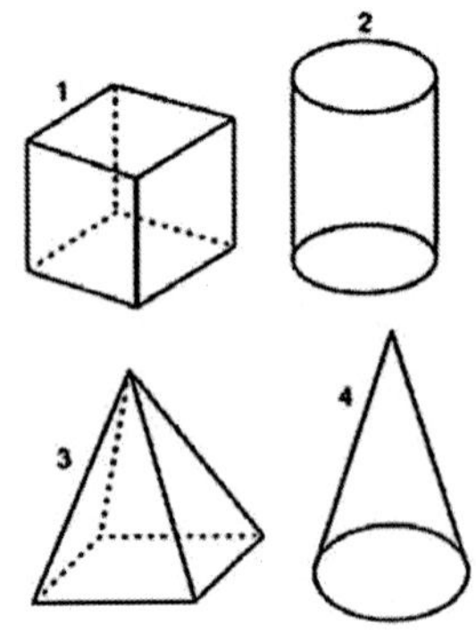

43) Colégio Militar Tiradentes PMMA – Se a metade de um número vale 8 e sua quarta parte vale 4, então o dobro desse número vale:

(A) 16 (B) 8 (C) 24 (D) 32 (E) 36

44) CFN – A independência do Brasil ocorreu em 1822. Escreva esse número em algarismos romanos.

(A) MMDCXX (B) DCCCLXXVV (C) CCCXLVVII D) MDCCLXXII (E) MDCCCXXII

45) FATEC – Na multiplicação a seguir, as letras x, y, z, t e u representam algarismos desconhecidos. O valor da soma x + y + z + t + u é

$$\begin{array}{r} x\ y\ 6\ z\ t \\ 7 \\ \hline 5\ 7\ 1\ u\ 6\ 3 \end{array}$$

(A) 17 (B) 18 (C) 19 (D) 20 (E) 21

46) CAP UERJ – Thomaz vai prestar um concurso. Se tivesse estudado três horas por semana, ele teria realizado 18 horas de estudo até o dia do concurso. Paulo também estudou as mesmas semanas que Thomaz, porém ao ritmo de 10 horas e 30 minutos por semana. Determine quantas horas de estudo Paulo estudou até o dia da prova.

(A) 21 horas (B) 42 horas (C) 63 horas (D) 35 horas (E) 48 horas

47) FATEC – Algumas das células da figura apresentada foram preenchidas com números, de acordo com um determinado critério. Obedecendo a esse critério, o valor de X é:

(A) 7 (B) 9 (C) 11 (D) 13 (E) 15

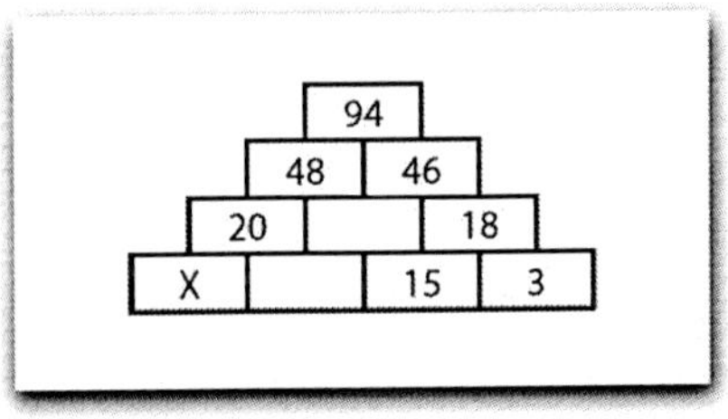

48) IFMG – Uma vela de 20cm de altura queima constantemente, a uma razão de 4 centímetros a cada 15 minutos. Qual a altura da vela, em cm, 2 horas depois de começar a queimar?

(A) 0 (B) 4 (C) 8 (D) 12 (E) 9,6

49) ENEM – Jogar baralho é uma atividade que estimula o raciocínio. Um jogo tradicional é a Paciência, que utiliza 52 cartas. Inicialmente são formadas sete colunas com as cartas. A primeira coluna tem uma carta, a segunda tem duas cartas, a terceira tem três cartas, a quarta tem quatro cartas, e assim sucessivamente até a sétima coluna, a qual tem sete cartas, e o que sobra forma o monte, que são as cartas não utilizadas nas colunas. A quantidade de cartas que forma o monte é

(A) 21 (B) 24 (C) 26 (D) 28 (E) 31

50) OBM – Quantos números inteiros positivos de três algarismos têm a soma dos algarismos igual a 4?
Observação: lembre-se que zeros à esquerda não devem ser contados como algarismo; por exemplo, o número 031 tem dois algarismos.

(A) 4 (B) 6 (C) 7 (D) 10 (E) 12

Teste 6

51) CPM-CE – Em um concurso promovido por uma rádio certo participante respondeu quatro perguntas. Acertou a pergunta nº 1 e ganhou uma certa quantia inicial; acertou a pergunta nº 2 e ganhou mais o dobro da quantia inicial; acertou a pergunta nº 3 e ganhou mais o triplo da quantia inicial; acertou a pergunta nº 4 e ganhou mais o quádruplo da quantia inicial. Ao todo, ele ganhou R$ 4200,00. A quantia inicial era de:

(A) R$ 180,00 (B) R$ 360,00 (C) R$ 420,00 (D) R$ 720,00 (E) R$ 900,00

52) Colégio Militar 2 de julho – Quantos metros de arame farpado serão necessários para cercar um terreno retangular que mede 82m de comprimento por 68m de largura?

(A) 5.576m (B) 300m (C) 3.778m (D) 500m (E) 1.776m

53) Colégio Militar Tiradentes PMMA – Existem três números inteiros consecutivos com soma igual a 393. Que números são esses?

(A) 130, 132 e 134 (B) 129, 130 e 131 (C) 132, 133 e 134
(D) 130, 131 e 132 (E) 133, 134 e 135

54) EAM – Dentre as pessoas na sala de espera de um consultório médico, em um determinado momento, uma falou: "Se juntarmos a nós a metade de nós e o médico, seríamos 16 pessoas". Nesse momento, o número de pessoas aguardando atendimento é:

(A) 5 (B) 8 (C) 9 (D) 10 (E) 12

55) ENEM – Um fazendeiro tem um depósito para armazenar leite formado por duas partes cúbicas que se comunicam, como indicado na figura. A aresta da parte cúbica de baixo tem a medida igual ao dobro da medida da aresta da parte cúbica de cima. A torneira utilizada para encher o depósito tem vazão constante e levou 8 minutos para encher metade da parte de baixo. Quantos minutos levará esta torneira para encher o restante do depósito?

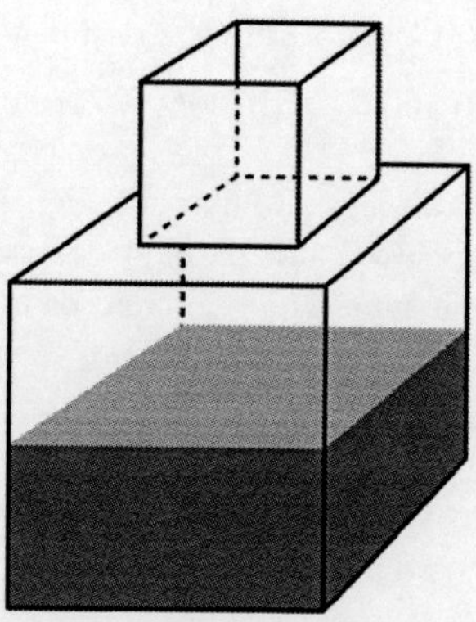

(A) 8 (B) 10 (C) 16 (D) 18 (E) 14

56) FATEC – Carlos resolveu, em um final de semana, 36 exercícios de matemática a mais que Nilton. Sabendo que o total de exercícios resolvidos por ambos foi 90, o número de exercícios que Carlos resolveu é igual a:

(A) 63 (B) 54 (C) 36 (D) 27 (E) 18

57) IFBA – Tertuliano irá viajar e deseja guardar seus CDs em sacolas plásticas. Para guardar os CDs em sacolas que contenham 60 unidades, serão necessárias 15 sacolas plásticas. Na mesma proporção, se os CDs forem guardados em sacolas com 75 unidades, quantas sacolas serão necessárias?

(A) 11 (B) 13 (C) 12 (D) 14 (E) 10

58) IFRO – Utilizando copos descartáveis de 180mL, eu consigo servir 15 pessoas. Se eu utilizar copos de 150 mL, quantas pessoas eu conseguirei servir com este mesmo volume de bebida?

(A) 12 (B) 16 (C) 20 (D) 18 (E) 25

59) UTFPR – Paulo abriu uma garrafa de 2 litros de suco e ao servir quatro copos, com quantidades iguais, sobraram na garrafa 800 mililitros de suco. Qual a quantidade de suco que ele colocou em cada copo?

(A) 0,25 litros (B) 300 mililitros (C) 0,125 litros (D) 260 mililitros (E) 0,35 litros

60) Colégio Militar Tiradentes PMMA – Compare os valores:

12,31 11,89 12,32 12,21

Escrevendo-se na ordem crescente, temos:

(A) 11,89 12,31 12,32 12,21
(B) 11,89 12,21 12,31 12,32
(C) 12,21 12,31 12,32 11,89
(D) 12,32 12,31 12,21 11,89
(E) 12,31 12,32 12,21 11,89

Teste 7

61) CPM-CE – No número 54730, o algarismo 7 ocupa que ordem, no sistema de numeração decimal?

(A) sétima ordem das centenas simples (B) terceira ordem da primeira classe
(C) centena de milhar (D) centena de milhão (E) centena de trilhão

62) Colégio Militar 2 de julho – O valor da expressão $10^1 + 10^2 + 10^3 + 10^4$ é igual a:

(A) 10001 (B) 11000 (C) 10110 (D) 11110 (E) 12000

63) Colégio Militar Tiradentes PMMA – O aluno Pedro, na hora do recreio da sua escola, encontrou um pedaço de papel no chão com a seguinte operação incompleta. Pedro pegou uma caneta e preencheu os números que faltavam, que são x e y, logo:

(A) X=8 e Y=6
(B) X=5 e Y=6
(C) X=3 e Y=4
(D) X=5 e Y=5
(E) X=3 e Y=5

$$\begin{array}{rcccc} & 8, & 9 & 1 & 7 \\ - & 5, & 4 & 6 & \boxed{x} \\ \hline & 3, & \boxed{y} & 5 & 4 \end{array}$$

64) CFN – Uma lesma resolve escalar uma pilha de 10 tijolos. Durante o dia, ela consegue subir três tijolos, mas, durante a noite, escorrega dois tijolos. Quantos dias e quantas noites ela vai demorar para chegar ao topo da pilha de tijolos?

(A) 4 dias e 4 noites (B) 8 dias e 7 noites (C) 8 dias e 8 noites
(D) 10 dias e 10 noites (E) 9 dias e 8 noites

65) IFAL – Em um consultório médico, é recomendada a uma pessoa obesa de 120kg, uma dieta alimentar que promete reduzir 2,5kg semanalmente. Considerando que a dieta proceda como prometido, em quanto tempo essa pessoa chegará a 90kg?

(A) 3 semanas (B) 3 meses (C) 12 dias (D) 84 dias (E) meio ano

66) UTFPR – Comprei dois quilos de carne. Cada quilo custa R$ 13,50. Quanto dei ao caixa se recebi R$ 3,00 de troco?

(A) R$ 30,00 (B) R$ 45,00 (C) R$ 50,00 (D) R$ 40,00 (E) R$ 20,00

67) IFMG – Um terreno retangular de dimensões 25m e 100m será utilizado para a construção de uma praça. Nos cantos e no centro da praça, serão construídos cinco canteiros quadrados de lado x, conforme mostra a figura.

A área dos canteiros corresponde a 1/5 da superfície total do terreno. O valor de x, em metros, é igual a:

(A) 2 (B) 4 (C) 5 (D) 10 (E) 12

68) IFMT – Os alunos do curso técnico em Agropecuária do IFMT – Campus São Vicente têm, como parte da disciplina de Avicultura, aulas práticas de aves de postura, em que ficam responsáveis pelo manejo de 120 galinhas poedeiras. Sabendo que, no primeiro dia da atividade, os alunos dispunham de ração para alimentar todas as aves por 20 dias e que, após 5 dias, foram abatidas 30 galinhas, quantos dias durará a ração para as galinha restantes?

(A) 17 (B) 18 (C) 19 (D) 20 (E) 21

69) ENEM – O número mensal de passagens de uma determinada empresa aérea aumentou no ano passado nas seguintes condições: em janeiro foram vendidas 33.000 passagens; e, fevereiro, 34.500; em março, 36.000. Esse padrão de crescimento se mantém para os meses seguintes. Quantas passagens foram vendidas por essa empresa em julho do ano passado?

(A) 38.000 (B) 40.500 (C) 41.000 (D) 42.000 (E) 48.000

70) IFGO – Em uma das brincadeiras da festa de João Pedro, foram empilhadas caixas cúbicas no centro da sala para que as crianças pudessem se divertir com elas, conforme a figura. Desta forma, quantas caixas foram empilhadas?

(A) 101 (B) 110 (C) 124 (D) 145 (E) 120

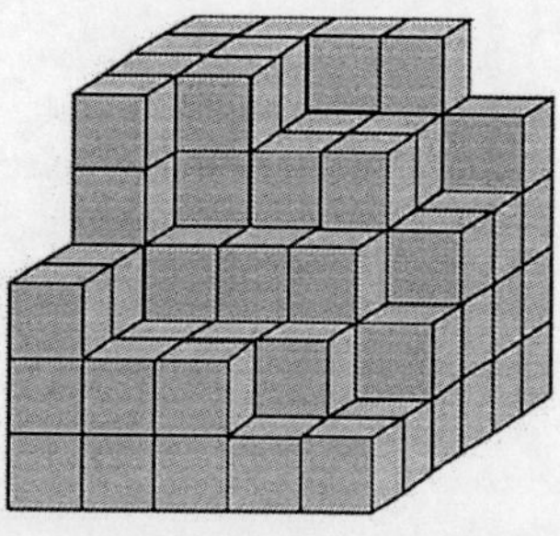

Teste 8

71) CPM-CE – Resolvendo a expressão numérica 180 : {10 + 2x[20 – 45 : (13 – 2x5)]} obtemos como resultado:

(A) 23 (B) 33 (C) 21 (D) 9 (E) 17

72) CMCB-CE – Calcule a raiz quadrada: $\sqrt{118+\sqrt{1+\sqrt{64}}}$.

(A) 8 (B) 9 (C) 10 (D) 11 (E) 12

73) CFN – Devido à diferença de gravidade entre a Terra e a Lua, um astronauta de 150 kg pesa na Lua apenas 25 kg. Quanto pesa na Lua um homem que na Terra pesa 90 kg?

(A) 10 kg (B) 15 kg (C) 20 kg (D) 25 kg (E) 28 kg

74) FATEC – O numeral decimal formado por 760 centenas, 8 dezenas, 6 unidades, 2 décimos e 4 milésimos é representado por:

(A) 7686,204 (B) 7686,24 (C) 76086,24 (D) 76086,024 (E) 76086,204

75) UTFPR – Tenho 24 jogos de computador. Quantas são as possibilidades existentes (número máximo) para se dividir esses jogos em grupos com quantidades iguais de jogos?

(A) 2 (B) 4 (C) 6 (D) 8 (E) 12

76) IFMG – Um náufrago solitário em uma ilha deserta, entediado da vida que levava, resolveu construir uma embarcação para que pudesse retornar à civilização. Para a construção, ele necessita ir e vir da floresta em busca de madeira. Considerando que o náufrago faz sempre o mesmo trajeto até a floresta e que a primeira árvore que cortou e trouxe à praia estava a 10 metros de distância da praia, sendo cada árvore 3 m mais distante que a anterior, e que foram cortadas e trazidas à praia 5 árvores, então o náufrago caminhou, entre suas idas e vindas à floresta em busca de madeira, um total, em metros, de:

(A) 37 (B) 50 (C) 97 (D) 80 (E) 160

77) CEFET AL – Estudos averiguaram que, a cada 100m que nos aprofundamos no interior da Terra, proporcionalmente a temperatura acresce de 3°C. Se, a 200m de profundidade, a temperatura é de 28°C, a temperatura, a 2km de profundidade, será:

(A) 18°C (B) 46°C (C) 54°C (D) 82°C (E) 100°C

78) Instituto Federal Farroupilha – Um saco de trigo pesa 35kg. Em um armazém, são depositados 160 sacos. Um produtor rural pretende construir um novo armazém, com 20% a mais de capacidade. Então, quantos kg de trigo serão necessários para preencher o novo armazém, em sua capacidade máxima?

(A) 1.120kg (B) 5.600kg (C) 6.270kg (D) 6.720kg (E) 6.820kg

79) ENEM – O condomínio de um edifício permite que cada proprietário de apartamento construa um armário em sua vaga de garagem. O projeto da garagem, na escala 1:100, foi disponibilizado aos interessados já com as especificações das dimensões do armário, que deveria ter o formato de um paralelepípedo retângulo reto, com dimensões, no projeto, iguais a 3cm, 1cm e 2cm. O volume real do armário, em centímetros cúbicos, será:

(A) 6 (B) 600 (C) 6.000 (D) 60.000 (E) 6.000.000

80) OBMEP – Quanto vale a soma dos algarismos do maior número de 3 algarismos que é múltiplo de 13?

(A) 23 (B) 24 (C) 25 (D) 26 (E) 27

Teste 9

81) CPM-CE –Um comerciante comprou por R$ 820,00 um atum com 45 kg. Ele vendeu cada quilo de atum por R$ 40,00. Qual foi o lucro que o comerciante teve com a venda desse atum?

(A) R$ 980,00 (B) R$ 1800,00 (C) R$ 2620,00 (D) R$ 1920,00 (E) R$ 920,00

82) Colégio Militar 2 de julho – A soma de três números consecutivos é igual a 27. Qual é a razão entre o maior e o menor número?

(A) 4/5 (B) 8/9 (C) 5/4 (D) 9/8 (E) 10/9

83) CFN – Um aluno escreveu a sequência dos números naturais de 1 a 100. Quantas vezes ele escreveu o algarismo 8?

(A) 5 (B) 6 (C) 8 (D) 10 (E) 20

84) ENEM – O medidor de energia elétrica de uma residência, conhecido por "relógio de luz", é constituído de quatro pequenos relógios, cujos sentidos de rotação estão indicados conforme a figura:

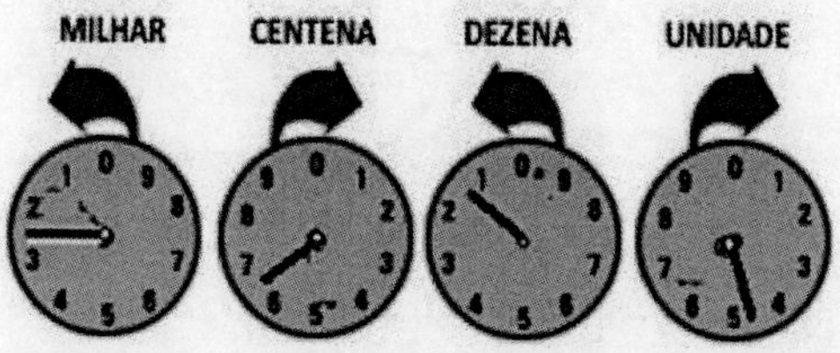

A medida é expressa em kWh. O número obtido na leitura é composto por 4 algarismos. Cada posição do número é formada pelo último algarismo ultrapassado pelo ponteiro. O número obtido pela leitura em kWh na imagem é:

(A) 2614 (B) 3624 (C) 2715 (D) 3725 (E) 4162

85) CEFET AL – A soma da minha idade, em fevereiro de 2011, com a idade do meu filho, era 83 anos. Em fevereiro de 2012, eu terei o dobro da idade do meu filho, menos 2 anos. Sabendo que eu nasci em janeiro, assinale a alternativa que corresponde ao ano em que eu nasci.

(A) 1955 (B) 1956 (C) 1957 (D) 1982 (E) 1983

86) IFRJ – Lucas, Victor e Davi tornaram-se sócios de um restaurante para preservar a arte culinária tailandesa. Lucas trabalha no restaurante todos os sábados de 18h às 23h; Victor, aos domingos de 11h às 14h e Davi, às sextas de 19h às 23h. Os três resolveram repartir o lucro semanal de forma que ele fosse diretamente proporcional ao número de horas que cada sócio trabalha. Logo, numa semana em que o lucro foi de R$ 4.200,00, o sócio que trabalha mais tempo no restaurante recebeu

(A) R$ 1.250,00 (B) R$ 1.750,00 (C) R$ 2.500,00 (D) R$ 3.750,00

87) IFSC – Uma cooperativa de Santa Catarina recebe, por mês, certa quantidade de matéria-prima para produzir ração. A quantidade de ração produzida equivale a 20% do total da

matéria prima recebida. Sabendo-se que 1 tonelada corresponde a 1000 kg, qual a quantidade de matéria-prima, em kg, que será necessária para produzir 150 toneladas de ração?

(A) 150.000kg (B) 750kg (C) 300kg (D) 300.000kg (E) 750.000kg

88) IFAL – Resolva a expressão numérica

$\{30-[16-(3+3^2)\div 2]+2^2\}$

(A) 12 (B) 15 (C) 18 (D) 20 (E) 24

89) IFS – Um cubo tem 6cm de aresta. Sua área total e seu volume são, respectivamente:

(A) $72cm^2$ e $72cm^3$ (B) $60cm^2$ e $360cm^3$ (C) $216cm^2$ e $216cm^3$
(D) $72cm^2$ e $216cm^3$ (E) $216cm^2$ e $72cm^3$

90) OBM – Esmeralda lançou um dado dez vezes e obteve 57 como a soma de todos os pontos obtidos nesses lançamentos. No mínimo, quantas vezes saíram 6 pontos?

(A) 5 (B) 6 (C) 7 (D) 8 (E) 9

Teste 10

91) CPM-CE – Em um isopor térmico cabem duas dúzias de latas de refrigerantes. Quantas latas poderão ser guardadas em 3 dezenas de isopores térmicos?

(A) 360 (B) 720 (C) 72 (D) 36 (E) 300

92) Colégio Militar 2 de julho – Qual é o produto 1001 x 999, sabendo que $1000^2 = 1000000$?

(A) 0 (B) 1 (C) 9999 (D) 999999 (E) 100000

93) CFN – Um trem mede 1 km. Ele está a uma velocidade de 1 km por minuto. Quantos minutos ele levará para atravessar totalmente um túnel de 1 km?

(A) 1 minuto (B) 1 minuto e meio (C) 2 minutos (D) 2 minutos e meio (E) 3 minutos

94) IFAL – Um fazendeiro resolveu cercar um terreno de formato retangular, cujas dimensões eram 60 metros de largura e 80 metros de comprimento, gastando R$ 20,00 para cada metro linear de cerca. Qual o valor total gasto para cercar todo o terreno?

(A) R$ 2.800,00 (B) R$ 4.800,00 (C) R$ 5.600,00 (D) R$ 6.800,00 (E) R$ 9.600,00

95) ENEM – Em uma certa cidade, os moradores de um bairro carente de espaços de lazer reivindicaram à prefeitura municipal a construção de uma praça. A prefeitura concorda com a solicitação e afirma que irá construí-la em formato retangular devido às características técnicas do terreno. Restrições de natureza orçamentária impõem que sejam gastos, no máximo, 180m de tela para cercar a praça. A prefeitura apresenta aos moradores desse bairro as medidas dos terrenos disponíveis para a construção da praça:

- Terreno 1: 55m por 45m
- Terreno 2: 55m por 30m
- Terreno 3: 60m por 30m
- Terreno 4: 70m por 20m
- Terreno 5: 95m por 85m

Para optar pelo terreno de maior área, que atenda às restrições impostas pela prefeitura, os moradores deverão escolher o terreno

(A) 1 (B) 2 (C) 3 (D) 4 (E) 5

96) IFMT – Em qual posição na reta numérica a seguir, encontra-se o número 1,03?

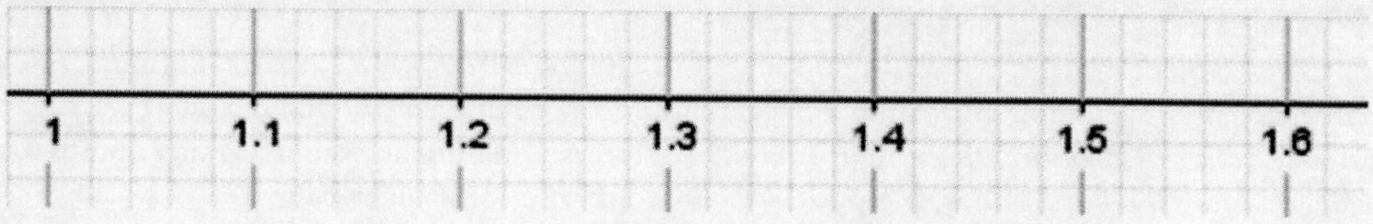

(A) Entre 1 e 1,1 mais próximo do 1.
(B) Entre 1 e 1,1 mais próximo do 1,1.
(C) Entre 1,3 e 1,4 mais próximo do 1,3.
(D) Entre 1,3 e 1,4 mais próximo do 1,4.
(E) Entre 1,2 e 1,3 mais próximo do 1,3.

97) CEFET PI – Uma lanchonete vende suco e refresco de cajá. Ambos são preparados misturando um concentrado com água, na razão de 1 para 3, no caso do suco, e de 1 para 6, no caso do refresco. Tendo 8 litros de suco, quando devo adicionar de água para torná-lo refresco?

(A) 14 (B) 5 (C) 7 (D) 8 (E) 6

98) IFRO – Um pneu gira a 50 rotações por minuto. Em 6 segundos, o pneu dá:

(A) 3 voltas (B) 6 voltas (C) 9 voltas (D) 10 voltas (E) 5 voltas

99) ENEM – Para se construir um contra piso, é comum, na construção do concreto, se utilizar cimento, areia e brita, na seguinte proporção: 1 parte de cimento, 4 partes de areia e 2 partes de brita. Para construir o contra piso de uma garagem, uma construtora encomendou um caminhão betoneira com 14 m^3 de concreto. Qual é o volume de cimento, em m^3, na carga de concreto trazido pela betoneira?

(A) 1,75 (B) 2,00 (C) 2.33 (D) 4,00 (E) 8,00

100) OBM – Quantos números pares de três algarismos têm dois algarismos ímpares?

(A) 20 (B) 48 (C) 100 (D) 125 (E) 225

Respostas dos testes

Respostas do Teste 1

1) A 3) D 5) B 7) B 9) D
2) B 4) B 6) E 8) A 10) C

Respostas do Teste 2

11) E 13) B 15) C 17) C 19) A
12) C 14) C 16) D 18) C 20) A

Respostas do Teste 3

21) A 23) D 25) D 27) A 29) C
22) B 24) B 26) E 28) D 30) D

Respostas do Teste 4

31) C 33) B 35) D 37) E 39) B
32) B 34) C 36) A 38) A 40) A

Respostas do Teste 5

41) E 43) D 45) D 47) A 49) B
42) E 44) E 46) C 48) A 50) D

Respostas do Teste 6

51) C 53) D 55) B 57) C 59) B
52) B 54) D 56) A 58) D 60) B

Respostas do Teste 7

61) B 63) C 65) B 67) D 69) D
62) D 64) B 66) A 68) D 70) A

Respostas do Teste 8

71) D 73) B 75) D 77) D 79) E
72) D 74) E 76) E 78) D 80) C

Respostas do Teste 9

81) A 83) E 85) C 87) E 89) C
82) C 84) C 86) B 88) E 90) C

Respostas do Teste 10

91) B 93) C 95) C 97) E 99) B
92) D 94) C 96) A 98) E 100) D

Resoluções dos testes

Resoluções do teste 2

11) Conhecimentos a partir do 9º ano incluem a chamada *regra de três*, que permite resolver este problema. Podemos entretanto resolver usando conhecimentos muito mais básicos, que são as *grandezas proporcionais*. Curiosamente este assunto só é apresentado aos alunos mais tarde, entretanto é tão simples que pode ser entendido em séries posteriores.

A ideia é a seguinte: determinadas quantidades, ou *grandezas*, estão relacionadas uma com a outra. Por exemplo, neste problema, temos duas grandezas envolvidas: a quantidade de garrafas de refrigerante que são engarrafadas e o tempo necessário. Note que quanto maior é a quantidade de garrafas, maior será o tempo necessário. Da mesma forma, quanto menor é a quantidade de garrafas, também menor será o tempo. Além disso, existe uma *proporcionalidade* entre essas grandezas. Por exemplo, para uma quantidade duas vezes maior de garrafas, também será duas vezes maior o tempo necessário. Chamamos isso de *grandezas diretamente proporcionais*. Da mesma forma, se a quantidade de refrigerantes diminuir, por exemplo, 5 vezes, o tempo necessário também será 5 vezes menor.

Este problema deu a informação:
* 3000 refrigerantes são engarrafados em 6 horas.

Quando uma grandeza é multiplicada ou dividida por um valor, a outra grandeza também é multiplicada e dividida pelo mesmo valor. Exemplos:
* 6000 refrigerantes são engarrafados em 12 horas (as grandezas originais foram dobradas)
* 1000 refrigerantes são engarrafados em 2 horas (grandezas originais foram divididas por 3).

A técnica para resolução deste problema é multiplicar ou dividir as grandezas dadas por números, de tal forma que fiquemos com os números indicados pelo problema. Neste exemplo são:
3000 refrigerantes ..... 6 horas
4000 refrigerantes ..... ?

Para transformar 3000 em 4000, um caminho é dividir por 3, depois multiplicar por 4. Ficamos com:
3000 refrigerantes ..... 6 horas (números originais)
1000 refrigerantes ..... 2 horas (divididos por 3)
4000 refrigerantes ..... 8 horas (a seguir multiplicados por 4).

Chegamos então à conclusão de que são necessárias 8 horas para engarrafar 6000 refrigerantes.

Resposta: (E) 8h

12) O nome completo deste sólido é paralelepípedo retângulo. O seu volume é igual ao produto das suas três dimensões. É preciso prestar atenção nas unidades. Quando as dimensões são dadas em metros, o volume será dado em metros cúbicos (m^3).

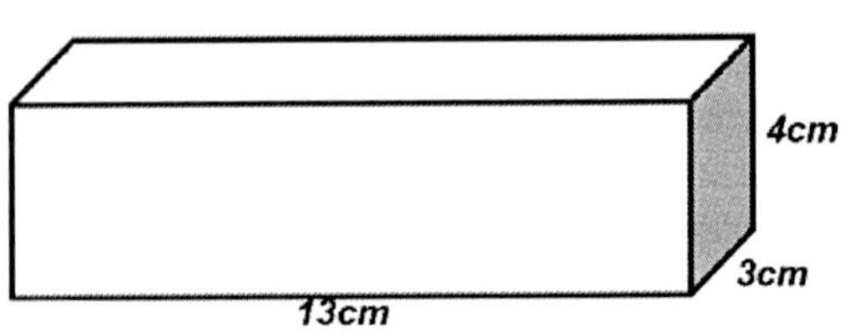

Neste exemplo as medidas estão em centímetros, o volume será dado em centímetros cúbicos (cm^3). Outra forma de observar isso: as opções de respostas estão em cm^3, então as medidas das dimensões deverão estar em cm.

Ficamos então com:
V = 13 x 3 x 4 = 156.

Resposta: (C) 156 cm^3.

13) Mais um clássico "problema de quadradinho", que em séries posteriores é resolvido através de equações. A técnica geral é chamar a quantidade desconhecida de □. Uma equação é simplesmente a expressão matemática usando a letra **x** ao invés de □.

Chamemos a minha idade hoje de □.
Então o dobro da minha idade é □ ou 2□.
Minha idade daqui a 20 anos é □+20.
Usando esses termos, a frase do problema (o dobro da minha idade hoje é igual à minha idade daqui a 20 anos) pode ser escrita como:
□□ = □+20
Isto significa que somar □ à minha idade (para ficar com □□) é o mesmo que somar 20.
Então □ vale 20.
Conferindo: minha idade hoje = 20 anos; daqui a 20 anos será 40, que é o dobro do que tenho hoje.
A pergunta do problema: qual será minha idade daqui a 10 anos? 20+10 = 30.

Resposta: (B) 30

14) Será preciso antes descobrir quantos azulejos cobrem $1m^2$ de parede. Como cada azulejo tem 20 cm de lado, e como 1 metro são 100 centímetros, um quadrado com 1 metro ficará com 5 quadrados de 20cm, em cada dimensão, como na figura.
Portanto o número de azulejos para cobrir $1m^2$ é 5x5=25.
Como são $15m^2$ de parede, o número total de azulejos será:
15 x 25 = 375 azulejos.

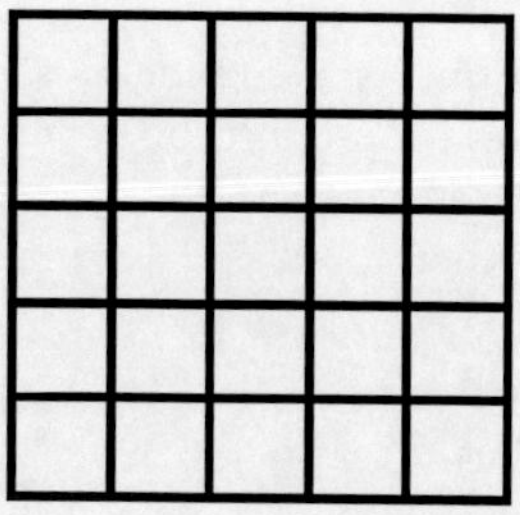

Resposta: (C) 375

15) Vamos usar a "técnica dos quadradinhos", conforme ensinada no problema 13. Poderíamos chamar esses três números consecutivos de □, □+1 e □+2. De fato desta forma serão três números consecutivos, pois aumentam de 1 em 1. O problema informa que a soma dos três números é 339. Ficamos então com:
□ + □+1 + □+2 = 339

Isso é o mesmo que escrever
□□□+3 = 339

Se um número desconhecido (□□□) somado com 3 resulta em 339, então este número desconhecido é 339 – 3 = 336.
□□□= 336, ou seja, cada □ é a terça parte de 336.
□= 336 ÷ 3 = 112

Como encontramos que □=112, os três números procurados são:
1º : □= 112
2º : □+1 = 113
3º : □+2 = 114

O problema pergunta qual é o maior deles, portanto, a resposta é 114.

Resposta: (C) 114

16) É um problema muito simples, que usa os conceitos de multiplicação e divisão.
Conceito de multiplicação: se 1 camiseta custa um valor, 5 camisetas custam 5 vezes este valor.
Conceito de divisão: se 5 vezes um número é 125,30, este número é 125,30 ÷ 5 = 25,06.
Claro, estamos usando o fato de que a divisão é operação inversa da multiplicação. Um número desconhecido, multiplicado por 5, resultou em 125,30.

? → [x5] → 125,30

Caminhando ao contrário, partindo do número 125,30 temos:

25,06 ← [÷5] ← 125,30

Resposta: (D) 25,06

17) Temos aqui duas situações:
Situação 1: Percurso de 700km, velocidade de 35km por dia.
Situação 2: A velocidade é menor, percorrerá 10km a menos por dia, ou seja, 25km por dia.

A pergunta do problema está inteiramente relacionada com a situação 2: quanto tempo levará para cobrir o percurso de 700km, a uma velocidade de 25km por dia. Note que temos aqui duas grandezas relacionadas: a distância e o tempo. Essas grandezas são *diretamente proporcionais*, ou seja, quanto maior é a distância, mantendo a mesma velocidade, maior será o tempo para percorrê-la. Uma velocidade de 25 km por dia significa o seguinte:
25km ..... 1 dia

Queremos saber:
700km ..... ?

Já que essas grandezas são diretamente proporcionais, ou seja, uma aumenta com a outra na mesma proporção, devemos multiplicar o número 25 por determinados valores, até que se transforme em 700. A mesma multiplicação que fazemos com 25, fazemos também com o número de dias:
25km ..... 1 dia (x4)
100km ..... 4 dias (x7)
700km ..... 28 dias

Então, para percorrer os 700km a uma velocidade de 25 km por dia, serão necessários 28 dias.

Resposta: (C) 28 dias

18) O diagrama abaixo representa a sequência de operações realizadas, partindo de um número desconhecido que chamaremos de ?.

? → [x3] → [–7] → 29

Façamos então as operações inversas, partindo do 29, e vemos em qual número chegaremos:

12 ← [÷3] ← [+7] ← 29

A sequência de operações inversas é a seguinte: partindo do resultado final, 29, somamos 7, pois a adição é a operação inversa da subtração. Depois dividimos o resultado por 3, pois a divisão é a operação inversa da multiplicação. Ficamos então com 29+7 = 36, e 36 ÷ 3 = 12. O número que o problema pede é 12.

Resposta: (C) 12

19) Nas expressões numéricas que têm operações de adição, subtração, multiplicação e divisão, calculamos primeiro as multiplicações e divisões, na ordem em que aparecem. Depois calculamos as adições e subtrações, também na ordem em que aparecem. Temos então:

2 + 3 x 10 – 4 ÷ 2 + 17 =
2 + 30 – 2 + 17

Agora fazemos as adições e subtrações:

2 + 30 = 32
32 – 2 = 30

30 + 17 = 47

Resposta: (A) 47

20) Nesta expressão temos ainda parênteses e colchetes. Quando temos esses elementos, devemos resolver primeiro as expressões do seu interior. Cada um deles será reduzido a um número.

[3 + 6 ÷ 3 + (2 – 5 x 10 + 100)] = (podemos calcular as multiplicações e divisões)
[3 + 2 + (2 – 50 + 100)] = (podemos fazer 3+2 sem interferir com os outros)
[5 + (2 – 50 + 100)] =
Não podemos fazer 2 – 50, mas podemos fazer 100 – 50, que é a mesma coisa que –50+100.
[5 + (2 + 50)] =
[5 + 52] = [57] = 57

Resposta: (A) 57

Resoluções do teste 3

21) Temos um quadrado de lado 35cm, dentro de um quadrado maior, de lado 40cm. Uma forma fácil para calcular a área da moldura, é calculando a área do quadrado maior, menos a área do quadrado menor.

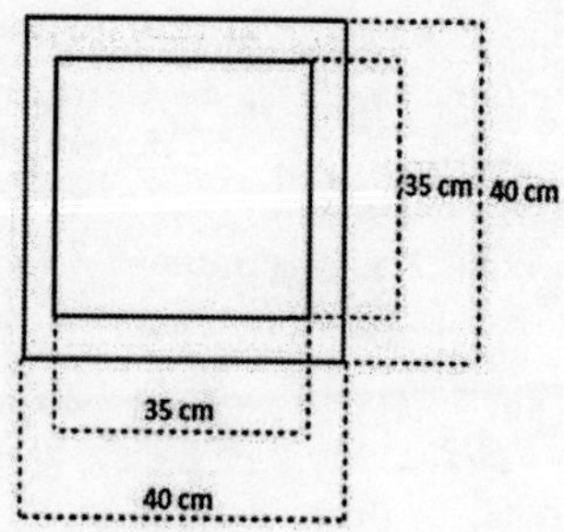

Área do quadrado maior = 40 x 40 = 1600
Área do quadrado menor = 35 x 35 = 1225
Área da moldura = 1600 – 1225 = 375

Resposta: (A) 375 cm^2

22) Entre cada par de postes, existe um intervalo, que é informado pelo enunciado como sendo 45 metros. Como são 42 postes, temos 41 intervalos. Muitos se enganam nessa hora, e consideram 42 intervalos. O número de intervalos é sempre uma unidade a menos. Por exemplo, se fossem 2 postes, seria 1 intervalo; se fossem 3 postes, seriam 2 intervalos. Com 42 postes, são 41 intervalos.

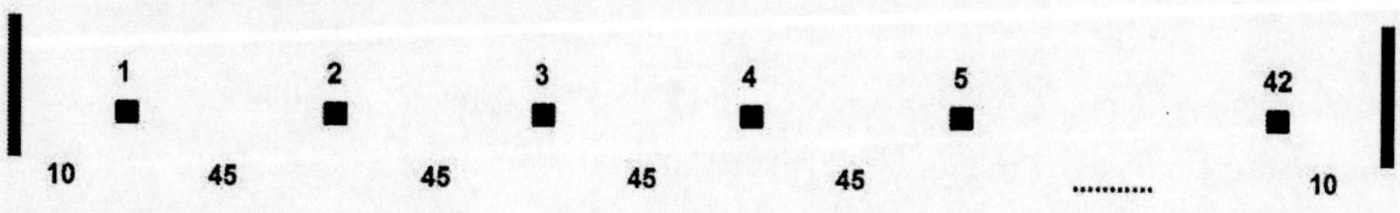

Portanto a distância entre o primeiro e o último poste é 41 x 45 metros = 1845 metros. O problema informou ainda que o primeiro e o último postes ficam a 10 metros das extremidades da avenida, portanto temos que somar 20 metros a essa distância, ficando com o total de:
1845 + 20 = 1865

Resposta: (B) 1865 metros.

23) Uma forma simples para resolver este problema é "passar o filme ao contrário". Dessa forma, vamos tentar encontrar uma relação entre a quantidade de dinheiro com a qual a pessoa saiu da loja, em comparação com quanto entrou na loja.

Suponha hipoteticamente que a pessoa entrou na loja com 10 reais. Se gastou a metade deste valor, e mais 1 real, então gastou ao todo 6 reais e saiu da loja com 4 reais. Por outro lado, se conhecemos apenas este valor de saída de 4 reais, podemos descobrir com quanto a pessoa entrou na loja? Sim, bata fazer as operações inversas. O inverso de achar a metade e subtrair 1, é somar 1 e dobrar. De fato, fazendo 4 + 1 e dobrando o resultado, encontramos 10.

Então, sabendo com quanto dinheiro ele saiu da loja, e queremos saber com quanto dinheiro entrou, basta somar 1 real e dobrar o resultado. Por exemplo, se saiu da 6ª loja com 0, então entrou na loja com 2. Podemos fazer isso para as 6 lojas, mas calculando primeiro para a 6ª, depois para a 5ª, e assim por diante até chegar à primeira.

6ª loja: saiu com 0, entrou com 2 (soma 1 e dobra)
5ª loja: saiu com 2, entrou com 6 (soma 1 e dobra)
4ª loja: saiu com 6, entrou com 14 (soma 1 e dobra)
3ª loja: saiu com 14, entrou com 30 (soma 1 e dobra)
2ª loja: saiu com 30, entrou com 62 (soma 1 e dobra)
1ª loja: saiu com 62, entrou com 126 (soma 1 e dobra)
Portanto ele tinha inicialmente 126 reais.

Resposta: (D) R$ 126,00

24) Este problema tem resolução similar à do problema 7 (☆7).

São 20 mesas com 2 ou 4 pessoas cada, e o total são 54 pessoas.
Se todas as mesas tivessem 2 pessoas cada, o total de pessoas seria 2 x 20 = 40.
O total de pessoas no restaurante, 54, é 14 unidades a mais que 40. Deve-se ao fato de existirem algumas mesas com 4 pessoas, ao invés de 2. Cada uma dessas mesas tem 2 pessoas a mais. Então o número de mesas com 4 pessoas é 14 ÷ 2 = 7. São 7 mesas com 4 pessoas, as restantes (13) têm duas pessoas cada. Conferindo:

7 mesas com 4 pessoas = 28 pessoas
13 mesas com 2 pessoas = 26 pessoas
Total: 54 pessoas.

Resposta: (B) 7

25) Basta verificar a diferença entre os valores indicados nas barras:
Tarifa mais cara: é o valor indicado na maior barra: 4,74 (Madri)
Tarifa mais barata: é o valor indicado na menor barra: 1,05 (Buenos Aires)
A diferença é 4,74 – 1,05 = 3,69

Resposta: (D) 3,69

26) Calculemos a diferença entre o valor errado e o valor correto:

Valor errado: 1 milhão de milhões	=	1.000.000.000.000
Valor correto: mil milhões	=	1.000.000.000
Diferença:	=	999.000.000.000

Resposta: (E) 999.000.000.000

OBS.: Em alguns países, que adotam o chamado "long system", as palavras bilhão, trilhão e superiores têm significados diferentes. Nesses países, aquilo que chamamos de bilhão é chamado de miliard, ou de 1000 milhões. O bilhão deles é o trilhão nosso.

27) O valor a ser pago é uma parcela fixa de R$ 86,00, e mais uma parte que depende da quilometragem, são R$ 1,29 a cada quilômetro. Para calcular esta segunda parte, basta multiplicar:

92 x 1,29 = 118,68. A seguir somamos com 86,00, ficando com:
118,68 + 86,00 = 204,68

Resposta: (A) 204,68

28) 1 metro e meio é 1,5 metro. Para converter para centímetros, basta andar duas casas para a direita com a vírgula, ou então substituir metro por 100 centímetros. Ficamos com:

1,5 metro = 1,5 x 100 cm = 150 cm.

Resposta: (D) 150cm

29) Se o comprimento tem 35 metros a mais que a largura, podemos chamar a largura de □ e o comprimento de □+35. Ficamos com:

Largura: □
Comprimento: □+35

No cálculo do perímetro, tanto a largura como o comprimento aparecem duas vezes, então os quatro valores a serem somados são:
□ + □ + □ + 35 + □ + 35 = □□□□ + 70
Como este valor é 370 metros, concluímos que □□□□ = 300
Então cada □ vale 300 ÷ 4 = 75
As dimensões do campo são 75 e 75+35=110.
A área é 75 x 110 = 8250

Resposta: (C) 8250

30) Podemos ter números como III, XX, MMM, CCC. Os símbolos que não se repetem são os múltiplos de 5, no caso, V, L e D. Neste exemplo, o que não se repete é o V.

Resposta: (D)

Resoluções do teste 4

31) É fácil ver que o poliedro possui 8 faces. Cada uma delas é um triângulo. Então temos F=8. As arestas são linhas onde duas faces se encontram, ou melhor dizendo, "segmentos". Contando vemos que são 12 arestas. Então A=12. Os vértices são pontos onde três ou mais arestas se encontram. Também contando vemos que o poliedro da figura tem 6 vértices. Então temos V=6. Resumindo, F=8. A=12 e V=6. O problema pergunta o resultado do seguinte cálculo: V + F – A. No caso temos 6 + 8 – 12, cujo resultado é 2.

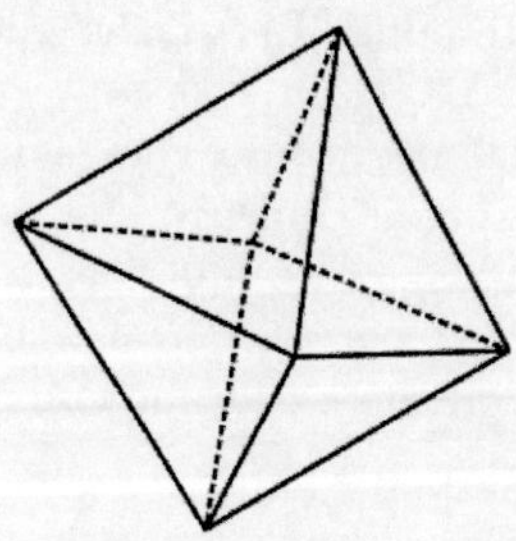

Resposta: (C) 2

32) O perímetro é 80 + 80 + 100 + 100 = 360, ou seja, 360m.
A área é 80 x 100 = 8000, ou seja, $8000m^2$.

Resposta: (B) 360m e $8000m^2$.

33) Aqui temos duas grandezas proporcionais, o número de cópias e o tempo. São grandezas diretamente proporcionais, quando uma aumenta, a outra aumenta na mesma proporção. Mas aqui temos um raciocínio diferente. Continuam sendo realizadas 12000 cópias, a diferença é que queremos usar mais máquinas para ter o trabalho sendo feito mais rapidamente, no caso, três vezes mais rápido, tendo o tempo reduzido de 12 horas para 4 horas. Nesse caso o cálculo é diferente. Para fazer o mesmo trabalho (12000 cópias) em um tempo 3 vezes menor, temos que ter 3 vezes mais máquinas, ou seja, precisamos de 3 dessas máquinas.

Resposta: (B) 3

34) CM significa 900
XX significa 20

VIII significa 8
O número é 928.

Resposta: (C) 928

35) Aqui temos um retângulo (que é a piscina) dentro de outro retângulo (que é o terreno). Para saber a área livre, basta calcular as áreas dos dois retângulos e fazer a subtração.
Terreno: 30m x 50m = 1500 m^2.
Piscina: 12,5 x 25 = 312,5 m2.
A área que sobra é a diferença> 1500 – 312,5 = 1187,5

Resposta: (D) 1187,5

36) As frações do valor citado são:
1/5 de 100.000 = 20.000
1/4 de 100.000 = 25.000
Ou seja, o agricultor receberá um valor entre 20.000 e 25.000 sacas. A única resposta que está nessa faixa é a (A)

Resposta: (A) R$ 21.987,53

37) As opções (A) e (C) devem ser eliminadas, é impossível obter tais valores para a soma de três dados. O mínimo é obtido quando todos os dados fornecem 1 (3), e o máximo é obtido quando todos os dados fornecem o valor 6 (18) nunca poderá resultar na soma 2, nem na soma 19. A opção (B) pode ser verdadeira, dependendo dos números obtidos, mas não é possível afirmar com certeza que o resultado é 20. A letra (D) é falsa, pois a maior soma possível é 18 + 18 = 36, que é par. Já a letra (E) é verdadeira, pois a maior diferença possível é obtida quando uma tira 6+6+6=18, e a outra tira 1+1+1=3, então ficaríamos com 18 – 3 = 15.

Resposta: (E) A maior diferença possível entre os dois valores obtidos é um número ímpar.

38) De acordo com enunciado, os anos bissextos são os múltiplos de 4, mas há um caso especial com os múltiplos de 100. O problema chama esses anos de "casos especiais". Dos múltiplos de 100, apenas serão bissextos aqueles que são múltiplos de 400, como 1600, 2000, 2400, etc. Os demais múltiplos de 100, como 1700, 1800, 1900, 2100, etc., não são bissextos. Portanto o próximo ano que será um caso especial é 2100. A soma dos seus algarismos é 3.

Resposta: (A) 3

39) Calculemos o número de moedas de 1 real que podem ser fabricadas com o custo de 1000 reais, a mesma coisa com a nota de 1 real, e vejamos a diferença. Basta dividir 1000 pelo custo de cada moeda ou nota.

Moedas: 1000 ÷ 0,26, é o mesmo que 100000 ÷ 26 = 3.846 (tomamos somente a parte inteira)
Cédulas: 1000 ÷ 0,17, é o mesmo que 100000 ÷ 17 = 5.882

A diferença é 5882 – 3846 = 2036. Ou seja, com este valor é possível produzir 2026 cédulas a mais, em comparação com a quantidade de moedas que seria produzida com o mesmo custo de produção.

Resposta: (B) 2036

40) De acordo com o enunciado, em 6 horas, a quantidade de bolinhas no tanque foi reduzida de 4000 para 3520, ou seja, foram retiradas 480 bolinhas.
480 bolinhas retiradas em 6 horas, é o mesmo que 80 bolinhas por hora, é só fazer a divisão por 6:

480 bolinhas ..... 6 horas (÷6)

80 bolinhas ..... 1 hora

Isto pode ser feito, pois está claro que o tempo e a quantidade de bolinhas são *grandezas diretamente proporcionais* – quanto mais passa o tempo, mas bolinhas são retiradas.
O problema pergunta quando o tanque ficaria com 2000 bolinhas, ou seja, teriam que ser retiradas 2000 bolinhas, do total inicial de 4000. As bolinhas retiradas seguem o mesmo ritmo:

80 bolinhas ..... 1 hora
2000 bolinhas ..... ?

Para 80 bolinhas chegarem a 2000, temos que multiplicar os números por 25. Este número é fácil de encontrar, basta dividir 2000 por 80.
Portanto serão necessárias 25 horas para isso acontecer.
Começando às 10 horas, as bolinhas chegarão a 2000, 25 horas de pois, portanto depois de 1 dia mais 1 hora, o que resulta em 11 horas do dia seguinte.

Resposta: (A) às 11h do dia seguinte

Resoluções do teste 5

41) Para passar de metro para centímetro, basta andar com a vírgula duas casas para a direita. Ficaríamos com 7,04m ➔ 704cm, esta é a resposta.
Outro modo é escrever "m" como "100 cm". Ficamos com:
7,04 m = 7,04 x (100 cm) = 7,04 x 100 cm = 704 cm

Resposta: (E) 704 cm

42) Os sólidos da figura são chamados de CUBO, CILINDRO, PIRÂMIDE e CONE. Portanto a resposta correta é (E)

Resposta: (E) 1 – Cubo, 2 – Cilindro, 3 – Pirâmide, 4 – Cone

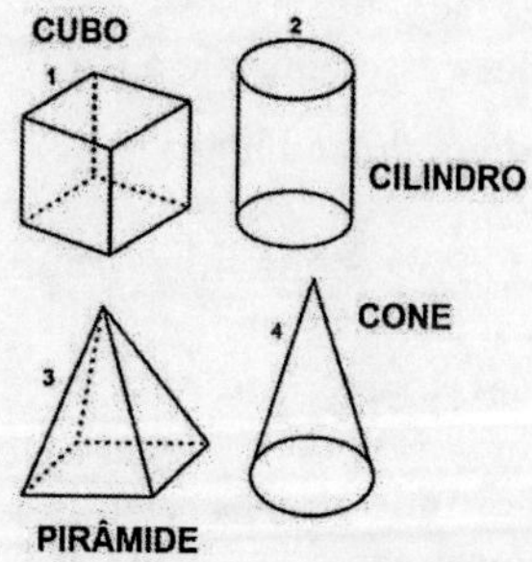

43) Se a metade de um número é 8, então este número é 16, ou seja, o dobro de 8. Isso confere, a metade de 16 é 8, e a quarta parte de 16 é 4. Na verdade, nem era preciso informar a sua quarta parte, bastaria informar a sua metade e isso já seria suficiente para descobrir que o número é 16. O problema pergunta qual é o dobro desse número: 2 x 16 = 32

Resposta: (D) 32

44) 1822 em algarismos romanos é:
1000 = M
800 = DCCC
20 = XX
2 = II
1822 = MDCCCXXII

Resposta: (E) MDCCCXXII

```
  x y 6 z t
          7
-----------
5 7 1 u 6 3
```

45) A operação é uma multiplicação. O número 7 foi multiplicado pelo algarismo t, e o resultado foi um número terminado com 3. A única forma disso acontecer é com 7x9=63. Então temos que **t=9**.
Essa multiplicação de 7 por 9 teve um "vai 6". Ao fazermos 7 x z, e somar com 6, ficamos com um número que termina com 6. Então 7 x z termina com zero. A única forma disso acontecer, já que z é um algarismo, é se tivermos **z=0**.
Não ocorre "vai 1" para as centenas. Fazendo 7 x 6 nas centenas, temos 42. Isto significa que **u=2**, e ainda um "vai 4" para os milhares.
Veja o resultado ao lado, no qual já anotamos os algarismos encontrados até agora.

```
    4
  x y 6 0 9
          7
-----------
5 7 1 2 6 3
```

Nos milhares, temos 7 x y + 4 é algo terminado com 1. Então y só pode ser 1, ficando com 7x1+4=11. Então **y=1**.
Fica ainda um "vai 1" para a próxima ordem. Finalmente temos 7 . x + 1 = 57, então **x vale 8**.
Ficamos com x=8, y=1, z=0, t=9 e u=2.
Conferindo, 81609 x 7 = 571263.
O que o problema pede, x + y + z + t + u = 20

Resposta: (D) 20

46) Para Thomaz foram 18 horas de estudo, com 3 horas por semana, são 6 semanas.
Paulo também estudou as mesmas 6 semanas, mas num ritmo de 10,5 horas de estudo por semana. Isso equivale a 6 x 10,5 = 63 horas.

Resposta: (C) 63 horas

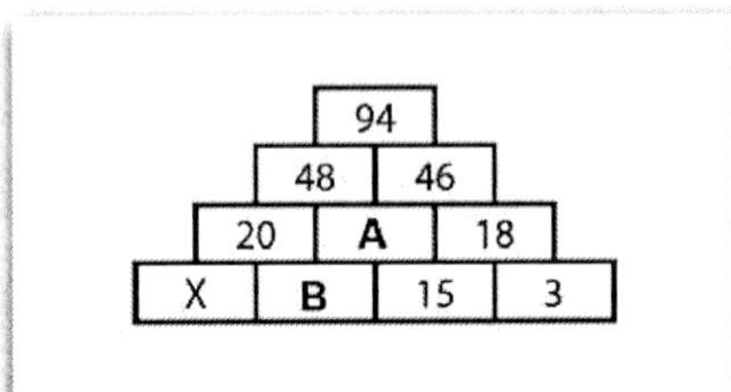

47) Observe que 18 = 15 + 3. Isso nos leva a desconfiar que cada célula é a soma das duas células abaixo, à direita e à esquerda. Podemos conferir isso com o 94. De fato, 94 = 48 + 46. Então tudo indica que este é o critério de preenchimento.
Usando este critério, a célula com o número 48 é igual à soma das duas células abaixo. Então 48 = 20 + A. A precisa ser 28.
Da mesma forma, 28 = B + 15, então B vale 13. Finalmente, 20 = X + 13, então X vale 7.

Resposta: (A) 7

48) Neste problema temos duas grandezas diretamente proporcionais. Uma delas é o tempo de queima. A outra não é o comprimento da vela, mas a parte da vela que já queimou, pois quando passa o tempo aumenta a parte queimada (o que faz a vela diminuir). O problema informa que em 15 minutos, são queimados 4 centímetros da vela. Pergunta a altura da vela em 2 horas.

15 minutos ..... 4 cm
2 horas ..... ?

Já que o tempo e a parte queimada são grandezas diretamente proporcionais, temos que transformar 15 minutos em 2 horas. Podemos multiplicar ambos os valores por 8, ou então primeiro multiplicar por 4, para completar 1 hora, depois multiplicar por 2 para completar 2 horas.

15 minutos ..... 4 cm (X4)
60 minutos ..... 16 cm. Lembrando que 60 minutos formam 1 hora, temos
1 hora ..... 16 cm (X2)
2 horas ..... 32 cm

Se a vela tinha 20 cm, não pode queimar 32 cm. Significa que com 2 horas, a vela já havia terminado de queimar, sua altura é zero.

Resposta: (A) 0

49) As 7 colunas possuem os seguintes números de cartas:
1, 2, 3, 4, 5, 6, 7.

O total de cartas nessas colunas é a soma desses números, que resulta em 28.
Das 52 cartas, 28 estarão nas colunas, o restante que é 52 – 28 = 24, formará o monte.

Resposta: (B) 24

50) Sem levar em conta a ordem dos algarismos, para obter soma 4, poderíamos ter as seguintes possibilidades:
4, 0, 0 - 3, 1, 0 - 2, 2, 0 - 2, 1, 1

Vejamos agora quais números podem ser formados com essas quatro possibilidades de algarismos:

4, 0, 0 → 400
3, 1, 0 → 310, 301, 130, 103
2, 2, 0 → 220, 202
2, 2, 1 → 221, 212, 122

São portanto 10 possibilidades.

Resposta: (D) 10

Resoluções do teste 6

51) Vamos chamar o valor ganho na primeira pergunta de □, e os valores nas perguntas seguintes de □□, □□□, e □□□□:
Pergunta nº 1: Ganhou □.
Pergunta nº 2: Ganhou □□.
Pergunta nº 3: Ganhou □□□.
Pergunta nº 4: Ganhou □□□□.
Total ganho: □□□□□□□□□□ = 10□ = 4200.
Então □= 420. A quantia inicial, ganha na 1ª pergunta, foi R$ 420,00.

Resposta: (C) R$ 420,00

52) Basta calcular o perímetro do terreno. Como as dimensões são 82m e 68m, o perímetro vale:

68 + 82 + 68 + 82 = 300

Resposta: (B) 300m

53) Três números consecutivos: □, □+1 e □+2. A soma é □□□+3 = 393.
Então □□□=390, □=130.
Os números são 130, 131 e 132.

Resposta: (D) 130, 131 e 132

54) Ao invés de chamarmos o número de pessoas de □, chamaremos de □□, pois na expressão existe o valor "a metade de nós", então temos que usar um número par. Assim evitamos o uso de frações.

Nós: □□
Metade de nós: □
O médico: 1

Ficamos então com "nós mais a metade de nós mais o médico somos 16 pessoas":

□□ + □ + 1 = 16
□□□+1 = 16
□□□=15
□=5.

Portanto o número de pessoas é 10. De fato confere: 10 + 5 + 1 = 16.

Resposta: (D) 10

55) Primeiro precisará de mais 8 minutos para encher a segunda metade da parte grande.

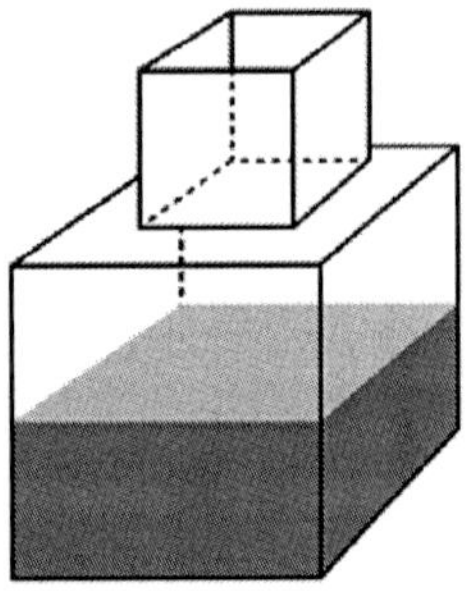

Agora a parte menor, tem um volume 8 vezes menor que a parte maior. Como o volume é igual à aresta elevada ao cubo, quando temos uma aresta duas vezes maior, o volume será 2x2x2=8 vezes maior. Se demorou ao todo 16 minutos para encher a parte maior (8 minutos + 8 minutos), o cubo menor será cheio em 16 ÷ 8 = 2 minutos. Portanto para terminar de encher faltam 8 + 2 = 10 minutos.

Resposta (B) 10

56) Carlos resolveu 36 exercícios a mais que Nilton. Chamemos esses números de:
Exercícios resolvidos por Nilton: □
Exercícios resolvidos por Carlos: □+36
Total: □□+36 = 90
Então □□ = 90 – 36 = 54
□=27. Carlos resolveu 27+36 = 63.

Resposta: (A) 63

57) O problema não mencionou que sobraram CDs, então partimos do princípio que todas as 15 sacolas com 60 unidades ficaram cheias.
O número total de CDs é 15 x 60 = 900
Se forem usadas sacolas para 75 unidades, o número necessário de sacolas será:
900 ÷ 75 = 12.

Resposta: (C) 12

58) Calculemos a quantidade disponível de bebida. É igual ao número de copos x 180 mL:
15 x 180 = 2700 mL.

Se usarmos copos de 150 mL, será possível encher um número de copos maior:
2700 ÷ 150 = 18. Portanto será possível servir 18 pessoas.

Resposta: (D) 18

59) 1 litro é o mesmo que 1000 mililitros (mL), e 2 litros são 2000 mL.
Se sobraram 800mL, então foram servidos 1200 mL.

1200 mL em 4 copos, cada copo tem 1200 ÷ 4 = 300 mL. Portanto a quantidade de suco em cada copo é 300 mL.

Resposta: (B) 300 mililitros

60) Dos quatro valores, o menor é 11,89 e o maior é 12,32:
11,89, _____, _____, 12,32
Falta posicionar 12,31 e 12,21. Entre esses dois números, 12,21 é o menor e 12,31 é o maior, eles devem ficar nas duas posições vagas. Ficamos então com:
11,89, 12,21, 12,31, 12,32. Esta é a sequência correta, em ordem crescente.

Resposta: (B) 11,89 12,21 12,31 12,32

Resoluções do teste 7

61) A ordem ocupada pelo algarismo 7 é a terceira da direita para a esquerda. Chama-se *3ª ordem*, ou *ordem das centenas*, ou *ordem das centenas simples.*
Entre as opções, nenhuma delas usa esses nomes. Entretanto a opção (B) classifica como 3ª ordem da 1ª classe. Está correto, pois cada 3 algarismos, da direita para a esquerda, formam uma classe. O 7 é o terceiro algarismo, dentro dessa classe. Esta classe é de fato a primeira. Então esta classificação está correta: a terceira ordem da primeira classe.

Resposta: (B) terceira ordem da primeira classe

62) Calculando as potências, temos:
$10^1 = 10$
$10^2 = 100$
$10^3 = 1000$
$10^4 = 10000$
A soma desses valores é 11.110

Resposta: (D) 11110

63) 7 – x = 4, então x é 3. Metade do problema resolvido, mas a falta de atenção pode levar o aluno distraído a fazer a mesma coisa para achar y, fazendo 9 – 4 = y, concluindo erradamente que y=5, mas está errado pois aqui existe uma diferença. Nos algarismos das dezenas temos 1 – 6 = 5, está claro que 1 "pediu emprestado", ficando 11 – 6 = 5, o 9 das centenas é reduzido para 8. Então na verdade fica 8 – 4, que é 4, e este é o valor de y. Portanto, x=3 e y=4.

Resposta: (C) X=3 e Y=4

64) São apenas 10 tijolos, podemos simplesmente ver o que acontece em cada tijolo. No início da subida, não está ainda no 1º tijolo, mas está no nível de chão, ainda não subiu tijolo algum.

1º dia: sobe 3 durante o dia, chegando ao 3º, e desce 2 durante a noite, termina no 1º tijolo.
2º dia: sobe 3 durante o dia, chegando ao 4º, e desce 2 durante a noite, termina no 2º tijolo.
3º dia: sobe 3 durante o dia, chegando ao 5º, e desce 2 durante a noite, termina no 3º tijolo.
4º dia: sobe 3 durante o dia, chegando ao 6º, e desce 2 durante a noite, termina no 4º tijolo.
5º dia: sobe 3 durante o dia, chegando ao 7º, e desce 2 durante a noite, termina no 5º tijolo.
6º dia: sobe 3 durante o dia, chegando ao 8º, e desce 2 durante a noite, termina no 6º tijolo.
7º dia: sobe 3 durante o dia, chegando ao 9º, e desce 2 durante a noite, termina no 7º tijolo.
8º dia: sobe 3 durante o dia, chegando ao 10º.

Portanto, no final do 8º dia, a lesma chega ao 10º tijolo. Está terminada a escalada.

Resposta: (B) 8 dias e 7 noites

65) Para passar de 120kg para 90kg, a pessoa tem que emagrecer 30 kg. Se mantiver um ritmo de emagrecimento de 2,5 kg por semana, ocorrerá o seguinte:
2,5 kg ..... 1 semana. São grandezas diretamente proporcionais. Maior o peso, maior o tempo.
10kg ..... 4 semanas. Aqui multiplicamos as duas grandezas por 4.
30kg ..... 12 semanas. Aqui multiplicamos as duas grandezas por 12.

Portanto o tempo necessário é 12 semanas. Este valor também poderia ser encontrado de outra forma: usando a divisão. Fazemos 30kg ÷ 2,5 kg = 12
Entre as opções não encontramos 12 semanas, mas temos 3 meses, que é aproximadamente o mesmo valor, já que 1 mês (30 dias) é quase o mesmo que 4 semanas (28 dias).

Resposta: (B) 3 meses

66) Dois quilos custam 2 x 13,50 = 27,00.
Se o troco foi R$ 3,00, então o valor pago foi 27 + 3 = 30 reais.

Resposta: (A) R$ 30,00

67) A área total do terreno é 25 x 100 = 2500, ou seja, 2500 m^2.
A quinta parte dessa área é 2500 ÷ 5 = 500m^2.
Tal área de 500 m^2 é devida aos cinco canteiros. Portanto cada canteiro tem área de:
500m^2 ÷ 5 = 100m^2.
Os canteiros são quadrados de área 100m^2 cada. Se a área de um canteiro é 100m^2, então a medida do seu lado é 10m, pois a área de um quadrado é igual ao quadrado da medida do seu lado.

Então o x indicado no problema vale 10 metros.

Resposta: (D) 10m.

68) No início havia ração para alimentar as 120 galinhas durante 20 dias. Depois de 5 dias, havia ainda ração suficiente para alimentar essas 120 galinhas por mais 15 dias. Se chamarmos de □, a quantidade de ração que uma galinhas consome em um dia, temos ainda 120 x 15 vezes a quantidade □, ou seja, 1800□, o que é fácil de entender:
Uma galinha consome □ em um dia.
120 galinhas consumirão 120□, em um dia.
Em 15 dias, o consumo total dessas galinhas será 15 x 120□ = 1800□.

Entretanto foram abatidas 30 galinhas, sobrando apenas 90. Essas 90 galinhas restantes dispõem de 1800□ para a sua alimentação. Isso é o mesmo que dizer que existe 1800□ ÷ 90 = 20□ para cada galinha. Cada galinha dispõe de 20□, quer dizer que cada uma delas tem 20 dias de ração. A duração da ração restante será 20 dias.

Resposta: (D) 20

69) As passagens vendidas, de acordo com o problema, foram:

Janeiro: 33.000
Fevereiro: 34.500
Março: 36.000

O padrão de crescimento ao qual o problema se refere é um aumento constante, de 1500 unidades a cada mês. Este é o padrão de crescimento mais usual, o aumento constante. Portanto ao manter este padrão, as vendas nos meses seguintes serão:

Abril:	37.500
Maio:	39.000
Junho:	40.500
Julho:	42.000

Portanto as vendas do mês de julho foram 42.000 passagens.

Resposta: (D) 42.000

70) O primeiro nível tem 30 caixas, pois são 5 fileiras de 6 caixas. Os níveis acima, do 2º ao 5º, possuem menos caixas. Para contar as caixas de cada nível, precisamos contar quantas caixas a menos que 30, tem o referido nível. Por exemplo, é fácil ver pela figura que o nível 2 tem 3 caixas a menos que o nível 1. Então o nível 2 tem 30 – 3 = 27 caixas. Anotemos esses valores: Nível 1 = 30, Nível 2 = 27.

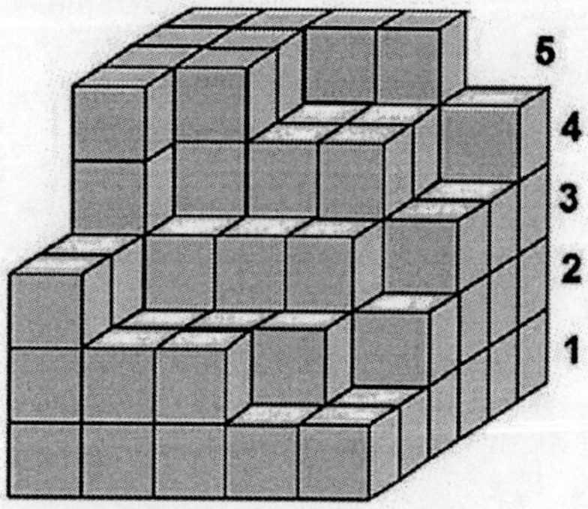

Também vemos pela figura que o nível 3 tem 6 caixas a menos que o nível 2, ou seja, 27 – 6 = 21. Então Nível 3 = 21.

O nível 4 tem 7 caixas a menos que o nível 3 (veja a figura), ou seja 21 – 7 = 14. Então Nível 4 = 14.

O nível 5 tem 5 caixas a menos que o nível 4, ou seja, 14 – 5 = 9. Então Nível 5 = 9. Podemos conferir a nossa contagem, verificando que as caixas existentes no nível 5 são realmente 9. Então Nível 5 = 9.

O total de caixas nos cinco níveis é:

30 + 27 + 21 + 14 + 9 = 101

Resposta: (A) 101

Resoluções do teste 8

71) Uma expressão aritmética que tem parênteses, colchetes e chaves. Os parênteses devem ser resolvidos primeiro, depois os colchetes, e depois as chaves.

180 ÷ {10 + 2x[20 – 45 ÷ (13 – 2x5)]} =

180 ÷ {10 + 2x[20 – 45 ÷ (13 – 10)]} =

180 ÷ {10 + 2x[20 – 45 ÷ 3]} =

180 ÷ {10 + 2x[20 – 15]} =

180 ÷ {10 + 2x[5]} =

180 ÷ {10 + 10} =

180 ÷ {20} =

180 ÷ 20 = 9

Resposta: (D) 9

72) Devemos calcular primeiro as raízes quadradas mais internas. Neste exemplo, começamos com a raiz de 64,

$$\sqrt{118+\sqrt{1+\sqrt{64}}} = \sqrt{118+\sqrt{1+8}} = \sqrt{118+\sqrt{9}} = \sqrt{118+3} = \sqrt{121} = 11$$

Resposta: (D) 11

73) Se um objeto de 150 kg na Terra, na Lua tem um peso equivalente a 25 kg, significa que na Lula a gravidade é 6 vezes menor. Portanto, um objeto que na terra pesa 90 kg, na Lula será como se pesasse 6 vezes menos, ou seja, 90 ÷ 6 = 15.

Resposta: (B) 15 kg

74) Calculemos por partes:
760 centenas = 760 x 100 = 76000
8 dezenas = 8 x 10 = 80
6 unidades = 6 x 1 = 6
2 décimos = 2 x 0,1 = 0,2
4 milésimos = 4 x 0,001 = 0,004
Somando esses cinco valores ficamos com 76086,204

Resposta: (E) 76086,204

75) Isso é o mesmo que descobrir os divisores de 24. Cada um resultará em uma possibilidade:
1: 1 grupo de 24 CDs
2: 2 grupos de 12 CDs
3: 3 grupos de 8 CDs
4: 4 grupos de 6 CDs
6: 6 grupos de 4 CDs
8: 8 grupos de 3 CDs
12: 12 grupos de 2 CDs
24: 24 grupos de 1 CD.

São portanto 8 possibilidades.

Resposta: (D) 8

76) Cada distância da praia a uma árvore deve ser contada duas vezes (ida e volta)
Para a 1ª árvore, a 10 metros de distância, o trajeto é 20m (ida e volta)
Para a 2ª árvore, a 13 metros de distância, o trajeto é 26m (ida e volta)
Para a 3ª árvore, a 16 metros de distância, o trajeto é 32m (ida e volta)
Para a 4ª árvore, a 19 metros de distância, o trajeto é 38m (ida e volta)
Para a 5ª árvore, a 22 metros de distância, o trajeto é 44m (ida e volta)
Somando os percursos, temos 1 distância total de 160 metros.

Resposta: (E) 160

77) Não sabemos a temperatura superficial, ou seja, no nível do solo, mas sabemos que a 200 metros temos 28°C. A 2000 metros, estamos 1800 metros abaixo, e haverá um aumento de temperatura correspondente.
Abaixo mais 100 metros ..... 3°C mais quente.
Abaixo mais 1800 metros ..... ?

Basta multiplicar os números da 1ª linha por 18, e concluímos que 1800 abaixo estará:
18 x 3°C mais quente, ou seja, 54°C mais quente. Se a temperatura a 200 metros é 28°C, a 2000 metros é 28°C + 54°C = 82°C.

Resposta: (D) 82°C

78) 160 sacos de 35kg são 5600 kg. 20% desse peso é a sua quinta parte, ou seja, 1120 kg. Então a capacidade máxima do novo armazém é 5600 + 1120 = 6720 kg.

Resposta: (D) 6.720kg

79) Se no desenho as medidas do armário são 3cm, 1cm e 2cm, e a escala é 1:100, significa que as medidas reais são 100 vezes maiores, ou seja, 300cm, 100cm e 200cm. O seu volume, dado em centímetros cúbicos é 300 x 100 x 200 = 6000000.

Resposta: (E) 6.000.000

80) Para descobrir qual é este número, façamos a divisão de 1000 por 13 e vejamos qual é o resto:
1000 ÷ 13 = 76, resto 12

Então 1000 deixa resto 12 na divisão por 13. Se fizermos 1000 - 12 = 988, este número não deixará resto na divisão por 13, ou seja, é um múltiplo 13.

Então o maior número de 3 algarismos que é múltiplo de 13, é 988. A soma dos seus algarismos é 9+8+8=25.

Resposta: (C) 25

Resoluções do teste 9

81) Com a venda, o comerciante recebeu R$ 40,00 por cada quilo, o peso total do peixe inteiro é 40 kg, então o total recebido foi 45 x 40,00 = 1800,00.
O lucro é igual a este valor, menos o que foi pago (R$ 820,00)
1800 - 820 = 980

Resposta: (A) R$ 980,00

OBS: Na verdade o lucro não foi este valor todo, pois nem todas as partes do peixe podem ser vendidas. Várias partes são retiradas, como escamas, nadadeiras, cauda, cabeça, vísceras, etc.

82) Para resolver problemas de números consecutivos, usamos "quadradinhos". Chamamos os três números consecutivos de □, □+1 e □+2. A soma dos três é □□□+3. Ficamos então com:
□□□+3 = 27
□□□=24
□=8.
Os números são portanto, 8, 9 e 10.
O problema pede a razão entre o maior e o menor número. A razão é uma fração que tem como termos, os dois números citados. O primeiro número é o numerador e o segundo é o denominador. Portanto esta razão é maior/menor = 10/8, que simplificada por 2, resulta em 5/4.

Resposta: (C) 5/4

83) O número 8 apareceu 10 vezes na ordem das unidades: 8, 18, 28, 38, 48, 58, 68, 78, 88 e 98. Aparecem também nas dezenas, entre 80 e 89, um total de 10 vezes. Portanto o 8 aparece ao todo 20 vezes.

Resposta: (E) 20

84)

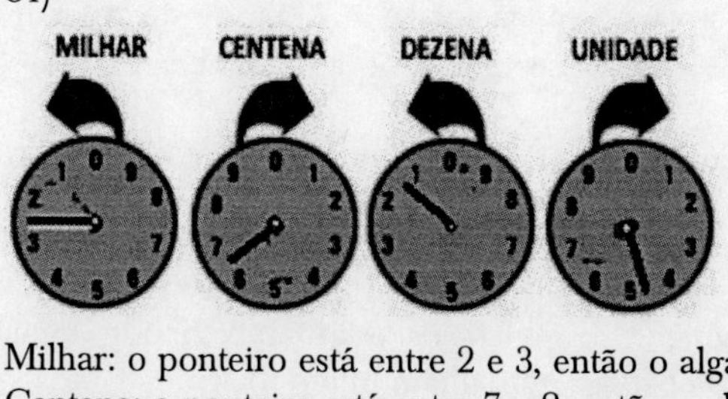

Milhar: o ponteiro está entre 2 e 3, então o algarismo é 2.
Centena: o ponteiro está entre 7 e 8, então o algarismo é 7.

Dezena: o ponteiro está entre 1 e 2, então o algarismo é o 1.
Unidade: o ponteiro está entre 4 e 5, então o algarismo é o 4.
O número indicado é 2714. Não tem nas respostas, me tem 2715, parece que o critério da companhia de energia é arredondar para o próximo valor.

Resposta: (C) 2715

85) Problemas que envolvem idades são resolvidos com a ajuda de uma tabela. Colocamos nas linhas, as idades das pessoas, e nas colunas, as diferentes épocas. É importante lembrar que quando a idade de uma pessoa aumenta, a idade da outra pessoa aumenta o mesmo número de anos.

Para preencher a tabela, podemos escolher qualquer um dos valores para chamar de "□", então calculamos os outros valores em função disso. Vamos chamar, arbitrariamente, a idade do meu filho em 2012, de □.

	Idades em 2011	Idades em 2012
Eu		
Meu filho		□

O enunciado informa que minha idade em fev/2012, é o dobro da idade do meu filho, menor 2 anos. Então minha idade em fev/2012 é □□ – 2. Em fev/2011, tanto eu quanto meu filho teremos 1 ano a menos. Meu filho terá □ – 1 e eu terei □□ – 2 – 1 = □□ – 3.

	Idades em 2011	Idades em 2012
Eu	□□ – 3	□□ – 2
Meu filho	□ – 1	□

Finalmente, o problema informa que em fev/2011, a soma da minha idade com a idade do meu filho era 83 anos. Ficamos então com:

□□ – 3 + □ – 1 = 83.
□□□ – 4 = 83
Quando subtraímos 4 do número □□□, resulta em 83 unidades. Então este número é 87.
□ = 87. Portanto □ é a terça parte de 87, ou seja, 29. Se eu tinha □□ – 3 em fev/2011, minha idade na ocasião era 29 + 29 – 3 = 55 anos. Como meu aniversário é em janeiro, eu fiz 54 anos em Jan/2011. Para saber o ano em que nasci, basta subtrair 54 de 2011:
2011 – 54 = 1957.

Resposta: (C) 1957

86) O trabalho de cada um dos sócios por semana é:
Lucas: sábado, 18h às 23h = 5h de trabalho, por semana.
Victor: domingos, 11h às 14h = 3h de trabalho, por semana.
Davi: sexta, 19h às 23h = 4h de trabalho, por semana.
No total trabalham 12 horas por semana. O lucro na semana foi R$ 4.200. Se este valor for repartido em horas, cada hora valeria 4200 ÷ 12 = 350, ou seja, cada hora trabalhada dá direito a R$ 350,00 na repartição dos lucros.
O que trabalho mais horas foi Lucas (5 horas). Então a parte que receberá é:
R$ 350,00 x 5 = R$ 1,750,00.

Resposta: (B) R$ 1.750,00

OBS.: História irreal. Em um negócio tão pequeno, esses sócios estão trabalhando muito pouco. Na vida real os proprietários de pequenos negócios trabalham muito mais.

87) A ração, que é o produto, equivale a 20%, ou seja, a quinta parte da matéria prima. Isso é o mesmo que dizer que a matéria prima pesa 5 vezes mais que a quantidade de ração produzida. Se foram produzidas 150 toneladas de ração, a quantidade de matéria prima é 5 vezes maior, ou seja 5 x 150 = 750 toneladas, o mesmo que 750.000 kg.

Resposta: (E) 750.000kg

88) Esta expressão tem potências. Potências devem ser calculadas antes das multiplicação e divisões. Comecemos então calculando as duas potências envolvidas na expressão:

$\{30 - [16 - (3 + 3^2) \div 2] + 2^2\}=$

$\{30 - [16 - (3 + 9) \div 2] + 4\}=$

$\{30 - [16 - (12) \div 2] + 4\}=$

$\{30 - [16 - 6] + 4\}=$

$\{30 - 10 + 4\}=$

24.

Resposta: (E) 24

89) As faces do cubo são seis quadrados. Se a aresta é 6, cada um desses quadrados tem área 36. Como são 6, a área total é 6 x 36 = 216 cm^2.

Já o volume, do cubo, é igual à sua aresta elevada ao cubo. Ficamos então com 6cm x 6cm x 6cm = 216 cm^3.

A área é 216 cm^2 e o volume é 216 cm^3.

Resposta: (C) 216cm^2 e 216cm^3

90) Obviamente em alguns lançamentos, o número do dado foi 6. Isso é claro, pois se não desse o número 6, o máximo valor total seria 10 dados com resultado 5, ou seja, total de 50. Como foi 57 o total, uma diferença de 7 em relação a 50, podemos afirmar com certeza que o resultado foi 6, no mínimo 7 vezes. Nesse caso, os valores seriam 6 6 6 6 6 6 5 5 5, que resulta em 57. Outras combinações podem ser formadas, com um número maior de resultados 6, mas nunca menor, caso contrário os 57 pontos não seriam alcançados.

Resposta: (C) 7

Resoluções do teste 10

91) Mais um problema que é resolvido por uma simples multiplicação. 3 dezenas é o mesmo que 30, e uma dúzia é 12, portanto duas dúzias são 24. Então no total temos 30 x 24 (30 isopores com 24 latas cada). 30 x 24 = 720.

Resposta: (B) 720

92) O produto 1001 x 999 pode ser calculado rapidamente, basta armar a conta de multiplicação ou mesmo fazer mentalmente. 1001 x 999 é o mesmo que 999000 + 999 = 999999. A informação de que 1000^2 = 1000000 é desnecessária, serve para confundir, ou para fazer o cálculo por algum outro método.

Resposta: (D) 999999

93) Note que o comprimento do trem é exatamente igual ao comprimento do túnel. Quando o trem começa a entrar no túnel, ficará uma parte do trem dentro do túnel, e uma parte ainda fora do túnel. Quando a parte de trás do trem tiver acabado de entrar no túnel, a parte da frente do trem estará prestes a começar a sair, pois o comprimento do trem é igual ao comprimento do túnel. Então o trem leva 1 minuto para entrar todo no túnel, já que a sua velocidade é 1 km por minuto.

A partir daí, o trem começa a sair do túnel. Levará exatamente um minuto para sair, dada a sua velocidade. Portanto o tempo total de travessia é 2 minutos.

Resposta: (C) 2 minutos

94) Basta calcular o perímetro do terreno, e multiplicar esta medida por R$ 20,00, já que a cerca custa R$ 20,00 o metro.
O perímetro é 60 + 80 + 60 + 80 = 280 metros.
O custo será 280 x 20 = R$ 5.600,00.

Resposta: (C) R$ 5.600,00

95) Primeiramente calculemos os perímetros dos cinco terrenos:

- Terreno 1: 55m por 45m, perímetro = 200m
- Terreno 2: 55m por 30m, perímetro = 170m
- Terreno 3: 60m por 30m, perímetro = 180m
- Terreno 4: 70m por 20m, perímetro = 180m
- Terreno 5: 95m por 85m, perímetro = 360m

Os terrenos 1 e 5 são inadequados, pois o perímetro ultrapassa o limite máximo de 180 metros. Ficamos apenas com os terrenos 2, 3 e 4. Entre os terrenos 2 e 3, já que temos que escolher o de maior área, devemos então descartar o terreno 2, pois é fácil ver, sem fazer o cálculo, que sua área (55 x 30) é menor que a do terreno 3 (60 x 30). Claro, se dois retângulos têm a mesma largura, o de maior área será o que tiver maior comprimento. Ficamos então para decidir entre os terrenos 3 e 4. Podemos então calcular suas áreas:

- Terreno 3: 60m por 30m, área = 1800 m^2
- Terreno 4: 70m por 20m, área = 1400 m^2

Então o de maior área, que deve ser o escolhido, é o terreno 3.

Resposta: (C) 3

96) Para ficar mais fácil a comparação, usemos duas casas decimais nas medidas da escala:
1,00 – 1,10 – 1,20 – 1,30 – 1,40 – 1,50 – 1,60

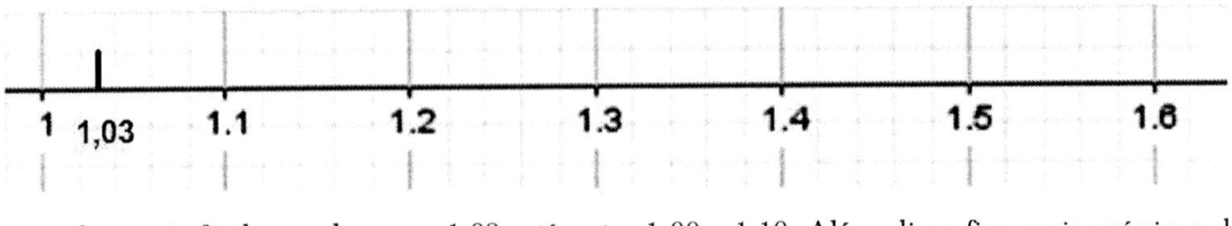

Assim fica mais fácil perceber que 1,03 está entre 1,00 e 1,10. Além disso fica mais próximo de 1,00 que de 1,10, pois a distância para o primeiro é 0,03, e para o segundo é 0,07.

Resposta: (A) Entre 1 e 1,1 mais próximo do 1.

97) O suco tem 1 parte de concentrado para 3 partes de água, totalizando 4 partes. Por exemplo:
1L de concentrado + 3L de água = 4L de suco

Em 8 litros de suco, termos o dobro dessas quantidades:
2L de concentrado + 6L de água = 8L de suco

No refresco, a quantidade de água é 6 vezes maior que a de concentrado. Então, para 2L de concentrado, devemos ter 12L de água. Ou seja:
2L de concentrado + 12L de água.

Para chegar a essa mistura, partindo da mistura que já temos, basta adicionar mais 6 litros de água, ficando com:
2L de concentrado + 6L de água + 6L de água.

Resposta: (E) 6

98) Resolveremos o problema usando grandezas proporcionais. As grandezas envolvidas são o tempo e o número de rotações, pois está claro que quanto maior é o tempo, maior é o número de rotações, e vice-versa. Sabemos que o pneu descreve em 1 minuto (60s), 50 rotações, e queremos saber quantas rotações descreve em 6 segundos:

60 segundos ..... 50 rotações.
6 segundos ..... ?

Para a segunda rotação ficar com 6 ao invés de 60, bata dividir seus valores por 10. Portanto:

6 segundos ..... 5 rotações

Ou sejam o pneu dá 5 voltas em 6 segundos.

Resposta: (E) 5 voltas

99) Usemos a fórmula dada para preparar o concreto, usando as quantidades em metros cúbicos:

$1m^3$ de cimento + $4m^3$ de areia + $2m^3$ de brita = $7m^3$ de concreto.

O problema informa que o caminhão trouxe 14 m3 de concreto, que é uma quantidade duas vezes maior que na relação acima. Para chegar a 14 m3, basta dobrar todas as quantidades, ou seja:

$2m^3$ de cimento + $8m^3$ de areia + $4m^3$ de brita = $14m^3$ de concreto.

Então a quantidade de cimento é $2m^3$.

Resposta: (B) 2,00

100) Se o número é par, o terceiro algarismo deve ser par. Como deve ter também dois algarismos ímpares, e o total são 3, obrigatoriamente a estrutura do número deve ser:

IIP, por exemplo, 358, 794, 132, etc.

Para formar um número com essas características, devemos fazer 3 escolhas:

1ª escolha: o algarismo das centenas, que deve ser 1, 3, 5, 7, ou 9, totalizando 5 possibilidades
2ª escolha: escolher um algarismo ímpar para as dezenas, também 5 possibilidades.
3ª escolha: escolher um algarismo par para as unidades, também são 5 possibilidades.

O número total de escolhas para formar este número é 5 x 5 x 5 = 125. Isto se chama *princípio da multiplicação.*

Resposta (D) 125

Escolas citadas neste capítulo

Você pode observar que a matemática básica é cobrada nos mais diversos níveis de ensino. Um aluno de 5º ano, por exemplo, poderia resolver uma questão cobrada no vestibular do ENEM, ou de uma universidade. Ao longo do livro apresentaremos sempre questões das mais variadas escolas. O aluno não precisa esperar a época do seu concurso para iniciar a sua preparação. Deve aproveitar o seu tempo de estudo para adiantar a sua preparação. Todos sabemos que no ano de estudo para um vestibular o aluno fica muito atarefado, e frequentemente não consegue estudar todas as matérias, que são ensinadas durante diversos anos. Você está no caminho certo, não fique limitado apenas ao que se vê na escola.

Apresentamos neste capítulo questões das seguintes provas e concursos:

IFRR – Instituto Federal de Roraima (escola técnica)
Instituto Federal Farroupilha (RS)
IFAL – Instituto Federal do Alagoas
IFAM – Instituto Federal do Amazonas
IFRN – Instituto Federal do Rio Grande do Norte
CPM-CE – Colégio da Polícia Militar do Ceará
CPMPR – Colégio da Polícia Militar do Paraná
Colégio Militar 2 de julho – Colégio da Polícia Militar de Brasília
FATEC – Faculdade de Tecnologia de São Paulo
IFMG – Instituto Federal de Minas Gerais
Colégio Militar Tiradentes (Polícia Militar do Maranhão)
IFPE – Instituto Federal de Pernambuco
UTFPR – Universidade Tecnológica Federal do Paraná
IFS – Instituto Federal de Sergipe
CAP UERJ – Colégio de Aplicação da Universidade Federal do Rio de Janeiro
OBM – Olimpíada Brasileira de Matemática
CFN – Escola de formação do Corpo de Fuzileiros Navais
EAM – Escola de Aprendizes Marinheiros
IFSC – Instituto Federal de Santa Catarina
UERJ – Universidade do Estado do Rio de Janeiro
ENEM – Exame Nacional do Ensino Médio
IFBA – Instituto Federal da Bahia
IFRO – Instituto Federal de Rondônia
IFMT – Instituto Federal de Mato Grosso
IFGO – Instituto Federal de Goiás
CEFET AL – Centro Federal de Educação Científica e Tecnológica de Alagoas
OBMEP – Olimpíada Brasileira de Matemática das Escolas Públicas
IFRJ – Instituto Federal do Rio de Janeiro
CEFET PI – Centro Federal de Educação Científica e Tecnológica do Piauí

■

Capítulo 2

Embasamento

O capítulo 1 apresentou questões de concursos consideradas mais "fáceis", dentro do possível. É claro que para poder resolver questões, você precisa conhecer os cálculos necessários. Os capítulos 2, 3, 4 e 5 permitem que você providencie isso. Se você não está craque, por exemplo, em fatoração, frações, MMC, MDC, expressões, pode fazer um estudo paralelo para recordar essas matérias, enquanto estuda os próximos quatro capítulos. Para facilitar este estudo paralelo, apresentamos esses quatro capítulos com questões de matérias em sequência. Por exemplo, o capítulo 2, usa conceitos básicos, como múltiplos e divisores, sistema de numeração, etc. O capítulo 3 apresenta em sua maioria, problemas que envolvem frações. Capítulo 4 apresenta problemas que envolvem números decimais e porcentagem, e no capítulo 5 encontramos problemas sobre sistemas de medidas. Isso facilita, por exemplo, que a ordem dos assuntos abordados no livro seja a mesma ordem de como esses assuntos são dados na escola.

No capitulo 6 voltaremos a apresentar problemas de "assuntos misturados", porém aumentando gradativamente o grau de dificuldade.

Teste 11

101) CEFET ES – Dividindo um número x por um número y, obtém-se o resto 5. Se o quádruplo de y for dividido por x, encontram-se quociente 2 e resto 8, então o valor de y é igual a:

(A) 8 (B) 9 (C) 10 (D) 11 (E) 12

102) CEFET ES – Uma empresa tem 750 empregados e comprou marmitas individuais, suficientes para o almoço deles durante 25 dias. Se essa empresa contratasse mais 500 empregados que recebessem almoço nas condições anteriores, a quantidade de marmitas já adquiridas seria suficiente para um número de dias igual a:

(A) 15 (B) 20 (C) 25 (D) 30 (E) 42

103) CEFET ES – Marta foi a uma loja de roupas para comprar uma determinada saia e uma determinada blusa. Chegando à loja conferiu quanto havia levado em dinheiro e verificou que:
Para comprar a saia e a blusa, faltavam R$ 8,00.
Se comprasse só a saia, sobrariam R$ 12,00.
Se comprasse só a blusa, sobrariam R$ 20,00.
Então, o valor que Marta havia levado, em reais, é:

(A) 20,00 (B) 30,00 (C) 40,00 (D) 50,00 (E) 60,00

104) CEFET ES – Divide-se 50kg de arroz entre duas famílias do acampamento em partes diretamente proporcionais ao número de pessoas de cada uma delas. Se uma tem 8 pessoas e a outra 12 pessoas, quanto caberá à maior família?

(A) 44kg (B) 38kg (C) 33kg (D) 32kg (E) 30kg

105) CEFET ES – Em um sítio foram produzidos 90kg de arroz, 60kg de feijão e 45kg de milho. Deseja-se guardar esses mantimentos em sacos plásticos iguais, e que a quantidade colocada em cada saco seja a maior possível. Então, cada embalagem deverá conter:

(A) 6kg (B) 8kg (C) 10kg (D) 13kg (E) 15kg

106) IFSC – Um cliente foi ao caixa do banco do qual é correntista e sacou R$ 580,00. Sabendo-se que a pessoa recebeu toda a quantia em 47 notas e que eram apenas notas de R$ 5,00 e de R$ 20,00, é correto afirmar que a pessoa recebeu:

(A) 25 notas de R$ 5,00 e 22 notas de R$ 20,00.
(B) 20 notas de R$ 5,00 e 27 notas de R$ 20,00.
(C) 23 notas de R$ 5,00 e 24 notas de R$ 20,00.
(D) 27 notas de R$ 5,00 e 20 notas de R$ 20,00.
(E) 24 notas de R$ 5,00 e 23 notas de R$ 20,00.

107) IFS – Mariana quer comprar balas e chicletes. Para comprar 2 balas e 3 chicletes ela gastará R$ 1,50 e para comprar 3 balas e 2 chicletes ela gastará R$ 2,00. Quanto custa cada bala e cada chiclete, respectivamente??

(A) R$ 0,10 e R$ 0,60 (B) R$ 0,45 e R$ 0,20 (C) R$ 0,50 e R$ 0,25
(D) R$ 0,10 e R$ 0,60 (E) R$ 0,60 e R$ 0,10

108) IFPB – Um pai resolveu dividir R$ 700,00 entre seus três filhos. A quantia recebida por cada um deveria ser diretamente proporcional às suas idades. Sabendo que o mais novo tem 8 anos, o do meio tem 12 anos e o mais velho tem 15 anos, é correto afirmar que o mais velho recebeu:

(A) R$ 200,00 (B) R$ 240,00 (C) R$ 280,00 (D) R$ 300,00 (E) R$ 360,00

109) Instituto Federal Farroupilha – Na história da Matemática, especificamente no desenvolvimento da Álgebra, encontramos muitos "enigmas" que hoje são descritos por uma equação do 1º grau. Veja um problema simples, formulado pelos matemáticos egípcios, há cerca de 4.000 anos. Um número, o seu dobro e a sua terça parte, todos ao juntar-se fazem 10. Diga-me, qual é o número?

(A) 1,7 (B) 3 (C) 7,5 (D) 10 (E) 30

110) CPM-CE – Segundo dados do IBGE, em Fortaleza, capital do Ceará, havia 2.609.716 habitantes em 2015. Suponha que em cada domicílio tinha, em média, 4 moradores. Quantos domicílios havia em Fortaleza em 2015?

(A) 521.943 (B) 652.429 (C) 869.905 (D) 1.304.858 (E) 2.609.716

Teste 12

111) CEFET MG – Uma máquina produz 100 unidades de um determinado produto em 4 dias. Para produzir 3000 unidades deste produto em 30 dias, quantas máquinas serão necessárias?

(A) 4 (B) 5 (C) 6 (D) 8 (E) 10

112) CEFET ES – No topo de um edifício dois sinalizadores "piscam" com regularidade constante. O primeiro "pisca" 12 vezes por minuto e o segundo "pisca" 15 vezes por minuto. Sabendo que em um dado instante os sinalizadores "piscam" ao mesmo tempo, o número de vezes que os sinalizadores piscam simultaneamente a cada minuto é:

(A) 1 (B) 2 (C) 3 (D) 4 (E) 5

113) IFS – Deseja-se cortar três barras de ferro de comprimentos 18 metros, 12 metros e 9 metros em pedaços de mesmo comprimento e de modo que este comprimento seja o maior possível. Quantos pedaços serão obtidos?

(A) 10 (B) 11 (C) 12 (D) 13 (E) 14

114) IFS – Se a produção mensal de bicicletas de certa fábrica aumenta 30 unidades por mês desde janeiro de 2013, e em junho de 2013 produziu 800 bicicletas, qual o número de bicicletas produzidas em todo o primeiro semestre de 2013, ou seja, de janeiro a junho de 2013?

(A) 4800 (B) 4350 (C) 4380 (D) 4320 (E) 4290

115) IFCE – Os números naturais de 1 a 16 foram dispostos em uma tabela com quatro linhas e quatro colunas, de modo que a soma dos elementos de qualquer linha e qualquer coluna é sempre a mesma. Essa soma vale:

(A) 34 (B) 64 (C) 32 (D) 17 (E) 48

116) Colégio Militar Tiradentes PMMA – Fazendo a decomposição do número 572, temos:

(A) 5 x 100 + 7 x 10 + 2 (B) 7 x 100 + 5 x 10 + 2 (C) 5 x 10 + 7 + 2
(D) 5 x 1000 + 7 x 100 + 2 (E) 5 x 10 + 7 x 100 + 2

117) EAM – Uma prova possui 15 questões de múltipla escola, tem valor total igual a 10 e cada questão tem o mesmo valor. Se um aluno acerta 6 destas 15 questões, qual a nota desse aluno nessa avaliação?

(A) 4,6 (B) 4,4 (C) 4,2 (D) 4,0 (E) 3,8

118) CPM-CE – O quadriculado ao lado deve ser preenchido utilizando-se somente os números 1, 2, 3 e 4, de tal modo que não haja números repetidos em uma fileira horizontal ou em uma fileira vertical. A soma dos números que faltam preencher a tabela é:

(A) 18 (B) 19 (C) 20 (D) 21 (E) 22

1			3
	2	4	
	1	3	
2			4

119) CPM-CE – Em uma garrafa pet, existem menos de 50 bolas de gude. Se elas forem contadas de 6 em 6, sobrarão 5 bolas e, se forem contadas de 7 em 7, sobrarão 6 bolas. A quantidade de bolas, na caixa, é um número natural:

(A) par (B) primo (C) divisível por 2 (D) divisível por 13 (E) menor que 40

120) CPM-CE – Osmar tem 49 jogos do videogame Play Station 3 (PS3) e 7 jogos do videogame Xbox. Osmar vai vender todos os jogos. Osmar quer vender todos os jogos em pacotes iguais onde contenham as mesmas quantidades de jogos do PS3 e do Xbox. Exemplo: se decidir por 3 jogos de PS3 e 2 jogos de Xbox, todos os outros pacotes montados devem ter

a mesma quantidade de jogos de PS3 e Xbox. Assim sendo, quantos pacotes iguais de jogos, dá para Osmar fazer?

(A) 7 (B) 14 (C) 21 (D) 28 (E) 35

Teste 13

121) CEFET ES – Uma fábrica de remédios tem em seu estoque, 1500 frascos do remédio A, 2200 frascos do remédio B e 3400 do remédio C. Deseja remetê-los em pacotes em quantidades iguais, de modo que cada pacote contenha os três tipos de remédio em quantidades iguais, e com o maior número possível de cada tipo de remédio. Nessas condições, remetidos todos os pacotes possíveis, o número de frascos que restarão no estoque é:

(A) 1200 (B) 1800 (C) 2600 (D) 2800 (E) 3000

122) CPM-CE – Roberto, Gusmão e Jacinto frequentam a mesma quadra esportiva para prática de esportes. Roberto usa a quadra a cada 8 dias, Gusmão a cada 11 dias e Jacinto a cada 28 dias. Hoje coincidiu dos três se encontrarem na quadra e jogarem juntos. Daqui a quanto tempo eles se encontrarão nessa quadra?

(A) dois anos (B) duas semanas (C) um mês e meio
(D) mais de um ano e meio (E) dois meses

123) Colégio Militar 2 de julho – Marque a alternativa em que todos os números são primos.

(A) 4, 8, 10, 11 (B) 5, 7, 11, 20 (C) 17, 19, 23, 29 (D) 6, 7, 8, 9 (E) 20, 77, 89, 90

124) Colégio Militar Tiradentes PMMA – O triplo de um número mais o sêxtuplo de sua metade vale 24. Esse número é:

(A) 3 (B) 4 (C) 5 (D) 9 (E) 12

125) Colégio Militar Tiradentes DF – Escreva em algarismos romanos os números 40, 82, 1200 e 65.

(A) XL, CXXXII, MCC, CXV.
(B) XL, LXXXII, MCC, LXV.
(C) XL, CXXXII, MCC, LVX.
(D) CL, LXXXII, MLL, LXV.
(E) CL, LXXXII, MLL, LXV.

126) Colégio Militar Dom Pedro II – Um dado foi fotografado sob quatro diferentes ângulos de observação sendo 3 delas mostradas na figura abaixo.

Levando em conta as três imagens acima, qual das fotos abaixo está correta?

a.( )  b.( )  c.( )  d.( ) 

127) EAM – Qual o dividendo de uma divisão cujo quociente é 69, o divisor é 58, e o resto é o maior possível?

(A) 4002 (B) 4059 (C) 4060 (D) 4062 (E) 4063

128) EAM – O valor da expressão $\sqrt{13+\sqrt[3]{25+\sqrt{8-\sqrt[3]{64}}}}$ é:

(A) 4 (B) 6 (C) 8 (D) 12 (E) 18

129) Colégio Militar 2 de julho – Marque a alternativa correta.

(A) o MMC(12,16) é 48 e o MDC é 21.
(B) o MMC(7,21) é 21 e o MDC é 21.
(C) o MMC(3, 15) é 15 e o MDC é 3.
(D) o MMC(12,16) é 4 e o MDC é 48.
(E) todas as afirmativas acima estão incorretas.

130) Colégio Militar 2 de julho – Para pagar à vista o IPVA (Imposto Sobre a Propriedade de Veículos) do seu carro, João calculou que teria de economizar uma quantia durante 6 meses:
R$ 2,00 no primeiro mês;
R$ 6,00 no segundo mês;
R$ 18,00 no terceiro mês e assim por diante.
Que quantia João conseguiu economizar durante 6 meses?

(A) R$ 100,00 (B) R$ 550,00 (C) R$ 624,00 (D) R$ 728,00 (E) R$ 1.115,95

Teste 14

131) CEFET ES – Paulo e Daniel sobem uma escada que contém 20 degraus. Paulo sobre essa escada de 2 em 2 degraus enquanto Daniel sobe de 3 em 3 degraus. Analise as afirmativas a seguir:
I – Apenas um deles vai pisar o 13º degrau.
II – Os degraus 6º, 12º e 16º serão pisados pelos dois.
III – Nenhum deles irá pisar no 15º degrau.

Podemos afirmar que:

(A) Apenas a afirmativa I é verdadeira.
(B) A afirmativa II é falsa.
(C) Apenas a afirmativa III é falsa.
(D) As afirmativas I e III são verdadeiras.
(E) As afirmativas II e III são verdadeiras.

132) CEFET ES – Um feirante do Nordeste do Brasil vende meia dúzia de cajus por R$ 5,00. Um freguês pede 9 cajus. O feirante cobra R$ 8,00 e o freguês protesta, dizendo que o preço deveria ser proporcional à quantidade. De acordo com o freguês, qual deveria ser o preço de 9 cajus?

(A) R$ 7,00 (B) R$ 7,20 (C) R$ 7,50 (D) R$ 7,60 (E) R$ 7,40

133) CEFET AL – Uma herança foi dividida entre a viúva, a filha, o filho e o segurança da família. A filha e o filho ficaram com a metade, distribuída na proporção de 4 para 3, respectivamente. A viúva ganhou o dobro do que coube ao filho, e o segurança, R$ 500,00. Calcule o valor da herança.

(A) R$ 5500,00 (B) R$ 6000,00 (C) R$ 7000,00 (D) R$ 11500,00 (E) R$ 9500,00

134) IFAL – Em um determinado momento, um estacionamento possui 50 veículos, entre carros, motos e triciclos. Um garoto curioso sai contando o total de rodas em contato com o chão no estacionamento e encontra o valor 165, percebendo também que a quantidade de rodas dos carros era o quádruplo do número de rodas das motos. Considerando as informações como corretas, o estacionamento possui:

(A) 30 motos (B) 15 carros (C) 15 triciclos
(D) o número de carros igual ao dobro de triciclos
(E) o número de motos igual ao triplo de triciclos

135) Colégio Militar 2 de julho – Leia com atenção as sentenças a seguir.
I – $1 \times 1 \times 1 \times 1 \times 1 \times 1 = 1 \times 6$
II – $10 \times 10 \times 10 = 10^3$
III – $10 \times 100 - 10^0 = 999$
IV – $4^0 + 4^1 \times 4^0 + 4^0 = 12$
V – $3^4 = 12$
Quais delas estão corretas?

(A) II, III e IV (B) I e V (C) I, II e III (D) II e III (E) I, III e V

136) CMCB-CE – Arnaldo possuía uma coleção de bolinhas de gude (bilas), um total de 1000.000 de bolinhas. Arnaldo que se acha velho para brincar com bolinhas de gude e resolveu doar todas as suas bolinhas em caixas contendo duas dezenas. Quantas centenas de caixas contendo bolinhas de gude Arnaldo doará?

(A)100.000 (B) 50.000 (C) 20.000 (D) 500 (E) 200

137) Colégio Militar 2 de julho – O quadrado de um número real positivo **x** é 81. O quíntuplo de um número y positivo é igual ao quadrado desse número. Com base nessas informações, podemos concluir que x+y vale:

(A) 14 (B) 15 (C) 16 (D) 17 (E) 18

138) Colégio Militar Tiradentes PMMA – Para anteder 5600 ligações mensais, uma empresa de telefonia dispõe de oito atendentes. Quantos atendentes essa empresa precisará contratar para atender 7700 ligações mensais?

(A) 20 (B) 15 (C) 11 (D) 31 (E) 21

139) Colégio Militar Tiradentes PMMA – João gosta muito de animais de estimação e de charadas. Certo dia um amigo perguntou-lhe quantos cachorros e quantos gatos ele tinha. Prontamente João respondeu com o seguinte enigma: "A soma do dobro do número de cachorros e do triplo do número de gatos é igual a 17". E a diferença entre o número de cachorros e de gatos é apenas 1". Quantos cachorros e quantos gatos João possui?

(A) 9 gatos e 8 cachorros (B) 3 gatos e 4 cachorros (C) 5 gatos e 2 cachorros
(D) 7 gatos e 2 cachorros (E) 6 gatos e 3 cachorros

140) Colégio Militar Tiradentes PMMA – Com 8 eletricistas, podemos fazer a instalação de uma casa em 3 dias. Quantos dias levarão 6 eletricistas para fazer o mesmo trabalho?

(A) 4 (B) 9 (C) 3 (D) 8 (E) 6

Teste 15

141) IFAL – Em uma pesquisa realizada com estudantes do IFAL, verificou-se que 100 alunos gostam de estudar português, 150 alunos gostam de estudar matemática, 20 alunos gostam de estudar as duas disciplinas e 110 não gostam de nenhuma das duas. Quantos foram os estudantes entrevistados?

(A) 330 (B) 340 (C) 350 (D) 360 (E) 380

142) FATEC – Uma manifestação foi realizada em uma área de 8700 m^2. A Polícia Militar estimou o público presente a partir da observação de que, em média, cada 3 m^2 foi ocupado por 10 pessoas. Isso significa dizer que, em número de pessoas, o público presente a essa manifestação correspondeu a:

(A) 30.000 (B) 29.000 (C) 28000 (D) 27000 (E) 26000

143) IFRJ – Uma cooperativa de artesãs cearenses é composta por 15 mulheres, todas com a mesma capacidade de produção. Elas trabalham 6 horas por dia para entregar uma grande encomenda de cestos, num prazo e 45 dias. Restando 30 dias do prazo, 6 mulheres do grupo precisaram ausentar-se e a encomenda teve que ser concluída pelas mulheres restantes. Para que o prazo fosse cumprido, a jornada diária precisou ser aumentada no seguinte número de horas:

(A) 2 (B) 2,5 (C) 3 (D) 4 (E) 6

144) IFRJ – Isabela é uma menina que gosta muito de ler e procura sempre diversificar o tipo de leitura. Em sua estante, há 15 livros de 4 gêneros literários: fábula, romance, ficção científica e suspense. Para cada gênero literário, há uma quantidade diferente de livros. Reunindo os livros de fábula e de romance, há 7 livros e reunindo os de romance e ficção científica, vamos ter 6 livros. Portanto, o gênero literário que possui exatamente 4 livros é o seguinte:

(A) romance (B) fábula (C) ficção científica (D) suspense

145) IFRJ – Uma gráfica tem capacidade operacional para imprimir 12500 livros de 120 páginas cada, em 15 dias de trabalho, utilizando 4 máquinas impressoras iguais e trabalhando 8 horas diárias. Tendo recebido uma encomenda de impressão de 18.000 constituições (livros de 150 páginas cada), que deverão ser entregues em 24 dias, o proprietário resolveu comprar mais máquinas impressoras iguais às já existentes na gráfica. Trabalhando 6 horas diárias para o cumprimento da encomenda, a tipografia deverá comprar o seguinte número mínimo de máquinas:

(A) 2 (B) 3 (C) 4 (D) 5 (E) 6

146) IFS – Um grupo de 100 pessoas fez um contrato com uma empresa aérea para viajar nas férias. A empresa cobrará R$ 2.000,00 por passageiro que embarcar e R$ 400,00 por passageiro que desistir da viagem. Quantos passageiros deverão embarcar para que a empresa receba R$ 136.000,00?

(A) 40 (B) 50 (C) 60 (D) 70 (E) 80

147) Colégio Militar Tiradentes PMMA – Sendo $a = 2^7.3^8.7$ e $b = 2^5 . 3^6$, o quociente de a por b é:

(A) 252 (B) 36 (C) 126 (D) 48 (E) 4

148) Colégio Militar Tiradentes DF – Marque os itens abaixo como "certo" ou "errado":

(A) ( ) O quadrado do número natural 14, no sistema de numeração romano, é CXCVI.

(B) ( ) Dada a expressão $3000^3 - \left(\frac{14}{2} \times 35 + 11^2\right)$, pode-se dizer que a ausência de parênteses influencia o valor final da expressão numérica.

149) IFMG – Ao entrar na sala de aula, Cláudio olhou para a lousa, conforme a figura, e viu que um algarismo do número escrito pela professora de Matemática foi apagado. A turma o informou que o algarismo apagado era par e tornava a afirmativa verdadeira. Cláudio percebeu que esta informação era suficiente para ele descobrir o número. Qual algarismo foi apagado?

(A) 0 (B) 2 (C) 4 (D) 6 (E) 8

150) Colégio Militar Tiradentes DF – Em um estacionamento, há 12 fileiras com 25 vagas para carros, em cada uma. Em uma parte só motos, com 5 fileiras de 30 vagas cada uma. Com base no texto acima, classifique os itens como "certo" ou "errado".

(A) ( ) Há, no estacionamento, 300 vagas destinadas aos carros.
(B) ( ) Há, no estacionamento, 185 vagas destinadas às motos.
(C) ( ) O número de vagas destinadas para as motos é metade do número de vagas destinadas para os carros.

Teste 16

151) IFRJ – Três países vizinhos realizam regularmente reuniões sobre o Meio Ambiente. O país A realiza de 4 em 4 anos; o B de 6 em 6 anos e o C, de 7 em 7 anos. Quanto o ano das reuniões coincide nos três países, eles realizam uma conferência. Se a última conferência entre os países A, B e C sobre o Meio Ambiente ocorreu em 2016, a próxima conferência vai ocorrer em:

(A) 2023 (B) 2058 (C) 2084 (D) 2100

152) IFAM – A interseção do conjunto dos divisores de 8 com o conjunto dos divisores de 14 é o conjunto:

(A) {1} (B) {2} (C) {1, 2} (D) {2, 4, 7} (E) {2, 4, 7, 8, 14}

153) IFAM – Numa seção eleitoral a quantidade de eleitores é 450. Sabe-se que a diferença entre o total de homens e o total de mulheres votantes é 86. O número de homens é portanto:

(A) 182 (B) 215 (C) 246 (D) 250 (E) 268

154) IFAM – Escrevendo em ordem crescente todos os divisores positivos do número 180, forma-se uma sequência de números naturais com dois termos centrais, cuja soma é

(A) 18 (B) 20 (C) 27 (D) 36 (E) 45

155) UFSM – Se o número de pontos, obtidos na ginástica por um atleta, representa o maior número divisor comum dos números 192, 288 e 480, então o atleta obteve

(A) 90 pontos (B) 92 pontos (C) 94 pontos (D) 96 pontos (E) 98 pontos

156) UFSM – A quantidade e a soma dos números divisíveis por 3 e 4 compreendidos entre 1 e 3001 são, respectivamente:

(A) 240 e 370.800 (B) 245 e 374.000 (C) 250 e 376.500
(D) 750 e 379.450 (E) 1.000 e 381.000

157) Colégio Militar Tiradentes PMMA – Depois de n dias de férias, um estudante observa que:
I – choveu 7 vezes, de manhã ou à tarde;
II – quando chove de manhã, não chove à tarde;
III – houve 5 tardes sem chuva;
IV – houve 6 manhãs sem chuva.
Podemos afirmar então que n é igual a:

(A) 7 (B) 8 (C) 9 (D) 10 (E) 11

158) IFSP – Considere que:

- a distância da Terra à Lua é de cerca de 400.000 km
- a distância da Terra ao Sol é de cerca de 150 milhões de quilômetros.

Com base nessas informações, em relação à Terra, o Sol é **N** vezes mais longe do que a Lua. O valor de **N** é

(A) 450 (B) 425 (C) 400 (D) 375 (E) 350

159) EAM – Na hora do almoço, Leonardo fala aos seus colegas: “Tenho exatamente 20 moedas no bolso, de R$ 0,10 e R$ 0,50, que somam R$ 5,20”. E os desafia: “Quantas moedas de R$ 0,10 eu tenho”?

(A) 2 (B) 7 (C) 8 (D) 12 (E) 17

160) CFN – Na entrada de um porto, há um farol e duas boias luminosas, para assinalar os pontos mais perigosos para a navegação. O farol pisca a cada 15 segundos, uma das boias pisca a cada 30 segundos e a outra boia, a cada 40 segundos. Num dado instante, o farol e as duas boias piscam ao mesmo tempo. Quantas vezes, em uma hora, ocorrerá essa situação?

(A) 30 (B) 60 (C) 80 (D) 100 (E) 120

Teste 17

161) UFSM – Um planeta possui 2 luas: a lua A e a lua B. O planeta gira em torno do sol e as luas em torno do planeta. O alinhamento “sol/planeta/lua A” ocorre a cada 28 anos e alinhamento “sol/planeta/lua B” ocorre a cada 64 anos. Se no ano de 2004 ocorreu o último alinhamento “sol/planeta/lua A/lua B”, esse fenômeno repetir-se-á no ano de

(A) 2018 (B) 2060 (C) 2116 (D) 2452 (E) 2590

162) UFSM – Para digitar um polígrafo de matemática, meia dúzia de digitadores prepararam 1.600 páginas em 24 dias. Se 15 digitadores realizarem o trabalho com a mesma capacidade dos primeiros, 3.500 páginas serão digitadas em

(A) 15 dias (B) 21 dias (C) 25 dias (D) 32 dias (E) 38 dias

163) UFSM – Uma máquina produz 150.000 peças durante 30 dias, se funcionar 6 horas por dia. Em quantos dias três máquinas iguais à primeira, funcionando 8 horas por dia, produzirão 100.000 peças?

(A) 20 (B) 15 (C) 12 (D) 10 (E) 5

164) UFSM – Um professor resolveu distribuir 12 lápis pelos alunos de sua classe. Como no dia da distribuição faltaram dois alunos à aula, cada um dos alunos presentes recebeu um lápis a mais. Quantos alunos compareceram à classe no dia da distribuição de lápis?

(A) 8 (B) 6 (C) 4 (D) 2 (E) 1

165) IFRN – Tem-se uma certa importância que deve ser dividida entre 10 pessoas em partes iguais. Sabe-se que se a divisão fosse feita entre 8 dessas pessoas, cada uma delas receberia R$ 1.000,00 a mais. Sendo assim, a importância a ser dividida é

(A) R$ 24.000,00 (B) R$ 40.000,00 (C) R$ 32.000,00 (D) R$ 44.000,00 (E) R$ 30.000,00

166) IFAL – Um número de dois algarismos é tal que o algarismo das unidades excede em uma unidade o algarismo das dezenas. Se invertermos os algarismos e somarmos o número resultante ao 1º número obteremos 55. Então este número é

(A) 14 (B) 23 (C) 32 (D) 41 (E) 45

167) IFAM – O número natural que possui 60 divisores e cuja decomposição em fatores primos é $2^3.3^4.5^p$ vale:

(A) 10620 (B) 12060 (C) 16200 (D) 20160 (E) 21006

168) IFAM – Um partido político obteve 60.000 votos de legenda nas eleições proporcionais e de acordo com o Quociente Eleitoral conquistou o direito de eleger três deputados estaduais cujas votações individuais são diretamente proporcionais a 2, 3 e 5. O menos votado dos três eleitos, obteve exatamente:

(A) 10.000 votos (B) 12.000 votos (C) 15.000 votos (D) 18.000 votos (E) 30.000 votos

169) IFSC – No verão de 2010, João e Lucas que moram no litoral investiram na compra de um carrinho de cachorro quente. Para a aquisição do bem, João contribuiu com R$ 1500,00 e Lucas com R$ 900,00. Ao término da primeira quinzena de trabalho dividiram o lucro obtido no período de forma proporcional ao investimento feito na compra do carrinho. Lucraram-se R$ 880,00 no período, as quantidades devidas a João e Lucas, respectivamente, são:

(A) R$ 550,00 e R$ 330,00 (B) R$ 500,00 e R$ 380,00 (C) R$ 480,00 e R$ 400,00
(D) R$ 450,00 e R$ 430,00 (E) R$ 440,00 e R$ 440,00

170) IFPA – Um professor do Curso de EDIFICAÇÕES contratou 5 operários para construir sua casa. Esses operários, trabalhando 8 horas por dia, levarão 150 dias para terminar a construção da referida casa. Mantendo o mesmo ritmo de trabalho, 8 operários, trabalhando 10 horas por dia, terminam a obra em:

(A) 75 dias (B) 300 dias (C) 192 dias (D) 100 dias (E) 230 dias

Teste 18

171) IFPA – O professor Carlos do 1º ano A quer dividir os alunos de sua sala de aula para realizar um seminário. Ele verificou que os alunos podem ser divididos em grupos de 4, 6 e 12 integrantes, sem que sobrem alunos. Sabendo que o número de alunos da turma está entre 29 e 42, qual o número total de alunos desta sala?

(A) 30 (B) 32 (C) 36 (D) 38 (E) 40

172) EAM – Um colecionador de selos criou um catálogo de selos em uma pasta com 20 páginas numeradas de 1 até 20, cada uma com 15 selos, distribuídos em 5 linhas e 3 colunas. Os selos foram numerados de 1 a 300. Nesse catálogo, alguns selos são considerados raros e

ocupam as posições 9ª, 18ª, 27ª, 36ª, e assim sucessivamente. Depois que o catálogo for completado com todos os selos, é correto afirmar que o número da última página que terminará com um selo raro será:

(A) 9 (B) 11 (C) 12 (D) 18 (E) 20

173) CFN 2005 – Se **N = 2 x 7** e **M = 2^2 x 7**, então a alternativa correta é:

(A) N é primo (B) M é divisor de N (C) M é múltiplo de 5
(D) N é múltiplo de 4 (E) O produto de M por N é múltiplo de 49.

174) IFCE – Um número natural ABC é formado por 3 algarismos A, B e C, e sabe-se que a soma dos três algarismos é A+B+C=8. Multiplica-se esse número por 7, depois por 11 e, finalmente, por 13, obtendo-se um novo número. A soma dos algarismos desse novo número é igual a

(A) 12 (B) 14 (C) 16 (D) 13 (E) 15

175) CAP UERJ – O gráfico a seguir mostra as temperaturas máximas e mínimas em uma cidade brasileira, do dia 27/01 ao dia 05/02.

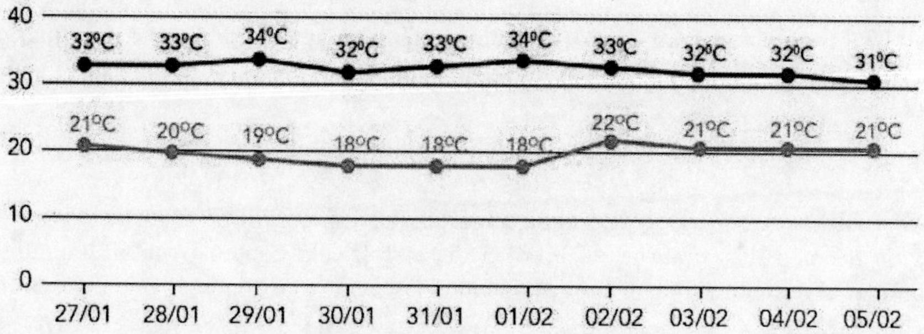

Considerando os dados do gráfico indique:
Em que dias foi registrada a temperatura mais elevada do período?
O dia em que ocorreu a menor diferença entre a temperatura máxima e a mínima.

(A) 29/01, 1/02 e 5/02 (B) 27/01, 1/02 e 2/02 (C) 1/02, 31/01 e 3/02
(D) 29/01, 1/02 e 2/02 (E) 1/02, 31/01 e 3/02

176) CAP UERJ – De uma estação terminal de metrô partem duas linhas: Azul e Verde. Na linha Azul, os trens partem a cada 6 minutos; na linha Verde, a cada 8 minutos. No início de um determinado dia, um trem da linha Azul e outro da linha Verde partem, ao mesmo tempo, da estação terminal. Calcule o número de vezes em que, após essa partida inicial, os trens sairão juntos novamente, em um período de 12 horas.

(A) 20 (B) 24 (C) 30 (D) 36 (E) 40

177) UTFPR – A soma de dois números é 40 e a sua diferença é 20. O valor de cada número é:

(A) 10 e 20 (B) 10 e 30 (C) 13 e 27 (D) 40 e 60 (E) 40 e 80

178) Colégio Pedro II – Em um treino, o goleiro Murado fez uma aposta com o atacante Aguerrido, que deverá cobrar 18 pênaltis. Para cada gol defendido, Murado ganha R$ 10,00 e, para cada gol sofrido, ele perde R$ 10,00. Murado teve um lucro de R$ 60,00.

A quantidade de gols que Murado sofreu é

(A) Um divisor de 3.
(B) Um múltiplo de 3.
(C) Um número primo.
(D) Um número quadrado perfeito.

Esta tabelinha poderá te ajudar a pensar!

GOLS MARCADOS	GOLS SOFRIDOS	MURADO LUCROU
18	0	R$ 180,00

179) Colégio Militar 2 de julho – Em uma fábrica de peças o custo fixo mensal é de R$ 450,00 além do custo de R$ 2,80 por cada peça produzida. Em um mês qualquer, a fábrica produziu 100 peças. Qual foi o custo total nesse mês?

(A) R$ 478,00 (B) R$ 518,00 (C) R$ 578,00 (D) R$ 170,00 (E) R$ 730,00

180) CFN – Ao decompor o número natural 495 em fatores primos, obtemos o resultado $3^m \times 5^n \times 11^p$. Qual é o valor de m + n + p?

(A) 2 (B) 4 (C) 6 (D) 8 (E) 10

Teste 19

181) CAP UERJ – Uma viagem de 480 km duraria 6h 45min, se não houvesse paradas. Calcule o tempo de duração dessa viagem, parando por 5 minutos a cada 70km para um menino ir ao banheiro.

(A) 7h 15min (B) 7h 20min (C) 6h 50min (D) 8h 15min (E) 7h 45min

182) CAP UERJ – A mãe de Chiquinha sugeriu que ela comesse feijão de 15 em 15 dias; verduras de 8 em 8 dias e carne de 3 em 3 dias. Hoje, ela comeu os três alimentos juntos. Determine daqui a quantos dias Chiquinha voltará a comer os três alimentos juntos, outra vez.

(A) 60 dias (B) 3 meses (C) 45 dias (D) 4 meses (E) 25 dias

183) CAP UERJ – Um homem pescou 150 peixes brancos, 90 peixes pretos e 120 peixes vermelhos, colocando-os no maior número possível de aquários. Considerando que cada uma das cores deve estar representada igualmente em todos os aquários, calcule o número de peixes brancos, pretos e vermelhos que deve ficar em cada aquário.

(A) 6, 5, 4 (B) 5, 3, 4 (C) 3, 2, 5 (D) 2, 5, 3 (E) 5, 4, 3

184) IFAL 2017 – A altura de uma árvore é de 6m. Se ela for desenhada em escala 1:75, sua altura no desenho será de:

(A) 7cm (B) 8cm (C) 9cm (D) 10cm (E) 11cm

185) EAM – Sabendo que o número **3045<u>X</u>8** é divisível por 3, a soma de todos os valores que <u>X</u> pode assumir é:

(A) 12 (B) 11 (C) 10 (D) 9 (E) 8

186) IFAM – Em uma indústria, 10 funcionários produzem 25000 unidades de um produto em 20 dias. O número de produtos produzidos por 5 funcionários em 10 dias é:

(A) 4.250 (B) 5.250 (C) 6.250 (D) 7.250 (E) 8.250

187) FATEC – João possui apenas moedas de 10 e 25 centavos, que juntas formam um total de R$ 1,95. Assim sendo, pode-se afirmar corretamente que João tem

(A) mais moedas de 10 do que de 25 centavos
(B) no máximo 15 moedas dos dois tipos
(C) no máximo 7 moedas de 10 centavos
(D) no mínimo 5 moedas de 25 centavos
(E) no mínimo 9 moedas dos dois tipos

188) UTFPR – A soma de três números consecutivos é igual a 36. O dobro do menor número somado com o quadrado do maior número é

(A) 181 (B) 191 (C) 221 (D) 321 (E) 421

189) IFBA – Marta chegou em casa após 30 dias de viagem, e notou que uma torneira estava um pouco aberta, gotejando água em intervalos de tempo constantes. Em tempos de economia de água, ela, preocupada, resolveu medir o desperdício. Para isso usou um copo de 200mL, que a torneira encheu em 20 minutos. Deste modo, o total desperdiçado, em litros, foi no mínimo, igual a:

(A) 43,2 (B) 432 (C) 600 (D) 720 (E) 4320

190) IFMG – Qual o valor da expressão numérica abaixo?

$$\frac{12^0 + 5^2 - (5-1)^2}{4-2}$$

(A) 5 (B) 6 (C) 7 (D) 8 (E) 9

Teste 20

191) CEFET ES – Observe os exemplos abaixo:

$$\begin{array}{r|l} 11 & 9 \\ \hline 2 & 1 \end{array} \qquad \begin{array}{r|l} 111 & 9 \\ \hline 3 & 12 \end{array} \qquad \begin{array}{r|l} 1111 & 9 \\ \hline 4 & 123 \end{array} \quad \ldots\ldots$$

Se o resto da divisão por 9 de um número composto apenas por algarismos 1 for 7, esse número é:

(A) 111111 (B) 1111111111 (C) 11111111111 (D) 111111111111 (E) 1111111

192) Colégio Militar 2 de julho – Os pintores Seu Antônio e Seu Domingos fecharam um acordo para pintarem uma casa em dez dias, trabalhando seis horas por dia. Porém, após o acordo houve um problema e o proprietário da casa só pode deixa-la aberta cinco horas por dia, limitando o tempo disponível. Nessas condições, os pintores deverão terminar a pintura em:

(A) 11 dias. (B) 12 dias. (C) 13 dias. (D) 14 dias. (E) 15 dias.

193) FATEC – Um caixa eletrônico trabalha apenas com notas de 20 e 50 reais. Pedro sacou R$ 430,00 nesse caixa e recebeu a menor quantidade possível de notas. Isso significa dizer que Pedro recebeu a seguinte quantidade de notas de 20 reais:

(A) 4 (B) 5 (C) 6 (D) 7 (E) 8

194) IFGO – Um ônibus, a uma velocidade média de 60 km/h, fez um percurso em 4 horas. Ao aumentar a velocidade média para 80 km/h. verifica-se que o ônibus fará o mesmo percurso em:

(A) 14h (B) 12h (C) 6h (D) 3h (E) 8h

195) IFSC – Os amigos Ian, Flávio, Saulo e Cauã se encontraram na saída do supermercado e, ao constatarem que haviam adquirido os mesmos produtos, das mesmas marcas, perguntaram entre si a quantidade que cada um tinha comprado e qual o valor gasto na compra. As respostas foram as seguintes:

- Ian comprou 1kg de arroz e 1kg de feijão e gastou R$ 8,00;
- Flávio comprou 1kg de arroz e 1 dúzia de ovos e gastou R$ 10,00;
- Saulo comprou 1kg de feijão e 1 dúzia de ovos e gastou R$ 12,00;
- Cauã comprou 1kg de arroz, 1kg de feijão e 1 dúzia de ovos e gastou X reais.

Calcule o valor X gasto por Cauã.

(A) R$ 15,00 (B) R$ 16,00 (C) R$ 17,00 (D) R$ 14,00 (E) R$ 18,00

196) OBM – Entre os números naturais de 1 até n, pelo menos 11 são divisíveis por 5 e no máximo 9 são divisíveis por 6. No máximo, quantos desses números são divisíveis por 7?

(A) 4 (B) 5 (C) 6 (D) 7 (E) 8

197) CAP UERJ – Na lanchonete que frequenta, Chiquinha precisa gastar R$ 11,00 para comprar um hambúrguer, um sorvete e um quindim. Para comprar apenas um hambúrguer e um quindim, ela gasta R$ 7,50 e dois sorvetes custam tanto quanto três quindins e mais R$ 1,00. Calcule o preço de um hambúrguer.

(A) R$ 4,00 (B) R$ 4,50 (C) R$ 5,00 (D) R$ 5,50 (E) R$ 6,50

198) USP – Sejam **a** e **b** dois números inteiros positivos. Diz-se que **a** e **b** são equivalentes se a soma dos divisores positivos de **a** coincide com a soma dos divisores positivos de **b**. Constituem dois inteiros positivos equivalentes:

(A) 8 e 9. (B) 9 e 11. (C) 10 e 12. (D) 15 e 20. (E) 16 e 25.

199) Colégio Pedro II – Ana foi com sua filha a uma papelaria onde compraram 3 cadernos ao preço de R$ 5,50 cada um, 1 conjunto de canetinhas de R$ 8,00 e 2 lápis a R$ 1,20 cada. Pagaram suas compras com uma nota de R$ 50,00. Dentre as expressões seguintes, a única que possibilita calcular o troco recebido por elas é:

(A) 50 – 3 x 5,50 – 9 – 1,20
(B) 50 – [3 x 5,50 + 8 + 2 x 1,20]
(C) 50 – 3 x 5,50 + 8 + 2 x 1,20
(D) 50 – [3 x 5,50 – 8 – 2 x 1,20]

200) OBM – Qual é o maior número de algarismos que devem ser apagados do número de 1000 algarismos 20082008...2008, de modo que a soma dos algarismos restantes seja 2008?

(A) 130 (B) 260 (C) 510 (D) 746 (E) 1020

Respostas dos testes

Respostas do Teste 11

101) B 103) C 105) D 107) D 109) B
102) A 104) E 106) E 108) D 110) B

Respostas do Teste 12

111) B 113) D 115) A 117) D 119) B
112) C 114) B 116) A 118) C 120) A

Respostas do Teste 13

121) C 123) C 125) B 127) B 129) C
122) D 124) B 126) C 128) A 130) D

Respostas do Teste 14

131) B 133) C 135) D 137) A 139) B
132) C 134) E 136) B 138) C 140) A

Respostas do Teste 15

141) B 143) D 145) A 147) A 149) C
142) B 144) A 146) C 148) CC 150)CEC

Respostas do Teste 16

151) D 153) A 155) D 157) C 159) D
152) C 154) C 156) C 158) D 160) A

Respostas do Teste 17

161) D 163) E 165) B 167) C 169) A
162) B 164) C 166) B 168) B 170) A

Respostas do Teste 18

171) C 173) E 175) A 177) B 179) E
172) E 174) C 176) C 178) B 180) B

Respostas do Teste 19

181) A 183) B 185) A 187) E 189) B
182) D 184) B 186) C 188) B 190) A

Respostas do Teste 20

191) E 193) E 195) A 197) D 199) B
192) B 194) D 196) E 198) E 200) D

Resoluções dos testes

Resoluções do teste 11

101) Aqui está o exemplo de como um problema sobre um assunto simples – divisão de números naturais – pode ser bastante desafiadora. Temos dois números desconhecidos: x e y. O problema dá duas relações entre esses números, elas resultam das propriedades dos termos da divisão. Lembremos que entre esses termos, que são chamados dividendo, divisor, quociente e resto, existe a seguinte relação:

$$\begin{array}{r|l} \text{dividendo} & \text{divisor} \\ \cline{2-2} \underline{\text{resto}} & \text{quociente} \end{array}$$

dividendo = divisor x quociente + resto

Usemos essa propriedade nas duas informações que o problema fornece:

$$\begin{array}{r|l} x & y \\ \cline{2-2} \underline{5} & ? \end{array}$$

1) Dividindo um número x por um número y, obtém-se o resto 5. Observe que ainda não sabemos qual é o quociente.

$$\begin{array}{r|l} 4y & x \\ \cline{2-2} \underline{8} & 2 \end{array}$$

2) Se o quádruplo de y for dividido por x, encontram-se quociente 2 e resto 8.

Desta segunda relação podemos escrever:
4y = 2x + 8 (dividendo = divisor x quociente + resto)
Isso é o mesmo que dizer:
2y = x + 4 (calculamos a metade dos valores – se dois números são iguais, suas metades também serão iguais).
Da mesma relação, podemos concluir que x vale 2y – 4.
Estamos aqui usando uma propriedade da adição: se a = b + c, então b vale a – c (por exemplo, 10 = 7 + 3, então 7 = 10 – 3).
Usemos então que x vale 2y – 4 e façamos a substituição de y por 2y – 4 na primeira divisão:

$$\begin{array}{r|l} 2y-4 & y \\ \cline{2-2} \underline{5} & ? \end{array}$$

Agora podemos descobrir o quociente desconhecido. Se o dividendo fosse 2y, o quociente seria 2. Mas o dividendo é um valor menor, 27-4. Então o quociente deve ser 1 ou 0. Zero não pode ser, pois se fosse assim, 2y-4 seria 5, o que é impossível, pois 5 é ímpar e 2y-4 é par. Então o quociente tem que ser 1.

$$\begin{array}{r|l} 2y-4 & y \\ \cline{2-2} \underline{5} & 1 \end{array}$$

Podemos mais uma vez usar que dividendo = divisor x quociente + resto, com os valores dados, ficando com:
2y – 4 = y + 5. Isso é uma equação, fácil de resolver.
Subtraindo y dos dois lados, para manter a igualdade, ficamos com
2y – 4 – y = y + 5 – y, ou seja
y – 4 = 5. Agora somando 4 dos dois lados, ficamos com
y – 4 + 4 = 5 + 4
y = 9.

Portanto o número y procurado é 9, O número x já foi determinado como sendo 2y – 4, ou seja, 14. Então x=14 e y=9. O problema pede o valor de y, que é 9.

Resposta: (B) 9

OBS.: Problema considerado difícil, seria cobrado em uma prova no 9º ano ou no ensino médio, e dificilmente em um concurso para ingresso no 6º ano.

102) O número total de marmitas para os 750 empregados durante 25 dias é:
750 x 25 = 18.750. Podemos trabalhar com este número, mas o cálculo ficará mais fácil se o mantivermos na forma original, 750 x 25.
A empresa tinha 750 funcionários, contratou 500, agora são 1250. As marmitas compradas vão durar menos, pois agora são mais funcionários. O número de dias de duração é obtido pela divisão entre o total de marmitas e o número de funcionários.

$\frac{18750}{1250}=\frac{750\times 25}{250\times 5}$. Mantivemos o número de marmitas como 750x25, e o número de funcionários podemos escrever como 250x5, para fazer a simplificação da fração por 250. Ficamos com:

$\frac{3\times 25}{1\times 5}=\frac{3\times 5}{1\times 1}=15$

Portanto as marmitas compradas serão suficientes para 15 dias.

Resposta: (A) 15

103) O problema pode ser resolvido facilmente com um sistema de 3 equações e 3 incógnitas, assunto de 8º e 9º ano. Podemos resolvê-lo com conhecimentos do 6º ano, se usarmos um pouco de raciocínio. Vamos chamar de D o dinheiro que ela havia levado, B o preço da blusa e S o preço da saia. As três informações de preço podem ser descritas por relações matemáticas:

Para comprar a saia e a blusa, faltavam R$ 8,00:	S + B = D + 8	(1)
Se comprasse só a saia, sobrariam R$ 12,00.	S = D – 12	(2)
Se comprasse só a blusa, sobrariam R$ 20,00.	B = D – 20	(3)

Essas relações se aplicam pelo seguinte:
(1) a soma dos preços da saia e da blusa ultrapassam em 8 reais o dinheiro levado.
(2) a saia é 12 reais mais barata que o dinheiro levado
(3) a blusa é 20 reais mais barata que o dinheiro levado.

Se somarmos as relações (2) e (3), ficamos com:
S + B = D + D – 12 – 20, ou seja:
S + B = 2D – 32
Mas a relação (1) também informa que S + B = D + 8. Colocando D + 8 no lugar de S + B, fica:
D + 8 = 2D – 32. Se subtrairmos D dos dois lados da relação, fica:
8 = D – 32
Então, D é um número que, se subtraído de 32, resulta em 8. Logo D vale 40.
O dinheiro que ela levou é R$ 40,00.
Aproveitando, usando em (2) e (3), descobrimos os valores da saia (R$ 28,00) e da blusa (R$ 20,00).

Resposta: (C) R$ 40,00

104) A razão entre 8 e 12 é equivalente à razão entre 2 e 3. Para encontrar razões equivalentes, basta multiplicar ou dividir ambos os números pelo mesmo valor. Continuando, a razão de 2

para 3 é a mesma razão de 20 par 30. Como o total são 50 kg de arroz, podemos repartir em 20 kg e 30 kg, assim estaremos mantendo a razão de 2 para 3, que equivale a 8 para 12. A maior família receberá 30 kg.

Resposta: (E) 30kg

105) Este é um problema clássico. Queremos dividir três números por um mesmo número (que será o número de embalagens), e que seja o maior possível. Então este número de embalagens é divisor, é comum (se aplica aos três números) e é o maior possível. Então é o Máximo Divisor Comum (MDC) entre 90, 60 e 45. Calculando, ficamos com:

90 – 60 – 45	3
30 – 20 – 15	5
6 – 4 – 3	

O MDC é 3 x 5 = 15.
Ou seja, são 15 embalagens contendo as quantidades indicadas ao lado: 6 kg de arroz, 4 kg de feijão e 3 kg de milho.

São 15 embalagens, e cada uma delas irá conter 6 kg de arroz, 4 kg de feijão e 3 kg de milho, total = 13 kg.

Resposta: (D) 13kg

106) Os dados do problema são:
47 notas, de R$ 5,00 e R$ 20,00, valor total de R$ 580,00
Se todas as 47 notas fossem de R$ 5,00, o valor total seria 5 x 47 = 235 reais. Entretanto o valor é R$ 580,00, ou seja, R$ 345,00 a mais. A diferença é devida às notas de 20 reais. Cada uma delas vale R$ 15,00 a mais que uma nota de 5 reais. Para saber o número de notas de 20 reais, basta dividir R$ 345,00 por R$ 15,00.
345 ÷ 15 = 23.
Portanto são 23 notas de R$ 20,00 e 24 notas de R$ 5,00. O total é R$ 580,00, CONFERE!

Resposta: (E) 24 notas de R$ 5,00 e 23 notas de R$ 20,00.

107) Chamemos de B e C os preços da bala e do chiclete. Temos:
2B + 3C = 1,50 (1)
3B + 2C = 2,00 (2)
Somando as duas relações ficamos com:
5B + 5C = 3,50. Dividindo por 5, ficamos com
B + C = 0,70 (3)
Juntando (1), (2) e (3) ficamos com:
2B + 3C = 1,50 (1)
3B + 2C = 2,00 (2)
2B + 2C = 1,40 (relação 3 multiplicada por 2)
Comparando (1) com (3), vemos que (1) tem a mais C, e também 0,10. Logo C = 0,10
Comparando (2) com (3), vemos que B = 0,60. A bala e o chiclete custam, respectivamente, R$ 0,60 e R$ 0,10.

Resposta: (D) R$ 0,60 e R$ 0,10

108) As idades são 8, 12 e 15, a soma das idades é 35.
35, para chegar a 700, deve ser multiplicado por 20. Este valor é fácil de obter: 700 ÷ 35 = 20.
Então multipliquemos também por 20, as idades 8, 12 e 15.

8 x 20 = 160. O filho de 8 anos recebe R$ 160,00
12 x 20 = 240. O filho de 12 anos recebe R$ 240,00
15 x 20 = 300. O filho de 15 anos recebe R$ R$ 300,00.

Resposta: (D) R$ 300,00

109) Poderíamos chamar o número de □, mas assim a sua terça parte seria uma fração. Sendo assim, vamos chamar o número de □□□. Assim sua terça parte será □. Seu dobro será □□□□□□. Então ficamos com:

□□□ + □ + □□□□□□ = 10.

□□□□□□□□□□ = 10. Se 10 vezes um valor é 10, então este valor é 1, ou seja, o número pedido é 3, sua terça parte é 1 e seu dobro é 6. Realmente a soma vale 10.

Resposta: (B) 3

110) Se considerarmos cada domicílio com 4 pessoas, o número de domicílios será 1/4 do número de pessoas.

2.609.716 ÷ 4 = 652.429

Resposta: (B) 652.429

Resoluções do teste 12

111) Uma máquina produz 100 unidades do produto em 4 dias.

A quantidade e o tempo são grandezas diretamente proporcionais. Então podemos concluir que em um dia, esta máquina produz 25 unidades?

4 dias ..... 100 unidades

1 dia ..... 25 unidades

Em 30 dias, esta máquina é capaz de produzir 750 unidades. É um tempo 30 vezes maior, então a quantidade produzida será 30 vezes maior.

30 dias ..... 750 unidades

Entretanto precisamos fabricar 3000 unidades, que é uma quantidade 4 vezes maior que 750. Então precisaremos de 4 máquinas.

Resposta: (A) 4

112) Este é um típico "problema de MMC". O tempo entre as piscadas do primeiro sinalizador é 5 segundos (60s ÷ 12 = 5s), e do segundo sinalizador é 4s (60 ÷ 15 = 4s).

As piscadas dos sinalizadores ocorrerão, respectivamente, em tempos múltiplos de 5s e de 4s, ou seja, em múltiplos de 20s. Quer dizer, a cada minuto, ocorrerão 3 piscadas simultâneas.

Resposta: (C) 3

113) Este por sua vez, é um típico "problema de MDC". Depois de cortadas, as partes das barras terão o mesmo comprimento, e o maior possível. Então o comprimento cortado de uma barra, é um divisor comum dos três comprimentos, e é o maior possível. Portanto este comprimento é o máximo divisor comum (MDC) entre os comprimentos dados: 18m, 12m e 9m. Este MDC é 3. Então as barras serão cortadas, respectivamente, em 6, 4 e 3 pedaços iguais a 3 metros cada. O número total de pedaços obtidos é 6 + 4 + 3 = 13.

Resposta: (D) 13

114) Vai ser preciso "voltar no tempo", a partir de junho/2013, até jan/2013, para contar quantas bicicletas foram produzidas em todo o 1º semestre de 2013. A cada mês anterior, devemos subtrair 30 unidades.

Jun/2013: 800
Mai/2013: 770
Abr/2013: 740
Mar/2013: 710
Fev/2013: 680

Jan/2013: 650

Somando essas quantidades, ficamos com o total da produção deste 1º semestre:
650 + 680 + 710 + 740 + 770 + 800 = 4.350

Resposta: (B) 4350

115) A soma de todos os 16 números distribuídos na tabela é:
1 + 2 + 3 + 4 + 5 + 6 + 7 + 8 + 9 + 10 + 11 + 12 + 13 + 14 + 15 + 16 = 136
Se as somas dos elementos das linhas, e das colunas, são sempre iguais, então cada soma parcial é 136 ÷ 4 = 34.

Resposta: (A) 34

116) 572 é o mesmo que 500 + 70 + 2 =
5 x 100 + 7 x 10 + 2

Resposta: (A) 5 x 100 + 7 x 10 + 2

117) Usemos grandezas proporcionais. A nota é diretamente proporcional ao número de acertos, e 15 acertos fazem a nota 10.

15 ..... nota 10,0. Dividindo por 5, temos:
3 ..... nota 2,0. Multiplicando por 2, temos:
6 .... nota 4,0.

Resposta: (D) 4,0

1	☐		3
	2	4	
	1	3	
2			4

118) São 16 células e 4 números possíveis. Como em cada linha (o mesmo para a coluna) cada número só aparece uma vez, então ao todo existem 4 números 1, 4 números 2, 4 números 3 e 4 números 4. Como já estão preenchidos dois de cada número, então resta preencher 2 de cada, então a soma dos números que faltam é 1 + 2 + 3 + 4 duas vezes, ou seja, 20.
O problema não pediu, mas se quiséssemos preencher as células em branco, de modo que não haja repetição nem na linha nem na coluna, basta verificar para cada célula, qual é o número que não aparece nem na sua linha, nem na sua coluna.

Por exemplo, a célula indicada na primeira linha, segunda coluna, deve ser preenchida com o número 4, pois na sua linha já temos 1 e 3, e na sua coluna também aparece o 2, então resta para este posição, apenas o 4. As demais células são preenchidas da mesma forma.

Resposta: (C) 20

119) É como fazer a divisão de um número desconhecido, por 6, depois por 7.
Dividindo por 6, fica resto 5.
Dividindo por 7, fica resto 6.
Se adicionarmos 1 bola a este total, não haverá mais resto. Ou seja, este número somado com 1, é um múltiplo de 6, e também é um múltiplo de 7. Então o número somado com 1, é múltiplo de 6 e 7 ao mesmo tempo, ou seja, múltiplo do MMC entre 6 e 7, que é 42. Também pode ser múltiplo dos múltiplos de 42, como 84, 126, 168, etc. Como o problema informou que são menos de 50 bolas, então tem que ser 42, ou melhor, 41, pois havíamos adicionado uma bola ao número original. Entre as respostas, a única que se aplica ao 41 é a letra (B): um número primo.

Resposta: (B) primo

OBS.: Lembre deste problema, pois ele aparece muito nas provas de concursos. Foi criado há mais de 3000 anos na China.

120) O número de pacotes é o MDC entre 49 e 7. Claro, pois as quantidades serão divididas por um mesmo número (ou seja, um divisor comum), e tem que ser o maior possível. O MDC entre 49 e 7 é 7. Portanto são 7 pacotes, e o conteúdo de cada um será a sétima parte de cada grupo de jogos: 7 jogos de Play Station 3 e 1 jogo de Xbox.

Resposta: (A) 7

Resoluções do teste 13

121) Parece o problema de formar pacotes em maior quantidade possível usando todos os elementos dos grupos, que resolvemos pelo MDC, entretanto não é isso o que o problema pede. O que é pedido é formar pacotes no maior número possível, com quantidades iguais de cada remédio, permitindo sobra. As quantidades dos remédios são:

1500 – 2200 – 3400

Para atender ter o maior número de pacotes, com quantidades iguais de cada remédio, devemos colocar em cada pacote, um remédio de cada. Como o primeiro remédio é o que apresenta menor quantidade, seu número deverá ser o número de remédios, ou seja, formaremos 1500 pacotes, contendo um remédio de cada tipo. Gastaremos 1500 frascos do primeiro remédio, 1500 do segundo tipo e 1500 do terceiro tipo. Restarão 700 frascos do segundo remédio e 1900 frascos do terceiro remédio. O total de frascos restantes será 700 + 1900 = 2600.

Resposta: (C) 2600

122) Um típico problema de ciclos temporais. A coincidência dos três eventos ocorrerá em um instante que é múltiplo de cada um dos ciclos, ou melhor, um múltiplo comum. O menor tempo até essa coincidência ocorrer novamente é o MMC entre os períodos de cada evento: MMC(8, 11, 28) = 616. Isso é quase dois anos!

Resposta: (D) mais de um ano e meio

123) Entre as opções, vemos vários números que NÃO SÃO PRIMOS:
(A) 10; (B) 20; (D) 6, 8, 9; (E) 20, 77, 90. A única opção que só tem primos é (C).
17 é primo, 19 é primo, 23 é primo, 19 é primo.
Lembrando, para testar se um número é primo, testamos se é divisível pelos primos inferiores, na ordem crescente: 2, 3, 5, 7, ...
Quando o primo testado, ao quadrado, é maior que o número em teste, podemos parar e concluir que o número é primo. No caso desses números da opção (C), podemos testar a divisão por 2, 3 e 5, até concluir que 17, 19 e 23 são primos. Para o 29, testamos também a divisão por 7. Todos eles são primos.

Resposta: (C)

124) Um típico "problema de quadradinho". Ao invés de chamar o número desconhecido de □, vamos chamá-lo de □□, pois assim teremos sua metade sendo □, e não precisaremos usar frações. Ficamos com:
Um número = □□
Sua metade = □, o sêxtuplo de sua metade = □□□□□□
Seu triplo = □□□□□□

Ficamos com 12 x □ = 24, então □ vale 2. O número é □□ = 4

Resposta: (B) 4

125) Escreva em algarismos romanos os números 40, 82, 1200 e 65.

40 = XL; (10 antes de 50)
82 = 80 + 2 = 50 + 10 + 10 + 10 + 2 = LXXXII
1200 = 1000 + 100 + 100 = MCC
65 = 50 + 10 + 5 = LXV

Resposta: (B) XL, LXXXII, MCC, LXV.

126) Repetimos por comodidade as posições dos cubos das respostas:

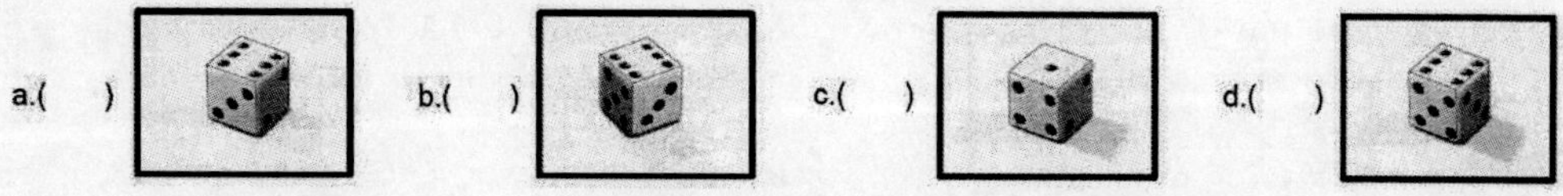

126) É preciso desenhar o cubo planificado, a partir das três posições dadas no enunciado. Note que essas três visualizações têm em comum, o número 6 voltado para cima. As faces "vizinhas" do 6, no sentido horário, são 3, 2, 4 e 5. Portanto no cubo planificado, desenhamos esses três números, neste mesmo sentido, em torno da face 6. A face 1 é a única que sobra, e é a oposta à face 6. Ainda é preciso tomar cuidado com as orientações das faces 6, 3 e 2. Por exemplo, a opção (A) parece que é a certa, temo os mesmos números da primeira visualização dada, mas note que a posição do 3 está girada, não é a correta.
O cubo planificado, com os números preenchidos, fica como na figura ao lado.

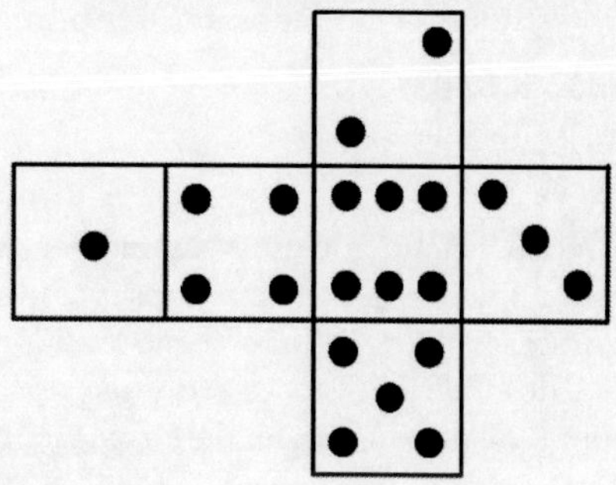

Agora temos que testar qual das opções de resposta estão de acordo com esta planificação. As opções (A), (B) e (D) estão erradas em relação à planificação. A única que resta é a (C), e esta é a correta. Apesar de não ter sido apresentada uma visualização com a face 1 voltada para cima, está de acordo com a posição do cubo planificado. Vemos na planificação, que com a face 1 para cima, as faces e 4 e 1 são suas "vizinhas", no sentido da figura, e a face do 2 está com a inclinação correta.

Resposta: (C)

127) O maior resto possível em uma divisão é uma unidade abaixo do divisor. Por exemplo, em uma divisão por 5, os restos só podem ser 0, 1, 2, 3 ou 4. No caso de uma divisão por 58, o maior resto possível é 57. Então a divisão tem os seguintes termos:

dividendo	58	Podemos agora calcular o dividendo.
57	69	dividendo = divisor x quociente + resto

58 x 69 + 57 = 4059.

Resposta: (B) 4059

128) Fazemos o cálculo a partir da raiz mais interna. A raiz mais interna é $\sqrt[3]{64}$. Como 64 = 4x4x4, sua raiz cúbica é 4. Ficamos então com:

$\sqrt{13+\sqrt[3]{25+\sqrt{8-4}}} =$

$\sqrt{13+\sqrt[3]{25+\sqrt{4}}} =$

$\sqrt{13+\sqrt[3]{25+2}} = \sqrt{13+\sqrt[3]{27}}$

Como 27 = 3x3x3, sua raiz cúbica é 3. Ficamos com

$\sqrt{13+3} = \sqrt{16} = 4$

Resposta: (A) 4

129) O MDC é um divisor dos números dados. Então o MDC não pode ser maior que os números. Sendo assim, eliminamos as opções A, B e D. Resta conferir a opção C, e se estiver errada, a resposta será (E).
Nem é preciso fazer os cálculos, mas se calcularmos o MMC e o MDC entre 3, e 15, encontrarmos 15 para o MMC, e 3 para o MDC. Não é preciso fazer cálculos, porque quando dois números envolvidos são um divisor do outro, como 3 e 15, o MMC é o maior deles, e o MDC é o menor deles.

Resposta: (C) o MMC(3, 15) é 15 e o MDC é 3.

130) Os valores guardados nos três primeiros meses são:

1º mês: R$ 2,00
2º mês: R$ 6,00
3º mês: R$ 18,00

É preciso entender o que significa "e assim por diante", ou seja, qual é a lei de formação desses números. A princípio, observando os dois primeiros, parece que são 4 reais a mais, mas o termo seguinte, 18, não segue esta lógica. Então podemos tentar com cada termo sendo o triplo do anterior. Isto está de acordo com os números 2 – 6 – 18, cada um é o triplo do anterior. Seguindo esta lei de formação, os próximos valores serão:

4º mês: 3 x 18 = R$ 54,00
5º mês: 3 x 54 = R$ 162,00
6º mês: 3 x 162 = R$ 486,00

A soma desses valores é 2 + 6 + 18 + 54 + 162 + 486 = 728

Resposta: (D) R$ 728,00

Resoluções do teste14

131) Paulo sobe de 2 em 2 degraus, pisará nos degraus 2, 4, 6, 8, 10, 12, 14, 16, 18, 20
Daniel sobe de 3 em 3, pisará nos degraus 3, 6, 9, 12, 15, 18, o 21 não existe, então 20.

Então analisemos as afirmativas:
I – Apenas um deles vai pisar o 13º degrau.
ERRADO, nenhum dos dois vai pisar no 13º.
II – Os degraus 6º, 12º e 16º serão pisados pelos dois.
ERRADO. O 6º e o 12º sim, mas apenas Paulo pisará no 16º.
III – Nenhum deles irá pisar no 15º degrau.
ERRADO. Daniel pisará no 15º.

Então as três afirmativas estão erradas. Não existe uma opção exatamente assim, mas a opção (B) serve, diz que a II é falsa, e realmente é. Se usasse a palavra "apenas", não serviria.

(B) A afirmativa II é falsa.

132) O preço realmente deve ser proporcional ao número de cajus, a menos que o vendedor faça um abatimento, mas jamais pode fazer um aumento.

6 cajus ..... R$ 5,00
9 cajus ..... ?

Para chegar de 6 cajus a 9 cajus, vamos primeiro dividir por 2:

3 cajus ..... R$ 2,50. Agora multiplicamos por 3:
9 cajus ..... R$ 7,50. Então o preço correto é R$ 9,00.

Uma outra forma de chegar a esse resultado é partir do preço de 6 unidades, e somar mais a metade deste valor, ou seja, 50%. Ficamos com R$ 5,00 + R$ 2,50 = R$ 7,50

Resposta: (C) R$ 7,50

133) É um problema de divisão proporcional. Uma forma de resolver é começar estipulando valores:

- Filha e Filha ficaram com a metade
- Filha e Filho na proporção de 4 para 3, respectivamente.
- Viúva: o dobro do filho
- Segurança: R$ 500,00 (este valor permitirá descobrir os valores verdadeiros).

Vamos estipular valores de R$ 400,00 para a filha e R$ 300,00 para o filho. Nesse caso, a metade da herança é R$ 700,00, a outra metade será distribuída entre a viúva e o segurança. A viúva ganhou o dobro do que coube ao filho, então é R$ 600,00. Sobram R$ 100,00 para o segurança. Então na distribuição com valores fictícios, os valores ficam:

filha = 400, filho = 300, viúva = 600 e segurança = 100, TOTAL = 1400.

Mas o problema informou que o segurança recebeu 500, então para ficar correto, todos os valores estipulados devem ser multiplicados por 5. O valor da herança é 5 x 1400 = 7.000

Resposta: (C) R$ 7000,00

134) As informações são as seguintes:
1) 50 veículos
2) Carros, motos e triciclos
3) 165 rodas
4) Rodas dos carros são o quádruplo dos números de rodas das motos.

A informação 4 nos permite concluir que existem duas vezes mais carros que motos. Se fossem quantidades iguais, as rodas dos carros seriam apenas o dobro das rodas das motos (4 contra 2), mas como as rodas dos carros são o quádruplo, temos duas vezes mais carros. Por exemplo, como em 2 carros (8 rodas) e uma moto (2 rodas). Então vamos chamar o número de motos de □, e o de carros de □□. Como o número total de veículos é 50, o número de triciclos é 50 – □ – □□ = 50 – □□□. Ficamos então com:

Carros: 2□; Total de rodas dos carros = 8□.
Motos: □; Total de rodas de motos = 2□.
Triciclos: 50 – 3□; Total de rotas de triciclos é o triplo = 150 – 9□.
A soma de todas as rodas é 8□ + 2□ + 150 – 9□ = 150 + 10□ – 9□ = 150 + □ = 165
Então 150 + □ = 165, e □ = 15. Portanto os veículos são:
Motos = 15, carros = 30, triciclos = 5. Conferindo pelo número de rodas, temos:
30 + 120 + 15 = 165.

Resposta: (E) o número de motos igual ao triplo de triciclos

OBS: Ao aprender equações, a partir do 8º ano, o aluno passa a resolver esse tipo e problema de forma mais fácil, quase mecânica, sem raciocinar. É importante que aprenda antes, como na solução mostrada, a resolver esse tipo de problema usando apenas raciocínio matemático. O seu raciocínio desenvolvido será útil na resolução de diversos outros problemas.

135) Resolvendo as expressões:
I – 1 x 1 x 1 x 1 x 1 x 1 = 1 x 6: ERRADO, o produto de fatores 1 é 1, e 1x6 é 6.
II – 10 x 10 x 10 = 10^3 : CORRETO, 10x10x10 é 10 elevado à terceira potência.
III – 10 x 100 – 10^0 = 999 : CORRETO, 10x100 – 10^0 = 1000 – 1 = 999.
IV – $4^0 + 4^1 \times 4^0 + 4^0 = 12$: ERRADO. A expressão é 1 + 4x1 + 1 = 6.
V – $3^4 = 12$: ERRADO, $3^4 = 81$.

Resposta: (D) II e III

136) Muito fácil. São 1.000.000 bolinhas, que divididas em caixas de 20 (duas dezenas), resultam no número de caixas igual a:
1000000 ÷ 20 = 100000 ÷ 2 = 50.000

Resposta: (B) 50.000

OBS.: Um milhão de bolinhas? Maluco!

137) As informações permitem determinar x e y:
1) O quadrado de x é 81 ➔ x = 9, já que o quadrado de 9 é 81.
2) O quíntuplo de y é o quadrado de y, ou seja, 5.y = y.y, então y vale 5.
Portanto x=9 e y=5. Então x+y vale 14.

Resposta: (A) 14

138) É um problema de divisão proporcional. O número de atendentes deve ser diretamente proporcional ao número de telefonemas atendidos.

8 atendentes ..... 5600 telefonemas. Calculemos o trabalho de 1 atendente, dividindo por 8
1 atendente..... 700 telefonemas   Multiplicando por 11, ficaremos com 7700 telefonemas
11 atendentes ..... 7700 telefonemas

Resposta: (C) 11

139) A diferença entre o número de cachorros e de gatos é 1. Então façamos:
Gatos = □, cachorros = □+1. (o número de cachorros é 1 a mais que o número de gatos)
Foi dado ainda que
"A soma do dobro do número de cachorros e do triplo do número de gatos é igual a 17".
Então 2(□+1) + 3.□ = 17
2.□ + 2 + 3.□ = 17
5.□ + 2 = 17
5.□ = 15
□ = 3
Portanto são 3 gatos e 4 cachorros.

Resposta: (B) 3 gatos e 4 cachorros

140) Aparecem pela primeira vez neste livro, grandezas ***inversamente*** proporcionais.
Quando uma aumenta, a outra diminui, e vice-versa. Neste exemplo, com menos eletricistas, o trabalho irá demorar mais.

8 eletricistas ..... 3 dias   Dividimos o número de eletricistas por 4, o tempo será multiplicado.

2 eletricistas ..... 12 dias O tempo é multiplicado pela mesma razão que o grupo foi dividido. Queremos saber agora o tempo para 6 eletricistas. Multiplicando o número de eletricistas por 3, o tempo ficará dividido por 3.
6 eletricistas ..... 4 dias

Resposta: (A) 4

Resoluções do teste 15

141) Essa questão é sobre CONJUNTOS, uma matéria que algumas escolas ensinam, outras não, a partir do 5º ano. Quantos aos concursos, alguns a cobram em concursos para ingresso no 6º ano, outros não. Para concursos feitos no final do 9º, ano, é mais comum encontrar esse tipo de questão, e nos concursos ao final do ensino médio, é um assunto bastante comum. A situação descrita é muito comum, e é resolvida através de um diagrama, conhecido como DIAGRAMA DE VENN. Nele representamos as informações do problema. Usamos dois conjuntos para indicar os alunos que gostam de português e os alunos que gostam de matemática. Existem os que gostam de ambas as matérias, e os que não gostam nem de uma, nem de outra.

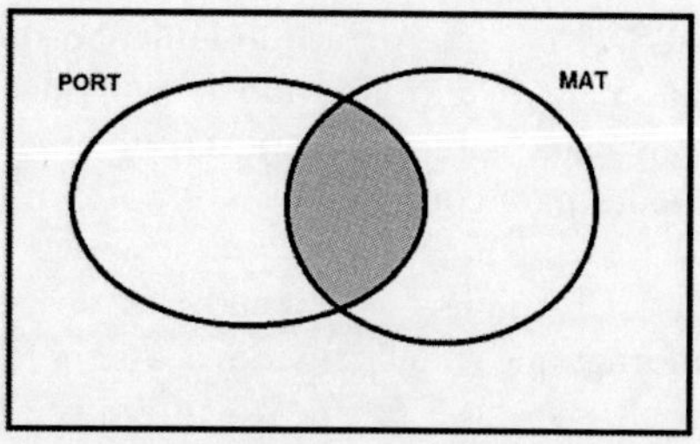

O retângulo representa todos os alunos.
Entre os alunos, estão representados os que gostam de Português e os que gostam de Matemática.
Os que estão na interseção dos conjuntos, ou seja, nos dois conjuntos ao mesmo tempo, são os que gostam de ambas as matérias. Os que estão fora dos dois conjuntos são os que não gostam nem de uma, nem de outra matéria.

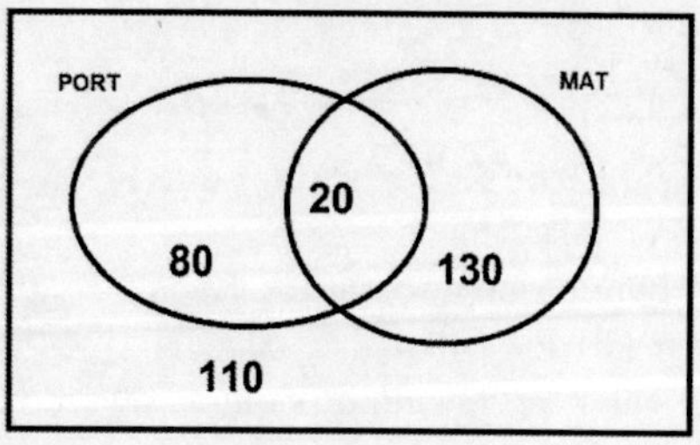

Agora preenchemos no diagrama as informações do problema. É sempre bom começar pela interseção, a resolução fica mais fácil.
20 gostam das duas disciplinas.
100 gostam de Português (20 + 80).
150 gostam de Matemática (20 + 130).
110 não gostam nem de uma, nem de outra.
Somando essas regiões ficamos com:
80 + 20 + 130 + 110 = 340.

Resposta: (B) 340

142) Novamente, grandezas diretamente proporcionais.
3m^2 ..... 10 pessoas
8700 m^2 ..... ?

Para transformar 3m^2 em 8700m^2, temos que multiplicar por 2900. Este número 2900 é fácil de encontrar. É a divisão de 8700 por 3.

3m^2 ..... 10 pessoas
8700 m^2 ..... 2900 x 10 pessoas

São portanto 29000 pessoas.

Resposta: (B) 29.000

143) As 15 mulheres trabalhavam 6 horas por dia, para cumprir a produção encomendada. A cada dia, uma certa produção diária, igual em todos eles, garantia o término da produção encomendada, exatamente no término do prazo.

Um certo dia, 6 mulheres se retiraram, restando apenas 9. Para que o prazo combinado seja cumprido, é preciso que a produção diária seja mantida. Esta produção diária era o trabalho de 15 mulheres durante 6 horas.

15 mulheres ..... 6 horas
9 mulheres ..... ?

Note que temos aqui, grandezas inversamente proporcionais, ou seja, com menos mulheres, será preciso trabalhar mais horas para obter a mesma produção. E vice-versa. Então devemos operar com essas duas grandezas, multiplicando ou dividindo. Se dividirmos a quantidade de mulheres, multiplicamos o número de horas. Se multiplicarmos a quantidade de horas, dividimos o número de mulheres.

15 mulheres ..... 6 horas. Vamos dividir por 5 a quantidade de mulheres. E multiplicar as horas
3 mulheres ..... 30 horas. Vamos multiplicar por 3 a quantidade de mulheres. E dividir as horas
9 mulheres ..... 10 horas.

Então as 9 mulheres farão o mesmo serviço diário que as 15, se trabalharem 10 horas por dia, ao invés de 6, ou seja, 4 horas a mais.

Resposta: (D) 4

OBS.: Note que o fato do tamanho do grupo ter diminuído quando faltava, 30, ou 20, ou 10 dias para o término, não teve influência na resolução do problema. Alguns problemas de concursos têm essa características: dados redundantes que não servem para a resolução, apenas para confundir.

144) Chamemos as quantidades desses livros de F, R, C e S, respectivamente. O problema informa que as quantidades são diferentes, e o total de livros é 15. É informado também que:
F + R = 7, e R + C = 6. Isso indica que F é 1 unidade a mais que C. Usando □ para representar c, temos:
C = □
F = □+1
Partindo de R+C=6, temos que R = 6 – C, ou seja, 6 – □
R = 6 – □
Sabendo que a soma dos livros é 15, podemos calcular S. Das relações acima, temos:
R + C + F = 6 + □ + 1 = □ + 7
O valor de S, somado com as quantidades dos outros três tipos de livros (□ + 7) é 15. Então o valor de S é 8 – □. Agora sabemos as quantidades de todos os livros, mas em função de □.
C = □
F = □+1
R = 6 – □
S = 8 – □
De fato, esta soma está resultando em 16, e as outras condições do problema são satisfeitas.
Agora temos que descobrir o valor de □. Este valor é um número entre 1 e 5, Não pode ser zero, pois nenhum desses valores pode ser zero, e não podemos ter C=0. Da mesma forma não podemos ter □=6, pois assim teríamos R=0. Valores de □ maiores que 6 forneceriam um resultado inválido (negativo) para R. Portanto testemos os valores 1, 2, 3, 4 e 5 para □, sabendo que as quantidades de livros devem ser diferentes, e que uma delas tem que ser 4.

□=1: C=1, F=2, R=5, S=7, não serve porque não temos um resultado 4.
□=2: C=2, F=3, R=4, S=6, SERVE, são números diferentes e um deles é 4.
□=3: C=3, F=4, R=3, S=5, não serve porque temos dois valores iguais.
□=4: C=4, F=5, R=2, S=4, não serve porque temos dois valores iguais
□=5: C=5, F=6, R=1, S=3, não serve, pois nenhum deles é 4.

Resposta: (A) romance

145) Calculemos quantas páginas uma máquina produz por hora, assim poderemos calcular depois quantas máquinas serão necessárias.

12500 livros de 120 páginas, em 15 dias de 8 horas, utilizando 4 máquinas.
O número total de páginas impressas é 12500 x 120. Para saber quantas páginas uma máquinas produz por hora, vamos dividir este número de páginas por 15, por 8 e por 4, pois são 15 dias de 8 horas, com 4 máquinas trabalhando.

$\frac{12500\times120}{15\times8\times4}=\frac{12500\times30}{15\times8\times1}=\frac{12500\times2}{1\times8\times1}=\frac{12500\times1}{1\times4\times1}=3125$. Este é o número de páginas por hora que uma máquina produz.

Agora temos um segundo trabalho, de 18.000 livros de 150 páginas, que devem ser entregues em 24 dias de 6 horas cada. Vamos ver quantas páginas devem ser impressas por hora:
O número total de páginas é 18000 x 150. O número total de horas de trabalho é 24 x 6. Então o número de páginas impressas por hora é:

$\frac{18000\times150}{24\times6}=\frac{18000\times25}{24\times1}=\frac{3000\times25}{4\times1}=18750$. Este é o número de páginas que devem ser impressas por hora. Como uma máquina imprime 3125 páginas por minuto, o número de máquinas necessárias é:

$\frac{18750}{3125}$, que resulta em exatamente 6.

A tipografia já tem 4 máquinas, precisa comprar mais duas.

Resposta: (A) 2

146) Se todos os passageiros embarcarem, a empresa receberá 100 x R$ 2.000,00 = R$ 200.000,00

Para receber 136 mil, que é 64 mil a menos, alguns passageiros deixarão de embarcar. Cada passageiro que não em barca, a empresa recebe apenas R$ 400,00, ou seja, R$ 1.600,00 a menos que o valor esperado.

Então o número de passageiros que não embarcarão é R$ 64.000,00 / R$ 1.600,00, que resulta em 40. Ou seja, 60 irão embarcar e 40 não irão embarcar. Conferindo o resultado:
60 embarcam: 60 x R$ 2.000,00 = R$ 120.000,00
40 não embarcam: 40 x R$ 400,00 R$ 16.000,00
TOTAL: R$ 136.000,00

Resposta: (C) 60

147) Dividindo a por **b** usando uma fração, ficamos com:

$$\frac{a}{b}=\frac{2^7\times3^8\times7}{2^5\times3^6}=2^2\times3^2\times7$$

Justificativa:
Dividindo 2^7 por 2^5, cinco fatores 2 irão cancelar, sobrando apenas 2^2.
Dividindo 3^8 por 3^6, seis fatores 3 irão cancelar, sobrando apenas 3^2,
O resultado é $2^2 \cdot 3^2 \cdot 7 = 4.9.7 = 252$

Resposta: (A) 252

148) Colégio Militar Tiradentes DF 2014 – Marque os itens abaixo como "certo" ou "errado":

(A) ( ) O quadrado do número natural 14, no sistema de numeração romano, é CXCVI.

(B) ( ) Dada a expressão $3000^3 - \left(\frac{14}{2} \times 35 + 11^2\right)$, pode-se dizer que a ausência de parênteses influencia o valor final da expressão numérica.

A) O quadrado de 14 é 14 x 14 = 196, que em romanos é:
100 + 90 + 6 =
C + XC + VI = CXCVI: CERTO!

B) $3000^3 - \left(\frac{14}{2} \times 35 + 11^2\right) = 3000^3 - (7 \times 35 + 121) = 3000^3 - (245 + 121) = 3000^3 - 366$

Se fizermos o mesmo cálculo, sem parênteses, o resultado será:

$3000^3 - \frac{14}{2} \times 35 + 11^2 = 3000^3 - 7 \times 35 + 121 = 3000^3 - 245 + 121$, que não é a mesma coisa que o resultado encontrado com parênteses. Então a ausência de parênteses influencia o valor final da expressão numérica. A afirmativa está CORRETA:

Resposta Certo, Certo.

149) O número desconhecido é 1_58, múltiplo de 3.
Para um número ser múltiplo de 3, a soma dos seus algarismos tem que ser um múltiplo de 3. A soma 1 + 5 + 8 resulta em 14, para completar o próximo múltiplo de 3, que é 15, o algarismos apagado pode ser 1. Se somarmos 3 a este algarismo, encontraremos outros múltiplos de 3, então o algarismo apagado pode ser além de 1, 4 ou 7. A turma informou ainda que o algarismo apagado é par, então entre 1, 4 e 7, só pode ser o 4.

Resposta: (C) 4

150) Calculando o número de vagas:

Para carros, são 12 fileiras x 25 vagas = 300 vagas
Para motos, são 5 fileiras x 30 vagas = 150 vagas.
Então:

(A) (CERTO) Há, no estacionamento, 300 vagas destinadas aos carros.
(B) (ERRADO) Há, no **estacionamento**, 185 vagas destinadas às motos.
(C) (CERTO) O número de vagas destinadas para as motos é metade do número de vagas destinadas para os carros.

Resposta: Certo, Errado, Certo

Resoluções do teste 16

151) O número de anos que vão se passar, depois de 2016, para que as reuniões coincidam novamente, é o MMC entre 4, 6 e 7. Este MMC é 84. Portanto, 84 anos depois de 2016, que será igual a 2100.

Resposta: (D) 2100

152) Os divisores de 8 são 1, 2, 4 e 8. Os divisores de 14 são 1, 2, 7 e 15. Os divisores comuns são 1 e 2.

Resposta: (C) {1, 2}

153) Podemos chamar o número de mulheres de □, e o de homens de □+86. A soma desses valores é 450. Com essa informação podemos descobrir o número de homens e o número de mulheres:

Mulheres: □
Homens: □+86
Total: □□+ 86 = 450
□□ = 450 – 86 = 364
□ = 182

Resposta: (A) 182

154) É possível encontrar "de cabeça" os divisores de um número, mas isso é um pouco perigoso, pois podemos esquecer algum deles.

O modo mais seguro é encontrar os divisores usando fatoração. A primeira coisa a fazer é fatorar o número. Depois colocamos uma barra vertical ao lado dos fatores encontrados. Ali será formada a lista de divisores. A seguir passamos a multiplicar cada fator, pelos números da lista de divisores. Começamos com 2 x 1 = 2.

		1
180	2	2
90	2	
45	3	
15	3	
5	5	
1		

A cada novo fator, fazemos a sua multiplicação por todos os números da lista de divisores. Não contamos repetidos.
Encontramos então os divisores:
1, 2, 4, 3, 6, 12, 9, 18, 36,
5, 10, 20, 15, 30, 60, 45, 90 e 180.
São ao todo 18 divisores.

		1
180	2	2
90	2	4
45	3	3, 6, 12
15	3	9. 18, 36
5	5	5, 10, 20, 15, 30, 60, 45, 90, 180
1		

Para responder o que o problema pede, temos que colocar esta lista de divisores em ordem crescente. Ficamos com:
1, 2, 3, 4, 5, 6, 9, 10, 12, 15, 18, 20, 30, 36, 45, 60, 90 e 180. Os dois centrais da lista são 12 e 15. Sua soma, como o problema pede, é 27.

Resposta: (C) 27

155) O atleta está fazendo o que neste problema? Servido para dizer que é uma prova com tema das olimpíadas, mas o que interessa de matemática é o MDC entre os números 192, 288 e 480.

O cálculo do MDC está indicado ao lado.
O MDC vale 96.
O atleta ficará feliz em saber que seus pontos têm o valor do MDC desses números, que vale 96.

Resposta: (D) 96 pontos

192 – 288 – 480	2
96 – 144 – 240	2
48 – 72 – 120	2
24 – 36 – 60	2
12 – 18 – 30	2
6 – 9 – 15	3
2 – 3 – 5	MDC = 2^5.3 = 96.

156) Os números que são divisíveis simultaneamente por 3 e 4, são os múltiplos comuns entre 3 e 4. O primeiro deles é o MMC, que vale 12. Existem vários outros, que são os múltiplos deste MMC: 12, 24, 36, 48, ... 3000. 3000 é o último múltiplo de 12 nesta lista. A quantidade deles é fácil de encontrar: basta dividir 3000 por 12:
3000 ÷ 12 = 250. Portanto, entre 1 e 3001, existem 250 números que são múltiplos de 3 e 4 ao mesmo tempo. A segunda pergunta é mais difícil de calcular. O problema quer a soma desses números. Certamente o professor que formulou este questão deixou uma brecha para o aluno

atento resolvê-la, sem ter o trabalho de calcular esta soma. Basta observar que a única opção que tem o número 250 como a quantidade de valores é (C). Então esta é a resposta, o aluno pode acertar sem ter o trabalho de calcular a soma.

Ainda assim, vamos ver como esta soma é calculada. É preciso usar um tópico que só é apresentado no ensino médio, apesar de envolver conhecimentos de 5º ano. A soma que queremos calcular é:

S = 12 + 24 + 36 + 48 + ... + 2988 + 3000. São todos os múltiplos de 12 entre 1 e 3000.
S = 3000 + 2988 + 2976 + ... + + 24 + 12. São os mesmos números em ordem contrária.
Observe que agrupando esses números de dois em dois, formamos a soma 3012, um total de 250 vezes:
12 + 3000 = 3012
24 + 2988 = 3012
36 + 2976 = 3012
...
2988 + 24 = 3012
3000 + 12 = 3012
Esta soma resulta em 250 x 3012. Mas este valor é o dobro da soma que queremos. Então a soma desejada é a metade desse valor: 250 x 1506 = 376.500

Resposta: (C) 250 e 376.500

157) Vamos calcular quantos períodos existem neste grupo de dias. Um período pode ser uma manhã ou uma tarde, ou seja, cada dia tem 2 períodos. O número total de períodos é o dobro do número de dias. O problema identifica três tipos de períodos:
1) Os períodos com chuva, que podem ser manhã ou tarde: 7 períodos.
2) As manhãs sem chuva, foram 6 períodos.
3) As tardes sem chuva, foram 5 períodos.
Nesse grupo de manhãs e tardes, temos ao todo 7 + 6 + 5 = 18 períodos.
Então foram ao todo, 9 dias. Isso é suficiente para resolver o problema. Se quisermos saber em quantas tardes, e em quantas manhãs houve chuva, fazemos o seguinte:
6 manhãs sem chuva, de um total de 9: foram 3 manhãs com chuva
5 tardes sem chuva, de um total de 9: foram 4 tardes com chuva.

Resposta: (C) 9

158) Se o sol é N vezes mais longe que a Lua, podemos encontrar N pela divisão entre a distância até o Sol, e a distância até a Lua:

$$N = \frac{150.000.000}{400.000} = \frac{150.000}{400} = \frac{1500}{4} = 375$$

Resposta: (D) 375

159) São 20 moedas de 10 e de 50 centavos, total de R$ 5,20 = 520 centavos.
Se todas fossem de 10 centavos, seria, 200 centavos. Mas são 520 centavos, ou seja, 320 centavos a mais. Esses 320 centavos são devido ao fato de existirem moedas de 50 centavos, que valem 40 centavos a mais cada uma. Então o número dessas moedas é 320 ÷ 40 = 8. São portanto, 8 moedas de 50 centavos e 12 moedas de 10 centavos.
8 x 50 centavos = R$ 4,00
12 x 10 centavos = R$ 1,20
Total: R$ 5,20

Resposta: (D) 12

160) Os três piscarão ao mesmo tempo cada vez que ocorrer um período igual ao MMC dos seus ciclos. O MMC entre 15, 30 e 40 é 120. Ou seja, 2 minutos. A cada 2 minutos, os três piscarão ao mesmo tempo, ou seja, isso ocorrerá 30 vezes por hora.

Resposta: (A) 30

Resoluções do teste 17

161) É um fenômeno cíclico, que tem um período igual ao MMC entre os ciclos dos dois fenômenos. O MMC entre 28 e 64 é 468. Então ocorrerá 448 anos depois de 2004, ou seja, em 2452.

Resposta: (D) 2452

162) Essa matéria é chamada de "regra de três composta", e é ensinada em geral no 8º ano. Podemos entretanto resolver o problema usando conhecimentos de 5º ano em um pouco de raciocínio matemático. O caminho é usar as informações dadas para calcular o trabalho que uma pessoa faz em uma hora, ou então em 1 dia, se esta for a menor unidade de tempo envolvida. No caso deste problema, não se fala em horas diárias de trabalho, então a unidade de tempo é o dia. Temos:

6 digitadores em 24 dias preparam 1600 páginas.

Se o tempo for reduzido para 1 dia, este grupo produzirá um número de páginas 24 vezes menor:

6 digitadores preparam em 1 dia, 1600/24 páginas.

Se o número de trabalhadores for dividido por 6, o trabalho realizado também será reduzido 6 vezes:

1 digitador prepara em 1 dia, 1600/(24x6) páginas.

Simplificado esta fração, resulta em:

$\frac{1600}{24\times6}=\frac{200}{3\times6}=\frac{100}{3\times3}=\frac{100}{9}$. Curioso, o número páginas que um digitador prepara em 1 dia é uma fração. Quer dizer que faz uma parte de uma página em um dia, e continua na mesma página no dia seguinte.

Agora temos que descobrir em quantos dias 15 digitadores prepararão 3500 páginas. Este grupo de 15 digitadores irá preparar em um dia, 15 x 100/9 páginas.

$15\times\frac{100}{9}=5\times\frac{100}{3}=\frac{500}{3}$. Aqui também o número de páginas produzidas por dia é uma fração.

Para saber quantos dias serão necessários para produzir as 3500 páginas, basta dividir 3500 por 500/3, que é a produção diária de páginas. Teremos que fazer uma divisão de frações.

$3500\div\frac{500}{3}=\frac{3500}{1}\times\frac{3}{500}=\frac{7}{1}\times\frac{3}{1}=21$, ou seja, 21 dias.

Resposta: (B) 21 dias

OBS: Alunos do 5º e 6º ano não devem ficar preocupados com a complexidade deste problema, mas devem estudar com calma o assunto, e saber que no 8º ano será ensinada uma "receita" para resolvê-lo com uma simples conta, chamada *regra de três composta.*

163) Outro problema de regra de três composta que resolveremos usando o raciocínio matemático. O caminho é descobrir a produção na unidade de tempo mínima, que no caso deste problema, é 1 hora.
A máquina produz 150.000 peças trabalhando 30 dias, se funcionar 6 horas por dia. O número total de horas é 30 x 6, e a produção dessa máquina em uma hora é 150.000 ÷ (30x6)

$\frac{150.000}{30 \times 6} = \frac{5000}{6}$. A máquina produz 5000/6 peças por hora.

Agora temos 3 máquinas trabalhando 8 horas por dia. Em um dia, o número de peças produzidas será 3 x 8 x 5000/6.

$3 \times 8 \times \frac{5000}{6} = 20.000$. Portanto essas máquinas produzirão juntas, 20.000 peças por dia.

Para produzir 100.000 peças, ao ritmo de 20.000 peças por dia, terão que trabalhar 5 dias.

Resposta: (E) 5

164) É um tipo de problema que se resolve com uma *equação fracionária do 2º grau*, matéria no 9º ano. Vamos entretanto resolver usando raciocínio matemático e matéria do 5º ano.
O número de lápis, 12, está dividido por duas quantidades: o número de alunos da turma, e o mesmo número menos 2. Ambos os números são divisores de 12. Os divisores de 12 são:

12, 6, 4, 3, 2, 1. Tanto o número de alunos, quanto o número de alunos menos 2, têm que ser números dessa lista. Temos então as seguintes possibilidades:
1) A turma tem 6 alunos, faltando 2 ficam 4 alunos.
2) A turma tem 4 alunos, faltando 2 ficam 2 alunos.
3) A turma tem 3 alunos, faltando 2 fica 1 aluno.

Analisemos esses casos, levando em conta uma divisão dos 12 lápis pelos alunos.
1) Cada aluno receberia 12÷6 = 2 lápis, devido às faltas recebeu 12÷4 = 3, 1 a mais
2) Cada aluno receberia 12÷4 = 3 lápis, devido às faltas recebeu 12÷2 = 6, 3 a mais
3) Cada aluno receberia 12÷3 = 4 lápis, devido às faltas recebeu 12÷1 = 12, 8 a mais

O caso (1) é o único que se encaixa na descrição do problema, ou seja, faltando 2 alunos cada aluno presente recebe 1 lápis a mais. Então a turma completa tem 6 alunos e no dia da distribuição compareceram 4 alunos.

Resposta: (C) 4

165) O valor que seria recebido por duas pessoas, é dividido entre as 8 pessoas restantes, e cada uma dessas 8 receberá 1000 a mais. Então foram redistribuídos R$ 8.000,00 a mais, devido à falta dessas duas pessoas. Logo, cada pessoa receberia R$ 4.000,00 e o valor total é R$ 40.000,00. Conferindo:
R$ 40.000,00 para 10 pessoas, cada uma recebe R$ 4.000,00
Faltando 2 pessoas, a divisão será feita para as outra 8, cada uma receberá:
R$ 40.000,00 ÷ 8 = R$ 5.000,00, que realmente é R$ 1.000,00 a mais.
Portanto a importância a ser dividida é R$ 40.000,00.

Resposta: (B) R$ 40.000,00

166) O número original pode ser representado como (□)(□+1). Invertendo a posição dos algarismos ficamos com (□+1)(□). Somando esses dois números ficamos com (□□+1)(□□+1), que o problema deu como sendo 55. Então □□+1 vale 5, então □ vale 2. O número original é:
(□)(□+1) = 23
De fato, 23 + 32 = 55

Resposta: (B) 23

167) A quantidade de divisores de um número é encontrada da seguinte forma:
1) Decompomos o número em fatores primos.
2) Somamos 1 a cada expoente.
3) Multiplicamos esses valores. O produto é o número de divisores.

No nosso exemplo, o número é $2^3.3^4.5^p$. A quantidade de divisores é:
$4 \times 5 \times (p+1) = 60$
Então p+1 vale 3, e p vale 2.
O número pedido é $2^3.3^4.5^2 = 8 \times 81 \times 25 = 16200$.

Resposta: (C) 16200

168) Trata-se de uma divisão proporcional, ou seja, dividir 60.000 em partes proporcionais a 2, 3 e 5. O método ensinado consiste em estipular números pequenos proporcionais aos valores dados, por exemplo:

2, 3 e 5, total = 10
Agora descobrimos o fator multiplicativo, que transforma 10 em 60.000. Este fator é calculado por uma simples divisão: 60.000 ÷ 10 = 6.000.

Agora devemos multiplicar os números estipulados, por este fator multiplicativo:

2x6000, 3x6000, 5x6000, total = 10x6000.

Portanto os candidatos conseguiram 12.000, 18.000 e 30.000 votos, num total de 60.000 votos.

Resposta: (B) 12.000 votos

169) Os investimentos foram R$ 1500,00 e R$ 900,00, valores que são proporcionais a 5 e 3 (basta dividir os valores por 300).
Então a repartição dos lucros também será em partes proporcionais a 5 e 3. Façamos a divisão proporcional usando o método ensinado nos problemas anteriores. Estipulamos os valores iniciais 5 e 3.
5 e 3, total = 8

Agora precisamos transformar este total fictício de 8 reais, em 880 reais. Para isso temos que multiplicar todos os valores por 110. Ficamos com:

5x110 = 550, 3x110 = 330, e 8x110 = 880.

Note que João receberá o maior valor, pois contribuiu no investimento também com o maior valor.

Resposta: (A) R$ 550,00 e R$ 330,00

170) A resolução deste problema envolve descobrir a quantidade de trabalho realizado em uma hora, por um trabalhador. A construção da casa requer:
5 operários, trabalhando por 150 dias, durante 8 horas por dia. Neste caso, podemos calcular o contrário, ou seja, em quantas horas de trabalho um operário construirá a casa. Este número de horas de trabalho é:

5 operários x 150 dias x 8 horas = 6000. Isto significa que um único operário precisará de 6000 horas de trabalho para construir a casa.

Na segunda situação do problema, temos agora a mesma casa, construída por 8 operários, que trabalham 10 horas por dia, e queremos saber o número de dias. Ou seja:

8 x 10 x ? = 6000

No caso, ? representa o número de dias. Para descobrir este valor, tomamos 6000 e dividimos por 8x10.

$$\frac{6000}{8\times10}=\frac{600}{8}=75$$

Resposta: (A) 75 dias

Resoluções do teste 18

171) O número de alunos é um múltiplo de 4, de 6 e de 12. O menor número que tem essa característica é o MMC entre esses valores. MMC(4, 6, 12) = 12. Também têm esta propriedade, os múltiplos do MMC, ou seja, 12, 24, 36, 48, 60, etc. Entre 29 e 42, o único múltiplo de 12 é 36.

Resposta: (C) 36

172) Os selos raros são aqueles cujo número é múltiplo de 9. Como cada página tem 15 selos, com certeza cada página terá pelo menos um múltiplo de 9. Portanto todas as páginas terão pelo menos um selo raro. A última página, que é a página 20, por exemplo, terá pelo menos um selo raro.

Resposta: (E) 20.

Se quisermos saber os números dos selos raros na última página, basta fazer a divisão por 9. Os selos da última página são os últimos 15, numerados de 286 a 300. Para saber os números, fazemos a divisão por 9. 300 ÷ 9 = 33, resto 1. Então 300x9 = 297 é o último múltiplo de 9 abaixo de 300. Subtraindo 9 unidades, ficamos com 288, que também está na última página. Então a página 20 possui dois selos raros: 288 e 297.

173) Analisando as cinco afirmativas, temos:
(A) N = 2x7 não é primo, pois tem dois fatores primos, então é composto.
(B) Na verdade M é múltiplo de N, e não divisor.
(C) M não tem fator 5, então não é múltiplo de 5.
(D) N não é múltiplo de 4, pois para isso teria que apresentar 2^2, e tem apenas 2.
(E) Sim, o produto de MxN é múltiplo de 49, pois apresenta ao todo dois fatores 7.

Resposta: (E) O produto de M por N é múltiplo de 49.

174) O número de 3 algarismos é ABC, onde A, B e C são seus algarismos das centenas, dezenas e unidades. Note que estamos multiplicando este número por 7, por 11 e por 13. Isso é o mesmo que multiplicar por 7x11x13. Este curioso valor é 1001.

Então estamos multiplicando ABC por 1001. ABC multiplicado por 1000 é ABC000, multiplicando por 1001 temos ABCABC.

A soma dos algarismos desse novo número é A+B+C +A+B+C = 8 + 8 = 16.

Resposta: (C) 16

175)

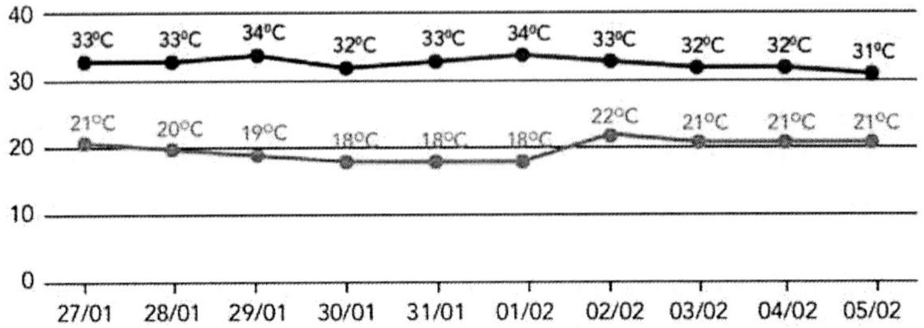

As temperaturas máximas a cada dia são representadas pelos pontos superiores. Encontramos dois valores máximos iguais a 34°C, que ocorrem nos dias 29/01 e 1/02.
A menor diferença entre a máxima e a mínima é encontrada fazendo a diferença entre esses valores, dia a dia. A menor diferença é 10°C, encontrada no dia 5/02.

Resposta: (A) 29/01, 1/02 e 5/02

176) A coincidência de partidas se repetirá após um período igual ao MMC entre 6 minutos e 8 minutos, ou seja, 24 minutos. Num período de 12 horas (720 minutos), isto ocorrerá 30 vezes.

Resposta: (C) 30

177) Se a diferença é 20, podemos chamar os números de □ e □+20. A soma deles é 40, então temos:

□ + □ + 20 = 40
□ + □ = 20
□ = 10

Portanto os números procurados são 10 e 30. Realmente, sua diferença é 20 e sua soma é 40.

Resposta: (B) 10 e 30

178) Não é necessário usar a tabela que o problema forneceu. Os valores de ganho e perda são iguais, para cada gol defendido e cada gol marcado: 10 reais. Se o goleiro acabou ficando com 60 reais, significa que defendeu 6 gols a mais do que sofreu. Como o total foram 18 cobranças, foram 12 gols defendidos e 6 gols sofridos. Ganhou 120 e perdeu 60, ficando com o saldo de 60 reais. O número de gols sofridos, 6, de acordo com as opções, é um múltiplo de 3.

Resposta: (B) Um múltiplo de 3.

179) O custo total da fábrica é o custo fixo (R$ 450,00), e mais um custo de R$ 2,80 por cada peça produzida (provavelmente matéria prima e outros elementos que são proporcionais à produção). Esta segunda parte, para 100 peças, equivale a 100 x 2,80 = 280.
Portanto o custo total neste período foi R$ 450,00 + R$ 280,00 = R$ 730,00.

Resposta: (E) R$ 730,00

180) Fatoremos o número 495.

495	3
165	3
55	5
11	11
1	

$495 = 3^2 \times 5 \times 11$
$495 = 3^m \times 5^n \times 11^p$
Portanto temos m=2, n=1 e p=1.
Logo m+n+p=4.

Resposta: (B) 4

Resoluções do teste 19

181) As paradas de 5 minutos citadas foram a cada 70 km. O início da viagem, o "quilômetro 0" não conta, pois o ônibus estava parado nesse início. Daí ocorrem paradas nos múltiplos de 70km, que são em 70, 140, 210, 280, 350 e 420 km. A próxima seria em 490, mas antes disso o ônibus completa 480km e chega ao destino. São portanto 6 paradas de 5 minutos, aumentando o tempo total do trajeto em 6x5min = 30 min.
Agora somamos o tempo da viagem direta (6h 45 min) com os 30 min das paradas, resultando em 7h 15min.

Resposta: (A) 7h 15min

182) Um típico problema de ciclos. A coincidência se repetirá depois de um período igual ao MMC entre esses números. MMC(15, 8, 3) = 120, ou seja, 4 meses.

Resposta: (D) 4 meses

183) Cada tipo de peixe deve estar representado igualmente em todos os aquários, então o número de peixes de uma mesma cor é um divisor do número total de cada cor de peixe, a assim como o número de aquários também tem que ser um divisor, Este divisor se aplica a todos os três tipos de peixes, então é um divisor comum das quantidades. O problema quer ainda o maior número possível de aquários, então é o maior divisor comum entre as quantidades (150, 90 e 120).

MDC(150, 90, 120) = 30

Portanto são 30 aquários. O problema pede o número de peixes de cada cor em cada um desses aquários.
Brancos: 150 ÷ 30 = 5
Pretos: 90 ÷ 30 = 3
Vermelhos: 120 ÷ 30 = 4

Resposta: (B) 5, 3, 4

184) Uma escala de 1:75 significa que o comprimento, largura e altura do objeto real é 75 vezes maior que o observado no desenho. Isso significa também que as medidas no desenho são 75 vezes menores que as do objeto real.

É importante lembrar que isso vale apenas para as medidas de comprimento, que são largura, comprimento e altura, e não valem para área ou volume.
O problema forneceu a altura real da árvore, 6m, que é o mesmo que 600 cm. Para saber a altura no desenho, dividimos por 75.

$$\frac{600cm}{75} = 8cm$$

Resposta: (B) 8cm

185) Para um número ser múltiplo de 3, a soma dos seus algarismos deve ser um múltiplo de 3. Temos então:
3 + 4 + 5 + X + 8 é múltiplo de 3.

Podemos eliminar o 3 dessa contagem, e também 4+5 dessa contagem. Isso porque quando somamos um múltiplo de 3 a outro múltiplo de 3, o resultado é também um múltiplo de 3. O mesmo quando subtraímos esses múltiplos de 3. Então temos que garantir que
X + 8, seja um múltiplo de 3.

Isso funcionará se X valer 1, teremos uma soma 9, que é um múltiplo de 3.
Também funcionará se X valer 4, a soma será 12, que também é múltiplo de 3.
Somando mais 3 unidades, temos X=7, que resultará em soma 15, outro múltiplo de 3.
Então os valores de X que satisfazem são 1, 4 e 7.
A soma de todos os valores que X pode assumir é 12.

Resposta: (A) 12

186) Esse tipo de problema é muito comum, e sempre temos a seguinte estrutura:
Situação 1: dados completos
Situação 2: Faltando apenas um dado, que o problema pede

A ligação entre essas duas situações é a quantidade de trabalho na unidade de tempo mínima (por exemplo, o número de peças produzidas). Ou então, a quantidade total de unidades de tempo para uma pessoa realizar o trabalho (por exemplo, quando é para construir uma casa)

Por exemplo, neste problema, vamos calcular a quantidade de peças produzidas por um funcionário, em um dia de trabalho.

10 funcionários produzem em 20 dias, 25000 unidades de um produto
1 funcionário produz nos mesmos 20 dias, 2500 unidades
1 funcionário, em 1 dia, produz 125 partes (a vigésima parte)
Essa é a informação que será usada: um funcionário em 1 dia produz 125 peças.

O problema pergunta o número de produtos produzidos por 5 funcionários em 10 dias.
1 funcionário produz em 1 dia, 125 produtos (conclusão até agora)
5 funcionários produzirão 5 vezes mais: 625 produtos em 1 dia.
Em 10 dias, produzirão 10 vezes mais: 6250 produtos.

Resposta: (C) 6.250

187) Este problema lembra um pouco outros problemas nesse estilo, que são parecidos, mas este é diferente: não informa o número total de moedas. Então a solução é completamente diferentes. Analisaremos cada uma das opções e eliminaremos as que não podem ser corretas.

Dados: R$ 1,95 em moedas de 10 e 25 centavos. Não sabemos o número de moedas.

(A) mais moedas de 10 do que de 25 centavos
Isso pode estar correto ou não. Poderia ser 17x0,10 + 1x0,25, ou então 2x0,10 e 7x0,25 ou outra combinação. O número de moedas de 10 centavos pode ser maior, ou menor.

(B) no máximo 15 moedas dos dois tipos
Errado, pois com 17,0,10 + 1x0,25, teríamos 18 moedas, então o máximo não é 15 moedas.

(C) no máximo 7 moedas de 10 centavos
Errado, na combinação 17,0,10 + 1x0,25, teríamos 17 moedas de 10 centavos.

(D) no mínimo 5 moedas de 25 centavos
Errado, na combinação 17,0,10 + 1x0,25 temos apenas 1 moeda de 25 centavos, então o mínimo não são 5 moedas.

(E) no mínimo 9 moedas dos dois tipos
O mínimo de moedas é obtido quando usamos ao máximo as moedas de maior valor, ou seja, 2x0,10 e 7x0,25. Teríamos assim 9 moedas, que é a menor quantidade possível de moedas.

Resposta: (E) no mínimo 9 moedas dos dois tipos

OBS.: Observe que este problema não permite determinar exatamente quantas moedas existem de cada tipo. Para determinar com exatidão, seria necessária mais uma informação, como o número total de moedas.

188) Quando sabemos a soma de três números consecutivos, podemos determinar facilmente quais são esses números. Podemos chamar esses três números de □, □+1 e □+2. Ou então podemos chamar o número do meio de □, nesse caso os números seriam □ – 1, □ e □ + 1. Façamos dessa forma. Nesse caso ficaríamos com:

□ – 1 + □ + □ + 1 = 36
□ = 36
□ = 12.

Os números são portanto 11, 12 e 13.
O problema pede o dobro do menor número mais o quadrado do maior:

2x11 + 13^2 = 22 + 169 = 191

Resposta: (B) 191

189) O gotejamento da torneira encheu um copo de 200 mL em 20 minutos. Temos que multiplicar esses valores até chegar a 30 dias.
200mL ..... 20 minutos
600mL ..... 1 hora
600mL x 24 = 14400mL ..... 24 horas (1 dia)
14400mL x 30 = 432000mL ..... 30 dias

Então em 30 dias, foram desperdiçados 432000mL, que é a mesma coisa que 432 litros.

Resposta: (B) 432

190) Lembremos que qualquer número elevado a zero, resulta em 1. Exceto o zero, ou seja, não podemos calcular 0^0, é uma expressão inválida. Ficamos com:

$$\frac{12^0+5^2-(5-1)^2}{4-2}=\frac{1+25-4^2}{2}=\frac{26-16}{2}=\frac{10}{2}=5$$

Resposta: (A) 5

Resoluções do teste 20

191) Não é preciso calcular por quê isso acontece, mas o problema dá uma pista de que o resto da divisão por 9 desses números (formados apenas por algarismos 1), é a quantidade de algarismos 1. Portanto para ter um resto 7, o número tem que ser formado por 7 algarismos 1: 1111111.

Resposta: (E) 1111111

192) 10 dias de trabalho, com 6 horas de trabalho por dia, resulta em 60 horas de trabalho necessárias para realizar toda a pintura. Podemos portanto medir a quantidade do serviço terminada através da horas trabalhadas.
Depois do acordo, mas antes do início do trabalho, foi determinado que a casa só poderia ficar aberta durante 5 horas por dia. Portanto o número de dias trabalhados é:

60 horas ÷ 5 horas = 12. O trabalho deve ser feito em 12 dias de 5 horas cada.

Resposta: (B) 12 dias

193) Para ter a menor quantidade possível de notas, é preciso ter a maior quantidade possível das notas de maior valor, que são as de 50,00.

Valor: 430,00

Com 8 notas de 50,00, restam 30 reais, que não pode ser fornecido em notas de 20,00.
Com 7 notas de 50,00, restam 8 reais, que pode ser fornecido em 4 notas de 20,00.
Portanto são 7 notas de 50 e 8 notas de 20.

Resposta: (E) 8

194) IFGO 2016 – Um ônibus, a uma velocidade média de 60 km/h, fez um percurso em 4 horas. Ao aumentar a velocidade média para 80 km/h. verifica-se que o ônibus fará o mesmo percurso em:

(A) 14h (B) 12h (C) 6h (D) 3h (E) 8h

Andando a 60 km/h, significa:

1h 60km

Para descobrir o percurso em 4 horas, basta multiplicar os valores por 4, pois o tempo e a distância são grandezas diretamente proporcionais, ou seja, quanto maior o tempo, maior a distância. Multiplicando as grandezas por 4, ficamos com:
4h 240km

Agora o ônibus vai mudar a velocidade para 80 km, e a distância a ser percorrida são os mesmos 240 km:

1h 80km
? 240km

Partindo de 1h/80km, que são grandezas diretamente proporcionais, para saber o tempo para percorrer 240 km, multiplicamos esses valores por 3, ficando com:

3h ..... 240km.

Resposta: (D) 3h

195) Chamemos os preços dos produtos citados de A, F e O. Temos:
Ian: A + F = 8
Flávio: A + O = 10
Saulo: F + O =12
Cauã: A + F + O = ?

Se somarmos as compras e os valores gastos pelos três primeiros, ficamos com:

A + F + A + O + F + O = 8 + 10 + 12 = 30
Note que nos valores que estamos somando, aparecem duas vezes A, duas vezes O e dias vezes F. Então ficamos com:

Duas vezes (A + O + F) = 30
Então A + O + F = 15, que é exatamente a compra de Cauã. Que sorte! Então X=15.

Resposta: (A) R$ 15,00

196) Números de 1 a n:
Pelo menos 11 são divisíveis por 5. Então n é 55 ou mais.
No máximo 9 são divisíveis por 6. Então n passa é pelo menos 54, mas não chega a 63.

Concluímos então que n está entre 55 e 62. Nesta faixa, o único número divisível por 7 é 56. Então podemos ter, entre 1 e n, até 8 números divisíveis por 7: 7, 14, 21, 28, 35, 42, 49 e 56.

Resposta: (E) 8

197) Chamemos os preços desses produtos de H, S e Q. As informações dadas são as seguintes:
H + S + Q = 11
H + Q = 7,50. Isto significa que S vale 3,50.
Dois sorvetes valem 3 quindins mais 1,00. Logo:
7 = 3Q + 1. Daqui concluímos que Q vale 2,00.
Da segunda relação, H + Q = 7,50, podemos agora descobrir H:
H + 2,00 = 7,50. Então H vale 5,50.
Os valores são: H = 5,50, Q = 2,00 e S=3,50.

Resposta: (D) R$ 5,50

198) É um pouco trabalhoso mais fácil, temos que encontrar os divisores de todos esses números:
8: 1, 2, 4, 8 (soma=15); 9: 1, 3, 9 (soma=13)

9: 1, 3, 9 (soma=13); 11: 1, 11 (soma=12)
10: 1, 2, 5, 10 (soma=18); 12: 1, 2, 3, 4, 6, 12 (soma=28)
15: 1, 3, 5, 15 (soma=24); 20: 1, 2, 4, 5, 10, 20 (soma=42)
16: 1, 2, 4, 8, 16 (soma=31); 25: 1, 5, 25 (soma=31)

Resposta: (E) 16 e 25

199) O gasto foi 3 x 5,50 + 8,00 + 2 x 1,20
O troco é 50 menos este valor, ou seja, 50 – [3 x 5,50 + 8,00 + 2 x 1,20]

Resposta: (B)

200) O número 20082008...2008 tem 250 grupos "2008", ou seja, 250 algarismos 2 e 250 algarismos 8. Para que a soma dos algarismos restantes seja 2008, e que o número de algarismos apagados seja o maior possível, devemos ter a maior quantidade de algarismos 8 remanescentes. Esta quantidade é 2008 ÷ 8 = 251.

Ou seja, se deixarmos 251 algarismos 8, estaremos garantindo que a soma dos algarismos remanescentes seja 2008. Ocorre que o número original não tem 251 algarismos 8, tem apenas 250. Então no lugar deste algarismo 8 faltando, temos que deixar permanecerem 4 algarismos 2. Sendo assim, apagamos:

246 algarismos 2
500 algarismos 0
Nenhum algarismo 8.

Apagamos ao todo, 746 algarismos.

Resposta: (D)

Novos concursos neste capítulo

Além dos já apresentados no capítulo anterior, este capítulo apresenta questões dos concursos para as seguintes instituições de ensino:

USP – Universidade Estadual de São Paulo
UFSM – Universidade Federal de Santa Maria
Colégio Pedro II (Federal, Rio de Janeiro)
IFPB – Instituto Federal da Paraíba
IFCE – Instituto Federal do Ceará
IFSP – Instituto Federal de São Paulo
IFPA – Instituto Federal do Pará
IFBA – Instituto Federal da Bahia
CEFET MG – Centro Federal de Educação Científica e Tecnológica de Minas Gerais

■

Capítulo 3

Problemas com frações

Frações é um assunto importantíssimo. Além de cair em praticamente todos os concursos, encontramos também nos concursos para universidades, dentro das questões sobre Probabilidades e Análise Combinatória. As questões sobre porcentagem, também bastante comuns, requerem sempre conhecimentos sobre frações.

Teste 21

201) OBMEP – Luísa pagou R$ 4,50 por 3/8 de um bolo, e João comprou o resto do bolo. Quanto João pagou?

(A) R$ 6,00 (B) R$ 6,50 (C) R$ 7,00 (D) R$ 7,50 (E) R$ 8,00

202) CEFET ES – Um agricultor que possui 60 hectares de terras destinou 1/3 delas para pastagens, 1/5 para plantio de café e 1/6 para banana. O restante da propriedade será ocupado pelo cacau. Quantos hectares são destinados ao cacau?

(A) 10 (B) 12 (C) 18 (D) 20 (E) 23

203) CTISM – Ao ordenar os números racionais a=1/3, b=2/5 e c=3/2, pode-se afirmar que:

(A) $a<b<c$ (B) $a<c<b$ (C) $b<a<c$ (D) $b<c<a$ (E) $c<b<a$

204) IFRN – Preocupados com o futuro de sua família, de quantia que um técnico em manutenção de computadores recebe mensalmente, aplica 3/7 em caderneta de poupança, o que corresponde a uma aplicação de R$ 360,00. A partir dessas informações, pode-se concluir que ele recebe mensalmente

(A) R$ 840,00 (B) R$ 580,00 (C) R$ 970,00 (D) R$ 790,00 (E) R$ 900,00

205) CPM-CE – Alfredo e Abílio ganharam um prêmio de loteria de R$ 450,000,00. Resolveram doar 2/5 para a Santa Casa de Misericórdia, hospital que cuida de pessoas carentes. Quanto foi doado para a Santa Casa?

(A) R$ 50.000,00 (B) R$ 75.000,00 (C) R$ 130.000,00
(D) R$ 180.000,00 (E) R$ 2.000.000,00

206) CPM-CE – Ao somarmos $\frac{7}{5}+2+\frac{11}{8}+\frac{3}{2}$, obtemos como resultado um número misto ou uma fração imprópria. Esse número ou fração é equivalente a:

(A) $\frac{25}{40}$ (B) $\frac{23}{15}$ (C) $3\frac{3}{11}$ (D) $4\frac{21}{40}$ (E) $6\frac{11}{40}$

207) CPM-CE – A figura ao lado está dividida em três faixas horizontais de igual largura e cada faixa está dividida em duas, três e quatro partes iguais. A fração correspondente à área sombreada é:

(A) 3/4 (B) 4/3 (C) 1/2 (D) 5/9 (E) 1/8

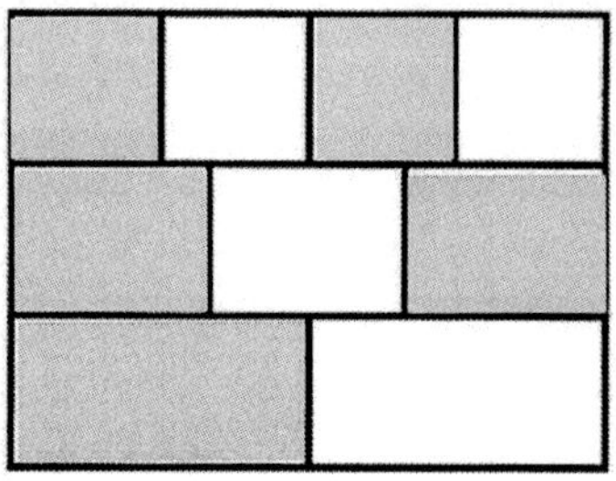

208) IFSP – Calcule $\dfrac{\frac{1}{2}+\frac{1}{3}+\frac{1}{4}}{\frac{2}{3}+\frac{3}{4}} \div \left(\frac{9}{17}+1\right) =$

(A) 1/3 (B) 1/2 (C) 13/17 (D) 17/26 (E) 31/17

209) Colégio Militar 2 de julho – Qual é o valor de $\left[\left(\frac{3}{5}-\frac{7}{25}\right)-\left(\frac{8}{16}-\frac{2}{4}\right)\right]$?

(A) 8/25 (B) 24/25 (C) 1/25 (D) 0 (E) 1

210) CFN – Em um quartel, 7/9 dos militares são praças e existem 10 oficiais. Como o efetivo do quartel é composto de oficiais e praças, qual o número de militares no quartel?

(A) 45 (B) 44 (C) 36 (D) 28 (E) 21

Teste 22

211) IFSC – No mês em que entra em férias, um trabalhador recebe como salário bruto o valor do seu vencimento mensal e mais 1/3 desse vencimento como gratificação. Quanto receberá como salário bruto de férias um trabalhador cujo vencimento mensal é R$ 1.080,72?

(A) R$ 1.440,96 (B) R$ 360,24 (C) R$ 1.340,86 (D) R$ 1.240,96 (E) R$ 3.242.16

212) IFAL – Em uma certa turma de 49 alunos, o número de homens corresponde a 3/4 do número de mulheres. Quantos homens tem essa turma?

(A) 14 (B) 21 (C) 28 (D) 35 (E) 42

213) CEFET ES – Gabriela dedica diariamente 2 horas à natação. Para o aquecimento e exercícios de respiração, ela reserva 1/6 das horas e, para treinar na piscina. 2/3 faz horas. O restante do tempo, gasta com o relaxamento. Qual o tempo gasto com o relaxamento?

(A) 12 min (B) 20 min (C) 18 min (D) 15 min (E) 10 min

214) CEFET AL – Dona Maria comprou duas pizzas redondas, cujos diâmetros são iguais. Ela dividiu cada pizza em oito fatias iguais e, em seguida, deu uma fatia para cada um de seus doze sobrinhos. A fração que corresponde à quantidade de fatias dadas por D. Maria é:

(A) 1/2 (B) 3/4 (C) 3/2 (D) 1/4 (E) 2/3

215) IFSC – André, Bruno e Carlos saíram para comer pizza. André comeu 1/4 da pizza, Bruno comeu 1/3 e Carlos comeu 1/5. Decidiram, então, que a conta do restaurante seria

dividida em partes diretamente proporcionais ao consumo de pizza de cada um dos amigos. Sabendo-se que os três amigos gastaram R$ 94,00, calcule o valor pago por André.

(A) R$ 36,00 (B) R$ 40,00 (C) R$ 30,00 (D) R$ 24,00 (E) R$ 23,50

216) IFAL – Uma herança de R$ 320.000,00 foi dividida entre 3 filhos na seguinte proporção: O mais novo recebeu 1/8 da herança e o mais velho recebeu 1/2 da herança. Qual foi o valor recebido pelo filho do meio?

(A) R$ 40.000,00 (B) R$ 80.000,00 (C) R$ 120.000.00
(D) R$ 160.000,00 (E) R$ 200.000,00

217) CPM-CE – Da dispensa de uma escola, forma retirados 60 kg de carne bovina para o preparo da merenda dos alunos, o que corresponde a 3/7 do estoque. Quantos quilogramas ainda restaram?

(A) 140kg (B) 120kg (C) 100kg (D) 80kg (E) 150kg

218) Colégio Militar Tiradentes PMMA – 3/5 de um número, somados a 1/2 é igual a 2/3 desse mesmo número. Indique a opção que representa esse número.

(A) 0 (B) 1 (C) 20/33 (D) 33/20 (E) 15/2

219) EAM – Considere que um trem com 3 vagões de passageiros, cada um com a capacidade para 40 passageiros, está com 2/8 de sua capacidade total disponível. Sabendo que 2/3 dos passageiros são do sexo masculino, determine o número de passageiros do sexo feminino e assinale a opção correta.

(A) 20 (B) 30 (C) 40 (D) 50 (E) 60

220) CEFET ES – A professora de Fernanda passou uma lista com 40 exercícios para serem feitos durante o recesso de 10 dias. Paulo recebeu a lista e no primeiro dia resolveu 2/5 dos exercícios. No dia seguinte resolveu 1/3 do que sobrou e finalizou no terceiro dia a lista. Nesse último dia de trabalho, ele resolveu:

(A) 8 exercícios (B) 10 exercícios (C) 12 exercícios (D) 14 exercícios (E) 16 exercícios

Teste 23

221) IFRR – Numa mini maratona de 20km o atleta João fez o percurso em 1 hora e 12 minutos, ao que o atleta José fez o mesmo percurso em 1 hora e 28 minutos. Assim a razão entre os tempos gastos pelos atletas João e José é:

(A) 9/11 (B) 11/9 (C) 7/9 (D) 7/11 (E) 8/13

222) CAP UERJ – Chiquinha emprega metade das horas do dia jogando no computador e vendo desenho na televisão; para cada hora de jogo no computador, ela assiste a três horas de desenho na televisão. Calcule o número de horas que ela emprega por dia jogando no computador.

(A) 2 (B) 3 (C) 4 (D) 5 (E) 6

223) CFN – No açougue próximo ao centro da cidade, uma senhora pediu ao açougueiro 3/4 de quilo de carne moída. Sabendo que quilo significa quilograma ou 1000 gramas, quantos gramas de carne moída ela levou?

(A) 550g (B) 650g (C) 750g (D) 850g (E) 960g

224) CFN – Considere dois quadrados. Um deles tem 12cm de lado e o outro tem 15cm de lado. Qual é a razão entre o perímetro do quadrado menor e o perímetro do quadrado maior?

(A) 5/4 (B) 3/4 (C) 4/3 (D) 2/3 (E) 4/5

225) EAM – Quanto vale a metade de 2^{2014}?

(A) 2^2 (B) 2^7 (C) 2^{1007} (D) 2^{2013} (E) 2^{2015}

226) Colégio Militar 2 de julho – Em um auditório há 1.320 pessoas. Destas, 25% são homens. Qual a quantidade de mulheres presentes no auditório?

(A) 99 (B) 150 (C) 960 (D) 970 (E) 990

227) CEFET ES – Uma região a ser cultivada está representada na malha quadriculada ao lado. Se a malha é formada por quadrados de lados iguais a 1km, então a área, em km^2, da região a ser cultivada é:

(A) 39 (B) 39.5 (C) 40 (D) 45 (E) 50

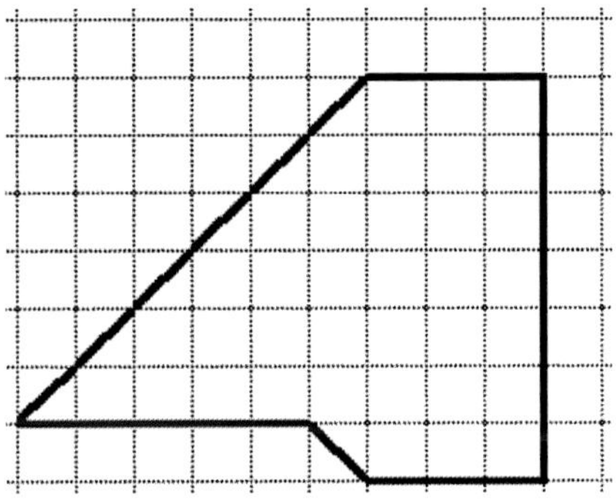

228) CFN – Simplifique a fração abaixo.

$$\frac{\frac{7}{\frac{12}{1+\frac{3}{2}}-3}+2}{}$$

(A) 53/9 (B) 35/9 (C) 25/9 (D) 35/18 (E) 3

229) CEFET ES – Um atleta após ter percorrido 2/7 de um percurso **p** e, em seguida caminhar 5/11 de **p**, verificou que ainda faltavam 600 metros para completar **p**. Então o comprimento de **p**, em metros, é:

(A) 1800 (B) 2000 (C) 2130 (D) 2300 (E) 2310

230) IFRR – Roberto tinha uma quantidade de dinheiro, foi ao mercado e gastou 1/4 da quantia na compra de frutas, gastou também 1/3 na compra de legumes e ainda ficou com R$ 30,00. Qual a quantia que Roberto tinha?

(A) R$ 120,00 (B) R$ 72,00 (C) R$ 82,00 (D) R$ 65,00 (E) R$ 90,00

Teste 24

231) UTFPR – Numa cidade 1/5 da população mora no centro e os demais 285 mil moram nos outros bairros. Quantas pessoas dessa cidade moram no centro?

(A) 95.000 (B) 67.500 (C) 58.000 (D) 86.500 (E) 71.250

232) IFRO – Os 4/5 do peso de uma caixa correspondem a 35 quilogramas. Então, em quilogramas, 8 caixas iguais a esta pesam:

(A) 250 (B) 350 (C) 450 (D) 550 (E) 650

233) CEFET ES – Um trabalhador foi contratado por uma empresa no dia 1º de maio, recebendo mensalmente um salário fixo. Em dezembro do mesmo ano, recebeu seu salário juntamente com o 13º proporcional aos 8 meses trabalhados naquele ano, ou seja, 8/12 do seu salário mensal. Sabendo que ele recebeu R$ 2000,00, qual o valor do salário deste trabalhador?

(A) R$ 1000,00 (B) R$ 1100,00 (C) R$ 1200,00 (D) R$ 1400,00 (E) R$ 1600,00

234) Colégio Militar 2 de julho – Qual é o valor da expressão

$$\left(\frac{4}{3} \div \frac{16}{9} + \frac{9}{4}\right) + 3^3$$

(A) 10 (B) 20 (C) 30 (D) 1 (E) 0

235) EAM – Se A = 2 – 1/4 e B = 5 + 1/2, o valor de A : B é igual a

(A) 7/44 (B) 22/7 (C) 7/11 (D) 7/22 (E) 77/8

236) CFN – Os números 3 1/2 e 4/9 são representados por <u>x</u> e <u>y</u>, isto é, x = 3 1/2 e y = 4/9. Determine o valor de x.y.

(A) 14/9 (B) 12/18 (C) 6 (D) 7/3 (E) 7/8

237) CFN – Uma pessoa gasta 2/5 de seu salário para pagar o aluguel da casa em que mora, sabendo que o valor do salário dessa pessoa é de R$ 2.000,00, qual é o valor do aluguel a ser pago?

(A) R$ 1.600,00 (B) R$ 800,00 (C) R$ 400,00 (D) R$ 200,00 (E) R$ 100,00

238) IFSC – Jéssica comprou 7 pizzas, com 8 fatias cada uma, para comemorar seu aniversário junto com os amigos. No final da festa, ao terminarem a refeição, a mãe de Jéssica constatou que foram consumidas 6 pizzas inteiras. Além dessas, foram consumidas também 5 fatias, das oito que havia na sétima pizza. A fração que representa de forma correta a quantidade de pizza que Jéssica e seus amigos comeram é

(A) 53/8 (B) 46/8 (C) 11/8 (D) 7/8 (E) 5/8

239) IFMS – Dividindo 240 em três parcelas, temos que a segunda é igual a 2/3 da primeira, e a terceira é igual a 3/2 da segunda. O menor valor dessas parcelas é:

(A) 60 (B) 90 (C) 50 (D) 40 (E) 100

240) Colégio Militar 2 de julho (MA) – A figura apresenta a quantidade de líquido em cada uma das garrafas e a fração de líquido correspondente em cada uma delas.
Marque a alternativa correta.

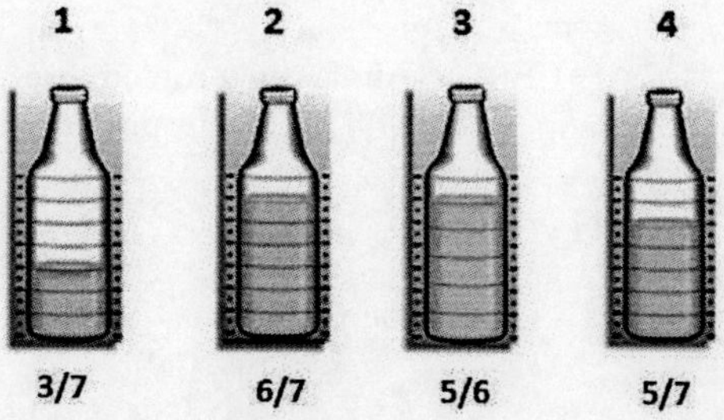

(A) A quantidade de líquido na garrafa 1 é maior que a quantidade de líquido na garrafa 4.
(B) A quantidade de líquido na garrafa 2 é menor que a quantidade de líquido na garrafa 3.
(C) A quantidade de líquido na garrafa 2 é igual à quantidade de líquido na garrafa 3.
(D) A quantidade de líquido na garrafa 3 é

maior que a quantidade de líquido na garrafa 4.

(E) As garrafas 1, 2, 3 e 4 possuem a mesma quantidade de líquido.

Teste 25

241) Instituto Federal Farroupilha – Carolina quer comprar um brinquedo que custa R$ 50,00. Ela já conseguiu reunir R$ 10,00. Qual é o percentual que representa o dinheiro que Carolina já possui?

(A) 20% (B) 25% (C) 50% (D) 75% (E) 100%

242) CFN 2017 – Simplifique a fração abaixo.

$$\frac{3}{4+\frac{1}{3+\frac{2}{5}}}$$

(A) 51/73 (B) 47/69 (C) 49/71 (D) 45/67 (E) 53/75

243) CPM-CE – Lucas foi ao shopping comprar roupas com uma certa quantia em dinheiro. Gastou 2/6 do que levou na compra de uma camisa. O restante, gastou 3/5 na compra de uma bermuda e ainda sobrou R$ 32,00. Quanto Lucas tinha inicialmente?

(A) R$ 200,00 (B) R$ 120,00 (C) R$ 150,00 (D) R$ 80,00 (E) R$ 160,00

244) CEFET RJ – Qual é o valor da expressão numérica:

$$\frac{1}{5}+\frac{1}{50}+\frac{1}{500}+\frac{1}{5000}?$$

(A) 0,2222 (B) 0,2323 (C) 0,2332 (D) 0,3222 (E) 0,5555

245) CAP UERJ – Uma dieta recomenda a ingestão de uma mesma quantidade total de calorias por dia. Essa ingestão deve ser assim distribuída.

PROTEÍNAS	CARBOIDRATOS	LIPÍDEOS
$\frac{3}{5}$ do total de calorias + 50	$\frac{2}{7}$ do total de calorias + 56	150 calorias

Determine a quantidade total de calorias a serem ingeridas, por dia, durante a dieta.

(A) 2300 (B) 2100 (C) 1860 (D) 2240 (E) 2160

246) CAP UERJ – Ainda no problema anterior, calcule a quantidade de calorias a serem ingeridas sob a forma de proteínas, por dia, durante a dieta.

(A) 1394 (B) 1288 (C) 1560 (D) 1440 (E) 1760

247) EAM – O valor de y, em $y=\frac{2}{5}\times 2+5\times\frac{3}{2}-\frac{1}{2}\times 2$ é igual a:

(A) 6,4 (B) 6,9 (C) 7,1 (D) 7,3 (E) 8,0

248) CEFET RJ – Qual é o menor número positivo que devemos subtrair do número $26\,^{2}/_{7}$ de modo que a diferença seja um número inteiro?

(A) 1/7 (B) 2/7 (C) 3/7 (D) 4/7 (E) 26/7

249) FATEC – Claudio comprou certo número de bombons em um dia. Seu filho mais velho comeu 2/5 desses bombons e, mas tarde, seu filho mais novo comeu 1/3 da quantidade inicial de bombons. Em relação ao número inicial de bombons, a fração correspondente ao número de bombons que sobraram, equivale a:

(A) 1/15 (B) 2/3 (C) 3/8 (D) 4/15 (E) 5/8

250) OBM – Em uma certa cidade, a razão entre o número de homens e mulheres é 2:3 e entre o número de mulheres e crianças é 8:1. A razão entre o número de adultos e crianças é:

(A) 5:1 (B) 16:1 (C) 12:1 (D) 40:3 (E) 13:1

Teste 26

251) IFRR – Em 2014, o IFRR iniciou uma nova turma no curso de informática. As estatísticas indicam que no primeiro bimestre desistiram 1/5 dos alunos e durante o segundo bimestre desistiram 1/7 dos alunos. Considerando que não houve mais desistência e 23 alunos concluíram o primeiro ano, a quantidade inicial de alunos no curso era de:

(A) 28 (B) 30 (C) 35 (D) 25 (E) 40

252) CEFET RJ – Manuela dividiu um segmento de reta em cinco partes iguais e depois marcou as frações 1/3 e 1/2 nas extremidades, conforme a figura abaixo. Em qual dos pontos Manuela deverá assinalar a fração 2/5?

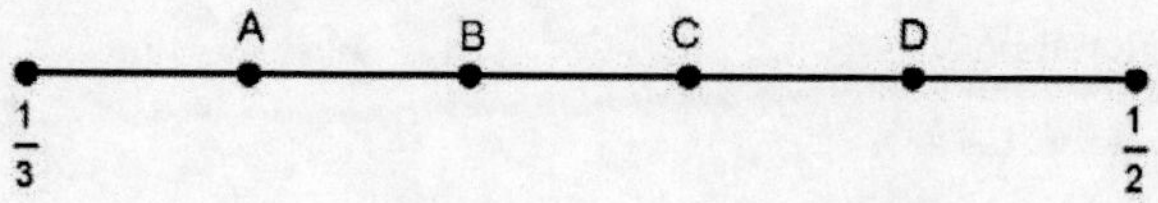

(A) A (B) B (C) C (D) D (E) Nenhum

253) UERJ – O segmento XY, indicado na reta numérica abaixo, está dividido em dez segmentos congruentes pelos pontos A, B, C, E, E, F, G, H e I.

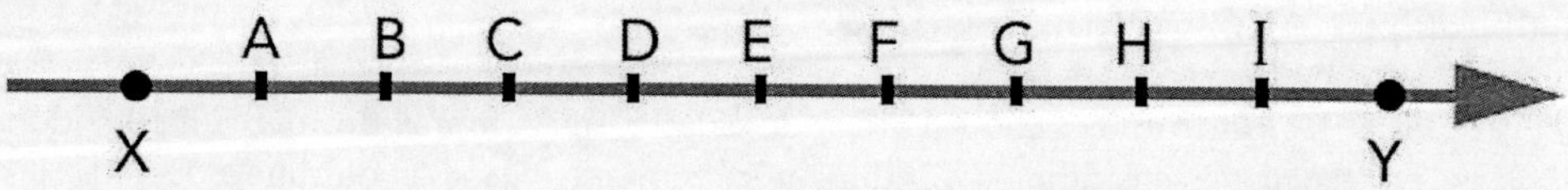

Admita que X e Y representam, respectivamente, os números 1/6 e 3/2. O ponto D representa o seguinte número:

(A) 1/5 (B) 8/15 (C) 17/30 (D) 7/10 (E) 23/30

254) CFN – Em um recipiente foram colocados 18 litros de tinta. Essa quantidade de tinta ocupou 3/5 do recipiente. Quantos litros de tinta cabem em 1/5 desse mesmo recipiente?

(A) 1,1 (B) 6 (C) 15,3 (D) 18 (E) 30

255) Colégio Militar Tiradentes DF – Um reservatório contém água até seus 2/3; colocando-se mais 36 litros de água, ele ficará com 3/4 de sua capacidade. Qual é a capacidade total do reservatório?

(A) 423 (B) 324 (C) 432 (D) 342 (E) nenhuma das respostas.

256) EAM – Para que os números K/2, K/3, K/4 e K/5 sejam inteiros, o menor valor de K inteiro positivo é:

(A) 20 (B) 30 (C) 40 (D) 50 (E) 60

257) CEFET RJ – O quociente de 50^{50} por 25^{25} é igual a:

(A) 25^{25} (B) 10^{25} (C) 100^{25} (D) 2^{25} (E) 2×25^{25}

258) UTFPR – Treinando para a modalidade de tiro com arco para Jogos Olímpicos, um atleta disparou 420 flechas tentando acertar um determinado alvo. Sabendo-se que ele acertou 11/14 destas tentativas, assinale a razão entre o número de flechas que atingiram o alvo e o número de flechas que não atingiram o alvo.

(A) 14/3 (B) 14/5 (C) 11/3 (D) 11/5 (E) 13/5

259) ENEM – Um carpinteiro fabrica portas retangulares maciças, feitas de um mesmo material. Por ter recebido de seus clientes pedidos de portas mais altas, aumentou sua altura em 1/8, preservando suas espessuras. A fim de manter o custo com o material de cada porta, precisou reduzir a largura. A razão entre a largura da nova porta e a largura da porta anterior é

(A) 1/8 (B) 7/8 (C) 8/7 (D) 8/9 (E) 9/8

260) FATEC – Os termos da sequência $\left(\frac{11}{2};\frac{17}{3};\frac{35}{6};6;\frac{37}{6};\frac{19}{3};\frac{13}{2};\ldots\right)$ obedecem a um critério de formação. O oitavo termo dessa sequência é

(A) 23/2 (B) 21/2 (C) 23/3 (D) 22/3 (E) 20/3

Teste 27

261) FATEC – Em uma prova com 60 questões de múltipla escolha, João e Pedro acertaram, respectivamente, 4/5 e 3/4 da prova. Juntos, eles acertaram a seguinte quantidade de questões:

(A) 91 (B) 93 (C) 95 (D) 97 (E) 99

262) UTFPR – Um indivíduo gastou 3/8 de seu salário em compras do mercado, 1/6 de seu salário na educação de seus filhos e 1/9 do seu salário com despesas de saúde. Depois destes gastos, ainda lhe restaram R$ 500,00 do seu salário. O salário deste indivíduo é de:

(A) R$ 766,00 (B) R$ 840,00 (C) R$ 1000,00 (D) R$ 1250,00 (E) R$ 1440,00

263) IFRS – Uma pessoa gastou 4/9 do que possuía de dinheiro, depois ganhou 1/2 do que restou mais R$ 75,00 e ficou com 5/3 do que possuía no início. Determine quanto esta pessoa possuía de dinheiro, em reais, no início.

(A) R$ 75,00 (B) R$ 80,00 (C) R$ 90,00 (D) R$ 105,00 (E) R$ 125,00

264) IFRR – Calculando o valor da expressão numérica: $1+\frac{2}{3}-\frac{3}{4}-\frac{4}{5}+2$

Temos como solução:

(A) 5/12 (B) 3/5 (C) 9/12 (D) 127/60 (E) 6/7

265) IFPE – Jailma levou em sua bolsa R$ 90,00 para efetuar duas despesas. Dessa quantia, 2/3 foram utilizadas para pagar a fatura de água e 1/5 para pagar uma prestação de um liquidificador. Quantos reais sobraram, após ter pago as duas despesas?

(A) R$ 9,00 (B) R$ 10,00 (C) R$ 11,00 (D) R$ 12,00 (E) R$ 13,00

266) IFMS – O valor da expressão $\dfrac{\frac{1}{3}-\frac{1}{4}}{\frac{2}{3}+\frac{1}{5}}$ é:

(A) 52/5 (B) 0 (C) 3/8 (D) 5/52 (E) 2/35

267) CMCB-CE – Em uma construção, 36 pedreiros fazem 1/4 (um quarto) do serviço em 12 dias, trabalhando 8 horas por dia. Em quantos dias o serviço estará terminado, sabendo que foram demitidos 9 pedreiros e a carga horária diária agora são 6 horas por dia?

(A) 64 (B) 20 (C) 44 (D) 30 (E) 28

268) EAM – Se $M=\left(\frac{1}{2}+\frac{2}{3}\right)\times\frac{4}{7}$ e $N=\left(\frac{2}{3}-\frac{2}{9}\right)\div\frac{2}{3}$, então é correto afirmar que

(A) M=N (B) M=3N (C) M<N (D) M>N (E) M=2N

269) CFN – Um estagiário gastou 3/5 do seu salário, ficando com R$ 330,00. O salário desse estagiário é:

(A) mais de R$ 600,00 (B) mais de R$ 500,00 (C) menos de R$ 400,00
(D) menos de R$ 300,00 (E) entre R$ 300,00 e R$ 480,00.

270) IFMG – Um estudante sai de casa e vai à escola. No recreio ele gasta, em um lanche, 1/6 do que tem na carteira. Gasta 1/5 do que possuía inicialmente em uma papelaria, ao comprar um caderno, e ainda lhe sobram R$ 19,00. A quantia que esse estudante tinha inicialmente na carteira era:

(A) R$ 25,00 (B) R$ 27,00 (C) R$ 30,00 (D) R$ 35,00 (E) R$ 50,00

Teste 28

271) IFMT – Quatro amigos, João, Pedro, Ana e Maria, saíram juntos para fazer um passeio por um mesmo caminho. Depois de uma hora, João andou 8/6 do caminho; Pedro, 12/9; Ana, 8/3 e Maria, 6/4. Os amigos que se encontraram no mesmo ponto do caminho são

(A) João e Pedro (B) João e Ana (C) Ana e Maria (D) Pedro e Ana (E) Maria e Pedro

272) IFMG – Em uma turma, a razão entre o número de meninas e meninos, nessa ordem, é igual a 3/2. Em outra turma, esta razão é 7/3. Sabe-se que as duas turmas têm 40 alunos cada. Quando juntarem as duas turmas para participar de uma palestra, os professores perceberam que a razão entre o número de meninas e meninos, nessa ordem, passou a ser de:

(A) 10/5 (B) 5/9 (C) 2/3 (D) 13/7 (E) 3/5

273) IFGO – O valor da expressão $\frac{1}{3}-\left(\frac{1}{10}\times\frac{4}{3}\right)$, é:

(A) 1/5 (B) 4/21 (C) 2/15 (D) 7/30 (E) 3/8

274) IFRR – Juliana está lendo uma tese de doutorado. Em um dia leu 3/8 da tese e no dia seguinte leu 1/12 da tese. Então qual a fração total da tese que já leu?

(A) 2/3 (B) 5/4 (C) 11/24 (D) 4/7 (E) 10/17

275) CMCB-CE – Aparício recebeu uma herança no valor de R$ 1.200.000,00 para dividir com seus dois irmãos e seus três primos. Seu avô que deixou a herança para que ele fizesse a divisão conforme já foi dito, disse ainda, que se sobresse algum dinheiro deveria ser doado a um orfanato para crianças carentes. Cada irmão dever receber 1/5 do valor da herança e cada primo deve receber 1/6 do valor recebido por cada irmão. A pergunta é: quanto será doado para as crianças carentes?

(A) R$ 1.235.000,00 (B) R$ 1.040.000,00 (C) R$ 360.000,00
(D) R$ 130.000,00 (E) R$ 65.000,00

276) UTFPR – Mariano tem 1,02m de altura. A altura dele está para a altura de seu irmão na razão 2/3. Qual a altura, em metros, do irmão de Mariano?

(A) 1,28m (B) 1,82m (C) 0,98m (D) 1,64m (E) 1,53m

277) CFN – A razão entre as idades de dois irmãos hoje é 5/6 e a soma delas é 33 anos. Quantos anos tem o mais novo?

(A) 10 (B) 12 (C) 15 (D) 18 (E) 20

278) Colégio Militar Tiradentes DF – A prefeitura de uma cidade enviou a uma escola, três ônibus para transportá-los ao circo. Dos 122 alunos da escola, 26 faltaram naquele dia. Assim que os ônibus chegaram na frente da escola, 1/3 dos alunos embarcaram no primeiro ônibus, 3/8 dos alunos embarcaram no segundo ônibus e o restante no terceiro. Com base nessas informações, classifique os itens abaixo em "certo" ou "errado".

(A) ( ) Entraram 28 alunos no terceiro ônibus.
(B) ( ) Para que todos os ônibus tivessem a mesma quantidade de alunos, 6 alunos do segundo ônibus teriam que passar para o terceiro.
(C) ( ) O primeiro ônibus ficou com 4 alunos a menos que o segundo ônibus.

279) EAM – Paguei R$ 24,00 por um CD e um DVD. Se eu tivesse comprado 3 CDs e 4 DVDs, teria pago R$ 87,00. O preço desse CD, em reais, corresponde a uma fração do DVD igual

(A) a um terço. (B) à metade. (C) a três quintos. (D) a dois terços. (E) a três quartos.

280) IFRS – Em uma travessa, havia morangos que foram distribuídos entre três pessoas. A primeira pessoa recebeu 2/5 dos morangos que havia, mais 6; a segunda recebeu 1/4 dos morangos que havia, mais 5; e a terceira pessoa recebeu 10 morangos que restaram na travessa. Quantos morangos havia na travessa?

(A) 60 (B) 62 (C) 65 (D) 70 (E) 76

Teste 29

281) ENEM – Um biólogo mediu a altura de cinco árvores distintas e representou-as em uma mesma malha quadriculada, utilizando escalas diferentes, conforme indicações na figura a seguir.

Qual é a árvore que apresenta a maior altura real?

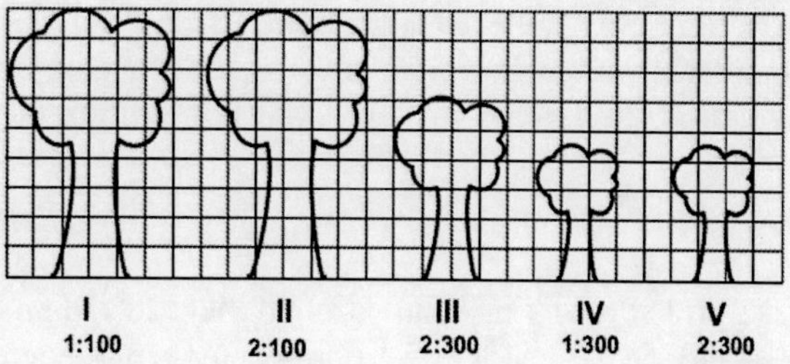

(A) I (B) II (C) III (D) IV (E) V

282) CFN – A quarta parte da metade de um chocolate corresponde a que fração do chocolate?

(A) 1/8. (B) 1/4. (C) 2/6. (D) 1/2. (E) 3/4.

283) UTFPR – A razão entre a área construída e a área sem construção de um terreno é 3/25. Se a área construída é de $150m^2$, qual é a área sem construções?

(A) $12700m^2$ (B) $7500m^2$ (C) $6250m^2$ (D) $3150m^2$ (E) $1250m^2$

284) Colégio Militar Tiradentes PMMA – Foram entrevistados 420 candidatos a uma determinada vaga de emprego. Sabe-se que 5/7 desse número de candidatos foram rejeitados. Quantos foram aceitos?

(A) 180 pessoas. (B) 115 pessoas. (C) 160 pessoas. (D) 120 pessoas. (E) 180 pessoas.

285) IFPE – Quais das frações abaixo representa a porcentagem de 25%?

(A) 1/2 (B) 1/3 (C) 1/4 (D) 1/5 (E) 1/6

286) UTFPR – Em um exame de seleção concorreram 4800 candidatos para 240 vagas. A razão entre o número de vagas e o número de candidatos foi de:

(A) 1/2000 (B) 1/200 (C) 1/20 (D) 1/2 (E) 1

287) CFN – Em um concurso participaram 2.400 candidatos para 120 vagas. A razão entre o número de vagas e o número de candidatos é de:

(A) 2 (B) 1/2 (C) 1/20 (D) 1/200 (E) 1/2000

288) UTFPR – Gabriela gasta por semana, R$ 55,00 com ônibus, 3/5 dessa quantia com lanche e 1/11 em xerox. O gasto total semanal de Gabriela é de R$:

(A) 58,00 (B) 62,00 (C) 70,00 (D) 81,00 (E) 93,00

289) CTISM – Uma empresa recolheu 720 kg de produtos para a reciclagem no mês de novembro. Deste total, encaminhou 2/3 para a indústria metalúrgica; 1/4 para a indústria de reciclagem de papel e, o restante, para a indústria de reciclagem de alumínio. Quantos quilos a empresa encaminhou para a reciclagem de alumínio?

(A) 660kg (B) 480kg (C) 300kg (D) 60kg (E) 6kg

290) IFCE – Somando-se 3 ao numerador de uma fração, ela se torna equivalente a 1; somando-se 3 ao denominador ela se torna equivalente a 2/3. Então a fração é:

(A) 15/12 (B) 12/15 (C) 10/15 (D) 15/13 (E) 14/13

Teste 30

291) ENEM – Sabe-se que a distância real, em linha reta, de uma cidade A, localizada no estado de São Paulo, a uma cidade B, localizada no estado de Alagoas, é igual a 2000 km. Um estudante, ao analisar um mapa, verificou com sua régua que a distância entre essas duas cidades, A e B, era 8 cm. Os dados nos indicam que o mapa observado pelo estudante está na escala de

(A) 1:250 (B) 1:2.500 (C) 1:25.000 (D) 1:250.000 (E) 1:25.000.000

292) UTFPR – Em uma fazenda há 1280 animais entre bovinos e ovinos, sendo que a quantidade de ovinos corresponde à terça parte de quantidade de bovinos. Nestas condições, a quantidade exata de bovinos o ovinos que há nesta fazenda respectivamente é de:

(A) 426 e 854 (B) 854 e 426 (C) 900 e 300 (D) 320 e 960 (E) 960 e 320

293) CFN – Qual deve ser o valor numérico de cada incógnita (termo desconhecido) para que as frações sejam equivalentes?

$$\frac{X}{3}=\frac{12}{18},\quad \frac{3}{11}=\frac{Y}{99},\quad \frac{4}{5}=\frac{32}{Z}$$

(A) 2, 27 e 40 (B) 0, 8 e 115 (C) 4, 8 e 11 (D) 16, 32 e 51 (E) 22, 47 e 63

294) IFAM – Marcelo e Patrícia têm juntos R$ 440,00. Marcelo gastou a terça parte do que possui e Patrícia, a quinta parte, ficando ambos com quantias iguais. Nesse caso, é correto afirmar que Marcelo possuía:

(A) R$ 180,00 (B) R$ 200,00 (C) R$ 220,00 (D) R$ 240,00 (E) R$ 260,00

295) Colégio Militar 2 de julho – Em um campeonato no Colégio Militar "2 de Julho", o aluno Geovani foi o maior goleador. Sabe-se que, dos gols que Geovani marcou, 2/3 foram de chutes com a "bola rolando", 1/4 dos gols foram feito "de cabeça" e, outros 2, ele marcou de "bola parada". Portanto, o número de gols marcados por Geovani foi:

(A) 10 (B) 15 (C) 18 (D) 20 (E) 24

296) CEFET ES – 3/5 de 7/9 de 10/7 de 12 famílias correspondem a quantas famílias?

(A) 8 (B) 7 (C) 6 (D) 5 (E) 4

297) IFMT – Antônio gasta do seu salário, 1/5 para pagar a mensalidade da sua escola. 1/10 para condução e 1/2 para despesas de casa. A porcentagem que sobra do seu salário é:

(A) 8% (B) 10% (C) 12% (D) 20% (E) 22%

298) IFMT – Para ensinar matemática, um escriba desconhecido da Suméria criou, entre 1800 e 1650 A.C. uma série de problemas de Geometria para que os estudantes tentassem resolvê-los. O problema:
"O lado do quadrado abaixo mede 1. Dentro dele está desenhada uma circunferência, e dentro dela, quatro triângulos. Qual é a área da superfície pintada?"

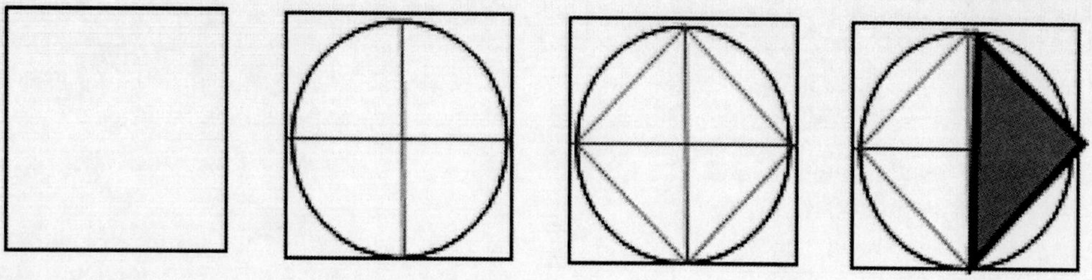

(A) 1 (B) 1/4 (C) 1/8 (D) 1/2 (E) 1/6

299) IFSP – O resultado da expressão abaixo é aproximadamente:

$$\frac{3}{7}-\frac{2}{3}+\frac{3}{2}+\frac{2}{80}-0{,}2$$

(A) $\frac{1087}{10}$ (B) $\frac{1087}{1000}$ (C) $\frac{1087}{100}$ (D) $\frac{1087}{10000}$ (E) $\frac{1087}{20}$

300) IFSP – A figura representa um terreno, onde será construída uma praça. A área cinza corresponde à sua forma. Que fração do terreno será ocupada pela mesma?

(A) 5/12
(B) 7/20
(C) 3/10
(D) 5/14
(E) 9/16

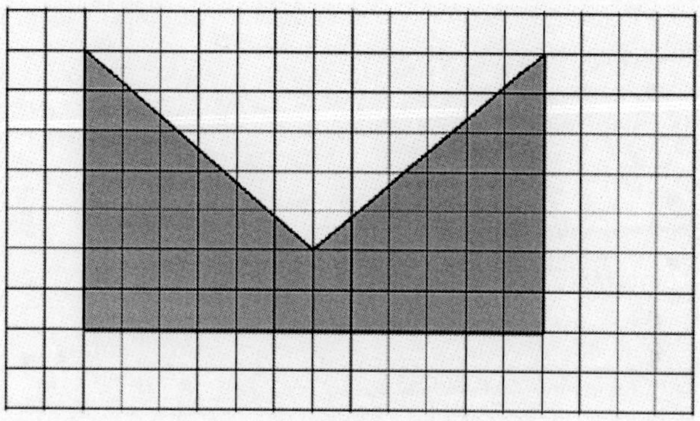

Respostas dos testes

Respostas do Teste 21

201) D 203) A 205) D 207) D 209) A
202) C 204) A 206) E 208) B 210) A

Respostas do Teste 22

211) A 213) B 215) C 217) D 219) B
212) B 214) B 216) C 218) E 220) E

Respostas do Teste 23

221) A 223) C 225) D 227) B 229) E
222) B 224) C 226) E 228) A 230) B

Respostas do Teste 24

231) E 233) C 235) D 237) B 239) A
232) B 234) C 236) A 238) A 240) D

Respostas do Teste 25

241) A 243) B 245) D 247) D 249) D
242) A 244) A 246) A 248) D 250) D

Respostas do Teste 26

251) A 253) B 255) D 257) D 259) D
252) A 254) A 256) A 258) D 260) D

Respostas do Teste 27

261) B 263) C 265) D 267) A 269) A
262) E 264) D 266) D 268) A 270) C

Respostas do Teste 28

271) A 273) A 275) C 277) C 279) C
272) D 274) C 276) C 278)CEC 280) A

Respostas do Teste 29

281) D 283) E 285) C 287) C 289)-D
282) A 284) D 286) C 288) E 290) B

Respostas do Teste 30

291) E 293) A 295) C 297) D 299) B
292) E 294) D 296) A 298) B 300) C

Resoluções dos testes

Resoluções do teste 21

201) Lembrando que calcular 3/8 de um valor, é dividir este valor por 8, e multiplicar o resultado por 3. Se fizermos essas operações ao contrário, encontraremos o valor original.

4,50 é 3/8 ➔ dividindo por 3 ➔ 1,50 é 1/8 ➔ multiplicando por 8 ➔ 12,00 é 8/8.
Então o valor original é R$ 12,00.
Agora prestemos atenção: João comprou a fração restante do bolo. Se 3/8 do bolo já haviam sido comidos, então restaram 5/8. Para calcular 5/8 devemos dividir o valor total por 8 e multiplicar por 3:
12,00 ➔ dividindo por 8 ➔ 1,50 é 1/8 ➔ multiplicando por 5 ➔ 7,50.
Então João pagou R$ 7,50.

Outra forma mais rápida de resolver o problema é notar que a o bolo foi dividido em 8 partes, e se 3 partes custaram 4,50, então cada parte custou 1,50. João comprou 5 partes, então pagou 7,50.

Resposta: (D) R$ 7,50

202) Podemos resolver o problema calculando as frações envolvidas:
Pastagens: 1/3 de 60 hectares = 20
Café: 1/5 de 60 hectares = 12
Banana: 1/6 de 60 hectares = 10
Cacau: = ?
Total.. = 60
Para que o total seja 60 hectares, a área destinada ao cacau tem que ser 18 hectares.

Resposta: (C) 18

203) É difícil comparar frações quando os denominadores são diferentes. Se trocarmos as frações, por frações equivalentes, porém todas com o mesmo denominador, ficará fácil comparar as frações. No caso do problema os denominadores são 3, 5 e 2. Iremos converter as três frações para o mesmo denominador. Este denominador comum é o MMC entre os denominadores.
O MMC entre 3, 5, e 2 é 30. Para converter as três frações, em frações equivalentes com denominador 30, basta multiplicar os termos das três frações, respectivamente, por:
10, 6 e 15, pois 3x10=30, 5x6=30 e 2x15=30. Ficamos com:

$$\frac{1}{3}=\frac{1\times10}{3\times10}=\frac{10}{30};\ \frac{2}{5}=\frac{2\times6}{5\times6}=\frac{12}{30}\ \text{e}\ \frac{3}{2}=\frac{3\times15}{2\times15}=\frac{45}{30}$$

Assim as frações se tornaram $\frac{10}{30},\frac{12}{30},\frac{45}{30}$

Fica agora fácil concluir que a primeira fração é a menor das três, e a terceira é a maior.

Resposta: (A) $a<b<c$

204) Se 3/7 do valor total é R$ 360,00, dividindo por 3 ficamos com:
1/7 do valor total é R$ 120,00. Agora multiplicando por 7, temos:
O valor total é R$ 840,00;

Resposta: (A) R$ 840,00

205) O valor doado é 2/5 do prêmio. Devemos então tomar o valor do prêmio, dividir por 5 e multiplicar por 2. Ficamos com:

$450 \div 5 = 90$

90 x 2 = 180

Resposta: (D) R$ 180.000,00

206) Para somar as frações, devemos convertê-las ao mesmo denominador, que é o MMC entre os denominadores. O MMC entre 5, 1, 8 e 2 é 40. Ficamos então com:

$\frac{7}{5}+\frac{2}{1}+\frac{11}{8}+\frac{3}{2}$; aqui apenas escrevemos o número 2 na forma de fração aparente, 2/1

$\frac{7\times 8}{5\times 8}+\frac{2\times 40}{1\times 40}+\frac{11\times 5}{8\times 5}+\frac{3\times 20}{2\times 20}$; em cada fração, multiplicamos ambos os termos pelo mesmo número, de tal forma que o denominador fique igual a 40.

$\frac{56}{40}+\frac{80}{40}+\frac{55}{40}+\frac{60}{40}$; agora todos os denominadores são 40, podemos somar os numeradores.

$\frac{56}{40}+\frac{80}{40}+\frac{55}{40}+\frac{60}{40}=\frac{56+80+55+60}{40}=\frac{251}{40}$; somamos os numeradores e repetimos o denominador.

A fração 251/40 não está nas respostas, mas temos algumas frações na forma de número misto. Para transformar 251/40 em número misto, fazemos a divisão e calculamos o quociente e o resto.

251 ÷ 40 = 6, resto 11. Então o número misto é $6\frac{11}{40}$

Resposta: (E) $6\frac{11}{40}$

207) Podemos considerar que estamos somando três frações, cada uma correspondente a uma linha: 2/4, 2/3 e 1/2. Para somá-las, devemos convertê-las ao mesmo denominador:

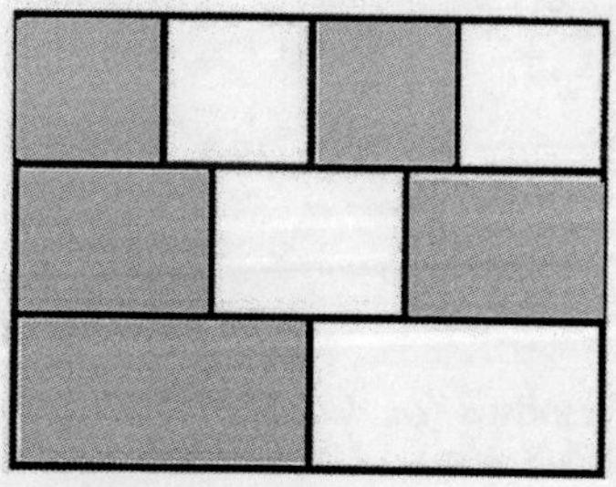

$\frac{2}{4}+\frac{2}{3}+\frac{1}{2}=\frac{6}{12}+\frac{8}{12}+\frac{6}{12}=\frac{20}{12}$

Esta fração pode ser ainda simplificada por 4, resultando em 5/3. Agora vem o que existe de diferente nessa questão. Esta fração não é relativa à unidade, é 5/3 dentro de 3 unidades. Então devemos dividi-la por 3:

$\frac{5}{3}\div\frac{3}{1}=\frac{5}{3}\times\frac{1}{3}=\frac{5}{9}$

Resposta: (D) 5/9

Uma outra forma de resolver o problema é considerar a figura toda como uma unidade, e cada linha valer 1/3 da unidades. Então temos das 3 linhas:

2/4 de 1/3, 2/3 de 1/3 e 1/2 de 1/3.

Lembrando que na matemática, a palavra “de” significa “vezes”, ficamos com:

$\frac{2}{4}\times\frac{1}{3}=\frac{1}{6}$, $\frac{2}{3}\times\frac{1}{3}=\frac{2}{9}$ e $\frac{1}{2}\times\frac{1}{3}=\frac{1}{6}$. Agora podemos somar as três frações

$$\frac{1}{6}+\frac{2}{9}+\frac{1}{6}=\frac{3}{18}+\frac{4}{18}+\frac{3}{18}=\frac{10}{18}=\frac{5}{9}$$

208) Para simplificar os cálculos, vamos chamar as expressões envolvidas de A, B e C. A expressão original é escrita como: $\frac{A}{B}\div C$

$$A=\frac{1}{2}+\frac{1}{3}+\frac{1}{4}=\frac{6}{12}+\frac{4}{12}+\frac{3}{12}=\frac{13}{12}$$

$$B=\frac{2}{3}+\frac{3}{4}=\frac{8}{12}+\frac{9}{12}=\frac{17}{12}$$

$$C=\frac{9}{17}+1=\frac{9}{17}+\frac{17}{17}=\frac{26}{17}$$

$$\frac{A}{B}=\frac{13}{12}\div\frac{17}{12}=\frac{13}{12}\times\frac{12}{17}=\frac{13}{17}$$

$$\frac{A}{B}\div C=\frac{13}{17}\div\frac{26}{17}=\frac{13}{17}\times\frac{17}{26}=\frac{1}{2}$$

Resposta: (B) 1/2

209) A primeira expressão dentro de parênteses é:

$$\frac{3}{5}-\frac{7}{25}=\frac{15}{25}-\frac{7}{25}=\frac{8}{25}$$

A segunda expressão entre parênteses valo zero, pois 8/16 é o mesmo que 1/2, e 2/4 também.

$$\frac{1}{2}-\frac{1}{2}=0$$

A expressão se reduz a

$$\frac{8}{25}-0=\frac{8}{25}$$

Resposta: (A) 8/25

210) Se 7/9 dos militares são praças, então 2/9 são oficiais.
Se 2/9 são 10 militares, então 1/9 são 5 militares, e o total são 5 x 9 = 45 militares.

Resposta: (A) 45

Resoluções do teste 22

211) Como fração, podemos indicar o valor a receber como sendo 1 salário + 1/3 de um salário. O salário já é conhecido: R$ 1.080,72. Para calcular 1/3 do salário, basta dividir o salário por 3. Ficamos com:

1.080,72 ÷ 3 = 360,24

Portanto o valor total a receber é 1.080,72 + 360,24 = 1.440,96

Resposta: (A) R$ 1.440,96

212) Note que a fração dada, 3/4, não se refere ao total de alunos na turma, mas ao número de mulheres. Então a abordagem dada aos problemas de frações que encontramos até agora não se aplica a este problema. Vamos usar um outro método.
O número de homens corresponde a 3/4 do número de mulheres, então podemos chamar o número de homens de □□□ e o número de mulheres de □□□□. Desta forma, realmente temos que □□□ é realmente igual a 3/4 de □□□□. A soma desses valores é 49, ou seja,
□□□□□□□ = 49. Então vale □ 7.
Portanto □□□ vale 21 e □□□□ vale 28.

Resposta: (B) 21

213) Note que as respostas estão em minutos. Vamos passar o tempo total dedicado à natação, para minutos:

2 horas = 120 minutos.

Este tempo total é gasto em aquecimento/respiração, piscina e relaxamento. De acordo com o problema essas três etapas ocupa, o seguinte tempo:

Aquecimento/respiração: 1/6 de 120 min = 20 min
Piscina: 2/3 de 120 min = 80 min
Relaxamento: ?

Para que o tempo total seja 120 min, o tempo gasto com o relaxamento deve ser 20 min.

Resposta: (B) 20 min

214) Se cada uma das duas pizzas foi dividida em 8 fatias, ficamos com um total de 16 fatias. Doze delas foram dadas aos sobrinhos, então a fração correspondente foi 12/16. Ocorre que não existe este resultado entre as respostas oferecidas. Possivelmente foi apresentada alguma fração equivalente. Para encontra-la, vamos simplificar a fração 12/16. Ambos os termos pode ser divididos por 4:

$$\frac{12}{16} = \frac{3}{4}$$

Resposta: (B)

215) É um problema malicioso, pois podemos não perceber à primeira vista, que a pizza não foi toda comida. Sobrou um pedaço grande, quase igual à quarta parte da pizza. Só percebemos isso quando calculamos qual fração da pizza foi comida.

Para calcular com mais facilidade o problema inteiro, vamos considerar que a pizza foi dividida em 60 partes. Ninguém vai dividir uma pizza em 60 partes, mas usamos este número fictício para facilitar os cálculos. Considere como se fossem "fatias virtuais". O número 60 foi escolhido porque é o MMC entre os denominadores das frações: 4, 3 e 5. Trabalhando desta forma, evitamos ter que operar com frações. Ficamos então com:

André: 1/4 de 60 = 15 fatias
Bruno: 1/3 de 60 = 20 fatias
Carlos: 1/5 de 60 = 12 fatias
Total: 47 fatias

Note que ainda sobraram 13 fatias, mas o conta de R$ 94,00 será rateada em partes proporcionais a esses números de fatias consumidas: 15, 20 e 12. A soma desses números é 47, e 94 é o dobro de 47. Então cada um pagará um valor igual à quantidade de fatias consumidas, vezes R$ 2,00. Portanto os valores pagos foram, respectivamente,

André: R$ 30,00, Bruno: R$ 40,00 e Carlos: R$ 24,00.

Resposta: (C) R$ 30,00

216) Calculemos quanto o mais novo e o mais velho receberam:

O mais novo recebeu 1/8, que é R$ 320.000,00 ÷ 8 = R$ 40.000,00
O mais velho recebeu 1/2, que é R$ 320.000,00 ÷ 2 = R$ 160.000,00
Calculando o valor total menos esses dois valores, concluímos que o terceiro filho recebeu R$ 120.000,00.

Resposta: (C) R$ 120.000.00

217) Se foram retirados 3/7 do estoque, ainda restam 4/7 do estoque.
Se 3/7 são 60 kg, dividindo por 3, concluímos que:
1/7 são 20 kg. Para encontrar 4/7, basta multiplicar por 4.
4/7 são 80 kg, que é o que sobrou na dispensa.

Resposta (D) 80kg

218) A informação dada pelo problema pode ser descrita por uma equação, mas ela é na verdade resultante de uma propriedade básica da adição e subtração. Se somamos dois números e encontramos um resultado, então um desses dois números é a diferença entre o resultado e o outro número. É uma propriedade das parcelas da adição:

Se A + B = X, então B vale X – A. É fácil ver isso com exemplos numéricos:
Por exemplo, 40 + 10 = 50, então 10 = 50 – 40.

No caso do problema, temos que:
3/5 do número + 1/2 = 2/3 do número, é o mesmo que dizer:
1/2 = 2/3 do número – 3/5 do número. Essas frações podem ser operadas:

$\frac{2}{3}-\frac{3}{5}=\frac{10}{15}-\frac{9}{15}=\frac{1}{15}$, ou seja,

1/2 = 1/15 do número.
Então para achar o número, basta multiplicar 1/2 por 15, que resulta em 15/2.

Resposta: (E) 15/2

219) O trem tem 30 vagões com capacidade para 40 passageiros, então 120 passageiros é a capacidade do trem. Se 2/8 (o mesmo que 1/4) da capacidade está disponível, ainda existem 30 lugares vagos, que é a quarta parte de 120.
Portanto existem 90 passageiros no trem.
Se 2/3 desses passageiros são homens, as mulheres são 1/3.
A terça parte de 90 é 30.

Resposta: (B) 30

220) A lista tem 40 exercícios.
1º dia: Paulo resolveu 2/5 dos exercícios. 2/5 de 40 é 16. Restam ainda 24 exercícios por fazer.
2º dia: Paulo resolveu 1/3 do que sobrou. 1/3 de 24 é 8. Restam ainda 16 exercícios por fazer.
3º dia: Paulo finalizou a lista. São 16 exercícios restantes.

Resposta: (E) 16 exercícios

Resoluções do teste 23

221) Razão é a divisão entre dois valores. No caso, os valores envolvidos são os tempos gastos pelos atletas no percurso. Para comparar corretamente esses tempos, temos que usar em ambos a mesma unidades. Vamos escolher minutos, pois ficará mais fácil o cálculo:

João: 1h 12 min = 72 min

José: 1h 28 min = 88 min

Note que quando falamos em razão entre dois valores, existe uma ordem correta. No caso, o problema pede a razão entre os tempos de João e José, então João no numerador e José no denominador.

$\frac{72}{88} = \frac{9}{11}$. Aqui aplicamos simplificação por 8.

Resposta: (A) 9/11

222) Emprega metade das horas do dia com computador e televisão. O problema não faz menção em "horas em que está acordada", mas sim, às horas totais do dia, que são 24. Portanto gata 12 horas por dia com computador e televisão.

O problema informa ainda que para cada hora no computador assiste 3 horas de televisão. Podemos então usar quadradinhos para indicar essas horas:

Computador: □

Televisão: □□□

Total: □□□□, que vale 12

Então cada □ vale 3 horas. Portanto são 3 horas com o computador e 9 horas com a televisão. É bom que esteja de férias, pois se mantiver este ritmo no período de aulas, vai certamente ficar reprovada, e reclamar que não consegue entender as matérias. Respondendo ao problema, são 3 horas por dia no computador.

Resposta: (B) 3

223) Para encontrar 3/4 de 1000 gramas, dividimos 1000 gramas por 4 e multiplicamos o resultado por 3.

1000g ÷ 4 = 250g

250g x 3 = 750g

Resposta: (C) 750g

224) Na verdade nem precisamos calcular os perímetros, porque a razão entre os perímetros de figuras semelhantes, é a mesma razão entre os lados. Note que esta proporção não se aplica para a área, apenas para o perímetro.

De acordo com o princípio citado acima, a razão entre os perímetros (menor para maior) é 12/15 = 4/5.

Se quiser, pode calcular os perímetros e calcular a razão entre eles:

Perímetro do quadrado pequeno: 4 x 12 = 48

Perímetro do quadrado grande: 4 x 15 = 60

Razão: 48/60, que depois de simplificar, resulta em 4/5.

Resposta: (C) 4/5

225) Calcular a metade é formar uma fração com denominador 2. No caso, temos que calcular: $2^{2014}/2$. Observe que 2^{2014} é o mesmo que 2×2^{2013}. Ficamos então com:

$\frac{2 \times 2^{2013}}{2} = 2^{2013}$. Claro, o 2 vai "cortar" na simplificação.

Resposta: (D) 2^{2013}

226) É bom lembrar que toda porcentagem corresponde a uma fração. No caso deste problema, 25% é o mesmo que $\frac{25}{100}=\frac{1}{4}$. Esse é um resultado importante a ser lembrado. 25% é o mesmo que 1/4.

No caso do problema, 25%, ou seja, 1/4, são homens.
1/4 de 1320 = 330 homens.
O número de mulheres é 1320 – 320 = 990.

Resposta: (E) 990

227) Vemos que a figura tem 36 quadrados inteiros e mais 7 "meios quadrados". A soma das áreas dos meios quadrados é 7 x 1/2 quilômetro quadrado. 7/2 é o mesmo que 3 1/2, ou seja, 3 e meio. Somando com os 36 inteiros, ficamos com 39 e meio.

Resposta: (B) 39,5

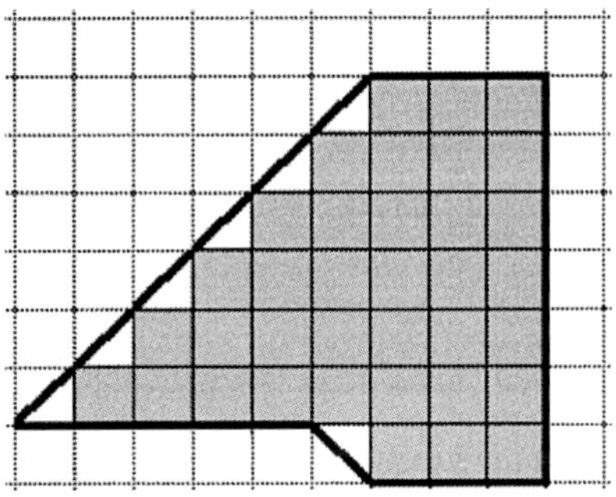

228) Simplifique a fração

$$\frac{7}{\frac{12}{1+\frac{3}{2}}-3}+2=\frac{7}{\frac{12}{\frac{5}{2}}-3}+2=\frac{7}{\frac{24}{5}-\frac{15}{5}}+2=\frac{7}{\frac{9}{5}}+2=\frac{35}{9}+\frac{18}{9}=\frac{53}{9}$$

Resposta: (A) 53/9

229) O atleta percorreu 2/7 do percurso, caminhou 5/11 do percurso, e ainda faltavam 600 metros.
A fração correspondente ao restante do percurso a ser percorrido é

$1-\frac{2}{7}-\frac{5}{11}$. O MMC dos denominadores é 77, então ficamos com:

$\frac{77}{77}-\frac{22}{77}-\frac{35}{77}=\frac{20}{77}$. Se esta fração do percurso é 600 metros, para encontrar o percurso total, temos que dividir 600 por 20 e multiplicar por 77.

600 ÷ 20 = 30, 30 x 77 = 2310

Resposta: (E) 2310

230) Depois de gastar 1/4 do dinheiro e 1/3 do dinheiro, sobraram:

$1-\frac{1}{4}-\frac{1}{3}$.

Reduzimos as frações ao mesmo denominador e fazemos os cálculos, que resultam em $\frac{5}{12}$. Se isto equivale a R$ 30,00, para chegar ao valor original, temos que dividir 30 por 5 e multiplicar o resultado por 12.

30 ÷ 5 = 6, 6 x 12 = 72

Resposta: (B) R$ 72,00

Resoluções do teste 24

231) Se 1/5 mora no centro, então os que moram em outros bairros são 4/5. Portanto temos:
4/5 da população são 285.000. Dividindo por 4 ficamos com:
1/5 da população são 285.000 ÷ 4 = 71.250
Isto é exatamente o que o problema pede, a população que mora no centro, que é 1/5 do total.

Resposta: (E) 71.250

232) Para descobrir o peso da caixa, dividimos 35 kg por 4 e multiplicamos por 5. Esses cálculos não simplificam, podemos deixar indicado como:

$\frac{35}{4}\times 5$. Este é o peso de uma caixa. O problema quer o peso de 8 caixas, que é este valor multiplicado por 8. Aí sim aparecerão simplificações a fazer:

$$\frac{35}{4}\times 5\times 8=\frac{35}{1}\times 5\times 2=350$$

Resposta: (B) 350

233) O salário recebido ao final do ano, é igual ao salário de dezembro, mais o 13º salário proporcional aos 8 meses trabalhados. Este 13º proporcional corresponde à seguinte fração do salário:

$\frac{8}{12}=\frac{2}{3}$. Então o valor recebido foi igual a 1 salário, mais 2/3 de um salário.

$1+\frac{2}{3}=\frac{5}{3}$. Portanto, 2000 reais corresponde a 5/3 do salário.

2000 ..... 5/3. Dividindo por 5 temos:
400 ..... 1/3. Multiplicando por 3, ficamos com o salário normal.
1200 ..... 1. O salário do trabalhador é R$ 1200,00. Isto está de acordo com o enunciado, a cada mês trabalhado o trabalhador tem direito a 1/12 do salário, que resulta em 100 reais. Em 8 meses são 800 reais, logo em dezembro ele tinha a receber 1200 + 800 = 2000.

(C) R$ 1200,00

234) Um cálculo simples de expressão com frações que envolve também uma potência. Esta potência vale 3^3 = 3 x 3 x 3 = 27. Substituímos na expressão, 3^3 por 27. Note que os parênteses nesta expressão são desnecessários, pois da maneira como estão sendo usados, não alteram a ordem dos cálculos. Ainda assim, vamos calcular o valor das operações separadamente, para depois somar com 27. Sem fazer as contas, o aluno atento observa que a única resposta possível é 30, porque é a única que é maior que 27. Mas o objetivo do estudo não é marcar a letra certa, e sim, aprender a realizar os cálculos.

$$\frac{4}{3}\div\frac{16}{9}+\frac{9}{4}=\frac{4}{3}\times\frac{9}{16}+\frac{9}{4}=\frac{3}{4}+\frac{9}{4}=\frac{12}{4}=3.$$

A resultado dos parênteses é 3, que somado com 27 resulta em 30.

Resposta: (C) 30

235) Temos que calcular A e B, que são frações, para depois calcular a divisão dessas duas frações.

$A = 2 - \frac{1}{4} = \frac{8}{4} - \frac{1}{4} = \frac{7}{4}$ $B = 5 + \frac{1}{2} = \frac{10}{2} + \frac{1}{2} = \frac{11}{2}$

$$A \div B = \frac{7}{4} \div \frac{11}{2} = \frac{7}{4} \times \frac{2}{11} = \frac{7}{22}$$

Resposta: (D) 7/22

236) Devemos calcular o produto dessas duas frações, entretanto x é um número misto. Para operar com um número misto, devemos antes transformá-lo em fração imprópria:

$x = 3\frac{1}{2} = \frac{7}{2}$. Agora calculamos

$$x.y = \frac{7}{2} \times \frac{4}{9} = \frac{7}{1} \times \frac{2}{9} = \frac{14}{9}$$

Resposta: (A) 14/9

237) Para calcular 2/5 de 2000, dividimos 2000 por 5 e multiplicamos o resultado por 2. Ficamos com:
2000 ÷ 5 = 400; 400 x 2 = 800.

Resposta: (B) R$ 800,00

238) Se comessem tudo, seriam 7 pizzas inteiras, ou seja, a fração 7/1. O mesmo que 56/8, ou seja, 56 fatias, do total de 8 fatias que existem em uma pizza. Como sobraram 3 fatias da última pizza, foram consumidas 53 fatias, então a "fração de uma pizza" foi um pouco abaixo de 7, ou seja, 53/8. É errado considerar 53/56, pois nesse caso seria uma fração do total, e não a fração de uma pizza.

Resposta: (A) 53/8

239) A primeira parcela é o valor desconhecido, a partir do qual podemos determinar a segunda e a terceira. Poderíamos portanto chamar a primeira parcela de □. Entretanto vamos chamar a primeira parcela de □□□□□□, pois vemos que será preciso calcular frações da 1ª parcela que têm denominador 2 e 3. Assim evitamos trabalhar com frações, ficaremos com números inteiros de quadradinhos.
1ª parcela: □□□□□□
2ª parcela: 2/3 da primeira = □□□□
3ª parcela: 3/2 da segunda = □□□□□□ (atenção, é 3/2 da segunda, e não da primeira)
Total: 16□ = R$ 240,00
Portanto □ = 240 ÷ 16 = 15,00
A menor parcela é a segunda, que vale 4 x 15 = 60.

Resposta: (A) 60

240) Obviamente a garrafa 1 é a que tem menos líquido. Depois dela vem a 4, mas entre a 2 e a 3, parecem quantidades quase iguais. Para comparar frações, façamos a redução ao mesmo denominador. Temos:

$\frac{3}{7}, \frac{6}{7}, \frac{5}{6}, \frac{5}{7}$. O MMC entre os denominadores é 42.

Reduzindo as frações ao denominador 42, ficamos com:

$\frac{18}{42}, \frac{36}{42}, \frac{35}{42}, \frac{30}{42}$.

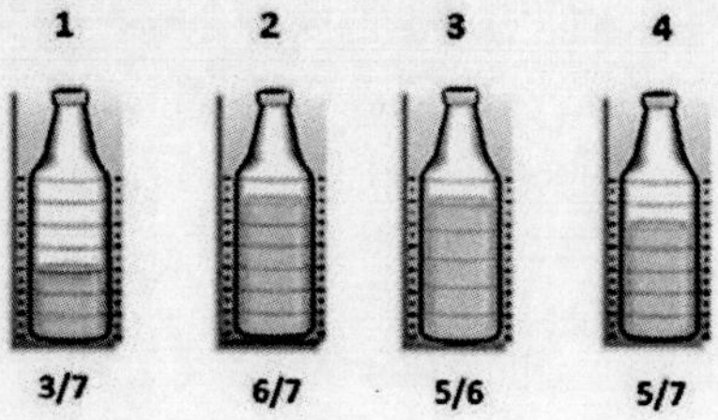

Com os denominadores iguais, ficou fácil comprara as frações. Analisando agora as respostas, vemos que a única verdadeira é:

Resposta: (D) A quantidade de líquido na garrafa 3 é maior que a quantidade de líquido na garrafa 4.

Resoluções do teste 25

241) Para calcular o percentual que representa um valor em relação ao outro, fazemos a divisão desses valores e multiplicamos o resultado por 100%. Fica portanto:

$$\frac{10}{50} \times 100\% = 20\%$$

Resposta: (A) 20%

242) $$\frac{3}{4+\frac{1}{3+\frac{2}{5}}} = \frac{3}{4+\frac{1}{\frac{17}{5}}} = \frac{3}{4+\frac{5}{17}} = \frac{3}{\frac{73}{17}} = \frac{3}{1} \times \frac{17}{73} = \frac{51}{73}$$

Resposta: (A) 51/73

243) Gastou inicialmente, 2/6, que é o mesmo que 1/3, em uma camisa.
Sobraram 2/3 do valor inicial. Deste restante, foram gastos 3/5 em uma bermuda. Então sobraram 2/5 deste restante, ou seja, 2/5 de 2/3. Isso é o mesmo que:

$\frac{2}{5} \times \frac{2}{3} = \frac{4}{15}$. Se 4/5 do valor inicial é 32 reais, para saber o valor inicial, dividimos por 32 por 4 e multiplicamos por 15. Ficamos com:

32 ÷ 4 = 8; 8x15 = 120

Resposta: (B) R$ 120,00

244) a 2/10, ou 0,2
1/50 é 10 vezes menor, ou 0,02
1/500 é 0,002
1/5000 = 0,0002
Então a soma desses valores é 0,2222

Resposta: (A) 0,2222

245) A soma de todas essas calorias são:
3/5 do total + 50 + 2/7 do total + 56 + 150.

A soma das duas frações presentes é:

$\frac{3}{5}+\frac{2}{7}=\frac{21}{35}+\frac{10}{35}=\frac{31}{35}$. As calorias indicadas pelos números são 50 + 56 + 150 = 256.

Portanto ficamos com a seguinte soma de calorias:
31/35 do total + 256 = total de calorias
Sendo assim, essas 256 calorias são os 4/35 do total que estão faltando. Para saber o número total de calorias, dividimos 256 por 4 e multiplicamos por 35.
256 ÷ 4 = 64; 64x35 = 2240.

Resposta: (D) 2240

246) O valor indicado é 3/5 do total de calorias + 50. Isso resulta em:

$$\frac{3}{5}\times 2240+50=1.344+50=1.394$$

Resposta: (A) 1394

247) Calculando a expressão temos:

$$\frac{2}{5}\times 2+5\times\frac{3}{2}-\frac{1}{2}\times 2=$$

$$\frac{4}{5}+\frac{15}{2}-\frac{2}{2}=\frac{8}{10}+\frac{75}{10}-\frac{10}{10}=\frac{73}{10}=7{,}3$$

Resposta: (D) 7,3

248) $\frac{26^2}{7}=\frac{676}{7}$

Fazendo a divisão de 676 por 7, resulta em quociente 96 e resto 4. Então esta fração é igual a:

$96+\frac{4}{7}$. Então o menor número que devemos subtrair para obter um inteiro é 4/7.

Resposta: (D) 4/7

249) A fração correspondente aos bombons que sobraram foi:

$$1-\frac{1}{3}-\frac{2}{5}=\frac{15}{15}-\frac{5}{15}-\frac{6}{15}=\frac{4}{15}$$

Resposta: (D) 4/15

250) Poderíamos chamar o número de homens de 2□ e o de mulheres de 3□, entretanto temos ainda que indicar que o número de mulheres é 8 vezes maior que o número de crianças. Então vamos multiplicar por 3 os termos desta relação de 8:1, ficando com 24:3. Portanto faremos:
Crianças = 3□.
Mulheres = 24□.
Para isso o número de homens deverá ser 16□., e assim fica mentida a relação de 2 para 3. Desta forma ficamos com:
Adultos = 24□ + 16□ = 40□
Crianças = 3□

Portanto a relação entre o número de adultos e de crianças é 40:3.

Resposta: (D) 40:3

Resoluções do teste 26

251) As desistências foram 1/5 da turma inicial e mais 1/7 da turma inicial, que somam>

$\frac{1}{5}+\frac{1}{7}=\frac{7}{35}+\frac{5}{35}=\frac{12}{35}$. O restante, que são 23/35 da turma inicial, correspondem a 23 alunos. Dividindo por 23, chegamos que 1/35 da turma é 1 aluno, então a turma toda tinha 35 alunos.

Resposta: (C) 35

252) A medida do segmento que vai do primeiro até o último ponto é igual à diferença entre os valores dos seus extremos, que são 1/2 e 1/3.

Medida = $\frac{1}{2}-\frac{1}{3}=\frac{1}{6}$

Este segmento está dividido em 5 partes iguais, Cada parte é a distância entre dois pontos consecutivos. Seu valor é:
Medida ÷ 5 = 1/6 ÷ 5

$\frac{1}{6}\div 5=\frac{1}{6}\div\frac{5}{1}=\frac{1}{6}\times\frac{1}{5}=\frac{1}{30}$. Assim a distância entre dois desses pontos é 1/30.

O problema sugere que um dos pontos, A, B, C ou D, corresponde à fração 2/5. Se isto for verdade, a distância entre o ponto 2/5 e o extremo esquerdo, tem que ser um múltiplo de 1/30. Calculemos a distância entre 2/5 e o extremo esquerdo, que é 1/3:

$\frac{2}{5}-\frac{1}{3}=\frac{6}{15}-\frac{5}{15}=\frac{1}{15}$

A fração 1/15 é equivalente a 2/30. Isto significa que partindo da extremidade esquerda, são adicionadas duas partes iguais a 1/30, até chegar no ponto que representa a fração 2/5. Portanto são duas divisões, então 2/5 é representada pelo ponto B.

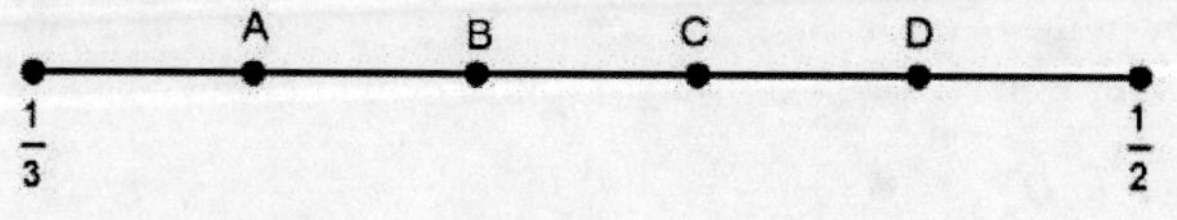

Resposta: (B) B

253) O problema caiu originalmente no CEFET RJ em 2011 e em 2015 caiu em um vestibular da UERJ, desta vez no concurso para ingresso universitário. Isso demonstra como é importante resolver questões de provas diversas, sempre existem algumas parecidas. Esta inclusive é mais fácil que a que caiu no CEFET.

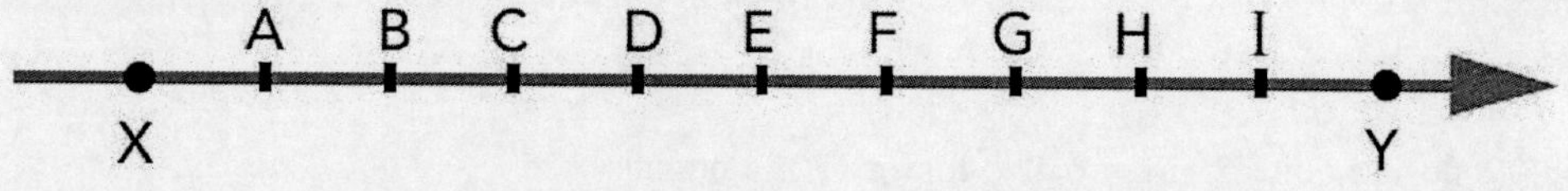

O segmento XY tem como valor, a diferença entre as frações correspondentes a X e Y:

$XY=\frac{3}{2}-\frac{1}{6}=\frac{9}{6}-\frac{1}{6}=\frac{8}{6}=\frac{4}{3}$

O segmento XY está dividido em 10 partes iguais a:

$$\frac{4}{3} \div 10 = \frac{4}{3} \times \frac{1}{10} = \frac{2}{15}$$

Para chegar ao ponto D, partimos do ponto X e adicionamos "quatro pedaços" iguais a esta medida. Ficamos então com:

$\frac{1}{6} + 4 \times \frac{2}{15}$, que calculado resulta em:

$$\frac{1}{6} + \frac{8}{15} = \frac{5}{30} + \frac{16}{30} = \frac{21}{30} = \frac{7}{10}$$

Resposta: (D) 7/10

254) Se 3/5 do recipiente são 18 litros, para encontrar seu volume total, dividimos 18 litros por 3 e multiplicamos o resultado por 5. Ficamos com:
18 ÷ 3 = 6; 6 x 5 = 30 litros

O problema pede o volume de 1/5 do recipiente, são 30 litros divididos por 5:
30 ÷ 5 = 6 litros

Resposta: (B) 6

255) Esses 36 litros colocados no reservatório são a diferença entre a fração final e a fração inicial, ou seja. 3/4 – 2/3:

$$\frac{3}{4} - \frac{2}{3} = \frac{9}{12} - \frac{8}{12} = \frac{1}{12}$$

Se 1/12 do reservatório são 36 litros, então o volume do reservatório é 12 x 36 = 432 litros.

Resposta: (C) 432

256) O número K tem que ser um inteiro positivo e divisível por 2, 3, 4 e 5.
O menor número que tem essa característica é o MMC entre 2, 3, 4 e 5. Este MMC vale 60.

Resposta: (E) 60

257) Parece que não tem nenhuma relação com frações, que este na verdade é um exercício sobre potências. Envolve frações, pois pede o quociente, ou seja, a divisão entre esses dois valores. O número 50 pode ser escrito como 5x10, por exemplo, e o número 25 como 5x5.

$$\frac{50^{50}}{25^{25}} = \frac{5 \times 10 \times 5 \times 10 \times 5 \times 10 \times 5 \times 10 \times ...5 \times 10}{5 \times 5 \times 5 \times 5 \times 5 \times 5 \times 5 \times 5 \times 5 \times 5 \times ...5 \times 5}$$

No numerador, 5x10 aparece 50 vezes, ou seja, 50 fatores 5 e 50 fatores 10. No denominador, são 25 vezes 5x5, ou seja, um total de 50 fatores 5. Existem portanto 50 fatores 5 no numerador e no denominador, que "cortam". Sobram apenas 50 fatores 10 no numerador, ou seja, 10^{50}.
Entre as respostas não aparece 10^{50}, mas aparece 10025, que é a mesma coisa, pois:
100 = 10x10
100^{25} = 10x10 x 10x10 x 10x10 x 10x10 ... x 10x10, num total de 50 fatores 10, ou seja, 10^{50}.

Resposta: (C)

258) As flechas que atingiram o alvo foram 11/14 do total.
A fração das que não atingiram o alvo é que falta para completar a unidade, ou seja, 3/14.
Portanto a razão entre as que atingiram e as que não atingiram são:

$$\frac{11}{14} \div \frac{3}{14} = \frac{11}{3}$$

Resposta: (C) 11/3

259) A nova porta é 1/8 mais alta que a antiga. Significa que sua altura é:

$1 + \frac{1}{8} = \frac{9}{8}$ da altura anterior.

Para que não ocorra aumento no custo do material, a nova porta precisa ter a mesma área que a antiga. Ou seja, a proporção de aumento na altura tem que ser o inverso da proporção de aumento (na verdade é uma diminuição) na largura.
Ou seja, a largura nova é uma fração da largura antiga, de tal forma que o produto da altura pela largura apresentem o mesmo resultado anterior. Sendo assim a largura deve ser multiplicada pelo inverso dessa fração: 8/9. Assim a área nova vai ser igual à área antiga, pois 9/8 x 8/9 é igual a 1.

Resposta: (D) 8/9

260) Para entender melhor essa sequência, fica mais fácil colocar todas as frações com o mesmo denominador. O MMC entre os denominadores é 6, então ficamos com:

$\left(\frac{11}{2}; \frac{17}{3}; \frac{35}{6}; 6; \frac{37}{6}; \frac{19}{3}; \frac{13}{2}; \ldots\right)$ representado por:

$$\left(\frac{33}{6}; \frac{34}{6}; \frac{35}{6}; \frac{36}{6}; \frac{37}{6}; \frac{38}{6}; \frac{39}{6}; \ldots\right)$$

Os denominadores são todos iguais a 6 e os numeradores aumentam de 1 em 1. Portanto o 8º termo da sequência é 40/6, que simplificado resulta em 20/3.

Resposta: (C) 20/3

Resoluções do teste 27

261) 4/5 de 60 é 60 dividido por 5 e multiplicado por 4, que resulta em 48.
3/4 de 60 é 60 dividido por 4 e multiplicado por 3, que resulta em 45.
Juntos acertaram um total de 48 + 45 = 93 questões.

Resposta: (B) 93

262) As três despesas citadas foram dadas como frações do seu salário total. Essas frações somam:

$$\frac{3}{8} + \frac{1}{6} + \frac{1}{9} = \frac{27}{72} + \frac{12}{72} + \frac{8}{72} = \frac{47}{72}$$

Sendo usados 47/72 do salário com as despesas citadas, restam 25/72. Se 25/72 correspondem a 500 reais, para saber o salário, dividimos 500 por 25 e multiplicamos por 72.

500 ÷ 25 = 20; 20 x 72 = 1440.

Resposta: (E) R$ 1440,00

263) O problema informa certos valores, em função do valor inicial, e pergunta quanto é este valor inicial. Este é o típico problema no qual temos que chamar o número desconhecido de □. Note entretanto que nas expressões, aparece este número desconhecido dividido por 9, dividido por 2 e dividido por 3. Sendo assim, vamos chamar este número desconhecido de

18□, pois assim poderemos fazer sua divisão por 9, por 2 e por 3, sem resultar em frações. Ficamos com:

Valor inicial: 18□.

Gastou 4/9. Devemos dividir 18□ por 9 e multiplicar por 4. Resulta em 8□. Então sobram 10□.

Ganhou metade do que restou, então ficou com 10□ + 5□ = 15□.

Ganhou mais 75,00 e ficou com 5/3 do que possuía no início. Esta fração é 5/3 de 18□, que é 30□.

Portanto, 15□ + 75 = 30□

Sendo assim 75 é o mesmo que 15□. Então □ vale 5. O valor inicial é 18□ = 90.

Resposta: (C) R$ 90,00

264) $1+\frac{2}{3}-\frac{3}{4}-\frac{4}{5}+2=3+\frac{2}{3}-\frac{3}{4}-\frac{4}{5}$ (Começamos juntando 1+2)

$$\frac{3}{1}+\frac{2}{3}-\frac{3}{4}-\frac{4}{5}=\frac{180}{60}+\frac{40}{60}-\frac{45}{60}-\frac{48}{60}=$$

$$\frac{220-45-48}{60}=\frac{175-48}{60}=\frac{127}{60}$$

Resposta: (D) 127/60

265) Tinha 90,00

Gastou 2/3 = 60,00

Gastou 1/5 = 18,00

Total gasto: 78,00

Logo sobraram 12,00.

Resposta: (D) R$ 12,00

OBS.: Quando o problema fala de uma fração de um valor conhecido, basta calcular as frações e os valores, até chegar à solução. Quando o problema fala da fração de um valor desconhecido, temos que usar os "quadradinhos".

266) Numerador: $\frac{1}{3}-\frac{1}{4}=\frac{4}{12}-\frac{3}{12}=\frac{1}{12}$ Denominador: $\frac{2}{3}+\frac{1}{5}=\frac{10}{15}+\frac{3}{15}=\frac{13}{15}$

A fração resulta em: $\frac{1}{12}\div\frac{13}{15}=\frac{1}{12}\times\frac{15}{13}=\frac{5}{52}$

Resposta: (D) 5/52

267) Como o serviço realizado é um valor unitário, calculamos o número de horas em que um pedreiro realizaria o serviço:

36 pedreiros fazem 1/4 (um quarto) do serviço em 12 dias, trabalhando 8 horas por dia.

12 dias trabalhando 8 horas por dia, totalizam 96 horas de trabalho.

Um só pedreiro precisaria de um tempo 36 vezes maior para fazer o mesmo, ou seja, 96 x 36 horas. Mas note que isso foi para fazer apenas 1/4 do trabalho. Agora falta terminar o trabalho, ou seja, 3/4 do trabalho total. Para isso será preciso um tempo 3 vezes maior. Então são necessárias 3 x 96 x 36 horas para um pedreiro terminar o trabalho restante.

Agora o trabalho será terminado por 27 pedreiros, já que 9 foram demitidos. Então o número total de horas que cada um irá trabalhar é:

3 x 96 x 36 ÷ 27 = $\frac{3\times 96\times 36}{27} = 96\times 4$. Como o trabalho agora será feito em 6 horas por dia, dividimos este total de horas por 6, e ficamos com o número de dias:

$\frac{96\times 4}{6} = 64$. Serão portanto, 64 dias.

Resposta: (A) 64.

268) Fazendo os cálculos, ficamos com:

$$M = \left(\frac{3}{6}+\frac{4}{6}\right)\times\frac{4}{7} = \frac{7}{6}\times\frac{4}{7} = \frac{2}{3}$$

$$N = \left(\frac{6}{9}-\frac{2}{9}\right)\div\frac{2}{3} = \frac{4}{9}\div\frac{2}{3} = \frac{4}{9}\times\frac{3}{2} = \frac{2}{3}$$

Portanto M=2/3 e N=2/3, ou seja, M=N é a única resposta que se aplica.

Resposta: (A) M=N

269) Se gastou 3/5 do salário, sobraram 2/5. Se 2/5 vale 330, para saber o total, dividimos 330 por 2 e multiplicamos por 5.
330 ÷ 2 = 165; 165 x 5 = 825.

É um valor maior de 600, mas o que é maior que 600, é também mais que 500, ou seja, as respostas A e B estariam corretas. Em uma questão de concurso, caberia aqui uma anulação. Escolheremos entretanto a opção A.

Resposta: (A) mais de R$ 600,00

270) Observe que as duas frações citadas são relativas à quantia que possuía no início. Então podemos somar as frações:

$\frac{1}{6}+\frac{1}{5}=\frac{11}{30}$. Se gastou isso, então restaram 19/30 do que tinha na carteira inicialmente. Se isto vale R$ 19,00, significa que ele tinha inicialmente, R$ 30,00.

Resposta: (C) R$ 30,00

Resoluções do teste 28

271) Os amigos saíram juntos, então todos partiram do mesmo ponto, o início do caminho. Para identificar quais amigos estavam no mesmo ponto do caminho depois de uma hora, temos que verificar quais das frações citadas são equivalentes. As frações do caminho que cada um havia percorrido eram:

João: 8/6 = 4/3
Pedro: 12/9 = 4/3
Ana: 8/3
Maria: 6/4 = 3/2.

As frações equivalentes são as relativas a João e Pedro, e essa é a resposta. Curioso no problema é que essas frações são maiores que a unidade, ou seja, os quatro amigos terminaram o caminho e continuaram andando...

Resposta: (A) João e Pedro

272) O problema informou o número de alunos de cada turma: 40. Podemos então calcular o número de meninas e meninos em cada uma delas:

Turma 1: Meninas: 3/5 de 40 = 24
Meninos: 2/5 de 40 = 16

Turma 2: Meninas: 7/10 de 40 = 28
Meninos: 3/10 de 40 = 12

Por que usamos esses valores? Se a turma 1 tem a proporção de 3/2 entre meninas e meninos, poderíamos chamar os números de: □□□ para meninas e □□ para meninos, de um total de □□□□□. Portanto as frações são de fato, 3/5 e 2/5. O mesmo raciocínio para a turma 2.

O total agora tem 80 alunos, dos quais:
Meninas: 24 + 28 = 52
Meninos: 16 + 12 = 28
A razão entre o total de meninas e o total de meninos é 52/28, que simplificada por 4 resulta em 13/7.

Resposta: (D) 13/7

273) $\frac{1}{3}-\left(\frac{1}{10}\times\frac{4}{3}\right)=\frac{1}{3}-\frac{2}{15}=\frac{5}{15}-\frac{2}{15}=\frac{3}{15}=\frac{1}{5}$

Resposta: (A) 1/5

274) Ambas as frações são da leitura total, então podemos somá-las:

$$\frac{3}{8}+\frac{1}{12}=\frac{9}{24}+\frac{2}{24}=\frac{11}{24}$$

Resposta: (C) 11/24

275) Atenção: As frações não são todas relativas ao mesmo valor, então não podemos simplesmente soma-las. Vamos então calcular os valores.
Irmãos: são ao todo 3, ou seja, Aparício e seus dois irmãos.
Primos: também são 3.
Cada irmão deve receber 1/5 do valor da herança, ou seja, a quinta parte: 240 mil. Até agora Aparício e seus dois irmãos já contam com 3 x 240,00, ou seja, 720 mil reais.
Cada primo deve receber 1/6 do valor que cabe a cada irmão, ou seja, 1/6 de 240 mil, que são 40 mil. Como são 3 primos, isso soma 120 mil. Essas heranças somam:
3 irmãos: 720 mil
3 primos: 120 mil
Total: 840 mil.
Restam ainda: 1200 mil – 840 mil = 360 mil, este é o valor que caberá ao orfanato.

Resposta: (C) R$ 360.000,00

276) Se as alturas de Mariano e do seu irmão estão na proporção de 2:3, para saber a altura do irmão, dividimos a altura de Mariano por 2 e multiplicamos o resultado por 3. Usemos as medidas em centímetros: 102 cm é a altura de Mariano.

Dividindo por 2, resulta em 51, multiplicando por 3 resulta em 153.
Então a altura do irmão é 153cm, ou seja, 1,53 m.

Resposta: (C) 1,53m

277) Devemos encontrar números proporcionais a 5 e 6, cuja soma é 33. Os próprios números 5 e 6 são proporcionais a 5 e 6, mas sua soma é 11. Para a soma ser 33, temos que multiplica-los por 3:

6 x 3 = 18
5 x 3 = 15

Então essas idades são 15 anos e 18 anos, o mais novo tem 15 anos.

Resposta: (C) 15

278) Eram 122 alunos, porém faltaram 26 naquele dia, portanto compareceram apenas 96. Ficamos então com:
1º ônibus: 1/3 de 96 = 32 alunos
2º ônibus: 3/8 de 96 = 36 alunos
3º ônibus: o restante: 96 – 32 – 36 = 28. Portanto as afirmativas ficam:

(A) (CERTO) Entraram 28 alunos no terceiro ônibus.
(B) (ERRADO) Para que todos os ônibus tivessem a mesma quantidade de alunos, 6 alunos do segundo ônibus teriam que passar para o terceiro.
(C) (CERTO) O primeiro ônibus ficou com 4 alunos a menos que o segundo ônibus.

Resposta: C, E, C

279) Analisemos os preços do CD e do DVD:
(1) 1 CD mais 1 DVD custam 24,00
(2) 3 CDs mais 4 DVDs custam 87,00
Se multiplicarmos a relação (1) por 3, ficamos com uma nova relação que vamos chamar de
(3) 3 CDs mais 3 DVDs custam 72,00
Comparando (3) e (2), vemos que (2) tem a mais que (3), apenas um DVD, e seu preço total é 15 reais a mais. Portanto um DVD custa 15 reais.
Voltando em (1), agora podemos calcular o preço de um CD. São 24 – 15 = 9
Portanto os preços são: CD = 9 e DVD = 15.
A fração que indica o preço do CD em relação ao preço do DVD é 9/15, que simplificada fica 3/5.

Resposta: (C) três quintos

280) As quantidades recebidas foram:
1ª pessoa: 2/5 do total + 6
2ª pessoa: 1/4 do total + 5
3ª pessoa: 10
Somando todos esses morangos, ficamos com:
2/5 do total + 1/4 do total + 6+5+10.

As frações somadas resultam em:

$\frac{2}{5}+\frac{1}{4}=\frac{8}{20}+\frac{5}{20}=\frac{13}{20}$, portanto a quantidade total de morangos é:

13/20 do total + 21

Então 21 morangos representam 7/20 do total. Para saber o total, dividimos 21 por 7 e multiplicamos por 20.
21 ÷ 7 = 3; 3 x 20 = 60 morangos

Resposta: (A) 60

Resoluções do teste 29

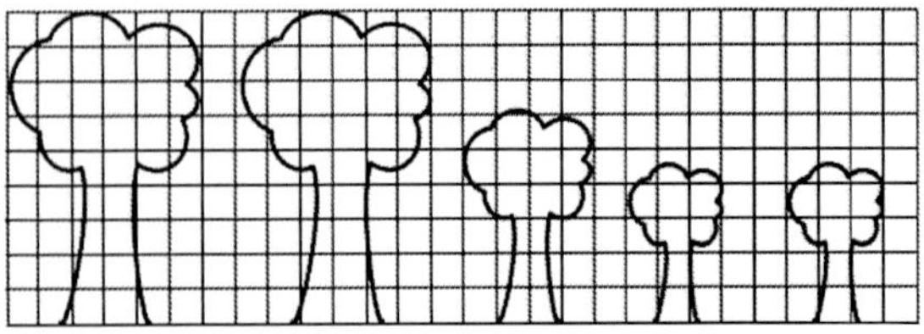

281) A medida real de um objeto é igual à medida do desenho, multiplicada pela escala;
Árvore I: 9 x 100 = 900
Árvore II: 9 x 50 = 450
(pois 2:100 é o mesmo que 1:50)
Árvore III: 6 x 150 = 450
(pois 2:300 é o mesmo que 1:150)
Árvore IV: 4 x 300 = 1200
Árvore V: 4 x 150 = 600
(pois 2:300 é o mesmo que 1:150)

Portanto, em tamanho real, a maior árvore é a IV.

Resposta: (D) IV

282) A quarta parte da metade é 1/4 x 1/2:

$$\frac{1}{4} \times \frac{1}{2} = \frac{1}{8}$$

Resposta: (A) 1/8

283) Se a razão é 3/25, as áreas são 150 e ?.
? é obtido dividindo 150 por 3, e multiplicando o resultado por 25.
150 ÷ 3 = 50; 50 x 25 = 1250.

Resposta: (E) 1250m²

284) Se 5/7 foram rejeitados, então 2/7 foram aceitos.
2/7 de 420 = 120

Resposta: (D) 120 pessoas

285) 25% é o mesmo que 25/100, que simplificado é 1/4. Um resultado útil para ser lembrado.

Resposta: (C) 1/4

286) Para determinar a relação vagas/candidatos, formamos uma fração em que o numerador é o número de vagas, e o denominador é o número de candidatos. Ficamos com:
vagas = 240; candidatos=4800

$\frac{240}{4800} = \frac{24}{480} = \frac{12}{240} = \frac{6}{120} = \frac{1}{20}$, ou seja, temos 20 candidatos disputando por cada vaga.

Resposta: (C) 1/20

OBS.: Quando se pede a relação entre candidatos e vagas, é o contrário. Dividimos o número de candidatos pelo número de vagas. Nesse caso ficaríamos com 20 candidatos por vaga.

287) A razão entre o número de vagas e o número de candidatos é:

$$\frac{120}{2400} = \frac{12}{240} = \frac{1}{20}$$

Resposta: (C) 1/20

288) O gastos são os seguintes:

1) ônibus: 55
2) lanche: 3/5 de 55 = 33
3) xerox: 1/11 de 55 = 5
Total: 55 + 33 + 5 = 93.

Resposta: (E) 93,00

289) Todas as quantidades são dadas como frações do total de 720 kg.

1) Indústria metalúrgica: 2/3 de 720 = 480kg
2) Indústria de papel: 1/4 de 720 = 180kg
3) Reciclagem de alumínio: o restante, 720 – 480 – 180 = 60.

Resposta: (D) 60 kg

290) Se somando 3 ao numerador a fração se torna equivalente a 1, podemos usar "quadradinhos" e chamar a fração de:

$\frac{\Delta}{\Delta+3}$ (vamos usar triângulo porque este programa não faz quadradinhos na fração).

De fato, somando 3 no numerador, a fração fica com numerador e denominador iguais, então se torna igual a 1.
Somando-se 3 ao denominador, a fração fica equivalente a 2/3:
$\frac{\Delta}{\Delta+6}=\frac{2}{3}$. Note que a fração 2/3 pode ser escrita como $\frac{2}{2+1}$. Ficará parecida com $\frac{\Delta}{\Delta+6}$ se multiplicarmos seus termos por 6: $\frac{12}{12+6}$. Então, Δ tem que valer 12. Portanto a nossa fração procurada é:

$$\frac{\Delta}{\Delta+3}=\frac{12}{12+3}=\frac{12}{15}.$$

Conferindo, se somarmos 3 ao numerador, fica 15/15 que é igual 1 a. Se somarmos 3 ao denominador fica 12/18 que é equivalente a 2/3.

Resposta: (B) 12/15

Resoluções do teste 30

291) Para calcular a numeração de uma escala, formamos uma fração em que o numerador é a distância real, e o denominador é a distância no papel. Fazemos então as devidas simplificações. No nosso caso temos:

$$\frac{2000km}{8cm}.$$

Para simplificar, começamos convertendo as duas medidas para a mesma unidade. O mais fácil aqui é converter ambas as medidas para metros, usando:
1 km = 1000 metros
1 cm = 0,01 metro
Ficamos com:
$\frac{2000000m}{0{,}08m}$. Agora esquecemos os metros e trabalhamos somente com os números. Vamos eliminar a vírgula, e para isso vamos multiplicar numerador e denominador por 100, ou seja, anda duas casas com a vírgula para a esquerda. Isso resulta em mais dois zeros no numerador, e a eliminação da vírgula no denominador:

$\frac{200000000}{8}$. Finalmente fazemos a simplificação da fração?

$\frac{200000000}{8} = \frac{100000000}{4} = \frac{50000000}{2} = \frac{25000000}{1}$

Isso significa que a distância real é 25.000.000 vezes maior que a distância no mapa, ou seja, uma escala 1:25.000.000.

Resposta: (E) 1:25.000.000

292) Nessas condições, se os ovinos correspondem à terça parte dos bovinos, podemos considerar:
ovinos = □ e bovinos = □□□.
Como a soma é 1280, temos que os ovinos são a quarta parte do total, e os bovinos são os restantes:
ovinos = 1280 ÷ 4 = 320; bovinos = 1280 – 320 = 960

Resposta, prestando atenção na ordem, bovinos primeiro: (E) 960 e 320

293) Encontramos esses valores desconhecidos se multiplicarmos ou dividirmos os termos das frações para que passem a ficar idênticas. Por exemplo:
$\frac{X}{3} = \frac{12}{18}$ ➔ $\frac{X}{3} = \frac{2}{3}$. Aqui simplificamos a segunda fração por 6, e seu denominador ficou igual ao da primeira. Então X=2.
$\frac{3}{11} = \frac{Y}{99}$ ➔ $\frac{27}{99} = \frac{Y}{99}$. Multiplicamos os termos da primeira fração por 9. Logo Y=27.
$\frac{4}{5} = \frac{32}{Z}$ ➔ $\frac{32}{40} = \frac{32}{Z}$. Multiplicamos os termos da primeira fração por 8 e ficamos com Z=40.

Resposta: (A) 2, 27 e 40

294) Calculemos quanto sobrou para cada um deles:
Marcelo: gastou 1/3, sobrou 2/3 do que possuía.
Patrícia: gastou 1/5, sobraram 4/5 do que possuía.
Essas frações não podem ser somadas porque são frações de diferentes valores.
Os valores que sobraram para Marcelo e Patrícia são foram iguais. Além disso, como o valor que sobrou para Marcelo é 2/3 de alguma coisa, deve ser um número que é múltiplo de 2, e como é o mesmo que sobrou para Patrícia, que é 4/5 de alguma coisa, deve ser um número que é múltiplo de 4. Então vamos chamar o valor que sobrou para cada um deles (valores iguais), de □□□□.

Marcelo: □□□□ é 2/3 do que possuía, logo possuía □□□□□□.
Patrícia: □□□□ é 4/5 do que possuía, logo possuía □□□□□.
Portanto possuíam juntos, 11□, que o problema informa que são R$ 440,00.
Logo □=40,00. Então o que cada um possuía no início era:
Marcelo: 240,00 e Patrícia: 200,00

Resposta: (D) R$ 240,00

295) Somemos as frações:
2/3 dos gols + 1/4 dos gols + 2 = Total de gols.
As frações dadas somam:
$\frac{2}{3} + \frac{1}{4} = \frac{8}{12} + \frac{3}{12} = \frac{11}{12}$. Sendo assim, os 2 gols restantes correspondem a 1/12 do total. Portanto foi um total de 24 gols.

Resposta; (C) 24

296) Na matemática, a palavra “de” significa “vezes”. Portanto o cálculo pedido é:

$\frac{3}{5} \times \frac{7}{9} \times \frac{10}{7} \times 12$, que com as devidas simplificações fica:

$$\frac{1}{1} \times \frac{1}{3} \times \frac{2}{1} \times 12 = 8$$

Resposta: (A) 8

297) As frações podem ser somadas porque são todas relativas ao mesmo valor: o salário total.

$\frac{1}{5} + \frac{1}{10} + \frac{1}{2} = \frac{2}{10} + \frac{1}{10} + \frac{5}{10} = \frac{8}{10}$. Portanto a fração que sobra do salário é 2/10.

$\frac{2}{10}$ é o mesmo que 20%

Resposta: (D) 20%

298) Na quarta figura, o quadrado está dividido em 8 partes, e duas estão pintadas. Portanto a fração é 2/8, que é o mesmo que 1/4.

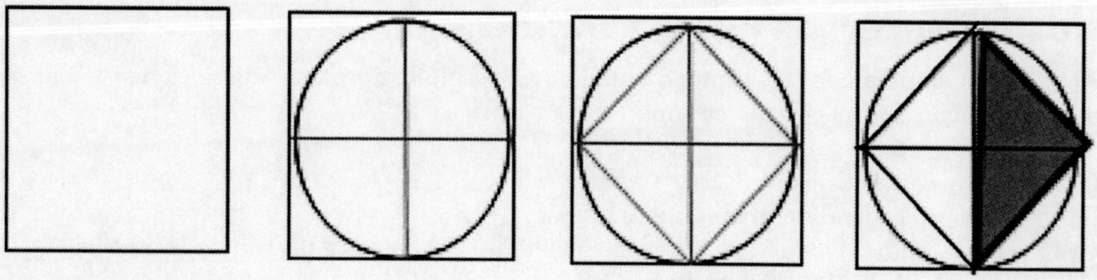

Resposta: (B) 1/4

299) Devemos reduzir as frações ao mesmo denominador, mas é conveniente fazer antes as simplificações permitidas, pois assim ficarmos com números menores. No caso, a quarta fração, 2/80, pode ser escrita como 1/40. Além disso, o número 0,2 pode ser escrito na forma de fração: 1/5. Ficamos portanto com:

$\frac{3}{7} - \frac{2}{3} + \frac{3}{2} + \frac{1}{40} - \frac{1}{5}$. O MMC entre os denominadores é 840. Ficamos com:

$$\frac{360}{840} - \frac{560}{840} + \frac{1260}{840} + \frac{21}{840} - \frac{168}{840}$$

Os numeradores totalizam 913, então a fração resultante é 913/840, cujo resultado é aproximadamente 1,087. Entre as opções, na forma aproximada, a que se aplica é 1087/1000.

Resposta: (B) 1087/1000

300) O terreno forma um grande retângulo de dimensões 10 x 18, portanto são 180 quadrículas ao todo.

A parte cinza traz uma dificuldade, pois os trechos triangulares inclinados são todos diferentes. Entretanto, esses dois grandes triângulos indicados na figura como (1) e (2), podem ser considerados como as duas metades de um retângulo de dimensões 5 x 6, de área 30.

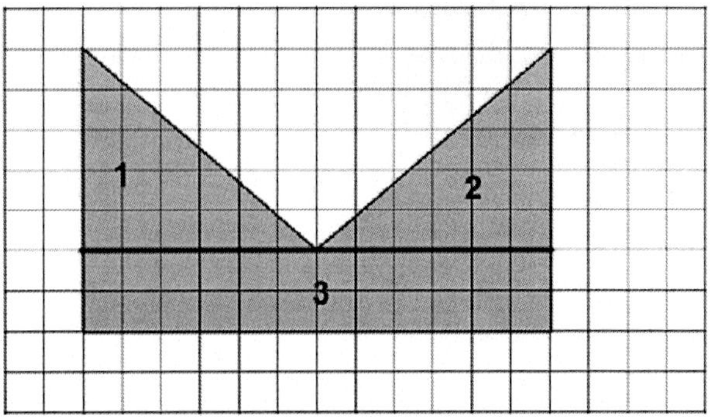

Finalmente, o retângulo inferior indicado como (3) tem área 12 x 2 = 24. A soma das áreas em cinza é 30 + 24 = 54, e o total é 180. Então a fração do terreno que será ocupada pela praça é:

$$\frac{54}{180} = \frac{27}{90} = \frac{9}{30} = \frac{3}{10}$$

Resposta: (C) 3/10

Novos concursos neste capítulo

Além dos já apresentados no capítulo anterior, este capítulo apresenta questões dos concursos para as seguintes instituições de ensino:

CTISM – Colégio Técnico Industrial de Santa Maria
IFMS – Instituto Federal de Mato Grosso do Sul
CEFET RJ – Centro Federal de Educação Científica e Tecnológica do Rio de Janeiro
IFRS – Instituto Federal do Rio Grande do Sul
IFMT – Instituto Federal do Mato Grosso

■

Capítulo 4

Números decimais e porcentagem

Porcentagem é um assunto que cai em praticamente todas as provas, de todos os níveis. A porcentagem é na verdade uma fração com denominador 100. Para lidar com porcentagem com habilidade, o aluno tem que ser um craque em números decimais. Destaca-se que neste capítulo adicionamos uma questão da UNESP – Universidade Estadual Paulista.

Teste 31

301) IFAL – Se A=0,05; B=0,009; C=0,1; D=0,57 e E=0,097, é verdade que:

(A) D < (C+E+A+B) (B) D – (C+E) < A+B (C) A+B+C+D+E >1
(D) B < A < E < C < D (E) 1 – (A+B+C+D+E) > D

302) UFSM – Dois descontos sucessivos de 30% corresponde a um único desconto de:

(A) 40% (B) 51% (C) 56% (D) 60% (E) 70%

303) IFS – Uma loja X ofereceu descontos sucessivos de 10%, 20% e 30% em um produto A. Dessa forma, o desconto obtido foi de:

(A) 60% (B) 49,6% (C) 49,5% (D) 49% (E) 50%

304) Colégio Militar 2 de julho – Fábio fez um cálculo na calculadora e como resultado obteve 8,41. Esse resultado escrito na forma de fração é:

(A) 841/10 (B) 841/100 (C) 841/1000 (D) 84/10 (E) 41/100

305) CEFET AL – Um trabalhador recebeu um corte em seu salário de 20%. Para recompor o salário original deste trabalhador, é necessário dar um aumento de

(A) 23% (B) 17% (C) 18% (D) 20% (E) 25%

306) IFAL – Na última eleição para prefeitura de uma cidade, registrou-se o seguinte resultado:
- O candidato A recebeu 60% dos votos;
- O candidato B recebeu 25% dos votos;
- 2400 fotos foram brancos ou nulos;
- Somente os candidatos A e B disputaram a eleição.

Quantos eleitores votaram nesse pleito?

(A) 16000 (B) 13600 (C) 9600 (D) 18200 (E) 24000

307) IFRJ – No IFRJ, os alunos são avaliados, em cada componente curricular, duas vezes por semestre. As notas da primeira e da segunda avaliações possuem pesos 1 e 2, respectivamente. Isso significa que, para calcular a sua média em Matemática, o aluno João deve somar a nota da primeira avaliação com o dobro da nota da segunda avaliação e dividir o resultado por 3. Se esse resultado for maior que, ou igual a 6,0, João estará aprovado em Matemática. Se João tirou 4,6 na primeira avaliação, quanto João precisa tirar na segunda avaliação, no mínimo, para ser aprovado?

(A) 5,2 (B) 6,7 (C) 7,4 (D) 8,0 (E) 7,5

308) IFSC – Uma das práticas comuns a alguns comerciantes é a elevação nos preços de suas mercadorias em períodos de aumento nas vendas, como o Natal, Dia das Mães ou Dia dos Namorados, por exemplo. Sabendo que o preço do produto eletrônico que gostaria de comprar para dar de presente a sua namorada sofreu um aumento de 25%, Luís resolveu aguardar um momento mais adequado para efetuar a compra. No entanto, soube alguns dias depois que, devido a uma promoção do Dia dos Namorados, o preço do produto havia sofrido uma redução de 25%, passando a custar R$ 300,00. Assinale a alternativa correta:
Qual o preço do produto eletrônico antes do aumento?

(A) R$ 280,00 (B) R$ 300,00 (C) R$ 310,00 (D) R$ 320,00 (E) R$ 330,00

309) IFSC – Um cliente foi a uma concessionária e comprou um carro no valor de R$ 35.000,00. Após 12 meses, o proprietário resolveu vender o veículo que havia adquirido. Sabendo-se que esse veículo sofreu uma desvalorização de 18% durante o ano, calcule o preço de revenda desse automóvel.

(A) R$ 28.700,00 (B) R$ 18.700,00 (C) R$ 17.800,00 (D) R$ 26.800,00 (E) R$ 25.380,00

310) UFSM – Em determinado almoço de confraternização, foram servidos dois pratos: risoto e salada. Quarenta e cinco por cento dos presentes comeram salada e noventa e cinco por cento serviram-se de risoto. Sabendo que ninguém deixou de se alimentar, o percentual de pessoas que consumiram risoto e salada foi de

(A) 20% (B) 35% (C) 40% (D) 45% (E) 50%

Teste 32

311) IFRJ – A Internet tornou-se uma importante ferramenta de relacionamento social entre os jovens. Maria está na dúvida sobre que plano de acesso à Internet ela deve adquirir. No plano A, paga-se uma assinatura mensal de R$ 10,00 e cada hora de acesso à rede custa R$ 0,25. No plano B, paga-se um valor fixo de R$ 40,00 para até 200 horas de acesso mensal à rede e, a partir de 200 horas, o custo de cada hora de acesso é de R$ 0,50. Pode-se afirmar que, se Maria acessar 250h de Internet por mês, o plano A custa

(A) R$ 7,50 mais barato que o plano B.
(B) R$ 2,50 mais barato que o plano B.
(C) R$ 2,50 mais caro que o plano B.
(D) R$ 7,50 mais caro que o plano B.

312) IFSC – O Índice Nacional de Preços ao Consumidor Amplo (IPCA), medido pelo Instituto Brasileiro de Geografia e Estatística (IBGE), é um parâmetro utilizado para medir a inflação. Segundo dados oficiais, no ano de 2015, a inflação ficou em 10,67%. O salário do Sr. Joaquim da Silva, em 2015, era de R$ 1.200,00 e foi reajustado com base nesse percentual. Calcule o novo salário para 2016, reajustado por este índice.

(A) R$ 12.804,00 (B) R$ 1.210,67 (C) R$ 1.310,67 (D) R$ 11.604,00 (E) R$ 1.328,04

313) IFS – Um estudante ao comprar um livro de Matemática que custava R$ 72,50, obteve um desconto de 16%. Qual foi o valor pago pelo estudante?

(A) R$ 60,90 (B) R$ 11,60 (C) R$ 84,10 (D) R$ 61,80 (E) R$ 61,00

314) Instituto Federal Farroupilha – Jorge, aluno do Campus Júlio de Castilhos, faz diariamente exercícios físicos. Para completar a sua dieta, ele toma um composto alimentar rico em proteínas. Esse composto, quando comprado em embalagens de 500 gramas, possui um percentual de 25% de proteína. Quanto(s) quilograma(s) desse composto não tem proteínas?

(A) 375 (B) 0,375 (C) 0,125 (D) 125 (E) 0,1

315) UFSM – Um equipamento foi construído a um custo de R$ 16.000,00 e vendido por R$ 17.920,00. A taxa de lucro nessa transação foi de

(A) 8% (B) 9% (C) 10% (D) 11% (E) 12%

316) IFAL – Quanto vale 5% da centésima parte de uma dúzia?

(A) 6/10 (B) 6/100 (C) 6/10000 (D) 6/1000 (E) 6^2

317) IFS – Se a tarifa de ônibus do transporte coletivo de Aracaju passou de R$ 2,20 para R$ 2,50, isto significa que o prefeito autorizou um reajuste de aproximadamente:

(A) 30% (B) 0,3% (C) 13,36% (D) 13,63% (E) 20%

318) Colégio Militar 2 de julho – Em uma determinada loja 8m de tecido custam R$ 42,25. Quanto custam 24m desse mesmo tecido?

(A) R$ 126,15 (B) R$ 126,25 (C) R$ 126,50 (D) R$ 126,65 (E) R$ 126,75

319) CPMRR – No Teatro Jaber Xaud, encontra-se em cartaz o espetáculo teatral “Agustinho Peixe Grande”, da Cia Teatro de Brinquedo, do Mato Grosso. A atração agradará o público infantil. Como é a semana da criança, a cia de teatro resolveu fazer uma promoção, onde 5 ingressos podem ser adquiridos pelo preço usual de 3. Amanda comprou 5 ingressos nessa promoção. A economia que Amanda fez representa que percentual sobre o preço usual dos ingressos?

(A) 20% (B) 60% (C) 45% (D) 40% (E) 35%

320) Colégio Militar 2 de julho – Coloque em ordem crescente os seguintes numerais:

109,25 – 0,31 – 0,594 – 0,2 – 2,05 – 3,7 – 13,027

A ordem correta é

(A) 0,31 < 0,2 < 0,594 < 2,05 < 3,7 < 13,027 < 109,25
(B) 0,594 < 0,31 < 0,2 < 2,05 < 3,7 < 13,027
(C) 3,7 < 2,05 < 0,31 < 0,2 < 13,027 < 109,25
(D) 109,25 < 0,31 < 2,05 < 0,2 < 13,027 < 109,25
(E) 0,2 < 0,31 < 0,594 < 2,05 < 3,7 < 13,027 < 109,25

Teste 33

321) CEFET ES – O valor da passagem de um determinado ônibus teve um aumento de 5%, passando a custar R$ 2,10. O valor dessa passagem antes do aumento, em reais, era de:

(A) R$ 1,50 (B) R$ 1,60 (C) R$ 1,70 (D) R$ 1,80 (E) R$ 2,00

322) CEFET ES – Uma escola tem a assinatura de apenas duas revistas em quadrinhos. A Turma da Mônica e Quadrinhos da Mafalda. Numa pesquisa feita com as crianças da escola verificou-se que 70% leem a revista da Turma da Mônica, 40% leem a revista da Mafalda e 10% não leem nenhuma das revistas. O percentual de alunos que leem as duas revistas é de:

(A) 5% (B) 10% (C) 15% (D) 20% (E) 25%

323) CEFET ES – Suponha que na mercearia de seu Joaquim, o valor inicial de venda de uma determinada mercadoria M seja de R$ 100,00. Como a procura por M estava grande, então seu Joaquim achou que deveria aumentar o seu preço em 20%, e assim o fez. Passada a fase de grande consumo desta mercadoria, então seu Joaquim resolveu reduzir o preço que estava sendo praticado em 20%. Qual o novo valor da mercadoria M?

(A) R$ 100,00 (B) R$ 60,00 (C) R$ 98,00 (D) R$ 80,00 (E) R$ 96,00

324) IFRJ – Numa Feira de Ciências realizadas no IFRJ, no Campus de Nilópolis, foi necessária a compra de um computador que, com um desconto de 12%, custou R$ 2200,00. Porém, se o desconto fosse de 24%, o preço do computador seria de:

(A) R$ 1100,00 (B) R$ 1672,00 (C) R$ 1900,00 (D) R$ 1936,00 (E) R$ 2068,00

325) IFSC – Após uma semana de muita chuva na região onde mora, Maria, que é responsável pelas compras de sua casa, foi à feira comprar verduras. Ao chegar lá, assustou-se ao se deparar com um aumento muito elevado no preço dos produtos. Por exemplo, o pé de alface que, na semana anterior custava R$ 1,50, agora estava custando R$ 2,85. Qual o percentual de aumento que este produto sofreu?

(A) 185% (B) 85% (C) 35% (D) 135% (E) 90%

326) UNESP – Uma confeitaria vendeu seus dois últimos bolos por R$ 32,00 cada. Ela teve lucro de 28% com a venda de um dos bolos, e prejuízo de 20% com a venda do outro. No total dessas vendas, a confeitaria teve:

(A) prejuízo de R$ 1,28 (B) lucro de R$ 2,56 (C) prejuízo de R$ 2,56
(D) lucro de R$ 5,12 (E) prejuízo de R$ 1,00

327) IFAM – Uma eleição de 2º turno entre os candidatos A e B apontou o seguinte resultado, considerando o total de votos:
O candidato A recebeu 42,9%; o candidato B obteve 47,1%; em branco votaram 3,8% e o restante votou nulo. Considerando somente os votos válidos, a votação do vencedor com aproximação decimal, foi da ordem de:

(A) 51,6% (B) 52,3% (C) 53,8% (D) 54,7% (E) 55,4%

328) UFSM – Em um recipiente há um litro de álcool 90% puro. Quantos mililitros de água deve-se adicionar para reduzir essa porcentagem para 80%?

(A) 50 (B) 80 (C) 100 (D) 125 (E) 150

329) IFAL – No exame de seleção para o ano de 2017, o IFAL ofereceu 504 vagas para seus cursos Integrados e, no exame de seleção para o ano e 2018, está oferecendo 630 vagas. Qual é o percentual de aumento do número de vagas para o ano de 2018?

(A) 12,6% (B) 20% (C) 25% (D) 30% (E) 33%

330) IFS – Sobre o preço de um carro importado incide um imposto de 30%. Em função disso, o seu preço para o importador é de R$ 19.500,00. Supondo que tal imposto passe de 30% para 60%, qual será, em reais, o novo preço do carro para o importador?

(A) R$ 24.000,00 (B) R$ 25.000,00 (C) R$ 22.500,00
(D) R$ 31.200,00 (E) R$ 30.500,00

Teste 34

331) CEFET ES – Uma Cliente sempre aborrecia a vendedora de uma loja de roupas com pedidos de descontos. Certa vez, ao vender um vestido de R$ 127,75, a vendedora, já cansada, disse a ela: leve o vestido de graça e pague só os nove botões que ele tem, da seguinte forma: um real pelo primeiro botão, dois reais pelo segundo, quatro reais pelo terceiro, oito reais pelo quarto, e assim por diante. A cliente ficou assustada e aceitou logo o negócio. Dessa situação, pode-se afirmar que:

(A) A cliente levou vantagem pois conseguiu 25% e desconto.
(B) A vendedora levou vantagem pois vendeu o vestido por um valor 4 vezes maior.
(C) A cliente pagou a metade do preço.
(D) A vendedora tomou prejuízo de 15%.
(E) A vendedora não lucrou nem a cliente levou prejuízo.

332) CEFET ES – Dona Maria decidiu comprar um freezer, que custava R$ 750,00. Optou por compra-lo em duas parcelas iguais de R$ 400,00, uma no ato da compra e outra 30 dias depois. Qual o percentual de juros foi pago?

(A) Menos de 10% (B) Entre 10% e 13% (C) Entre 13% e 14%
(D) Entre 14% e 15% (E) Mais de 15%

333) IFRJ – Segundo a Previdência Social, o INSS recolhe dos trabalhadores 8% do salário de contribuição até um determinado valor. Sabendo que um empregado teve R$ 74,40 recolhidos ao INSS no mês de julho de 2010, o valor do salário de contribuição desse empregado, em julho de 2010, foi

(A) R$ 595,20 (B) R$ 832,17 (C) R$ 930,00 (D) R$ 1040,22

334) IFSC – O Instituto Brasileiro de Geografia e Estatística (IBGE) divulgou, em 15/03/2016, a taxa de desemprego do país que teve a piora mais acelerada registrada nesses quatro anos da série histórica da pesquisa de emprego do IBGE. Essa taxa cresceu para 8,5% na média do ano passado, a maior j[a medida pela pesquisa Nacional por Amostra de Domicílios (PNAD), iniciada em 2012. Sabendo-se que em 2014, a taxa de desemprego era de 6,8%, é correto afirmar que o crescimento percentual na taxa de desemprego do ano de 2014 para 2015 foi de aproximadamente

(A) 1,3% (B) 2,3% (C) 2,9% (D) 2,7% (E) 1,7%

335) Instituto Federal Farroupilha – Maria foi ao mercado com R$ 20,00 para comprar:
- 2 litros de leite
- 1,8kg de tomate
- 1,5kg de batata
- 1kg de feijão

Sabendo que o litro de leite custa R$ 2,40 e que o quilograma de batata, do tomate e do feijão, custam respectivamente R$ 1,80, R$ 2,40 e R$ 1,68, assinale a alternativa que apresenta o troco recebido por Maria após efetuar suas compras.

(A) R$ 5,00 (B) R$ 6,50 (C) R$ 8,28 (D) R$ 11,72 (E) R$ 13,50

336) IFAL – Uma determinada escola paga para o seu Diretor o salário de R$ 1.800,00 e para os professores o de R$ 1.200,00 neste ano de 2015. Nas negociações trabalhistas, o salário do Diretor, em 2016, será de R$ 1.980,00. Sabendo que o salário dos professores será reajustado na mesma proporção, qual será o salário dos professores em 2016?

(A) R$ 1.260,00 (B) 1.270,00 (C) R$ 1.280,00 (D) R$ 1.320,00 (E) R$ 1.360,00

337) CEFET RJ – O valor da expressão $\frac{1}{3} + 0{,}333... + 0{,}3$ é:

(A) 1 (B) 29/30 (C) 0,99 (D) 0,93 (E) 0,9

338) IFS – As máquinas A e B são responsáveis por 70% e 30%, respectivamente, da produção de uma empresa. Estudos estatísticos revelam que os índices de peças defeituosas na produção destas máquinas valem 5% e 6%, respectivamente. O percentual de peças defeituosas desta empresa vale:

(A) 8% (B) 6% (C) 76% (D) 35% (E) 5,3%

339) Colégio Militar 2 de julho – Em um campeonato de esportes, um atleta ganhou três medalhas, de um total de 24 medalhas conquistadas pela sua equipe. Qual o percentual de medalhas conquistadas por este atleta, em relação ao total de medalhas conquistadas pela sua equipe?

(A) 10% (B) 12.5% (C) 14,5% (D) 16% (E) 17,5%

340) Colégio Militar 2 de julho – Os números a seguir estão na forma decimal. A alternativa correta na forma fracionária é

6,8 - 7,91 - 0,02 - 1,117

(A) $\frac{68}{100};\frac{791}{10};\frac{2}{100};\frac{1117}{1000}$ (B) $\frac{68}{10};\frac{791}{10};\frac{2}{10};\frac{1117}{1000}$ (C) $\frac{34}{5};\frac{791}{100};\frac{1}{50};\frac{117}{1000}$

(D) $\frac{68}{100};\frac{791}{100};\frac{2}{100};\frac{1117}{100}$ (E) $\frac{68}{1000};\frac{791}{1000};\frac{2}{1000};\frac{1117}{1000}$

Teste 35

341) CEFET ES – O preço **p** de determinado produto aumentou 10%. Após esse aumento, um comprador obteve um desconto de 10% no preço. Esse comprador pagou:

(A) 0,97p (B) 0,98p (C) 0,99p (D) p (E) 1,01p

342) CEFET ES – Gratificação Natalina, popularmente conhecida como “13º Salário”, é a gratificação a que o trabalhador faz jus na proporção de 1/12 do seu salário para cada mês trabalhado no ano. Um trabalhador foi contratado por uma empresa no dia 1º de abril de 2006, e no dia 5 de dezembro daquele ano recebeu R$ 648,00 a mais em seu contracheque. Este valor correspondia ao 13º salário proporcional aos 9 meses trabalhados por ele em 2006. Qual é o salário mensal desse trabalhador?

(A) R$ 458,00 (B) R$ 956,00 (C) R$ 674,00 (D) R$ 1058,00 (E) R$ 864,00

343) IFRJ – Para cobrir os gastos com a campanha eleitoral, um candidato a Deputado Federal distribuiu R$ 210,000,00 para 4 comitês do seguinte modo: o segundo recebeu a metade do que recebeu o primeiro; o terceiro recebeu a metade da soma das quantias que receberam o primeiro e o segundo; e o quarto, a metade do que recebeu o terceiro. O segundo comitê dessa campanha recebeu, em reais, a quantia de:

(A) R$ 400.000,00 (B) R$ 100.000,00 (C) R$ 80.000,00 (D) R$ 40.000,00

344) Instituto Federal Farroupilha – O número de inscritos no processo seletivo do Instituto Federal Farroupilha para as modalidades Integrado, Subsequente e Superior totalizaram 6600. Destes, 40% referem-se ao integrado e 25% ao subsequente. Qual o número de candidatos inscritos para o processo seletivo do ensino superior?

(A) 1650. (B) 2310. (C) 2640. (D) 3300. (E) 4290.

345) IFAL – Devido à alta do dólar, certo produto teve um aumento de 25% em uma determinada loja. Com a crise econômica e baixa nas vendas, o proprietário da loja resolve vender o produto pelo mesmo valor que era vendido antes da alta do dólar. Então, ele deverá dar um desconto de

(A) 35% (B) 30% (C) 25% (D) 20% (E) 15%

346) IFAM – O preço inicial de um determinado objeto foi reajustado em 60%, mas o volume de vendas caiu muito, o novo preço sofreu um desconto para voltar ao preço normal. Neste caso, o desconto aplicado foi de:

(A) 37,5% (B) 40,2% (C) 50% (D) 60% (E) 62,5%

347) IFRJ – Numa instituição de ensino lecionam 80 professores. Destes, os homens professores representam 60% e 25% das mulheres são professoras solteiras. Sobre esta situação é incorreto afirmar:

(A) Há mais professores homens que professoras casadas.
(B) As professoras casadas são 24 no total.
(C) As professoras solteiras representam a minoria dos professores.
(D) As professoras solteiras são 20 no total.
(E) A diferença entre a quantidade de professores homens e professoras casadas é de 24.

348) IFS – Se certo estabelecimento comercial compra determinado artigo ao preço unitário de R$ 1,55 e vende dez unidades desse artigo por R$ 20,00, o lucro com a venda de 150 unidades desse artigo será:

(A) R$ 155,00 (B) R$ 232,00 (C) R$ 67,50 (D) R$ 300,00 (E) R$ 45,00

349) CPM-CE – Ana é representante de uma empresa de cosméticos, na qual seus produtos são ilustrados por um catálogo para que as pessoas possam compra-los. Em cada produto vendido, é repassado 72% do valor do produto para a empresa e 28% é comissão da representante. Qual a comissão de Ana ao vender um produto que custa R$ 82,50?

(A) R$ 14,50 (B) R$ 23,10 (C) R$ 17,50 (D) R$ 50,43 (E) R$ 29,10

350) EAM – Uma TV de LCD custa, a prazo, R$ 2.300,00. Para pagamento à vista, o seu valor é 20% mais barato em relação ao seu preço a prazo. Qual o preço, à vista, desta TV?

(A) R$ 4.000,00 (B) R$ 2.100,00 (C) R$ 2.040,00 (D) R$ 1.900,00 (E) R$ 1.840,00

Teste 36

351) EAM – Na compra de um ventilador que custa R$ 150,00, uma pessoa dá 8,5% de entrada e o restante vai pagar em cinco parcelas iguais. Qual o valor de cada parcela?

(A) R$ 27,45 (B) R$ 27,65 (C) R$ 28,35 (D) R$ 28,50 (E) R$ 29,25

352) CEFET ES – Uma pesquisa feita entre todos os estudantes de uma escola revelou que: 20% têm computador; 32% têm telefone celular; 18% têm computador e telefone celular. Sabendo que todos os alunos foram entrevistados, assinale a alternativa que corresponde ao percentual dos alunos que não possuem computador nem telefone celular.

(A) 23% (B) 32% (C) 49% (D) 59% (E) 66%

353) IFAL – No pleito eleitoral para eleger o presidente do Grêmio Estudantil de minha escola, votaram 2200 alunos. Para o candidato ser considerado vencedor ele deve obter pelo menos 1 + 50% dos votos válidos. Sabe-se que 2% dos alunos votantes anularam o voto e 3% deles votaram em branco. É correto que:

(A) A quantidade mínima de votos que elege um candidato é 1101.
(B) O candidato com votação superior a 1045 votos está eleito.
(C) 43 alunos anularam o voto.
(D) 66 é a quantidade de votos nulos.
(E) 110 é a quantidade de votos válidos.

354) IFPA – Nestes tempos de crise econômica, uma loja adota a seguinte promoção para atrair os clientes: "Nas compras acima de R$ 150,00 ganhe um desconto de 25% sobre o que exceder os R$ 150,00". Animadas com a promoção, duas amigas fazem uma compra nesta loja no valor de R$ 90,00 e R$ 120,00, respectivamente. Que economia estas amigas fariam se reunissem suas compras em uma única conta?

(A) R$ 10,00 (B) R$ 15,00 (C) R$ 20,00 (D) R$ 30,00 (E) R$ 60,00

355) IFCE – A população eleitoral de certo município do interior do Ceará, para este pleito de 2008, é de 48158 eleitores e, historicamente, aumenta de 10% a cada biênio. Sobre o número de eleitores no pleito de 2004 e para o pleito de 2010, é correto dizer-se que

(A) em 2004, foi menor que 40000 e, em 2010, será maior que 54000.
(B) ambos são compreendidos entre 40000 e 54000.
(C) ambos são compreendidos entre 36000 e 50000.
(D) ambos são compreendidos entre 39000 e 53000.
(E) em 2004, foi de 43780 e, em 2010, será de 52974.

356) CPM-CE – Uma loja de eletrodomésticos divulgou os seguintes preços de uma geladeira: R$ 2.500,00 para quem comprar a geladeira à vista, porém, se for parcelada, o valor passa a ser R$ 2.880,00. Uma pessoa que escolher comprar e parcelar o valor estará pagando quantos por cento a mais do valor à vista?

(A) 87% (B) 10% (C) 15,2% (D) 12,7% (E) 14%

357) EAM – Um feirante compra 3 maçãs por R$ 2,30 e vende 5 maçãs por R$ 4,50. Para obter um lucro de R$ 10,00, ele deverá vender uma quantidade de maçãs igual a:

(A) 60 (B) 65 (C) 70 (D) 75 (E) 80

358) CFN – Qual deve ser o valor numérico das incógnitas A, B e C, respectivamente, para que as frações abaixo sejam equivalentes?

$\frac{A}{9} = \frac{15}{45}$, $\frac{3}{21} = \frac{B}{49}$, $\frac{9}{10} = \frac{81}{C}$

(A) 3, 7 e 90 (B) 3, 21 e 90 (C) 9, 49 e 81 (D) 27, 21 e 90 (E) 9, 21 e 90

359) Colégio Militar Tiradentes PMDF – Nos jogos Rio 2016, trabalharam 140.000 pessoas. Dessas pessoas, 1/28 são funcionários, 36% são funcionários terceirizados e o restante são voluntários. Dessa forma, o número de voluntários é igual a:

(A) 54.600 (B) 64.600 (C) 84.600 (D) 82.600 (E) 76.400

360) EAM – Caso uma televisão de R$ 915,00 esteja sendo vendida com um desconto de 28%, quanto se pagará por ela?

(A) R$ 256,20 (B) R$ 649,80 (C) R$ 658,80 (D) R$ 769,80 (E) R$ 889,80

Teste 37

361) UFSM – O valor de $\sqrt{0{,}111...}$ é:

(A) 0,1 (B) 0,111... (C) 0,222... (D) 0,333... (E) Irracional

362) CEFET ES – Uma determinada região construiu uma estação de tratamento de esgoto, reduzindo a quantidade de esgoto sem tratamento, de 10 mil toneladas em 1996 para 480 toneladas em 2006, representado uma queda de aproximadamente:

(A) 70% (B) 80% (C) 85% (D) 90% (E) 95%

363) IFPA – De acordo com o Instituto Brasileiro de Planejamento e Tributação, o brasileiro leva, em média, 150 dias trabalhando só para pagar os impostos. Em 2014 os tributos comprometeram 41% da renda do trabalhador. Considerando que o salário mensal de um trabalhador, em 2014, foi de R$ 1.200,00, quanto ele pagou de impostos?

(A) R$ 5904,00 (B) R$ 2.460,00 (C) R$ 3444,00 (D) R$ 492,00 (E) R$ 5412,00

364) CPMRR – O ICMS (Imposto sobre Circulação de Mercadorias e Serviços) é um imposto no qual as empresas incluem no preço total de venda de um produto. Sendo que cada Estado possui sua própria alíquota de ICMS. A alíquota do ICMS do estado de Roraima corresponde a 17% do valor da venda de certo produto. Se este for vendido por R$ 152,00 qual o valor do ICMS, em reais?

(A) R$ 17,00 (B) R$ 25,84 (C) R$ 25,00 (D) R$ 20,50 (E) R$ 21,75

365) CPM-CE – Em uma promoção numa loja de bicicletas, está sendo dado um desconto de 24% para pagamento à vista. Pedro comprou uma bicicleta que estava anunciada nesse estabelecimento por R$ 999,00. Tendo feito o pagamento {a vista, o valor que ele pagou pela compra foi de:

(A) R$ 759,24 (B) R$ 872,10 (C) R$ 524,50 (D) R$ 239,76 (E) R$ 720,21

366) EAM – Uma geladeira de R$ 1.250,00 passou a custar R$ 1.100,00 para pagamento à vista. O preço dessa geladeira teve, portanto, um desconto de:

(A) 14% (B) 13% (C) 12% (D) 11% (E) 10%

367) CEFET RJ – Por qual número devemos multiplicar o número 0,75 de modo que a raiz quadrada do produto obtido seja igual a 45?

(A) 2700 (B) 2800 (C) 2900 (D) 3000 (E) 3600

368) Colégio Militar Tiradentes DF – No mundo, 1 bilhão de pessoas não têm acesso ao abastecimento de água; e 2 bilhões e 400 milhões de pessoas não dispõem de saneamento básico. Projeções para 2025 indicam que bilhões de seres humanos sofrerão sérias consequências pela escassez de água. No próximo século, a água doce será o recurso natural mais disputado na maioria dos países. No Brasil, existe água doce em abundância, mas também há o desperdício e o comprometimento dos mananciais.

Com base no texto acima, podemos afirmar:

I) $2{,}4 \times 10^9$ é o número de pessoas que não dispõem de saneamento básico
II) 100×10^7 é o número de pessoas que não têm acesso ao abastecimento de água
III) 72×10^6 corresponde a 30% do número de pessoas que não dispõem de saneamento básico
IV) $2{,}5 \times 10^7$ corresponde a 1/4 do número de pessoas que não têm acesso ao abastecimento de água.

Sobre as opções acima, é correto afirmar que

(A) há apenas 1 opção verdadeira.
(B) há três opções verdadeiras.
(C) as opções II e IV são falsas.
(D) há duas opções verdadeiras.
(E) todas as opções são falsas.

369) Colégio Militar Dom Pedro II – Marque a alternativa correta com relação ao número 42,195:

(A) Sua leitura correta é quarenta e dois mil, cento e noventa e cinco.
(B) O algarismo 5 representa os centésimos.
(C) Tem 42 unidades na parte inteira e cento e noventa e cinco milésimos na parte decimal.
(D) Sua representação fracionária é 42/195.

370) Colégio Militar Dom Pedro II – Em uma partida de basquete, dividida em quatro etapas (quartos), o Brasil venceu a Argentina por 22x4 no primeiro quarto, 18x4 no segundo quarto, 22x6 no último quarto. Sabendo que a média de pontos nessa partida foi de 21,25 pontos por quarto, quantos pontos o Brasil marcou no terceiro quarto?

(A) 23 (B) 22 (C) 21 (D) 24 (E) 25

Teste 38

O teste 38 é especial. Tem somente questões que envolvem gráficos e tabelas. Certos vestibulares têm essa característica, por exemplo, o ENEM. A maioria das suas questões têm um conceito matemático simples, mas até chegar a ele, o aluno tem que ler uma história, observar alguns gráficos e tabelas, para finalmente identificar o que precisa ser calculado. Já apresentamos várias questões assim neste livro, mas o presente teste é formado integralmente por questões desse tipo.

371) CPM-CE – Ricardo foi morar na cidade de Manaus-AM e ao chegar à nova cidade, ele precisou comprar alguns móveis e eletrônicos para sua residência. Depois de pesquisar alguns preços, ele comprou os seguintes produtos:

Quantidade	Produto	Preço em R$
01	TV 40" LED	1.600,00
01	Refrigerador	850,00
01	Fogão	550,00
01	Microondas	300,00

Quando foi realizar o pagamento, Ricardo conseguiu um desconto de 12% sobre o valor total da compra. Quanto Ricardo pagou no total:

(A) R$ 3.584,00 (B) R$ 3.200,00 (C) R$ 2.904,00 (D) R$ 2.436,00 (E) R$ 1.817,00

372) CEFET ES – José comprou R$ 9.000,00 em ações da empresa B em janeiro e vendeu em setembro. Nessa transação ele obteve um lucro de:

(A) 10% (B) 20% (C) 30%
(D) 40% (E) 50%

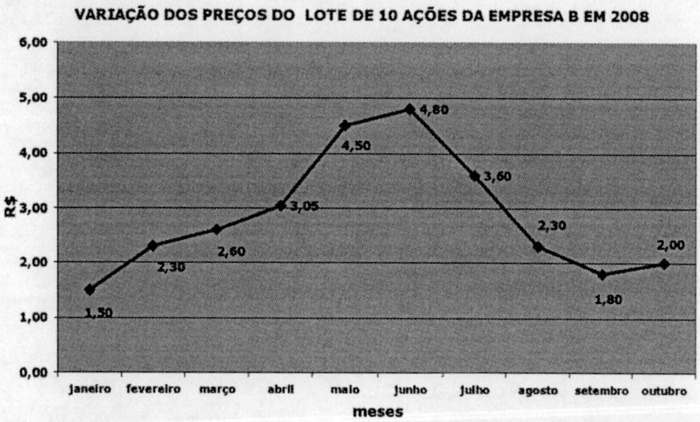

373) CEFET ES – Em uma escola, os alunos da oitava série realizaram uma enquete sobre o esporte preferido. Os dados colhidos estão representados no gráfico ao lado. A porcentagem de alunos que preferem futebol é:

(A) 25% (B) 30% (C) 40% (D) 45% (E) 50%

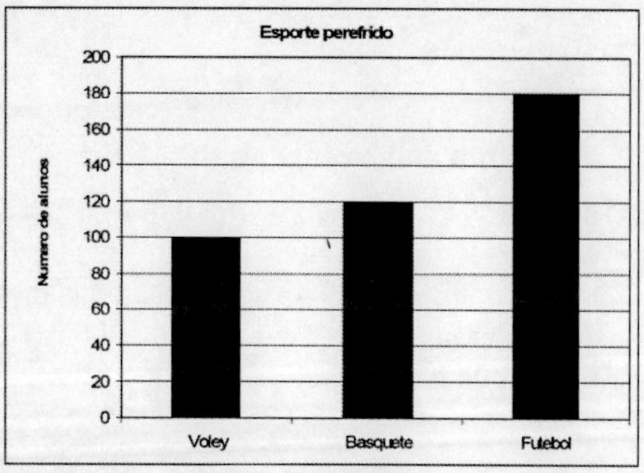

374) CEFET ES – José estava construindo um gráfico de barras verticais para mostrar o resultado da eleição que escolheu o presidente do Grêmio Estudantil de sua escola. Quando foi escrever no gráfico o percentual de votos que o candidato C obteve, ele se enganou e escreveu o número de votos. Considerando que na eleição não houve votos brancos ou nulos, o número total de eleitores na escola foi:

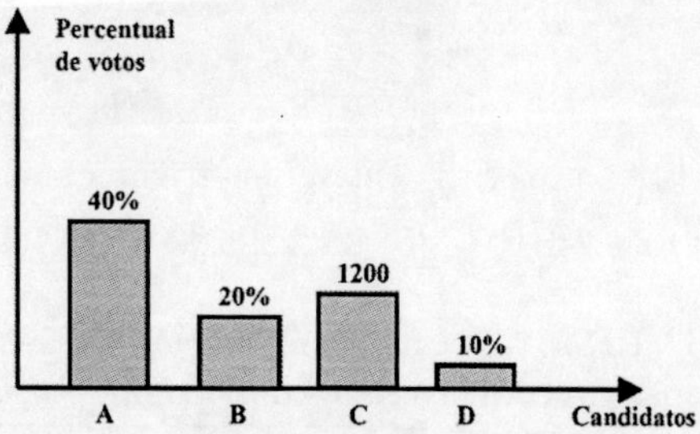

(A) 2000 (B) 4000 (C) 3000 (D) 6000 (E) 5000

375) CMCB-CE – O atual ciclo de estiagem que começou em 2012 é o mais longo desde 1972, segundo estudos da Fundação Cearense de Meteorologia e Recursos Hídricos (Funceme).

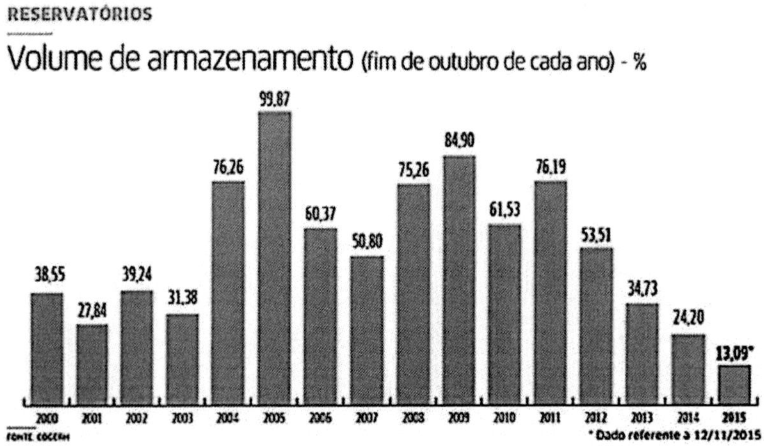

Com base no gráfico, a diferença entre o maior e o menor percentual de volume armazenado é:

(A) 13,09 (B) 24,20 (C) 75,67 (D) 86,78 (E) 99,87

376) IFMT – No jogo "Encontrando Números Iguais", são lançados 5 dados, especialmente preparados para isso. Observe esta jogada:

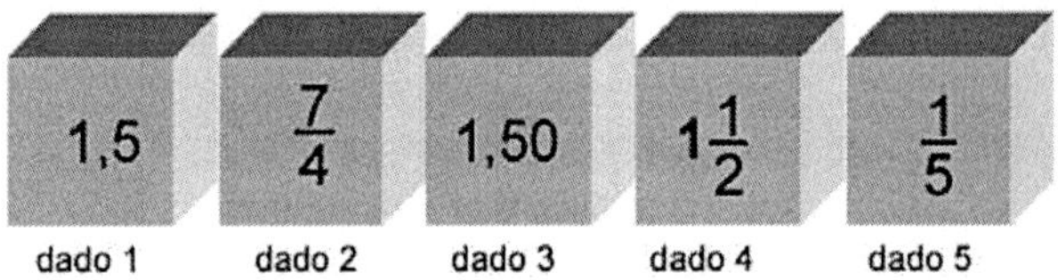

Os dados com números iguais são:

(A) 1, 2 e 4 (B) 3, 4 e 5 (C) 2, 3 e 5 (D) 1, 3 e 4 (E) 1, 2 e 3

377) IFRN – Em março de 2010, as contas da COSERN, CAERN e de aluguel da casa de Lico corresponderam a R$ 320,00, R$ 185,00 e R$ 740,00, respectivamente. Em abril sofreram os acréscimos da tabela abaixo.

Despesa	Taxa percentual de aumento
COSERN	15%
CAERN	20%
Aluguel	235%

Portanto, por essas contas, Lico pagou em abril um total de

(A) R$ 3.248,00 (B) R$ 2.895,00 (C) R$ 2.570,00 (D) R$ 3.069,00 (E) R$ 2.820,00

378) UFSM – Uma lanchonete vende sanduíches, pastéis e copos de suco. Nesse estabelecimento os valores dos "combos" estão indicados nos cartazes abaixo

Sabendo que os valores dos produtos individualizados ou nos "combos" são os mesmos, um pedido de 2 sanduíches, um pastel e um copo de suco custará:

(A) R$ 8,00 (B) R$ 8,50 (C) R$ 9,50 (D) R$ 10,00 (E) R$ 10,50

379) IFRN – Em uma cidade do RN, foi feita uma pesquisa sobre o meio de transporte utilizado para chegarem ao Campus do IFRN. Responderam a essa pergunta 800 alunos. Os resultados, em forma de porcentagem, foram anotados no quadro ao lado. O total de entrevistados que afirmaram ir a pé ou de bicicleta é:

Meio de transporte	Porcentagem
Ônibus	42 %
Automóvel	12 %
Bicicleta	28 %
A pé	18 %

(A) 224 (B) 368 (C) 144 (D) 432 (E) 386

380) IFRJ – Durante a adolescência o jovem cresce rápido. A tabela ao lado mostra as alturas médias dos adolescentes brasileiros homens dos 10 aos 18 anos. Em média, a altura do jovem brasileiro de 15 anos é maior que sua altura aos 10 anos em:

Anos	Altura em cm
10	140
11	144
12	151
13	158
14	164
15	168
16	170
17	172
18	173

(A) 10% (B) 15% (C) 20% (D) 28% (E) 40%

Teste 39

Este teste é dedicado aos Colégios Militares Estaduais. Muitos estados possuem colégios militares que são administrados pelos "militares estaduais", que são a Polícia Militar e o Corpo de Bombeiros. As vagas desses colégios são em parte alocadas para os filhos de militares, mas a maioria delas são alocadas para a população em geral. Alguns desses colégios fazem o ingresso através de uma prova, outros através de outros métodos diversos, como apresentação dos boletins com as notas anteriores, ou mesmo a partir de sorteios. Utilizamos neste livro, as questões de provas para ingresso em alguns desses colégios.

381) CPM-CE – Um lojista, aproveitando o período de Black Friday, ofereceu um certo produto com descontos sucessivos de 30% em novembro e 30% em dezembro. Esses descontos são equivalentes a um único desconto de:

(A) 60% (B) 51% (C) 40% (D) 33% (E) 36%

382) CPM-CE – Em uma papelaria, o preço de um caderno é anunciado como R$ 26,00. Pedro foi a essa papelaria e comprou esse caderno à vista por R$ 18,20; isso significa que para o pagamento à vista, ganhou um desconto de:

(A) 70% (B) 50% (C) 20% (D) 30% (E) 40%

383) CPM-CE – O professor de matemática do 6º ano passou um trabalho com 50 questões para seus alunos. Mário foi o aluno que mais se destacou nesse trabalho, acertando 82% do total das questões. O número de questões que Mário acertou foi de:

(A) 9 (B) 41 (C) 25 (D) 50 (E) 18

384) Colégio Militar 2 de julho – A tabela mostra o percentual das mulheres em cada área no mercado de trabalho. Qual foi a área com maior percentual de atuação?

(A) Relações públicas
(B) Jurídica
(C) Recursos Humanos
(D) Educação
(E) Turismo

ÁREA DE ATUAÇÃO	
ÁREA	2011
Administrativa	45,61%
Comercial	30,17%
Tecnologia	12,56%
Relações Públicas	54,71%
Suprimentos/ Compras	22,49%
Jurídica	37,05%
Industrial/ Engenharia	16,32%
Recursos Humanos	60,86%
Medicina e Saúde	44,62%
Educação	65,76%
Turismo	52,20%

385) EAM – Uma tropa possui 7% de seus soldados nascidos no Norte do país, 15% na região Sudeste, 10% na região Sul, 3% na região Centro-oeste e o restante no Nordeste. Considerando que a tropa é composta por 140 soldados, determine quantos são do Nordeste e assinale a opção correta.

(A) 83 (B) 87 (C) 90 (D) 91 (E) 93

386) Colégio Militar 2 de julho – Podemos afirmar que $(0,3)^2 + (0,1)^2$ é igual a:

(A) 1/10 (B) 1/5 (C) 1/4 (D) 1/2 (E) 1/100

387) CMPM-CE – Em uma turma de 40 alunos sobre times de futebol, 10% torcem para o time A, 30% torcem para o time B, 20% para o time C e o restante não gosta de futebol. Quantos alunos torcem para o time B?

(A) 16 (B) 8 (C) 12 (D) 4 (E) 24

388) Colégio Militar Dom Pedro II – Adicionando 0,3 ao dobro de 5/4. E depois multiplicando o resultado por $1,3\overline{2}$, temos como resultado um número que, quando marcado na reta numérica, encontra-se:

(A) Entre 1,4 e 1,75 (B) À esquerda de 3,6 (C) À direita de 3,9 (D) À direita de 3,5

389) CFN – Cada área colorida em cada círculo ao lado representa uma fração de um inteiro. Marque a alternativa que apresenta a soma dessas frações.

(A) 5/8 (B) 7/8 (C) 9/8 (D) 7/16 (E) 9/16

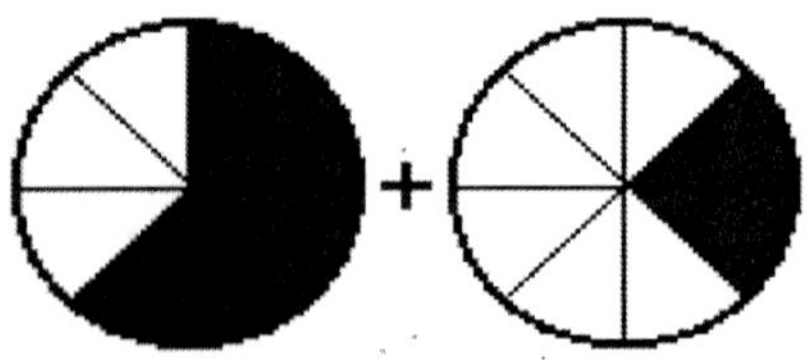

390) Colégio Militar 2 de julho – O gráfico ao lado mostra o resultado final das eleições para prefeito de uma determinada cidade. Considerando que nessa cidade existem 45.560 eleitores. De acordo com o gráfico, o primeiro candidato obteve quantos votos?

(A) 20.502 (B) 25.000 (C) 32.500
(D) 45.560 (E) 25.058

Teste 40

391) Colégio Militar 2 de julho – Das igualdades abaixo, só uma não é verdadeira, desta forma, qual delas é a falsa?

(A) $8\times\sqrt{324}=144$

(B) O triplo da raiz quadrada de 121 é 33

(C) $\sqrt{625}\div 5=5$

(D) $\sqrt{289}-\sqrt{256}=1$

(E) $\sqrt{100}+\sqrt{49}=\sqrt{149}$

392) IFAM – Calcule na forma fracionária, o resultado da expressão:
$\sqrt{(3{,}58777...-2{,}35444...)\times 0{,}360360360...}$

(A) 1/2 (B) 5/6 (C) 4/5 (D) 3/4 (E) 2/3

393) EAM – O valor da expressão $\dfrac{0{,}555...-\sqrt{0{,}25}}{\left(\dfrac{2}{3}\right)^2\times 0{,}1}$ é:

(A) 0,75 (B) 0,85 (C) 0,95 (D) 1,15 (E) 1,25

394) CEFET ES – A notícia sobre a diminuição de casos de dengue no Brasil indica que houve, nos primeiros seis meses de 2009, uma redução de 743.517 para 387.158 casos de doenças, correspondendo a 47,9%. Podemos afirmar que houve uma redução de, aproximadamente:

(A) Um quarto (B) Um terço (C) Um meio (D) Dois terços (E) Três quartos

395) Colégio Militar Tiradentes PMMA – Observe as frações e suas respectivas representações decimais:
I – 3/1000 = 0,003
II – 2367/100 = 23,67
III – 129/10000 = 0,0129
IV – 267/10 = 2,67
Utilizando as igualdades acima, escolhe a alternativa correta:

(A) I e II (B) I e IV (C) I, II e III (D) III (E) I, II, III e IV

396) CEFET AL – A expressão $\left(\dfrac{2}{3}-0{,}333...\right)^2+\sqrt{0{,}111...}$ tem resultado:

(A) 0 (B) 1 (C) 1/9 (D) 1/3 (E) 4/9

397) IFRJ – Considere a expressão $0{,}999...+\dfrac{\dfrac{1}{5}+\dfrac{1}{3}}{\dfrac{3}{5}-\dfrac{1}{15}}$. Efetuando as operações indicadas, obteremos o valor igual a:

(A) 1 (B) 2 (C) 9/10 (D) 15/9 (E) 19/10

398) Colégio Militar Tiradentes PMMA – Caio gastou R$ 23,00 em uma loja num produto que custava R$ 17,96. O troco que caio recebeu tem o valor representado por:

(A) R$ 5,40 (B) R$ 5,04 (C) R$ 5,004 (D) R$ 504,00 (E) R$ 5004,00

399) Colégio Militar Tiradentes PMMA – Numa universidade são lidos apenas dois jornais, X e Y. 80% dos alunos da mesma leem o jornal X, e 60%, o jornal Y. Sabendo-se que todo aluno é leitor de pelo menos um dos jornais, assinale a alternativa que corresponde ao percentual de alunos que leem ambos:

(A) 80% (B) 14% (C) 40% (D) 60% (E) 48%

400) Colégio Militar Tiradentes DF – No circo *Encantos*, existem dois tipos de funcionários: os artistas e os técnicos. Existem ao todo 120 funcionários, sendo que 3/5 são artistas. Com base nesses dados, classifique os itens em "certo" ou "errado".

(A) ( ) 40% do total de funcionários são técnicos
(B) ( ) O número de técnicos que trabalham no circo é igual a 48.
(C) ( ) O dobro do número de artistas, somado à metade do número de técnicos é igual a 188.

Respostas dos testes

Respostas do Teste 31

301) D 303) B 305) C 307) B 309) A
302) B 304) B 306) A 308) D 310) C

Respostas do Teste 32

311) D 313) A 315) E 317) D 319) D
312) E 314) A 316) D 318) E 320) E

Respostas do Teste 33

321) E 323) E 325) E 327) B 329) C
322) D 324) C 326) B 328) D 330) A

Respostas do Teste 34

331) B 333) C 335) B 337) B 339) B
332) D 334) E 336) D 338) E 340) C

Respostas do Teste 35

341) C 343) D 345) D 347) D 349) B
342) E 344) B 346) A 348) C 350) E

Respostas do Teste 36

351) A 353) B 355) D 357) D 359) C
352) E 354) B 356) C 358) A 360) C

Respostas do Teste 37

361) D 363) A 365) A 367) A 369) C
362) E 364) E 366) C 368) D 370) A

Respostas do Teste 38

371) C 373) D 375) D 377) D 379) B
372) B 374) B 376) E 378) E 380) C

Respostas do Teste 39

381) B 383) B 385) D 387) C 389) B
382) D 384) D 386) A 388) D 390) A

Respostas do Teste 40

391) 393) 395) 397) 399)
392) 394) 396) 398) 400)

Resoluções dos testes

Resoluções do teste 31

301) Se A=0,05; B=0,009; C=0,1; D=0,57 e E=0,097, é verdade que:

(A) D < (C+E+A+B) (B) D – (C+E) < A+B (C) A+B+C+D+E >1
(D) B < A < E < C < D (E) 1 – (A+B+C+D+E) > D

Uma questão fácil porém trabalhosa, que mostra como é importante, e como é cobrado nos concursos, dominar as operações com números decimais, inclusive a comparação desses valores. Aqui o caminho é mesmo testar todas as 5 alternativas para identificar qual e a verdadeira. Todas requerem adições, subtrações e comparações.

A) D : C + E + A + B. No contexto, o símbolo ":" significa que estamos comparando as duas expressões, para verificar se uma é maior, menor ou igual à outra. Agora substituímos os valores:

0,57 : 0,1 + 0,097 + 0,05 + 0,009 (a soma indicada resulta em 0,256
0,57 é maior que 0,256 ➔ (A) é falsa.

B) D – (C+E) : A+B
0,57 – 0,197 : 0,059
0,373 : 0,059
0,373 é maior que 0,059 ➔ (B) é falsa

C) A+B+C+D+E : 1
0,826 : 1
0,826 é menor que 1 ➔ (C) é falsa

D) B < A < E < C < D ?
0,009 < 0,05 < 0,097 < 0,1 < 0,57 ? SIM, CORRETO ! ➔ (D) é VERDADEIRA

E) 1 – (A+B+C+D+E) : D
1 – 0,826 : 0,57
0,174 é menor que 0,57 ➔ (E) é falsa.
Portanto a (D) é a correta.

Resposta: (D) B < A < E < C < D

302) Dar um desconto de 30% é o mesmo que multiplicar por 0,7. Fazendo isso duas vezes, o número fica multiplicado por 0,49, ou seja, é o mesmo que um desconto de 51%.

Outro caminho:
Considerando um preço inicial 100, damos 30% de desconto, e o preço passa a ser 70.
Agora outro desconto de 30% sobre 70. 30% de 70 é 21, então o preço com o novo desconto passará a 70 – 21 = 49. O preço original, que era 100, passou para 49 com os dois descontos, então esses descontos equivalem a 51%.

Resposta: (B) 51%

303) Problemas que envolvem descontos sucessivos são muito explorados em concursos. O ponto importante é que esses descontos não são somados, pois cada desconto não se aplica ao preço original, mas sim ao preço resultante do desconto anterior. A forma de resolver esse tipo de questão é considerar que dar um desconto é a mesma coisa que multiplicar o valor por um número decimal específico. No caso deste problema, temos:

dar 10% de desconto é o mesmo que multiplicar por 0,9
dar 20% de desconto é o mesmo que multiplicar por 0,8
dar 30% de desconto é o mesmo que multiplicar por 0,7

Portanto, o preço original foi multiplicado por 0,7 x 0,8 x 0,9 = 0,504
Para um preço original se transformar em 0,504 deste preço, temos que subtrair 0,496 deste preço, então este foi o desconto: 49,6%.

Resposta: (B) 49,6%

304) 8,41 é o mesmo que 841 com duas casas decimais, então a fração pedida é 841/100.

Resposta: (B) 841/100

305) Um salário correspondente a 100, com uma redução de 20%, fica:
100 – 20% de 100 = 100 – 20 = 80
Para o salário voltar ao valor original, tem que aumentar 20.
20 é a quarta parte de 80, ou seja, 25%. Então o aumento tem que ser de 25%.

Resposta: (C) 25%

OBS.: Na lei brasileira, não é permitido reduzir o salário de um trabalhador. O mais parecido que ocorrem é que o vencimento é igual ao salário mas gratificações especiais, por exemplo, adicional noturno, horas extras, etc. Caso essas condições especiais deixem de ocorrer, o vencimento total pode diminuir por terem cessado essas gratificações e as atividades correspondentes.

306) Observe que nesse caso, não é permitido votar em ambos os candidatos ao mesmo tempo. Então não existe interseção dos conjuntos envolvidos. A porcentagem que falta para chegar a 100%, que é 15%, corresponde aos 2400 votos brancos ou nulos.
2400 votos ..... 15% (dividindo por 3 fica:)
800 votos ..... 5% (Multiplicando por 20 fica:)
16000 votos 100%

Resposta: (A) 16000

307) Se depois de dividir por 3, a nota resultante tem que ser no mínimo 6, então antes da divisão a nota das duas primeiras provas (levando em conta o peso 2 da segunda) precisa ser no mínimo 18. Ficamos então com:

4,6 + □□ = 18, onde 4,6 é a nota da 1ª prova, e □ é a nota da segunda prova, aqui aparecendo com peso 2. Isso é o mesmo que dizer que □□ vale 18 – 4,6.
□□ = 18 – 4,6
□□ = 13,4
□ = 6,7

Resposta: (B) 6,7

308) O desconto de 25% baixou o produto para R$ 300,00
Então o preço, antes deste desconto, era R$ 400,00, o que é fácil de ver:
Com o desconto de 25%, o preço praticado se reduz a 75% do valor anterior.
75% ..... 300 (dividir por 3)
25% ..... 100 (multiplicar por 4)
100% 400
Este preço de 400 era o que vigorava após a elevação de preço. Levando em conta agora, o preço anterior a este aumento de 25%, temos:
125% ..... 400 (dividir por 5)
25% ..... 80 (multiplicar por 4)
100% 320
Então o preço antes do aumento era R$ 320,00.

Resposta: (D) 320

309) Basta abater 18% do preço original, ou seja:

$$35000 \times 18\% = 35000 \times \frac{18}{100} = 350 \times 18 = 6.300$$

Agora fazemos 35.000 – 6.300 = 28.700

Resposta: (A) R$ 28.700,00

310) Ninguém deixou de se alimentar, então todos comeram ou risoto ou salada. A soma está resultando em mais de 100%: 45% + 95% = 140%. Maior que 100% devido ao fato de alguns terem consumido os dois tipos de refeição, ou seja, 40%. Este é o percentual de pessoas que comeram os dois alimentos.

Resposta: (C) 40%

Resoluções do teste 32

311) Plano A: 10,00 + 0,25 por hora
Plano B: 40,00 até 200 horas, 0,50 para cada hora depois de 200.
Consideremos que Maria acessou 250 horas.
Pagando pelo plano A, o valor seria 10,00 + 250 x 0,25 = 72,50
Pagando pelo plano B, o valor seria 40 + 50 x 0,50 = 65,00
Logo o plano A é 7,50 mais caro que o plano B, para este número de horas.

Resposta: (D) R$ 7,50 mais caro que o plano B.

312) O salário antigo deve ser adicionado de 10,67% do seu valor:
0,1067 x 1200 = 10,67 x 12 = 128,04
Então o novo salário é 1200 somado com este valor, ou seja, 1328,04

Resposta: (E) R$ 1.328,04

313) O desconto é 16% de 72,50, que é resultado da multiplicação 0,16 x 72,5 = 11,6
Agora calculamos o preço original, menos este desconto:
72,50 – 11,60 = 60,90

Resposta: (A) R$ 60,90

314) A embalagem tem 500 gramas, sendo que
25% são proteína. Portanto o restante, 75%, é o que não tem proteína.
0,75 x 500 = 375 gramas, o mesmo que 0,375 kg

Resposta: (A) 375

315) Para saber a taxa de lucro, dividimos o lucro pelo preço original.
Custo: 16.000; venda: 17.920; lucro = 1.920.
Taxa de lucro:

$$\frac{1920}{16000}\times 100\% = 12\%$$

Resposta: (E) 12%

316) Lembrando que “de” significa “vezes”, temos:

$$\frac{5}{100}\times\frac{1}{100}\times 12 = \frac{60}{10000} = \frac{6}{1000}$$

Resposta: (D) 6/1000

317) O preço original era 2,20. O aumento foi 0,30. O aumento em porcentagem foi:

$$\frac{0{,}30}{2{,}20}\times 100\% = \frac{3}{22}\times 100\% = \frac{300}{22}\% = 13{,}63\%$$

Resposta: (D) 13,63%

318) 24m é uma quantidade 3 vezes maior que 8m. Então o preço também é 3 vezes maior.
3 x 42,25 = 126,75

Resposta: (E) R$ 126,75

319) O preço do ingresso não foi informado, mas isso não é necessário para dar a resposta em porcentagem. Por exemplo, podemos estipular um preço fictício de 20 reais por ingresso. O

preço normal para 5 ingressos seria 100 reais, mas com a promoção, pagaríamos apenas 60,00 ou seja, um desconto de 40 reais, que corresponde a 40% do preço normal.

Resposta: (D) 40%

320) Coloque em ordem crescente os seguintes numerais:

109,25 - 0,31 - 0,594 - 0,2 - 2,05 - 3,7 - 13,027

A ordem correta é

(A) 0,31 < 0,2 < 0,594 < 2,05 < 3,7 < 13,027 < 109,25
(B) 0,594 < 0,31 < 0,2 < 2,05 < 3,7 < 13,027
(C) 3,7 < 2,05 < 0,31 < 0,2 < 13,027 < 109,25
(D) 109,25 < 0,31 < 2,05 < 0,2 < 13,027 < 109,25
(E) 0,2 < 0,31 < 0,594 < 2,05 < 3,7 < 13,027 < 109,25

O menor número de todos é 0,2, seguido de 0,31. Apenas a letra (E) se enquadra nesses valores. Fica então mais fácil conferir se os demais números estão realmente na ordem crescente. De fato, o próximo é 0,594. Os números seguintes são maiores que a unidade, e vêm 2,05, 3,7, 13,027 e 109, 25, então a ordem crescente da opção (E) está correta,

Resposta: (E)

Resoluções do teste 33

321) Com o aumento de 5%, o novo preço é 105% do preço antigo. Desta forma, 100% corresponderá ao preço antes do aumento:

105% 2,10
100% ..... ?

Para transformar 105% em 100%, vamos dividir a primeira linha por 105 e multiplicar por 100. Para ficar mais fácil, podemos fazer essas operações em outra ordem: multiplicamos por 100 e dividimos por 105. O resultado será o mesmo.

2,10 ➔ x100 ➔ 210 ➔ ÷105 ➔ 2

Portanto o preço antes do aumento era R$ 2,00

Resposta: (E) R$ 2,00

322) Como 10% não leem revista alguma, significa que 90% leem alguma das revistas. Mas a soma dos que leem as duas revistas consideradas são 70% + 40% = 110%. Significa que estamos contando de forma repetida, 20% dos alunos, já que a soma deveria dar 90%. Portanto 20% são os que leem as duas revistas.
Isto fica fácil de ver quando fazemos um DIAGRAMA DE VENN. 20% leem as duas revistas.

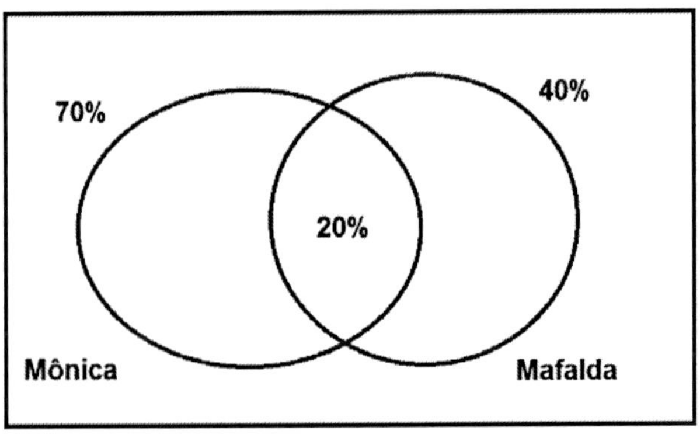

Resposta: (D) 20%

323) O preço da mercadoria aumentou de 100 para 120, ou seja, 20%. Posteriormente fez uma redução de 20% neste preço.
20% de 120 = 24
Então o preço reduzido da mercadoria é 120 – 24 = 96.

Resposta: (E) R$ 96,00

324) O computador foi comprado com desconto de 12%, ou seja, foi pago 88% do valor original. O valor original é calculado da seguinte forma:

88% 2200
100% ..... ?

Dividimos a primeira linha por 22 e multiplicamos por 25, assim ficará 100%.
2200 ÷ 22 = 100; 100 x 25 = 2500.
Com desconto de 24%, podemos calcular 24% de 2500, que resulta em:

$$\frac{24}{100} \times 2500 = 24 \times 25 = 600.$$

Com este desconto de 600 reais, o computador custaria R$ 1900 reais.

Resposta: (C) R$ 1900,00

325) O percentual de aumento é a diferença, dividida pelo preço original, e multiplicado por 100%. Ficamos com:

$$\frac{1{,}35}{1{,}50} \times 100\% = \frac{135}{150} \times 100\% = \frac{135}{15} \times 10\% = 9 \times 10\% = 90\%$$

Resposta: (E) 90%

326) Lucro com o primeiro bolo: 28% de 32 = 0,28 x 32 = 8,96
Prejuízo com o segundo bolo: 20% de 32 = 6,40
O lucro total foi 8,96 – 6,40 = 2,56

Resposta: (B) lucro de R$ 2,56

327) Para encontrar a relação entre os votos válidos, desprezamos os brancos e os nulos.
Vencedor: Candidato B = 47,1%
Perdedor : Candidato A = 42,9%
Total: 90%
A porcentagem dos votos válidos, recebida pelo vencedor foi:

$$\frac{47{,}1}{90} \times 100\% = \frac{471}{9} \% = 52{,}3\%$$

Resposta: (B) 52,3%

328) No litro (1000 mL) temos álcool puro a 90%, ou seja, são 900 mL de álcool e 100 mL de água. Para termos álcool com pureza de 80%, temos que ter 20% de água, ou seja, a quantidade de água deve ser igual a 1/4 da quantidade de álcool.
1/4 de 900 mL = 225 mL.
Se já existem 100 mL de água, devemos adicionar 125 mL de água na mistura original.

Resposta: (D) 125

329) O aumento é igual à diferença, dividida pelo valor antigo e multiplicada por 100%. Como aumentou de 504 vagas para 640 vagas, temos:
Aumento: 630 – 504 = 126

Valor antigo: 504

$$\frac{126}{504} \times 100\% = \frac{63}{252} \times 100\% = \frac{1}{4} \times 100\% = 25\%$$

Resposta: (C) 25%

330) Calculemos o preço do carro sem imposto. Com 30% de imposto, o preço do carro é 130% do seu preço normal.

130% 19.500
100% ..... ?

Então basta dividir 19500 por 13 e multiplicar por 10.
19500 ÷ 13 = 1500; 1500 x 10 = 15.000
Agora adicionamos o novo imposto, que é 60%.
60% de 15.000 = 9.000
15.000 + 9.000 = 24.000, este é o preço do carro com o novo imposto de 60%.

Resposta: (A) R$ 24.000,00

OBS.: Tipicamente, este aumento de 30% para 60% não é usual. O Governo Federal, por intermédio da Receita Federal, realiza frequentemente alterações nas alíquotas de impostos sobre diversos produtos, mas dificilmente promovem elevações abruptas como esta. Ainda assim, os impostos sobre carros importados, e sobre a maioria dos produtos considerados supérfluos, são muitíssimo elevados no Brasil.

Resoluções do teste 34

331) Foi especificado que cada botão custaria o dobro do botão anterior. Como são nove, os preços aplicados aos botões foram, somados:
1 + 2 + 4 + 8 + 16 + 32 + 64+ 128 + 256 = 512, ou seja, pouco mais que o quádruplo do preço original, que era R$ 127,75.
A resposta que se encaixa, levando em conta esta aproximação, é (B).

Resposta: (B);

OBS.: Problema sem lógica, pois a compradora não iria pagar o quádruplo do valor pelo vestido.

332) O pagamento foi feito na forma 400 + 400. Os juros são contados apenas sobre a parte que foi paga a prazo. Depois de ter pago a primeira parcela, de 400, que foi no ato da compra, ficaram faltando 350. 30 dias depois, foi paga a segunda parcela, de 400, ao invés dos 350 que eram o valor que faltava. Ou seja, foram pagos 400 ao invés de 350.
São 50 reais a mais, de um total de 350. Os juros são calculados da seguinte forma:

$\frac{50}{350} \times 100\% = \frac{1}{7} \times 100\% = \frac{100}{7}\% = 14{,}2\%$, aproximadamente.

Entre as respostas, a que se encaixa é a (D), um valor entre 14% e 15%.
Uma forma errada de resolver seria considerar 50 de um total de 750, o que daria um resultado abaixo de 10%, que seria (A). O certo é o modo calculado, pois os juros são calculados apenas sobre a parte a prazo.

Resposta: (D) Entre 14% e 15%

333) Temos que 8% do salário são R$ 74,00; Queremos calcular o salário total, ou seja, 100%

8% ,,,,, 74,40
100% ..... ?

Podemos dividir a primeira linha por 8 e multiplicar por 100. Ficamos assim com 100%, e o valor indicado ficará:

74,40 ÷ 8 = 9,3 ; 9,3 x 100 = 930.

Resposta: (C) R$ 930,00

334) Taxa de desemprego indica, de forma simplificada, a quantidade de desempregados na população. O enunciado informa que em 2014 essa taxa era 6,8%, e em 2015 (o “ano passado”, em relação a 2016) passou para 8,5%. A variação foi 8,5% – 6,8% = 1,7%

Resposta: (E) 1,7%

335) Calculemos os gastos:

2 L leite:	2 x 2,40 = 4,80
1,8 kg tomate:	1,8 x 2,40 = 4,32
1,5 kg batata:	1,5 x 1,80 = 2,70
1 kg feijão:	1 x 1,68 = 1,68
Total:	13,50

Troco para 20,00 = 6,50

Resposta: (B) R$ 6,50

336) O salário do diretor passará de 1800 para 1980, ou seja, um aumento de 180.
Sendo um aumento de 180 sobre um valor que antes era 1800, este aumento foi de 10%
Portanto os professores também terão 10% de aumento, os salários passarão de 1200 para 1200 + 120 = 1320

Resposta: (D) R$ 1.320,00

337) 0,333... é uma dízima periódica, igual a 1/3. Já 0,3 é outro valor, equivale a 3/10. Sendo assim a expressão vale:

$$\frac{1}{3}+0{,}333...+0{,}3=\frac{1}{3}+\frac{1}{3}+\frac{3}{10}=\frac{10}{30}+\frac{10}{30}+\frac{9}{30}=\frac{29}{30}$$

Resposta: (B) 29/30

338) Vamos estipular um lote de 1000 peças. Essas peças foram produzidas pelas máquinas A e B, com quantidades iguais a:

A: 70% de 1000 = 700 peças
B: 30% de 1000 = 300 peças

As peças defeituosas são 5% da produção de A e 6% da produção de B:
5% de A = 0,05 x 700 = 35 defeituosas
6% de B = 0,06 x 300 = 18 defeituosas
No total foram 53 peças defeituosas, de um total de 1000 peças. Este índice é igual a:

$$\frac{53}{1000}\times 100\% = \frac{53}{10}\% = 5{,}3\%$$

Resposta: (E) 5,3%

339) Esta porcentagem é:

$$\frac{3}{24}\times 100\% = \frac{1}{8}\times 100\% = 12{,}5\%$$

Resposta: (B) 12,5%

340) Para converter para frações decimais, basta andar com a vírgula e colocar 10, 100 ou 1000 no denominador, dependendo de casas decimais percorridas pela vírgula.

$6{,}8 = \frac{68}{10}$; $7{,}91 = \frac{791}{100}$; $0{,}02 = \frac{2}{100}$; $1{,}117 = \frac{1117}{1000}$;

As cinco opções são diferentes do que encontramos, mas existem algumas simplificações que podem ser feitas. 68/10 é o mesmo que 34/5, e 2/100 é o mesmo que 1/50.

Resposta: (C).

Resoluções do teste 35

341) Aumentar um valor em 10%, é a mesma coisa que multiplicar este valor por 1,1. Dar 10% de desconto, é o mesmo que multiplicar o valor por 0,9.
Então, o preço p, depois do aumento e do desconto ficou:

p x 1,1 x 0,9 = p x 0,99

Resposta: (C) 0,99p

342) Ele trabalhou de abril a dezembro, foram 9 meses, portanto receberá 9/12 de um salário, ou seja, 3/4. Esta parte a mais, é o 13º salário, que o problema deu como sendo R$ 648,00.

Sendo assim, 3/4 de um salário são 648,00 reais. Para descobrir o salário, dividimos 648,00 por 3 e multiplicamos por 4.
648,00 ÷ 3 = 216,00
216,00 x 4 = 864,00

Resposta: (E) R$ 864,00

343) Como o problema fala em metade da metade da metade, para não ficar com frações, vamos chamar o valor recebido pelo primeiro de 8□. Os demais valores são calculados em função disso:
1º - 8□
2º - 4□
3º - 6□
4º - 3□
Total: 21□
Portanto 21□ = 210, então □=10.
O segundo comitê recebeu 4□ = 40

Resposta: (D) R$ 40.000,00

344) Descontando do total, 40% e 25%, sobram:
100% - 40% - 25% = 35%
O problema pede então 35% de 6600.

$$\frac{35}{100} \times 6600 = 35 \times 66 = 2.310$$

Resposta: (B) 2.310

345) Para ficar fácil, vamos estipular um preço de 100 reais.
Com o aumento, passou para 125.
Para voltar ao preço anterior, o produto deve sofrer uma redução de 25 reais, que em porcentagem fica:

$$\frac{25}{125}\times 100\% = \frac{1}{5}\times 100\% = 20\%$$

Resposta: (D) 20%

346) Também para tornar as contas mais fáceis, vamos estipular um valor inicial de 100 reais. Com o aumento de 60%, o preço deste produto passou para 160. Para voltar ao preço normal, tem que sofrer uma redução de 60 reais, que em porcentagem fica:

$\frac{60}{160}\times 100\%$. Note que a porcentagem é sempre calculada em relação ao valor antes do aumento, ou diminuição. Neste caso estamos falando de uma redução de 60 reais, quando o preço antes dessa redução era 160. Por isso usamos 160 reais, e não 100 reais.

$$\frac{60}{160}\times 100\% = \frac{6}{16}\times 100\% = \frac{3}{8}\times 100\% = 37{,}5\%$$

Resposta: (A) 37,5%

347) O total são 80 professores.
Os homens são 60% = 48.
As mulheres são o resto, 32. As solteiras são 25%, ou seja, a quarta parte: 8. As casadas são 24.
Ficamos portanto com os 80 professores divididos da forma:
Homens: 48
Mulheres solteiras: 8
Mulheres casadas: 24
Com essas informações, podemos analisar as alternativas para identificar a incorreta:
(D) As professoras solteiras são 20 no total, ERRADO, pois são na verdade 8.

Resposta: (D)

348) A loja compra uma unidade por 1,55, ou seja, 10 unidades são compradas por 15,50.
10 unidades são vendidas por 20,00. Então a cada 10 unidades, o lucro é:
20 – 15,50 = 4,50.
Com a venda de 150 unidades, são 15 vezes este valor:
15 x 4,50 = 67,50

Resposta: (C) R$ 67,50

349) A comissão da vendedora será 28% do preço de venda, que é 82,50
0,28 x 82,50 = 23,10

Resposta: (B) R$ 23,10

350) Para calcular o preço à vista, basta dar o desconto de 20% sobre o valor original.
20% de 2.300 =
0,2 x 2300 = 460
2300 – 460 = 1840

Resposta: (E) R$ 1840,00

Resoluções do teste 36

351) A entrada é 8,5% de 150:

$$\frac{8{,}5}{100}\times 150 = \frac{85}{100}\times 15 = \frac{17}{4}\times 3 = \frac{51}{4} = 12{,}75$$

O saldo a ser pago em parcelas é 150 – 12,75 = 137,25, que deverá ser pago em 5 parcelas. Cada parcela será igual a 137,25 ÷ 5 = 27,45

Resposta: (A) R$ 27,45

352) Vamos usar o DIAGRAMA DE VENN. Dentro do conjunto dos alunos entrevistados, que vamos chamar de "100%", temos aqueles que têm computador e os que têm computador. Além disso, 18% têm ambos.

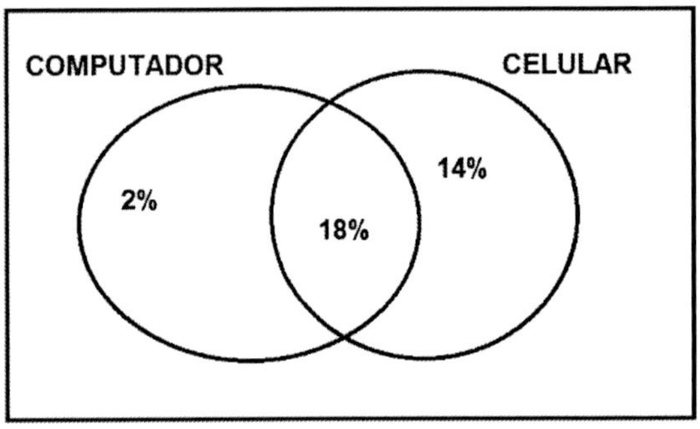

Como 20% têm computador, temos 20 – 18 = 2, ou seja, 2% são os que têm apenas computador, indicado na figura.

Da mesma forma, os que têm apenas celular são 32 – 18 = 14, ou seja, 14%.
Os que não possuem computador nem celular são 100, subtraído dessas três áreas:

100% – 2% – 18% – 14% = 66%.

Resposta: (E) 66%

353) Já que os votos brancos e nulos somaram 5%, os votos válidos são 95% de 2200, ou seja:

$$\frac{95}{100} \times 2200 = 95 \times 22 = 2090$$

Então a metade dos votos válidos é 1045, portanto são necessários 1046 votos para vencer a eleição.

Resposta: (B) O candidato com votação superior a 1045 votos está eleito.

354) A soma dos valores das compras é 90 + 120 = 210. Isto é 60 reais acima do valor da promoção, que é 150 reais. O desconto é 25% sobre o que exceder 150, no caso, 25% de 60, que vale 15 reais. Portanto, reunindo as compras em uma só, ocorre uma economia de 15 reais.

Resposta: (B) R$ 15,00

355) Precisamos identificar a quantidade de eleitores em 2004 e em 2010. Sabemos o número de eleitores em 2008, e sabemos ainda que ocorre um aumento de 10% a cada biênio:

2004: ? 2006: ? 2008: 48158 2010: ?

A quantidade de 2010 é igual à quantidade de 2008, mais a sua décima parte, pois ocorrem aumentos de 10% a cada dois anos.
48158 + 4815 = 52973
Para saber o número de eleitores em 2006, devemos subtrair de 48158, a fração 1/11 deste valor. Porque o número de 2008 é 10% a mais que o de 2006, ou seja, 110/100. Esta é a forma correta de aplicar porcentagens "voltando no tempo".
48158 ÷ 11 = 4378
48158 – 4378 = 43780
Para saber o valor em 2004, subtraímos desse resultado, 1/11 do seu valor.
43780 ÷ 11 = 3980
43780 – 3980 = 39800.
Assim completamos a tabela:

2004: 39800
2006: 43780
2008: 48158
2010: 52973

Resposta: (D) ambos são compreendidos entre 39000 e 53000.

356) A prazo, está sendo pago a mais o valor de 380 reais. A porcentagem, em relação ao valor à vista, é:

$$\frac{380}{2500}\times 100\% = \frac{380}{25}\% = \frac{76}{5}\% = 15{,}2\%$$

Resposta: (C) 15,2%

357) Vamos calcular primeiro, o preço de compra e o preço de venda de uma maçã:
3 maçãs são compradas por 2,30 = 23/10
1 maçã é comprada por 1/3 deste valor = 23/30.

Agora o preço de venda de uma maçã:
5 maçãs são vendidas por 4,50 = 45/10
1 maçã é vendida por 1/5 deste valor = 9/10.

O lucro em uma maçã é 9/10 – 23/30

$$\frac{9}{10} - \frac{23}{30} = \frac{27}{30} - \frac{23}{30} = \frac{4}{30} = \frac{2}{15}$$

Então o lucro com uma maçã é 2/15. Para saber quantas maçãs devem ser vendidas para um lucro de R$ 10,00, basta dividir 10 por este valor:

$$10 \div \frac{2}{15} = 10 \times \frac{15}{2} = 75$$

Resposta: (D) 72

OBS.: É melhor estudar e ir trabalhar com outra coisa, pois vendendo maçãs, ganha-se muito pouco.

358) Para descobrir os valores de A, B e C, em cada uma das relações, temos que fazer numerador/ou denominador ficarem iguais. Por exemplo:

$\frac{A}{9} = \frac{15}{45}$. Façamos o denominador da segunda fração ser 9, mediante simplificação.

$\frac{A}{9} = \frac{3}{9}$. Logo A=3.

$\frac{3}{21} = \frac{B}{49} \rightarrow \frac{1}{7} = \frac{B}{49} \rightarrow \frac{7}{49} = \frac{B}{49}$. Logo, B=7.

$\frac{9}{10} = \frac{81}{C} \rightarrow \frac{81}{90} = \frac{81}{C}$. Logo, C=90.

Resposta: (A) 3, 7 e 90

359) Do total de 140.000:
1/28 são funcionários: 5.000

36% são terceirizados: $\frac{36}{100}\times 140.000 = 36 \times 1400 = 50.400$

Voluntários: 140.000 – 5000 – 50400 = 84.600

Resposta: (C) 84.600

360) O desconto é calculado como:

$$\frac{28}{100} \times 915 = 256{,}20$$

O valor a ser pago é 915 – 256,20 = 658,80

Resposta: (C) R$ 658,80

Resoluções do teste 37

361) A dízima 0,111... tem como fração geratriz, 1/9. Da mesma forma como 0,222... é 2/9, 0,333... é 3/9 ou 1/3, 0,444... é 4/9, etc.

Temos então que encontrar a raiz quadrada de 1/9. Para encontrar a raiz quadrada de uma fração, calculamos a raiz quadrada do numerador e do denominador. A raiz quadrada de 1 é 1, e a raiz quadrada de 9 é 3. Então o resultado é 1/3. Resultado este na na forma de dízima fica 0,333...

Resposta: (D) 0,333...

362) Claro que tem que ser "aproximadamente", porque nas respostas encontramos números "redondos". Vamos tomar como valor aproximado, 500 ao invés de 480. 500 é o mesmo que 5% de 10 mil.

$$\frac{500}{10000} \times 100\% = 5\%$$

Portanto foi uma redução de aproximadamente 95%.

Resposta: (E) 95%

363) Temos que calcular 41% do salário mensal.

0,41 x 1200 = 41 x 12 = 492

Portanto, dos 1200 reais de salário, paga-se 492 reais de impostos, a cada mês. Este valor de impostos não é daquele tipo que fica "lançado no contracheque", mas fica oculto dentro das compras que a pessoa realiza.

Em 12 meses, o total é 12 x 492 = 5.904

O valor verdadeiro é um pouco maior, pois temos que calcular também o imposto relativo ao 13º salário e ao abono de férias (1/3 de um salário). Resultaria em um valor um pouco maior que 6000, mas não está entre as respostas. Vamos então considerar apenas 12 salários.

Resposta: (A) R$ 5904,00

364) Devido aos 17% de ICMS, um valor de 152,00 tem adicionados 17% sobre o preço normal, ou seja:

152,00 ..... 117% do preço normal.

Para saber o preço normal, dividimos 152 por 117 e multiplicamos por 100. Isto resulta em aproximadamente, 130 reais. O valor do imposto é 17% deste preço normal, um valor próximo de 22 reais. A resposta mais próxima é a letra (E)

Resposta: (E) R$ 21,75

365) Observe que não é preciso calcular com exatidão, pois os valores são bem diferentes. Vamos considerar o preço como 1000 reais, ao invés de 999. Com o desconto de 24%, paga-se

apenas 76% do valor da bicicleta, ou seja, 760 reais. O valor próximo é o da letra (A). Não é preciso ter trabalho para fazer as contas com exatidão, pois não existe outra resposta próxima.

Resposta: (A) R$ 759,24

366) O desconto percentual é a diferença, dividida pelo valor original, vezes 100%. Ficamos com:

$$\frac{150}{1250}\times 100\% = \frac{15}{125}\times 100\% = \frac{3}{25}\times 100\% = \frac{3}{1}\times 4\% = 12\%$$

Resposta: (C) 12%

367) A sequência de operações realizadas foi a seguinte:

□ ➔ x 0,75 ➔ $\sqrt{\ }$ ➔ 45

Vamos fazer as operações na ordem inversa:

45^2 = 45 x 45 = 2025
2025 ÷ 0,75 = 2025 ÷ 3/4 = 2025 x 4/3 = 2700

Resposta: (A) 2700

368) Analisando as afirmativas:
I) 2,4 x 10^9 é o número de pessoas que não dispõem de saneamento básico
2 bilhões e 400 milhões = 2.400.000.000 = 2,4 x 10^9. CORRETO!
II) 100 x 10^7 é o número de pessoas que não têm acesso ao abastecimento de água
100x10^7 = 1000000000 = 10^9 = 1 bilhão não têm acesso ao abastecimento de água, CORRETO!
III) 72 x 10^6 corresponde a 30% do número de pessoas que não dispõem de saneamento básico
30% de 2.400.000.000 = 720.000.000 = 72 x 10^7, ERRADO!
IV) 2,5 x 10^7 corresponde a 1/4 do número de pessoas que não têm acesso ao abastecimento de água.
1/4 de 1.000.000.000 = 250.000.000 = 25 x 10^7, ERRADO!

Apenas I e II estão corretas.

Resposta: (D)

369) A única correta é (C), são 42 inteiros e 195 milésimos. As outras três estão erradas. O que a letra (A) descreve é 42195 ou 42.195, mas o número é 42,195 (com vírgula).
O algarismo 5 representa os <u>milésimos</u>. A representação fracionária é 42195/1000.

Resposta: (C)

370) Se a média das quatro partidas foi 21,25, o número de pontos é 4 x 21,25 = 85 pontos, já que a média é igual à soma dos valores dividida pela quantidade de valores, no caso, 4.
Portanto a soma dos pontos do Brasil nas quatro partidas é 85.
85 = 22 + 18 + 22 + ?
Logo o número desconhecido é 85 – 22 – 18 – 22 = 23

Resposta: (A) 23

Resoluções do teste 38

371) A soma dos valores dos itens comprados é:
1600 + 850 + 550 + 300 = 3300

Desconto de 12% sobre o valor total:
12% de 3300 =

$$\frac{12}{100} \times 3300 = 12 \times 33 = 396$$

Abatendo este desconto, o preço pago foi:
3300 - 396 = 2904

Resposta: (C) R$ 2.904,00

372) Em Janeiro o preço do lote de 10 ações era R$ 1,50. Em setembro era R$ 1,80. Entre essas duas datas, o ganho foi de 0,30 para cada 1,50 do preço original ou seja, 20%, pois:

$$\frac{0{,}30}{1{,}50} \times 100\% = \frac{3}{15} \times 100\% = \frac{1}{5} \times 100\% = 20\%$$

O problema não pergunta o lucro em reais, pergunta em porcentagem. Portanto a resposta é 20%.

Resposta: (B) 20%

373) O número de alunos que preferem futebol é 180. O número total de alunos, observando o gráfico, é:

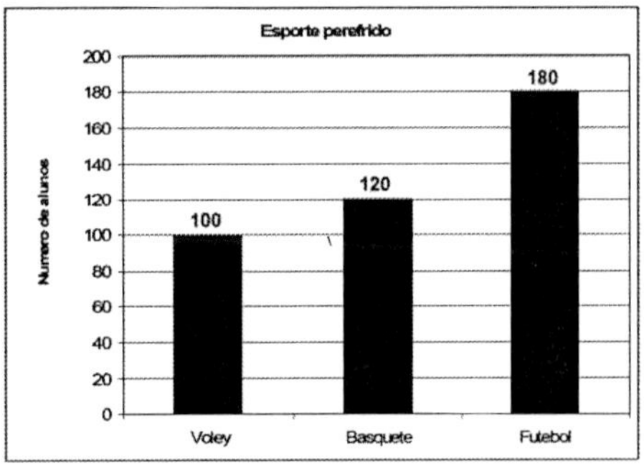

Voley: 100
Basquete: 120
Futebol: 180
Total: 400

A porcentagem dos que gostam de futebol é:

$$\frac{180}{400} \times 100\% = \frac{18}{40} \times 100\% = \frac{9}{20} \times 100\% = 9 \times 5\% =$$
45%

Resposta: (D) 45%

374) O percentual de votos do candidato C foi o que falta para chegar a 100%, ou seja:
100% - 40% - 20% - 10% = 30%

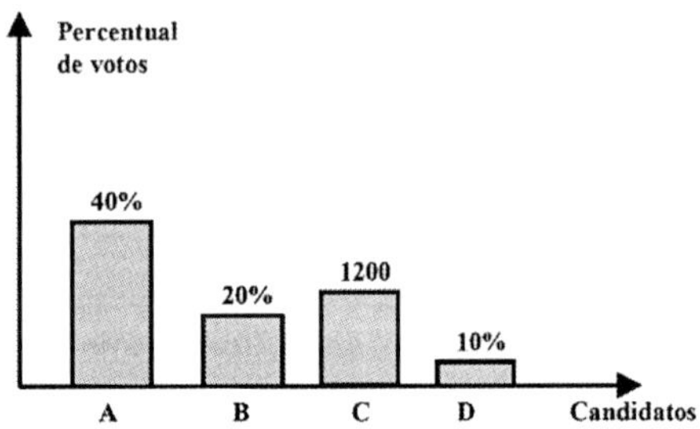

Se 30% correspondem a 1200 votos, então 10% é a terça parte, 400.
E o número total, 100%, é 10 vezes essa quantidade, ou seja, 4000.

Resposta: (B) 4000

375) O problema dá margem a uma dupla interpretação. Pelo enunciado, não está claro se esta diferença entre o maior e o menor percentual de volume armazenado, é referente ao período inteiro, ou se é somente em relação ao período a partir de 2012. O aluno não temo como adivinhar o que o enunciado quer dizer. Isso é comum em concursos, às vezes o professor não se faz totalmente claro e considera que o aluno tem que adivinhar o que ele está pensando. Vamos fazer pelas duas interpretações:

a) considerando o período inteiro.
Nesse caso, o maior e o maior valor são o de 2005 (99,87) e de 2015 (13,09). A diferença é portanto:
99,87 - 13,09 = 86,78

b) considerando o período 2012-2015.

Nesse caso, o maior valor é o de 2012 (53,51) e o menor é o de 2015 (13,09). A diferença é: 53,51 - 13,09 = 40,42

Este valor não consta entre as respostas, então o que o problema considera é realmente o período inteiro, então a resposta é 86,78.

Resposta: (D) 86,78

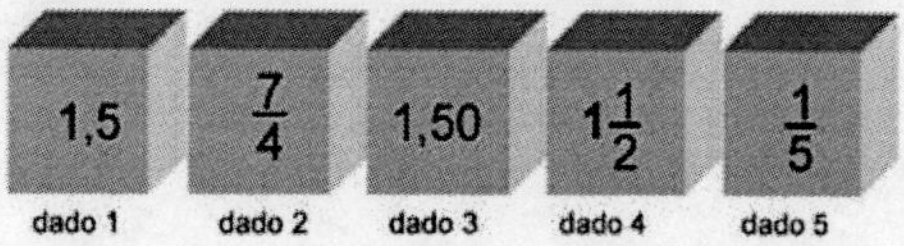

376) Para encontrar os números que são iguais, devemos escrever todos eles como frações de mesmo denominador, ou então, todos como números decimais. Como temos apenas 3 frações, e com denominadores fáceis (2, 4 e 5), vamos converter todos para números decimais.
1) 1,5; 2) 7/4=1,75; 3) 1,5; 4) 1 1/2 = 1,5; E) 1/5 = 0,2

Os valores iguais são os dos dados 1, 3 e 4.

Resposta: (E) 1, 3 e 4

377) Temos que adicionar a cada um desses valores, as respectivas porcentagens:
a) COSERN: 320 + 15% de 320 = 320 + 48 = 368
b) CAERN: 185 + 20% de 185 = 185 + 37 = 222
c) Aluguel: 740 + 235% de 740
Vamos calcular o aumento do aluguel, que é 235% de 740.

$$\frac{235}{100} \times 740 = \frac{235}{10} \times 74 = \frac{47}{2} \times 74 = 47 \times 37 = 1739$$

Então o novo valor do aluguel passou a ser 740 + 1739 = 2479
Sendo assim o valor total das contas foi:
COSERN + CAERN + Aluguel = 368 + 222 + 2479 = 3069

Resposta: (D) R$ 3.069,00

378) Chamemos os preços do sanduíche, pastel e copo de suco de S, P e C.
No 8º ano, você vai aprender sistemas de equações, uma forma de resolver esse tipo de problema. Entretanto, para resolver essas equações, você vai usar o princípio aprendido aqui,.
Considere os valores dos três combos:
(1) S + P = 5,50
(2) S + C = 5,00
(3) P + C = 4,50
Se somarmos os três, teremos os preços de 2S, 2P e 2C, e a soma dos valores é 15,00. Então concluímos que S+P+C, que é a metade, custa 7,50. Então poderíamos criar um "combo 4" da seguinte forma:
(4) S + P + C = 7,50
Comparando (1) com (4), concluímos que o preço de um copo de suco, que é o que (4) tem a mais que (1), tem que ser 2,00. Então C=2,00
Comparando (2) com (4), concluímos que P=2,50.
Comparando (3) com (4), concluímos que S=3,00

Então um pedido com 2 sanduíches, um pastel e um copo de suco, 2S+P+C custará:
6,00 + 2,50 + 2,00 = 10,50

Resposta: (E) 10,50

379) Note que a soma das porcentagens está resultando em 100%. Isto significa que cada entrevistado deu apenas uma resposta.
Os que vão a pé ou de bicicleta são a soma dessas porcentagens: 18% + 28% = 46%.
Então a resposta do problema é 46% do número total de alunos.

Meio de transporte	Porcentagem
Ônibus	42 %
Automóvel	12 %
Bicicleta	28 %
A pé	18 %

$$\frac{46}{100}\times 800 = 46\times 8 = 368$$

Resposta: (B) 368

380) Com 10 anos, a altura média é 140 cm
Com 15 anos, a altura média é 168 cm.
O aumento percentual é igual à diferença, dividida pelo valor com 10 anos, vezes 100%.

$$\frac{28}{140}\times 100\% = \frac{2}{10}\times 100\% = 2\times 10\% = 20\%$$

Resposta: (C) 20%

Anos	Altura em cm
10	140
11	144
12	151
13	158
14	164
15	168
16	170
17	172
18	173

Resoluções do teste 39

381) Dar um desconto de 30% é o mesmo que multiplicar o preço por 0,7. Com dois desses descontos, o preço fica multiplicado por 0,7 duas vezes, ou seja:
0,7 x 0,7 = 0,49
Sendo assim, o preço original é multiplicado por 0,49. Isso é o mesmo que dar um desconto de 51%.

Resposta: (B) 51%

382) O desconto em porcentagem é a variação de preço, dividida pelo preço original, vezes 100%.
O desconto obtido na papelaria foi 26 – 18,20 = 7,80.

$$\frac{7{,}80}{26}\times 100\% = \frac{78}{26}\times 10\% = 3\times 10\% = 30\%$$

Resposta: (D) 30%

383) 82% de 50 é o mesmo que:

$$\frac{82}{100}\times 50 = \frac{82}{2} = 41$$

Resposta: (B) 41

384) Entre os números da tabela, o que representa a maior porcentagem é Educação, com 65,76%.

Resposta: (D) Educação

385) Os provenientes do Nordeste são 100% – 7% – 15% – 10% – 3% = 65%
65% de 140 =

$$\frac{65}{100}\times 140 = \frac{65}{10}\times 14 = \frac{13}{2}\times 14 = 13\times 7 = 91$$

Resposta: (D) 91

386) Podemos calcular a expressão por vários caminhos. Vamos fazer a conversão dos números decimais em fração:
0,3 = 3/10 e 0,1 = 1/10.
Para elevar uma fração ao quadrado, elevamos o numerador e o denominador ao quadrado. Ficamos com:

$$\left(\frac{3}{10}\right)^2 + \left(\frac{1}{10}\right)^2 = \frac{9}{100} + \frac{1}{100} = \frac{10}{100} = \frac{1}{10}$$

Resposta: (A) 1/10

387) Note que neste problema não está sendo considerado o caso de um aluno dar duas respostas. Supõe-se que cada aluno torce por um único time. É dito que os que torcem por B são 30% da turma. Basta calcular 30% do total de alunos, ou seja, 30% de 40.

$$\frac{30}{100} \times 40 = \frac{3}{10} \times 40 = 3 \times 4 = 12$$

Resposta: (C) 12

388) O dobro de 5/4 é 5/2, o mesmo que 2,5. Adicionando 0,3, ficamos com 2.8.
Agora temos que multiplicar 2,8 pela dízima $1{,}3\overline{2}$. Tal multiplicação é um pouco trabalhosa, pois não se multiplicam dízimas, já que têm infinitas casas decimais. É preciso antes converter a dízima em fração. Trabalho para converter e trabalho para multiplicar. Em uma questão de prova, com poucos minutos para resolver, a ideia não é uma resolução completa, mas sim, encontrar a letra certa. Note que os números das respostas são razoavelmente diferentes. Vejamos se é possível fazer essa multiplicação de forma aproximada. Usaremos ao invés da dízima, o valor aproximado de 1,3. Então ficamos com:
1,3 x 2,8 = 3,64. Este valor aproximado pode ser suficiente para resolver a questão.
A letra (A) não pode estar correta. O valor real, é um pouco maior que 3,64.
A letra (B) não pode estar correta. À esquerda de 3,6 significa, MENOR que 3,6. Sabemos que na reta numérica, os números menores estão à esquerda, e os maiores à direita.
A letra (C) é suspeita. Diz que o resultado é maior que 3,9. Talvez seja, porque usamos um valor aproximado. O valor verdadeiro deve ser um pouco maior que o 3,64 encontrado, talvez chegue a 3,9, talvez não, para saber com certeza teríamos que refazer a conta com mais casas decimais.
Entretanto, observe a letra (D). Diz que o valor é maior que 3,5. Com certeza é maior que 3,5. O problema não pode ter duas respostas. Então entre (C) e (D), apenas uma delas pode estar certa. Tem que ser (D), porque se (C) estivesse certa, (D) também estaria.

Resposta: (D) À direita de 3,5.

389) A questão é muito fácil, temos a representação de frações na forma de "diagrama de pizza". As frações indicadas são 5/8 e 2/8, e sua soma é 7/8.

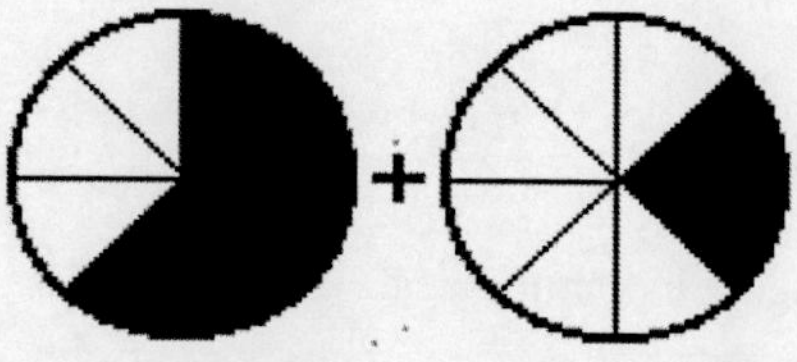

Resposta: (B) 7/8

390) O candidato mais votado é aquele indicado com 45%. Não temos como saber, pois o gráfico não está colorido. Mas a questão não pergunta o nome, pergunta apenas o número de votos do mais votado. O mais votado, seja lá qual for o seu nome, teve 45% dos votos.

45% de 45.560 =

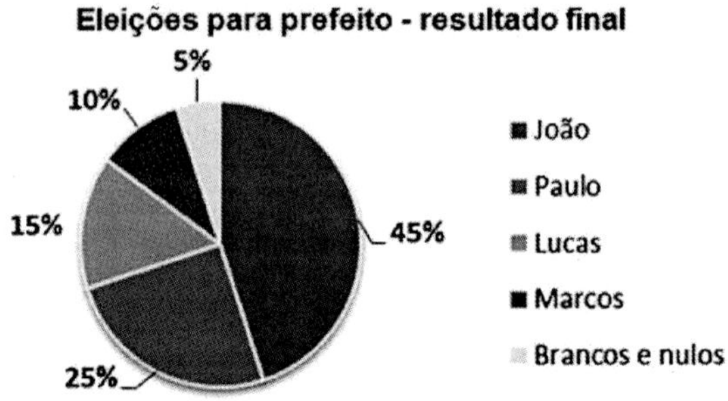

$$\frac{45}{100}\times 45560=\frac{45}{10}\times 4556=\frac{9}{2}\times 4556=9\times 2278=20502$$

Resposta: (A) 20.502

Resoluções do teste 40

391) Aqui não tem jeito. É preciso analisar cada uma das afirmativas para identificar qual é a falsa, como o problema pede. Nesta investigação, é preciso conhecer alguns quadrados perfeitos:

$7^2 = 49$; $10^2 = 100$; $16^2 = 256$; $17^2 = 289$; $18^2 = 324$; $25^2 = 625$.

Isto é uma etapa da preparação para um concurso: conhecer os quadrados dos números até 20. O quadrado de 25, quem faz exercícios, acabe lembrando, porque esse número aparece diversas vezes nos exercícios. Assim podemos analisar as afirmativas:

(A) $8\times\sqrt{324}=8\times 18=144$: VERDADEIRA

(B) O triplo da raiz quadrada de 121 (11) é 33: VERDADEIRA

(C) $\sqrt{625}\div 5=25\div 5=5$: VERDADEIRA

(D) $\sqrt{289}-\sqrt{256}=17-16=1$: VERDADEIRA

(E) $\sqrt{100}+\sqrt{49}=10+7=17\neq\sqrt{149}$: FALSA

Resposta: (E)

392) Primeiro, a subtração:

3,58777... - 2,35444... = 1,23333...

Vai ser preciso encontrar as frações geratrizes das duas dízimas periódicas.

$$1{,}23333...=1{,}2+0{,}0333...=\frac{6}{5}+\frac{1}{10}\times 0{,}333...$$

A dízima 0,333... tem como fração geratriz, 3/9 que é 1/3. Ficamos com:

$\frac{6}{5}+\frac{1}{10}\times\frac{1}{3}=\frac{6}{5}+\frac{1}{30}$. Agora reduzimos ao mesmo denominador para somar.

$\frac{6}{5}+\frac{1}{30}=\frac{36}{30}+\frac{1}{30}=\frac{37}{30}$. Esta é a fração geratriz da dízima 1,2333.... Vamos à outra dízima:

$$0{,}360360...=\frac{360}{999}$$

Agora extraímos a raiz do produto das duas frações geratrizes:

$$\sqrt{\frac{37}{30}\times\frac{360}{999}}=\sqrt{\frac{37}{3}\times\frac{36}{999}}=\sqrt{\frac{37}{1}\times\frac{12}{999}}=\sqrt{\frac{37}{1}\times\frac{4}{333}}$$

Observe que 333 é múltiplo de 37. É 9 x 37. Fica fácil se lembrar que 111 é 3 x 37. Esses números costumam aparecer muito em cálculos de expressões.

$$\sqrt{\frac{37}{1}\times\frac{4}{333}}=\sqrt{\frac{1}{1}\times\frac{4}{9}}=\sqrt{\frac{4}{9}}=\frac{2}{3}$$

Resposta (E) 2/3

393) No numerador temos uma dízima e uma raiz quadrada. A dízima é 5/9, e 0,25 podemos trocar por 1/4, e ficamos com a raiz de uma fração:

$$\frac{5}{9}-\sqrt{\frac{1}{4}}=\frac{5}{9}-\frac{1}{2}=\frac{10}{18}-\frac{9}{18}=\frac{1}{18}$$

No denominador, temos o quadrado de uma fração. Elevamos numerador e denominador ao quadrado, ficando com 4/9. O número decimal 0,1 é o mesmo que 1/10. Ficamos com:

$$\left(\frac{2}{3}\right)^2\times 0{,}1=\frac{4}{9}\times\frac{1}{10}=\frac{2}{45}$$

Agora fazemos a divisão das duas frações encontradas para o numerador e o denominador:

$$\frac{1}{18}\div\frac{2}{45}=\frac{1}{18}\times\frac{45}{2}=\frac{5}{4}$$

As respostas estão em números decimais. A fração 5/4 é igual ao decimal 1,25 (basta fazer a divisão de 5 por 4, com vírgula).

Resposta: (E) 1,25

394) Nem precisa fazer conta. 50% é a mesma coisa que 1/2, a metade. Então reduzir algum valor a 50%, ou em 50%, é a mesma coisa que este valor ser reduzido à metade.

Resposta: (C) Um meio

395) Calculemos as frações dadas, na forma de números decimais:
I – 3/1000 = 0,003: VERDADEIRO
II – 2367/100 = 23,67: VERDADEIRO
III – 129/10000 = 0,0129: VERDADEIRO
IV – 267/10 = 26,7: FALSO

Portanto as corretas são I, II e III.

Resposta: (C) I, II e III

396) A expressão tem duas dízimas. Para operar com dízimas em uma expressão, devemos representa-las por suas frações geratrizes.

0,333... = 3/9 = 1/3
0,111... = 1/9. Ficamos então com:

$$\left(\frac{2}{3}-\frac{1}{3}\right)^2+\sqrt{\frac{1}{9}}=\left(\frac{1}{3}\right)^2+\frac{1}{3}=\frac{1}{9}+\frac{1}{3}=\frac{1}{9}+\frac{3}{9}==\frac{4}{9}$$

Resposta: (E) 4/9

397) A dízima 0,999... é igual a 1. Muitos se esquecem disso, e isso é usado com frequência em provas de concursos.

Calculemos o numerador e o denominador da fração seguinte.

Numerador: $\frac{1}{5}+\frac{1}{3}=\frac{3}{15}+\frac{5}{15}=\frac{8}{15}$

Denominador: $\frac{3}{5}-\frac{1}{15}=\frac{9}{15}-\frac{1}{15}=\frac{8}{15}$

Portanto a fração é igual a 1, pois o numerador e o denominador são iguais. Somando com 1, ficamos com 1 + 1 = 2

Resposta: (B) 2

398) Fácil, basta armar a conta e subtrair. 23,00 – 17,96 = 5,04

Resposta: (B) R$ 5,04

399) Todos os alunos leem pelo menos um jornal. A soma das porcentagens é 80% + 60% = 140%. Está resultando em mais de 100% porque alguns leem os dois jornais, ou seja, 40%.

Resposta: (C) 40%

400) Ao todo são 120 funcionários. 3/5 de 120, que são os artistas, equivalem a:

$\frac{3}{5}\times 120 = 72$. Os restantes, 48, são os técnicos.

Note ainda que 3/5 é o mesmo que 60%, e 2/5 é o mesmo que 40%.

(A) 40% do total de funcionários são técnicos: CERTO
(B) O número de técnicos que trabalham no circo é igual a 48: CERTO
(C) O dobro do número de artistas, somado à metade do número de técnicos é igual a 188.

Conferindo C: 2 x 72 + 1/2 de 48 = 144 + 24 = 168 (ERRADO, informado 188).

Resposta: C C E

Capítulo 5

Sistemas de medidas

Este é um assunto muito cobrado em questões de matemática básica. Em parte é Aritmética, mas também usa tópicos da Geometria, como áreas, volumes e perímetros. Dentro da Aritmética, temos as unidades de medidas de comprimento, tempo, massa, área e volume, seus múltiplos e submúltiplos. Praticamente todas as provas que envolvem aritmética cobram pelo menos uma questão sobre este assunto.

Teste 41

401) CEFET ES – Uma caixa d'água tem forma de um paralelepípedo retângulo. Os lados do retângulo da base medem 0,8m e 1,6m. A caixa está completamente cheia. Depois de algum tempo, foram consumidos 64 litros. Quanto baixou o nível da água? (1 dm^3 = 1 litro)

(A) 2cm (B) 3cm (C) 4cm (D) 5cm (E) 6cm

402) IFRJ – Esta figura foi baseada nos trabalhos do pintor Piet Mondrian (1872 – 1944). Suas pinturas contém linhas pretas ortogonais, formando retângulos distribuídos assimetricamente e que podem, ou não, ser preenchidos com azul, amarelo ou vermelho. Nesta figura, os quadrados estão em branco e os retângulos hachurados medem 1m x 0,5m. Logo, a área total desta figura é:

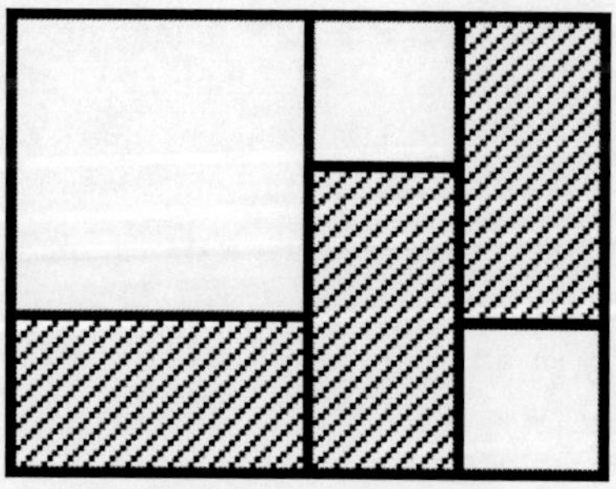

(A) $2m^2$ (B) $3m^2$ (C) $4m^2$ (D) $5m^2$

403) IFAL – Sabendo que Tales e Platão têm juntos massa de 159 kg; Platão e Fermat, 147 kg; e Teles e Fermat, 134 kg, determine a massa de Tales, Platão e Fermat juntos.

(A) 200kg (B) 210kg (C) 220kg (D) 230kg (E) 240kg

404) CEFET AL – Um pedaço de madeira tem forma retangular e suas medidas são 21,5cm por 7cm. Quantos pedaços de madeira, são necessários para revestir uma sala de $12m^2$ de área?

(A) 798 (B) 789 (C) 978 (D) 987 (E) 879

405) IFSC – Uma tela de proteção para janelas é um acessório útil para garantir segurança na residência. Telas ou redes são comumente instaladas em janelas de prédios onde moram crianças ou animais de estimação. Sabendo da importância de prezar pela segurança da família, Sr. João decide instalar, em cada janela do seu apartamento, uma tela retangular com

área 18.000 cm^2, cuja altura mede 4/5 do seu comprimento. Quais são as dimensões, em centímetros, dessa tela?

(A) 200 e 160 (B) 120 e 96 (C) 150 e 100 (D) 100 e 80 (E) 150 e 120

406) Instituto Federal Farroupilha – Uma empreiteira contrata 5 operários para construírem uma estrada. Esses operários, trabalhando 8h diárias, constroem 3km por hora trabalhada. Então, quantos km eles construirão trabalhando um dia inteiro?
Considere que um desses operários adoeça, e a empresa precisa render a mesma quantidade de trabalho, porém sem fazer reposição dos operários. Assim, quantas horas os operários, que permanecerão na obra, terão que trabalhar?

(A) 20km; 10h (B) 24km; 8h (C) 22km; 8h (D) 24km; 10h (E) 22km; 10h

407) IFAM – As dimensões da base de uma caixa de sapatos com forma de paralelepípedo retângulo de volume 5.760cm^3 são, respectivamente, 32cm e 15cm. A área total dessa caixa de sapatos, em cm^2, mede:

(A) 2088 (B) 1728 (C) 1320 (D) 1128 (E) 1044

408) CMCB-CE – Observe o seguinte gráfico de barras que traduz a idade dos alunos de uma turma.
O número de alunos com mais de 9 anos e menos de 12 anos é:

(A) 9 (B) 13 (C) 21 (D) 30 (E) 42

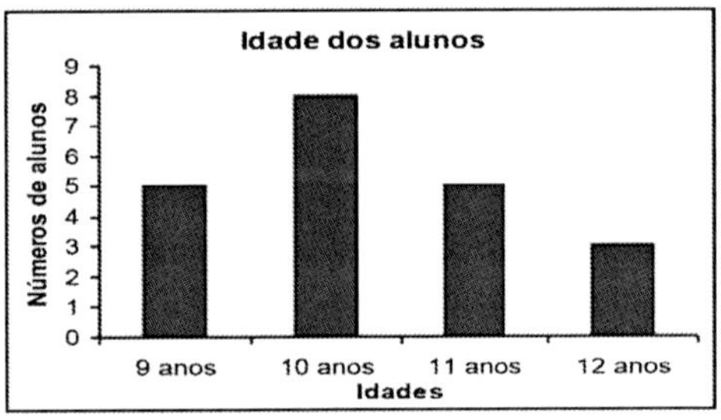

409) Colégio Militar 2 de julho – Leia as afirmativas abaixo:
I – litro (l), decalitro (dal), quilolitro (kl) são medidas de capacidade.
II – grama (g), decagrama (dag), miligrama (mg) são medidas de massa.
III – metro (m), decâmetro (dam), centímetro (cm) são medidas de comprimento.
De acordo com as afirmativas acima, marque a opção correta.

(A) As afirmativas I, II e III estão corretas.
(B) As afirmativas I, II e III estão incorretas.
(C) As afirmativas I e II estão corretas, e a afirmativa III está incorreta.
(D) As afirmativas I e II estão incorretas, e a afirmativa III está correta.
(E) Somente a afirmativa I está correta.

410) Colégio Militar Tiradentes PMMA – Uma lata com base quadrada tem as dimensões indicadas na figura abaixo. A capacidade desta lata é:

(A) 10cm^3 (B) 60cm^3 (C) 70cm^3
(D) 240cm^3 (E) 12000cm^3

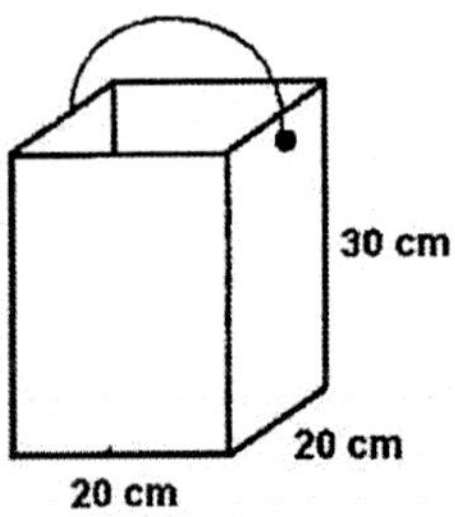

Teste 42

411) UFSM – Em uma etapa do Campeonato Mundial/2004, dois pilotos de Fórmula 1, partem juntos do mesmo ponto de partida. Para dar uma volta completa na posta, o piloto A leva 1

minuto e 30 segundos e o piloto B leva 1 minuto e 20 segundos. Assim, o tempo necessário para que os dois pilotos se encontrem novamente no ponto de partida é igual a:

(A) 12min (B) 12min 10s (C) 12min 20s (D) 14min (E) 14min 20s

412) IFRN – Um terreno foi repartido entre 4 pessoas. A primeira ficou com a metade do terreno; a segunda, com metade do restante e a terceira, com a metade do que sobrou. Sabendo que a quarta pessoa ficou com 100 metros quadrados, a área total do terreno é

(A) $1000m^2$ (B) $400m^2$ (C) $600m^2$ (D) $800m^2$ (E) $1600m^2$

413) IFPA – Em dias ensolarados, na nossa região, a temperatura aumenta cerca de 1,5 grau, a cada três quartos de hora, entre 9 e 12h da manhã. Sabendo que às 9h um termômetro assinala 26 graus centígrados, qual o valor da temperatura às 11h 15min?

(A) 30,5 (B) 29,7 (C) 29,3 (D) 28,5 (E) 27,5

414) IFS – Numa balança de equilíbrio existem vários pesos. No prato do lado esquerdo existem os pesos X kg, 30hg e 9000g. No outro prato existem os pesos 20kg, 500dag, X kg e X kg. Qual o valor de X para que a balança entre em equilíbrio?

(A) 12 (B) 15 (C) 20 (D) 37 (E) NRA

415) IFCE – As dimensões de um paralelepípedo reto retângulo, de área $376m^2$, são proporcionais a 3, 4 e 5. O volume desse paralelepípedo é

(A) $460m^3$. (B) $480m^3$. (C) $500m^3$. (D) $520m^3$. (E) $540m^3$.

416) CEFET ES – Um operário realiza uma tarefa em seis horas de trabalho. Outro operário realiza a mesma tarefa em quatro horas de trabalho. Se a mesma tarefa fosse realizada em trabalho conjunto de ambos os operários, cada um trabalhando no seu ritmo original, o tempo requerido para realização da tarefa é de:

(A) 1h 30min (B) 2h 24min (C) 3h e meia (D) 4 horas (E) 6 horas

417) IFAL – A água de um reservatório na forma de um paralelepípedo retângulo, de comprimento 30m e largura 20m, atingia a altura de 10m. Com a falta de chuvas e calor, $1800m^3$ de água evaporaram. A água restante no reservatório atingiu a altura de:

(A) 2m. (B) 3m. (C) 5m. (D) 7m. (E) 9m.

418) CPM-CE – Várias ruas e avenidas de Fortaleza serão interditadas nesta terça-feira (7) para a passagem da Tocha Olímpica Rio 2016. A operação, coordenada pela Autarquia Municipal de Trânsito (AMC), será iniciada às 3h da manhã, com a coibição de estacionamento em diversas ruas e avenidas. O horário previsto para o encerramento da operação na Arena Castelão será às 13h, totalizando 35 quilômetros de percurso com 173 condutores. O tempo transcorrido desde o início da operação até o seu término foi, em segundos, de:

(A) 13.329s (B) 13.620s (C) 22500s (D) 22.200s (E) 36.000s

419) CPMPR – Um atleta vai participar de uma prova que tem o seguinte percurso:

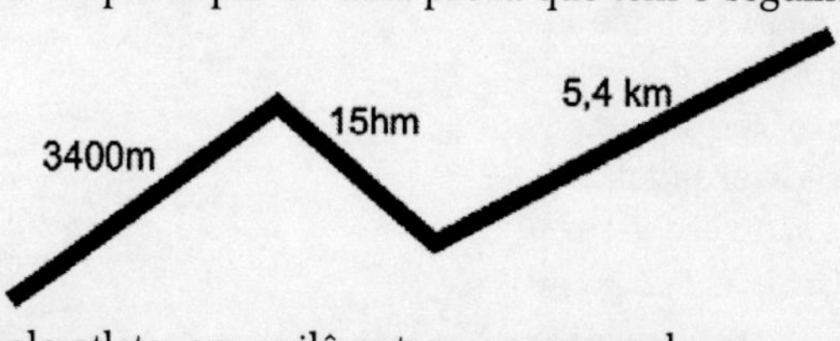

A distância percorrida pelo atleta, em quilômetros, corresponde a:

(A) 10,2km (B) 10,4km (C) 11,3km (D) 10,3km (E) 10,5km

420) Colégio Militar 2 de julho – Leia as afirmativas abaixo e classifique como V (verdadeira) ou F (falsa)

( ) Podemos construir um triângulo usando apenas dois lados.
( ) Em todo polígono, o número de lados é igual ao número de vértices.
( ) Um quadrado com lado 5cm tem perímetro igual a 25cm.
( ) O triângulo é um polígono que possui três lados e três vértices.
( ) Um retângulo com lado 10m e 8m tem área de $80m^2$.

A sequência de respostas corretas é

(A) V-V-F-V-V (B) F-V-F-V-V (C) V-F-F-V-V (D) F-V-F-V-F (E) F-V-F-F-V

Teste 43

421) IFMT – Uma piscina em forma de paralelepípedo tem as seguintes dimensões: 3m de largura, 5m de comprimento e 2m de profundidade. Quantos litros de água são necessários para encher totalmente esta piscina?

(A) 30 (B) 300 (C) 3000 (D) 30000 (E) 300000

422) CEFET ES – A média dos salários de 50 funcionários de uma empresa no mês de abril foi de R$ 1560,00. Considerando que no mês de maio metade dos funcionários tiveram um aumento de R$ 240,00, então a nova média salarial é de:

(A) R$ 1800,00 (B) R$ 1560,00 (C) R$ 1680,00 (D) R$ 6.000,00 (E) R$ 7.560,00

423) IFRJ 2016 – *Tomar banho com água sanitária poderia ajudar a tratar algumas doenças da pele. A descoberta foi publicada pela revista científica Journal of Clinical Investigation. A substância já pode ser usada em banhos, desde que esteja diluída na proporção de 1 para 20000 partes de água.*
Iara testará essa substância em seu banho. Então, se Iara utilizar 3ml dessa substância, a quantidade total de água que ela utilizará, em litros, será igual a:

(A) 6 (B) 40 (C) 60 (D) 80 (E) 100

424) IFSC – Para fazer 500mL de maionese são necessários 300mL de óleo e 150mL de outros ingredientes (gemas, leite, sal, etc). Analise as afirmações a seguir:
I. A receita pronta renderá meio litro de maionese.
II. Há um ganho de volume de aproximadamente 11% da receita pela incorporação de ar à mistura.
III. Há um ganho de volume de aproximadamente 15% da receita pela incorporação de ar à mistura.
IV. O óleo usado ocupa o equivalente a $300cm^3$ de espaço (por exemplo, preenche uma caixinha de dimensões 5cm x 5cm x 12cm).
V. Os demais ingredientes (descontando-se o óleo) correspondem a 1/4 do volume final da receita.
Assinale a alternativa correta:

(A) Somente II, IV e V são verdadeiras.
(B) Somente I, II e V são verdadeiras.
(C) Somente I, II e IV são verdadeiras.
(D) Somente I, III e V são verdadeiras.
(E) Todas as afirmações são verdadeiras.

425) Instituto Federal Farroupilha – Nos jogos Pan-Americanos do Brasil em 2007, um atleta da natação percorre uma piscina olímpica em 22 segundos a uma velocidade de 2,5 m/s. Outro nadador percorre a mesma piscina em 25 segundos. Qual a velocidade do segundo atleta, em m/s?

(A) 2,2 (B) 2,8 (C) 3,0 (D) 3,1 (E) 3,4

426) IFAM – Um balde, com capacidade 7,95 litros, está completamente cheio de leite. Uma xícara cheia comporta 150mL de leite. Com a quantidade de leite contida no balde, é possível encher quantas xícaras?

(A) 50 (B) 51 (C) 52 (D) 53 (E) 54

427) UFSM – Uma escola de samba para fazer as bandeiras de sua entidade comprou cinco metros de tecido verde, seis quartos de metro de tecido azul e meio metro de tecido amarelo. Adicionando a metragem de tecidos, a escola comprou ao todo:

(A) 6m (B) 7m (C) 8m (D) 9m (E) 10m

428) CPM-CE – Observe as figuras e marque a opção verdadeira.

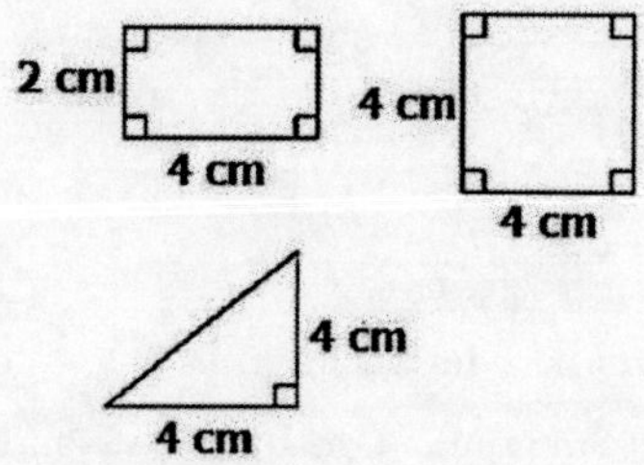

(A) O retângulo e o quadrado têm áreas iguais.
(B) O retângulo tem a maior área das três figuras.
(C) O quadrado tem a menor área das três figuras.
(D) O triângulo e o retângulo têm áreas iguais.
(E) O retângulo, quadrado e triângulo têm áreas iguais.

429) Colégio Militar 2 de julho – No ensino de equações do 1º grau, geralmente utiliza-se uma balança de 2 pratos em equilíbrio para representar tal situação. Se a balança representada na figura está em equilíbrio, o valor da massa de cada bolinha, considerando que todas elas possuem a mesma massa, é

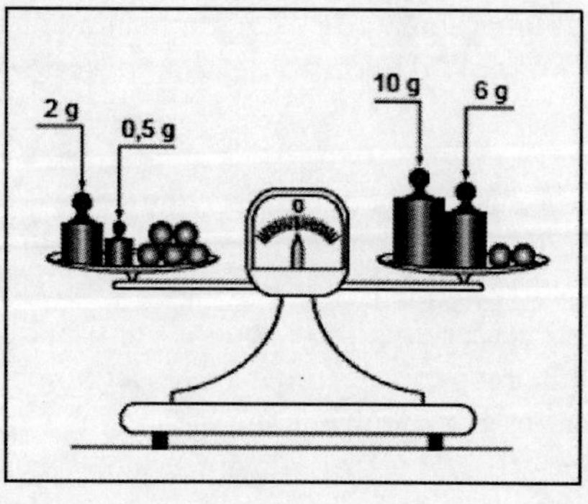

(A) 2,5g (B) 3,1g (C) 4,5g (D) 5,0g (E) 6,2g

430) Colégio Militar Tiradentes PMMA – Se uma indústria farmacêutica produziu um volume de 2800 litros de certo medicamento, que devem ser acondicionados em ampolas de $40cm^3$ cada uma, então será produzido um número de ampolas desse medicamento na ordem de:

(A) 70 (B) 700 (C) 7000 (D) 70000 (E) 700000

Teste 44

431) CEFET ES – Um medicamento é aplicado via intravenosa e administrado durante 10 horas consecutivas. Sabe-se que o seu volume contém 600 mL e que cada mL do medicamento contém 20 gotas. Supondo que haja uniformidade na injeção do medicamento durante as 10 horas, podemos afirmar que o número médio de gotas ministradas por minuto é igual a:

(A) 20 (B) 30 (C) 40 (D) 50 (E) 60

432) IFRJ – *Chama-se de Piscicultura a produção e o cultivo de peixes, em tanques naturais ou artificiais. Essa atividade é praticada há muito tempo, existindo registros de que os chineses já a cultivavam vários séculos antes da nossa era e de que os egípcios já criavam a tilápia-do-nilo há 4000 anos.*
Um grupo de 600 peixes de duas espécies foi posto em um conjunto de tanques. Os peixes consomem, no total, 800g de ração por refeição. Sabendo-se que um peixe da espécie X consome 1,5g de ração por refeição e que um peixe da espécie Y consome 1,0g por refeição, a quantidade de peixes de cada espécie, no conjunto de tanques, é a seguinte:

(A) 500 peixes da espécie Y e 100 peixes da espécie X
(B) 500 peixes da espécie X e 100 peixes da espécie Y
(C) 400 peixes da espécie Y e 200 peixes da espécie X
(D) 400 peixes da espécie X e 200 peixes da espécie Y

433) IFSC – Uma das práticas recomendadas pelos nutricionistas para tentarmos garantir o consumo adequado de alimentos é a leitura da tabela de informação nutricional que deve estar presente nas embalagens dos produtos. Preocupado em garantira uma boa alimentação para a sua família, um cliente chega à prateleira do supermercado e constata que um alimento contém, em sua embalagem, uma tabela de informação nutricional na qual podem ser observados os seguintes valores:

PORÇÃO DE 25g	QUANTIDADE POR PORÇÃO
Valor energético	140 Kcal
Carboidratos	18g
Proteínas	3,5g
Gorduras totais	2,5g

Com base nessas informações, é correto afirmar que:

(A) uma porção de 100g deste alimento contém 80g de carbo-hidratos.
(B) uma porção de 150g deste alimento fornece 840 Kcal.
(C) uma porção de 75g deste alimento contém 12g de proteínas.
(D) uma porção de 62,5g deste alimento contém menos de 5g de gorduras totais.
(E) o triplo da porção de referência da tabela fornece mais de 500 Kcal.

434) Instituto Federal Farroupilha – O S.r. Paulo há muitos anos cultiva em sua residência plantas medicinais. Resolveu este ano cercar sua horta, que é constituída de 5 canteiros com 1 metro de largura por 4 metros de comprimento, separados cada um por 50 centímetros de intervalo, segundo a figura ao lado. Qual a área e qual a quantidade de metros de arame S.r. Paulo precisará para cercar a sua horta, respectivamente?

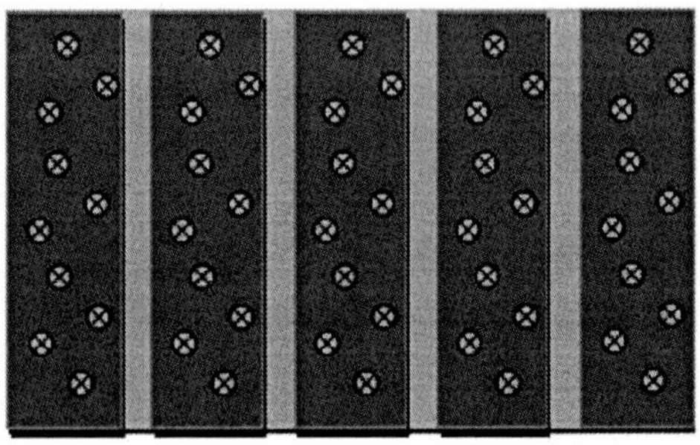

(A) $20m^2$; 18m (B) $28m^2$; 18m
(C) $28m^2$; 22m (D) $6m^2$; 6m
(E) $28m^2$; 28m

435) IFAL – Com a implantação do "Onda Verde", a velocidade recomendada para motoristas transitarem pela Av. Fernandes Lima é 50km/h. O percurso do motorista que, por 0,16 horas nessa velocidade, cruza semáforos da Av. Fernandes Lima com sinal verde é

(A) 8000m (B) 8m (C) 80m (D) 800m (E) 0,8km

436) UFSM – Em um automóvel biocombustível foram utilizados $28dm^3$ de gasolina e 17 litros de álcool. Ao todo utilizaram-se

(A) $22{,}5 \times 10^{-2}\ m^3$ (B) $225 \times 10^{-2}\ m^3$ (C) $45 \times 10^{-3}\ m^3$
(D) $65 \times 10^{-3}\ m^3$ (E) $90 \times 10^{-4}\ m^3$

437) IFRN – A figura a seguir representa um vitral colocado na parede de um clube no interior do RN. Cada quadrado tem 1 dm de lado. Dessa forma, a área da parte pintada do vitral é igual a

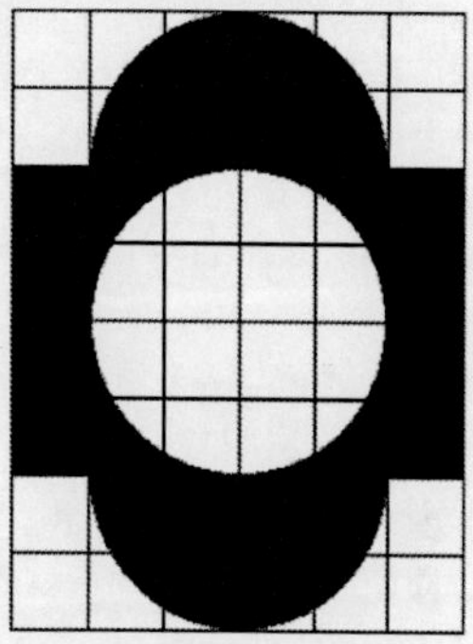

(A) $2000cm^2$ (B) $1200cm^2$ (C) $1600cm^2$ (D) $2400cm^2$
(E) $5000cm^2$

438) CPM-CE – Observando e analisando a figura, podemos afirmar que 45mm, correspondem a quantos mm?

(A) 45cm (B) 4cm (C) 5cm
(D) 4,5cm (E) 5,4cm

439) Colégio Militar 2 de julho – Aproximadamente um ano é o tempo em que a Terra leva para dar uma volta em torno do Sol (Movimento de Translação). Seu valor exato é 365 dias, 5 horas, 48 minutos e 46,7 segundos. Essas frações de horas que excedem os 365 dias, formam a cada 4 anos, 1 dia a mais, ou seja, um ano de 366 dias. É o chamado Ano bissexto e esse dia a mais é 29 de fevereiro. Para descobrir se um ano é bissexto, basta observar se o número é divisível por 4, caso não termine em 00. Se o ano terminar em 00, é necessário que seja divisível por 400 para que seja considerado bissexto. Considerando essas informações, qual dos anos a seguir não é bissexto?

(A) 1984 (B) 1992 (C) 2000 (D) 2010 (E) 2016

440) Colégio Militar Tiradentes PMMA – Um motorista, partindo de uma cidade A deverá efetuar a entrega de mercadorias nas cidades B, C e D. Para calcular a distância que deverá percorrer consultou o mapa indicado na figura, cuja escala é 1:3000000, isto é, cada centímetro no desenho corresponde a 30 quilômetros no real. Então, para ir de A até D ele irá percorrer um total de:

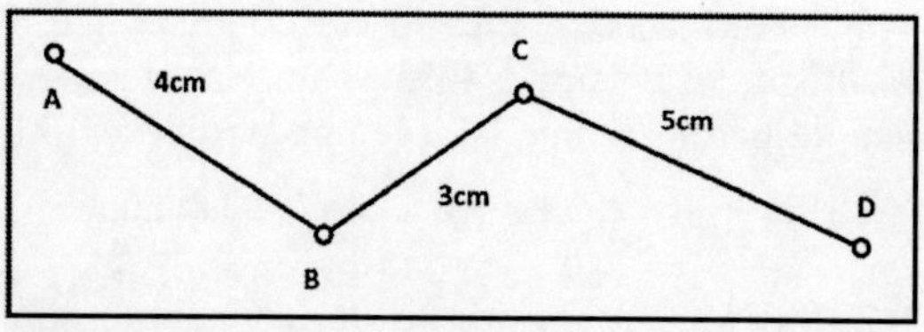

(A) 180km (B) 360km (C) 400km
(D) 520km (E) 600km

Teste 45

441) CEFET ES – Um quarto tem formato retangular, com 3,4m de comprimento por 2,7m de largura. Deseja-se pavimentar esse quarto com cerâmicas quadradas de lado 25cm. O número de cerâmicas que serão usadas, considerando uma perda mínima, para pavimentar todo o quarto, é:

(A) 146 (B) 147 (C) 367 (D) 368 (E) 3672

442) IFRJ – A arte marajoara foi desenvolvida através de um tipo e cerâmica, produzida pelos índios que habitavam a ilha de Marajó – PA, e só foi descoberta em 1871. Esta foto é uma réplica de caneca de cerâmica marajoara que tem capacidade de 0,567 L. Isto equivale a:

(A) 567.000 mm^3. (B) 56.700 mm^3.
(C) 56700 cm^3. (D) 5.670 cm^3.

443) IFSC – Além de oferecer cursos gratuitos de Ensino Médio e Graduação, entre outros, o IFSC também oferece aos seus alunos e à comunidade a chance de participação em aulas de Teatro, Prática de Orquestra e Coral. Sabendo que uma determinada atividade do Coral do IFSC, incluindo tempo de viagem e apresentação, teve início às 21h 47min e terminou às 5h 22min da manhã no dia seguinte, assinale a alternativa correta, que apresenta o tempo total da atividade:

(A) 505min (B) 385min (C) 455min (D) 515min (E) 985min

444) Instituto Federal Farroupilha – Observe a figura ao lado.
Qual é a área da figura?

(A) 12cm^2. (B) 10cm^2. (C) 22cm^2.
(D) 23cm^2. (E) 24cm^2.

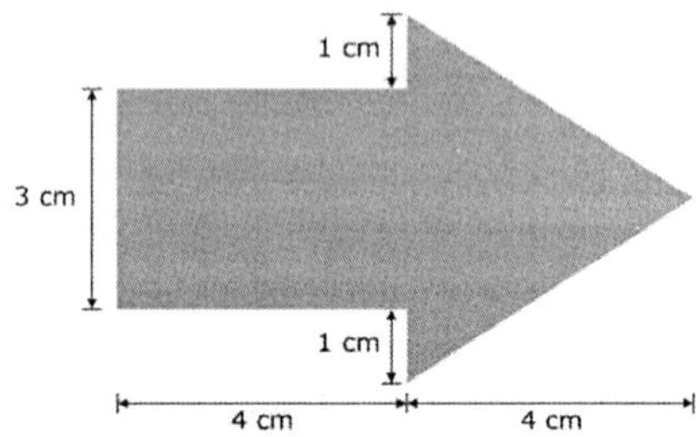

445) IFAM – Para ir de carro de uma certa localidade a outra, com uma velocidade de 60km/h, gasta-se 6 horas. Se a velocidade fosse de 80km/h, o tempo gasto seria de:

(A) 2,5h (B) 3h (C) 3,5h (D) 4h (E) 4,5h

446) UFSM 2005 – Quatro fios elétricos (A, B, C e D) medem, respectivamente, 1,8km, 15.10^4cm, 96.10^3mm e 400m. Para cortá-los em pedaços iguais e do maior tamanho possível, sem desperdiçar material, cada pedaço deverá medir

(A) 2,0m (B) 2,5m (C) 3,0m (D) 4,0m (E) 4,5m

447) IFRN – Na construção de um novo prédio dentro do Campus Natal Zona Norte, uma parede deve ser revestida com azulejos medindo 20cm de lado. Sabendo-se que a quantidade de azulejos deve ser 10% maior para eventuais quebras e que a parede é retangular e mede 3m por 16m, quantos azulejos serão necessários para revestir essa parede?

(A) 4500 (B) 1200 (C) 1320 (D) 6600 (E) 8800

448) CPM-CE – Martinha ganhou de seu professor de geometria três réguas. Duas delas de 45 centímetros cada e a terceira régua de 30 centímetros. O professor de Martinha pediu para que ela fizesse um triângulo juntando as réguas. Com relação aos lados, que tipo de triângulo Martinha fez?

(A) Escaleno (B) Retângulo (C) Isósceles (D) Equilátero (E) Obtusângulo

449) Colégio Militar Tiradentes PMMA – Assinale a medida do lado de um quadrado, sabendo que o número que representa o seu perímetro é o mesmo que representa sua área.

(A) 5 (B) 4 (C) 6 (D) 8 (E) 10

450) Colégio Militar 2 de julho – Um caminhão que transporta 30 mil litros de combustível. Lembrando que 1 litro corresponde a $1dm^3$, então esses 30 mil litros podem também ser representados por:

(A) $3m^3$. (B) $30m^3$. (C) $300m^3$. (D) $3000m^3$. (E) $30000m^3$.

Teste 46

451) IFS – Um estudante resolveu uma prova em 2 horas, fazendo 5 questões a cada 15 minutos. Se ele resolvesse apenas 4 questões a cada 15 minutos, em quanto tempo resolveria a prova?

(A) 1h 60min (B) 1h 36min (C) 2h 25min (D) 2h 30min (E) 2h 40min

452) IFPA – É muito comum, no período de férias de verão, faltar água nas cidades do litoral do Brasil. Para não correr riscos de ficar sem água nas férias, seu Paulo contratou uma empresa para construir, em sua casa de praia, mais uma caixa d'água, com as seguintes medidas: 1m de largura, 80cm de comprimento e 70cm de altura. Como precisava ligar essa caixa à outra existente, colocou um cano de entrada de água a 60cm de altura, conforme a figura ao lado.

Desse modo, os últimos 10cm da altura do reservatório ficam sempre vazios. Sendo assim, conclui-se que a capacidade utilizável, em litros, da caixa d'água que seu Paulo construiu é de:

(A) 4800 (B) 480 (C) 48 (D) 4,8 (E) 0,48

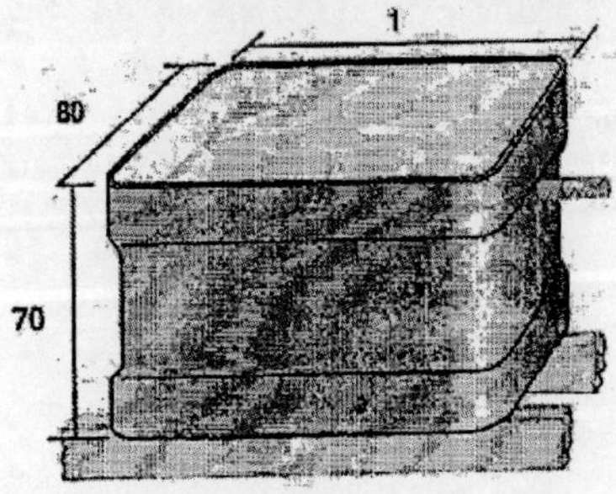

453) IFAM – A vazão de um líquido é a razão entre o volume desse líquido e o tempo decorrido para escoá-lo. Uma torneira enche completamente um tanque de 600 litros em 4 horas, enquanto que outra torneira consegue abastecê-lo totalmente em 5 horas. Com o tanque vazio e todas as torneiras abertas, a vazão total será de:

(A) 2 litros/min (B) 2,25 litros/min (C) 2,5 litros/min (D) 4,5 litros/min (E) 5 litros/min

454) IFAL – Para proporcionar uma festa de aniversário com 100 convidados, os organizadores previram um consumo de 6000 salgados durante 3h de duração da festa. A cozinheira, por precaução, fez 2000 salgados a mais, porém compareceram 20 pessoas a mais do previsto. Usando a proporcionalidade e considerando que a previsão esteja correta, por quanto tempo durarão os salgados?

(A) 4h 48min (B) 4h 20min (C) 4h (D) 3h 48min (E) 3h 20min

455) IFRN – A figura ao lado, em escala 1:50, representa a vista posterior de uma casa de um novo conjunto habitacional. A área desta vista da casa é igual a:

(A) $12m^2$ (B) $17m^2$ (C) $14m^2$ (D) $15m^2$ (E) $16m^2$

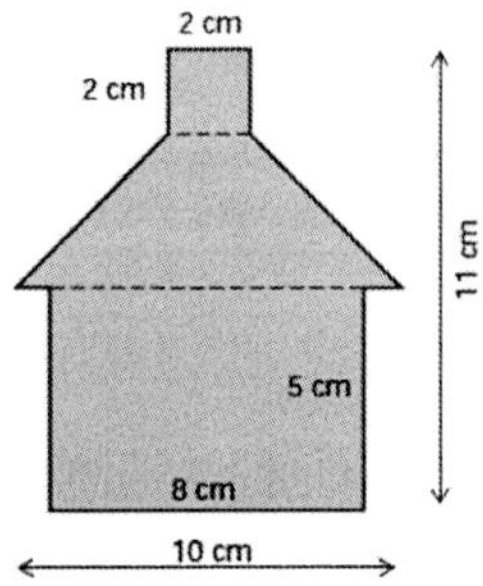

456) UFSM – Em um autódromo, três pilotos partem juntos de um mesmo ponto e no mesmo sentido. O primeiro completa cada volta em 0,8 minuto; o segundo completa em 1 minuto; e o terceiro completa em 1,2 minutos. Os três vão estar juntos outra vez em

(A) 8min (B) 10min (C) 12min (D) 14min (E) 16min

457) IFSC – Para ir de sua casa até a escola, Lucas percorre uma parte do trajeto caminhando e outra parte do trajeto de ônibus. O tempo total que Lucas leva para se deslocar de casa até a escola é de 1 hora e 12 minutos, e o tempo de caminhada corresponde a um terço do tempo do deslocamento que ele faz de ônibus. Nessas condições, é correto afirmar que Lucas gasta:

(A) 24 minutos caminhando e 48 minutos viajando de ônibus.
(B) 18 minutos caminhando e 54 minutos viajando de ônibus.
(C) 12 minutos caminhando e 1 hora viajando de ônibus.
(D) 20 minutos caminhando e 52 minutos viajando de ônibus.
(E) 15 minutos caminhando e 45 viajando de ônibus.

458) Colégio Militar Dom Pedro II – Um chuveiro ligado em um banho, resulta no gasto de 7 litros de água por minuto. Reduzindo a duração do banho de 7,5 minutos para 5 minutos, com a água economizada em um banho, é possível encher quantas unidades dos recipientes ao lado?

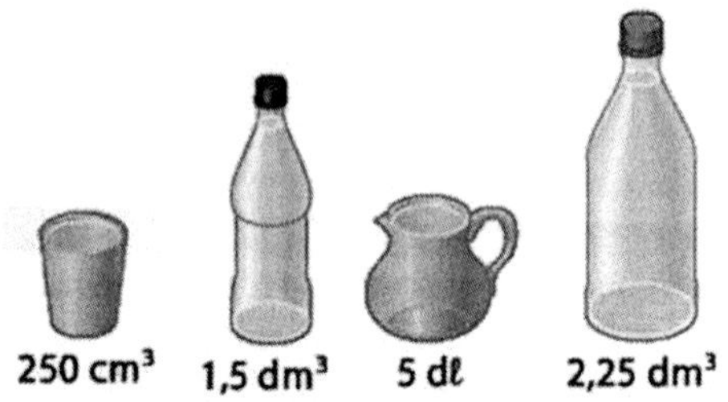

(A) 70 copos de 250 cm^3.
(B) 1 garrafa de 1,5 dm^3.
(C) 3 jarras de 5 dL.
(D) 15 garrafas de 2,25 dm^3.

459) EAM – Se seis torneiras iguais enchem um tanque em 420 minutos, em quantos minutos dez torneiras iguais às anteriores enchem esse tanque?

(A) 240 (B) 245 (C) 250 (D) 252 (E) 260

460) CFN – Observando a figura, quantos cubinhos de 1cm de lado, isto é, um centímetro cúbico, precisaremos para construir um cubo de 3cm de comprimento, 3cm de altura e 3cm de largura?

(A) 9 (B) 18 (C) 27 (D) 36 (E) 54

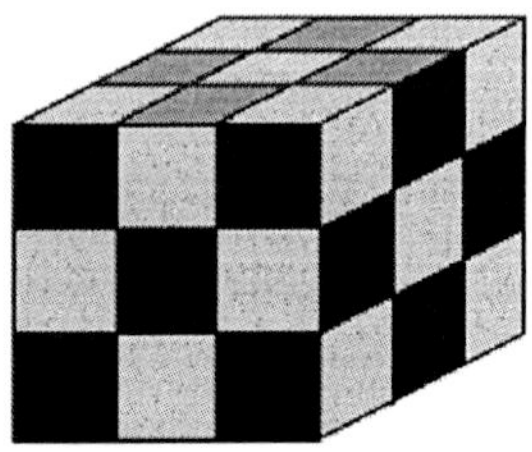

Teste 47

461) IFES – O recorde mundial de Usain Bolt é 19 segundos e 19 centésimos. Nos últimos jogos olímpicos, ele fez nesta prova o tempo de 19 segundos e 78 centésimos. Quanto tempo mais rápido, no mínimo, ele teria que ser para quebrar o seu próprio recorde:

(A) 0,1s (B) 0,24s (C) 1,3s (D) 0,60s (E) 2,33s

462) IFAM – O tanque de armazenamento de água de um avião de combate a incêndio tem capacidade para 24000 galões. Sabendo que um galão corresponde a 3,8 litros, pode-se dizer que o tanque cheio de água desse avião é capaz de abastecer, aproximadamente, ___ casas com caixa d'água de $2m^3$.

(A) 46 (B) 92 (C) 120 (D) 248 (E) 456

463) IFAL – Um self-service funciona de segunda a sexta-feira e a cada dia serve pelo menos 640 refeições. Considerando que cada comensal ingere, em média, 140g de arroz por refeição, a quantidade mínima de arroz servida numa semana é, em média

(A) 89600g (B) 44800g (C) 448000kg (D) 44800hg (E) 448kg

464) IFPA – 0,05 miligrama de álcool por litro de ar nos testes de bafômetro é o limite a partir do qual o motorista incorre em infração gravíssima de trânsito. Antes o limite era de 0,1 miligrama por litro de ar. O valor da redução está corretamente representado por

(A) 10% (B) 20% (C) 30% (D) 40% (E) 50%

465) Colégio Militar Tiradentes PMMA – O degrau de uma escada lembra a forma de um paralelepípedo com as seguintes dimensões: 1m de comprimento, 0,5m de largura e 0,4m de altura. Determine o volume total de concreto gasto na construção dessa escada sabendo que ela é constituída de 20 degraus.

(A) 4 mil litros (B) 10 mil litros (C) 2 mil litros (D) 6 mil litros (E) 8 mil litros

466) CEFET ES – Quatro amigos, entre eles João, foram a um restaurante e pediram uma pizza grande fatiada em 16 pedaços e um refrigerante de um litro. Ao final da refeição veio uma conta de R$ 26,00. João comeu somente dois pedaços de pizza e bebeu a mesma quantidade de refrigerante dos colegas. A conta foi dividida de forma proporcional ao que cada um comeu e bebeu, cabendo a João a quantia de R$ 3,50. Com base nas informações, qual foi o preço somente da pizza?

(A) R$ 23,00 (B) R$ 24,50 (C) R$ 25,00 (D) R$ 22,50 (E) R$ 24,00

467) IFRJ – Os eventos regulares no campo das Artes e dos Esportes acontecem cada vez mais no mundo todo. Como exemplo, temos a *Bienal das Artes de São Paulo*, que ocorre a cada 24 meses, a *Yokohama Trienal*, evento de Artes que ocorre de 36 em 36 meses no Japão, e os *Jogos Olímpicos*, a cada 48 meses em lugares diversos e a *Carnegie International*, evento de arte contemporânea, que acontece a cada 60 meses nos Estados Unidos. Todos esses eventos coincidiram em 2008. Portanto, a próxima coincidência será na década de

(A) 20 (B) 40 (C) 50 (D) 60 (E) 70

468) Colégio Militar Tiradentes PMDF – Um campo de futebol, com medidas de 1,05 hectômetros por 6,8 decâmetros, teve sua grama toda trocada. Sabendo que um metro quadrado de grama custa R$ 12,50, calcule o gasto total para cobrir o gramado.

(A) R$ 982.500,00 (B) R$ 98.250,00 (C) R$ 892.500,00
(D) R$ 89.250,00 (E) R$ 8.295.000,00

469) EAM – O preço da gasolina apresenta uma pequena variação de estado para estado. Sabe-se que um litro de gasolina na cidade em que João mora custa R$ 2,87 e o seu carro percorre 12km com um litro desse combustível. Quanto João gastará com gasolina se ele percorrer uma distância de 600km?

(A) R$ 68,88 (B) R$ 95,78 (C) R$ 115,42 (D) R$ 125,45 (E) R$ 143,50

470) CMPM-CE – Em uma sala quadrada foi gasto 11,60 metros de madeira para a reposição dos rodapés, sendo que essa sala tem uma porta de 1,20 metros de largura, onde não se usa madeira para rodapé. De posse dessas informações, a medida de cada lado dessa sala é:

(A) 10,40m (B) 4,50m (C) 3,20m (D) 1,20m (E) 2,80m

Teste 48

471) IFSC – No setor de zootecnia de uma determinada universidade há espaços cobertos com forragem para a alimentação do gado. Um deles é um piquete retangular cujas dimensões são 20m x 30m. O técnico agrícola do setor recomendou que 150m^2 para cada 2 vacas seria um bom espaço para alimentação das mesmas. Seguindo a recomendação do técnico, o número máximo de vagas que o piquete pode receber?

(A) 9 (B) 8 (C) 10 (D) 15 (E) 12

472) IFS – Qual deve ser a profundidade de uma piscina que apresentam 40m de comprimento e 20m de largura, já que seu volume é de 2.400.000 dm^3?

(A) 2,4m (B) 4,5m (C) 3,5m (D) 3,0m (E) 2,0m

473) IFAM – Um sistema de arrefecimento consome 2,16 litros de água por dia, isto significa que em cada minuto o consumo de água é de:

(A) 5,6 mL (B) 4,9 mL (C) 3,8 mL (D) 2,7 mL (E) 1,5 mL

474) IFAL – Uma razão muito utilizada na geografia é a densidade demográfica, que relaciona a população de uma dada região com a sua área, muito importante para avaliar a concentração de pessoas na localidade. O estado de Alagoas, de acordo com a pesquisa realizada em 2010, pelo IBGE possui população de aproximadamente 3.120.494 habitantes. Se a área da superfície do estado de Alagoas é de aproximadamente 27.779,343 km^2, de acordo com essa pesquisa, a densidade demográfica do estado alagoano é de aproximadamente, habitantes por km^2:

(A) 0,009 (B) 112,331 (C) 1.552,484 (D) 3.092.714,657 (E) 3.148.273,343

475) IFRJ – João e Maria caminham em uma pista circular, em sentidos opostos, partindo inicialmente do ponto A, conforme mostra a figura. Sabe-se que a velocidade de João é o dobro da velocidade de Maria e que, após 6 minutos do início da caminhada, Maria passa pelo ponto D pela 1ª vez. Então, mantidas essas condições e uma velocidade constante, João e Maria se encontrarão pela 1ª vez no ponto de partida A, depois de decorridos:

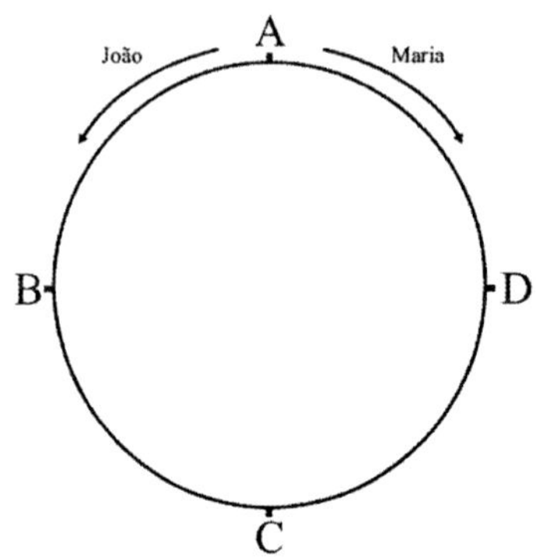

(A) 12min (B) 16min (C) 18min (D) 24min

476) CEFET ES – Uma caixa construída para armazenar água tem forma cúbica com 2m de aresta. Essa caixa foi completamente preenchida com água e em seguida retira-se 1000 litros de água dessa caixa. Após essa retirada o nível de água baixa de:

(A) 2,5m (B) 0,25cm (C) 250mm (D) 0,25hm (E) 2,5dam

477) IFAM – O consumo médio de um veículo automotor é a razão entre a distância percorrida e a quantidade de combustível gasto no percurso. Um veículo percorreu 120km e gastou 8 litros de gasolina. Em seguida rodou mais 110 km e gastou 10 litros de etanol. Em média, o consumo médio desse veículo é de:

(A) 13km/litro (B) 12km/litro (C) 11km/litro (D) 10km/litro (E) 9km/litro

478) CPM-CE – Comprei uma peça de tecido com 12 metros de comprimento por 1 metro de largura para fazer 3 toalhas de mesa com as mesmas medidas que são 1,5 metros de comprimento por 0,8 metros de largura. Assim sendo, qual a área em metros quadrados (m^2) de cada toalha e quantos metros quadrados de tecido sobraram?

(A) cada toalha tem $3,6m^2$ e sobraram $10,8m^2$
(B) cada toalha tem $1,2m^2$ e sobraram $10,8m^2$
(C) cada toalha tem $3,6m^2$ e sobraram $8,4m^2$
(D) cada toalha tem $1,2m^2$ e sobraram $3,6m^2$
(E) cada toalha tem $1,2m^2$ e sobraram $8,4m^2$

479) Colégio Militar 2 de julho – Tiane possui um quarto retangular com 5 metros de largura e 6 metros de comprimento, e quer utilizar uma parte da área do quarto para construir um *closet* (pequeno cômodo usado como quatro de vestir), também retangular como mostra a figura. Sabendo que y corresponde a 1/4 do comprimento do quarto e x corresponde a 3/4 da largura. Então, a área do *closet* é:

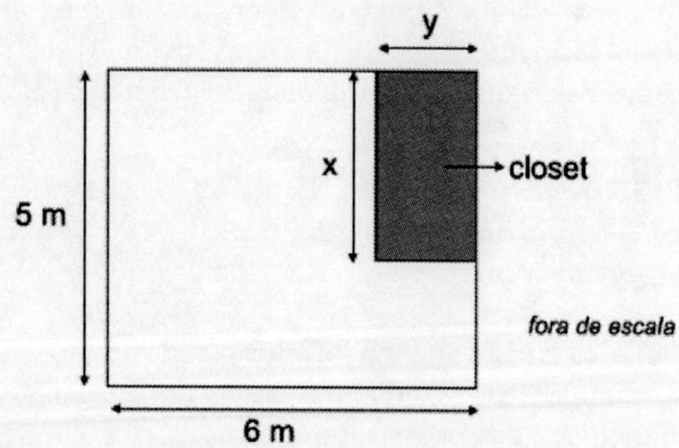

(A) $2,089m^2$ (B) $3,510m^2$ (C) $4,701m^2$
(D) $5,127m^2$ (E) $5,625m^2$

480) Colégio Militar Tiradentes PMMA – Qual a área e o perímetro de um campo de futebol, de base 25m e altura 5m?

(A) $A=100m^2$, P=50m (B) $A=150m^2$, P=60m (C) $A=125m^2$, P=60m
(D) $A=120m^2$, P=50m (E) $A=140m^2$, P=30m

Teste 49

481) IFSC – Na figura ao lado, o lado do quadrado ABCD mede a=6cm; o lado do quadrado CEFG mede b=2cm e a altura do triângulo BCH mede h=4cm. Com base nesses dados, calcule a área acinzentada da figura.

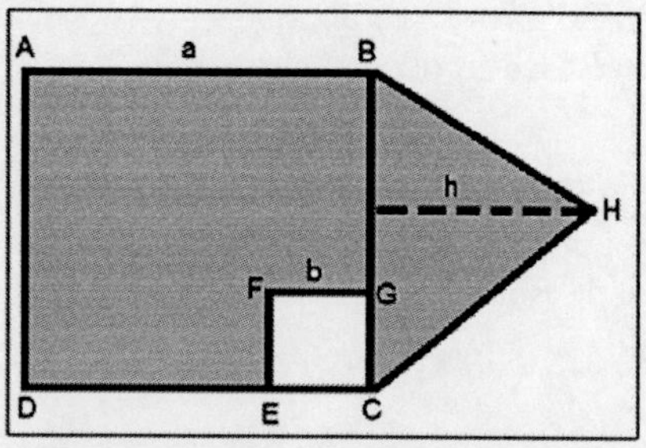

(A) $52cm^2$ (B) $40cm^2$ (C) $44cm^2$
(D) $48cm^2$ (E) $50cm^2$

482) IFAM – Um reservatório de água possui instaladas duas torneiras e um ralo. Uma das torneiras enche-o em 2 horas; a outra enche-o em 3 horas e o ralo o esvazia em 6 horas. Estando cheio até a metade da sua capacidade, com as torneiras e o ralo totalmente abertos, o reservatório ficará completamente cheio em:

(A) 2h 15min (B) 1h 30min (C) 1h 18min (D) 45min (E) 30min

483) IFAL – Três linhas diferentes de ônibus, A, B e C, passam em um certo ponto a cada 8min, 12min e 20min, respectivamente. Se às 6 horas, essas três linhas chegam no mesmo instante a esse ponto, em qual horário do dia as três linhas chegarão novamente no mesmo instante a esse mesmo ponto?

(A) 6h 30min (B) 7h 10min (C) 7h 50min (D) 8h (E) 9h

484) IFS – A fábrica de tecido do empresário Noron comprou 4kg de fios para tecer 14 metros de fazenda com 80 centímetros de largura. Com essa produção não resolveu totalmente seus compromissos com os pedidos dos seus clientes. Então, quantos quilogramas serão necessários para produzir 350 metros de fazenda com 120 centímetros de largura?

(A) 130 (B) 150 (C) 160 (D) 180 (E) 250

485) IFRJ – Os azulejos são utilizados em muitas culturas, ora como elemento de revestimento, ora como arte decorativa. Interessando em decorar uma parede de dimensões 5m x 3m, Paulo quer azulejá-lo completamente, usando somente um tipo de azulejo decorativo. Consultando uma loja, que só vende a caixa completa, Paulo encontrou as seguintes possibilidades:
- Azulejo 20cm x 20cm; caixa com $2m^2$; preço por m^2: R$ 40,00
- Azulejo 15cm x 15cm; caixa com 1,35 m^2, preço por m^2: R$ 40,00.
Como Paulo quer ter o máximo de economia, ele deve escolher azulejos de

(A) 15x15cm, pagando R$ 630,00
(B) 15cmx15cm, pagando R$ 648,00
(C) 20cmx20cm, pagando R$ 625,00
(D) 20cmx20cm, pagando R$ 640,00

486) CEFET ES – Para produzir cada metro cúbico de madeira em florestas plantadas são consumidos em média 0,2 litros de gasolina e 5,15 litros de diesel. Considerando essa afirmativa, quantos reais seriam gastos com combustível na produção de cada metro cúbico de madeira? Considere os seguintes valores por litro: Diesel = R$ 1,80; Gasolina – R$ 2,50.

(A) R$ 6,82 (B) R$ 7,94 (C) R$ 8,98 (D) R$ 9,77 (E) R$ 10,67

487) CPM-CE – A tabela nos fornece os preços de alguns produtos que podiam ser adquiridos na CEASA-CE. João foi até o local e comprou: 3kg de banana nanica e 2,8 kg de laranja pera. Ao chegar ao caixa, ele pagou os produtos com uma nota de R$ 20,00. Quanto João recebeu de troco?

Produto	Preço
Abacate 1Kg	R$ 8,00
Abacaxi 1Un	R$ 3,10
Banana Nanica 1Kg	R$ 2,10
Banana Prata 1Kg	R$ 1,80
Côco Verde 1Un	R$ 1,20
Goiaba 1Kg	R$ 4,00
Laranja Pêra 1Kg	R$ 2,00

(A) R$ 1,20 (B) R$ 1,50 (C) R$ 1,90
(D) R$ 8,10 (E) R$ 2,30

488) CMCB-CE – A idade do pai de Rodolfo é igual à soma do triplo da quantidade de lados de um eneágono com o dobro da raiz quadrada de 3^6. Podemos então afirmar que a idade do pai de Rodolfo é:

(A) 51 (B) 61 (C) 71 (D) 81 (E) 91

489) Colégio Militar Tiradentes PMMA – Calcule a área e o perímetro da figura abaixo.

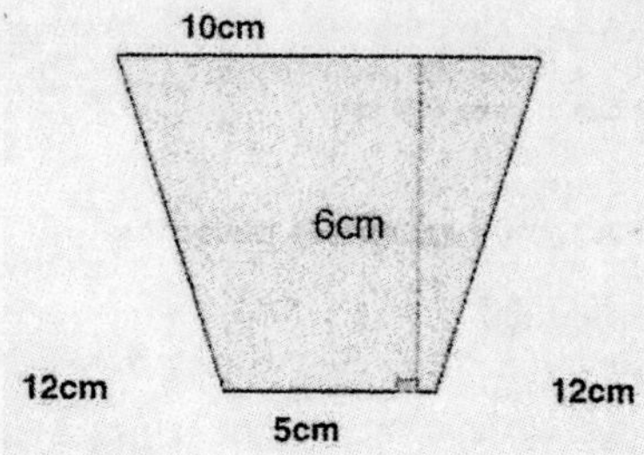

(A) A=45cm^2 e P=39cm
(B) A=25cm^2 e P=27cm
(C) A=65cm^2 e P=18cm
(D) A=55cm^2 e P=19cm
(E) A=35cm^2 e P=50cm

490) Colégio Militar Dom Pedro II – Segundo a ONU (Organização das Nações Unidas) cada pessoa necessita diariamente de cerca de 110 litros de água para atender às necessidades de consumo e higiene. Porém, o consumo de água no Brasil chega a mais de 200 litros por pessoa.

De acordo com o texto e o gráfico, marque a alternativa INCORRETA.

(A) A água desperdiçada por uma torneira pingando durante um mês (30 dias) é mais que suficiente para uma família inteira com 5 pessoas utilizar em um dia.
(B) Numa família com 5 pessoas, que gasta 1.280 litros por dia, cada pessoa consome mais que o dobro do consumo diário por pessoa recomendado pela ONU.
(C) Dizer que o desperdício de 8.000 litros por dia com um filete de 3mm é o suficiente para abastecer uma escola inteira com 240 alunos equivale a dizer que, nessa situação, 100 litros são suficientes para 3 alunos.
(D) Uma torneira pingando por dez dias, segundo a ONU, daria para atender as necessidades básicas de uma pessoa por 5 dias.

Teste 50

491) CEFET ES – Durante um período de estiagem, a empresa responsável pelo abastecimento de água de uma cidade distribuiu à população um folheto alertando quanto ao desperdício de água nas residências. Dentre as informações constava que uma torneira, pingando 20 gotas por minuto, ocasiona em 30 dias, um desperdício de 100 litros de água. Sr. João, após ler este informativo, passou a verificar as torneiras de sua casa e constatou que uma delas pingava 30 gotas por minuto. Preocupado, Sr. João calculou qual seria o desperdício de água nesta torneira em 50 dias. Qual foi o valor encontrado?

(A) 150L (B) 200L (C) 250L (D) 300L (E) 350L

492) IFSC – O proprietário de alguns imóveis deseja vender um de seus terrenos para comprar um apartamento. Para que a imobiliária possa publicar o anúncio de venda em seu site, solicita ao proprietário que ele informa quais as dimensões do terreno. O dono, então, informa que se trata de um terreno retangular com 74m de perímetro e que o comprimento do

imóvel tem 5m a mais que sua largura. Assinale a alternativa correta. Com base nesses dados, o corretor, de maneira correta, que as dimensões do terreno e sua área são, respectivamente:

(A) 18m, 23m e 414m^2. (B) 17m, 22m e 374m^2. (C) 16m, 21m e 336m^2.
(D) 15m, 20m e 300m^2. (E) 14m, 19m e 266m^2.

493) CEFET ES – José e Maria recebem o mesmo salário por hora de trabalho. Após José ter trabalhado 5 horas e Maria 4 horas e 40 minutos, José tinha a receber R$ 21,00 a mais que Maria. Quanto recebeu cada um?

(A) R$ 289,00 e R$ 268,00 (B) R$ 315,00 e R$ 294,00 (C) R$ 300,00 e R$ 289,00
(D) R$ 121,00 e R$ 100,00 (E) R$ 131,00 e R$ 110,00

494) IFAL – Serviços de transporte por motoboy são ofertados em vários pontos da cidade de Maceió. Um deles, em especial, trabalha 4 horas por dia e roda 400km em 2 dias. Se as condições do trânsito mantiverem-se constantes e o motoboy aumentar sua jornada de trabalho para 6 horas diárias, em quanto tempo ele terá rodado 600km?

(A) Quatro dias e meio (B) Exatamente dois dias (C) Menos de dois dias
(D) Mais de quatro dias e meio (E) Entre dois e quatro dias

495) IFSC – A garagem de um prédio chamado Lucas tem o formato da letra L, cujas medidas estão indicadas na figura ao lado. Dentre as reformas que o dono do prédio planeja fazer na estrutura física do imóvel, está a colocação do piso cerâmico na garagem, utilizando peças quadradas medindo 50cm x 50cm. Com base nessas informações, calcule o número mínimo necessário de peças cerâmicas que deverá ser utilizado para revestir essa área.

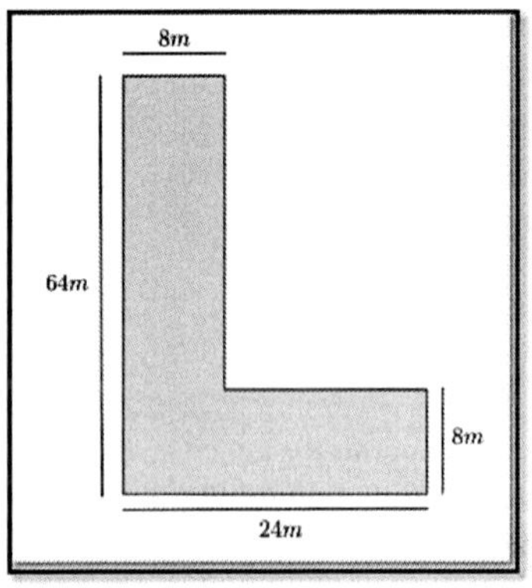

(A) 3200 (B) 2560 (C) 2816 (D) 1040 (E) 1280

496) CEFET ES – S.r. Pedro quer cercar o seu quintal que tem forma retangular com 360 metros de largura a 144 metros de comprimento. Para isso, quer colocar as estacas em volta de todo o quintal de forma que fiquem igualmente espaçadas. É CORRETO afirmar que o número mínimo de estacas necessário e a distância entre cada estaca são, respectivamente:

(A) 14 e 36m (B) 28 e 72m (C) 7 e 144m (D) 14 e 72m (E) 28 e 36m

497) IFAL 2015 – Uma piscina foi construída na forma de um paralelepípedo reto retângulo com dimensões 20m, 10m e 2m. Uma mangueira com vazão de 40 litros de água por minuto é ligada para encher a piscina. Sabendo que a piscina já estava preenchida até a altura de 4cm, em quanto tempo ela estará totalmente cheia?

(A) 5 dias 13 horas e 20 minutos (B) 1 dia 9 horas e 20 minutos (C) 2000 minutos
(D) 80000 minutos (E) 133 horas

498) CPM-CE – Dado o triângulo abaixo, conhecidas as medidas da altura e da base, podemos afirmar que sua área corresponde a:

(A) 63cm^2 (B) 31,5cm^2 (C) 126cm^2 (D) 16cm^2
(E) 81cm^2

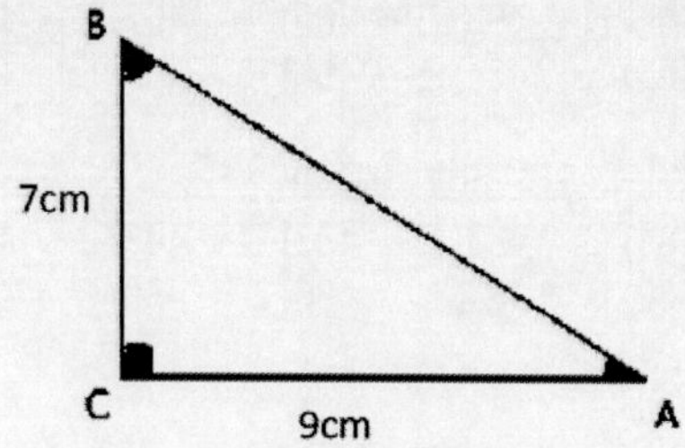

499) Colégio Militar Tiradentes PMMA – A figura mostra um parque onde Felipe caminha. Hoje, Felipe deu uma volta completa ao longo desse parque. Qual a distância que Felipe caminhou?

(A) 220km (B) 22km (C) 2,2km
(D) 0,22km (E) 12km

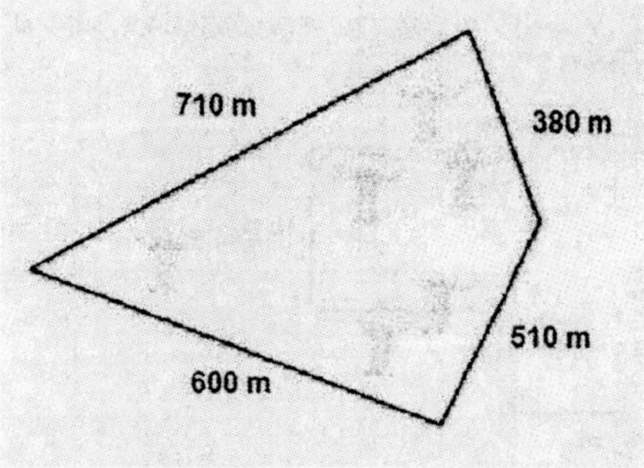

500) Colégio Militar Dom Pedro II – Na malha quadriculada ao lado, estão representadas 6 barras.

Se considerarmos a Barra 1 como unidade, podemos associar números racionais às medidas das demais barras da figura. Marque a alternativa em que a associação de números racionais foi feita corretamente para as barras 2, 3, 4, 5 e 6 da figura:

(A) 3/5, 7/10, 9/5, 2 e 1/5.
(B) 3/5, 3/2, 9/5, 10/5 e 1/5.
(C) 5/3, 10/7, 9/5, 2 e 1/5.
(D) 3/5, 7/10, 9/5, 10/5 e 5/1.

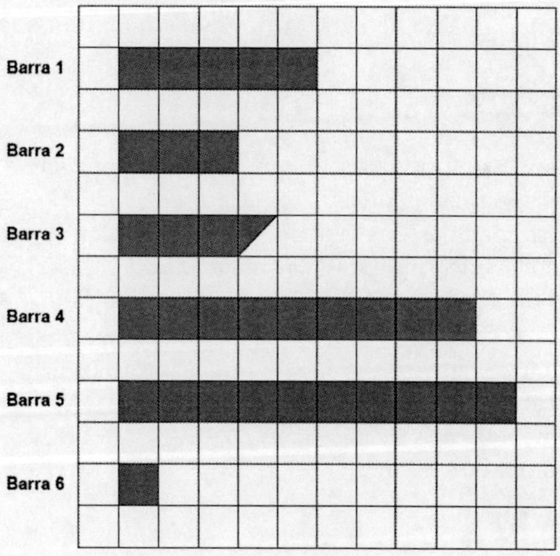

Respostas dos testes

Respostas do Teste 41

401) D 403) C 405) E 407) A 409) A
402) B 404) A 406) D 408) B 410) E

Respostas do Teste 42

411) A 413) A 415) B 417) D 419) D
412) D 414) E 416) B 418) E 420) B

Respostas do Teste 43

421) D 423) C 425) A 427) B 429) C
422) C 424) C 426) D 428) D 430) D

Respostas do Teste 44

431) A 433) B 435) A 437) D 439) D
432) D 434) C 436) C 438) D 440) B

Respostas do Teste 45

441) B 443) C 445) E 447) C 449) B
442) A 444) C 446) D 448) C 450) B

Respostas do Teste 46

451) D 453) D 455) B 457) B 459) D
452) B 454) E 456) C 458) A 460) C

Respostas do Teste 47

461) D 463) E 465) A 467) E 469) D
462) A 464) E 466) E 468) D 470) C

Respostas do Teste 48

471) B 473) E 475) D 477) A 479) E
472) D 474) B 476) C 478) E 480) C

Respostas do Teste 49

481) C 483) D 485) D 487) D 489) A
482) D 484) B 486) D 488) D 490) D

Respostas do Teste 50

491) C 493) B 495) B 497) A 499) C
492) C 494) B 496) D 498) B 500) A

Resoluções dos testes

Resoluções do teste 41

401) Observe que não foi apresentada a altura da caixa d'água, apenas as dimensões da base. Essas dimensões são 8 dm e 16 dm. Usamos as dimensões em decímetros para operar com o volume em litros.

Tomando como altura o valor do nível da água diminuído (que é o que o problema pede), este paralelepípedo imaginário, que representa a água consumida, tem volume de 64 litros. Então temos:

8 x 16 x ? = 64, onde é a altura desconhecida, em decímetros. Para saber a altura, dividimos 64 por e por 16.

$\frac{64}{8 \times 16} = 0{,}5$, ou seja, 0,5 decímetro, que é o mesmo que 5 centímetros.

Resposta: (D) 5cm

402) Com as informações do problema, é possível descobrir todas as medidas. Só existem dois valores, que são as medidas dos lados de cada retângulo. O lado maior mede 1m, e o maior mede 0,5m. O lado do quadrado pequeno também vale 0,5m, e o lado do quadrado grande mede 1m. Então as dimensões da figura total são:
Altura: 1m + 0,5m = 1,5m
Comprimento: 1m + 0,5m + 0,5m = 2m.
Área: 1,5m x 2m = 3 m^2.

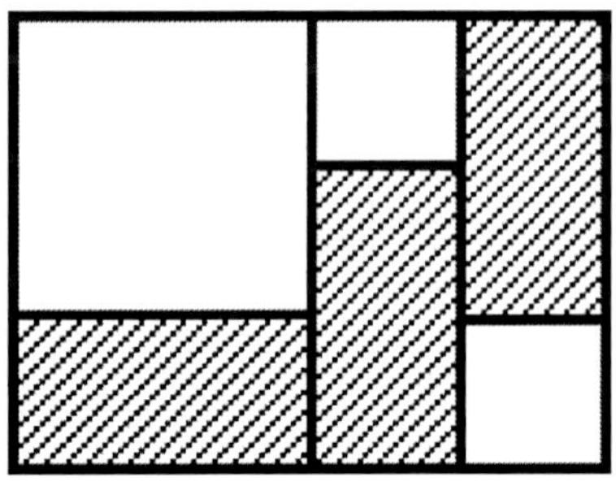

Resposta: (B)

403) Temos as seguintes informações:
(1) T + P = 159
(2) P + F = 147
(3) T + F = 134
Se somarmos essas três informações, ficamos com 2T + 2P + 2F = 159+147+134 = 440. Esta relação é o mesmo que T + P + F = 220. Ficamos então com a relação (4):
(4) T + P + F = 220
Isto já é a resposta do problema, a soma das massas dos três, juntos.

Resposta: (C) 220

404) Basta dividir a área total pela área de cada pedaço de madeira. Usaremos centímetros em ambas as medidas:
1 m = 100 cm
1 m^2 = 100cm x 100cm = 10.000 cm^2

$12\ m^2 = 120.000\ cm^2$

A área de cada pedaço de madeira ("taco") é 21,5 cm x 7 cm = 150,5 cm^2.

Dividindo a área total pela área de um taco, ficaremos com o número de tacos necessários:

$$\frac{120.000}{150,5} = 797,34$$

Arredondamos para 798. Aqui não podemos aproximar, pois o problema apresenta medidas muito próximas entre as respostas.

Resposta: (A) 798

OBS.: Na prática não é isso o que ocorre. Acabamos com dificuldade para cortar os "cantinhos", precisamos usar uma quantidade um pouco maior para compensar. Normalmente sobram algumas unidades do material empregado.

405) Se a razão entre a altura e o comprimento é 4/5, é o formato de um retângulo como o da figura ao lado. Temos ao todo 20 quadrados. São quadrados, pois dizer que a razão entre a altura e o comprimento é 4/5, é o mesmo que dizer que são o quádruplo e o quíntuplo da mesma medida.
Se 20 quadrados têm área de 18000 cm^2, então cada um deles tem 900 cm^2 de área. Portanto cada quadrado tem lado de 30cm.
As medidas são: altura = 4 x 30cm = 120cm, e comprimento = 5 x 30cm = 150 cm.

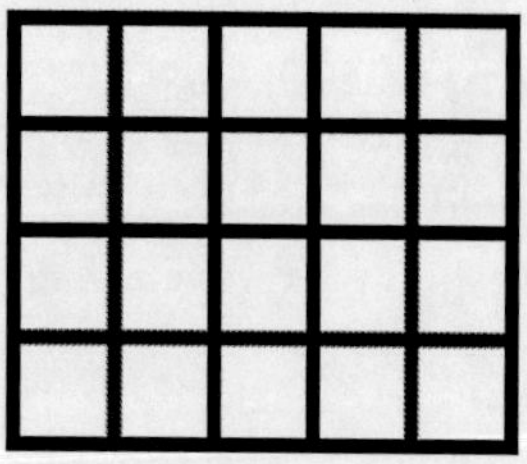

Razão de 4:5 entre altura e comprimento.

Resposta: (E) 150 e 120

406) O quê? 5 operários constroem 3 km por hora de estrada? Totalmente fora da realidade, mas vamos lá assim mesmo.

Construindo 3km de estrada por hora, em 8 horas será uma distância 8 vezes maior, ou seja, 24 km.

A segunda pergunta é sobre as horas de trabalho. Antes, havia 5 operários trabalhando 8 horas, portanto o trabalho por dia era proporcional a 5 x 8, ou seja, 40. Agora com um operário a menos, esse mesmo trabalho deverá ser feito por apenas 4 homens. Para resultar no produto 40, é preciso que trabalhem 10 horas por dia:

5 homens trabalhando 8 horas, é o mesmo trabalho que:
4 homens trabalhando 10 horas.

Sendo assim, as respostas do problema são 24km e 10 horas

Resposta: (D) 24km; 10h

407) É preciso primeiro descobrir qual é a dimensão que está faltando. Podemos descobrir isso a partir do seu volume. Como todas as medidas estão em centímetros, podemos escrever:

32 x 15 x □ = 5760

O número desconhecido, que é a dimensão que está faltando, é igual a 5760 dividido por 32 e dividido por 15:

$$\frac{5760}{32\times15} = \frac{576}{16\times3} = \frac{288}{8\times3} = \frac{144}{4\times3} = 12$$

Portanto as dimensões da caixa são 12, 15 e 32.
A área total é formada por 6 retângulos, iguais 2 a 2, cujas áreas são 12x15, 12x32 e 15x32:

$$2\times(12\times15+12\times32+15\times32) = 2\times(180+384+480) = 2\times1044 = 2088$$

Resposta: (A) 2088

408) Mais de 9 anos e menos de 12 são aqueles que têm 10 ou 11 anos. Pelo gráfico são respectivamente 8 e 5. A soma é 13.

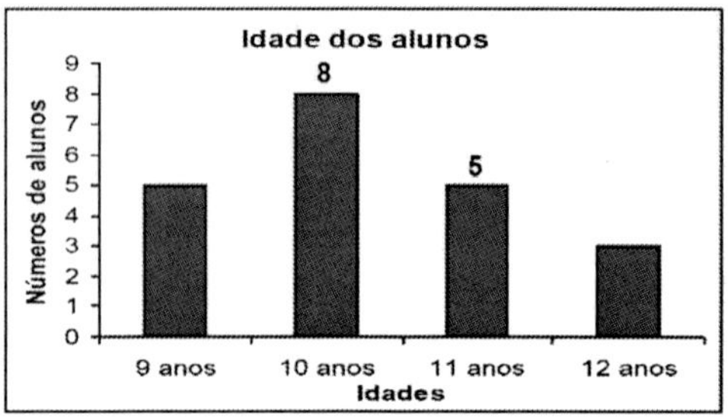

Resposta: (B) 13

409) Analisemos as afirmativas:
I – De fato, o litro, o quilolitro e o decalitro são medidas de capacidade, o mesmo que VOLUME. CERTO!
II – O grama, o decagrama e o miligrama são medidas de massa. CERTO!
III – O metro, o decâmetro e o centímetro são medidas de comprimento. CERTO!
Além disso, as abreviaturas estão todas corretas.

Resposta: (A) **As afirmativas I, II e III estão corretas.**

410) A capacidade, ou volume, é o produto das três dimensões. Todas estão dadas em centímetros, e as respostas estão em centímetros cúbicos. Então temos:

$20 \times 20 \times 30 = 12000 \text{ cm}^3$

Resposta: (E) 12000cm^3

Resoluções do teste 42

411) É necessário converter os tempos para a mesma unidades. Usaremos segundos.

- O piloto A leva 90s para dar uma volta
- O piloto B leva 80s para dar uma volta.

Os pilotos irão se encontrar novamente no início da pista, quando ambos tiveram dado um número inteiro de voltas. O tempo transcorrido será o mesmo, e é um múltiplo de 90 e um múltiplo de 80. Este tempo é o MMC entre 90 e 80.

80 – 90	2
40 – 45	2
20 – 45	2
10 – 45	2
5 – 45	3
5 – 15	3
5 – 5	5
1 – 1	

O MMC entre 80 e 90 é

$2 \times 2 \times 2 \times 2 \times 3 \times 3 \times 5 = 720$

Portanto os pilotos se encontrarão novamente depois de 720 segundos, ou seja, 12 minutos. Este encontro se repetirá de 12 em 12 minutos, mas ocorrerá pela primeira vez em 12 minutos.

Resposta: (A) 12min

412) Calculemos quanto do terreno cada pessoa recebeu:
A 1ª pessoa ficou com 1/2 do terreno, restaram 1/2.
A 2ª pessoa ficou com 1/2 do restante, ou seja, 1/4 do terreno. Restaram 1/4.
A 3ª pessoa ficou com 1/2 do restante, ou seja, 1/8 do terreno. Restaram 1/8.
A 4ª pessoa ficou com o restante, 1/8 do terreno, que são 100m^2.

Então o terreno tem $800m^2$. As quatro pessoas receberam respectivamente:
400, 200, 100 e 100.

Resposta: (D) $800m^2$

413) Como são poucas horas, calculemos os aumentos passo a passo, a cada 3 quartos de hora, que são 45 min.

Às 9 horas a temperatura era 26 graus
Às 9:45 a temperatura era 27,5 graus
Às 10:30 a temperatura era 29 graus
Às 11:15 a temperatura era 30,5 graus.

Resposta: (A) 30,5

414) Passemos todas as medidas para quilogramas:
Lado esquerdo: X, 3kg, 9 kg = X + 12 kg
Lado direito: 20 kg, 5 kg e 2X kg = 25 kg + 2X

A massa do lado direito é claramente maior que a do lado esquerdo, não importa qual seja o peso X. Claro, 25kg é mais pesado que 12 kg e 2X é mais pesado que X. Então, não existe valor de X que faça a balança ficar equilibrada. A resposta é (E) NRA = nenhuma das respostas acima.

Resposta: (E) NRA

415) Vamos trabalhar com um paralelepípedo com medidas justamente iguais a esses valores: 3, 4 e 5, calcular a sua área e comparar com a área dada, de 376 m^2.
A área do paralelepípedo é formada por 6 retângulos, que são iguais dois a dois. Portanto essa área total é:

$2 \times (3\times4 + 3\times5 + 4\times5) = 2 \times (12 + 15 + 20) = 2 \times 47 = 94$

Entretanto, a área dada no paralelepípedo do problema, é quatro vezes maior: 376 m^2. Isto significa que as medidas reais são DUAS VEZES maiores que essas medidas estipuladas. Vamos conferir:

Medidas 6, 8 e 10.
Área $= 2 \times (6\times8 + 6\times10 + 8\times10) = 2 \times (48 + 60 + 80) = 2 \times (188) = 376$.

Sendo essas as medidas, o volume é $6 \times 8 \times 10 = 480$ m^3.

Resposta: (B) $480m^3$

416) Se um operário faz uma tarefa em 6 horas, a cada hora ele realiza 1/6 do trabalho.
O outro faz a mesma tarefa em 4 horas, então a cada hora ele realiza 1/4 do trabalho.
Juntos, eles realizarão a soma dessas duas frações do trabalho total:

$$\frac{1}{6}+\frac{1}{4}=\frac{2}{12}+\frac{3}{12}=\frac{5}{12}$$

Portanto a cada hora, os dois juntos realizam 5/12 do trabalho. Para saber o número de horas, basta dividir o trabalho (que vale 1 unidade) pela fração do trabalho realizada por hora:

$$1\div\frac{5}{12}=1\times\frac{12}{5}=\frac{12}{5}$$

12/5 da hora é o mesmo que 2 horas mais 2/5, ou seja,
2 horas mais 60x2/5 minutos = 2 horas e 24 min.

Resposta: (B) 2h 24min

417) O volume anterior era 30m x 20m x 10m = 6000 m^3.
Como evaporaram 1800 m^3, sobraram 4200 m^3. Isto é 4200/6000 do volume total. Como as duas outras dimensões não se alteraram, apenas a altura, esta é que foi multiplicada por 4200/6000. Esta fração, depois de simplificada, é 42/60 = 7/10. Portanto a nova altura é 7/10 da altura anterior. 7/10 de 10 metros são 7 metros.

Outro método de resolução é o seguinte:
30m x 20m x ? = 4200

Logo a altura é igual a: $\frac{4200}{30 \times 20} = 7$

Resposta: (D) 7m

418) As informações sobre a distância e o número de condutores são irrelevantes para a solução do problema. Para responder o que o problema pede, basta saber que o início foi às 3h da manhã e o término foi às 13 horas, ou seja, um total de 10 horas.
O número de segundos em uma hora é 60 x 60 = 3600.
Sendo assim, será um total de 36.000 segundos.

Resposta: (E) 36.000s

419) Será preciso converter as três medidas para a mesma unidade. Como as respostas estão em quilômetros, usemos quilômetros.

3400 m = 3,4 km
15 hm = 15 x 100 m = 1500m = 1,5 km
Então temos 3,4 km + 1,5 km + 5,4 km = 10,3km

Resposta: (D) 10,3km

420) Analisando as afirmativas:

Podemos construir um triângulo usando apenas dois lados. ERRADO, são 3 lados
Em todo polígono, o número de lados é igual ao número de vértices. CERTO
Um quadrado com lado 5cm tem perímetro igual a 25cm. ERRADO, é 4x5=20
O triângulo é um polígono que possui três lados e três vértices. CERTO
Um retângulo com lado 10m e 8m tem área de $80m^2$. CERTO, 10mx8m = $80m^2$.

Resposta: (B) FVFVV

Resoluções do teste 43

421) Para calcular o volume de uma piscina, ou tanque, ou similar, com resultado em litros, operamos com as dimensões em decímetros, pois 1 litro é o mesmo que 1 decímetro cúbico. Sendo assim, as medidas em decímetros são: 30dm, 50dm e 20dm. O volume em litros é:

30 x 50 x 20 = 30000 litros

Outro caminho é calcular o volume em metros cúbicos, depois lembrar que 1 m^3 é equivalente a 1000 litros.

O volume em metros cúbicos é
3 x 5 x 2 = 30 m^3 , que equivale a 30.000 litros.

Resposta: (D) 30.000 litros.

422) Se todos os 50 funcionários tivessem um aumento fixo de 240 reais, a nova média aumentaria em 240 reais, e passaria a ser 1560 + 240 = 1800 reais.

Ocorre que o aumento de 240 reais foi apenas para a metade dos funcionários. Sendo assim, a média salarial aumenta apenas a metade do que aumentaria se todos tivessem o aumento. Então a nova média é 1560 + 120 = 1680 reais.

Resposta: (C) 1680

423) Se é usada a proporção de 1 para 20000 partes de água, o volume de água é 20000 vezes maior que o volume de água sanitária.
3 ml x 20000 = 60.000 mL = 60 litros

Resposta: (C) 60

424) I. A receita pronta renderá meio litro de maionese. VERDADEIRA, pois 500 mL é o mesmo que meio litro.
II. Há um ganho de volume de aproximadamente 11% da receita pela incorporação de ar à mistura. VERDADEIRA. O ganho de volume é 50 mL de um total de 450, pois adicionamos 300 mL mais 50 mL e ao invés de 450, o volume total é 500 mL. Uma expansão de 1/9 = 11%, devido à incorporação de ar na mistura.
III. Há um ganho de volume de aproximadamente 15% da receita pela incorporação de ar à mistura. ERRADO, este aumento é 11%
IV. O óleo usado ocupa o equivalente a 300cm^3 de espaço (por exemplo, preenche uma caixinha de dimensões 5cm x 5cm x 12cm). VERDADEIRO, pois 1 mL é o mesmo que 1 centímetro cúbico, e o volume da referida caixa, em cm^3, é 5 x 5 x 12 = 300.
V. Os demais ingredientes (descontando-se o óleo) correspondem a 1/4 do volume final da receita. ERRADO, 1/4 do volume final seria 125 mL, e não 150 mL.

Então as verdadeiras são I, II e IV.

Resposta: (C) Somente I, II e IV são verdadeiras

425) 2,5 metros por segundo é o mesmo que:
Percorrer 2,5 metros em 1 segundo
Percorrer 5 metros em 2 segundos
Percorrer 55 metros em 22 segundos.
Para chegar a essas conclusões multiplicamos a relação inicial (2,5 metros por segundo) por 2 e por 11.
Para saber a velocidade do segundo nadador, basta dividir o comprimento da piscina pelo tempo em que a percorre:
55 metros / 25 segundos = 11 metros / 5 segundos = 2,2 metros/s.

Resposta: (A) 2,2

426) Basta dividir o volume do balde pelo volume da xícara. Os volumes têm que estar na mesma unidade. Usemos mL para ambos:

$$\frac{7950}{150} = \frac{795}{15} = \frac{159}{3} = 53$$

Resposta: (D) 53

427) Calculemos as metragens:

Verde: 5,0 m
Azul: 6/4 m = 1,5m
Amarelo: 0,5m
Total: 7,0,

Resposta: (B) 7m

428) Calculemos as áreas:
Retângulo: 2cm x 4cm = 8 cm^2
Quadrado: 4cm x 4cm = 16 cm^2
Triângulo 4cm x 4cm /2 = 8 cm^2
As áreas do retângulo e do triângulo são iguais.

(D) O triângulo e o retângulo têm áreas iguais.

429) Representemos por ○, a massa de uma bolinha. As massas têm que ser iguais nos dois pratos, pois a balança está em equilíbrio. Temos
Prato esquerdo: 2,5g + ○○○○○.
Prato direito: 16g + ○○.
Sendo assim, o que um prato tem a mais em pesos, tem que ser igual ao que o outro prato tem a mais em bolinhas.
○○○ = 13,5g
○ = 4,5g

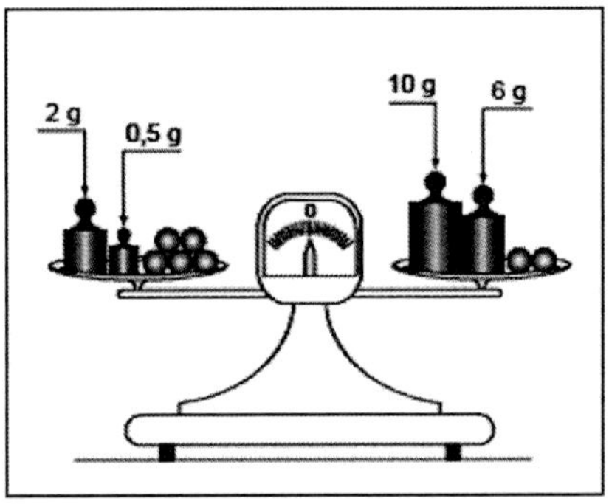

Resposta: (C) 4,5g

430) O número de ampolas é igual ao volume total de medicamento dividido pelo volume de uma ampola. Temos que usar esses volumes na mesma unidade. Vamos usar cm^3, lembrando que 1 litro é o mesmo que 1000 mL ou 1000 cm^3.

$$\frac{2800000mL}{40mL} = \frac{280000}{4} = 70000$$

Resposta: (D) 70000

Resoluções do teste 44

431) 600 mL em 10 horas é o mesmo que 60 mL a cada hora.
60 mL por hora é o mesmo que 1 mL por minuto.
Como o problema deu que 1 mL são 20 gotas, significa que em 1 minuto caem 20 gotas.

Resposta: (A) 20

432) Os dados do problema são os seguintes:
600 peixes, 800 gramas de consumo
Cada peixe X consome 1,5g e cada peixe Y consome 1g.

Problema parecido com outros resolvidos neste livro, como aquele do estacionamento com carros e motos, do quintal com patos e porcos, do restaurante com 2 ou 4 pessoas nas mesas.

Se todos os peixes fossem Y, o consumo seria de 600 gramas. O consumo é maior, 800 gramas (200 gramas a mais) porque existem os peixes X, que consomem 0,5g a mais que um peixe Y. Com 200 gramas a mais, são portanto 400 peixes X. Os restantes, 200, são Y.
Conferindo
400 peixes X, 200 peixes Y
Total de 600 peixes, e consumo igual a 400 x 1,5 + 200 x 1 = 800.

Resposta: (D) 400 peixes da espécie X e 200 peixes da espécie Y

433) Os valores da tabela são para uma porção de 25 gramas. As afirmativas se referem a quantidades diferentes. Para saber o valor correspondente, temos que avaliar quantas vezes a porção citada é maior que 25 gramas, e aplicar este fator para os ingredientes.
a) Porção de 100g: 4 vezes maior. Carboidratos são 18g x 4 = 72g, e não 80g.

b) Porção de 150g: 6 vezes maior. As calorias são 140 Kcal x 6 = 840 Kcal = CORRETO
c) Porção de 75g: 3 vezes maior. As proteínas são 3,5g x 3 = 10,5g, e não 12g.
d) Porção de 62,5g: 2,5 vezes maior. Gorduras são 2,5g x 2,5 = 6,25g, e não 5g.
e) Triplo da porção de referência tem o triplo de 140 Kcal = 420 Kcal, e não 500 Kcal.

Resposta: (B)

434) A largura do canteiro é 5x1m + 4x0,5m = 7m. Com esta medida, podemos calcular a área:
4m x 7m = 28 m^2.

A medida do arame para cercar é o perímetro: 7 + 7 + 4 + 4 = 22. Portanto são 22m de cerca.

Resposta: (C) 28m^2; 22m

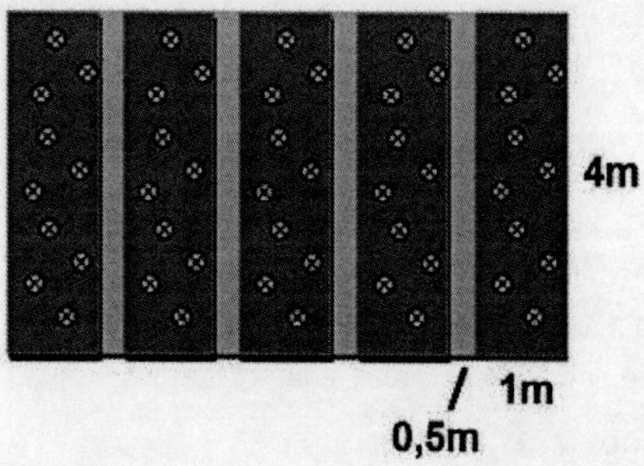

435) Temos a velocidade de 50 km/h, ou seja, em 1 hora, andamos 50 km. Temos que saber quando andamos em 0,16 horas. Para isso fazemos multiplicações ou divisões para converter 1 hora em 0,16 horas, e a distância em km estará calculada, ou seja:

1 h 50km (1)
0,16h ..... ?

É o que chamamos de "regra de três", mas neste livro usaremos conhecimentos mais básicos. Dividindo a relação (1) por 100, ficamos com:
0,01h .... 0,5 km

Agora multiplicamos os valores por 16 e ficamos com:
0,16h ..... 8 km.
Portanto no período de 1,6h, na velocidade dada, serão percorridos 8 km. Isso equivale a 8000m.

Resposta: (A) 8000m

436) 1 dm^3 é o mesmo que 1 litro.
Portanto foram 28 litros de gasolina e 17 litros de álcool. No total foram 45 litros.
As respostas usam potências de 10, aplicadas ao metro cúbico. Seria preciso converter todas para litros, mas não é preciso ter todo esse trabalho. As potências de 10, com expoente positivo, são 10, 100, 1000, etc. As potências de 10 com expoentes negativos são 0,1, 0,01, 0,001, etc. Como encontramos 45 litros, a resposta deve ser um número com 45, e o único número com 45 é o da letra (C). Então lembramos que 10^{-3} é o mesmo que 0,001. O metro cúbico são 1000 litros, então o número indicado em (C) é:
45 x 0,001 x 1000 = 45 x 1 litros.

Resposta: (C) 45 L

437) O desenho ao lado mostra a quarta parte da figura completa. Note que existem quadrados completos, com área de 100 cm^2 (1 dm = 10 cm). Entretanto existem também áreas parciais. Entretanto, juntando a parte indicada com (1) sobre a parte indicada com (2), completamos um quadrado. O mesmo ocorrerá juntando (3) com (4), e juntando (5) com 6. Completamos assim 6 quadrados, totalizando 600 cm^2. Como a figura original tem 4 dessas regiões, a área pedida é 2400 cm^2.

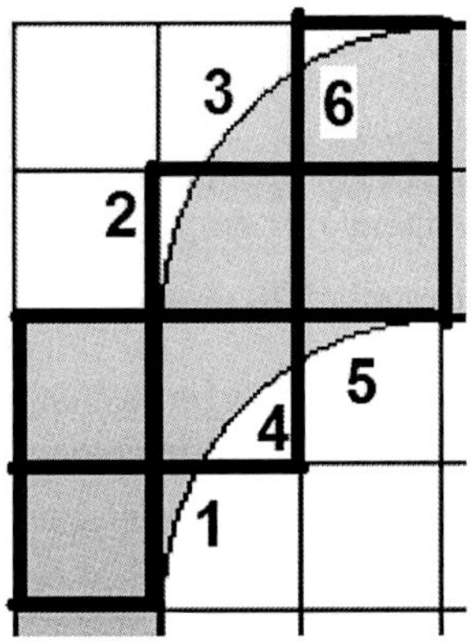

Resposta: (D) 2400 cm^2.

438) Fácil, 45 mm é o mesmo que 4,5 cm. Isto pode ser visto até sem usar régua.

Resposta: (D) 4,5 cm

439) Um ano cujo número que não é múltiplo de 4 não pode ser bissexto. Se for, temos que desconsiderar os que são múltiplos de 100 e não de 400, como por exemplo, o ano 1900. 2000 é bissexto, pois é múltiplo de 400.
O ano de 2010, por sua vez, não é bissexto, pois 2010 não é múltiplo de 4. Já 1984, 1992 e 2016 são bissextos. O único que não é bissexto é 2010.

Resposta: (D) 2010

440) No mapa a distância total é 4cm + 3cm + 5cm = 12cm.
A escala é 1:3000000, então a distância real é igual à distância do mapa, multiplicada por 3.000.000. O total é 36.000.000 cm. Para saber o resultado em km, andamos com a vírgula um total de 5 casas para a esquerda. Duas casas são para fazer a conversão de cm para metro, e mais três são para fazer a conversão de metro para km. Ficamos então com 360 km.

Resposta: (B) 360km

Resoluções do teste 45

441) Perda mínima ao colocar cerâmicas, só existe quando as medias do recinto são múltiplos exatos da cerâmica. O quarto do problema tem dimensões de 340cm por 270 cm, que não são múltiplos de 25cm. Por isso será preciso fazer cortes nas cerâmicas dos cantos. Durante esses cortes, eventualmente algumas são quebradas, e ocorrem perdas. A perda mínima só pode ser considerada do ponto de vista matemático, que é quando nenhuma cerâmica é perdida durante esses cortes.

Nesse caso, para calcular o número de cerâmicas, com uma hipotética perda mínima, bata dividir a área do recinto pela área de uma cerâmica. Neste problema, seria:

$\frac{340\times270}{25\times25}=\frac{68\times54}{5\times5}=146,88$, ou seja, são 147 cerâmicas

Resposta: (B) 147

442) 1 litro é o mesmo que 1000 mL, ou 1000 centímetros cúbicos, então 0,567L é o mesmo que 567 cm^3. Sendo assim as letras (C) e (D) estão erradas. Analisemos as letras (A) e (B), que estão em milímetros cúbicos. 1 centímetro é 10 milímetros, mas 1 centímetro cúbico são 1000 milímetros cúbicos. Então nosso volume é 576.000 mm^3.

Resposta: (A) 567.000 mm^3

443) Temos que calcular o número de minutos, entre 21h 47min e as 5h 22 min do dia seguinte. Podemos fazer isso com uma subtração, mas para isso, vamos trocar o horário de 5h 22 min do dia seguinte, por 29h 22 min. É como se completasse 24 horas à meia noite, e continuasse com 25, 26, etc. O cálculo que faremos é:

29 22	22 min vai pedir emprestado. Fica como 82 minutos, e 82 – 47 = 35.
– 21 47	29 se torna 28, pois emprestou 1 hora. Ficamos com 28 – 21 = 7, então são
7 40	7 horas.

Convertendo para minutos, temos 7h 35min = 420 min + 35min = 455 min

Resposta: (C) 455min

444) A figura pode ser decomposta em um retângulo em um triângulo. As dimensões do retângulo são 3cm e 4cm, sua área é 12 cm^2. O triângulo pode ter a área calculada como base x altura /2. Voltada para o retângulo, temos uma base valendo 5, e a altura correspondente é 4. Então aplicando a fórmula, sua área é 10. A área total é $12cm^2 + 10cm^2 = 22cm^2$.

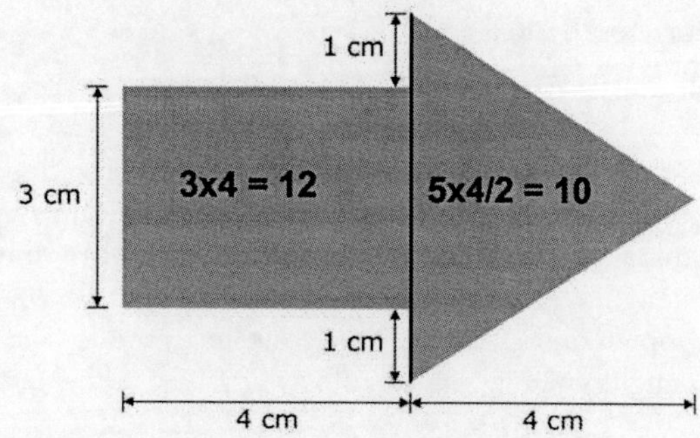

Resposta: (C) $22cm^2$.

445) Primeiro calculemos a distância percorrida.
1 hora 60km
6 horas ..... 6 x 60 = 360km

Agora vejamos com a velocidade de 80 km/h, em quanto tempo esta distância é percorrida:
80km ..... 1 h
360km ..... ?

Dividimos a primeira linha por 2, ficamos com 40km e 0,5h. Então multiplicamos por 9.
40km 0,5h
360km 4,5h

Resposta: (E) 4,5h

446) A solução para o problema é o MDC entre as medidas, como em diversos problemas como este que resolvemos no capítulo 2. Este porém é diferente: usa diferentes unidades de medida. Como as respostas estão todas em metros, converteremos as medidas dadas pelo problema para metros.

1,8 km = 1800 m
15 x 104 cm = 150000 cm = 1500 m
96 x 103 mm = 96000 mm = 96 m
E finalmente, 400 m

O MDC diz respeito a números inteiros, e as respostas têm uma casa decimal. Seria preciso trabalhar, não com metros, mas com decímetros, pois assim as respostas seriam números inteiros de decímetros. Temos então que calcular o MDC entre:

18000dm, 15000dm, 960dm e 4000dm.

Para o cálculo ficar mais rápido, usaremos fatores maiores (não primos).

18000 – 15000 – 960 – 4000	10
1800 – 1500 – 96 – 400	4
450 – 375 – 24 – 100	

O MDC é 40, ou seja, 40dm
Que é o mesmo que 4 metros.

Resposta: (D) 4,0m

OBS.: Cortar os fios em pedacinhos de 4 cm os tornou inúteis para o propósito de um fio, que é levar corrente elétrica de um lugar para outro.

447) Aqui notamos que as medidas das paredes são múltiplos das medidas do azulejo. A área da parede é 3m x 16m = 48 m^2.

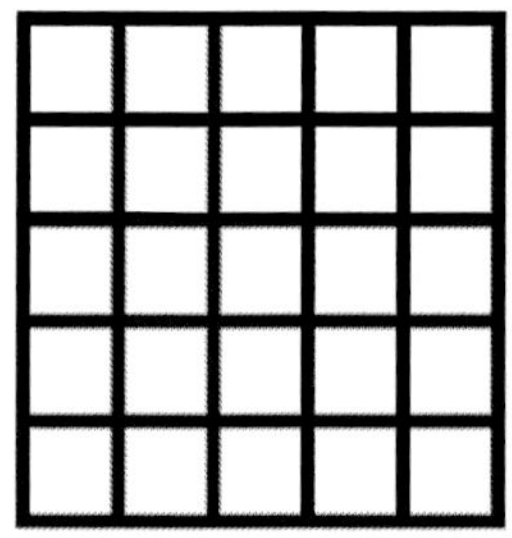

Como o lado do azulejo é 20cm, cada metro quadrado será coberto por 5 x 5 = 25 azulejos.
Sendo assim, o número total de azulejos é 48 x 25 = 1200. Como temos que adicionar 10% para cobrir eventuais perdas, o número correto é 1320 azulejos.

Resposta: (C) 1320

448) Dois lados iguais e um diferente, trata-se de um triângulo isósceles.
OBS.: poderia ser também obtusângulo, mas no caso teríamos duas respostas certas, e a questão seria anulada. A verificação sobre um triângulo ser obtusângulo, acutângulo ou retângulo é feita através da *Lei dos Cossenos* ou da *Síntese de Clairaut*, ensinamento da geometria do 9º ano ou do ensino médio. Usando este conhecimento, verifica-se que este triângulo não é obtusângulo.

Resposta: (C) Isósceles

449) O perímetro é quatro vezes o lado. A área é o lado vezes o lado.
Para que esses dois valores sejam iguais, é preciso que 4 e o lado sejam a mesma coisa, ou seja, o lado deve ser igual a 4.
De fato, com o lado igual a 4, o perímetro, que é 4 vezes o lado, será 4x4 = 16.
A área, que é o quadrado do lado, será 4^2, que também é 16. Então o lado vale 4.

Resposta: (B) 4

450) Colégio Militar 2 de julho 2017 – Um caminhão que transporta 30 mil litros de combustível. Lembrando que 1 litro corresponde a 1dm^3, então esses 30 mil litros podem também ser representados por:

(A) 3m^3. (B) 30m^3. (C) 300m^3. (D) 3000m^3. (E) 30000m^3.

1 metro cúbico é o mesmo que 1000 litros.
Se o caminhão armazena 30.000 litros, então são 30 metros cúbicos.

Resposta: (B) 30m^3.

Resoluções do teste 46

451) Com a primeira informação podemos calcular o número de questões da prova:
2 horas de prova, 5 questões a cada 15 min

São 5 questões a cada 15 min. Em uma hora, o tempo é 4 vezes maior, então foram resolvidas 20 questões por hora. Em duas horas foram 40 questões.

Se resolvesse 4 questões a cada 15 min, resolveria 8 questões em 30 min. Para fazer 40 questões, é um número 5 vezes maior que 8, então o tempo será 5 vezes maior que 30 min, ou seja, serão 150 min, que é o mesmo que 2 horas e 30 min.

Resposta: (D) 2h 30min

452) Levando em conta que os últimos 10cm ficam sempre vazios, para todos os efeitos, as medidas da parte utilizável da 2ª caixa é 60cm x 80cm x 1m. Para calcular o volume em litros, temos que usar as medidas em decímetros, resultando em:
6 x 8 x 10 = 480 litros.

Resposta: (B) 480

OBS.: O professor está equivocado, não é assim que se interligam caixas d'água. O correto é fazer o cano de ligação o mais baixo possível e manter a entrada em uma caixa e a saída na outra, para que a água circule nas duas caixas.

453) A vazão da primeira torneira é 600 litros / 4 horas = 150 litros por hora.
A vazão da segunda torneira é 600 litros / 5 horas = 120 litros por hora.
Com as duas torneiras abertas, a vazão total será de 270 litros por hora. Para saber em litros por minuto, basta dividir por 60, porque se em uma hora entram 270 litros na caixa, em 1 minuto entrará uma quantidade 60 vezes menor.
270 ÷ 60 = 4,5, então são 4,5 litros por minuto.

Resposta: (D) 4,5 litros/min

454) São 6000 salgados em 3 horas.
O mesmo que 2000 salgados por hora.
Como são 100 convidados, cada um deles come 20 salgados por hora.
Ocorre que compareceram mais 20 pessoas, então são 120 convidados.
Cada um come 20 salgados por hora, então serão consumidos ao todo, 20 x 120 = 2400 salgados por hora.
O número de salgados disponíveis são 6000 + 2000 = 8000 (a cozinheira resolveu fazer mais 2000, lembra-se?).

Para saber quantas horas vão durar os salgados, dividimos 8000 salgados por 2400 salgados. Vamos ainda multiplicar por 60, para encontrar o resultado não em horas, mas em minutos.

$$\frac{8000}{2400} \times 60 = \frac{80}{24} \times 60 = \frac{10}{3} \times 60 = 200$$

200 minutos é o mesmo que 3 horas e 20 minutos.

Resposta: (E) 3h 20min

455) Como a escala é 1:50, as medidas reais são as medidas do desenho, multiplicadas por 50. A figura mostra as medidas reais, já levando em conta a escala.

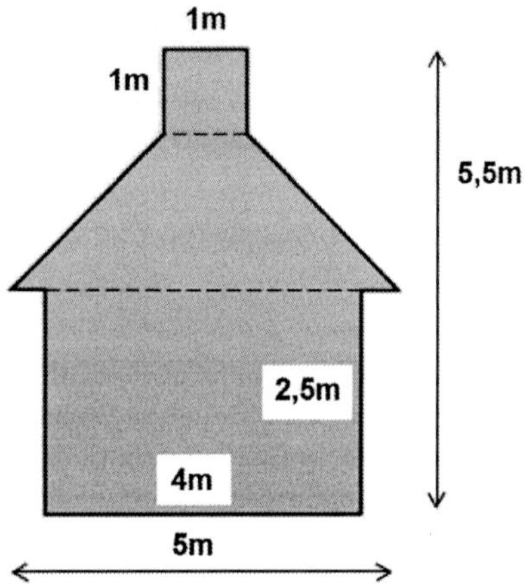

Identificamos três polígonos:
1) quadrado: 1m x 1m = $1m^2$
2) retângulo: 4m x 2,5m = $10m^2$
3) Trapézio: Essa é a mais trabalhosa. A área do trapézio é calculada por uma fórmula simples: Base média x altura.
A Base média é a média das bases, ou seja, a metade da soma das bases. Pela figura, as bases são 5m e 1m, então a base média é 3m. A altura, calculada facilmente pela figura, é 2m.
Então a área do trapézio é 3m x 2m = $6m^2$.
Somando as áreas (1), (2) e (3) temos:
$1m^2 + 10m^2 + 6m^2 = 17m^2$.

Resposta: (B) $17m^2$

456) É um problema de MMC, e para poder resolvê-lo, temos que trabalhar com números inteiros. Uma forma de conseguir isso é converter os tempos para segundos. Os temos são:
0,8min = 48s
1min = 60s
1,2min = 72s
Calculamos então o MMC entre 48, 60 e 72. Este MMC é 720s. Isso é o mesmo que 12 x 60s, ou 12 minutos.

Resposta: (C) 12min

457) 1 hora e 12 minutos é o mesmo que 72 minutos. Esta é a soma dos trajetos a pé e de ônibus. A caminhada demora 1/3 do tempo da viagem de ônibus. Dividindo então 72 min por 4, temos que a caminhada leva 18 min e o trajeto de ônibus leva o triplo, que é 54 min, totalizando 72 min.

Resposta: (B) 18 minutos caminhando e 54 minutos viajando de ônibus.

458) Reduzindo o tempo de banho de 7,5 minutos para 5 minutos, são 2,5 minutos a menos. Como o gasto é 7 litros de água por minuto, no total a economia de água será 2,5 x 7 = 17,5 litros.

Para saber a resposta certa, temos que checar qual delas resulta no volume total de 17,5 litros. Por exemplo:
(A) 70 x 0,25L = 17,5L, esta é a resposta certa. As outras têm resultados diferentes.
(B) 1 x 1,5L = 1,5L
(C) 3 x 0,5L = 1,5L
(D) 15 x 2,25L = 33,75L

Resposta: (A) 70 copos de 250 mL

459) 6 torneira encheu o tanque em 420 minutos
1 torneira encherá o tanque em um tempo 6 vezes maior = 2520 minutos
10 torneiras encherão juntas o tanque em um tempo 10 vezes menor = 252 minutos

Resposta: (D) 252

460) O volume de um cubo de 3cm de lado é 3x3x3 = 27cm^3, um volume 27 vezes maior que 1cm^3. Então são necessários 27 cubos.

Resposta: (C) 27

Resoluções do teste 47

461) Recorde: 19,19s
Tempo nesta olimpíada: 19,78s
Diferença: 0,59s
Com esta redução, ficaria empatado com o recorde anterior. Para quebrar o recorde tem que ser 1 centésimo mais rápido, ou seja, uma diferença de 0,60s

Resposta: (D) 60 centésimos

462) 24000 galões são 24000 x 3,8 litros = 91200 litros
Como 2 m^3 é o mesmo que 2000 litros, para saber o número de vezes que está contido nos tanques do avião, dividimos esses dois valores:
91200 ÷ 2000 = 46, aproximadamente.

Resposta: (A) 46

463) Basta fazer a multiplicação:
640 x 140g ➔ arroz consumido em um dia 89600 g = 89,6 kg
De segunda a sexta-feira, são 5 dias por semana:
5 x 89,6 kg = 448 kg. Observe que não existem opções com o dobro deste valor, que corresponderia a almoço e jantar. Consideramos então que é servido apenas o almoço, ou seja, dentro do horário comercial.

Resposta: (E) 448 kg

464) 0,05 mg é a metade de 0,1 mg. Se foi reduzido à metade, então a redução percentual é de 50%.

Resposta: (E) 50%

465) Para saber o volume de um degrau, em litros, multiplicamos as dimensões de um degrau, em decímetros:
10 x 5 x 4 = 200 litros
Como são 20 degraus, temos 20 x 200 litros = 4000 litros

Resposta: (A) 4 mil litros

466) Se fosse a quarta parte da pizza, ou seja, 4 fatias, e mais 250 ml de refrigerante, o valor a ser pago seria 1/4 da conta, ou seja, 6,50.

Mas o valor atribuído a João foi 3,50. Esta diferença, de 3 reais a menos, deve-se ao fato dele não ter comido 4 fatias de pizza, e sim, duas.

Essas duas fatias a menos correspondem aos 3 reais a menos.

Então uma fatia vale 1,50, e as 16 fatias valem 1,50 x 16 = 24,00.

Resposta: (E) 24,00

467) Basta encontrar o MMC entre os períodos. Tomemos os períodos em anos, pois todos os valores em meses são múltiplos de 12.

As periodicidades dos eventos citados são: 2 anos, 3 anos, 4 anos e 5 anos. O MMC entre esses valores é 60. Então vão coincidir novamente dentro de 60 anos, em 2068. Isso ocorrerá na década de 70.

Resposta: (E) 70

468) As dimensões do campo, em metros, são:
1,05 hm = 105m
6,8 dam = 68 m
A área é 105m x 68m = 7140m^2.
Para calcular o custo, multiplicamos esta área por R$ 12,50. Ficamos com:
7140 x 12,50 = 89250

Resposta: (D) R$ 89.250,00

469) Se o carro faz 12 km com 1 litro, calculemos com quantos litros fará 600 km. Basta multiplicar os valores até chegar a 600km.
12km 1L (x5)
60km 5L (x10)
600 km 50L
São necessários 50 litros de combustível. Como cada litro custa R$ 2,87, o custo será:
50 x 2,87 = 143,50

Resposta: (D) R$ 143,50

470) A medida de rodapé gasto, 11,60 metros, é igual ao perímetro do quadrado MENOS a medida da porta. Então o perímetro do quadrado é 11,60 + 1,20 = 12,80.
Como o perímetro é 12,80, o lado é a quarta parte: 3,20m.

Resposta: (C) 3,20m

Resoluções do teste 48

471) Este Piquete tem área de 20x30 = 600 m^2. É recomendado um espaço de 150m^2 para cada duas vacas. Este espaço é 4 vezes maior. Portanto comporta 4 x 2 = 8 vacas.

Resposta: (B) 8

472) 1 decímetro cúbico é o mesmo que 1 litro. Então o volume da piscina é 2.400.000 litros. Esta volume é o produto das três dimensões da piscina, dadas em decímetros. Uma das dimensões é desconhecida, as outras duas são iguais a 40m (400dm) e 20m (200dm). Temos então o produto:

400 x 200 x □ = 2400000, onde chamamos a dimensão desconhecida de □.
Para descobrir □ basta fazer a divisão:

$$\frac{2400000}{400 \times 200} = \frac{240}{4 \times 2} = 30$$

São portanto 30 dm, o mesmo que 3 metros.

Resposta: (D) 3,0m

473) Um dia tem 24 horas e cada hora tem 60 minutos.
Para descobrir o consumo de água por minuto, basta dividir o consumo diário, por 24 e por 60. Expressarmos o volume diário com mililitros, já que as respostas estão nesta unidade.
Para passar de litro para mililitro, basta multiplicar por 1000.

$\frac{2160}{24 \times 60} = \frac{216}{24 \times 6} = \frac{36}{24} = \frac{3}{2} = 1{,}5$, ou seja, 1,5 mL por minuto.

Resposta: (E) 1,5 mL

474) A conta completa, com todos os algarismos, é muito trabalhosa. Ao invés disso, podemos usar valores aproximados, e tomar o valor mais próximo entre as respostas. É preciso tomar cuidado nessas respostas para não confundir a vírgula e o ponto separador de classes (por exemplo a diferença entre 1,234 e 1.234).
Para a população, tomaremos o valor aproximado de 3 milhões de habitantes (3.000.000), e para a área, tomaremos o valor aproximado de 30.000 km^2. Com esses valores aproximados, o valor que encontraremos é:

$\frac{3000000}{30000} = 100$. A opção com valor próximo deste é a (B), com 112,331 hab./km^2.

Sabemos que existem contas de dividir com 2 ou 3 algarismos, isso é comum. Mas este problema, para ser feito com exatidão absoluta, requer uma divisão por um número de 8 algarismos, o que é inviável para os padrões humanos. O que é cobrado nessa questão, é uma habilidade matemática que permita encontrar um valor aproximado, evitando a conta absurda, chegando assim à "letra" correta.

Resposta: (B) 112,331

475) O problema pode ser resolvido quase sem cálculos, porque os números são muito simples. O problema não indica, mas é preciso supor que os pontos A, B, C e D dividem a pista circular em 4 partes iguais, ou então, no mínimo, que o percurso de A até D é a quarta parte do caminho. Caso contrário o problema não tem dados suficientes para a resolução.

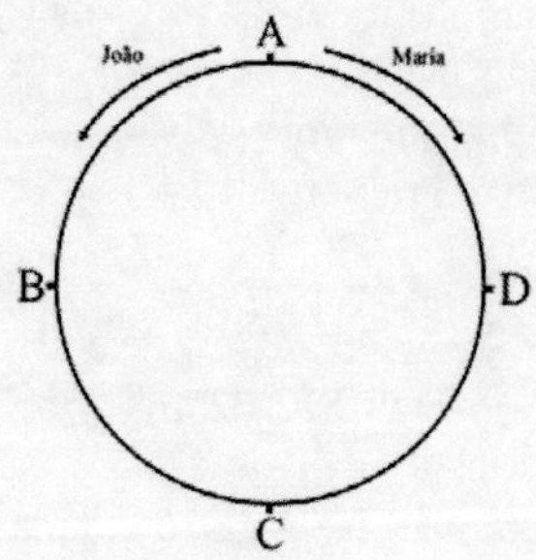

Supondo que o percurso de A até D é a quarta parte do trajeto completo, concluímos que Maria faz a volta completa em 24 minutos, pois para uma volta completa a distância percorrida é 4 vezes maior. João é duas vezes mais rápido, e faz a volta completa na metade do tempo, 12 minutos. Então os dois irão se encontrar novamente em A depois de 24 minutos, pois Maria estará completando sua 1ª volta na pista, e João estará completando a 2ª volta.

Resposta: (D) 24min

476) O volume da caixa é 2m x 2m x 2m = 8m^3. Isso é o mesmo que 8000 litros. Os 1000 litros retirados são 1/8 do volume. Então o nível da água baixará 1/8 do seu nível máximo. Que é 2 metros.

1/8 x 2m = 0,25m, ou 25cm, é o que o nível irá baixar.

Entre as respostas, a correta é 250mm, que é o mesmo que 25 cm.

Resposta: (C) 250mm

477) Foram consumidos combustíveis diferentes em trajetos diferentes, mas para calcular a média temos que considerar a distância total e a quantidade total de combustível;
A distância total é 230km, e a quantidade total de combustível é 18 litros. O consumo médio foi 230 km/ 18 L = 12,77 km/L. A resposta mais correta é a letra (A), 13 km/litro.

Entretanto este é uma questão que pode ser considerada polêmica. A gasolina e o Etanol são combustíveis diferentes, com preços diferentes e poder de combustão diferentes. Se desprezarmos esses dados e levarmos em conta apenas o seu volume, a resposta correta é 12,77. Mas note que a pergunta foi "qual a média do consumo médio". Nos dos trechos, os consumos médios foram 15 km/litro, para a gasolina, e 11 km/litro, para o álcool, e a média entre 15 e 11 é 13, que também seria letra (A). Entretanto essa média não poderia ser calculada assim, porque as distâncias percorridas são diferentes. Então é uma questão polêmica, até passível de anulação, mas cuja resposta correta de qualquer forma é a letra (A).

Resposta: (A) 13km/litro

478) A área de cada toalha é 1,5m x 0,8m = 1,2m^2. As três toalhas, juntas, terá área total de: 3 x 1,2m^2 = 3,6m^2.

A área da peça de tecido comprada é 12m x 1m = 12m^2.
A sobra foi 12 – 3,6 = 8,4, ou seja, 8,4m^2.

Resposta: (E) cada toalha tem 1,2m^2 e sobraram 8,4m^2

479) Considera-se como comprimento, a maior medida, e como largura, a menor medida, entre as dimensões do retângulo. A conta é um pouco trabalhosa, mas nem tanto. Ainda assim, faremos a conta usando frações, pois os cálculos serão mais fáceis.
y = 1/4 de 6m = 3/2
x = 3/4 de 5m = 15/4

A área é: $\frac{3}{2}\times\frac{15}{4}=\frac{45}{8}=5{,}625$

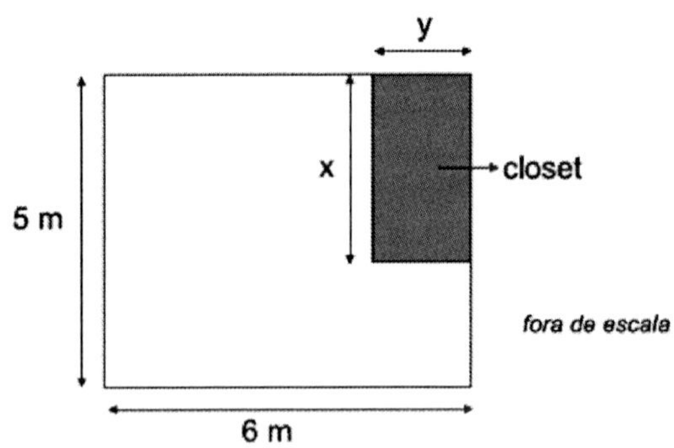

Resposta: (E) 5,625m^2

480) Não faz sentido chamar as dimensões de um campo de futebol de base e altura. As dimensões de um campo são usualmente chamadas de largura e comprimento, apesar de não ser errado considerar matematicamente um retângulo, com base e altura. De qualquer forma, as dimensões são 25m e 5m, proporção pouco usual para um campo de futebol.

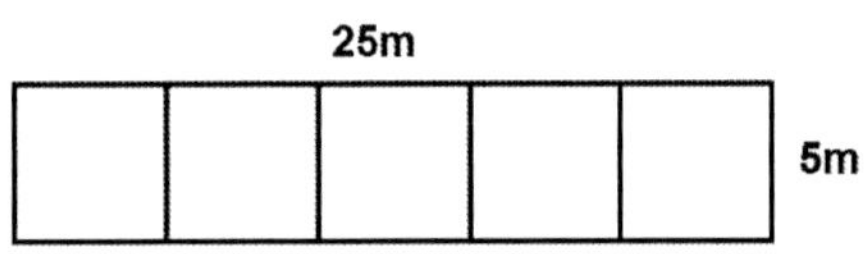

A área deste retângulo é 25x5 = 125, ou seja, 125m^2.
O perímetro é 25 + 25 + 5 + 5 = 60, ou seja, 60 m.

Resposta: (C) A=125m^2, P=60m

Resoluções do teste 49

481) A área da parte esquerda da figura pode ser calculada facilmente, fazendo a diferença entre as áreas do quadrado grande e do quadrado pequeno. Esta parte da área é:
$a^2 - b^2 = 6^2 - 2^2 = 36 - 4 = 32$
A parte direita é um triângulo. Consideramos h como sua altura, e o lado do quarado maior como sua base. Sabemos que a área do triângulo é:

$$\frac{base \times altura}{2}$$

No caso temos: $\frac{6 \times 4}{2} = 12$

Portanto a área total da figura é 32 + 12 = 44, ou seja, $44cm^2$.

Resposta: (C) $44cm^2$

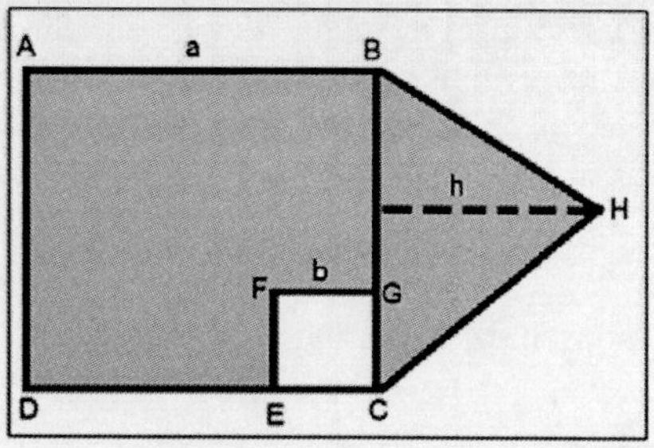

482) Este problema pode ser resolvido apenas com frações, sem sabermos a capacidade do reservatório. Poderá ficar bem mais fácil se estipularmos uma capacidade fictícia. Na verdade a solução do problema não depende da capacidade, pois todas as informações são apenas em função do tempo e de frações da capacidade total.

Vamos estipular um volume de 60 litros. Escolhemos 60 porque as números envolvidos são divisores de 60, então não teremos que lidar com frações.
A primeira torneira enche os 60 litros em 2 horas. Então a cada hora, fornece 30 litros.
A segunda torneira enche os 60 litros em 3 horas. Então a cada hora, fornece 20 litros.
As duas juntas fornecem 30+20 = 50 litros.
Entretanto, o ralo esvazia o reservatório em 6 horas. Então a cada hora, ele retira 10 litros do reservatório. Com as duas torneiras e mais o ralo, o reservatório ganha 50 litros mas perde 10, a cada hora. Então ao todo ganha 40 litros, a cada hora.

O reservatório começa com metade da sua capacidade. Falta encher mais 30 litros. Ou seja, leva 1 hora para ganhar 40 litros, queremos saber quanto tempo levará para encher mais 30 litros, ficando então totalmente cheio. O tempo e a capacidade são grandezas diretamente proporcionais, porque quanto mais tempo as torneiras e o ralo permanecem abertos, maior será a água armazenada. Temos a seguinte informação:

1 hora ..... 40 litros Temos que transformar 40 litros em 30 litros. Para isso, dividimos por 4, depois multiplicamos por 3:

15 min ..... 10 litros (note que 15 min é 1/4 da hora)
45 min ..... 30 litros.

Então serão necessários 45 min para encher os 30 litros que restam.

Resposta: (D) 45min

OBS. Se tivéssemos estipulado outro volume, como 120, 240 ou 600, encontraríamos o mesmo resultado.

483) O tempo necessário até isso ocorrer novamente é o MMC entre esses três tempos que se repetem. O MMC entre 8, 12 e 20 é 120 (minutos), ou seja, 2 horas.
Sendo assim, isso ocorrerá 2 horas depois, às 8 horas. Na verdade ocorrerá repetidas vezes, a cada duas horas, mas o próximo horário, após as 6 horas, é às 8 horas.

Resposta: (D) 8h

484) Os 4 kg de fios eram suficientes para a produção original, que era uma área total de tecido igual a 14m x 0,8m = 11,2 m^2.
Agora precisará saber quantos quilogramas de fios serão necessários para produzir uma área de 350 metros por 1,20 metros, ou seja:
350 x 1,20 = 420 m^2. Isto é na verdade uma *regra de três*:
11,2 ..... 4kg
420 ..... ?

Vamos fazer as multiplicações e divisões necessárias em forma de fração, para evitarmos trabalhar com vírgulas. Vamos dividir a primeira relação por 11,2 e multiplicar por 420. Se fizermos isso, a área obtida será 420 m^2. O "peso" obtido será 4 ÷ 11,2 x 420.

$$\frac{4\times420}{11{,}2}=\frac{4\times4200}{112}=\frac{4\times4200}{8\times14}=\frac{1\times300}{2\times1}=150$$

São portanto necessários 150 kg de fios.

Resposta: (B) 150

485) Seria um problema difícil, pois teríamos que levar em conta, visando economia, evitar sobras, e também preço do metro quadrado. Pra facilitar, temos ambos os tipos de azulejos com o mesmo preço por metro quadrado. Então tudo o que temos que fazer é escolher a caixa que não deixa sobras, ou seja, aquela cuja área é um divisor da área a ser revestida.
A área a ser revestida é 5m x 3m = 15 m^2.

Escolhendo o primeiro tipo de azulejo, será preciso comprar 8 caixas, pois cada uma tem azulejos suficientes para cobrir 2 m^2. O gasto total será R$ 80,00 x 8 = R$ 640,00, já que 2 m2 custarão R$ 80,00, este será o preço de cada caixa. Haverá uma sobra de 1 m^2.

Escolhendo o segundo tipo de azulejo, o número de caixas necessárias será 12, pois 11 caixas não chegarão a 15 m^2, basta fazer a divisão:

$$\frac{15}{1{,}35}=\frac{1500}{135}=\frac{500}{45}=\frac{100}{9}=11{,}111...$$

Portanto será preciso comprar 12 caixas. O custo de uma dessas caixas é:
1,35 x R$ 40,00 = R$ 54,00
Para comprar 12 caixas, o gasto será:
12 x R$ 54,00 = R$ 648,00

Então o azulejo que dará mais economia é o primeiro.

Resposta: (D) 20cmx20cm, pagando R$ 640,00

486) Basta calcular o valor gasto com o combustível em 1 metro cúbico. Preste atenção nos preços, estão dados na ordem invertida ("pegadinha").
Gasolina: 0,2 x 2,50 = 0,50
Diesel: 5,15 x 1,80 = 9,27
Total: R$ 9,77

Resposta: (D) 9,77

487) Calculando os preços:
3 kg de banana nanica: 3 x 2,10 = 6,30
2 kg de laranja pêra: 2,8 x 2,00 = 5,60
Total: 11,90
Pagou com R$ 20,00, então o troco foi 20 = 11,90 = 8,10.

Resposta: (D) R$ 8,10

Produto	Preço
Abacate 1Kg	R$ 8,00
Abacaxi 1Un	R$ 3,10
Banana Nanica 1Kg	R$ 2,10
Banana Prata 1Kg	R$ 1,80
Côco Verde 1Un	R$ 1,20
Goiaba 1Kg	R$ 4,00
Laranja Pêra 1Kg	R$ 2,00

488) O eneágono tem 9 lados, seu triplo é 27

O número 3^6 é 3x3x3x3x3x3, que é a mesma coisa que 3x3x3 multiplicado por 3x3x3, então sua raiz quadrada é 3x3x3=27. O dobro desta raiz quadrada é 54.

Então a idade do pai é 27 + 54 = 81

Resposta: (D) 81

489) O perímetro é o mais fácil, basta somar os lados: 10 + 5 + 12 + 12 = 39. O aluno atento, em uma prova, já poderia marcar a letra (A) e passar para a próxima questão.

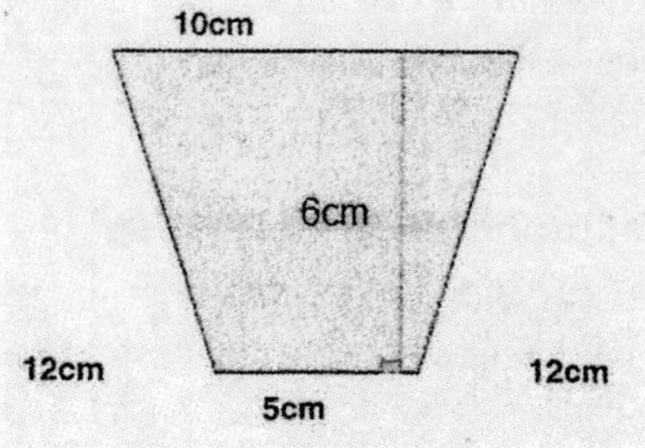

Entretanto, estudando em um livro, é hora de aprender/relembrar como calcular a área de um trapézio.

A área do trapézio é igual ao produto da sua altura pela sua base média. A base média é a metade da soma das bases. No caso a base média é (10 + 5)/2 = 15/2. Portanto a área é:

$$\frac{15}{2} \times 6 = 45$$

Então a área é $45cm^2$ e o perímetro é 39cm.

Resposta: (A) $A=45cm^2$ e P=39c

Ocorre que este problema tem um erro grave, que não foi percebido pela banca examinadora. Usando o Teorema de Pitágoras, que é matéria do 9º ano, é possível calcular a altura deste trapézio, conhecendo os lados dados. De acordo com o cálculo correto (que não é matéria deste livro), a altura é na verdade 11,73cm (aproximadamente), e não 6cm. Esta questão poderia ser anulada no concurso, mas esse tipo de coisa acontece.

490) Observe que no gráfico todas as quantidades indicadas são relativas ao desperdício de 1 dia. Levando isso em conta, analisemos as afirmativas:

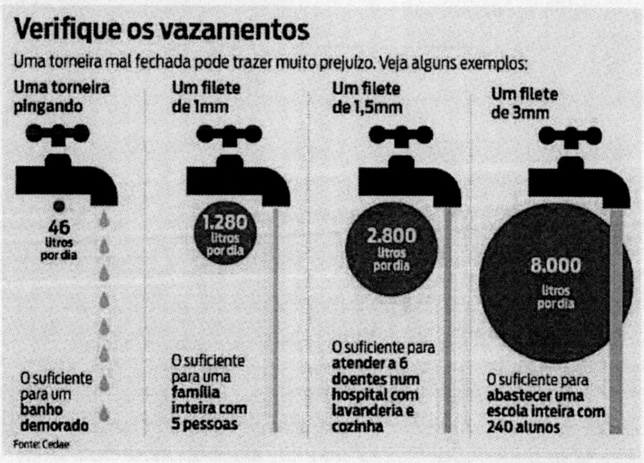

(A) A água desperdiçada por uma torneira pingando durante um mês (30 dias) é mais que suficiente para uma família inteira com 5 pessoas utilizar em um dia.

Em 30 dias são 46L x 30 = 1380 L. O gráfico indica que uma família de 5 pessoas consome 1280 litros em um dia, então 1380 realmente é suficiente. CORRETO.

(B) Numa família com 5 pessoas, que gasta 1.280 litros por dia, cada pessoa consome mais que o dobro do consumo diário por pessoa recomendado pela ONU.

1280 litros em um dia, para 5 pessoas, são 256 litros por pessoa. De fato isto é mais do dobro dos 110 litros recomendados pela ONU. CORRETO.

(C) Dizer que o desperdício de 8.000 litros por dia com um filete de 3mm é o suficiente para abastecer uma escola inteira com 240 alunos equivale a dizer que, nessa situação, 100 litros são suficientes para 3 alunos.

Dividindo por 80, ficamos com 100 litros para 3 alunos. Está CORRETO.

(D) Uma torneira pingando por dez dias, segundo a ONU, daria para atender as necessidades básicas de uma pessoa por 5 dias.
A torneira pingando por 10 dias desperdiçaria 10 x 46 = 460 litros. E 110 litros como indica a ONU, por 5 dias. São 550 litros, então 460 litros não são suficientes. Então esta está INCORRETA.

Resposta: A incorreta é a (D)

Resoluções do teste 50

491) O folheto indica que pingando 20 gotas por minuto, o desperdício mensal é 100 litros .
A goteira da casa do Sr João desperdiça mais, pois são 30 gotas por minuto. Então temos o seguinte:

20 gotas/min ..... 100 litros de desperdício mensal
30 gotas/min ..... ?

Para descobrir quanto é o desperdício com essa goteira mais rápida, temos que dividir os números por 2 e multiplicar por 3. Fazemos assim porque as grandezas são diretamente proporcionais. Ficamos então com:

10 gotas/min ..... 50 litros de desperdício mensal
30 gotas/min ..... 150 litros de desperdício mensal

Agora vamos a outra relação. O desperdício calculado é para 30 dias. O problema quer saber o desperdício para 50 dias. Basta dividir por 30 e multiplicar por 50. Ficamos com:
150 litros desperdiçados em 30 dias
5 litros desperdiçados em 1 dia
250 litros desperdiçados em 50 dias

Resposta: (C) 250L

492) O perímetro é 74m e o comprimento é 5m maior que a largura.
Podemos então chamar a largura de □, e o comprimento será □+5. Assim o perímetro será:

□ + □ + 5 + □ + □ + 5 = □□□□ +10, que foi dado como 74 metros.
Então □□□□ vale 64 metros, e □ vale 16 metros. As dimensões do terreno são:
Largura: 16 metros; comprimento: 21 metros. A área é o produto dessas dimensões:

16 x 21 = 336 m^2.

Resposta: (C) 16m, 21m e 336m^2.

493) Se o valor da hora de salário é o mesmo, e se José trabalhou 20 minutos a mais, então tem a receber o salário de 20 minutos, ou seja, 1/3 da hora.
Se 1/3 da hora trabalhada vale R$ 21,00, então o valor da hora trabalhada é R$ 63,00.
O recebimento por 5 horas é então 5 x 63 = 315
Sendo assim José tem a receber R$ 315,00. Maria tem a receber R$ 21,00 a menos, que resulta em R$ 294,00

Resposta: (B) R$ 315,00 e R$ 294,00

494) Dados: Trabalha 4 horas por dia e roda 400 km em 2 dias
Com 4 horas por dia, durante 2 dias, trafega ao todo 8 horas.
Em 8 horas cobre a distância de 400 km, então são 50 km a cada hora.

Considere a jornada aumentada para 6 horas diárias. Mantendo as condições de trânsito, ou seja, a velocidade, serão 6 x 50 = 300 km ao dia.
Para percorrer 600 km, precisará de 2 dias.

Resposta: (B) Exatamente dois dias

495) Cada metro quadrado será coberto por 4 lajotas de 50cm x 50cm. Então o número de lajotas necessárias é igual à área multiplicada por 4.
A área pode ser calculada de várias formas. Podemos envolver a soma das áreas dos retângulos que a figura forma, basta calcular os lados que estão faltando. Faremos o cálculo considerando a figura como a diferença entre as áreas de um grande retângulo de lados 64 e 24, menos a área de um triângulo menor que foi retirado, de lados 56 e 16.

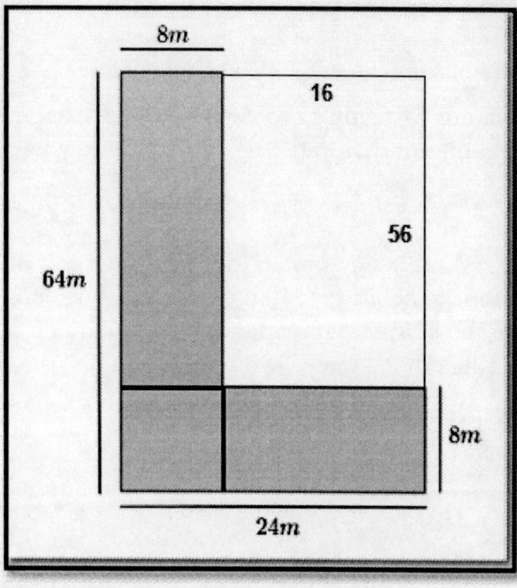

64x24=1536; 56x16=896
1536 – 896 = 640
640 x 4 = 2560

Resposta: (B) 2560

496) A distância entre as estacas tem que ser um divisor de 360 e de 144. Tem também que ser a mesma, já que deve ser igual em toda a extensão do terreno. Para que o número de estacas seja o menor possível, então a distância entre as estacas deve ser a maior possível.
Portanto a distância entre as estacas é o maior divisor comum entre 360 e 144, ou seja, o \MDC entre 360 e 144. Calculando o MDC por qualquer um dos métodos conhecidos, encontramos 72.

A extensão de 360m ficará com 5 intervalos, de 72m, e a extensão de 144m ficará com 2 intervalos de 72m. A distribuição das estacas ficaria como na figura ao lado. O número total de estacas é 14.

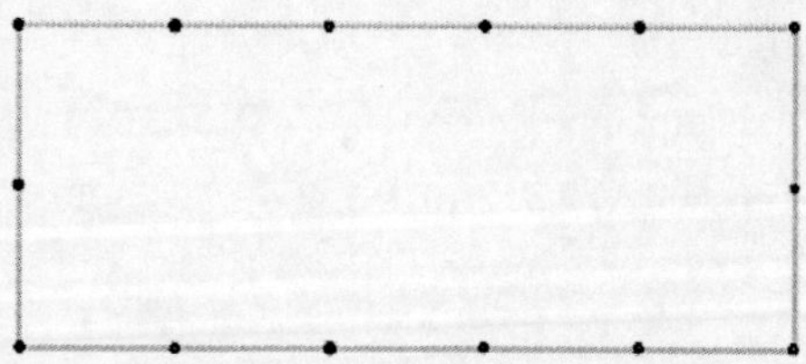

Resposta: (D) 14 e 72m

497) O volume da piscina, em litros, é o produto das dimensões, em decímetros. São portanto:

200 x 100 x 20 = 400000 litros

A piscina já estava com água até a altura de 4cm. O volume de água já existente na piscina é:

200 x 100 x 0,4 = 8000 litros

Para terminar de encher a piscina faltam 400.000 – 8.000 = 392.000 litros.

A mangueira fornece 40 litros por minuto, o tempo necessário para terminar de enchê-la é:

$\frac{392.000}{40} = 9800$, ou seja, 9.800 minutos. Vamos converter este tempo para dias/horas/minutos

9800 ÷ 60 = 163 horas, resto de 20 min

163 ÷ 24 = 6 dias, resto de 19 horas

Portanto são 6 dias, 19 horas e 20 minutos.

Resposta: (A) 6 dias 19 horas e 20 minutos

498) O triângulo é do tipo retângulo. Significa que considerando o lado de 9cm como base, o lado perpendicular, que é 7 cm, é também altura. Então a área é

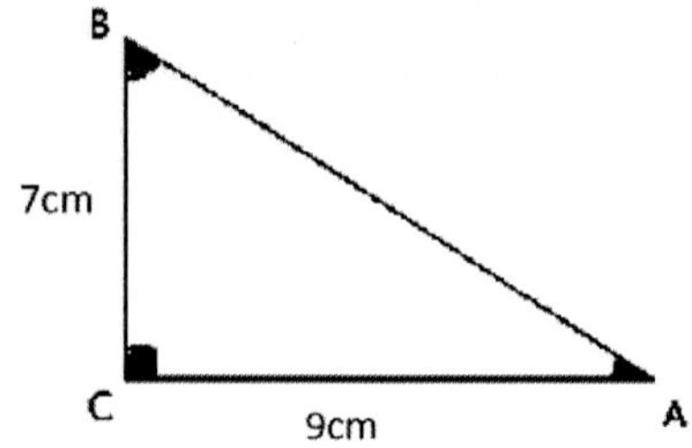

Base x altura /2 = 9 x 7 /2 = 63/2 = 31,5

Usamos as medias em centímetros, a área é dada em centímetros quadrados.

Resposta: (B) 31,5 cm^2.

499) As distâncias estão todas em metros. São 710m + 380m + 510m + 600m = 2200m. Distância que convertida para quilômetros resulta em 2,2 km.

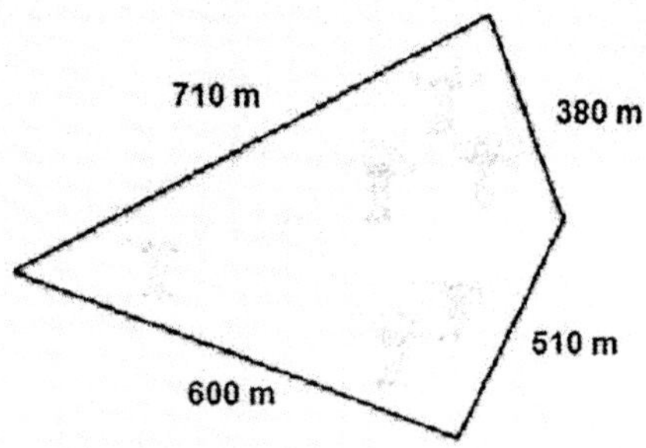

Resposta: (C) 2,2 km

500) As frações relativas às barras são:
Barra 1: Tomada como sendo a unidade
Barra 2: 3 quadrados de um total de 5, são 3/5.
Barra 3: 3,5/5, é o mesmo que 7/10.
Barra 4: 9/5
Barra 5: 10/5 ou 2.
Barra 6: 1/5.

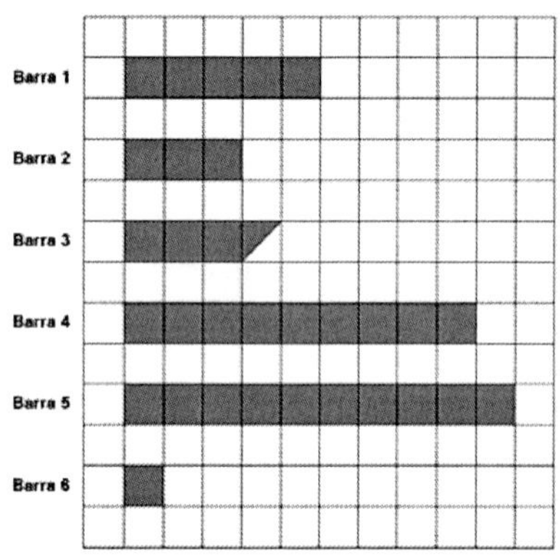

A única totalmente correta é (A)

Resposta: (A) 3/5, 7/10, 9/5, 2 e 1/5.

Capítulo 6

Toda a matéria

Os capítulos de 2 a 5 apresentaram questões para revisar toda a matemática básica. Os capítulos seguintes apresentarão questões com qualquer assunto dessa matéria. Continuamos com a mesma estrutura de capítulos, porém aumentaremos o grau de dificuldade a cada capítulo, para que você se torne cada vez mais habilidoso na resolução de problemas.

Teste 51

501) ENEM – Em um teleférico turístico, bondinhos saem de estações ao nível do mar e do topo de uma montanha. A travessia dura 1,5 minuto e ambos os bondinhos se deslocam à mesma velocidade. Quarenta segundos após o bondinho A partir da estação ao nível do mar, ele cruza com o bondinho B, que havia saído do topo da montanha. Quantos segundos após a partida do bondinho B partiu o bondinho A?

(A) 5 (B) 10 (C) 15 (D) 20 (E) 25

502) CFN – Efetue:

$$\overline{\text{LIII}} - \overline{\text{XII}}\text{D} + \text{MMDCC}$$

(A) $\overline{\text{CDM}}\text{CCCD}$ (B) $\overline{\text{XXXX}}\text{CCC}$ (C) $\overline{\text{CCCD}}\text{XX}$ (D) $\overline{\text{XLIII}}\text{CC}$ (E) $\overline{\text{LXIVL}}\text{C}$

503) Colégio Pedro II 2017 – Em uma gincana no Colégio Pedro II, Cláudio participa de um jogo em que há cartões com as letras da palavra PEDRO em cinco caixas. Os cartões foram colocados nas caixas de modo que encontramos a seguinte situação:

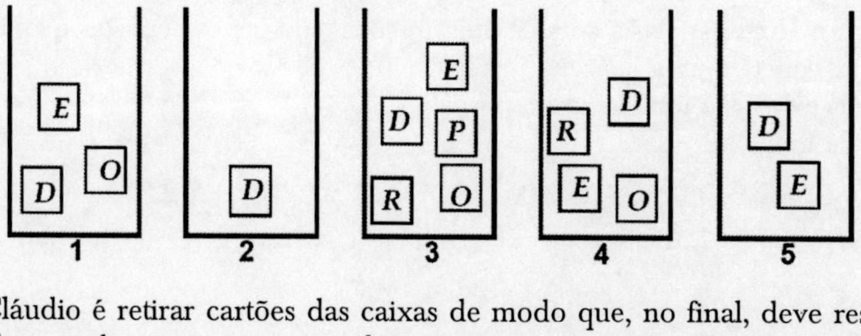

A tarefa de Cláudio é retirar cartões das caixas de modo que, no final, deve restar um único cartão em cada uma das cinco caixas, sendo que esses cinco cartões devem ser diferentes entre si. Caso Cláudio consiga realizar essa tarefa, o cartão que ficará na caixa de número 3 terá a letra:

(A) E (B) O (C) P (D) R (E) D

504) Colégio Militar Tiradentes PMMA – Em uma parede da cozinha, há 15 fileiras de 10 azulejos. Quantos azulejos há nessa cozinha?

(A) 100 (B) 130 (C) 150 (D) 280 (E) 112

505) Colégio Militar 2 de julho – Marque a alternativa correta.

(A) 3/7 (lê-se: três sete)
(B) 18/10000 (lê-se dezoito décimos de milésimos)
(C) 14/1000 (lê-se quatorze centésimos)
(D) 13/30 (lê-se treze trigésimo)
(E) 4/9 (lê-se quatro nonos avos)

506) CAP UERJ – No verão, um vendedor de mate trabalha todos os dias das 8h às 16h, com intervalo para almoço das 12h às 13h. Suponha que ele vende um copo de mate a cada 5 minutos. Determine a quantidade de copos de mate que ele vende em uma semana de trabalho, no verão.

(A) 672 (B) 49 (C) 576 (D) 588 (E) 700

507) CEFET ES – Numa "corrida de táxi" é cobrado um valor fixo de R$ 3,70 adicionado de R$ 0,50 por cada quilômetro rodado. Pagou-se R$ 9,70 por uma corrida, então a distância percorrida pelo táxi, em quilômetros, foi de:

(A) 12 (B) 13 (C) 14 (D) 15 (E) 16

508) CEFET AL – Um homem sai de casa com uma certa quantia em dinheiro. Primeiramente, encontra um amigo que lhe paga R$ 20,00 de uma dívida, a seguir gasta a metade do que possui em uma loja, paga R$ 10,00 de estacionamento e se dirige a outra loja onde gasta metade do que lhe restou, paga mais R$ 10,00 de estacionamento e retorna para cada. Ao chegar em casa, percebe que lhe restaram R$ 50,00. Qual o valor em dinheiro que o homem tinha quando saiu de casa?

(A) R$ 60,00 (B) R$ 120,00 (C) R$ 130,00 (D) R$ 260,00 (E) R$ 240,00

509) IFAL – Ao ganhar moedas de seus familiares, um garoto percebe que possui um total de 20 moedas entre moedas de 1 real, 50 centavos e 25 centavos. Fazendo as contas, ele nota que possui R$ 12,00. Sabendo que o número de moedas de 50 centavos é igual ao número de moedas de 1 real mais o número de moedas de 25 centavos, podemos dizer que o número de moedas de 1 real vale:

(A) 5 (B) 6 (C) 7 (D) 8 (E) 9

510) CEFET ES – Uma papelaria oferece duas opções para vender canetas e lapiseiras.
Opção 1 – Uma caneta e uma lapiseira por R$ 5,40
Opção 2 – Duas canetas e uma lapiseira por R$ 6,30
Qual o preço de uma lapiseira?

(A) R$ 4,00 (B) R$ 4,50 (C) R$ 3,00 (D) R$ 3,50 (E) R$ 2,50

Teste 52

511) ENEM – Uma rede hoteleira dispõe de cabanas simples na ilha de Gotland, na Suécia, conforme a figura 1. A estrutura de sustentação de cada uma dessas cabanas está apresentada na figura 2. A ideia é permitir ao hóspede uma estada livre de tecnologia, mas conectada com a natureza. A forma geométrica da superfície cujas arestas estão representadas na figura 2 é

Figura 1

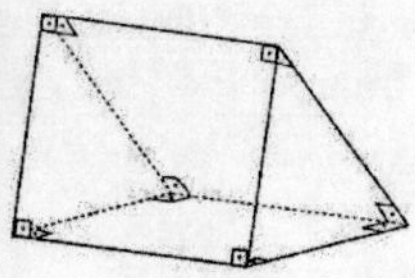

Figura 2

(A) tetraedro.
(B) pirâmide retangular.
(C) tronco de pirâmide retangular.
(D) prisma quadrangular reto.
(E) prisma triangular reto.

512) EAM – Um quadrado ABCD tem 64cm de perímetro. Quanto mede o lado de um quadrado cujo perímetro é o dobro do perímetro do quadrado ABCD?

(A) 8 (B) 16 (C) 18 (D) 28 (E) 32

513) Colégio Pedro II – O diretor de uma escola está organizando o Festival de Matemática e precisa colocar quatro palestras no roteiro de atividades num tempo total de 1h 40min, sem intervalos entre elas. Sabendo que as palestras possuem a mesma duração máxima de tempo, podemos concluir que cada uma terá:

(A) 55 min (B) 45 min (C) 35 min (D) 25 min (E) 30 min

514) CMPM-CE – Na tabela abaixo, temos uma representação das classes simples do sistema de numeração decimal.

CLASSE DAS UNIDADES SIMPLES		
3° ordem	2° ordem	1° Ordem
Centenas	Dezenas	Unidades

Na turma do 6º ano, a professora de Matemática escreveu no quadro o número 123 e perguntou aos seus alunos quantas dezenas existem no número. Acertou quem respondeu:

(A) 20 dezenas (B) 23 dezenas (C) 12 dezenas (D) 2 dezenas (E) 13 dezenas

515) CEFET ES – O preço de uma corrida de táxi é obtido da seguinte forma: uma parte fixa de R$ 4,50 mais R$ 0,75 por quilômetro rodado. Sabe-se que um passageiro pagou, ao final da corrida, o total de R$ 13,50. Qual a distância, em quilômetros, percorrida por este passageiro?

(A) 18 (B) 14 (C) 10 (D) 12 (E) 16

516) CMPM-CE – Calcule a expressão **20 – {8 + [3 + (8 – 5) – 1] + 6}**

(A) 5 (B) 4 (C) 3 (D) 2 (E) 1

517) CFN – Uma torneira, completamente aberta, leva 33 segundos para encher um balde de 20L. Quanto tempo seria necessário para essa torneira encher um recipiente com capacidade para 1240L?

(A) 1.222s (B) 20min 5s (C) 33min 6s (D) 34min 6s (E) 35min 6s

518) Colégio Pedro II – Na turma de Francisco, o número de meninas é igual ao triplo do número de meninos. Assinale a alternativa que pode representar o número total de alunos da turma de Francisco.

(A) 32 (B) 35 (C) 39 (D) 42 (E) 37

519) CAP UERJ – Uma turma é formada por cinco amigas que se abraçam a cada encontro. Cada uma das meninas no entanto, dá um abraço em cada uma das outras quatro. Determine a quantidade total de abraços dados entre elas em um desses encontros

(A) 20 (B) 25 (C) 12 (D) 10 (E) 5

520) OBM – A professora de Marli propôs uma eleição para representante da sala do sexto ano. Cinco alunos se apresentaram como candidatos. Todos os alunos votaram e quem venceu foi Pedrinho, com 10 votos. Os outros quatro candidatos tiveram diferentes números de votos cada um. No mínimo, quantos são os alunos dessa sala?

(A) 16 (B) 30 (C) 34 (D) 36 (E) 40

Teste 53

521) ENEM – Sob a orientação de um mestre de obras, João e Pedro trabalharam na reforma de um edifício. João efetuou reparos na parte hidráulica nos andares 1, 3, 5, 7, e assim sucessivamente, de dois em dois andares. Pedro trabalhou na parte elétrica nos andares 1, 4, 7, 10, e assim sucessivamente, de três em três andares. Coincidentemente, terminaram seus trabalhos no último andar. Na conclusão da reforma, o mestre de obras informou, em seu relatório, o número de andares do edifício. Sabe-se que, ao longo da execução da obra, em exatamente 20 andares, foram realizados reparos nas partes hidráulica e elétrica por João e Pedro. Qual é o número de andares desse edifício?

(A) 40 (B) 60 (C) 100 (D) 115 (E) 120

522) UFSM – A forma percentual da razão $\frac{21,5}{100}$ é

(A) 0,0215% (B) 0,215% (C) 2,15% (D) 21,5% (E) 215%

523) Colégio Pedro II – A tabela mostra a quantidade de passageiros que uma determinada empresa aérea transportou para a cidade de Salvador no primeiro trimestre deste ano.

	QUANTIDADE DE PASSAGEIROS
JANEIRO	**268.357**
FEVEREIRO	**............**
MARÇO	**298.452**
TOTAL DE PASSAGEIROS NO TRIMESTRE	**935.003**

Podemos concluir que a quantidade de passageiros que a empresa transportou para Salvador no mês de Fevereiro foi de:

(A) 366809 (B) 368194 (C) 371894 (D) 568102 (E) 368914

524) Colégio Militar 2 de julho – João somou os algarismos de (1 a 9), em seguida multiplicou os algarismos desse resultado. Qual é o valor dessa multiplicação?

(A) 16 (B) 20 (C) 24 (D) 9 (E) 25

525) EAM – Um ciclista faz o percurso em 4 horas a uma velocidade constante de 9km por hora. Se o ciclista dobrar sua velocidade, qual será o tempo necessário para percorrer o mesmo trajeto.

(A) 1 hora (B) 2 horas (C) 3 horas (D) 4 horas (E) 5 horas

526) CMCB-CE – Determine o perímetro do polígono, em centímetros:

(A) 24 (B) 32 (C) 17 (D) 9 (E) 12

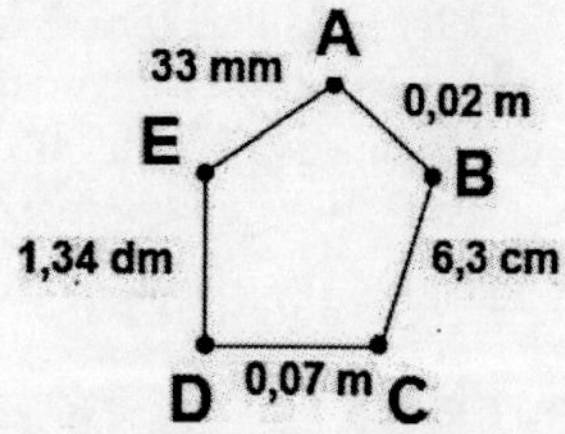

527) CEFET ES – Uma residência apresenta um consumo de água, registrado na conta de água, igual a 16 metros cúbicos (16000 litros). Nesta residência ocorreu um desperdício de água numa torneira que pingava uma gota d'água a cada segundo, enchendo um balde com capacidade de 50 litros a cada 12 horas. Se não houvesse ocorrido o desperdício nos 30 dias de consumo de água, então o consumo dessa residência teria sido igual a quantos metros cúbicos?

(A) 15 (B) 14 (C) 13 (D) 12 (E) 11

528) CFN – Um depósito de material de construção dispõe de ferro de 3/16, 1/4, 5/16 e 3/8 polegada de espessura. Qual é a fração de polegada que corresponde à barra de ferro mais fina?

(A) 1/2 (B) 1/4 (C) 3/8 (D) 3/16 (E) 5/16

529) Colégio Pedro II – Uma empresa consultou seus 700 funcionários sobre a cor da nova embalagem de seu produto principal. Um quarto dos pesquisados preferem a embalagem A, dois quintos dos pesquisados preferem a embalagem B, alguns a embalagem C e 10 funcionários não responderam ao questionário. A quantidade de funcionários que optaram pela embalagem C é de:

(A) 255 (B) 245 (C) 235 (D) 225 (E) 240

530) CEFET ES – As telas dos televisores costumem ser medidas em polegadas. Quando se diz que um televisor tem 20 polegadas, significa que a diagonal do vídeo mede 20 polegadas, isto é, aproximadamente 50 cm. Medindo a tela do aparelho em casa, Marcelo encontrou 40 cm. Então, o seu televisor tem medida mais próxima de quantas polegadas?

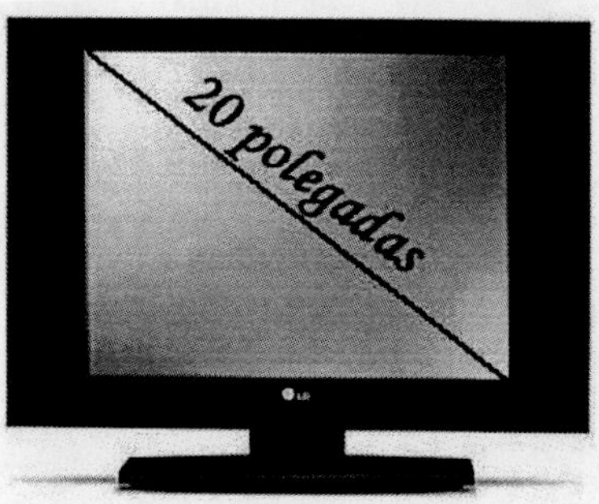

(A) 12 (B) 13 (C) 14 (D) 15 (E) 16

Teste 54

531) ENEM – Em uma cantina, o sucesso de venda no verão são sucos preparados à base de polpa de frutas. Um dos sucos mais vendidos é o de morango com acerola, que é preparado com 2/3 de polpa de morango e 1/3 de polpa de acerola.

Para o comerciante, as polpas são vendidas em embalagens de igual volume. Atualmente a embalagem de polpa de morango custa R$ 18,00 e a de acerola, R$ 14,70. Porém, está prevista uma alta no preço da embalagem de polpa de acerola no próximo mês, passando a custar R$ 15,30. Para não aumentar o preço do suco, o comerciante negociou com o fornecedor uma redução no preço da embalagem da polpa de morango. A redução, em real, no preço da embalagem da polpa de morango deverá ser de:

(A) 1,20 (B) 0,90 (C) 0,60 (D) 0,40 (E) 0,30

532) Colégio Militar Tiradentes DF – Em uma grande festa, com duração de 30 dias (festa junina no Nordeste) estiveram presentes 3 milhões de pessoas. Deste total, 30% eram crianças de até 11 anos. Dessas, 90% tinha 6 anos ou mais. O número total de crianças com idade inferior a 6 anos que compareceram â festa foi:

(A) 90.000 (B) 210.000 (C) 810.000 (D) 900.000 (E) 1.890.000

533) CEFET ES – A fábrica de refrigerantes Refrescol lançou uma campanha publicitária trocando por miniaturas de garrafas, de engradados e de caminhões. A relação de troca era a seguinte:

- 10 tampinhas valem uma garrafa
- 15 tampinhas valem um engradado
- 60 tampinhas valem um caminhão

A garotada do bairro passou então a trocar essas miniaturas entre si, criando outras relações de troca. Dentre as novas relações a seguir, qual preserva a mesma proporção?

(A) 5 engradados valem um caminhão (B) 2 engradados valem um caminhão
(C) 2 garrafas valem um engradado (D) 6 garrafas valem um caminhão
(E) 10 garrafas valem 6 caminhões

534) Colégio Militar Dom Pedro II – Muitas embalagens de produtos que usamos têm formatos que lembram sólidos geométricos. A embalagem do creme dental, por exemplo, é confeccionada inicialmente na forma plana. Depois de montada forma um poliedro conhecido como:

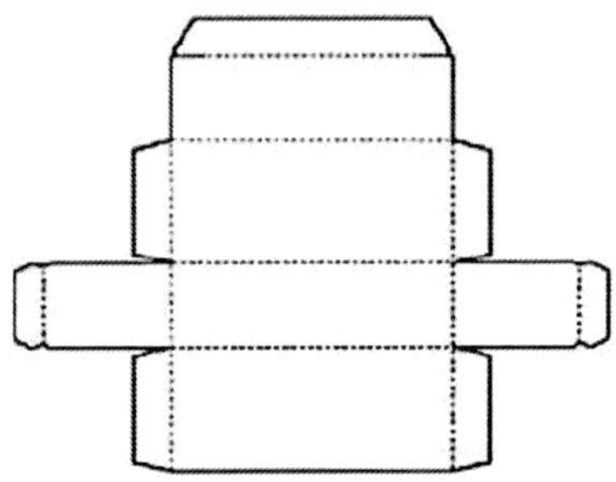

(A) Cubo (B) Paralelepípedo (C) Pirâmide
(D) Tetraedro (E) Octaedro

535) CFN – O desenho mostra uma balança em equilíbrio. Qual a massa de cada cubo?

(A) 10g (B) 20g (C) 28g
(D) 34g (E) 35g

536) Colégio Pedro II – Rapha e Gaby são os proprietários da cantina do colégio. Esta semana eles trocaram os letreiros dos lanches da cantina, colocando novos preços. Confira os preços nas tabelas a seguir.

SUCOS	PREÇOS
Laranja	R$ 3,00
Limão	R$ 2,70
Acerola	R$ 3,30

VITAMINAS	PREÇOS
Banana	R$ 2,50
Morango	R$ 3,00
Abacate	R$ 2,70

SANDUICHES	PREÇOS
Atum	R$ 2,50
Frango desfiado	R$ 3,50
Hambúrguer de Soja	R$ 4,00
Peito de Peru	R$ 3,00

Bernardo e Marina compraram dois sanduíches iguais, um para cada um. Bernardo pediu a vitamina mais cara e Marina um suco que custou 10% a mais que o valor da vitamina de Bernardo. Juntos, Bernardo e Marina gastaram R$ 13,30. Podemos afirmar que:

(A) Bernardo pediu vitamina de abacate.
(B) Marina comprou um suco de R$ 2,70.
(C) Bernardo e Marina pediram hambúrgueres de soja.
(D) Bernardo e Marina pediram sanduíches de frango desfiado.

537) CAP UERJ – Mafalda e Suzanita discutem constantemente. A cada dez minutos, Mafalda chama sua amiga de louca, e a cada dezoito minutos, Suzanita é quem chama Mafalda de louca. Suponha que as duas tenham passado 12 horas juntas. Calcule a quantidade de vezes, nesse período de tempo, que se chamaram ao mesmo tempo de loucas.

(A) 6 (B) 9 (C) 12 (D) 18 (E) 24

538) CEFET AL – A superfície do nosso planeta é constituída de 30% de terra e 70% de água. Um terço da terra é pastagem, floresta ou montanha, e dois quintos da terra são desertos ou cobertos por gelo; o resto da terra é usado para o cultivo. Qual é o percentual da superfície total do nosso planeta que é usada para o cultivo?

(A) 8% (B) 18% (C) 12% (D) 4% (E) 6%

539) IFRS 2015 – Uma moça pede ao seu pai 100 reais emprestados e promete pagar 110 reais após 30 dias. Ela gastou uma parte do dinheiro e restaram 85 reais. Renegocia com seu pai o saldo da dívida com juros. Seu pai aceita, desde que pague mais 1/5 do valor que ainda falta em trinta dias. Qual o percentual que a moça pagou de juros pelo empréstimo?

(A) 10 (B) 15 (C) 20 (D) 25 (E) 30

540) OBM – As amigas Ana, Beatriz, Cristina e Dalva nasceram no mesmo ano e no mesmo dia, porém em meses diferentes. Dalva é dois meses mais nova que Ana e quatro meses mais velha do que Cristina. Beatriz é oito meses mais nova do que Dalva. Qual delas nasceu em março?

(A) Ana (B) Beatriz (C) Cristina (D) Dalva (E) Nenhuma delas

Teste 55

541) ENEM – Um casal realiza sua mudança de domicílio e necessita colocar numa caixa de papelão um objeto cúbico, de 80cm de aresta, que não pode ser desmontado. Eles têm à disposição cinco caixas, com diferentes dimensões, conforme descrito:

- Caixa 1: 86cm x 86cm x 86cm
- Caixa 2: 75cm x 82cm x 90cm
- Caixa 3: 85cm x 82cm x 90cm
- Caixa 4: 82cm x 95cm x 82cm
- Caixa 5: 80cm x 95cm x 85cm

O casal precisa escolher uma caixa na qual o objeto caiba, de modo que sobre o menor espaço livre em seu interior. A caixa escolhida pelo casal deve ser a de número:

(A) 1 (B) 2 (C) 3 (D) 4 (E) 5

542) Colégio Militar 2 de julho – Ana deseja ler um livro de 200 páginas. Nas primeiras 4 horas conseguiu ler 20 páginas. Continuando nesse ritmo, quantas horas serão necessárias para Ana ler o livro todo?

(A) 40 (B) 50 (C) 51 (D) 60 (E) 61

543) CEFET ES – Um restaurante possui 12 mesas, todas de 4 lugares e em todas as mesas há pessoas sentadas. Algumas estão com 4 pessoas sentadas e outras só com um casal. Se há 34 pessoas sentadas, podemos afirmar que o número de lugares vagos é:

(A) 7 (B) 10 (C) 12 (D) 14 (E) 24

544) Colégio Militar Tiradentes PMMA – Assinalar a alternativa com a resposta da adição 4/7 + 2/7:

(A) 5/7 (B) 6/14 (C) 7/6 (D) 6/7 (E) 5/4

545) CFN – Uma caixa contém 3 bolas brancas, 4 bolas vermelhas e 7 bolas amarelas. Qual a fração que o número de bolas não brancas representa em relação ao total de bolas?

(A) 14/14 (B) 11/14 (C) 7/14 (D) 7/4 (E) 3/11

546) Colégio Pedro II – A figura a seguir ilustra a planta de um estacionamento, composto por quatro terrenos quadrangulares (tem o formato de quatro quadrados). Os dois terrenos de maiores áreas possuem $64m^2$ e $121m^2$, como mostra a figura. A medida do perímetro deste estacionamento é igual a:

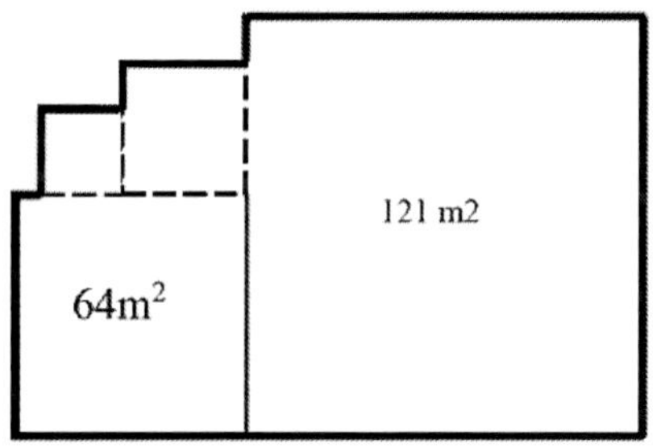

(A) 60m (B) 68m (C) 88m (D) 185m

547) CAP UERJ – Ricardo e Rita são amigos no Facebook e têm, respectivamente, 2400 e 1800 amigos nessa rede social. Durante uma conversa, como gostam muito de números, perceberam que a quantidade de amigos comuns que possuíam era exatamente igual ao maior número natural que divide exatamente 2400 e 1800. Determine a quantidade total de amigos não comuns de Ricardo e Rita.

(A) 300 (B) 3000 (C) 6000 (D) 600 (E) 400

548) IFRS – Um campeonato de xadrez oferece 3700 dólares aos três primeiros premiados. O segundo premiado ganha 40% a mais que o terceiro. O terceiro colocado ganha somente 1/5 do primeiro. Qual é o prêmio do terceiro, em dólares?

(A) 500 (B) 700 (C) 900 (D) 1500 (E) 2500

549) IFRJ – No sistema de numeração do Egito Antigo, os escribas utilizavam em seus registros, frações unitárias, ou seja, frações com numeradores iguais a 1. Algumas frações, com numeradores diferentes de 1, eram escritas como soma de frações unitárias. Sendo assim, uma possível representação da fração 19/20, como soma de frações unitárias, poderia ser dada por

(A) 1/2 + 1/3 + 1/5 (B) 1/2 + 1/4 + 1/5 (C) 1/2 + 9/20 (D) 2/5 + 1/4

550) OBM – Laurinha tinha em sua carteira somente notas de 10 reais e moedas de 10 centavos. Ela pagou uma conta de 23 reais com a menor quantidade possível de moedas. Quantas moedas ela usou?

(A) 3 (B) 6 (C) 10 (D) 23 (E) 30

Teste 56

551) ENEM – Em uma de suas viagens, um turista comprou uma lembrança de um dos monumentos que visitou. Na base do objeto há informações dizendo que se trata de uma peça em escala 1:400, e que seu volume é de $25cm^3$. O volume do monumento original, em metro cúbico, é de

(A) 100 (B) 400 (C) 1600 (D) 6250 (E) 10000

552) CPMPR – Com base nas figuras abaixo, assinale a alternativa correta.

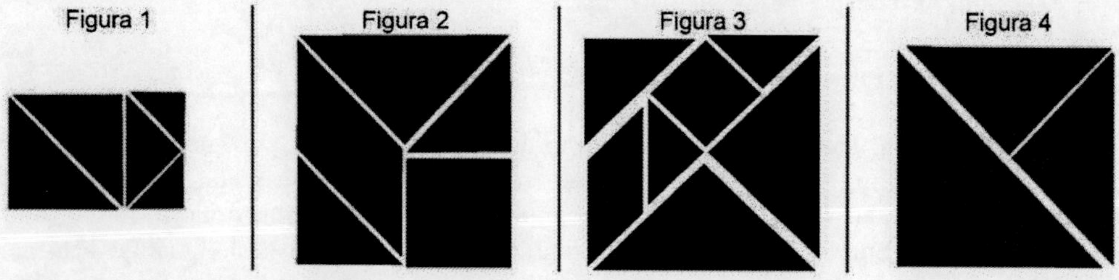

(A) As figuras 1 e 3 são formadas somente por triângulos retângulos.
(B) As figuras 2 e 3 são formadas somente por triângulos e quadrados.
(C) As figuras 1 e 4 são formadas somente por triângulos.
(D) As figuras 2 e 4 possuem um único losango

553) CFN – A lesma Fifi foi visitar uma amiga. Andou 3 metros no primeiro dia. Nos dias seguintes, andou 5 metros a mais do que no dia anterior. Assim, Fifi levou 4 dias para chegar. Marque a distância, em metros, que Fifi percorreu para chegar à casa de sua amiga.

(A) 98 (B) 76 (C) 53 (D) 42 (E) 37

554) Colégio Pedro II – Daniel trabalha em uma fábrica de baterias de telefone celular. O seu trabalho consiste em testar baterias. Cada uma delas possui cargas para manter o celular exatamente 30 minutos. Daniel liga um celular a cada 20 minutos. Quantos celulares estarão ligados 1h 25min após Daniel ter ligado o primeiro celular?

(A) 1 (B) 2 (C) 3 (D) 4 (E) 5

Esta tabelinha poderá te ajudar a resolver a questão!

TEMPO (em min)	0	20	30	40	50	60	70	80	90
QUANTIDADE DE CELULARES LIGADOS									

555) CAP UERJ – Segundo a pesquisa da empresa *eMarketer*, de cada 100 adolescentes entre 13 e 14 anos, 58 não gostam da ideia de ter seus pais como amigos da mesma rede social.

Supondo que tenham sido entrevistados 2000 adolescentes dessa faixa de idade, calcule a quantidade dos que não aprovam seus pais como amigos nas redes sociais.

(A) 580 (B) 1160 (C) 1058 (D) 258 (E) 50

556) IFRJ – Uma pesquisa foi realizada entre 100 adolescentes com idades entre 13 e 17 anos. Percebeu-se que o número de entrevistados que afirmaram ter a sensação de não estarem aproveitando sua adolescência adequadamente é 2/3 do número de entrevistados que afirmam o contrário. Sabe-se que todos os adolescentes entrevistados responderam a essa pesquisa, de forma afirmativa ou negativa. Então, o número de entrevistados que disseram ter a sensação de não estarem aproveitando a sua adolescência adequadamente é:

(A) 70 (B) 60 (C) 50 (D) 40 (E) 30

557) IFSC – Resolva a expressão numérica

$$\left[\left(\frac{2}{3}\right)^2\left(\frac{5}{4}-\frac{1}{2}\right)\right]+\frac{2}{5}\div\frac{3}{10}$$

(A) 5/3 (B) 10/6 (C) 260/123 (D) 90/54 (E) 12/25

558) Instituto Federal Farroupilha – O consumo diário recomendado para um adulto saudável é de 2.500 kcal. Um aluno do Campus Alegrete consumiu na cantina, em certo dia, 2 cheeseburgers e 2 latas de refrigerante, totalizando 1.364 kcal. Em outro dia, o mesmo aluno consumiu 1 cheeseburger e 3 latas de refrigerante, totalizando 986 kcal. Quantas kcal cada cheeseburger e refrigerante têm, respectivamente?

(A) 152 e 530 (B) 328 e 353 (C) 838 e 608 (D) 600 e 82 (E) 530 e 152

559) CMCB-CE – Uma pizza de calabresa foi cortada em 20 fatias iguais para quatro amigos, a ser distribuída da seguinte maneira: Gabriel comeu 1/4 das fatias, Breno comeu 3/10, Celina comeu 3/20 e Mariana comeu as fatias restantes. Os dois que comeram a mesma quantidade de pizza foram:

(A) Celina e Mariana (B) Gabriel e Breno (C) Marina e Gabriel
(D) Celina e Breno (E) Breno e Mariana

560) OBM – Na expressão $\frac{M \times A \times T \times E \times M}{A \times T \times I \times C \times A}$, letras diferentes representam dígitos diferentes e letras iguais representam dígitos iguais. Qual é o maior valor possível desta expressão?

(A) 38 (B) 96 (C) 108 (D) 576 (E) 648

Teste 57

561) ENEM – Para uma temporada das corridas de Fórmula 1, a capacidade do tanque de combustível de cada carro passou a ser de 100 kg de gasolina. Uma equipe optou por utilizar uma gasolina com densidade de 750 gramas por litro, iniciando a corrida com o tanque cheio. Na primeira parada de reabastecimento, um carro dessa equipe apresentou um registro em seu computador de bordo acusando o consumo de quatro décimos da gasolina originalmente existente no tanque. Para minimizar o peso desse carro e garantir o término da corrida, a equipe de apoio reabasteceu o carro com a terça parte do que restou no tanque na chegada ao reabastecimento. A quantidade de gasolina utilizada, em litro, no reabastecimento, foi

(A) $\frac{20}{0{,}075}$ (B) $\frac{20}{0{,}75}$ (C) $\frac{20}{7{,}5}$ (D) $20 \times 0{,}075$ (E) $20 \times 0{,}75$

562) Colégio Militar 2 de julho – Em uma certa divisão entre dois números naturais, o divisor é igual a 8, o quociente é igual a 69, e o resto é igual a 4. Qual o valor do dividendo?

(A) 550 (B) 552 (C) 556 (D) 566 (E) 666

563) EAM – Determine o menor algarismo que deve ser colocado no lugar do x para que o número 234.35**x** seja divisível por 6.

(A) 0 (B) 2 (C) 4 (D) 6 (E) 8

564) Colégio Pedro II – Uma pessoa precisa emagrecer 30 kg. Suponha que planeje perder 250 gramas por semana. Seguindo esse planejamento, serão necessárias quantas semanas para atingir esse objetivo?

(A) 120 (B) 150 (C) 180 (D) 200 (E) 240

565) CAP UERJ – Uma criança observou que, agrupando seus brinquedos de quatro em quatro, de cinco em cinco ou de sete em sete, sempre sobravam dois brinquedos. Notou ainda que, se resolvesse agrupá-los de seis em seis, não haveria sobra alguma. De acordo com essas informações, calcule a menor quantidade possível de brinquedos que essa criança possui.

(A) 142 (B) 422 (C) 702 (D) 282 (E) 292

566) CMCB-CE – Pedro e Caio estudam no CMCB. O professor de matemática passou essa divisão: **(0,04 : 0,004) : 0,4**
Para que fosse resolvido em sala. Pedro já tinha feito e perguntou ao Caio qual o valor da divisão, entre os valores abaixo:

(A) 25 (B) 20 (C) 15 (D) 10 (E) 5

567) CPMPR – Dobrando uma folha de papel sulfite ao meio, obtemos dois retângulos. Dobrando pela segunda vez, obtemos quatro. Quantos retângulos obteremos após a sétima dobra?

(A) 108 (B) 118 (C) 128 (D) 138 (E) 64

568) Colégio Militar Tiradentes PMMA – Assinale a alternativa que corresponde à decomposição de 2839:

(A) 2 unidades de milhar, 7 centenas, 2 dezenas e 5 unidades.
(B) 1 unidade de milhar, 7 centenas, 5 dezenas e 4 unidades.
(C) 2 unidades de milhar, 8 centenas, 3 dezenas, 9 unidades.
(D) 6 unidades de milhar, 2 centenas, 4 dezenas, 5 unidades.
(E) 2 unidades de milhar, 2 centenas, 4 dezenas, 5 unidades.

569) CEFET ES – Gabriel e Rafael juntaram o que possuíam para comprar uma barra de chocolate que custava R$ 3,00. Gabriel possuía R$ 1,80 e Rafael R$ 1,20. Ao abrirem a embalagem, perceberam que a barra de chocolate era formada por 20 pedaços. Se cada um recebeu uma quantidade de pedaços proporcional ao valor com que contribuiu, quantos pedaços Gabriel recebeu?

(A) 8 (B) 10 (C) 12 (D) 14 (E) 16

570) OBM – Numa corrida com 2011 participantes, Dido chegou à frente do quádruplo do número de pessoas que chegaram à sua frente. Em que lugar chegou Dido?

(A) 20º (B) 42º (C) 105º (D) 403º (E) 1005º

Teste 58

571) ENEM – Uma cisterna de 6000L foi esvaziada em um período de 3h. Na primeira hora foi utilizada apenas uma bomba, mas nas duas horas seguintes, a fim de reduzir o tempo de esvaziamento, uma outra bomba foi ligada junto com a primeira. O gráfico, formado por dois segmentos de reta, mostra o volume de água presente na cisterna, em função do tempo. Qual é a vazão, em litro por hora, da bomba que foi ligada no início da segunda hora?

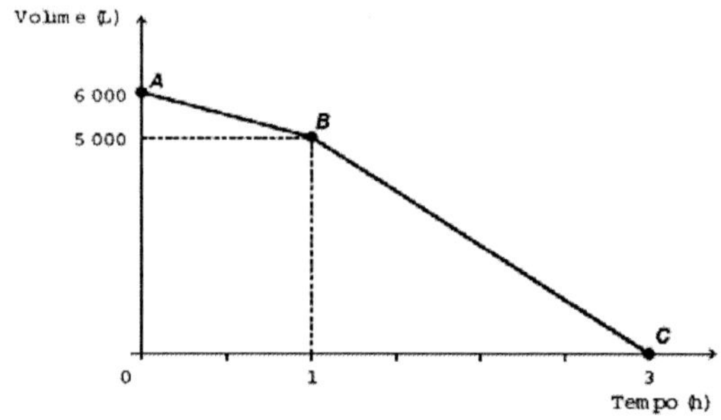

(A) 1000 (B) 1250 (C) 1500
(D) 2000 (E) 2500

572) CMCB-CE – Uma empresa deseja contratar grupos de 23 funcionários para a área de vendas. Existem 457 candidatos. Não devem existir grupos incompletos, sendo que os candidatos que sobrarem deverão ser dispensados. Quantos candidatos deverão ser dispensados?

(A) 20 (B) 7 (C) 4 (D) 27 (E) 24

573) CFN – Assinale a opção que apresenta a sequência de algarismos arábicos correspondentes à dos seguintes numerais romanos:
$\overline{XII}$, $\overline{XII}$D, $\overline{LIII}$ e $\overline{LIII}$CXX.

(A) 12.000, 62.000, 9.000 e 53.120.
(B) 11.000, 61.600, 13.000 e 13.120.
(C) 12.000, 12.500, 53.000 e 53.120.
(D) 12.000, 13.500, 23.000 e 23.120.
(E) 14.000, 54.500, 33.000 e 53.800.

574) Colégio Pedro II – Na máquina dos números, todo número que entra é multiplicado por ele mesmo e a seguir é retirado desse resultado o equivalente a duas dezenas e meia. Sabendo que entrou na máquina o maior número natural formado por dois algarismos iguais e que este número é menor que meia centena, o número que saiu da máquina foi:

(A) 63 (B) 943 (C) 1911 (D) 1936 (E) 843

575) Colégio Militar Tiradentes PMMA – Pedro foi à lanchonete de sua escola com R$ 24,00 para comprar barras de chocolate. Marque a opção com a quantidade máxima de barras de chocolate que Pedro poderá comprar sabendo que o preço de cada uma delas é R$ 2,99.

(A) 4 (B) 6 (C) 10 (D) 8 (E) 9

576) CAP UERJ – Uma mãe levou seu filho e vários colegas a uma loja de sucos. Do total de sucos que eles beberam, 1/3 foi de laranja, 1/4 foi de abacaxi, 1/8 foi de uva e outros 7 sucos foram de morango. Obtenha o total de sucos bebidos pelo grupo.

(A) 30 (B) 24 (C) 18 (D) 36 (E) 21

577) CEFET ES – Um show foi programado para 4.000 pessoas. Os preços dos ingressos eram diferenciados, os homens pagavam R$ 20,00 e as mulheres R$ 10,00. Encerrada a venda de

todos os ingressos, a razão entre o número de ingressos vendidos para as mulheres e para os homens foi de 3 para 2. Quanto foi arrecadado com a venda desses ingressos?

(A) R$ 64.000,00 (B) R$ 56.000,00 (C) R$ 55.000,00 (D) R$ 50.000,00 (E) R$ 48.000,00

578) CEFET ES – Paulo gastou 3/4 do que recebeu do seu pai para ir ao cinema com a namorada. Em seguida gastou a metade do que restou para fazer um lanche, sobrando ainda R$ 7,00. Quanto Paulo recebeu de seu pai?

(A) R$ 56,00 (B) R$ 45,00 (C) R$ 50,00 (D) R$ 60,00 (E) R$ 40,00

579) CEFET AL – Seis homens fabricam 100 pares de sapatos por dia, trabalhando 8 horas por dia. Para fabricar 125 pares dos mesmos sapatos, trabalhando apenas 5 horas por dia:

(A) Será preciso dobrar a quantidade de homens
(B) Serão precisos mais dois homens
(C) Serão precisos três homens a menos
(D) Serão precisos mais três homens
(E) Serão precisos mais quatro homens

580) OBM – Um cubo de madeira, pintado de vermelho, foi serrado em 27 cubos menores e iguais e as faces desses cubos ainda não pintadas ficaram em branco. Qual é a razão entre a área da superfície total pintada em vermelho e a área da superfície total pintada em branco?

(A) 1:2 (B) 1:1 (C) 2:1 (D) 1:3 (E) 2:3

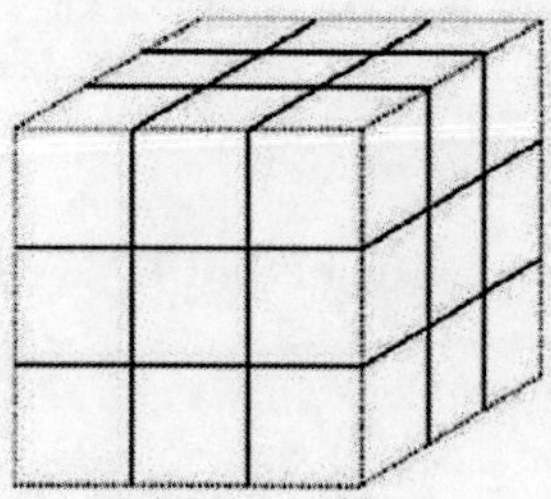

Teste 59

581) ENEM – A figura seguinte mostra um modelo de sombrinha muito usado em países orientais. Esta figura é a representação de uma superfície de revolução chamada de

(A) pirâmide (B) semiesfera (C) cilindro (D) tronco de cone (E) cone

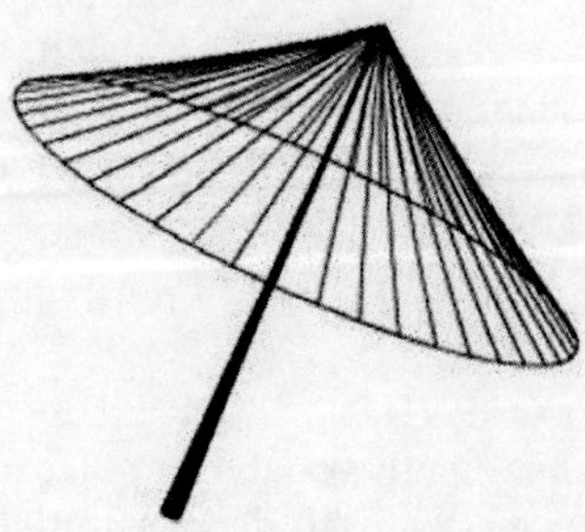

582) Colégio Militar Tiradentes PMMA – O valor de $[4^7 . 4^{10} . 4]^2 : (4^5)^7$ é

(A) 16 (B) 8 (C) 6 (D) 4 (E) 2

583) CAP UERJ – Para saber se uma criança está com o peso normal, pode-se calcular seu IMC – índice de massa corporal, cuja fórmula é a seguinte:

$$IMC = \frac{peso}{altura \times altura}$$

Se o resultado do IMC for maior que 22,5, um menino de dez anos pode ser considerado obeso. Considere um menino dessa idade, com 62kg e 1,50m. Calcule, com uma casa decimal, o IMC desse menino e indique se ele pode ser considerado obeso.

(A) 27,5 (B) 28,1 (C) 31,2 (D) 25,7 (E) 24,3

584) CFN – Mônica resolveu gastar seu 13º salário nas compras de Natal. Com 2/5 do 13º salário ela comprou um televisor, com 1/4 do 13º salário comprou um aparelho de som e com 1/5 do 13º salário comprou roupas. Verificou, então, que ainda lhe restavam 150 reais. Nessas condições, quanto Mônica recebeu de 13º salário?

(A) 2.000 reais (B) 1.500 reais (C) 1.200 reais (D) 1.000 reais (E) 500 reais

585) Colégio Pedro II – Marcelo toca melodias batendo com uma colher em copos de vidro que são dispostos seguindo o som das notas em uma escala musical do mais grave para o mais agudo: dó, ré, mi, fá, sol, lá e si.

Para construir essa escala, Marcelo usa sete copos com capacidade de 400ml cada. Preenche 7/8 do primeiro copo com água para fazer a nota mais grave da escala (DÓ). Em seguida, 6/8 do segundo copo para fazer o RÉ, depois 5/8 para fazer o MI, 4/8 para fazer o FÁ, 3/8 para fazer o SOL, 2/8 para fazer o LÁ e 1/8 para fazer o SI. O volume total de água usado por Marcelo para montar essa escala é igual a:

(A) 1125 ml (B) 1400 ml (C) 1425 ml (D) 1450 ml (E) 1600 ml

586) Colégio Pedro II – Em uma escola, 84% dos alunos do quinto ano demonstraram através da Prova Brasil, possuir conhecimentos adequados às suas séries. Sabendo que no quinto ano existem 250 alunos que realizaram esta prova, qual é o número de alunos que demonstraram conhecimento adequado?

(A) 90 (B) 166 (C) 210 (D) 216 (E) 196

587) CAP UERJ – Cebolinha passa 1/3 de todos os dias da semana dormindo. De segunda-feira a sexta, passa 1/4 da parte restante do dia na escola, e gasta 2/3 do tempo que sobra, assistindo à televisão. No sábado e no domingo, como não vai à escola, gasta a metade do seu dia assistindo á TV. Calcule o tempo total em minutos que ele gasta, por semana, assistindo à televisão.

(A) 2800 (B) 1400 (C) 1440 (D) 1800 (E) 1200

588) CAP UERJ – As telas dos aparelhos de televisão são medidas na diagonal, como ilustra a figura ao lado.
Essas medidas são dadas em polegadas; uma polegada vale 2,54cm. Quando dizemos que uma TV é de 14 polegadas, isso significa que a diagonal de sua tela tem essa medida. A mãe de Cebolinha resolveu comprar dois aparelhos de TV, de tamanhos diferentes. Medindo a diagonal das telas, ela encontrou 86,36cm em um dos aparelhos e 20 polegadas no outro. Determine quantas polegadas tem a tela do primeiro aparelho e quantos centímetros tem a tela do outro.

(A) 33 e 50,8 (B) 29 e 18 (C) 34 e 50,8
(D) 24 e 42 (E) 33 e 54.

589) CEFET AL – Para colocar o piso em um salão de formato retangular, cujas dimensões são 6 metros de largura e 8 metros de comprimento, gasta-se R$ 18,00 por cada metro quadrado. Qual o valor total gasto para colocar o piso em todo o salão?

(A) R$ 486,00 (B) R$ 648,00 (C) R$ 684,00 (D) R$ 846,00 (E) R$ 864,00

590) 33ª OBM – Representamos por n! o produto de todos os inteiros positivos de 1 a n. Por exemplo, 5! = 1 x 2 x 3 x 4 x 5. Calculando a soma 1! + 2! + 3! + 4! + ... + 2010! + 2011!, qual é o algarismo das unidades do resultado obtido?

(A) 1 (B) 3 (C) 5 (D) 7 (E) 9

Teste 60

591) ENEM – Para o reflorestamento de uma área, deve-se cercar totalmente, com tela, os lados de um terreno, exceto o lado margeado pelo rio, conforme a figura. Cada rolo de tela terá que ser comprado para a confecção da cerca contém 48 metros de comprimento. A quantidade mínima de rolos que deve ser comprada para cercar este terreno é:

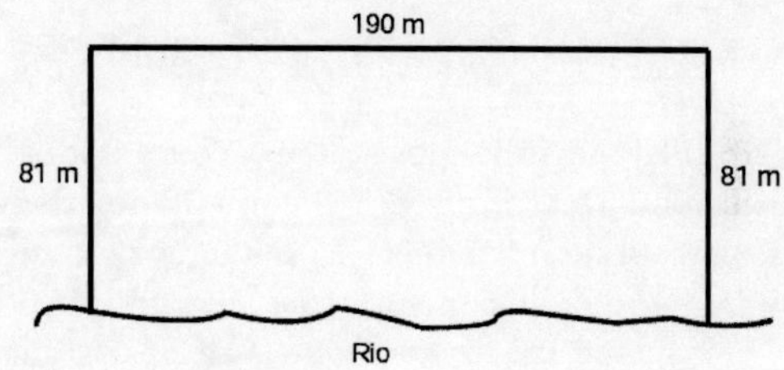

(A) 6 (B) 7 (C) 8 (D) 11 (E) 12

592) Colégio Militar Tiradentes PMMA – O número ordinal ***sexagésimo*** representa o número cardinal:

(A) 6 (B) 60 (C) 66 (D) 600 (E) 106

593) CFN – Ordenando os números racionais p = 13/24, q = 2/3 e r = 5/8, conclui-se que:

(A) p<r<q (B) q<p<r (C) r<p<q (D) q<r<p (E) r<q<p

594) Colégio Pedro II 2015 – Roberta distribuiu a mesada entre seus filhos André, Cláudio e Renato, da seguinte forma:

- na primeira semana, André recebeu 1 real, Cláudio 2 reais e Renato 3 reais;
- na segunda semana, André recebeu 4 reais, Cláudio 5 reais e Renato 6 reais; e,
- na terceira semana, André recebeu 7 reais, Cláudio 8 reais e Renato 6 reais e, assim sucessivamente, nas semanas seguintes.

O valor, em reais, recebido por Cláudio na trigésima semana é:

(A) 90 (B) 89 (C) 88 (D) 87 (E) 92

595) CAP UERJ – A altura máxima alcançada no salto com vara por uma mulher foi de 4,82 metros em 2012. Imagine que a cada 4 anos uma mulher conseguisse saltar sempre 3 cm mais que a altura alcançada no recorde anterior. A partir desse recorde, 4,82 metros, determine a altura máxima, em centímetros, que uma mulher poderia alcançar no salto com vara no período de 40 anos.

(A) 4,95m (B) 5,12m (C) 7,82m (D) 34,5m (E) 4,85m

596) IFSC – Uma piscina olímpica possui 50 metros de comprimento, 25 metros de largura e 2 metros de profundidade. Estima-se que uma pessoa consome, em média, 100 litros de água por dia, incluindo-se alimentação e higiene. Nestas condições, a quantidade de água em uma

piscina olímpica com sua capacidade máxima seria suficiente para atender, em um dia, uma população de quantas pessoas?

(A) 2.500 (B) 25.000 (C) 250.000 (D) 7.700,00 (E) 250

597) CEFET AL – Um pai deseja dividir R$ 800,00 com seus dois filhos de 10 anos e de 15 anos, em quantias diretamente proporcionais às suas idades. Quantos reais recebem, respectivamente, o filho mais novo e o filho mais velho?

(A) 100 e 700 (B) 210 e 590 (C) 320 e 480 (D) 430 e 370 (E) 540 e 260

598) IFRJ – Com o objetivo de acompanhar os recentes avanços da Ciência, um grupo de 81 amigos leem pelo menos uma das três revistas A, B e C. Sabe-se, ainda, que 61 membros desse grupo leem somente uma delas e outros 17 membros leem somente duas das três revistas. Logo, o número de membros que leem as três revistas é:

(A) 3 (B) 6 (C) 9 (D) 12 (E) 15

599) IFRJ – Armando e Beto, como todos os adolescentes, normalmente adoram contar vantagens. Depois de vários comentários, Beto disse que seu pai havia se deslocado de sua casa à casa de sua avó em 15 minutos, com uma velocidade média de 80 km/h. Porém, sabe-se que, se esse deslocamento fosse feito na velocidade citada por Beto, seu pai levaria 18 minutos. A velocidade média para que esse deslocamento fosse feito em 15 minutos, deveria ser, em km/h, de:

(A) 60 (B) 72 (C) 96 (D) 100

600) OBM – Alguns números inteiros positivos, não necessariamente distintos, estão escritos na lousa. A soma deles é 83 e o produto é 1024. O menor número é igual a:

(A) 1 (B) 2 (C) 4 (D) 8 (E) 16

Respostas dos testes

Respostas do Teste 11

501) B 503) C 505) B 507) A 509) B
502) C 504) C 506) D 508) E 510) B

Respostas do Teste 12

511) E 513) D 515) D 517) D 519) D
512) E 514) C 516) E 518) A 520) A

Respostas do Teste 13

521) D 523) B 525) B 527) C 529) C
522) D 524) B 526) B 528) D 530) E

Respostas do Teste 14

531) E 533) D 535) A 537) B 539) B
532) A 534) B 536) D 538) A 540) D

Respostas do Teste 15

541) C 543) D 545) B 547) D 549) B
542) A 544) D 546) A 548) A 550) E

Respostas do Teste 16

551) C 553) D 555) B 557) E 559) E
552) C 554) B 556) D 558) E 560) C

Respostas do Teste 17

561) B 563) C 565) D 567) C 569) C
562) C 564) A 566) A 568) C 570) D

Respostas do Teste 18

571) C 573) C 575) D 577) B 579) A
572) A 574) C 576) B 578) A 580) A

Respostas do Teste 19

581) E 583) A 585) B 587) C 589) E
582) D 584) D 586) C 588) C 590) B

Respostas do Teste 20

591) C 593) A 595) B 597) C 599) C
592) B 594) B 596) A 598) A 600) A

Resoluções dos testes

Resoluções do teste 51

501) A travessia dura 1,5 minuto, o mesmo que 90 segundos.

Quando os bondes se encontram, o bonde A já havia partido há 40 segundos. Faltam então 50 segundos para chegar ao topo da montanha. Quer dizer que o bondinho B já havia andado 50 segundos desde o topo.

Portanto o bondinho B partira há 50 segundos, ou seja, 10 a mais que A. O bondinho B havia partido 10 segundos antes do bondinho A.

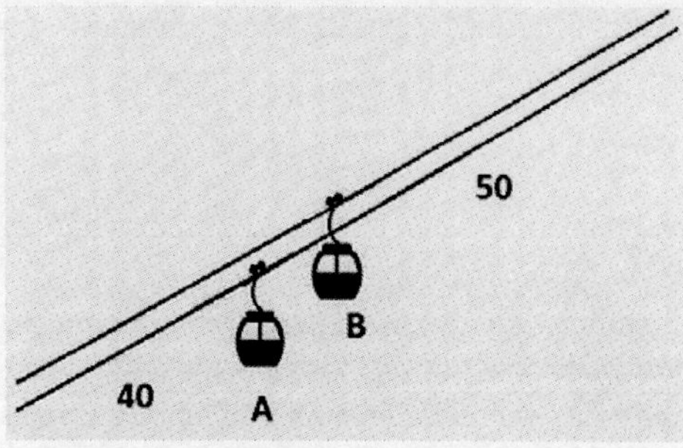

Resposta: (B) 10

602) Efetue:

$$\overline{LIII} - \overline{XII}D + MMDCC$$

Os numerais romanos envolvidos são 53.000, 12.500 e 2700. O resultado é 43.200, que em romanos se escreve:

$$\overline{XLIII}CC$$

Resposta: (C)

503) A caixa 2 deve ficar obrigatoriamente com a letra D, pois tem este único cartão. As demais caixas não podem ter a letra D, para que não haja repetição. Eliminando todas as letras D, a caixa 5 ficará apenas com a letra E. A seguir eliminamos todas as letras E das demais caixas, além da 5. As letras restantes até o momento serão as seguintes:

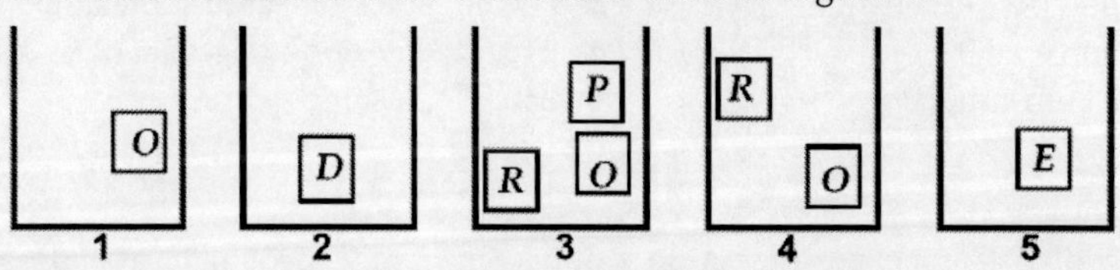

A caixa 1 deverá obrigatoriamente ficar com a letra O. Eliminando a letra I da caixa 4, concluímos que a caixa 4 deverá ficar com a letra R. Eliminando O e R da caixa 3, esta deverá ficar com a letra P. Então a ordem das letras nas cinco caixas é O-D-P-R-E. A caixa 3 ficará com a letra P.

Resposta: (C) P

504) 15 fileiras de 10 azulejos.
Basta multiplicar 15 x 10 = 150.

Resposta: (C) 150

505) Analisando as alternativas:

(A) 3/7 : O correto é <u>três sétimos</u>.
(B) 18/10000 (lê-se dezoito décimos de milésimos) CERTO !!!
(C) 14/1000: O correto é lê-se quatorze <u>milésimos</u>.
(D) 13/30: O correto é <u>treze trigésimos</u>, ou <u>três trinta avos</u>.
(E) 4/9: O correto é <u>quatro nonos</u>.

Resposta: (B)

506) Trabalhando de 8h às 16h, são 8 horas, mas descontando uma hora de almoço, são 7 horas de trabalho no dia.
Em uma semana, serão 7 dias x 7 horas a cada dia = 49 horas de trabalho por semana.
Se vende um copo de mate a cada 5 minutos, em 60 minutos (1 hora) serão 12 copos.
Então o número total de copos de mate vendidos em uma semana será:
49 x 12 = 588

Resposta: (D) 588

507) Seja n o número de quilômetros da distância percorrida. O preço foi R$ 9,70.
9,70 = 3,70 + **n** x 0,50
Significa que a parcela nx0,50 é a diferença entre 9,70 e 3,70. Isso é uma propriedade básica da adição. Por exemplo, de tivermos 10 = 3 + □, significa que □ vale 7. Quando sabemos apenas uma das parcelas de uma adição, e também sabemos o seu resultado (soma), para descobrir a parcela desconhecida, basta calcular a soma menos a parcela conhecida.
Voltando ao problema, temos que
n x 0,50 = 9,70 – 3,70 = 6
Lembrando que multiplicar por 0,5 é a mesma coisa que calcular a metade.
Então a metade de n vale 6. Portanto n é o dobro de 6, ou seja, 12.

Resposta: (A) 12

508) A melhor forma de resolver o problema é "passar o filme ao contrário", ou seja, fazer as operações na ordem inversa. Na lista abaixo, calculemos quanto era o valor antes de cada evento.

	ANTES
7) Chega em casa com 50,00.	
6) Paga mais 10,00 de estacionamento	→ 60,00, antes de pagar o estacionamento
5) Gasta metade do que possui	→ 120,00, antes de gastar a metade
4) Paga 10,00 de estacionamento	→ 130,00, antes de pagar o estacionamento
3) Gasta metade do que possui	→ 260,00, antes de gastar a metade
2) Amigo devolve 20,00	→ 240,00, antes do amigo devolver 20,00
1) Sai de casa com um valor	→ 240,00, ao sair de casa.

Resposta (E) 240,00

509) É um problema típico de sistema de 2 equações com 2 incógnitas, assunto aprendido no 8º ano, mas pode ser feito com conhecimentos do 5º ano, usando um pouco de raciocínio. Vamos organizar as informações do problema:

Moedas de 1,00: □
Moedas de 0,50: □+○
Moedas de 0,25: ○

Trata-se de um típico "problema de quadradinho", que no 8º ano será um "problema de equação". Nesse caso temos dois valores desconhecidos, deixamos indicados como □ e ○. Temos que usar dois símbolos, pois não sabemos se as quantidades de moedas são iguais ou não. A quantidade de moedas de 0,50 é a soma das quantidades das duas outras moedas. Sendo assim, a soma de todas essas moedas é dada por:

□+(□+○)+○= 20
Isso nos permite concluir que vale 10. (□+○), já que a expressão □+(□+○)+○ é o dobro de (□+○). Portanto, são 10 moedas de 0,50, seu valor é 10 x 0,50 = 5,00
Como o valor total é 12,00, as moedas de 1,00 e de 0,25, juntas, valem 7,00. E são também 10 moedas (pois o total é 20, e 10 moedas são de 0,50). Ficamos então com
Moedas de 1,00 e 0,25, total de 10, valor = 7,00.

Agora podemos lembrar do clássico problema 24 do capítulo 1.
Se todas as 10 moedas fossem de 1 real, o valor seria 1,00. Entretanto o valor é 7,00, ou seja, 3,00 a menos. Este valor a menos é devido às moedas de 0,25, que valem 0,75 a menos que a moeda de 1 real. Fazendo 3,00 ÷ 0,75 ficamos com 4. Então são 4 moedas de 0,25, e as restantes são de 1,00. Conferindo:
6 moedas de 1,00 ➔ 6,00
4 moedas de 0,25 ➔ 1,00
Total: 10 moedas, valor 7,00. Então são realmente 6 moedas de 1 real.

Resposta: (B) 6

É um problema fácil, que o aluno resolve quase sem pensar, quando usa as técnicas que serão aprendidas nas séries mais avançadas. Por outro lado, é um excelente problema para desenvolver o raciocínio matemático, quando o aluno precisa vencer o desafio com conhecimentos ainda limitados à matéria do 5º ano.

510) Chamemos de C e L os preços da caneta e da lapiseira. Ficamos com:
Opção 1: C + L = 5,40
Opção 2: C + C + L = 6,30
Comparando as duas opções, vemos que a opção 2 tem como diferença, uma caneta a mais. Então este aumento de valor corresponde ao preço de uma caneta. Então
C = 6,30 – 5,40 = 0,90. Portanto C vale 0,90.
Voltando à opção 1, temos que a soma dos preços de uma caneta e uma lapiseira é 5,40, ou seja:
0,90 + L = 5,40
Então L vale 5,40 – 0,90 = 4,50. Este é o preço da lapiseira.

Resposta: (B) R$ 4,50

Resoluções do teste 52

511) O sólido se chama *prisma triangular reto*. Os prismas têm duas bases iguais, que podem ser qualquer polígono. Ligando os vértices dessas bases, temos as chamadas arestas laterais, que são paralelas. As duas bases estão em planos paralelos. É exatamente o que está na figura ao lado, e isso também mostra como é importante conhecer os nomes das figuras geométricas.

Figura 1

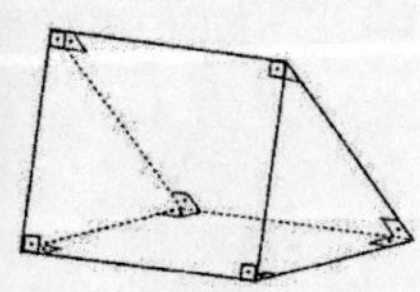
Figura 2

Resposta: (E) prisma triangular reto.

512) Se o perímetro é 64, então cada lado será a quarta parte de 64, que é 16.
O segundo quadrado, tem perímetro igual ao dobro do primeiro, ou seja, 128. Seu lado é a quarta parte, que é 32.

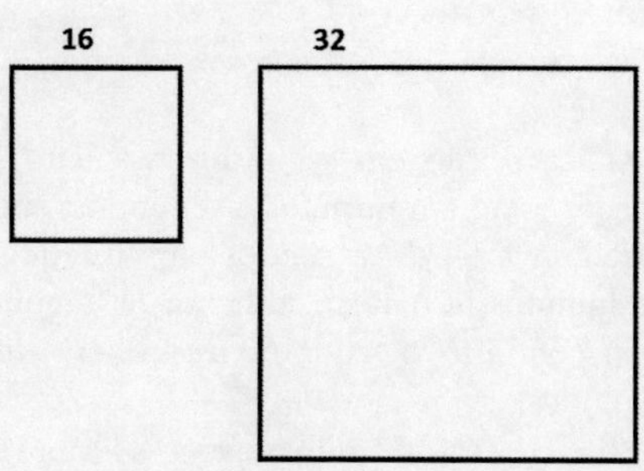

Resposta: (E) 32

513) O tempo total das palestras é 1h 40 min = 60 min + 40 min = 100 min.
Como a duração das quatro palestras é a mesma, sem intervalo, então cada uma terá duração de 100 ÷ 4 = 25, ou seja, 25 minutos.

Resposta: (D) 25 min

514) O aluno distraído poderá dizer que 123 tem duas dezenas, mas esse cálculo não é feito dessa forma. Além de duas dezenas, tem também uma centena, e 1 centena são 10 dezenas. Então o número total de dezenas é 10 + 2 = 12.
Outra forma de resolver o problema é fazendo a divisão de 123 por 10. O resultado (quociente) será o número de dezenas. 123 ÷ 10 = 12, resto 3.

Resposta: (C) 12 dezenas

515) Problema similar ao 107, porém com outros valores. Vamos chamar de **n** o número de quilômetros. Ficamos com:

4,50 + n x 0,75 = 13,50

Então nx0,75 vale 9,00, que é a diferença entre 13,50 e 4,50. O valor de n é a divisão entre 9,00 e 0,75.
n= 9,00 ÷ 0,75

Divisões por divisores com vírgula são um pouco trabalhosas, vamos fazer usando simplificação de frações, que é um método menos trabalhoso:

$$\frac{9}{0{,}75}=\frac{900}{75}=\frac{180}{15}=\frac{36}{3}=12$$

Resposta: (D) 12

516) 20 – {8 + [3 + (8 – 5) – 1] + 6}

A expressão tem apenas adições e subtrações, então a única coisa que devemos lembrar é a ordem dos parênteses, colchetes e chaves. Começamos com os mais internos, ou seja, os parênteses.
20 – {8 + [3 + (8 – 5) – 1] + 6} =
20 – {8 + [3 + 3 – 1] + 6} =
20 – {8 + [5] + 6} = 20 – {19} = 1

Resposta: (E) 1

517) Precisamos descobrir quantas vezes 1240L é maior que 20L. Este valor resultará em um tempo maior, obtido quando o multiplicamos pelo tempo para encher um balde.
1240 ÷ 20 = 124 ÷ 2 = 62 (62 vezes maior)
Então o tempo será 62 vezes maior, pois isso equivale a 62 baldes.
62 x 33s = 2046s
OBS: Se você já sabe *regra de três*, pode usá-la para calcular este tempo de forma mais simples.
A única opção em segundos é a letra (A) que indica um valor diferente. As outras quatro opções estão em minutos e segundos, então temos que fazer a conversão.
Para converter de segundos para minutos, basta dividir por 60. O quociente indicará o número de minutos, e o resto indicará os segundos. Aqui temos que fazer a divisão sem simplificar, caso contrário o valor do resto será diferente, e precisamos do resto, que é o número de segundos.
2046 ÷ 60 = 34, resto 6, ou seja, 34 minutos e 6 segundos

Resposta: (D) 34min 6s

518) Apenas com a informação que o problema fornece, não é possível descobrir com exatidão o número de alunos. Podemos encontrar um número possível, que será a resposta certa.
Se o número de meninas é o triplo do número de meninos, podemos chamar esses números de:
Meninos: □
Meninas: □□□
Total: □□□□

A única coisa que sabemos com essa informação, é que o número de alunos é um múltiplo de 4. Das opções, a única que é múltiplo de 4 é 32. Os outros valores não são múltiplos de 4.

Resposta: (A) 32

Não temos afirmar com certeza que a turma tem 32 alunos, mas podemos afirmar com certeza que o número de alunos não pode ser 35, nem 39, nem 42 nem 37, pois nenhum desses números é múltiplo de 4. Ainda assim, é correto dizer que o número de alunos "pode ser 32".

519) Trata-se de um problema simples de uma parte da matemática chamada "Análise Combinatória", estudada no Ensino Médio e muito cobrada nas provas de vestibulares. Entretanto seu princípio pode ser ensinado para quem tem conhecimentos do 5º ano.
Vamos chamar as amigas de A, B, C, D e E (não confundir com as letras ABCDE das opções de resposta). Cada uma das meninas abraça as quatro demais, portanto poderíamos representar os abraços que envolvem a menina A como:
AB, AC, AD, AE. Por exemplo, AD significa que a menina A abraça a menina A.
Da mesma forma teríamos todos os abraços da menina B como:
Abraços da menina B: BA, BC, BD, BE
Abraços da menina C: CA, CB, CD, CE
Abraços da menina D: DA, DB, DC, DE
Abraços da menina E: EA, EB, EC, ED
Ou seja, o total é igual a 5 x 4 = 20, que é o número total de meninas, vezes este número menos 1. Ocorre que contando desta forma, estamos na verdade na verdade contando todos os abraços duas vezes. Por exemplo, AB é o mesmo que BA, e o mesmo vale para todos os outros abraços. Sendo assim, temos que dividir este resultado por 2, para que não contemos os abraços em duplicidade.
Então ficamos com 20 ÷ 2 = 10.

Resposta: (D) 10

OBS: Lembre deste método, pois existem muitos problemas que usam resolução semelhante.

520) De início sabemos que o primeiro candidato, Pedrinho, recebeu 10 votos. Temos que descobrir a quantidade de votos dos outros quatro candidatos.

<table>
<tr><td>1º = 10 votos
2º = ?
3º = ?
4º = ?
5º = ?</td><td>Para encontrar o mínimo, e levando em conta que os outros quatro candidatos receberam números diferentes de votos, então esses números de votos devem ser 0, 1, 2 e 3, em qualquer ordem. Usemos a ordem decrescente.</td><td>1º = 10 votos
2º = 3
3º = 2
4º = 1
5º = 0</td></tr>
</table>

Com este arranjo, temos um total de 16 votos (10 + 3 + 2 + 1 + 0). Cada aluno deu um voto, e cada voto tem um aluno correspondente, então o número de alunos é igual ao número total de votos, que é 16.

Resposta: (A) 16

Resoluções do teste 53

521) João trabalhou nos andares ímpares:
1, 3, 5, 7, 9, 11, 13; 15, 17, 19, 21, 23, 25, ...
Pedro trabalhou em andares de 3 em 3, partindo de 1:
1, 4, 7, 10, 13, 16, 19, 22, 25, 28, 31, ...

Os andares em que ambos trabalharam foram 1, 7, 13, 19, 25, ...
São andares que mudam de 6 em 6, a partir de 1.
É uma lista muito extensa para indicar todos eles, são 20 andares:
1, 7, 13, 19, 25, 31, 37, 43, 49, 55, 61, ...

Para chegar ao vigésimo número da lista, temos que encontrar, depois do número 1, mais 10 números, que mudam de 6 em 6. Então para chegar ao 20º número calculamos:
1 + 19 x 6
Ou seja, serão 19 aumentos de 6 unidades, depois do 1. O resultado é:
1 + 19 x 6 = 1 + 114 = 115

Então o último andar é o 115º.

Resposta: (D) 115

522) Para encontrar a forma percentual correspondente a uma razão, basta multiplicar esta razão por 100%. Por exemplo, 0,5 é o mesmo que 0,5 x 100% = 50%.
Neste problema, vamos multiplicar a razão dada por 100%. O número 100 vai simplificar:

$$\frac{21{,}5}{100} \times 100\% = 21{,}5\%$$

Resposta: (D) 21,5%

523) Problema bem tranquilo, basta usar adição e subtração. O quarto valor da tabela é igual à soma dos três primeiros. Podemos calcular o 2º valor como sendo o 4º menos o 1º menos o 3º. Outro modo e somar o 1º com o 3º e fazer o 4º menos essa soma.
Janeiro + Março: 268.357 + 298.452 = 566.809
Total – este valor = 935.003 – 566.809 = 368.194

Resposta: (B) 368194

524) Soma dos algarismos de 1 a 9: 1 + 2 + 3 + 4 + 5 + 6 + 7 + 8 + 9 = 45
Multiplicando os algarismos do resultado: 4 x 5 = 20

Resposta: (B) 20

525) Se dobrar a velocidade, vai chegar no destino em um tempo reduzido à metade, ou seja, 2 horas.

Resposta: (B) 2 horas

526) Precisamos converter todas as medidas para centímetros, pois o problema pediu o perímetro em centímetros.

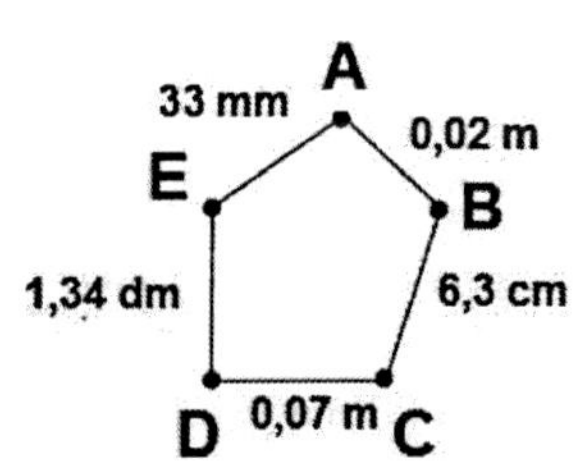

AB = 0,02m = 0,02 x 100cm = 2 cm
BC = 6,3cm
CD = 0,07m = 0,07 x 100cm = 7cm
DE = 1,34dm = 1,34 x 10cm = 13,4cm
EA = 33mm = 33 x 0,1cm = 3,3 cm
Total = 2 + 6,3 + 7 + 13,4 + 3,3 = 32cm

Resposta: (B) 32

527) A torneira que pinga, a cada 12 horas enche um balde de 50L. Em 24 horas são 1000 litros. Em 30 dias são 30 x 1000 = 3000L
50L = 12h
100L = 24h = 1 dia
3000L = 30 dias
Ou sejam 3 metros cúbicos desperdiçados em um mês. Se não houvesse desperdício, o gasto em 30 dias seria 16 – 3 = 13 metros cúbicos

Resposta: (C) 13

528) Para descobrir qual é a barra mais fina, temos que comparar essas quatro frações. Para isso temos que reduzir todas ao mesmo denominador. Os denominadores são 16, 4 e 8, o denominador comum (MMC) é 16. Então vamos reduzir as frações ao denominador 16:

$$\frac{1}{4}=\frac{1\times 4}{4\times 4}=\frac{4}{16} \text{ e } \frac{3}{8}=\frac{3\times 2}{8\times 2}=\frac{6}{16}$$

Então as frações reduzidas ao mesmo denominador ficam, na ordem do enunciado:

$$\frac{3}{16},\frac{4}{16},\frac{5}{16},\frac{6}{16}$$

A barra de ferro mais fina é a de menor espessura das quatro, que é a primeira: 3/16.

Resposta: (D) 3/16

529) Podemos considerar 4 categorias:

A: 1/4 de 700 = 175
B: 2/5 de 700 = 280
C: = ?
D: = 10 (os que não responderam)
A soma desses quatro números é 700, então o terceiro número desconhecido vale 700 menos a soma dos outros três: 175 + 280 + 10 = 465
Os que escolheram C foram 700 – 465 = 235

Resposta: (C) 235

530) Se 20 polegadas são 50 cm, então uma polegada são 50 ÷ 20 = 2,5cm
A TV de Marcelo tem 40 cm, para saber quanto vale isso em polegadas, basta dividir 40 ÷ 2,5. Façamos esta divisão usando frações:

$$\frac{40}{2{,}5}=\frac{40\times 2}{2{,}5\times 2}=\frac{80}{5}=16$$

Resposta: (E) 16

Resoluções do teste 54

531) A proporção é de 2 partes de morango para 1 parte de acerola. Por exemplo, misturamos 2 embalagens de morango com 1 embalagem de acerola, faremos na proporção correta, uma quantidade de suco equivalente a 3 embalagens. Para fazer essa quantidade de suco, vejamos o preço necessário.

Fruta	Quant.	Preço antigo	Preço novo
Morango	2	18,00 + 18,00	□ + □
Acerola	1	14,70	15,30
		50,70	50,70

Com os preços antigos, o custo desses ingredientes era 18,00 + 18,00 + 14,70 = 50,70. O comerciante quer continuar com o mesmo custo para o consumidor, então ele precisa ter o mesmo gasto com os ingredientes, ou seja, ele tem que negociar um novo preço para a embalagem da polpa de morango, de tal forma que o gasto com os ingredientes seja o mesmo, ou seja, 50,70. Se chamarmos o novo preço da embalagem de polpa de morango de □, ficamos com:

□□ + 15,30 = 50,70

□□ = 50,70 – 15,30 = 35,40

□ = 17,70, ou seja, a caixa da polpa de morango deve sofrer uma redução de 30 centavos.

Resposta: (E) 0,30

532) Calculamos o número total de crianças, depois aquelas que tem menos de 6 anos.
30% de 3.000.000 = 900.000 (basta dividir 3 milhões por 100 e multiplicar por 30)
São portanto 900.000 crianças até 11 anos.
Dessas crianças, 90% tinham 6 anos ou mais. Os restantes 10% tinham idade inferior a 6 anos.
10% de 900.000 = 90.000

Resposta: (A) 90.000

533) Basta calcular os valores dos engradados, garrafas e caminhões, com base na equivalência em tampinhas, usando as relações que o problema forneceu.

(A) 5 engradados = 5 x 15 = 75 tampinhas, um caminhão = 60 tampinhas: ERRADO
(B) 2 engradados = 2 x 15 = 30 tampinhas, um caminhão = 60 tampinhas: ERRADO
(C) 2 garrafas = 2 x 10 = 20 tampinhas, um engradado = 60 tampinhas: ERRADO
(D) 6 garrafas = 6 x 10 = 60 tampinhas, um caminhão = 60 tampinhas: CERTO
(E) 10 garrafas = 10 x 10 = 100 tampinhas, 6 caminhões = 6x60=360 tampinhas: ERRADO

Resposta: (D) 6 garrafas valem um caminhão

534) O formato da caixa é chamado *paralelepípedo retângulo.* Este sólido também pode ser classificado como um prisma quadrangular reto. Entre as opções, a que se aplica é:

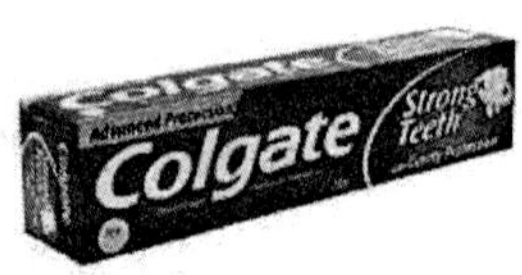

Resposta: (B) Paralelepípedo

535) O desenho mostra uma balança em equilíbrio. Qual a massa de cada cubo?

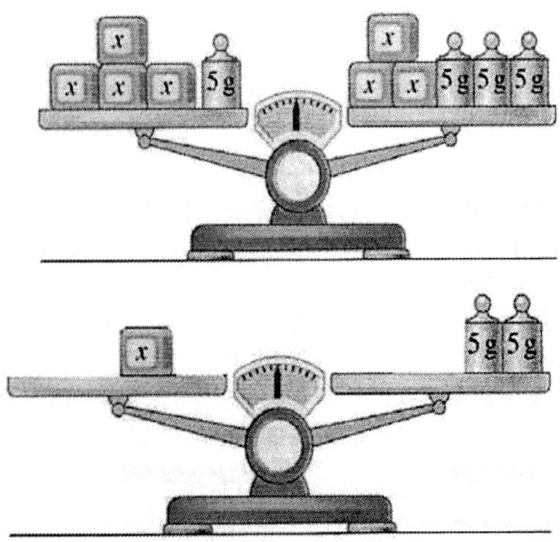

Se tirarmos pesos iguais dos dois lados, a balança continuará em equilíbrio. Vamos tirar três pelos “x” de cada lado, e um peso de 5g de cada lado.

Ficamos com um peso “x” equilibrado com dois pesos de 5g.
Então o peso “x” vale 10 gramas.

Resposta: (A) 10g

536) Pela tabela, a vitamina mais cara é a de morango, que custa R$ 3,00. O suco que custa 10% mais caro que esse valor é o de Acerola, que custa R$ 3,30.
O gasto total foi R$ 13,30, com isso podemos descobrir o preço dos sanduíches, que são iguais.
O gasto com os sanduíches foi 13,30 – 3,00 – 3,30 = 7,00
Se os dois sanduíches custaram 7,00, foram sanduíches de 3,50 cada, ou seja, de frango desfiado.

Resposta: (D) Bernardo e Marina pediram sanduíches de frango desfiado.

537) É um típico problema de ciclos, resolvido através de MMC.
Mafalda chama Suzanita de louca a cada 10 minutos.
Suzanita chama Mafalda de louca a cada 18 minutos.
Elas se chamam ao mesmo tempo de loucas em instantes que são múltiplos comuns de 10 e de 18, que é o MMC entre 10 e 18. Calculando este MMC, encontramos 90. Ou seja, a cada 1,5 hora ocorre o xingamento mútuo. Para saber quantas vezes isso ocorreu devemos dividir o período de 12 horas, por 1,5 hora:

$$\frac{12}{1,5}=\frac{24}{3}=8$$

O enunciado está mal formulado, deveria ter dito que no instante t=0, as duas começaram chamando uma a outra de louca. Nesse caso teríamos 9 vezes, e não 8. O tempos seriam:
0 – 1,5 – 3,0 – 4,5 – 6,0 – 7,5 – 9,0 – 10,5 – 12,0, que seriam realmente 9 vezes.

Resposta: (B) 9

538) A terra ocupa 30% da superfície total do planeta.
Dessa terra, temos:
1/3 = pastagem, floresta e montanha
2/5 = deserto e gelo
A terra que sobra é 1 – 1/3 – 2/5.

$$1-\frac{1}{3}-\frac{2}{5}=\frac{15}{15}-\frac{5}{15}-\frac{6}{15}=\frac{4}{15}$$

Portanto, apenas 4/15 da superfície de terra do planeta é usada para cultivo. Esta superfície é 30% do total do planeta, então ficamos com
30% x 4/15 = 8%

Resposta: (A) 8%

539) Tomou emprestado 100 reais, para pagar 110 reais.
Gastou parte do dinheiro e restaram 85 reais, que foram pagos. Faltam 110 – 85 = 25 reais para concluir o pagamento. Terá que pagar esses 25 reais, e mais 1/5 deste valor em 30 dias, ou seja, pagará 25 + 1/5 de 25 = 25 + 5 = 30 reais.
Uma vez pagos os 85 reais, e mais esses 30 reais, terá pago ao todo, 115 reais, ou seja, 15 reais a mais que o empréstimo original, de 100 reais, portanto os juros foram iguais a 15% do valor emprestado.

Resposta: (B) 15

OBS: Tipicamente, este não é o tipo de negócio comum entre um pai e uma filha. Se a filha for menor de idade, o pai, se puder, dará o dinheiro à filha, e não emprestará. Se a filha for maior de idade, e se realmente o pai não pode dar o dinheiro, ele provavelmente não cobrará nem aceitará juros. Então essa história fictícia desse enunciado é atípica, ou seja, não é o que se observa de forma corriqueira na vida real, um pai emprestando dinheiro a uma filha, cobrando juros, primeiro 10%, depois 20% ao mês, mais do que cobra um banco.

540) A primeira informação do problema é que Dalva é dois meses mais nova que Ana. Vamos representar os meses em que Dalva e Ana nasceram como D __ A.
Lembremos entretanto que mais novo é aquele que nasce depois. Se estivermos representando os meses em ordem cronológica, da esquerda para a direta, como é usual (antes, depois), o correto seria: A __ D. Fica assim representado que Dalva nasceu dois meses depois, ou seja, é 2 meses mais nova que Ana.

Na mesma frase é dito que Dalva é quatro meses mais velha que Cristina. Lembrando que mais velho é quem nasce antes (mais para a esquerda), então representaríamos Cristina no mesmo diagrama, quatro posições depois de Dalva:

A __ D __ __ __ C.

Finalmente, Beatriz é oito meses mais nova que Dalva, ou seja, nasceu 8 meses depois. Então, Beatriz ficará 8 posições à direita de Dalva:

A __ D __ __ __ C __ __ __ B.

O problema pergunta quem nasceu em março. Se todas as posições são os meses de um mesmo ano, é óbvio que Cristina e Beatriz não podem estar em Março. As únicas "suspeitas" são Ana e Dalva, pois estão mais à esquerda, que representa os primeiros meses do ano. Temos então que testar. Se Ana nasceu em Março, Beatriz teria nascido somente em Janeiro do ano seguinte, o que está em desacordo com o enunciado. Se alguém nasceu em Março, só pode ter sido Dalva.
Sendo assim, Dalva pode ter nascido em Março, no caso Ana teria nascido em Janeiro, Cristina em Julho e Beatriz em Novembro.

Resposta: (D) Dalva

OBS.: A rigor, existe uma segunda solução. Pode não ter nascido nenhuma delas em Março, (E) se os meses representados forem de Fevereiro a Dezembro. Diríamos então que, se com certeza alguém nasceu em Março, só pode ser Dalva, mas se não temos certeza, as duas soluções seriam corretas, ou seja, pode ser qualquer uma das respostas, D ou E.

Resoluções do teste 55

541) Eliminamos a Caixa 2 porque uma das suas dimensões é 75 cm, então o objeto que mede 80cm nas três dimensões não caberá. Ficamos então com as quatro opções abaixo:

- Caixa 1: 86cm x 86cm x 86cm
- Caixa 3: 85cm x 82cm x 90cm
- Caixa 4: 82cm x 95cm x 82cm
- Caixa 5: 80cm x 95cm x 85cm

A caixa que resulta em menor espaço livre em seu interior é aquela de menor volume. Temos que comparar os volumes dessas 4 caixas, e descobrir qual é o menor. Não é nada agradável fazer 8 multiplicações em uma prova em que temos apenas 3 minutos para resolver cada questão, então procuremos algum tipo de simplificação.

As caixas 4 e 5 têm uma medida comum, que é 95cm. Se quisermos apenas saber qual é a menor, não precisamos calcular o volume, podemos apenas comparar os produtos 82x82 e 80x85. Rapidamente calculamos que 82x82=6.724, e 80x85=6800. A caixa 5 terá portanto o maior volume, então podemos eliminá-la.

Ficamos com apenas três caixas "concorrentes": 1, 3 e 4. As caixas 3 e 4 têm uma medida em comum, que é 82cm. Para saber qual é a maior, basta comparar o produto das duas outras medidas, ou seja, 85x90 e 82x95. Calculamos rapidamente esses produtos: 85x90 = 7650 (Caixa 3), e 82x95 = 7790 (Caixa 4). Então a caixa 4 tem maior volume que a caixa 3, podemos eliminar a 4. Ficamos portanto com duas caixas apenas para decidir:

- Caixa 1: 86cm x 86cm x 86cm
- Caixa 3: 85cm x 82cm x 90cm

Nesse caso as caixas não têm uma medida comum, temos que fazer todas as multiplicações para descobrir qual é a de menor volume. Calculando esses dois volumes, ficamos com:

- Caixa 1: 86cm x 86cm x 86cm = 636.056 cm^3
- Caixa 3: 85cm x 82cm x 90cm = 627.300 cm^3

Sendo assim, a caixa de menor volume é a 3.

Resposta: (C) 3

542) 20 páginas são lidas em 4 horas.
200 páginas é uma quantidade 10 vezes maior que 20, então serão lidas em um tempo também 10 vezes maior, ou seja, 20 x 10 = 200 horas

Resposta: (A) 40

543) Um restaurante possui 12 mesas, todas de 4 lugares e em todas as mesas há pessoas sentadas. Algumas estão com 4 pessoas sentadas e outras só com um casal. Se há 34 pessoas sentadas, podemos afirmar que o número de lugares vagos é:

Se o restaurante estivesse totalmente cheio, com 4 pessoas em cada mesa, teríamos um total de 12 x 4 = 48 pessoas (quatro pessoas em cada uma das 12 mesas).
Como tem apenas 34 pessoas, significa que existem 14 lugares vagos (48 – 34 = 14).

Resposta: (D) 14

544) O problema é uma adição de frações, bem simples. Não é preciso reduzir ao mesmo denominador, pois eles já são iguais. Somamos os numeradores e repetimos o denominador.

$$\frac{4}{7}+\frac{2}{7}=\frac{6}{7}$$

Resposta: (D) 6/7

545) O número total de bolas é 3 + 4 + 7 = 14
As bolas não brancas são 4 (vermelhas) + 7 (amarelas) = 11
A fração que representa o número de bolas não brancas em relação ao total é:
Numerador: número de não brancas
Denominador: número total
11/14

Resposta: (B) 11/14

546) Conhecendo as áreas dos quadrados, podemos determinar os seus lados.
Área 121 ➔ lado 11 (porque 121 = 11^2)
Área 64 ➔ lado 8 (porque 64 = 8^2)
Com essas informações já podemos identificar cinco dos seguimentos da figura, indicados ao lado.
O problema é que ainda temos que descobrir os seis segmentos de medidas a, b, c, x, y e z indicados na figura. Não temos como calculá-los porque não sabemos o lado dos dois quadrados menores.

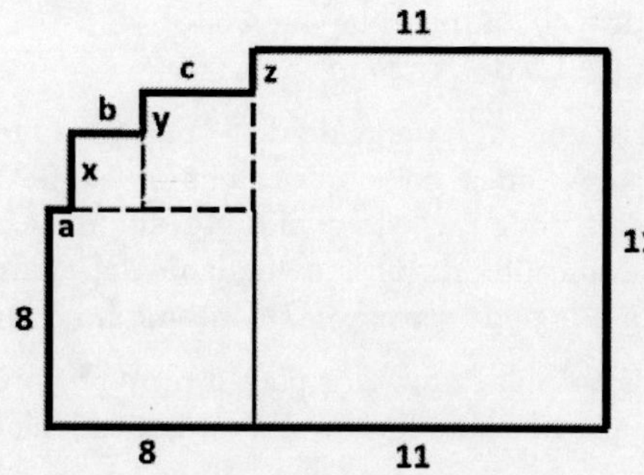

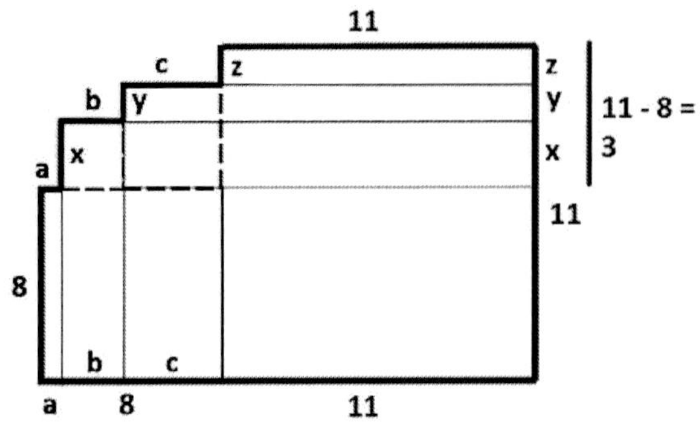

Entretanto, notamos claramente na figura, que a soma das medidas a+b+c é igual a 8, o lado do quadrado de 8 cm.

Da mesma forma, as medidas x, y e z também aparecem à direita no desenho ao lado, e seu valor é a diferença dos lados dos dois quadrados maiores. 11 – 8 = 3.
Então x+y+z=3.

O perímetro da figura é portanto a+b+c +x+y+z + 11 + 11 + 11 + 8 + 8 = 60.

Resposta: (A) 60

547) Essa questão poderia ser assim: *"Qual é o maior número natural que divide exatamente 2400 e 1800?"*. O resto é bla-bla-bla, que não tem utilidade matemática alguma, mas você encontrará isso nos problemas, e precisará se acostumar com isso: ler o enunciado, entender o enunciado, eliminar a informação desnecessária, e encontrar qual é a informação matemática relevante para resolver o problema. A informação matemática relevante é essa: *"Qual é o maior número natural que divide exatamente 2400 e 1800?"*.
A resposta é o MDC dentre esses valores, pois MDC (Máximo Divisor Comum) é exatamente isso: o maior número que divide dois valores, simultaneamente. Lembremos como se calcula o MDC:

2400 – 1800	100
24 – 18	6
4 – 3	

Vamos aproveitar para ensinar uma forma alternativa para calcular o MDC. Ao invés de fazermos as divisões pelos primos, usamos outros divisores maiores, não primos. Isso pode ser feito quando não precisamos dos fatores primos, mas apenas do MDC.
Entre 2400 e 1800, encontramos o fator comum 100.
Depois, entre 28 e 18, encontramos o fator comum 6.
Ficamos com 4 e 3, que não têm fator comum.
Então o MDC é 100 x 6 = 600.

Resposta: (D) 600

OBS: Em uma prova discursiva, eventualmente a pessoa que corrige pode "tirar pontos" se você fizer o MDC por este método, então para evitar isso, você deve em uma prova, fazer a fatoração usando fatores primos.

548) Os prêmios são:
1º lugar = ?
2º lugar = 40% a mais que o terceiro
3º lugar = 1/5 do primeiro

Observe que tudo depende do 1º prêmio. O terceiro será 1/5 deste valor, e o segundo será 40% a mais. A única coisa que sabemos é que a soma dos três prêmios é 3700 dólares. Este problema pode ser feito com o uso de uma equação, ou usando divisão proporcional, assuntos mais avançados do ensino fundamental. Vamos fazer a resolução usando um método mais básico, que pode ser usado até mesmo no 5º ano.

Vamos estipular um valor para o primeiro prêmio, por exemplo, 100. A seguir calculamos os outros prêmios, em função deste valor estipulado.

1º prêmio: 100
3º prêmio: 1/5 de 100 = 20
2º prêmio 40% a mais que o terceiro.

40% de 20 é o mesmo que $20\times\frac{40}{100}$.

Calculando esta porcentagem, ficamos com o resultado 8. Então o 2º prêmio é 8 a mais que o 3º, ou seja, 20 + 8 = 28. Ficamos portanto com os seguintes valores estipulados:

1º prêmio: 100
2º prêmio: 28
3º prêmio: 20
Total: 148

Está correto, o 3º prêmio é 1/5 do primeiro, e o 2º é 40% a mais que o terceiro. A única coisa que não confere é a soma dos prêmios, que pelo enunciado, deveria ser 3700 dólares, e não 148. Para chegar à resposta final, teremos que multiplicar esses valores por um fator, de tal forma que a soma deles seja 3700. Para descobrir este fator, basta dividir 3700 por 148.

$Fator=\frac{3700}{148}$. Pode ser calculado por simplificação ou armando a divisão, este fator será igual a 25.

Então nossos valores estipulados devem ser multiplicados por 25.
1º prêmio: 100x25 = 2500
2º prêmio: 28x25 = 700
3º prêmio: 20 x 25 = 500
Total: 3700
O problema pede o prêmio do terceiro, que é 500 dólares.

Resposta: (A) 500

549) A forma mais fácil e rápida de resolver é checando as respostas. Precisamos testar apenas as opções A e B, porque as outras duas têm frações com numeradores diferentes de 1, portanto não são frações unitárias. Testemos então (A) e (B):

(A): $\frac{1}{2}+\frac{1}{3}+\frac{1}{5}=\frac{15}{30}+\frac{10}{30}+\frac{6}{30}=\frac{31}{30}$, que não é equivalente a 19/20.

(B): $\frac{1}{2}+\frac{1}{4}+\frac{1}{5}=\frac{10}{20}+\frac{5}{20}+\frac{4}{20}=\frac{19}{20}$, CERTO!

Claro que nas duas adições de frações acima, tivemos que reduzir as frações ao mesmo denominador. No item (A) tivemos o MMC igual a 30, e no item (B), 20.

Resposta: (B)

550) As moedas são apenas de 10 centavos. 10 dessas moedas formam 1 real. Para conseguir o número mínimo de moedas, temos que obter o número máximo de notas. Como são 23 reais, são duas notas de 10 reais, e os 3 reais restantes serão pagos com 30 moedas de 10 centavos, este é o número mínimo de moedas.

Resposta: (E) 30

Resoluções do teste 56

551) Dizer que a escala é 1:400, é o mesmo que dizer que as medidas de comprimento no monumento original são 400 maiores, mas isto não significa que o volume do monumento seja 400 vezes maior. O volume é 400 x 400 x 400 vezes maior, porque para calcular o volume,

fazemos a multiplicação de 3 medidas. Isso fica fácil de entender quando estamos lidando com um cubo. Se um cubo é duas vezes mais largo, seu volume será 8 vezes maior. Isto vale para qualquer sólido, desde que o sólido grande tenha o mesmo formato que o sólido pequeno.

Para saber o volume do monumento original, multiplicamos o volume da miniatura, por 400 x 400 x 400, ficando com:

25 cm^3 x 400 x 400 x 400 = 1.600.000.000 cm^3.

Lembrando que 1 metro são 100 centímetros, 1 metro cúbico são 100 x 100 x 100 = 1.000.000 cm^3. Então o volume do monumento, 1.600.000.000 cm^3 = 1.600 x 1.000.000 cm^3, é o mesmo que 1600 metros cúbicos.

Resposta: (C) 1600

552) Analisemos as alternativas:

(A) As figuras 1 e 3 são formadas somente por triângulos retângulos – ERRADO, pois a figura 3 tem outros polígonos: quadrado e paralelogramo.
(B) As figuras 2 e 3 são formadas somente por triângulos e quadrados – ERRADO, tem também o paralelogramo.
(C) As figuras 1 e 4 são formadas somente por triângulos – CERTO!
(D) As figuras 2 e 4 possuem um único losango – ERRADO. O quadrado é também losango, mas a figura 4 tem somente triângulos.

Resposta: (C)

553) A distância total caminhada foi:
1º dia: 3 metros
2º dia: 8 metros
3º dia: 13 metros
4º dia: 18 metros
Total: 42 metros

Resposta: (D) 42

554) Foram ligados celulares a cada 20 minutos: instantes 0, 20, 40, 60 e 120 minutos (1h 20min).
Em 1h 25 min, 5 celulares terão sido ligados, mas como a carga só dura 30 minutos, alguns já terão desligado por final de bateria. Vejamos cada um deles:
0 min, deligou-se em t=30 minutos, já estará desligado em 1h 25min
20 min, desligou-se em t=50 minutos, já estará desligado em 1h 25min
40min, desligou-se em t=70 minutos (1h 10 min), já estará desligado em 1h 25min
60 min, tem carga para até 1h 30 min, ainda estará ligado em 1h 25min
1h 20min, tem carga, pois foi ligado há apenas 5 minutos.
Portanto, haverá ainda 2 celulares ligados em 1h 25min.

Resposta: (B) 2

555) 58 a cada 100 é o mesmo que 58%. E 58% de 2000 são:

$$2000 \times \frac{58}{100} = 20 \times 58 = 1160$$

Resposta: (B) 1160

556) São duas categorias:

1) Não aproveitando adequadamente: 2/3 de X
2) Aproveitando adequadamente: X

Outro problema que pode ser resolvido facilmente usando uma equação (8º ano em diante). Entretanto vamos resolver usando uma técnica de aritmética do 5º ano. Vamos "estipular" os números. Digamos que 30 adolescentes responderam que aproveitam adequadamente. Escolhemos 30, pois teremos que calcular 2/3 desse número, e com 30 evitaremos os cálculos com frações. 2/3 de 30 é 20. Ficamos então com:

1) Não aproveitando adequadamente: 20
2) Aproveitando adequadamente: 30
TOTAL: 50

Ocorre que com esses números, o total não é 100, mas 50. Para corrigir, basta multiplicar todos os valores por 2, ficando então com:

1) Não aproveitando adequadamente: 40
2) Aproveitando adequadamente: 60
TOTAL: 100

Então o número dos que não estão aproveitando é 40.

Resposta: (D) 40

557) $\left[\left(\frac{2}{3}\right)^2\left(\frac{5}{4}-\frac{1}{2}\right)\right]+\frac{2}{5}\div\frac{3}{10}$

Os dois parênteses estão sendo multiplicados, pois convenciona-se que quando não é usado sinal, trata-se de uma multiplicação. Por exemplo, 5(2+2) é o mesmo que 5 vezes 4. No nosso caso temos:

$$\left[\left(\frac{2}{3}\right)^2\left(\frac{5}{4}-\frac{1}{2}\right)\right]+\frac{2}{5}\div\frac{3}{10}=\left[\frac{4}{9}\times\left(\frac{5}{4}-\frac{2}{4}\right)\right]+\frac{2}{5}\times\frac{10}{3}$$

Explicando: 2/3 elevado ao quadrado é 4/9. As duas frações nos parênteses seguintes foram reduzidas ao mesmo denominador. E a divisão das duas últimas frações foi trocada pela multiplicação pelo inverso (repete a primeira e multiplica pelo inverso da segunda). Ficamos com:

$$\left[\frac{4}{9}\times\frac{3}{4}\right]+\frac{2}{1}\times\frac{2}{3}$$

Operando o conteúdo dos parênteses, resulta em 3/4. Nas duas últimas frações, simplificamos o 10 e o 5, por 5, e ficamos com 2 e 1. Finalmente, poderemos "cortar" o 4 da primeira multiplicação, e simplificar o 3 e o 9, por 3, ficando com:

$\frac{1}{3}+\frac{4}{3}$, resultado que obviamente é 5/3.

Resposta: (A) 5/3.

558) O problema pode ser resolvido com sistema de equações, assunto ensinado no 8º e 9º ano. Também pode ser resolvido usando um raciocínio aritmético com nível de 5º ano. O curioso é que o método do sistema de equações é baseado justamente no raciocínio de 5º ano. Chamemos de C e R o número de quilocalorias do primeiro lanche. Temos
2C + 2R = 1364

Se estivesse usando "quadradinhos" e "bolinhas", ficaria como □□ e ○○, mas vamos resolver usando letras. 2C significa C+C, quer dizer, dois sanduíches, e 2R significa dois refrigerantes. No segundo dia, o lanche foi
C + 3R = 986

Temos que usar essas duas informações para descobrir os valores de C e R:
2C+2R = 1364
C+3R=986. Vamos multiplicar esta relação por 2 e ficar com 2C+6R=986x2 = 1972. Ficamos então com:

2C+2R=1364 (lanche do 1º dia)
2C+6R=1972 (lanche do 2º dia, dobrado)

A diferença entre essas duas relações é que no segundo dia, temos 4R a mais, e em termos de calorias, temos uma diferença de 1972 – 1364 = 608 kcal
Então 4R = 608, e R = 608 ÷ 4 = 152.
Voltando a uma das relações originais, descobrimos o valor de C:
2C+2R=1364
2C+304=1364
2C = 1364 – 304 = 1060
C = 530
Então C vale 530 e R vale 152.

Resposta: (E) 530 e 152 (cuidado para não marcar (A), que está com os valores invertidos)

559) Calculemos quantas fatias cada um comeu:
Gabriel: 1/4 de 20 fatias = 5 fatias
Breno: 3/10 de 30 fatias = 6 fatias
Celina: 3/20 de 20 fatias = 3 fatias
Mariana: o restante = 20 – 5 – 6 – 3 = 6 fatias
Os dois que comeram a mesma quantidade de fatias (no caso, 6) foram Breno e Mariana.

Resposta: (E) Breno e Mariana

560) Os fatores A e T do numerador podem simplificar com fatores A e T do denominador. Ficamos com:

$$\frac{M \times E \times M}{I \times C \times A}$$

O maior valor possível é obtido quando usamos números maiores no numerador, e números menores no denominador. As letras são algarismos diferentes, claro que não podemos usar o zero, então dos algarismos de 1 a 9, note que existem dois M no numerador, então façamos M=9. O fator E será 8. Assim formamos 9x8x9, que é maior que 8x9x8, esta seria a segunda maior combinação para obter um numerador grande. No denominador devemos usar valores pequenos, e como são fatores diferentes, usemos 1, 2 e 3. Não importa a ordem dessas letras, desde que sejam usados 1, 2 e 3. Então o maior valor obtido é:

$$\frac{9 \times 8 \times 9}{1 \times 2 \times 3} = 3 \times 4 \times 9 = 108$$

Resposta: (C) 108

Resoluções do teste 57

561) Início da corrida: tanque cheio = 100 kg de gasolina
Consumo até a 1ª parada: 4/10 do valor inicial = 40 kg
Restando no tanque: 100kg – 40kg = 60kg

Reabastecimento: 1/3 do que havia no tanque = 1/3 de 60kg = 20 kg
Fizemos todos os cálculos em quilogramas, e encontramos que o carro foi reabastecido com 20 kg, mas o problema pede o resultado em litros. Devemos então usar uma *regra de três*:
A gasolina tem densidade de 750 g (0,75kg) por litro, significa que cada 750g do combustível pesam 1 litro. Queremos saber a quantos litros correspondem esses 20 kg do reabastecimento.

0,75kg 1L
20kg X

Na regra de três, o valor de X é uma fração onde o numerador é o valor "oposto a X", que no caso é 0,75, e o numerador é o produto dos outros dois números. Então:

$$X = \frac{20}{0,75}$$

Sem usar regra de três, basta observar que podemos descobrir o número de litros a partir da relação 0,75kg = 1L. Significa que sabendo o número de quilos, para saber o número de litros, basta dividir por 0,75.

Resposta: (B)

562) O dividendo é igual ao produto do divisor pelo quociente, somado com o resto. Ficamos então com:
8 x 69 + 4 = 556

Resposta: (C) 556

563) Antes de mais nada, tem que ser um algarismo par, pois para ser divisível por 6, tem que ser par. Precisa também ser um múltiplo de 3. Isso ocorre quando a soma dos algarismos é múltiplo de 3. A soma dos algarismos deste número é
2 + 3 + 4 + 3 + 5 + x = 17 + x
Como x é um algarismo par (0, 2, 4, 6 ou 8), os valores de x que fazem com que 17+x seja um múltiplo de 3 são:
X=0, soma 17 → NÃO
X=2, soma 19 → NÃO
X=4, soma 21 → é múltiplo de 3.
X=6, soma 23 → NÃO
X=8, soma 25 → NÃO

O único algarismo que atende é X=4.

Resposta: (C) 4

564) Como são 250g por semana para emagrecer, cada kg precisará de 4 semanas (porque 1 kg = 4 x 250g). Como são 30kg, o tempo total, em semanas, será 30 x 4 = 120 semanas.

Resposta: (A) 120

565) Agrupando de 4 em 4, 5 em 5 ou 7 em 7, sempre sobram 2. Isto significa que se não existissem aqueles dois brinquedos, o número seria um múltiplo de 4, de 5 ou de 7, ou seja, um múltiplo do MMC entre esses três números, que é 140. Mas também pode ser 2x140, 3x140, 4x140, etc. Temos ainda que somar de volta aqueles dois brinquedos que sempre sobravam. Então o número de brinquedos pode ser uma das opções:

142, 282, 422, 562, 702...

O problema informou ainda que agrupando de 6 em 6, não haveria sobra, então temos que escolher entre esses números, o menor deles que é múltiplo de 6. Como são todos pares, basta descobrir um que seja múltiplo de 3.

142 não é múltiplo de 3, pois 1+4+2=7, mas 282 é múltiplo de 3 (2+8+2=12). Então o número de brinquedos é 282.

Resposta: (D) 282

566) O número 0,04 é 10 vezes maior que 0,004, pois são idênticos exceto por uma casa decimal a mais. Portanto o resultado da sua divisão é 10. Agora temos que calcular 10 ÷ 0,4.

10 ÷ 0,4 = 100 ÷ 4 = 25.

Resposta: (A) 25

567) A cada dobra, o número de retângulos vai sendo multiplicado por 2. Ficamos com:
2, 4, 8, 16, 32, 64, 128

Resposta: (C) 128

OBS.: Matematicamente sim, fazendo 7 dobras, ficam 128 retângulos. Ocorre que não é possível, na prática, dobrar uma folha de papel sulfite 7 vezes. Depois de dobrada ao meio 6 vezes, ela fica tão grossa que não aceita uma sétima dobradura. Pode tentar.

568) 2839 = 2000 + 800 + 30 + 9 =
2 unidades de milhar, oito centenas, três dezenas e 9 unidades.

Resposta: (C)

569) Se a barra custa 3,00 e tem 20 pedaços, então cada pedaço corresponde a 15 centavos. O número de pedaços que cada um receberá é igual ao valor com que contribuiu, dividido por 15 centavos.
Gabriel: 1,80 ÷ 0,15 = 12
Rafael: 1,20 ÷ 0,15 = 8

Resposta: (C) 12

570) Podemos representar os participantes na ordem de chegada, como:
1º lugar................................último lugar
□, Dido, □□□□
Então ficamos com:
□□□□□+1 = 2011
□□□□□ = 2010
□ = 2010 ÷ 5 = 402
Então Dido chegou na colocação 403.

Resposta: (D) 403º

Resoluções do teste 58

571) No trecho indicado como (1), notamos que foram esvaziados 1000 litros em 1 hora. Isso é fácil de ver pelo gráfico. No eixo vertical, que indica o volume armazenado, entre os instantes indicados pelos pontos A e B, o volume diminuiu de 6000 para 5000 litros. O ponto B representa o instante em que é ligada uma segunda bomba.

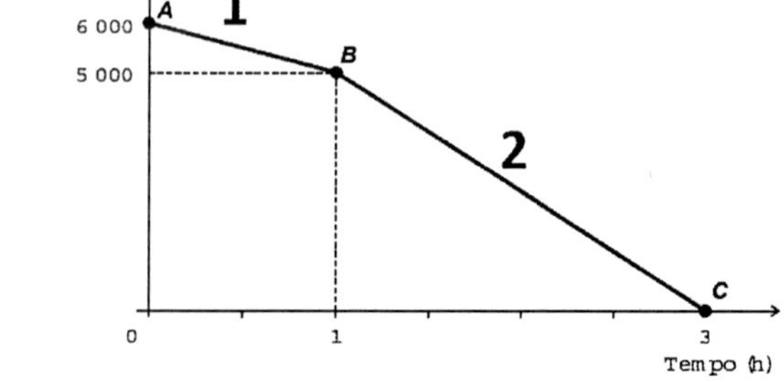

A segunda bomba faz o cisterna esvaziar mais rápida, até que no ponto C está totalmente vazia. Notamos que entre os pontos B e C, o volume da cisterna caiu de 5000 litros para zero, ou seja, uma redução de 5000 litros. O tempo que levou para esta redução foi de 2 horas, também de acordo com o gráfico. Na sua parte horizontal, vemos que para B, o tempo era 1 hora, e para C, o tempo era 3 horas. Então passaram 2 horas, e neste período foram retirados 5000 litros. Isso é o mesmo que 2500 litros por hora. Esta é a capacidade das duas bombas juntas: 2500 litros por hora. Como a primeira bomba esvazia com a vazão de 1000 litros por hora, a segunda bomba é a responsável pelo restante da vazão, 1500 litros por hora.

Resposta: (C) 1500 litros por hora.

572) O número de candidatos dispensados é o resto da divisão de 457 por 23. Fazendo a divisão, o resultado é:

457 ÷ 23 = 19, resto 20

Resposta: (A) 20

573) $\overline{XII}$, $\overline{XII}D$, $\overline{LIII}$ e $\overline{LIII}CXX$.

Da esquerda para a direita, temos 12.000, 12000+500 = 12500, 53000, 53000+120 = 53.120.

Resposta: (C) 12.000, 12.500, 53.000 e 53.120.

574) Esta máquina faz o seguinte com qualquer número x que entra:
Multiplicado por ele mesmo ➔ x^2
Retirado do resultado, 25 ➔ $x^2 - 25$
Maior número natural de 2 algarismos iguais, menor que meia centeia = 44.

Então o resultado será $44^2 - 25 = 1936 - 25 = 1911$

Resposta: (C) 1911

575) Evitando cálculos trabalhosos desnecessários, R$ 2,99 é quase a mesma coisa que R$ 3,00. Se calcularmos com 3 ao invés de 2,99, os 24 reais permitirão comprar 24 3 = 8 barras de chocolate. E ainda sobrarão 8 centavos.

Resposta: (D) 8

576) Separando por tipo de suco, ficamos com:
Laranja: 1/3
Abacaxi: 1/4
Uva: 1/8
Outros: 7

A soma dessas frações é $\frac{1}{3}+\frac{1}{4}+\frac{1}{8}$. O MMC dos denominadores é 24, então as frações ficam reduzidas a:

$$\frac{8}{24}+\frac{6}{24}+\frac{3}{24}=\frac{17}{24}$$

Os outros sucos correspondem ao que falta a esta fração 17/24, para chegar à unidade, que é 7/24. Se 7/24 da quantidade de sucos é 7, então a quantidade total de sucos é 24.

Resposta: (B) 24

577) O problema deu informações suficientes para encontrar o número de homens e mulheres:
Total de 4000 pessoas
A razão entre o número de mulheres é 3 para 2

Se a razão é 3 para 2, então podemos chamar esses números de □□□ e □□.
O total é □□□□□, que vale 4000. Então cada □ vale 800.
Portanto o número de mulheres é 3 x 800 = 2400, e o número de homens é 2 x 800 = 1600.
Para encontrar o total arrecadado, basta multiplicar cada quantidade pelo respectivo preço dos ingressos:
Mulheres: 2400 x 10,00 = 24.000
Homens: 1600 x 20,00 = 32.000
Total: 56.000

Resposta: (B) R$ 56.000,00

578) Gastos:
1) 3/4 no cinema, restante = 1/4;
2) Metade do que restou em um lanche: 1/2 x 1/4 = 1/8.
3) Sobrou a outra metade, que é também 1/8.
Se 1/8 vale R$ 7,00, então o valor total é 8 x 7,00 = 56,00.

Resposta: (A) R$ 56,00

579) 6 homens produzem em 8 horas, 100 pares
Os mesmos 6 homens, em 1 hora, produzirão 1/8 de 100, que é 12,5.
Se quisermos uma produção de 125 pares em 5 horas, são 25 pares por hora.
A produção do grupo tem que aumentar de 12,5 por hora, para 25 por hora, ou seja, dobrar.
Então o tamanho do grupo de trabalho tem que também dobrar, passando de 6 para 12.

Resposta: (A)

580) As faces de cubinhos que ficam vermelhas é 6 x 9. Isto porque o cubo grande tem 6 faces, cada uma delas mostrando 9 quadradinhos.

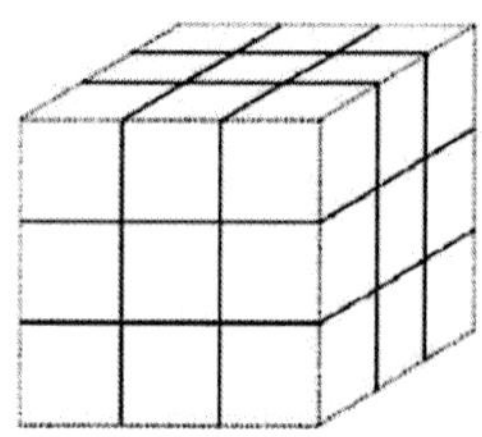

Depois de desmontado o cubo grande, o número de cubinhos será 3 x 3 x 3 = 27. Cada um tem 6 faces, então o número total de faces dos cubinhos é 27 x 6 = 162. Destes 162, teremos:
Pintados de vermelho: 54
Não pintados (brancos): 108
Total: 162
A razão entre a área vermelha e a área branca é 54/108 = 1/2.

Resposta: (A) 1:2

Resoluções do teste 59

581) **Resposta: (E) cone.**

As provas de vestibulares apresentam questões fáceis, médias e difíceis. Esta é uma das mais fáceis que já apareceram na prova do ENEM, um ponto garantido. Por isso é importante, durante os anos escolares, aprender o nome das figuras geométricas.

582) Aqui é preciso saber operar com potências, assunto do 6º e 7º ano. Vamos resolver usando conceitos do 5º ano: a multiplicação de números naturais e a simplificação de frações. Uma potência é um produto de fatores iguais. Então, $4^7.4^{10}.4$ é o mesmo que 4.4.4.4.4.4.4 x 4.4.4.4.4.4.4.4.4.4 x 4. São ao todo 18 fatores 4, ou seja, 4^{18}. Este valor está elevado ao quadrado, então é $4^{18} \times 4^{18} = 4^{36}$ (36 fatores 4).
Este valor está ainda dividido por $(4^5)^7$. Isso é o mesmo que 4.4.4.4.4, multiplicado 7 vezes, ou seja, são 35 fatores 4, ou seja, 4^{35}. Então o cálculo se resume a: $4^{36} \div 4^{35}$. Isto pode ser calculado como:

$\frac{4^{36}}{4^{35}} = \frac{4 \times 4^{35}}{4^{35}} = 4$ (simplificamos numerador e denominador por 4^{35})

Resposta: (D) 4

583) $IMC = \frac{62}{1{,}5 \times 1{,}5} = \frac{62}{2{,}25} = \frac{62 \times 4}{2{,}25 \times 4} = \frac{248}{9}$

Multiplicamos numerador e denominador da fração para evitar trabalhar com números decimais. Assim trabalhamos com números inteiros, que é muito mais fácil. Podemos então armar a divisão e calcular com uma casa decimal, como pede o problema, resultando em 27,5.

Resposta: (A) 27,5

584) A fração do salário gasta é 2/5 + 1/4 + 1/5 =

$\frac{8}{20} + \frac{5}{20} + \frac{4}{20} = \frac{17}{20}$

Sobram então 3/20 do salário, que são 150 reais. Para achar o salário, dividimos 150 por 3 e multiplicamos por 20. O resultado é 1000.

Resposta: (D) 1000 reais

585) 1/8 do copo é encontrado, dividindo 400 mL por 8, resultando em 50 mL.
Os volumes dos copos são:
1º: 7/8 = 7 x 50mL = 350 mL
2º: 6/8 = 6 x 50 mL = 300 mL
3º: 6/8 = 5 x 50 mL = 250 mL
4º: 6/8 = 4 x 50 mL = 200 mL
5º: 6/8 = 3 x 50 mL = 150 mL
6º: 6/8 = 2 x 50 mL = 100 mL
7º: 6/8 = 1 x 50 mL = 50 mL
Somando esse volumes, o resultado é 1400 mL.

Outra forma de resolver é somando as frações:

$\frac{7}{8} + \frac{6}{8} + \frac{5}{8} + \frac{4}{8} + \frac{3}{8} + \frac{2}{8} + \frac{1}{8} = \frac{28}{8} = \frac{7}{2}$

Então a soma dos volume da água nos 7 copos é 7/2 de um copo, ou seja, 7/2 de 400 mL. Fazemos 400 ÷ 2 e multiplicamos por 7, resultando em 1400.

Resposta: (B) 1400 mL

586) Temos que calcular 84% de 250, ou seja, $\frac{84}{100} \times 250$

Podemos ter menos trabalho no cálculo, se fizermos as simplificações possíveis. Por exemplo, 84 e 100 podem ser simplificados por 4. Vai ficar 21/25. Depois, 250 e 25 podem ser simplificados por 25. Vai ficar 10 e 1:

$$\frac{84}{100} \times 250 = \frac{21}{25} \times 250 = \frac{21}{1} \times 10 = 210$$

Portanto, são 210 os alunos que demonstram conhecimentos adequados à sua série.

Resposta: (C) 210

587) Calculemos o tempo que ele passa assistindo televisão:
De 2ª a 6ª:
1/3 do dia dormindo = 8 horas, fica acordado 16 horas.
Na escola: 1/4 do restante (16 horas) = 4 horas. Restam ainda 12 horas, que é o tempo que ainda sobra.
Gasta 2/3 desse tempo que sobra assistindo televisão. 2/3 de 12 horas = 8 horas
Então, gasta 8 horas por dia, de 2ª a 6ª, assistindo televisão. No total são 5 x 8 = 40 horas.
No sábado e domingo, gasta a metade do dia assistindo televisão, ou seja, 12 horas em cada um dos dias. Portanto no final de semana são gastos com a TV, 12 x 2 = 24 horas.
Somando todos os dias da semana, o tempo gasto com a televisão é 40 + 24 = 64 horas.
Para saber em minutos, basta multiplicar por 60. 60x24 = 1.440 minutos.

Resposta: (C) 1.440

588) O cálculo do número de centímetros, conhecendo a medida em polegadas, é fácil. Basta multiplicar. Neste problema, 20 polegadas valem 20 x 2,54 cm = 50,8 cm.

Passar de centímetros para polegadas é um pouco mais difícil, temos que fazer a divisão. 86,36 cm, para passar para polegadas, temos que dividir por 2,54. Ficamos com:

86,36 ÷ 2,54 = uma conta trabalhosa para fazer.

Para facilitar, podemos multiplicar ambos os números por 100, para evitar as vírgulas. Ficamos com 8636 ÷ 254.

```
863'6 | 254
762   | 34
1016
   0
```

Abaixamos 3 algarismos do dividendo 863 dividido por 254 é 3. 254 x 3 = 762. Subtraímos 762 de 863. O resultado é 101.
Agora abaixamos o próximo algarismo, que é 6. Ficamos com 1016 para dividir por 254. O resultado é exatamente 4, e o resto é zero.
Então o resultado da divisão é 34.
Trata-se de uma tela de 34 polegadas.

Temos então uma TV de 34 polegadas (escreve-se 34") e a outra de 50,8 cm.

Resposta: (C) 34" e 50,8 cm.

589) O piso tem ao todo, 6 x 8 = 48m^2.
Gasta-se R$ 18,00 para cada metro quadrado, então o gasto total é:
48 x 18 = 864.

Resposta: (E) R$ 864,00

590) A expressão matemática n! é lida como "n fatorial", ou "fatorial de n". Vejamos quais são os fatoriais dos primeiros números naturais, a partir do 1:
1! = 1
2! = 1 x 2 = 2
3! = 1 x 2 x 3 = 6
4! = 1 x 2 x 3 x 4 = 24
5! = 1 x 2 x 3 x 4 x 5 = 120
6! = 1 x 2 x 3 x 4 x 5 x 6 = 720
7! = 1 x 2 x 3 x 4 x 5 x 6 x 7 = 5040

Observe que todos os fatoriais, a partir de 5, terminam com zero. Todos os fatoriais, a partir do 2, são pares. A partir do fatorial de 5, aparece um fator 5, completando então um múltiplo de 10. Todos os demais fatoriais são também múltiplos de 10. Os únicos fatoriais que não são múltiplos de 10, ou seja, que têm o algarismo das unidades diferente de zero, são 1, 2, 3 e 4. O problema não pede a soma 1! + 2! + 3! + 4! + ... + 2010! + 2011!, pede apenas o algarismo das unidades. Para saber o algarismo das unidades, basta somar o algarismo das unidades desses quatro primeiros fatoriais, pois todos os demais terminarão com zero. Então Ficamos com os seguintes algarismos de unidades:
1! ➔ 1, 2! ➔ 2, 3! ➔ 6, 4! ➔ 24, 1 + 2 + 6 + 4 = 13, então termina com 3.

Resposta? (B) 3

Resoluções do teste 60

591) É preciso colocar cerca apenas em três lados, aquele margeado pelo rio não necessita de cerca. A extensão da cerca será a soma desses três lados:
81 + 81 + 190 = 352 metros.
Cada rolo de cerca tem 48 metros. Para saber o número de rolos, devemos dividir 352 por 48.
352 ÷ 48 = 7, resto 16. Se usarmos 7 rolos, faltarão 16 metros, então precisamos de um rolo a mais, ou seja, 8 rolos de cerca.

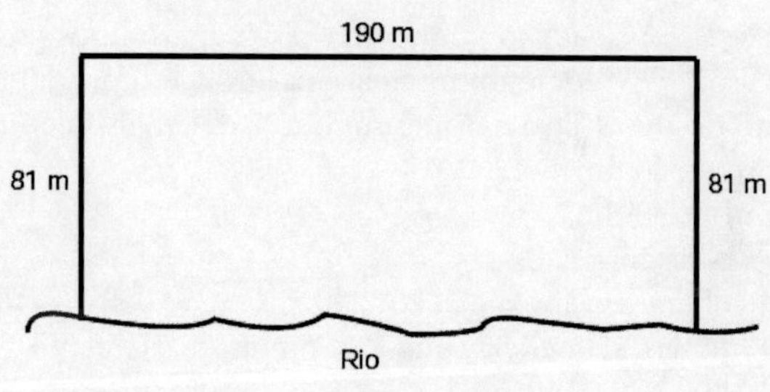

Resposta: (C) 8

592) Claro que sexagésimo é o mesmo que 60º. São os chamados numerais ordinais. Os números normais que usamos são chamados de *cardinais*, e aqueles que indicam ordem são chamados de *ordinais*. Por exemplo, *primeiro*, *segundo* e *terceiro* são os ordinais correspondentes aos cardinais 1, 2 e 3. Esses ordinais também podem ser escritos como 1º, 2º e 3º. Para os cardinais 10, 20, 30, etc, temos: décimo, vigésimo, trigésimo, quadragésimo, quinquagésimo, sexagésimo, septuagésimo, octagésimo, nonagésimo e centésimo.

Resposta: (B) 60

593) Para comparar frações, devemos reduzir todas ao mesmo denominador. Feito, isso, basta comparar os numeradores. Vamos reduzir todas as denominador 24, que é o MMC entre 24, 3 e 8.
p = 13/24, q=16/24, r=15/24. Então **p** é a menor das três, e **q** é a maior. Escrevemos p<r<q.

Resposta: (A) p<r<q

594) Note que as mesadas de todos os três filhos aumentam de 3 em 3 unidades para cada semana. A princípio poderíamos dizer que a mesada de Cláudio é igual a 3 vezes o número da semana, mas está errado. Se fosse 3 vezes o número da semana, as mesadas de Cláudio seriam 3, 6, 9, etc, entretanto o problema diz que são 2, 5, 8, etc. Então a mesada de Cláudio é igual a três vezes o número da semana, menos 1:

1ª semana: 3 x 1 – 1 = 2

2ª semana: 3 x 2 – 1 = 5

3ª semana: 3 x 3 – 1 = 8

Se usarmos esta fórmula, 3 vezes o número da semana, menos 1, os valores da mesada de Cláudio estarão de acordo com os valores dados pelo problema para as três primeiras semanas. Para a trigésima semana, esta mesada será:

3 x 30 – 1 = 89.

Resposta: (B) 89

595) A cada 4 anos, ocorre um novo recorde, com 3 centímetros a mais. Em 40 anos, ocorrerão 10 recordes, e depois deles, o aumento na altura máxima atingida será 10 x 3cm = 30cm. Ou seja, saltará 30cm mais alto que o primeiro recorde, que era de 4,82 metros. Então, após esses 40 anos, a altura alcançada será 4,82 metros + 30 centímetros. Temos que passar 30 centímetros para metros, o que resulta em 0,3 metros. Então a altura final será:

4,82m + 0,3m = 5,12m

Resposta: (B) 5,12m

596) Basta dividir o volume da piscina, em litros, pelo volume consumido em um dia por uma pessoa. O volume da piscina, em litros, é o produto das dimensões da piscina, em decímetros. Isto porque 1 litro é o mesmo que 1 decímetro cúbico. As dimensões da piscina são portanto:

50m = 500 dm

25m = 250 dm

2m = 20 dm

O volume em litros é 500 x 250 x 2 = 250.000 litros

O número de pessoas que consomem diariamente 100 litros é>

250.000 ÷ 100 = 2500.

Resposta: (A) 2500

OBS.: Interpretando o texto dessa questão de uma forma desatenta, pode-se chegar à conclusão errada de que uma piscina é um grande desperdício de água. Analisando com cuidado, observamos que o consumo de 100 litros de uma pessoa é diário, e o gasto com a água de uma piscina não é diário. Uma piscina é cheia uma única vez, e aquela mesma água permanece no interior da piscina por meses, ou mesmo anos. A água é semanalmente limpa através de filtros e alguns produtos químicos que facilitam a limpeza, por exemplo, fazem a aglutinação de partículas de impurezas, para facilitar a filtragem. Teoricamente uma piscina pode ficar com a mesma água, por anos seguidos. Se a água de uma piscina como esta for totalmente trocada uma vez por ano, o que mesmo assim é desnecessário, isso equivale a um gasto diário equivalente ao de 7 pessoas. Claro que é um pouco mais que isso, porque uma pequena parte da água é perdida no processo de filtragem, mas mesmo assim, uma piscina está muito longe do desperdício que essa questão pode sugerir.

597) Os filhos têm 10 anos e 15 anos. Se recebessem, respectivamente 10 reais e 15 reais, estariam recebendo valores proporcionais às suas idades. Entretanto a soma dos valores recebidos seria 25 reais, e na verdade essa soma deve ser um valor bem maior, 800 reais, pelo enunciado. Temos que descobrir quantas vezes 800 é maior que 25, para isso, usamos a divisão:

800 ÷ 25 = 32

Então as quantias que os dois filhos recebem não são 10 reais e 15 reais, mas sim, valores 32 vezes maiores:
O de 10 anos: 10 x 32 = R$ 320,00
O de 15 anos: 15 x 32 = R$ 480,00
Total: R$ 800,00
Então são 320 reais para o mais novo e 480 reais para o mais velho.

Resposta: (C) 320 e 480

598) Os 81 amigos leem pelo menos uma das três revistas. Então existem 3 tipos de pessoas:
1º as que leem apenas uma revista, não importa qual delas = 61
2º as que leem apenas duas revistas, não importa quais delas sejam = 17
3º as que leem as três revistas = ?
Só existem esses três casos. Não existem pessoas do grupo que não leem nenhuma das três, e não existem pessoas que leem mais de 3, pois estão sendo consideradas apenas 3 revistas. O número total das pessoas desses três grupos tem que ser 81:
61 + 17 + ? = 81
Vamos subtrair 61 dos dois lados dessa relação:
17 + ? = 20
? = 3

Resposta: (A) 3

599) 15 minutos a uma velocidade média de 80km/h corresponde à distância de 20 km, pois 15 minutos é 1/4 da hora, então a distância seria 1/4 de 80km, ou seja, 20 km. O problema é que essas informações são duvidosas, pois Beto pode estar apenas "contando vantagem".

No parágrafo seguinte, o problema dá outra informação que é considerada verdadeira: *Percorrendo esse deslocamento a 80 km/h, levaria 18 minutos.* Essa informação é considerada verdadeira, pois não foi dada pelo Beto "contando vantagem", mas sim pelo "narrador" do enunciado, que consideramos que dê informações verdadeiras. A partir dessa velocidade de 80km/h e desse tempo de 18 minutos, podemos calcular a distância verdadeira entre as duas residências.
Uma velocidade de 80 km/h significa 80km em 60 minutos. Significa que a cada minuto são percorridos 80/60 quilômetros. Para saber a distância total, temos que considerar que este trajeto leva 18 minutos, como disse o "narrador". A distância será portanto:

$$\frac{80}{60} \times 18 = \frac{8}{6} \times 18 = 8 \times 3 = 24km$$

Então a distância entre as duas residências é 24km, mas o problema ainda não acabou. O problema pede a velocidade necessária para fazer esse deslocamento em 15 minutos. Note que uma hora é um tempo 4 vezes maior que 15 minutos.

Se alguém anda 24km em 15 minutos, em 1 hora, que é um tempo 4 vezes maior, também andará uma distância 4 vezes maior, ou seja, 24 x 4 = 96. Ou seja, andará 96 km em uma hora, o que representa 96km/h.

Resposta: (C) 96

600) Problema bastante malicioso. Muito bom para o aluno desenvolver o seu raciocínio matemático. Os números desconhecidos são inteiros positivos, e seu produto é 1024. Para resolver o problema, é preciso observar que 1024 é um número especial. Ele é a décima potência de 2, ou seja, 2 x 2 x 2 x 2 x 2 x 2 x 2 x 2 x 2 x 2. Isto significa que os números

desconhecidos são também potências de 2. Poderiam ser, por exemplo, 4, 8 e 32. Não temos como saber, o certo é que todos esses números têm que ser pares, certo?

Mas se todos os números forem pares, como a soma deles pode ser 83, um número ímpar? Isso só pode ocorrer de 1 for um desses números. Ou seja, podemos ter todos os números pares, e ainda o número 1, como por exemplo, 1, 4, 8 e 32. Este número 1 garantirá um resultado ímpar, e não afetará o produto, que continuará sendo 1024.

Isso responde ao que o problema pergunta, o menor desses números é 1.

Resposta: (A) 1

Colégio Pedro II

Nos capítulos anteriores, já havíamos apresentado questões do concurso do Colégio Militar Dom Pedro II, de Brasília. Neste capítulo apresentamos questões do Colégio Pedro II, do Rio de Janeiro. Não é um colégio militar, mas é um colégio federal, que foi fundado no século XIX, pelo próprio Imperador Pedro II. Atualmente possui diversas unidades espalhadas pelo Rio de Janeiro, e aplica concursos para a seleção dos seus alunos.

■

Capítulo 7

Aumentando a dificuldade

Continuamos apresentado questões dos mesmos concursos, a respeito de aritmética básica. Neste capítulo damos um destaque especial a questões da OBM (Olimpíada Brasileira de Matemática) e OBMEP (Olimpíada Brasileira de Matemática para Escolas Públicas). Ambas exploram tópicos bastante interessantes que estimulam o desenvolvimento do raciocínio matemático. É bom saber que inúmeros concursos apresentam questões baseadas nessas duas olimpíadas de matemática.

Não deixe de tentar resolver a questão 696, bastante desafiadora, principalmente se você vai fazer prova para algum colégio militar, essas questões são comuns nesses concursos.

Chamamos atenção ainda para questões do ENEM, que já tem sido apresentadas desde o primeiro capítulo. Na prova do ENEM, o aluno tem cerca de 3 minutos para resolver cada questão. Precisa ler, entender, raciocinar para descobrir quais cálculos devem ser realizados, e finalmente fazer os cálculos para chegar à solução. Essas habilidades não são aprendidas de uma hora para outra, é preciso desenvolver a facilidade de compreensão rápida de textos matemáticos, e é claro, treinar o seu raciocínio. Não deixe para fazer isso só no ano em que vai prestar o concurso. Comece já.

Teste 61

601) ENEM – Um arquiteto está reformando uma casa. De modo a contribuir com o meio ambiente, decide reaproveitar tábuas de madeira retiradas da casa. Ele dispõe de 40 tábuas de 540cm, 30 de 810cm e 10 de 1080cm, todas de mesma largura e espessura. Ele pediu a um carpinteiro que cortasse as tábuas em pedaços de mesmo comprimento, sem deixar sobras, e de modo que as novas peças ficassem com o maior tamanho possível, mas de comprimento menor que 2m. Atendendo o pedido do arquiteto, o carpinteiro deverá produzir:

(A) 105 peças (B) 120 peças (C) 210 peças (D) 243 peças (E) 420 peças

602) CAP UERJ – Para armazenar 260 litros de água, são usados 16 baldes, todos com a mesma capacidade. Calcule, em mililitros, a capacidade de cada balde.

(A) 13500 (B) 25600 (C) 37500 (D) 16250 (E) 24.000

603) Colégio Pedro II – Foi lançado no mercado de games para celulares o jogo *Fazendinha CP II*. No primeiro nível desse jogo, uma pera demora 5 horas para ser produzida. Ao atingir o segundo nível, o tempo de produção de cada fruta diminui 10%. Nesse caso, o tempo para produzir peras no segundo nível será de:

(A) 4h 5min (B) 4h 10min (C) 4h 30min (D) 4h 55min (E) 4h 40min

604) CEFET ES – Joana tem um celular no qual ela paga por mês um valor fixo de R$ 20,00 mais R$ 0,40 por cada minuto de ligação efetuada. A conta mensal de Joana costuma ficar entre R$ 60,00 e R$ 100,00. Quanto tempo ela gasta fazendo ligações de seu celular por mês?

(A) entre 40 e 80 min (B) menos de 40 min (C) mais de 200 min
(D) entre 200 e 300 min (E) entre 100 e 200 min

605) CEFET AL – Em campanha promocional, uma loja oferece desconto de 20% para um certo produto. Passada a campanha promocional, que aumento percentual deve ser dado para o produto voltar a ter o mesmo valor que tinha antes da campanha?

(A) 10% (B) 15% (C) 20% (D) 25% (E) 30%

606) IFRJ – Em novembro de 2009, boa parte de um país sofreu uma pane na rede elétrica. O blecaute começou exatamente às 22h 13min de 10 de novembro e terminou às 3h 15min do dia 11 de novembro. A duração desse blecaute foi, em segundos, de

(A) 68.220 (B) 30.200 (C) 18.120 (D) 11.370

607) EAM – Para monitorar duas avenidas, devem ser instaladas câmaras posicionadas em pontos a partir da posição 1 até a posição n nas avenidas A e B. Sendo u a maior e constante distância entre as câmeras, o total de câmeras a serem instaladas nas avenidas é:

(A) 28
(B) 30
(C) 31
(D) 36
(E) 37

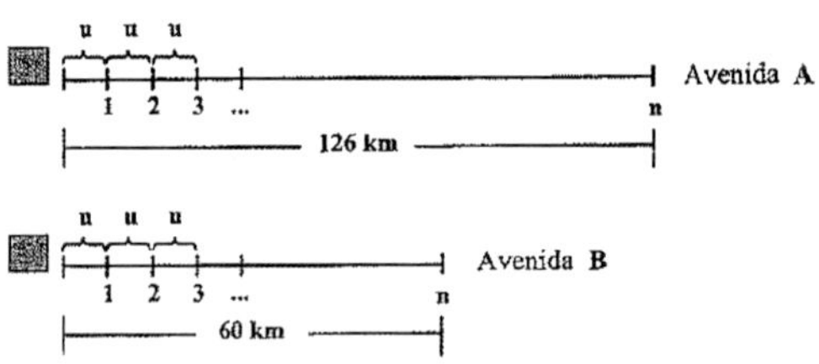

608) CFN – No restaurante “Kilo-Certo”, as refeições são vendidas a quilo. Cada 100 gramas custam R$ 0,99. Qual foi o valor pago por Pedro se sua refeição pesou 465 gramas?

(A) R$ 5,67 (B) R$ 4,60 (C) R$ 4,50 (D) R$ 4,45 (E) R$ 4,40

609) CAP UERJ – Um carro partiu com o tanque cheio para uma viagem de 1350km, parando a cada 500 km para abastecer e colocando 60 litros de combustível a cada parada. Calcule o gasto total de combustível comprado nas paradas realizadas, com preço de R$ 3,10 por litro.

(A) R$ 360,00 (B) R$ 372,00 (C) R$ 502,00 (D) R$ 558,00 (E) R$ 310,00

610) OBM – No desenho, três cubos iguais apoiados sobre uma mesa têm suas faces pintadas com os números 0, 1, 3, 4, 5 e 9. Qual é a soma dos números de todas as faces em contato com a mesa?

(A) 10 (B) 12 (C) 8 (D) 7 (E) 11

Teste 62

611) ENEM – Deseja-se comprar lentes para óculos. As lentes devem ter espessuras mais próximas da medida 3 mm. No estoque de uma loja, há lentes de espessuras: 3,10 mm; 3,021mm; 2,96mm; 2,099mm e 3,07mm. Se as lentes forem adquiridas nessa loja, a espessura escolhida será, em milímetros, de:

(A) 2,099 (B) 2,96 (C) 3,021 (D) 3,07 (E) 3,10

612) CEFET ES – Em uma turma de primeira série do ensino médio, 40% dos alunos jogam voleibol e 80% jogam futebol. Se nessa turma 7 alunos praticam ambos os esportes, e todos os alunos praticam pelo menos um dos esportes, o número de alunos na turma é igual a:

(A) 50 (B) 45 (C) 40 (D) 35 (E) 28

613) IFSC – Uma caixa de leite de determinada marca possui 22cm de altura e perímetro da base medindo 28cm. Sabendo-se que a base da caixa é formada por um quadrado, calcule a quantidade de papel necessária, em cm^2, para confeccionar a caixa, desprezando-se as dobras.

(A) 600 (B) 665 (C) 714 (D) 564 (E) 832

614) Instituto Federal Farroupilha – Mateus vai comprar um Smartphone que custa R$ 1200,00. Pagando à vista receberá um desconto de 35%. Qual será o valor que Mateus pagará à vista?

(A) R$ 420,00 (B) R$ 320,00 (C) R$ 880,00 (D) R$ 780,00 (E) R$ 980,00

615) CAP UERJ – Para diminuir o consumo de água e evitar o desperdício, uma família decidiu lavar a roupa de 10 em 10 dias e o carro, de 15 em 15. Imagine que, em um dia qualquer, a roupa e o carro foram lavados ao mesmo tempo, pela primeira vez. Calcule após quantos dias a roupa e o carro serão lavados, ao mesmo tempo, pela segunda vez.

(A) 60 (B) 150 (C) 120 (D) 30 (E) 90

616) Colégio Pedro II – Os alunos do 5º ano do Colégio de Daniel fizeram um levantamento para saber como estão distribuídos todos os alunos, de acordo com as regiões da cidade do Rio de Janeiro. Veja como ficou a tabela.

REGIÃO DA CIDADE	PERCENTUAL DE ALUNOS
CENTRO	15%
SUL	5%
NORTE	40%
OESTE	35%

O percentual que não aparece na tabela corresponde aos 137 alunos que moram em outros municípios, como os da Baixada Fluminense, da Região de Niterói e da Região Serrana. A quantidade total de alunos do colégio de Daniel é de:

(A) 2740 (B) 6850 (C) 13015 (D) 13510 (E) 2850

617) CMCB-CE – Ligando as cidades A e B, há 4 estradas. Ligando as cidades B e C, há 3 estradas. De quantas maneiras diferentes pode-se ir de A para C, passando por B?

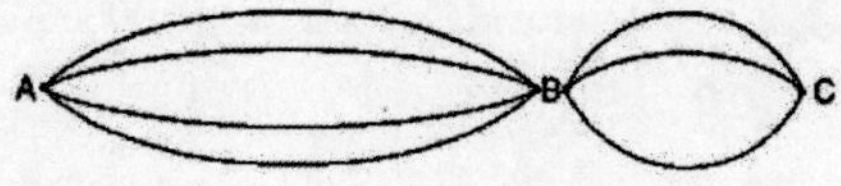

(A) 12 (B) 10 (C) 7 (D) 4 (E) 2

618) Colégio Militar D Pedro II – Maria e João compraram uma televisão de 29 polegadas por R$ 1.000,00. A compra foi paga somente com notas de R$ 50,00 e R$ 100,00, logo podemos afirmar que João e Maria pagaram com:

(A) 7 notas de 50 reais e 4 notas de 100 reais
(B) 7 notas de 100 reais e 4 notas de 50 reais
(C) 2 notas de 50 reais e 9 notas de 100 reais
(D) 9 notas de 50 reais e 2 notas de 100 reais
(E) 10 notas de 50 reais e 1 nota de 100 reais

619) Colégio Militar 2 de julho – O Congresso Nacional é formado pela Câmara dos Deputados e pelo Senado Federal. A Câmara possui 512 deputados federais e o Senado possui 81 senadores. Para a abertura do *impeachment* da presidente Dilma Rousseff, foi necessário ter no mínimo 2/3 (dois terços) da quantidade de votos dos deputados federais. A quantidade mínima de votos para a abertura do processo de *impeachment* foi:

(A) 513 (B) 81 (C) 172 (D) 180 (E) 342

620) OBM – O desenho mostra dois quadrados de papel sobrepostos, um de lado 5cm e outro de lado 6cm. Qual é o perímetro da figura formada (linha grossa no contorno do desenho), em centímetros?

(A) 31 (B) 34 (C) 36 (D) 38 (E) 41

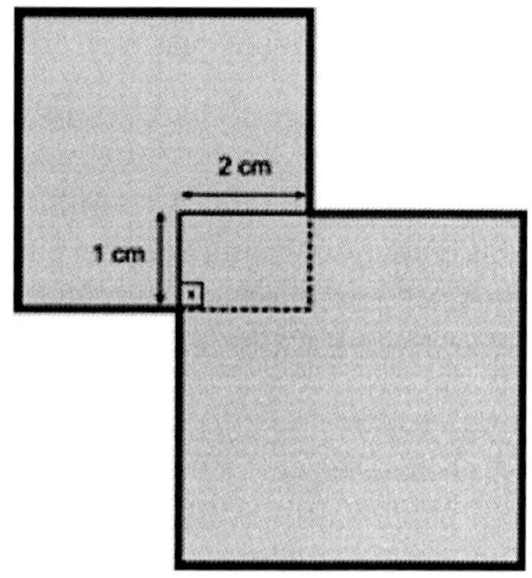

Teste 63

621) ENEM – Para economizar em suas contas mensais de água, uma família de 10 pessoas deseja construir um reservatório para armazenar água captada das chuvas, que tenha capacidade suficiente por 2- dias. Cada pessoa da família consume, diariamente, 0,08 m^3 de água. Para que os objetivos da família sejam atingidos, a capacidade mínima, em litros, do reservatório a ser construído deve ser:

(A) 16 (B) 800 (C) 1600 (D) 8000 (E) 16000

622) CAP UERJ – Em determinado mês, o valor total arrecadado por um vendedor de mate foi assim distribuído:

- Metade com a venda de copos de 300 mL;
- Um terço com a venda de copos de 400 mL;
- R$ 200,00 com a venda de copos de 500 mL.

Calcule, em reais, o valor total arrecadado pelo vendedor de mate nesse mês.

(A) R$ 1200,00 (B) R$ 800,00 (C) R$ 1600,00 (D) R$ 1500,00 (E) R$ 600,00

623) UFSM – O valor da expressão $(0{,}000000036 \div 0{,}00002)^2$ é

(A) $2{,}46.10^{-6}$ (B) $3{,}24.10^{-6}$ (C) $4{,}25.10^{-6}$ (D) $5{,}78.10^{-6}$ (E) $7{,}83.10^{-6}$

624) IFAL – Dois amigos saboreiam petiscos da culinária alagoana num famoso barzinho da cidade. Enquanto o amigo A consome 3 unidades do petisco solicitado, o amigo B consome 2. A conta, no valor de R$ 225,00, será dividida em partes proporcionais ao consumo. Os valores a serem pagos por A e B são, respectivamente:

(A) R$ 90,00 e R$ 135,00 (B) R$ 100,00 e R$ 125,00 (C) R$ 135,00 e R$ 90,00
(D) R$ 60,00 e R$ 165,00 (E) R$ 800,00 e R$ 45,00

625) IFSC – A família Gomes partiu para sua viagem de férias às 8 horas e 53 minutos do último sábado chegando em seu destino, o litoral de Santa Catarina, às 11 horas e 18 minutos do mesmo dia. Quanto tempo gastou a família em sua viagem?

(A) 2h 25min (B) 3h 35min (C) 3h 25min (D) 2h 35min (E) 1h 25min

626) Colégio Pedro II – Em jogos de futebol, quando ocorre uma falta, há a possibilidade de formação de uma barreira, que deve ser posicionada a uma distância regulamentar de, pelo menos, 915 cm do local onde a falta ocorreu. Para determinar essa distância, os juízes de futebol utilizam o número de passos como unidade de medida de comprimento. Considere que o comprimento do passo de um homem adulto tem 90 cm. O menor número de passos que um juiz precisará dar para posicionar a barreira, respeitando a distância mínima regulamentar, é:

(A) 8 (B) 9 (C) 10 (D) 11 (E) 12

627) CMCB-CE – Para comemorar o Natal no CMCB, a escola promoveu um almoço cujo prato único era o Baião de dois com Carne de Sol, atração principal dos restaurantes do estado. O gráfico mostra a relação entre ingredientes (Arroz, feijão, linguiça, Carne do Sol, Queijo e Bacon) e o custo, calculado para o evento com 300 (trezentas) pessoas. O custo da comida do almoço para 10 (dez) pessoas é igual a:

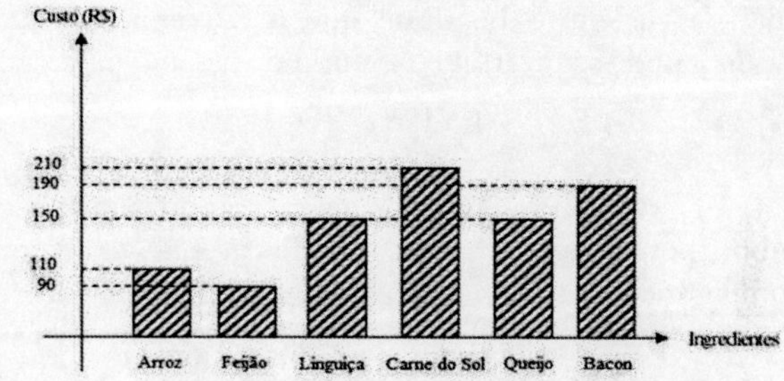

(A) 750 (B) 600 (C) 100 (D) 50 (E) 30

628) Colégio Militar D Pedro II – Mauro mora em Rio Branco, no Acre e foi a Natal, no Rio Grande do Norte, participar de um campeonato de futebol. Na chegada em Natal o relógio de Mauro marcava 8 horas, mas ele não sabia que havia uma diferença de fuso horário entre Rio Branco e Natal e deveria ter adiantado seu relógio em 2 horas. O técnico avisou que todos teriam 3 horas livres até o jogo. Sabendo que Mauro chegou ao estádio às 14 horas, no horário local, concluímos que seu atraso foi de:

(A) 30min (B) 1h (C) 1h 30min (D) 1h 20min (E) 2h

629) EAM – No número natural **213a46**, a letra **a** representa um algarismo. Se o número correspondente é divisível por 3, a soma dos algarismos que podem substituir a letra **a** é:

(A) 10 (B)12 (C) 15 (D) 16 (E) 17

630) OBM – No reticulado a seguir, pontos vizinhos na vertical ou na horizontal estão a 1 cm de distância. Qual é a área da região sombreada, em centímetros?

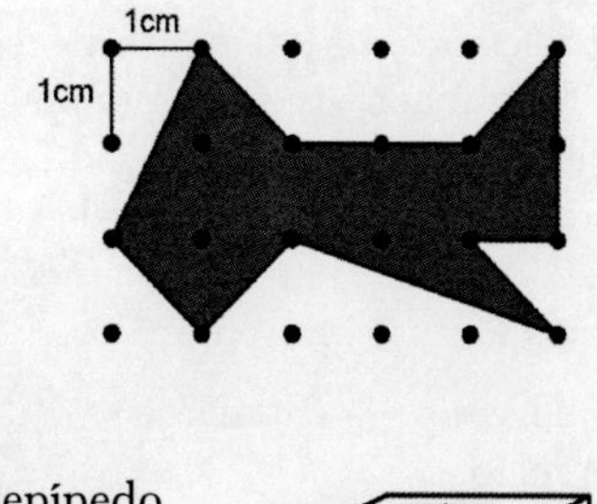

(A) 7 (B) 8 (C) 8,5 (D) 9 (E) 9,5

Teste 64

631) ENEM – Uma lata de tinta, com a forma de um paralelepípedo retangular reto, tem as dimensões, em centímetros, mostradas na figura. Será produzida uma nova lata, com os mesmos formato e volume, de tal modo que as dimensões de sua base sejam 25% maiores que as da lata atual. Para obter a altura da nova lata, a altura da lata atual deve ser reduzida em:

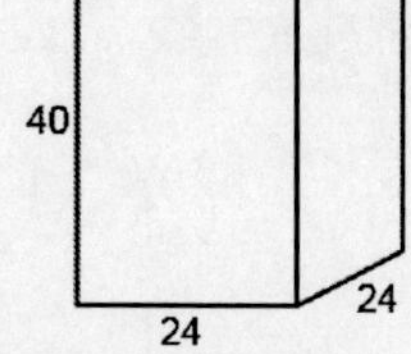

(A) 14,4% (B) 20% (C) 32% (D) 36% (E) 64%

632) CAP UERJ – O dono de uma casa observou que seu beiral (beira do telhado) estava pequeno para a quantidade de andorinhas que posavam lá diariamente. Resolveu construir um novo beiral, retangular, com 1,20m de largura e 50cm de comprimento, para aumentar o espaço ocupado pelas andorinhas. Calcule, em m^2, a área desse novo beiral.

(A) 0,8 (B) 1,8 (C) 2,5 (D) 1,5 (E) 0,6

633) CEFET ES – Durante uma viagem de ônibus um passageiro observou que todos os 45 assentos estavam ocupados e ainda havia 35 pessoas que viajavam em pé. Sabendo que todos os passageiros tinham o mesmo destino ele sugeriu um esquema para a utilização dos assentos de modo que todos os passageiros pudessem sentar-se pelo mesmo período de tempo até o final da viagem. Sabendo-se que o esquema iniciou quando faltavam quatro horas para o destino, pode-se dizer que o tempo de assento para cada passageiro, em minutos, é de:

(A) 110 (B) 115 (C) 120 (D) 125 (E) 135

634) UFSM – Para exportar suas mercadorias, que são embaladas em caixas com formato de cubo, possuindo todas 50cm de aresta, o exportador conseguiu em um navio um compartimento com as seguintes medidas: 10m de comprimento, 7m de largura e 3m de altura. O número máximo de caixas que poderão ser transportadas em uma viagem é:

(A) 1350 (B) 1500 (C) 1550 (D) 1680 (E) 1780

635) IFPA – Um terreno de 3200 metros quadrados foi dividido em dois lotes A e B, de áreas diferentes. A diferença da área do lote maior e a área do lote menor é de 400 metros quadrados. Qual é a área do lote menor, em metros quadrados?

(A) 1000 (B) 1200 (C) 1400 (D) 1600 (E) 1800

636) IFS – Paulo adquiriu um terreno de $6000m^2$ e vai dividi-lo em dois lotes. O lote maior terá $1000m^2$ a mais que o lote menor. Podemos afirmar que:

(A) Um dos lotes terá $1500m^2$
(B) Um dos lotes terá $5500m^2$
(C) Os dois lotes terão forma de quadrados
(D) Um dos lotes terá $2750m^2$
(E) Um dos lotes terá $3500m^2$

637) Colégio Pedro II – Por conta do excesso de faltas dos alunos em sua turma nos primeiros quatro meses letivos de 2014, o professor de Matemática decidiu registrar as informações e apresentá-las para o diretor da escola. O gráfico a seguir apresenta o número de faltas dos alunos nesses meses. Em que mês os alunos estiveram mais presentes?

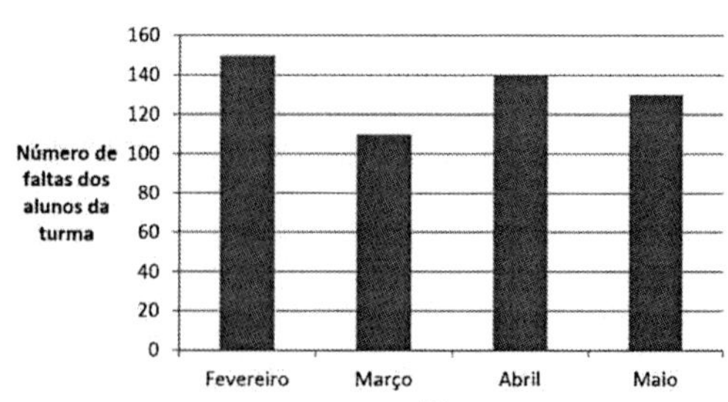

(A) fevereiro (B) março (C) abril
(D) maio

638) CMCB-CE – Calcular a expressão $\left(\frac{1}{4}+\frac{2}{5}\right)\div\left(\frac{1}{3}+\frac{1}{10}\right)$

(A) 1/2 (B) 1/4 (C) 2/3 (D) 3/2 (E) 1

639) Colégio Militar D Pedro II – Uma planta aquática tem a propriedade de dobrar seu tamanho a cada dia que passa. Colocando-se uma muda dessa planta em um lago, em 30 dias ela cobrirá todo o lago. Em quantos dias ela cobrirá a metade do lago?

(A) 15 (B) 20 (C) 25 (D) 16 (E) 29

640) OBM – Ana começou a descer uma escada no mesmo instante em que Beatriz começou a subi-la, Ana tinha descido 3/4 da escada quando cruzou com Beatriz. No momento em que Ana terminar de descer, que fração da escada Beatriz ainda terá que subir?

(A) 1/4 (B) 1/3 (C) 1/12 (D) 5/12 (E) 2/3

Teste 65

641) ENEM – O contribuinte que vende mais de R$ 20 mil de ações em Bolsa de Valores em um mês deverá pagar Imposto de Renda. O pagamento para a Receita Federal consistirá em 15% do lucro obtido com a venda das ações.
Um contribuinte que vende por R$ 34 mil um lote de ações que custou R$ 26 mil terá que pagar de Imposto de Renda à Receita Federal o valor de:

(A) R$ 900,00 (B) R$ 1.200,00 (C) R$ 2.100,00 (D) R$ 3.900,00 (E) R$ 5.100,00

642) CAP UERJ – Um grupo com 280 pardais juntou-se às 200 andorinhas que já estavam no beiral. Imagine que os pássaros devam se agrupar do seguinte modo:

- Em cada grupo deve existir um único tipo de pássaro;
- Todos os grupos devem ter o mesmo número de pássaros.

Determine o menor número de grupos que podem ser formados.

(A) 20 (B) 7 (C) 14 (D) 10 (E) 12

643) CMCB-CE – Em uma papelaria, cada caneta custa R$ 2,70. Paula fez compras nessa papelaria, tendo gasto um total de R$ 58,80. Assim, Paula pode ter comprado, no máximo

(A) 20 canetas (B) 21 canetas (C) 22 canetas (D) 24 canetas (E) 25 canetas

644) Colégio Militar D Pedro II – O mussaranha é o menor dos mamíferos, tem massa de 15 gramas e alguns não passam de 2,5cm. Como tamanho não é documento, o mussaranha é um dos animais mais violentos: ataca e devora animais que medem o dobro do seu tamanho. Além disso, ele é tão guloso que come o equivalente (igual) a sua massa de 3 em 3 horas por dia. Algumas espécies praticamente não dormem, só para não parar de se alimentar. Considerando que o mussaranha vive em média 2 anos e que o tempo que dorme é desprezível. Durante a sua vida, quantas vezes ele come? (OBS: considere o dia como 24 horas e o ano como 365 dias).

(A) 20.100 (B) 20.150 (C) 2.920 (D) 5.840 (E) 87.700

645) Colégio Militar Tiradentes DF – Em uma festa junina, um painel de luzes era formado por lâmpadas de quatro cores: vermelha, amarela, azul e laranja. Ao serem ligadas, as lâmpadas piscavam em intervalos de tempos diferentes: as vermelhas a cada 4 segundos, as amarelas, a cada 5 segundos, as azuis, a cada 6 segundos e as laranjas, a cada 8 segundos. Num dado instante, todas elas piscaram juntas. Tendo como referência inicial esse dado instante em que todas elas piscaram juntas pela primeira vez, depois de quanto tempo as lâmpadas piscaram juntas novamente?

(A) 1/4 de minuto (B) 1/2 minuto (C) 1 minuto (D) 1 1/2 minuto (E) 2 minutos

646) EAM – Numa unidade da Marinha, trabalham 200 terceiros sargentos; 160 segundos sargentos; e **n** primeiros sargentos. Se **n** representa 2/5 do número total de sargentos da referida unidade, pode-se afirmar que **n**:

(A) é múltiplo de 15 e de 8.
(B) é múltiplo de 15 e não de 8.
(C) não é múltiplo de 15, nem de 8.
(D) não é múltiplo de 15, mas é múltiplo de 8.
(E) é múltiplo de 18.

647) CFN – Um terreno vai ser cercado com cinco voltas de arame farpado. Esse terreno mede 75m de comprimento por 30m de largura. Quantos metros de arame farpado são gastos?

(A) 210m (B) 375m (C) 1.050m (D) 2.250m (E) 750m

648) IFRN – Belinha decidiu fazer uma reforma no seu salão de beleza. Uma de suas salas, que tinha formato retangular, teve aumento de 50% tanto na largura como no comprimento. Com essa reforma, a sala passou a ter uma área:

(A) 225% maior (B) 125% maior (C) 75% maior (D) 50% maior (E) 150% maior

649) IFRO – Se as medidas dos lados de um quadrado forem multiplicadas por 5 a sua área se tornará:

(A) 20 vezes maior (B) 25 vezes maior (C) 15 vezes maior
(D) 10 vezes maior (E) 5 vezes maior

650) OBMEP – Três amigos fizeram uma aposta tentando adivinhar quantas sementes havia dentro de uma abóbora. Os palpites foram os seguintes: 234, 260 e 274. Quando abriram a abóbora e contaram as sementes, viram que um dos palpites estava errado por 17, outro por 31 e o outro por 9, para mais ou para menos. Na contagem das sementes, elas foram agrupadas em vários montinhos, cada um deles com 10, e um último montinho com menos de 10 sementes. Quantas sementes havia no último montinho?

(A) 1 (B) 3 (C) 5 (D) 7 (E) 9

Teste 66

651) ENEM – Uma torneira não foi fechada corretamente e ficou pingando, da meia-noite às seis horas da manhã, com a frequência de uma gota a cada três segundos. Sabe-se que cada gota d'água tem volume de 0,2 mL. Qual foi o valor mais aproximado do total de água desperdiçada nesse período, em litros?

(A) 0,2 (B) 1,2 (C) 1,4 (D) 12,9 (E) 64,8

652) CAP UERJ – Enquanto esteve doente, Isabel tomou 3 remédios diferentes: um de 6 em 6 horas, outro de 10 em 10 horas e um terceiro de 12 em 12 horas. No dia 5 de outubro, ela tomou os 3 remédios, juntos, às 6 horas da manhã. Determine em que dia e em que horário ela voltou a tomá-los juntos novamente.

(A) 12:00 de 8/out (B) 18:00 de 7/out (C) 15:00 de 8/out
(D) 6/out às 22:00 (E) 16:00 dia 8/out

653) Colégio Pedro II – Nesta malha quadriculada, a figura destacada representa uma pista para caminhadas. Uma pessoa deu seis voltas completas nessa pista, percorrendo 216 metros. A área delimitada por esta pista, em metros quadrados, é:

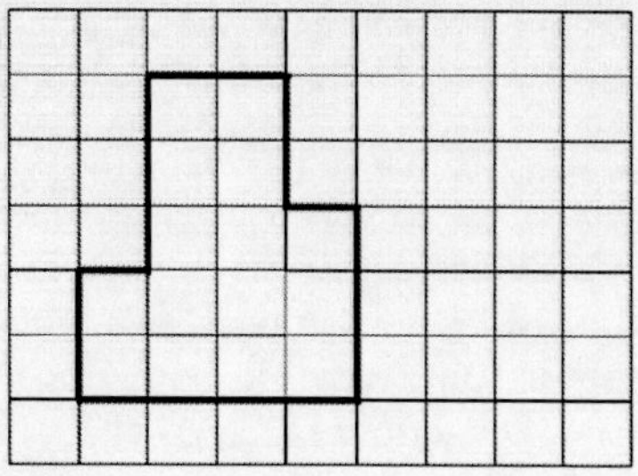

(A) 60 (B) 48 (C) 43,2 (D) 38,4 (E) 52

654) CEFET PI – Considere duas velas de mesma altura feitas com materiais diferentes, de forma que a primeira queima totalmente em 4 horas e a segunda em 6 horas, ambas com um processo de combustão constante. Se a segunda vela for acesa 1 hora antes, o tempo necessário para que a primeira, depois de acesa, fique com o mesmo tamanho da segunda, em horas, é igual a:

(A) 3 (B) 2 (C) 1,5 (D) 3,2 (E) 2,5

655) IFRS – Durante o lanche, estive prestando atenção: para cada 3 pastéis que minha amiga comeu, tratei de comer 4. Minha amiga comeu, sozinha, 15 pastéis. Quantos pastéis comeram as duas pessoas?

(A) 16 (B) 20 (C) 22 (D) 30 (E) 35

656) IFSP – Uma praça retangular é contornada por uma calçada de 2m de largura e possui uma parte interna retangular de dimensões 15m por 20m, conforme a figura. Nessas condições, a área total da calçada, em metros quadrados, é igual a:

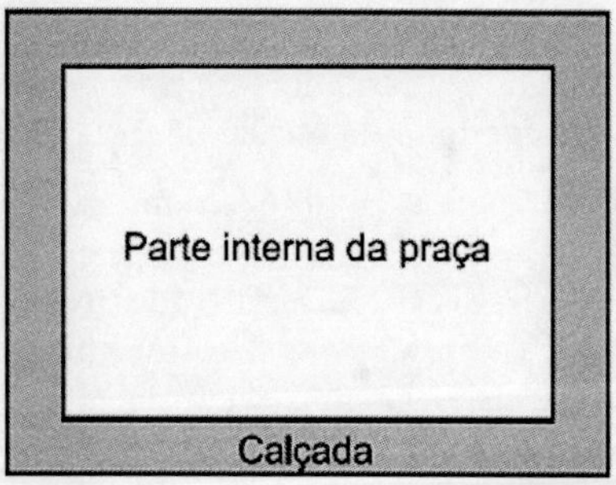

(A) 148 (B) 152 (C) 156 (D) 160 (E) 164

657) CEFET ES – Três pessoas se associaram e montaram uma empresa na qual cada uma delas aplicou R$ 20.000,00, R$ 30.000,00 e R$ 40.000,00 respectivamente. No balanço anual dessa empresa, verificou-se um lucro de R$ 45.000,00. Sabendo que este lucro deverá ser dividido entre os 3 sócios em partes diretamente proporcionais ao capital aplicado, determine o valor do lucro recebido pelo sócio que mais aplicou.

(A) R$ 24.000,00 (B) R$ 22.000,00 (C) R$ 20.000,00 (D) R$ 15.000,00 (E) R$ 19.000,00

658) Colégio Militar D Pedro II – Calcule o perímetro da figura.

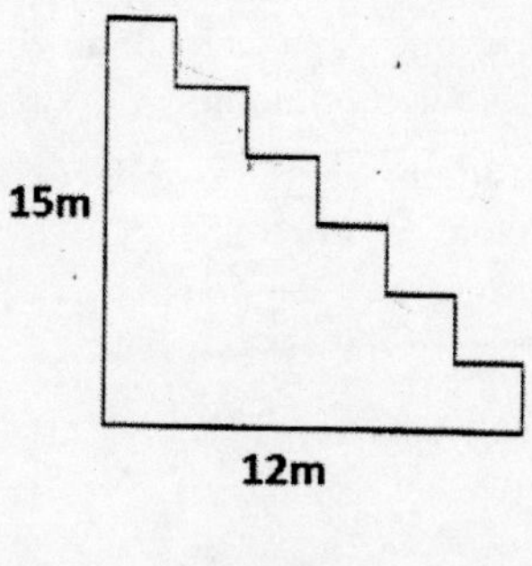

(A) 39m (B) 51m (C) 54m (D) 57m (E) 59m

659) Colégio Militar Tiradentes DF – Em uma grande festa junina havia 300 barracas. Destas, três quintos vendiam comidas típicas; 25% vendiam bebidas; e o restante era de jogos e brincadeiras. Dessa forma, a quantidade de barracas de jogos e brincadeiras era igual a:

(A) 30 (B) 35 (C) 40 (D) 45 (E) 50

660) OBM – Alguns cubos foram empilhados formando um bloco. As figuras ao lado representam a vista da esquerda e da frente desse bloco. Olhando o bloco de cima, qual das figuras a seguir não pode ser vista?

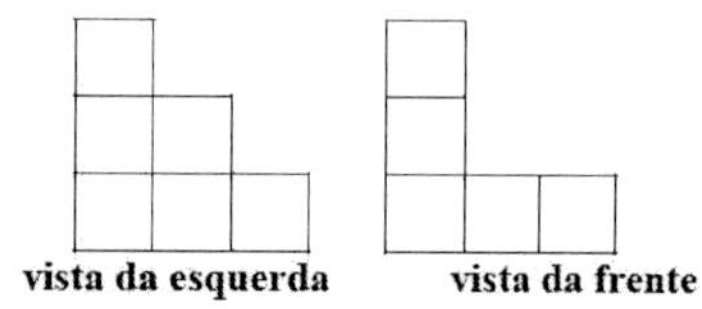

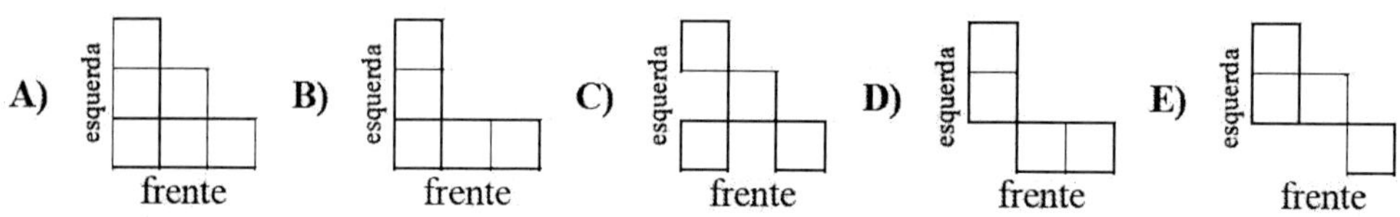

Teste 67

661) ENEM – O dono de uma oficina mecânica precisa de um pistão das partes de um motor, de 68 mm de diâmetro, para o conserto de um carro. Para conseguir um, esse dono vai até um ferro velho e lá encontra pistões com diâmetros iguais a 68,21mm, 68,102 mm, 68,001 mm, 68,02 mm e 68,012 mm. Para colocar o pistão no motor que está sendo consertado, o dono da oficina terá que adquirir aquele que tenha o diâmetro mais próximo do que precisa. Nessa condição, o dono da oficina deverá comprar o pistão de diâmetro:

(A) 68,21 mm (B) 68,102 mm (C) 68,02 mm (D) 68,012 mm (E) 68,001 mm.

662) CAP UERJ – Depois que todos os alunos estudaram a tabuada, a professora de matemática propôs um desafio: descobrir os algarismos representados pelas letras A, B e C no desenvolvimento da divisão ao lado.
Felipe conseguiu acertar. Calcule os algarismos que ele encontrou:

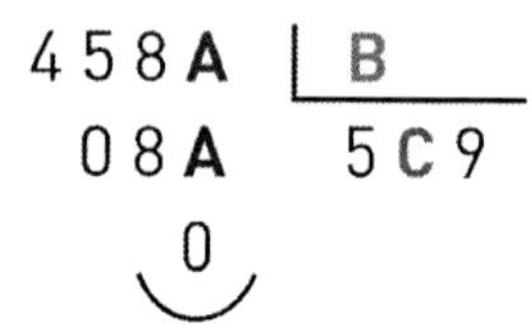

(A) A=1, B=9, C=0 (B) A=3, B=5, C=9 (C) A=1, B=2, C=3
(D) A=1, B=0, C=9 (E) A=5, B=3, C=5

663) Colégio Pedro II – Na figura está representado um triângulo equilátero ABC, de perímetro 27 cm. Nesse triângulo destacam-se os pontos D e E sobre o lado AB; F e G sobre o lado BC; e, H e I sobre o lado AC, de modo que cada lado fique dividido em três partes de mesmo comprimento.

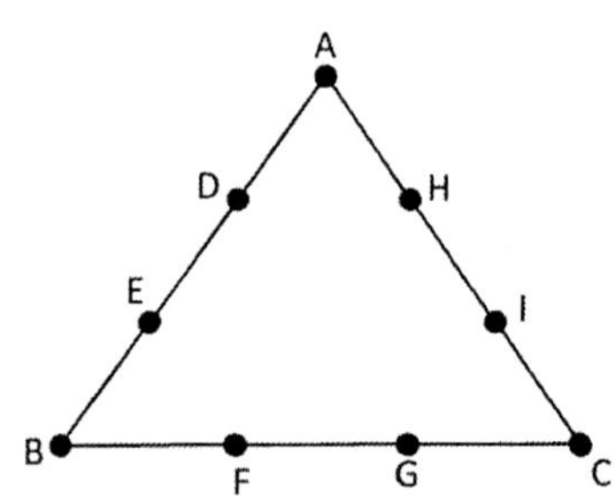

Considere agora o polígono obtido por meio da seguinte construção:

- retiram-se os segmentos DE, FG e HI; e.
- constroem-se sobre os lados do triângulo ABC, triângulos equiláteros com lado de comprimento igual ao da cada segmento retirado, como mostra a figura ao lado.

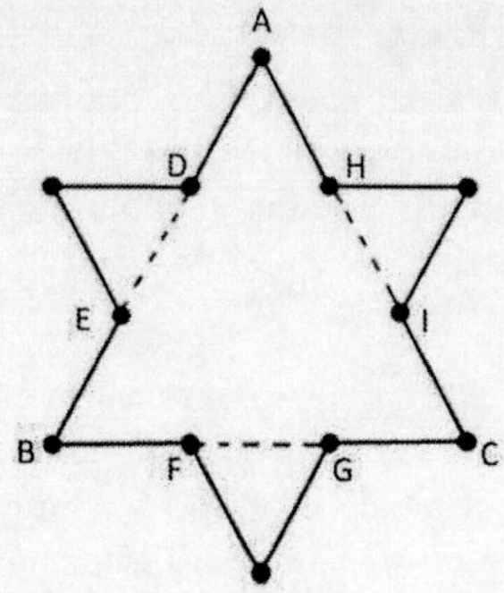

O perímetro do polígono assim obtido, em centímetros, é igual a:

(A) 27 (B) 36 (C) 45 (D) 54 (E) 60

664) CMCB-CE – A quadra de futebol de salão de uma escola possui 20,5m de largura e 32,5m de comprimento. Um aluno que dá uma volta completa nessa quadra percorre:

(A) 640dm (B) 8,4dam (C) 10,6dam (D) 12800cm (E) 144m

665) UTFPR – Aline comprou 4 cadernos e pagou R$ 15,00. Assinale quanto ela pagaria se tivesse comprado 16 cadernos.

(A) 30 (B) 40 (C) 45 (D) 50 (E) 60

666) FATEC – Em um recente show ocorrido na cidade do Rio de Janeiro, a organização do evento divulgou que o público seria de 20.600 pessoas. Escrevendo por extenso esse numeral, obtém-se:

(A) vinte e seis mil (B) vinte mil e seis (C) duzentos e seis mil
(D) vinte mil e seiscentos (E) duzentos e sessenta mil

667) IFMG – Qual o algarismo das unidades da potência 2014^{2015} ?

(A) 0 (B) 2 (C) 4 (D) 6 (E) 8

668) Colégio Militar Tiradentes DF – Em uma grande festa junina, havia 76 camarotes. A equipe organizadora do evento precisou alugar mesas para melhor acomodar o público. Para isso, planejou colocar o mesmo número de mesas em todos os camarotes, uma quantidade entre 10 e 100 mesas, que dividida por 3, 4 ou 5, deixou sempre resto 2. Se o valor cobrado pelo aluguel de uma mesa foi de R$ 10,00, o gasto total que a equipe organizadora da festa junina teve para alugar todas as mesas necessárias foi igual a:

(A) R$ 40.020,00 (B) R$ 41.020,00 (C) R$ 41.720,00 (D) R$ 47.020,00 (E) R$ 47.120,00

669) CFN – Quantos números de duas ordens podem ser escritos usando apenas os algarismos 3, 4, 5 e 6 sem repeti-los?

(A) 4 (B) 6 (C) 8 (D) 12 (E) 20

670) OBMEP – O retângulo ABCD foi dividido em nove retângulos menores, alguns deles com seus perímetros indicados na figura. O perímetro do retângulo ABCD é 54cm. Qual é o perímetro do retângulo cinza?

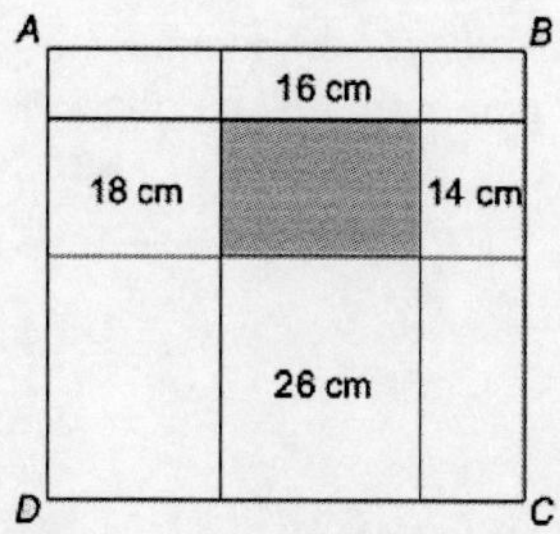

(A) 15cm (B) 19cm (C) 20cm (D) 22cm (E) 24cm

Teste 68

671) ENEM – Uma mãe recorreu à bula para verificar a dosagem de um remédio que precisava dar a seu filho. Na bula, recomendava-se a seguinte dosagem: 5 gotas para cada 2 kg de massa corporal a cada 8 horas. Se a mãe ministrou corretamente 30 gotas do remédio a seu filho, a cada 8 horas, então a massa corporal dele é de:

(A) 12kg (B) 16kg (C) 24kg (D) 36kg (E) 75kg

672) CAP UERJ – Aline mora bem perto da escola. Acorda às 6h para estar na escola às 7h. Uma de suas amigas, no entanto, não mora tão perto: acorda às 5h 30min e sai de casa às 5h 55min. Calcule o tempo, em minutos, de que a amiga de Aline dispõe, a partir do momento em que sai de casa, para estar na escola às 7h.

(A) 35min (B) 55min (C) 105min (D) 65min (E) 45min

673) Colégio Pedro II – A escola de Samanta está organizando uma gincana em que os alunos do 3º ao 5º anos serão separados em equipes, formadas somente por alunos do mesmo ano. Todas as equipes deverão ter o mesmo número de alunos. A tabela a seguir mostra a quantidade de alunos de cada ano. A quantidade máxima de alunos por equipe será:

Ano	Nº de alunos
3º	104
4º	96
5º	72

(A) 6 (B) 6 (C) 8 (D) 10 (E) 12

674) UTFPR Ensino Médio Técnico – Bárbara tem 6 anos e Ligia tem 5. Assinale daqui a quantos anos o produto de suas idades será igual a 42.

(A) 1 (B) 2 (C) 10 (D) 12 (E) 30

675) FATEC – O uso de parênteses pode modificar o valor de uma expressão. Por exemplo: as expressões 6 x 4 + 30 : 2 e (6 x 4 + 30) : 2 apresentam respostas diferentes. O maior valor que a expressão 6 x 4 + 30 : 2 assume, quando colocamos nela um par de parênteses, é:

(A) 98 (B) 102 (C) 108 (D) 112 (E) 114

676) IFMG – De acordo com a figura abaixo podemos observar que trata-se de um triângulo equilátero onde L = 1cm. Unindo-se os pontos médios de cada um de seus lados, obtemos 4 novos triângulos. O perímetro de qualquer um desses quatro triângulos é igual a:

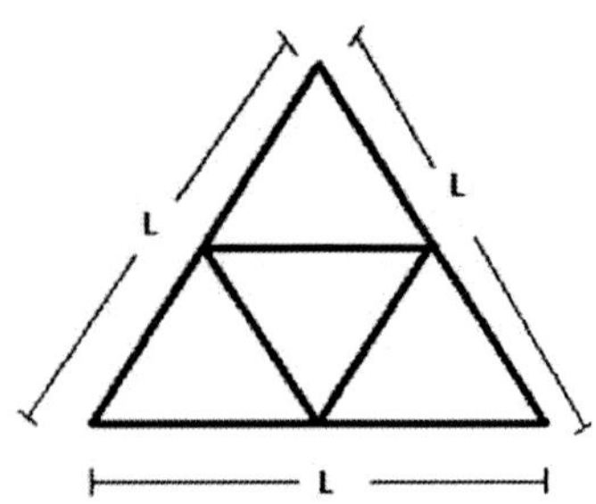

(A) 3cm (B) 2,5cm (C) 4cm (D) 1,5cm (E) 1cm

677) CMCB-CE – A figura representa um polígono em que todos os lados são horizontais ou verticais e têm o mesmo comprimento. O perímetro desse polígono é 56cm. Qual é a sua área?

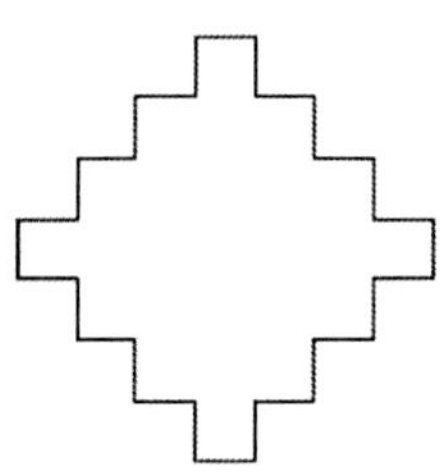

(A) 25cm^2 (B) 50cm^2 (C) 75cm^2 (D) 100cm^2 (E) 125cm^2

678) Colégio Militar D Pedro II – Uma peça de tecido tem 7 metros de comprimento. Dela foram feitos retalhos de 14 centímetros de comprimento cada um. Quantos retalhos foram obtidos? (Sabendo que os retalhos e a peça de tecido tem a mesma largura)

(A) 200 (B) 150 (C) 100 (D) 50 (E) 20

679) Colégio Militar Tiradentes DF – No concurso de quadrilhas de uma festa junina, a 5ª colocada recebeu um prêmio de R$ 3.500,00. A quarta colocada recebeu R$ 960,00 a mais que o recebido pela quinta, a terceira, R$ 960.000 a mais que o recebido pela quarta, e assim, sucessivamente. Dessa forma, qual foi o prêmio recebido pela primeira colocada?

(A) R$ 7.340,00 . (B) R$ 7.430,00 (C) R$ 8.340,00 (D) R$ 8.430,00 (E) R$ 9.340,00

680) OBM – Uma classe tem 22 alunos e 18 alunas. Durante as férias, 60% de todos os alunos dessa classe foram prestar trabalho comunitário. No mínimo, quantas alunas participaram desse trabalho?

(A) 1 (B) 2 (C) 4 (D) 6 (E) 8

Teste 69

681) ENEM – Uma indústria tem um reservatório de água com capacidade para 900 m^3. Quando há necessidade de limpeza do reservatório, toda a água precisa ser escoada. O escoamento da água é feito por seis ralos, e dura 6 horas quando o reservatório está cheio. Esta indústria construirá um novo reservatório, com capacidade de 500 m^3, cujo escoamento de água deverá ser realizado em 4 horas, quando o reservatório estiver cheio. Os ralos utilizados no novo reservatório deverão ser idênticos aos do já existente. A quantidade de ralos do novo reservatório deverá ser igual a:

(A) 2 (B) 4 (C) 5 (D) 8 (E) 9

682) IFMG – Renato resolvia um problema que envolvia diversos cálculos com números inteiros, durante os quais ele usou uma calculadora. Quando fez a última operação, a calculadora apresentou um defeito, o qual impediu que Renato distinguisse o último dígito do resultado. Contudo, ele lembrou que as três últimas operações realizadas foram, sucessivamente, multiplicar por 2, multiplicar por 5 e subtrair duas unidades. O dígito ilegível na calculadora era:

(A) 0 (B) 2 (C) 4 (D) 6 (E) 8

A calculadora apresentou defeito no final do cálculo.

683) IFPE PROEJA – Dois amigos, Pedro e João, colecionam selos. Pedro tem 137 selos a mais que João. Se João possui 2154 selos, quantos selos os dois têm juntos?

(A) 2291 (B) 137 (C) 2154 (D) 4444 (E) 4445

684) UTFPR Ensino Médio Técnico – Marcelo comprou 800 gramas de carne e pagou R$ 16,00. O valor pago por 1 kg da mesma carne será de:

(A) R$ 12,00 (B) R$ 15,00 (C) R$ 18,00 (D) R$ 20,00 (E) R$ 24,00

685) CAP UERJ – Um estudante costuma almoçar em um restaurante perto do colégio, no qual o preço por quilograma da comida é R$ 24,00. Em um certo dia, ele almoçou 650 gramas. Sabendo que o aluno pagou o almoço com uma nota de R$ 50,00, determine quanto ele recebeu de troco.

(A) R$ 36,00 (B) R$ 15,60 (C) R$ 34,40 (D) R$ 18,20 (E) R$ 36,60

686) Colégio Pedro II – Ao se formar no Pedro II, um aluno pegou os doze emblemas acumulados ao longo dos anos na escola e colocou-os em formação circular para tirar uma foto, como mostra a figura ao lado.

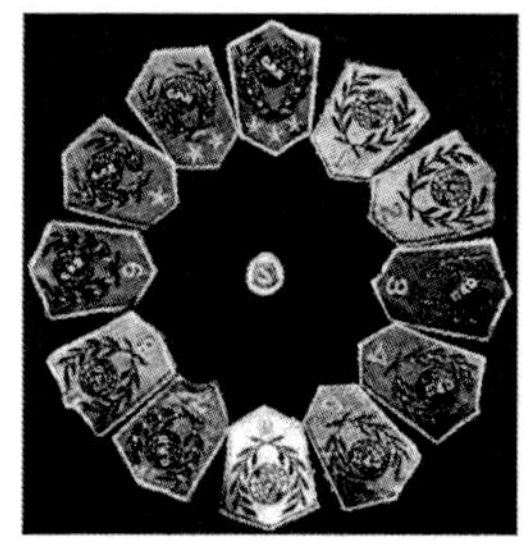

Na imagem ao lado, a figura da esquerda mostra o emblema numa malha quadriculada em que cada quadrado equivale a uma unidade de área (u.a.), enquanto a figura da direita representa a formação circular feita para a foto.

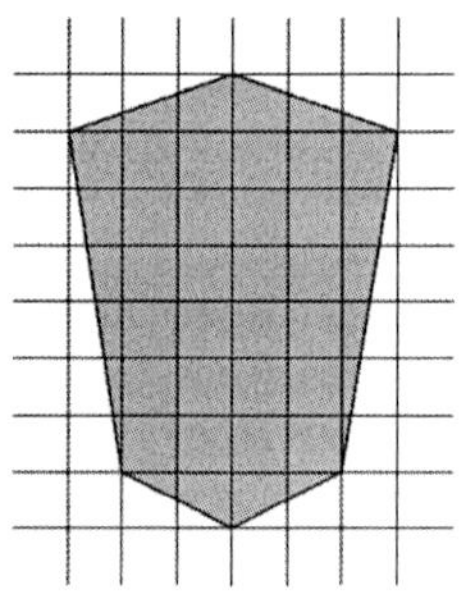

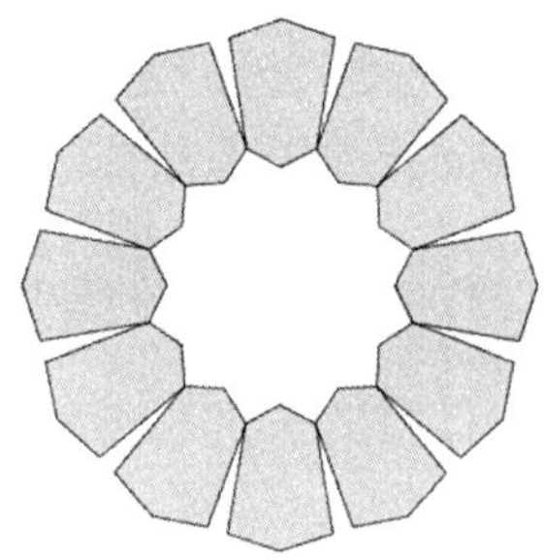

Sabendo que, na foto, cada emblema teve sua área reduzida a um quarto, pode-se afirmar que a área total dos doze emblemas da foto equivale a

(A) 420 u.a. (B) 210 u.a. (C) 108 u.a. (D) 105 u.a. (E) 120 u.a.

687) CMCB-CE – Andrea tem 4 saias e 5 blusas de cores diferentes. De quantas formas diferentes ela pode ser vestir, usando essas peças de roupa?

(A) 7 (B) 9 (C) 12 (D) 16 (E) 20

688) EAM – Uma torneira com vazamento de 20 gotas por minuto, desperdiça em 30 dias, 100 litros de água. A mesma torneira vazando 45 gotas por minuto, durante 20 dias, desperdiçará quantos litros de água?

(A) 66 (B) 120 (C) 150 (D) 180 (E) 337

689) CFN – Em uma escola 5/8 dos estudantes são meninas e 360 meninos. Qual é o número de estudantes dessa escola?

(A) 1300 (B) 960 (C) 860 (D) 720 (E) 800

690) OBMEP – Joãozinho distribuiu bolas em caixas numeradas de 1 a 2016. Ele fez isso de forma que o número total de bolas, em quaisquer cinco caixas consecutivas, fosse sempre o mesmo. Na figura abaixo estão indicadas as quantidades de bolas em algumas caixas; a figura também mostra que Joãozinho colocou 3 e 7 bolas em duas caixas vizinhas. Quantas bolas ele colocou na última caixa?

(A) 1 (B) 3 (C) 5 (D) 7 (E) 9

Teste 70

691) CAP UERJ – Em um bonde com 120 passageiros, 3/10 estão encatarrados. A metade desses encatarrados tosse 3 vezes por hora, os demais pigarreiam 4 vezes por hora. Determine a quantidade total de tossidas e pigarros que ocorreriam ao longo de uma viagem de 2 horas.

(A) 252 (B) 192 (C) 256 (D) 320 (E) 560

692) Colégio Pedro II – A tabela a seguir fornece as informações sobre as eleições para o presidente do Grêmio de uma escola, disputada por cinco estudantes candidatos. Por algum motivo, a tabela ficou incompleta e alguns dados não foram digitados.

NOME DO CANDIDATO	NÚMERO DE VOTOS	PORCENTAGEM DE VOTOS RECEBIDOS
Diego		14%
Priscilla		17%
André	90	
Christine	180	
Natália		20%
Brancos ou Nulos		4%

Sabe-se informar que todos os estudantes da escola votaram e que a tabela estava sendo elaborada para informar as porcentagens de votos recebidos por cada candidato. Essa porcentagem é calculada em relação ao total dos estudantes da escola. Através da tabela podemos concluir que a porcentagem de votos recebidos por Christiane é:

(A) 55% (B) 45% (C) 30% (D) 15% (E) 20%

693) CMCB-CE 2017 – Calcule o valor da expressão **100 x 0,1 – 5 + 0,01 ÷ 0,01**

(A) 1 (B) 3 (C) 6 (D) 9 (E) 10

694) CPMPR – Isabel tem oito moedas de 1cm de raio e cinco moedas de 3cm de diâmetro. Que distância elas ocupariam se fossem colocadas juntas e alinhadas?

(A) 11cm (B) 21cm (C) 31cm (D) 41cm (E) 51cm

695) EAM – Quanto se deve dar de entrada, em reais, numa bicicleta de R$ 1.130,00 para pagar a parte restante em quatro prestações iguais de R$ 204,00?

(A) 926 (B) 816 (C) 340 (D) 314 (E) 280

696) CFN – Um desafio! Observe a multiplicação abaixo. Cada letra representa um algarismo diferente. Descubra o valor de cada letra e depois calcule A+B+C+D+E =

$$\begin{array}{r} A\,B\,C\,D\,E \\ \times\quad 4 \\ \hline E\,D\,C\,B\,A \end{array}$$

(A) 23
(B) 25
(C) 26
(D) 27
(E) 28

697) IFPE – Alguns objetos, durante a sua fabricação, necessitam passar por um processo de resfriamento. Para que isso ocorra, uma fábrica utiliza um tanque de resfriamento como mostrado na figura. O que aconteceria com o nível d'água se colocássemos no tanque um objeto cujo volume fosse 2.400cm^3?

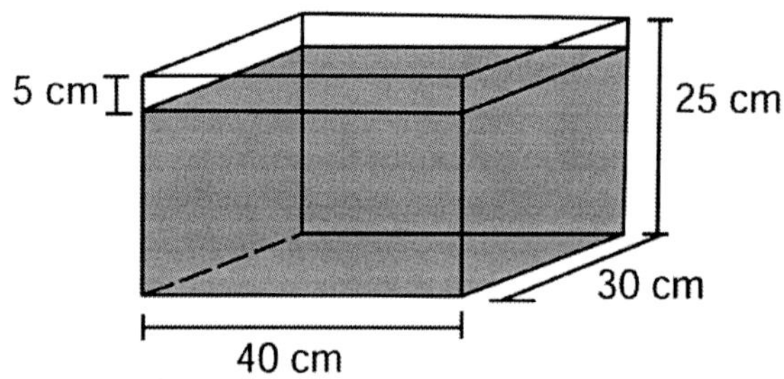

(A) O nível subiria 0,2cm, fazendo a água ficar com 20,2cm de altura.
(B) O nível subiria 1cm, fazendo a água ficar com 21cm de altura.
(C) O nível subiria 2cm, fazendo a água ficar com 22cm de altura.
(D) O nível subiria 8cm, fazendo a água transbordar.
(E) O nível subiria 20cm, fazendo a água transbordar.

698) OBM – Dos quatro números a seguir, qual é o único que pode ser escrito como produto de quatro naturais consecutivos?

(A) 712 (B) 548 (C) 1026 (D) 1456 (E) 1680

699) FATEC – Segundo a Sabesp, para se produzir mil quilogramas de papel é necessária a utilização de 380.000 litros de água. Sendo assim, para se produzir um quilograma de papel são utilizados x metros cúbicos de água. O valor de x é

(A) 3.800 (B) 380 (C) 3,8 (D) 0,38 (E) 0,038

700) OBMEP – Vânia preencheu os quadradinhos da conta abaixo com os algarismos 1, 2, 3, 4, 5, 6, 7 e 8. Ela usou todos os algarismos e obteve o maior resultado possível. Qual foi esse resultado?

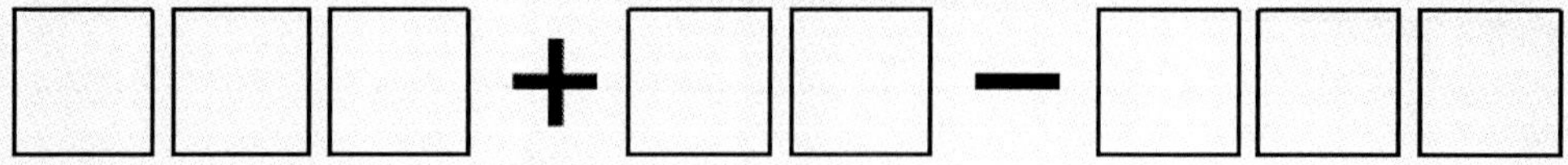

(A) 402 (B) 609 (C) 618 (D) 816 (E) 876

Respostas dos testes

Respostas do Teste 61

601) E	603) C	605) D	607) C	609) B
602) D	604) E	606) C	608) B	610) A

Respostas do Teste 62

611) C	613) C	615) D	617) A	619) E
612) D	614) D	616) A	618) C	620) D

Respostas do Teste 63

621) C	623) B	625) A	627) E	629) C
622) A	624) C	626) C	628) B	630) C

Respostas do Teste 64

631) D	633) E	635) C	637) B	639) E
632) E	634) D	636) E	638) D	640) E

Respostas do Teste 65

641) B	643) B	645) E	647) C	649) B
642) E	644) D	646) A	648) B	650) B

Respostas do Teste 66

651) C	653) A	655) E	657) C	659) D
652) B	654) B	656) C	658) C	660) C

Respostas do Teste 67

661) E	663) B	665) E	667) C	669) D
662) A	664) C	666) D	668) E	670) C

Respostas do Teste 68

671) A	673) C	675) E	677) D	679) A
672) D	674) A	676) D	678) D	680) B

Respostas do Teste 69

681) C	683) E	685) C	687) E	689) B
682) E	684) D	686) D	688) C	690) D

Respostas do Teste 70

691) A	693) C	695) C	697) C	699) B
692) C	694) C	696) D	698) E	700) D

Resoluções dos testes

Resoluções do teste 61

601) O comprimento de cada tábua é o MDC entre 540, 810 e 1080. Este MDC é 270. Como o tamanho máximo é 2 metros, temos que usar um divisor menor. O segundo maior divisor comum dos números citados, é a metade deste MDC. No caso, a metade de 270cm é 135 cm.
Sendo assim:
40 tábuas de 540cm renderão 40x4 = 160 peças
30 tábuas de 810 cm renderão 30x6 = 180 peças
10 tábuas de 1080cm renderão 10x8 = 80 peças.
Ao todo são 420 peças.

Resposta: (E) 420 peças

602) Basta dividir o volume total por 16. 260 litros são 260000 mL, que divididos por 16 resultam em 16.250 mL.

Resposta: (D) 16250

603) 10% é a décima parte. A décima parte de 5 horas é 0,5 hora, ou seja, meia hora, que são 30 minutos. Então o tempo pedido é 5 horas – 30 minutos = 4 horas e 30 minutos.

Resposta: (C) 4h 30min

604) Na conta de todo mês, R$ 20,00 é uma parte fixa, o resto é um valor devido às ligações realizadas, na razão de 40 centavos por minuto, ou seja, 40 centavos vezes os minutos de ligação.
A conta fica entre 60 e 100 reais, ou seja, entre 20 + 40 e 20 + 80.
Sendo assim o valor relativo aos minutos de ligação está entre 40 reais e 80 reais.
Para 40 reais: 40 centavos x número de minutos ➔ são 100 minutos de ligações
Para 80 reais: 40 centavos x número de minutos ➔ são 200 minutos de ligações.

Resposta: (E) entre 100 e 200 min

605) Este tipo de problema fica mais fácil quando usamos um valor fictício. Por exemplo, suponha um valor original de 100 reais.
Com a redução de 20%, este valor diminui para 100 – 20% de 100 = 100 – 20 = 80.
Para voltar ao mesmo valor, o preço tem que ir de 80 para 100, o que requer um aumento de:

$\frac{diferença}{valor\_anterior} \times 100\%$, ou seja:

$$\frac{20}{80} \times 100\% = 25\%$$

Resposta: (D) 25%

606) Temos que calcular a diferença de horários, mas entre os dois horários envolvidos, temos a mudança para o dia seguinte. Quando isso acontece, temos dois caminhos:

1) Consideramos as horas depois da meia-noite, não como 1h, 2h, 3h e assim por diante, mas como 25h, 26h, etc. Nesse caso os horários que temos que subtrair são:
27h 15min e 22h 13min

2) Outro modo é contar o tempo até a meia noite, e somar com o tempo depois da meia noite. Vamos resolver por este método.

1ª parte: de 22h 13min até meia noite: são 47 minutos para as 23 horas, e mais uma hora até meia noite, completando 1 hora e 47 min.
2ª parte: o próprio horário é o tempo transcorrido depois da meia noite, ou seja, 3h 15 min.

Agora somamos essas duas parcelas: 1h 47min + 3h 15min = 5h 2 min
Falta só converter para segundos.
5 horas = 5 x 60min = 300 min = 300 x 60x = 18000s
2 minutos = 2 x 60s = 120 s
Portanto o total é 18000 + 120 = 18120s.

Resposta: (C) 18.120

607) A distância pedida é o maior divisor comum entre 126km e 60km, que calculado resulta em 6 km. Ou seja, as câmeras, em ambas as avenidas, serão instaladas a cada 6 km.
Para saber o número de câmeras em cada avenida, basta dividir a sua extensão por 6km.
Avenida A: 126 ÷ 6 = 21
Avenida B: 60 ÷ 6 = 10
Total: 31 câmeras

Resposta: (C) 31

608) Claro que o problema pode ser resolvido armando a multiplicação:
4,65 x 0,99
Entretanto, pode ser feito de uma forma mais rápida, quase sem contas.
99 centavos é quase o mesmo que 1 real. Se fosse 1 real para cada 100 gramas, o valor a ser pago será 1,00 x 4,65 = R$ 4,65 (porque 465 gramas são 4,65 porções de 100 gramas).
Ocorre que o preço não é 1 real, mas sim, 99 centavos, que é 1% a menos. 1% de 4,65 é a centésima parte de R$ 4,65, que é cerca de 5 centavos. Subtraindo 5 centavos de R$ 4,65, ficamos com R$ 4,60.

Resposta: (B) R$ 4,60

609) O carro começou com o tanque cheio e a gasolina paga. Temos que calcular o gasto apenas nas paradas realizadas, como o problema pede. Essas paradas ocorreram a cada 500 km, ou seja:
1ª parada: com 500 km
2ª parada: com 1000 km
Foram duas paradas, em cada uma foram colocados 60 litros de gasolina.
O total de gasolina comprada foi de 120 litros.
O preço da gasolina é R$ 3,10 o litro, então o gasto foi:
120 x 3,10 = R$ 372,00

Resposta: (B) R$ 372,00

610) Para desvendar o mistério temos que desenhar o cubo planificado e identificar como os números estão distribuídos nas faces. É preciso ainda prestar atenção na orientação de cada número, ou seja, qual é a sua parte de cima e qual é a sua parte de baixo. Por exemplo, no segundo dado, vemos que o zero está do lado da parte de cima do 9, e no terceiro, vemos que o 1 está ao lado da parte de baixo do 9. Começamos então desenhando o cubo planificado.

Comecemos colocando o 3 no quadrado central. Essa escolha é arbitrária, poderíamos escolher qualquer quadrado para começar, mas todas as demais faces devem ser escolhidas levando em conta essas posições iniciais já estipuladas.

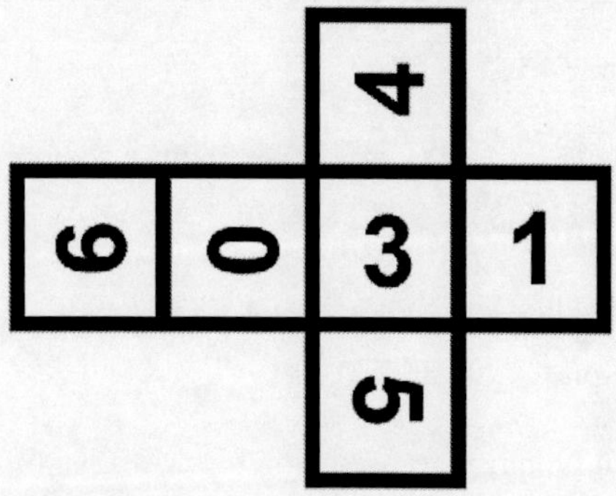

A seguir procuramos nos três cubos indicados, informações que envolvam as faces com 3 e 1. O terceiro cubo mostra a face 1, e encontramos o 5 "vizinho" da parte de baixo do 1. Além disso, é preciso observar que a parte de cima do 5 fica ao lado da parte de baixo do 1. É preciso colocar os números levando em conta essas orientações.

Ainda no terceiro cubo, notamos que a parte direita do 1 está ao lado da parte de baixo do 9. Desenhamos então o 9 nesta posição e nesta orientação.

Faltam o 0 e o 4. Do primeiro cubo, vemos que a parte de baixo do 4 fica ao lado da parte de cima do 1, então podemos desenhar o 4 na posição e orientação corretas.

A posição que resta é a do zero. Não há necessidade de identificar a orientação correta do zero, mas a sua parte que parece ser a de baixo ou a de cima, está voltada para o 9.

Temos então, a partir do cubo planificado:
Oposto ao 4 → 5
Oposto ao 0 → 1
Oposto ao 5 → 4
Soma das faces viradas para baixo: 10

Resposta: (A) 10

Resoluções do teste 62

611) Será preciso escolher a lente com espessura mais próxima de 3mm. As lentes disponíveis são:
A) 2,099 → 0,901 de diferença
B) 2,96 → 0,04 de diferença
C) 3,021 → 0,021 de diferença
D) 3,07 → 0,07 de diferença
E) 3,10 → 0,1 de diferença
A menor diferença é a da lente (C), de 0,021 mm.

Resposta: (C) 3,021

612) Se todos os alunos praticam algum esporte, a soma não poderia ser menos que 100%, mas está resultando em mais de 100%: 40% + 80% = 120%.
Esses 20% a mais corresponde aos alunos que que praticam ambos os esportes, que o problema informou serem 7 alunos.

Se 20% (ou a quinta parte) são 7 alunos, o total são 5 x 7 = 35 alunos.

Resposta: (D) 35

613) Se a base é um quadrado de perímetro 28cm, então suas dimensões são 7 e 7 cm. A área total da caixa é formada por 6 retângulos, iguais dois a dois, cujas áreas são
7x7, 7x22 e 7x22, que contando duas vezes fica:
2x(49 + 154 + 154) = 714

Resposta: (C) 714

614) O desconto para pagamento à vista é 35% de 1200, que calculando resulta em:

$$\frac{35}{100}\times 1200 = 35\times 12 = 420$$

O valor a ser pago à vista é 1200 – 420 = 780.

Resposta: (D) R$ 780,00

615) O tempo transcorrido é o MMC entre 10 e 15.
MMC(10, 15) = 30

Resposta: (D) 30

616) A soma das porcentagens indicadas é 95%.
O restante é 5%, que são os 137 alunos de outros municípios.
5% é a vigésima parte de 100%. Então, para obter 100%, basta multiplicar 5% por 20.
137 x 20 = 2740

Resposta: (A) 2740

617) Temos 4 escolhas para ir de A até B. Uma vez tendo ido de A até B, temos a seguir 3 escolhas para ir de B até C. Portanto o total de escolhas para o trajeto completo é 4 x 3 = 12.

Resposta: (A) 12

618) Sem saber o número total de notas, não tem como saber quais notas foram usadas para pagar. Por exemplo, poderiam ter pago com 10 notas de 100, ou com 20 notas de 50, ou outras combinações diversas, o o problema não dá informações adicionais que permitam descobrir isso com exatidão.
Então usaremos outro caminho. Vamos checar qual das cinco respostas resulta em 100 reais.
(A) 7 x 50 + 4 x 100 = 750
(B) 7 x 100 + 4 x 50 = 900
(C) 2 x 50 + 9 x 100 = 1000
(D) 9 x 50 + 2 x 100 = 650
(E) 10 x 50 + 1 x 100 = 600

Então se a distribuição das notas foi uma dessas indicadas, só pode ser a (C)

Resposta: (C) 2 notas de 50 reais e 9 notas de 100 reais

619) A quantidade mínima de deputados federais é: 2/3 de 512 = 341,333...
Não podemos ter um deputado fracionário, então o número mínimo necessário é 342.

Resposta: (E) 342

620) Os dois quadrados têm juntos, perímetros de:
5 x 4 = 20 e 6 x 4 = 24

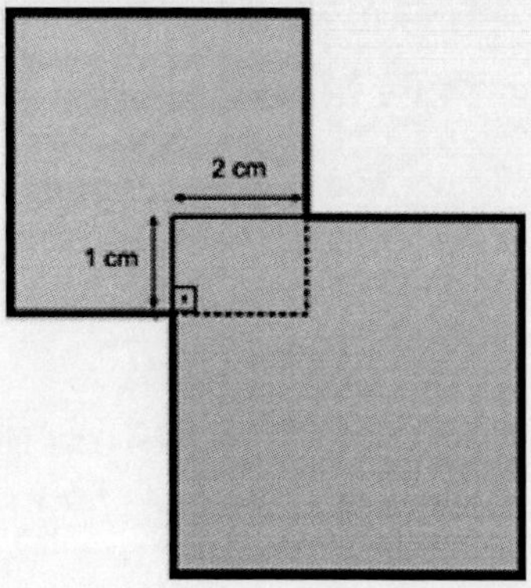

O perímetro da figura completa é quase o mesmo que a soma desses dois perímetros. Falta apenas descontar o perímetro do pequeno retângulo de interseção dos dois quadrados. Este retângulo tem lados 1cm e 2cm, seu perímetro é 6cm. Então podemos calcular:

20cm + 24cm – 6cm = 38cm.

Essa é uma forma rápida de calcular. Poderíamos ter feito isso por outro caminho, que é calculando as medidas dos segmentos determinados nos lados que se interceptam. Daria 38cm da mesma forma.

Resposta: (D) 38

Resoluções do teste 63

621) Cada pessoa consome por dia, 0,08 m^3. Isso é o mesmo que 80 litros.
Claro, pois 1 m^3 é o mesmo que 1000 litros, então:
0,08 m^3 = 0,08 x 1000 L = 80L

Vamos trabalhar com litros, pois o problema pergunta a capacidade total em litros.
Se são 10 pessoas na casa, e se cada uma consome 80 litros, o consumo total da família é 10 x 80 = 800 litros.

Em 2 dias, consumirão o dobro disso, ou seja, 1600 litros.

Resposta: (C) 1600

622) Para resolver o problema, não interessa saber quantos mL tem cada copo, nem quantos copos de cada tipo foram vendidos, o que interesse é o valor total.
Com os dois primeiro tipos, já temos a metade do valor e um terço do valor, ou seja:

$\frac{1}{2}+\frac{1}{3}=\frac{5}{6}$. Quer dizer que 5/6 do valor arrecadado deveu-se à venda dos dois primeiros tipos de copo. O restante, que é 1/6, são 200 reais. Se 1/6 é 200 reais, então o total é 6 vezes este valor:

6 x 200 = 1200. Então foram arrecadados R$ 1200,00.

Resposta: (A) R$ 1200,00

623) Para fazer a divisão, vamos formar uma fração e tentar simplificá-la. Esse modo é mais fácil que armar a conta de dividir. Olhando rapidamente parece que a resposta é (B), pelo seguinte:
O número 36, dividido pelo número 2, dá um resultado 18, mas acompanhado de várias casas decimais. Elevando isso ao quadrado, lembramos que o quadrado de 18 é 324. A única resposta que tem 324 é a (B). Mas vamos aprender a fazer esse cálculo, sem "testar as respostas".

$$\frac{0{,}000000036}{0{,}00002}=\frac{36}{20000}=\frac{1}{10000}\times\frac{36}{2}=\frac{1}{10000}\times 18=0{,}0018$$

Elevando ao quadrado, multiplicamos 18 por 18 e colocamos 8 casas decimais, que resulta em 0,00000324.

Se quisermos colocar a vírgula à direita do 3, temos que andar 6 casas, ficando com

3,24 x 0,000001 = 3,24 x 10^{-6}

Resposta: (B) 3,24.10^{-6}

624) Temos que fazer aqui uma divisão proporcional.
Se pagassem 3 reais e 2 reais, que são valores proporcionais a 3 e 2, teríamos:
Amigo A: 3,00
Amigo B: 2,00
Total: 5,00

Ocorre que o total não foi 5,00, mas sim, 225,00, que é um valor 45 vezes maior. Este número 45 é obtido com a conta 225 ÷ 5 = 45.
Então os valores pagos pelos amigos devem ser também multiplicados por 45.
Amigo A: 3,00 x 45 = 135,00
Amigo B: 2,00 x 45 = 90,00
Cuidado com a opção (A), que está com os valores trocados. A correta é a (C).

Resposta: (C) R$ 135,00 e R$ 90,00

625) Basta fazer o cálculo: 11h 18min – 8h 53min

Ou então fazer por partes.
1) De 8h 53min até 9h, transcorrem 7min
2) De 9h até 11h 18min, transcorrem 2h 18min.
Somando esses dois temos resulta em 2h 25min

Resposta: (A) 2h 25min

626) Se a distância regulamentar é 915 cm, e se um passo são 90 cm, então são 10 passos. Ficam faltando 15 cm, mas isso é fácil de medir, é um pouco menos que 1 palmo. Então 10 passos resolvem o problema.

Resposta: (C) 10

627) Se o problema pede o custo total para uma quantidade suficiente para 10 pessoas, e o gráfico dá as informações para 300 pessoas, basta obter o valor total para as 300 pessoas e dividir por 30.
De acordo com o gráfico temos:

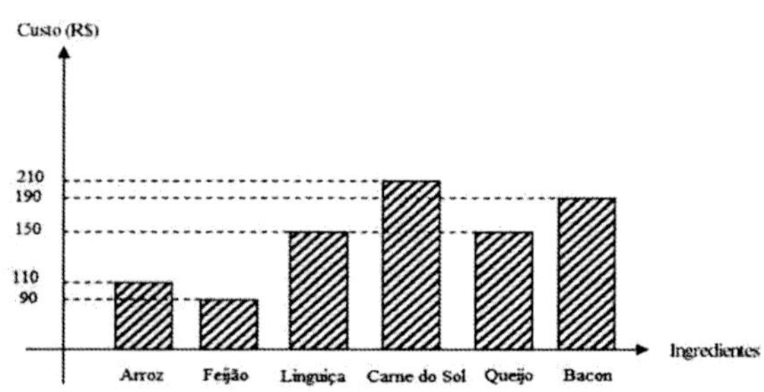

Arroz: R$ 110,00
Feijão: R$ 90,00
Linguiça: R$ 150,00
Carne de sol: R$ 210,00
Queijo: R$ 150,00
Bacon: R$ 190,00
Total: R$ 900,00
Dividindo por 30, temos R$ 30,00.

Resposta: (E) 30

628) É bom marcar as horas em uma tabela:

Horário errado no relógio de Mauro	Hora local
8h	10 horas
8h + 3 horas livres = 11h	13h

O horário real do jogo era então, 13 horas, que são 3 horas depois de 10.
Mauro chegou para o jogo às 14 horas, no horário local. O jogo começou às 13, então o atraso foi de 1 hora. E Mauro é um irresponsável, pois mesmo com o relógio errado, deveria comparecer ao jogo 3 horas depois, e não 4 horas depois. Não tem desculpa.

Resposta: (B) 1h

629) Para um número ser múltiplo de 3, a soma dos seus algarismos tem que ser um múltiplo de 3. A soma dos algarismos do número dado é:
2 + 1 + 3 + a + 4 + 6 = a + 16.
Para que a+16 seja múltiplo de 3, podemos ter por exemplo, a=2, a soma seria 18. Mas podemos ter também outros valores de a, que são 2+3=5 e 2+6=8. Então a pode valor 2, 5 ou 8. A soma desses valores possíveis de a é 15.

Resposta: (C) 15

630) Temos que calcular as áreas por partes. As áreas indicadas com (1) são fáceis. São triângulos com base 1 e altura 1, portanto suas áreas são 1x1/2 = 0,5
O retângulo (2) também é muito fácil: base x altura = 1 x 4 = 4
O triângulo (3) pode ter a área calculada como base x altura /2 = 3 x 1 /2 = 1,5
O triângulo (4) também tem base 3 e altura 1, sua área é 1,5.
Somando as áreas temos 0,5 + 0,5 + 0,5 + 4 + 1,5 + 1,5 = 8,5.

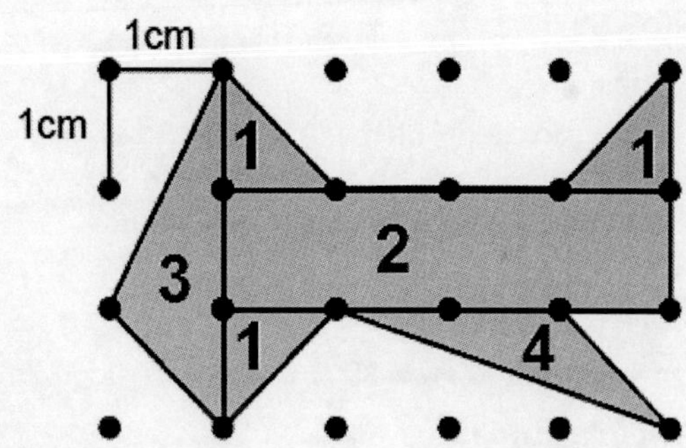

Resposta: (C) 8,5

Resoluções do teste 64

631) Vamos resolver a questão de duas formas, começando pela forma mais rápida. As dimensões serão alteradas, mas de forma que o volume permaneça o mesmo.

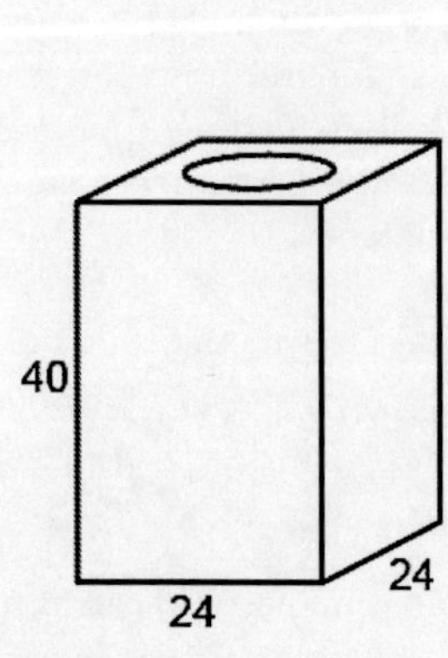

A nova lata terá as dimensões 25% maiores, ou seja, são as dimensões originais multiplicadas por 5/4. O seu produto portanto será multiplicado por 25/16, que é 5/4 x 5/4.

Para que o volume seja o mesmo, a altura deve ser multiplicada pelo inverso desta fração, ou seja, 16/25. Multiplicando os termos da fração por 4, ficamos com denominador 100, necessário para obtenção da porcentagem. A fração equivalente será então 64/100.

Sendo assim, a nova altura deve ser 64% da altura anterior, ou seja, a altura original tem que ser reduzida em 36%.

Outra forma de resolver o problema é calculando os valores. O volume do recipiente original é 40x24x24, vamos deixar esta multiplicação indicada, pois os valores irão simplificar a seguir.

O novo recipiente tem as dimensões da base 25% maiores, ou seja, 24 + 6 = 30. Então o novo volume, que deve ser o mesmo que o anterior, é 30 x 30 x h, onde h é a nova altura. Temos então:

30 x 30 x h = 24 x 24 x 40

$$h = \frac{24 \times 24 \times 40}{30 \times 30} = \frac{8 \times 8 \times 40}{10 \times 10} = \frac{64 \times 40}{100} = 64\% \times 40$$

A altura nova é 64% da anterior, portanto deve haver uma redução de 36%.

Resposta: (D) 36%

632) Muito fácil, é uma peça retangular com dimensões de 1,2m e 0,5m, a área, em metros quadrados, é o produto das dimensões em metros: 1,2 x 0,5 = 0,6, ou melhor, 0,6 m^2.

Resposta: (E) 0,6

633) Com os lugares no ônibus, 45, seria possível manter 45 passageiros sentados durante as 4 horas restantes, ou seja, 240 minutos.
É como se o ônibus tivesse um recurso, o "passageiro sentado por 1 minuto", num total de 45 x 240 unidades. Esta quantidade de "recurso" seria dividida pelos passageiros, resultando no número de minutos que cada passageiro teria direito:

$\frac{45 \times 240}{45} = 240$, ou seja, cada um dos passageiros teria direito a 240 minutos de "assento".

Na situação do problema, não são 45 pessoas, mas sim, 80, já que são 45 sentados e 35 em pé. Nesse caso, o "recurso", que são os minutos de assento, seriam os mesmos para todos os 80 passageiros. Cada passageiro teria direito a:

$$\frac{45 \times 240}{80} = 45 \times 3 = 135$$

Ou seja, cada um dos 80 passageiros teria direito a 135 minutos de assento.

Resposta: (E) 135

OBS.: Situação totalmente irreal e absurda. Os passageiros sentados jamais concordariam em fazer um revezamento para que todos fiquem sentados o mesmo tempo, irão considerar que os outros deveriam ter comprado as passagens com antecedência. Na prática, eles só vão fazer isso se forem obrigados, caso contrário vão preferir ter a liberdade de escolher outra empresa de ônibus. Também na prática, ninguém vai se propor a fazer uma viagem de ônibus em que tenha que permanecer mais de 4 horas em pé, irão preferir comprar passagem para o ônibus seguinte.

634) As três medidas do compartimento são múltiplos de 50cm:

10m = 20 x 50cm
7m = 14 x 50cm
3m = 6 x 50cm

Então o número de caixas que cabem no compartimento é:

20 x 14 x 6 = 1680

Resposta: (D) 1680

635) Chamemos as áreas dos lotes de □ e □ + 400. Sua soma é 3200, então:

□ + □ + 400 = 3200
□□ = 2800
□ = 1400

Então as áreas são 1400 e 1800. De fato, a soma é 3200 e a diferença é 400. O lote menor tem 1400 m^2.

Resposta: (C) 1400

636) Problema com exatamente a mesma estrutura do anterior, apenas os números são diferentes. O que mostra que é importante estudar questões de concursos variados, e não apenas do concurso que você vai fazer.

Aqui chamaremos as áreas dos lotes de □ e □ + 1000. Ficamos com:

□ + □ + 1000 = 6000
□□ = 5000
□ = 2500

Então as áreas são 2500 e 3500. A única resposta que se encaixa é a resposta (E)

Resposta: (E) Um dos lotes terá 3500m^2

637) Muita atenção: o gráfico apresenta o número de faltas. Em qualquer problema de gráfico, é preciso identificar o que as informações representam. No eixo horizontal temos os meses, e no eixo vertical, o número de faltas. Então o problema pergunta o mês com menos faltas, que pelo gráfico é Março, o que tem a barra menor.

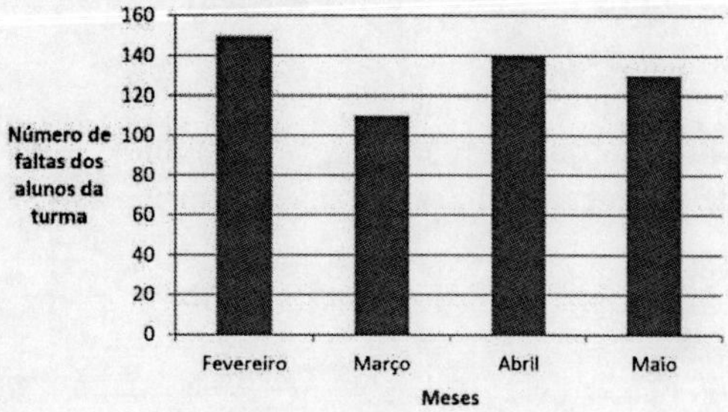

Resposta: (B) Março

638) É preciso primeiro calcular o conteúdo dos parênteses, para então fazer a divisão entre esses dois resultados.

1º: $\left(\frac{1}{4}+\frac{2}{5}\right)=\left(\frac{5}{20}+\frac{8}{20}\right)=\frac{13}{20}$

2º: $\left(\frac{1}{3}+\frac{1}{10}\right)=\left(\frac{10}{30}+\frac{3}{30}\right)=\frac{13}{30}$

Fazendo a divisão temos:

$$\frac{13}{20}\div\frac{13}{30}=\frac{13}{20}\times\frac{30}{13}=\frac{3}{2}$$

Resposta: (D) 3/2

639) Se ela dobra a cada dia, quer dizer que no dia seguinte, ela cobrirá uma área duas vezes maior. E no dia anterior, ela cobria uma área igual à metade.
Se no 30º dia ela chegou a cobrir o lago todo, no dia anterior ela cobria a metade, ou seja, isto ocorreu no 29º dia.

Resposta: (E) 29

640) Ao mesmo tempo em que Ana andou 3 partes, Beatriz havia andado 1 parte. Então Ana é 3 vezes mais rápida.
Ana descrerá ainda mais 1/4 da escada. Neste mesmo período, Beatriz terá subido uma distância 3 vezes menor, ou seja, 1/3 de 1/4 = 1/12
Beatriz terá subido ao todo:
1/4 + 1/12 = 4/12 = 1/3.
Beatriz ainda terá que subir 2/3 da escada.

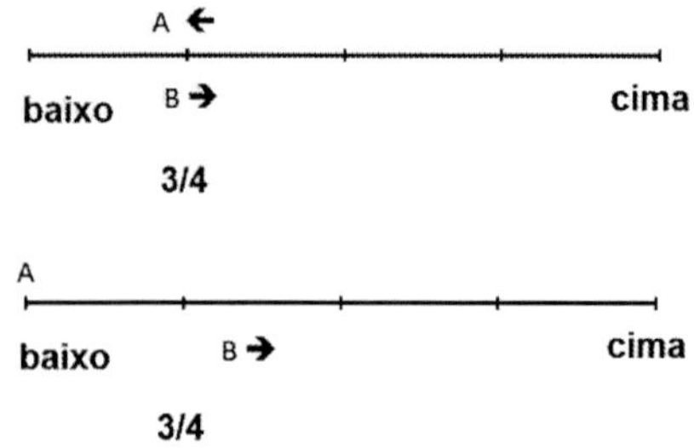

Resposta: (E) 2/3

Resoluções do teste 65

641) Se vendeu por 34 mil, um lote que comprou por 26 mil, seu lucro foi 8 mil.
O imposto é 15% do lucro, então vale 15% de 8000 = 1200.

Resposta: (B) R$ 1.200,00

642) Trata-se do típico problema de divisão de dois valores, em partes iguais com o maior número possível em cada grupo, que é o MDC entre os valores. Isso resulta no menor número de grupos.
O MDC entre 280 e 200 é 40. Portanto os pássaros formarão grupos de 40, ou seja, são 7 grupos de pardais e 5 grupos de andorinhas, um total de 12 grupos.

Resposta: (E) 12

643) O problema pergunta "no máximo", pois podem ter sido compradas outras mercadorias além das canetas. Se todo o valor for usado em canetas, o número de canetas compradas será:

$$\frac{58{,}80}{2{,}70} = \frac{5880}{270} = \frac{588}{27} = \frac{196}{9}$$

196 não é divisível por 9, quer dizer, não é uma divisão exata. Temos que fazer a divisão com resto.

196 ÷ 9 = 21, resto 7

Portanto é possível comprar, no máximo, 21 canetas

Resposta: (B) 21 canetas

644) O bicho come de 3 em 3 horas, sem dormir, faz então 8 refeições por dia. Em 365 dias, por ano, durante 2 anos, o número de refeições é:
8 x 365 x 2 = 5.840

Resposta: (D) 5.840

645) Este é o tradicional problema dos ciclos sincronizados, muito comum em vários concursos. As luzes irão coincidir em intervalos de temo iguais ao MMC entre os ciclos, e seus múltiplos.
O MMC entre os períodos é:

MMC(4, 5, 6, 8) = 120
Ou seja, as luzes piscarão juntas a cada 120 segundos, ou 2 minutos.

Resposta: (E) 2 minutos

646) São três categorias de sargentos: 1º, 2º e 3º. Os sargentos de dois tipos (3º e 2º) somam 200 e 160, e o tipo restante corresponde a 2/5 do total. Então aqueles dois primeiros tipos somam 3/5, ou seja, 3/5 do total são 360. Portanto 1/5 é a quinta parte disso: 120, e 2/5 é o dobro disso, 240. Portanto n vale 240. 240 é múltiplo de 15 e de 8, mas não é múltiplo de 18.

Resposta: (A) é múltiplo de 15 e de 8.

647) 5 vezes o perímetro, pois serão 5 voltas de arame. O perímetro é 75 + 30 + 75 + 30 = 210 metros.
Para 5 voltar de arame, serão necessários 5 x 210m = 1050 metros.

Resposta: (C) 1.050m

648) Aumentar 50% é a mesma coisa que multiplicar por 1,5.
Se tanto a largura como o comprimento foram multiplicados por 1,5, a área foi multiplicada por 1,5 x 1,5 = 2,25
Se um valor é multiplicado por 2,25, ele fica 125% maior, já que 2,25 = 1 + 1,25.

Resposta: (B) 125% maior

649) Se o lado for multiplicado por 5, a área, que é o lado ao quadrado, ficará multiplicada por cinco duas vezes, ou seja:
5 x 5 = 25 vezes maior.
Por exemplo, um quadrado de lado 1 tem área 1. Já um quadrado de lado 5 tem área 5 x 5 = 25, ou seja, 25 vezes maior.

Resposta: (B) 25 vezes maior

650) Vamos representar em uma régua, os valores dos palpites: 234, 260 e 274.

O número verdadeiro de sementes é tal, que as suas diferenças para esses três números sejam 17, 31 e 9, não necessariamente nesta ordem.

Este número não pode ser maior que 274 e bem menor que 234, caso contrário, teremos obrigatoriamente uma diferença maior que 40.

Então número de sementes só pode estar entre 234 e 260, ou então entre 260 e 274.

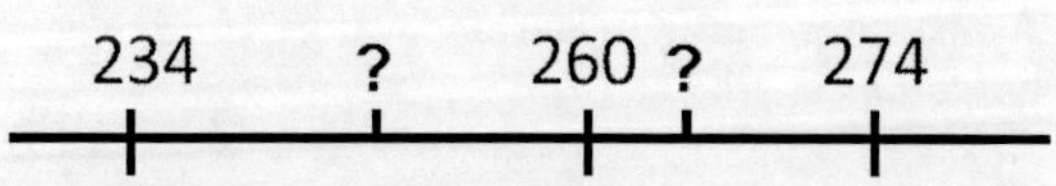

Seja qual for a localização do número desconhecido (o número verdadeiro de sementes), a soma das suas diferenças para os extremos deste intervalo, 234 e 274, é 40 unidades, que é a distância entre 234 e 274.

Entre os erros citados, 17, 31 e 9, os únicos que somam 40 são 31 e 9.

Temos então dos números possíveis:
234 + 9 = **243**, e 234 + 31 = **265**.

Então temos agora duas possibilidades para o número real de sementes: 243 ou 265.
Ocorre que não pode ser 265, pois se fosse, o erro do palpite 260 seria 5, e de acordo com o enunciado, os erros foram 9, 31 e 17.

Então o número misterioso só pode ser 243. Ficaria com:
Diferença de 9 em relação a 234

Diferença de 31 em relação a 274
Diferença de 17 em relação a 260.

Sendo assim, o número de sementes no último monte é o resto da divisão por 10, ou seja, o algarismo das unidades, que é 3.

Resposta: (B) 3

Resoluções do teste 66

651) De meia noite até 6h da manhã, são 6 horas. Cada hora são 60 minutos, então temos:
6 x 60min = 360 min
Se cai uma gota d'água a cada 3 segundos, são 20 gotas por minuto. O total de gotas que caem no período é portanto:
360 x 20 = 7200 gotas
Como cada gota tem 0,2 mL, o volume de água contido em todas essas gotas é:
7200 x 0,2 mL = 1440 mL, ou seja, 1,44 L.
Entre as respostas, a mais aproximada é a (C): 1,4 L

Resposta: (C) 1,4

652) Os horários dos três remédios irão coincidir após um período igual ao MMC entre os três períodos.
MMC(6, 10, 12) = 60, ou seja, 60 horas.
Isso são 2 dias a 12 horas
Se os remédios coincidiram dia 5/out às 6h da manhã, irão coincidir 2 dias e 12 horas depois, ou seja, dia 7/out, às 18 horas.

Resposta: (B) 18:00 de 7/out

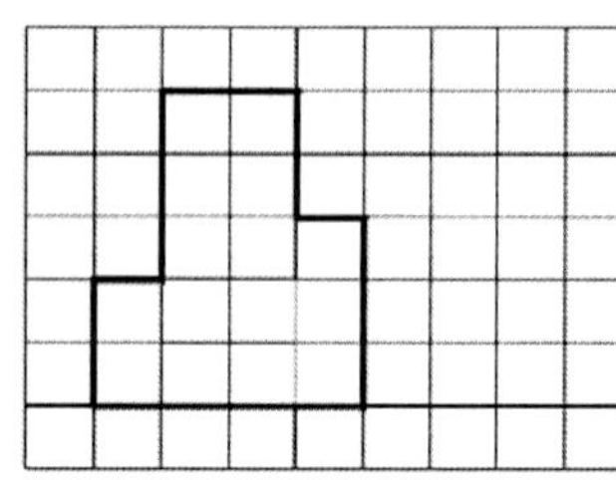

653) Se 6 voltas são 216 metros, uma volta são 36 metros. Isso é também a medida de 18 segmentos, iguais ao lado de uma quadrícula. Então cada quadrícula tem lado igual a 2m, sua área é 4 m^2.

A figura é também formada por 15 desses quadrados, portanto sua área é:
15 x 4 = 60

Resposta: (A) 60

654) Os tempos de queima das velas são:
1ª vela: 4 horas
2ª vela: 6 horas

Se a primeira vela queima totalmente em 4 horas, a fração que estará queimada depois de T horas é T/4. Isto significa que com T=4, estará totalmente queimada, com T=2 terá queimado 1/2 do seu comprimento, e com 1 hora terá queimado 1/4 do seu comprimento.
Da mesma forma a 2ª vela, que queima totalmente em 6 horas, terá queimado uma fração igual a T/6, onde T é o número de horas de queima. Em 6 horas terá queimado totalmente como diz o problema. Em 3 horas terá queimado a metade, em 1 hora terá queimado 1/6.

O problema diz que a 2ª vela foi acesa antes, e ficou queimando durante 1 hora, com a 1ª vela ainda apagada. Nesse instante, a 2ª vela já terá queimado 1/6. A partir de agora, acendemos a primeira vela e comecemos a contar o tempo.
Depois de T horas, a primeira vela terá queimado T/4, e a segunda terá queimado 1/6 + T/6.

O problema quer saber depois de quanto tempo as velas estarão com o mesmo comprimento. Isso é o mesmo que dizer que as duas velas terão queimado a mesma medida, ou seja:

T/4 = 1/6 + T/6

Ou seja, 1/6 é o mesmo que T/4 – T/6

$$\frac{T}{4}-\frac{T}{6}=\frac{T}{4}-\frac{T}{6}=\frac{3T}{12}-\frac{2T}{12}=\frac{T}{12}$$

Se T/12 vale 1/6, para saber T basta multiplicar a relação por 12. Ficamos com
T = 12 x 1/6 = 2

Ou seja, T = 2 horas

Este raciocínio é mais típico de 9º ano ou superior. Vejamos uma outra forma de resolver isso, usando um raciocínio mais adequado ao 6º ano.

A vela 2 queima em 6 horas. Cada divisão indicada demora 1 hora para queimar. Depois de 1 hora, 1 divisão completa estará queimada, restarão 5. Nesse instante a vela 1 é acesa. Cada divisão leva 1 hora para queimar. Pela figura vemos que depois de duas horas, as velas estarão com o mesmo comprimento. A vela 2 terá queimado 3/6, e a vela 1 terá queimado 2/4. Estarão com a mesma medida.

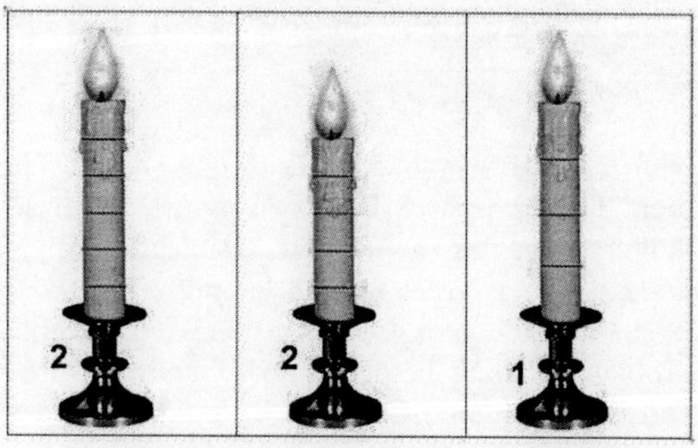

Resposta: (B) 2

655) Cada 3 pastéis que a amiga come, eu como 4.
Se ela comer 15 pastéis, são 5 vezes mais. Eu também comerei 5 vezes mais, ou seja, 20.
Ao todo teremos comido juntos, 15 + 20 = 34 pastéis.

Resposta: (E) 35

656) Se a calçada tem 2 metros de largura, então as dimensões externas da praça, incluindo a calçada, têm mais 4 metros no comprimento e na largura, ou seja, são 19m e 24 m.

A área da calçada é calculada de forma mais fácil, como a área do retângulo maior, menos a área do retângulo menor.

Maior (externo): 19 x 24 = 456m^2.
Menor (interno): 15 x 20 = 300m^2.
Diferença (calçada): 456 – 300 = 156

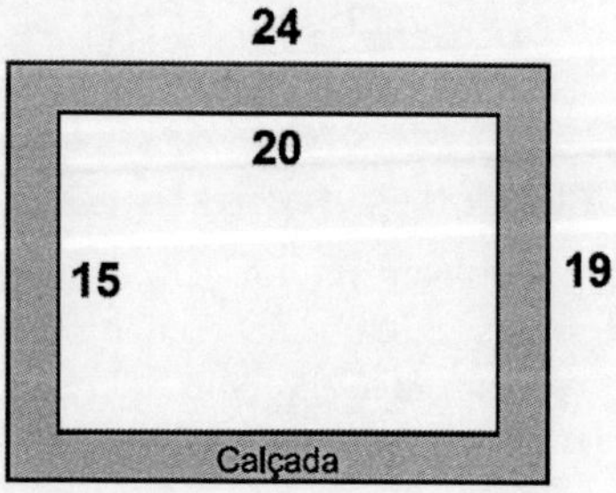

Resposta: (C) 156

657) Números pequenos e proporcionais a esses três valores investidos são 2, 3 e 4. Esses três números resultam em soma 9. O valor do lucro verificado foi 45.000, que é 5000 vezes maior que 9. Então o valor que cabe a cada um, respectivamente, são 2, 3 e 5, multiplicados por 5000.

2 x 5000 = R$ 10.000
3 x 5000 = R$ 15.000
4 x 5000 = R$ 20.000 ← valor que cabe ao sócio que aplicou o maior valor.
Total: R$ 45.000

Resposta: (C) R$ 20.000,00

658) Os seis segmentos na horizontal têm soma 12 metros. Os seis segmentos na vertical têm soma igual a 15 metros. Então temos como perímetro:
12 + 12 + 15 + 15 = 54 m

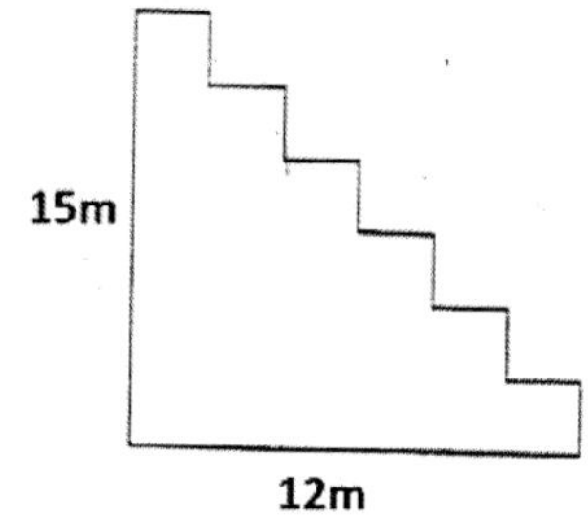

Resposta: (C) 54m

659) Total: 300 barracas
Comidas: 3/5 = 180
Bebidas: 25% = 75
Restante (jogos e brincadeiras): 300 – 180 – 75 = 45

Resposta: (D) 45

660) 31ª OBM – Não existe um método para identificar a resposta. É preciso tentar visualizar as figuras, sem ter a imagem espacial completa, apenas com as vistas frontal, lateral, e superior. O bloco indicado com "*" na figura abaixo, é o bloco problemático. Note que tanto olhando de frente, como da esquerda, existe este único bloco. Não existem blocos nem à frente, nem atrás, nem à esquerda e nem à direita.

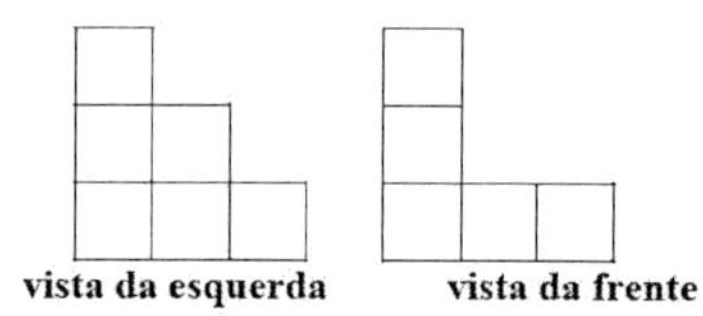

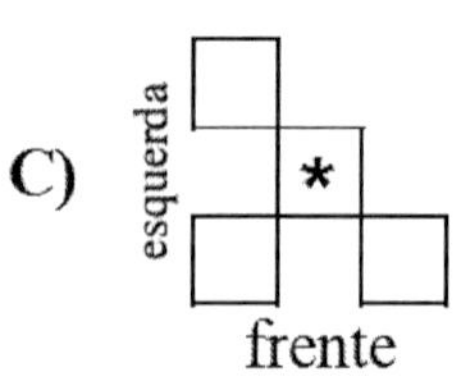

Entretanto, na vista de frente, notamos que temos um bloco do meio com altura 1, mas na vista da esquerda, temos um bloco do meio com altura 2, o que é impossível, porque o bloco indicado com * é único, não pode permitir vistas frontal e lateral diferentes. Então a figura que não pode ser vista é a (C)

Resposta: (C)

Resoluções do teste 67

661) Problema muito fácil, sem fazer contas vemos que o valor mais próximo de 68 é o da letra (E): 68,001 mm, com uma diferença de apenas 1 milésimo de mm. Os outros quatro apresentam medidas com diferenças bem maiores. Se usarmos milésimos de mm em todas elas essas diferenças são 210, 102, 20 e 12 milésimos.

Só tem uma coisa absurda nessa questão: para identificar uma medida com precisão de milésimos de milímetro, o dono da oficina mecânica tem que ir ao ferro velho levando um sofisticado instrumento de medida, um micrômetro digital com precisão de 0,001 mm. Não exatamente este ao lado, pois só alcança até 25mm.

Resposta: (E) 68,001 mm

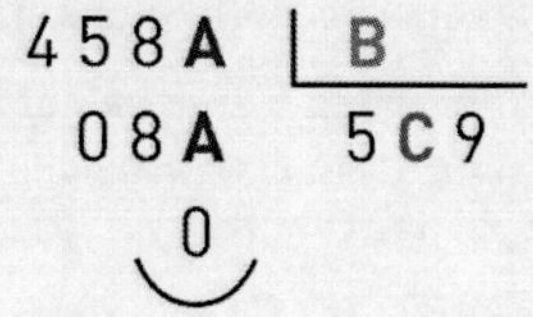

662) As letras A, B e C representam algarismos. A conta começa com:
45 ÷ B = 5, resto 0; Então B vale 9.
Abaixando o 8, temos 8 ÷ 9 = 0, resto 8. Então C vale zero.
Finalmente abaixando A, temos 8A ÷ 9 = 9, resto 0. Então 8A é o mesmo que 81, ou seja, A vale 1.
Sendo assim, A=1, B=9 e C=0

Resposta: (A) A=1, B=9, C=0

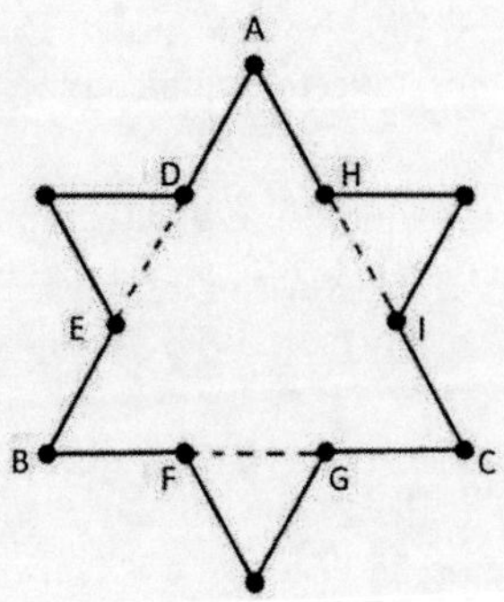

663) Se o perímetro do triângulo ABC é 27cm, cada lado vale 9cm.
Os pontos D, E, F, G, H, I dividem esses lados em 3 partes iguais. Então os segmentos formados medem 3cm cada um.
Quando é formada a estrela de 6 pontas, cada uma dessas 6 pontas é formada por dois segmentos que medem 3cm cada. Portanto são 6 cm para cada ponta, e um total de 6 pontas. O perímetro é 6x6cm = 36 cm

Resposta: (B) 36

664) Somando as medidas dos quatro lados:
20,5m + 20,5m + 32,5m + 32,5m = 106m. A letra (C) tem como medida 10,6 decâmetros, que é o mesmo que 106 metros.

Resposta: (C) 10,6dam

665) Para 16 cadernas, gastaria o quádruplo do valor. Seriam portanto 4 x 15 reais = 60 reais.

Resposta: (E) 60

666) 20.600 é lido por extenso como vinte mil e seiscentos.

Resposta: (D) vinte mil e seiscentos

667) Não é possível realizar esta conta, manualmente, seria um número absurdamente alto de casas decimais.
Com a ajuda de um computador, é possível calcular, são 6.658 algarismos. Mas felizmente o que o problema pede é muito mais simples: qual é o último algarismo dessa potência.

É preciso saber que os algarismos das unidades vão se repetindo conforme calculamos potências cada vez maiores. As potências de 2014 terminam com os mesmos algarismos das potências de 4. Isso ocorre porque apenas o algarismo das unidades tem influência sobre o algarismo das unidades do resultado. Portanto iremos trabalhar com potências de 4. Observe como esses algarismos vão formar uma sequência repetitiva:

$4^1 = 4$, $4^2=16$, $4^3=64$, $4^4=256$, ...

Quer dizer, quando o expoente é ímpar, o algarismo das unidades é 4, e quando o expoente é par, o algarismo das unidades é 6. Como 2015 é ímpar, o algarismo das unidades será 4.

Resposta: (C) 4

668) Se o número de mesas deixa sempre resto 2 quando dividido por 3, 4 ou 5, então este número de mesas, menos 2, deixará resto zero na divisão por 3, 4 ou 5, ou seja, é um múltiplo do MMC entre 3, 4 e 5. Este MMC é 60.

Portanto o número de mesas, já que está entre 10 e 100, é 62. De fato, 62 deixa o mesmo resto 2 quando dividido por 3, 4 ou 5.

São portanto 62 mesas por camarote, um total de 76 camarotes, e 10 reais de aluguel por mesa, o valor gasto com este aluguel é:
62 x 76 x 10 = R$ 47.120,00

Resposta: (E) R$ 47.120,00

669) Números de duas ordens são 2 algarismos.
Podemos escolher o algarismo das dezenas de 4 formas diferentes: 3, 4, 5 ou 6.
Para escolher o algarismo das unidades, não temos mais 4 escolhas, e sim, 3, pois não podemos repetir algarismos. Então para as unidades, podemos escolher qualquer um dos algarismos, exceto aquele que já foi usado nas dezenas. São portanto 4 x 3 escolhas = 12 escolhas.

Como este número é pequeno podemos até mesmo listar todas as opções:
34, 35, 35, 43, 45, 46, 53, 54, 56, 63, 64 e 65, total de 12 escolhas.

Resposta: (D) 12

670) Observe na figura que o perímetro do retângulo de 18cm, é igual à soma dos quatro segmentos indicados, três sobre os lados do retângulo ABCD e um igual a um lado do retângulo cinza. O mesmo ocorre com o retângulo de 14cm. Se fizermos a mesma coisa para os outros dois retângulos (16cm e 26cm), veremos que a soma desses quatro perímetros (16, 18, 14 e 26) é igual à soma dos perímetros do retângulo ABCD, mais o perímetro do retângulo cinza. Então temos:

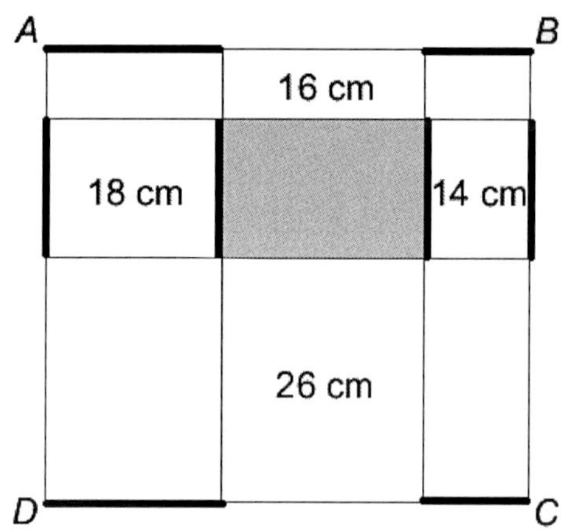

14 + 16 + 18 + 26 = 54 + □

74 = 54 + □

□ = 20

Resposta: (C) 20cm

Resoluções do teste 68

671) A dosagem recomendada na bula é, a cada 8 horas, 5 gotas para cada 2 kg.
A mãe ministrou a dosagem correta, a cada 8 horas, 30 gotas,
Para usar a dosagem correta, a cada 8 horas é preciso ministrar um número de gotas mantendo a proporção básica de 5 gotas para cada 2 kg. A dosagem de 30 gotas é 6 vezes maior, para uma criança de massa corporal também 6 vezes maior, ou seja:
6 x 2kg = 12 kg.
O que se faz na prática é determinar o número correto de gotas em função da massa, ou seja, para 12 kg, que é uma massa 6 vezes maior, usa-se um número de gotas também 6 vezes maior.

Resposta: (A) 12kg

672) De todos os horários apresentados, os únicos relevantes são dois:
A amiga sai de casa às 5h 55min
O horário de entrada na escola é 7h.
O tempo disponível para chegar na escola é a diferença dos dois: 7h – 5h 55 min = 1h 5 min

Em minutos, isto resulta em 65 min.

Resposta: (D) 65 min

673) Mais um problema resolvido através do MDC entre os valores citados, problema que é comum em diversos concursos. O número de alunos por equipe é um divisor das quantidades totais. Tem que ser um divisor dos três números: 104, 96 r 72, portanto um divisor comum. E o problema indica ainda que este número deve ser o máximo, isso é o mesmo que dizer que o número de equipes deve ser o mínimo. Portanto, o MDC entre 104, 96 e 72. Calculando o MDC, encontramos 8.

Então a quantidade de alunos por equipe tem que ser 8.
O problema não perguntou, mas alguns problemas desse tipo pergunta o número de equipes, ao invés da quantidade de alunos por equipe. No caso, o número de equipes é:
3º ano: 104 ÷ 8 = 13
4º ano: 96 ÷ 8 = 12
5º ano: 72 ÷ 8 = 9

Resposta: (C) 8

674) Os números são tão pequenos que podemos resolver este problema "contando um a um". Esta resolução consiste em identificar as idades ano a ano, e calcular seu produto, até encontrar 42. O importante a lembrar em problemas de idade é que o número de anos que uma pessoa se torna mais velha, é o mesmo número que a outra pessoa também se torna.
Hoje: 6 anos e 5 anos, 6 x 5 = 30
Daqui a um ano: 7 anos e 6 anos. 7 x 6 = 42
Então o produto das idades será igual a 42 dentro de um ano.

Resposta: (A) 1

675) Um par de parênteses em torno das operações 6x4 ou 30÷2 não irão alterar o resultado.
Em torno de 4 + 30, o resultado da expressão será 102.
Em torno de (6x4 + 30) também não é uma boa ideia, o resultado será apenas 27
O maior resultado possível é quando usamos o par de parênteses em torno da operação (4+30÷2). Este resultado será:

6 x (4+30÷2) = 114.

Resposta: (E) 114

676) O triângulo original tem lado de 1 cm. Os novos triângulos têm lados iguais a metade deste valor? 0,5cm. Então o perímetro de cada um deles é 3 x 0,5 = 1,5.

Resposta: (D) 1,5cm

677) Contanto o número de segmentos que formam o contorno da figura, encontramos 28. O problema informa que o perímetro é 56, então cada segmento vale 2. Os quadradinhos possuem portanto, lado igual a 2.

Contando um a um, vemos que a figura tem 25 quadradinhos. Cada um tem lado 2, então área igual a 4. No total, temos 25 x 4cm^2 = 100 cm^2.

Resposta: (D) 100cm^2

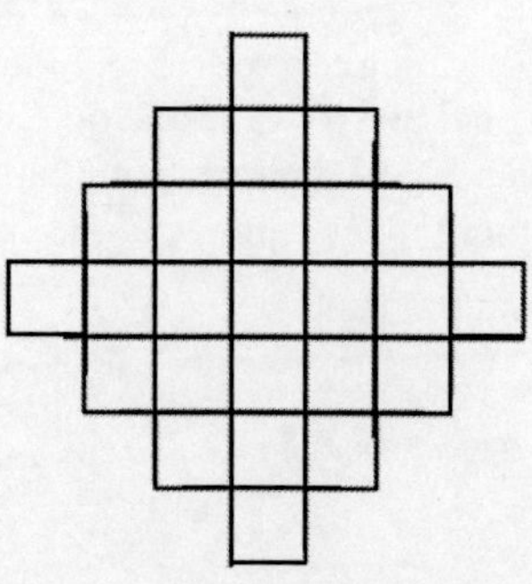

678) 7 metros são 700 centímetros. O número de retalhos é o resultado da divisão:

$$\frac{700}{14} = \frac{100}{2} = 50$$

Resposta: (D) 50

679) Não é preciso calcular todos, basta a primeira. Os prêmios são:
5ª colocada: 3500
4ª colocada: 3500 + 960
3ª colocada: 3500 + 960 + 960
2ª colocada: 3500 + 960 + 960 + 960
1ª colocada: 3500 + 960 + 960 + 960 + 960

Ou seja, o prêmio da 1ª colocada é igual a 4 vezes 960, mais 3500.
960 x 4 = 3840; 3840 + 3500 = 7340

Resposta: (A) R$ 7.340,00

680) A classe tem 22 + 18 = 40 alunos.
60% foram prestar trabalho comunitário:
60% de 40 = 24
Ou seja, 24 alunos foram prestar trabalho comunitário. Obrigatoriamente este grupo de 24 tem meninos é meninas. É impossível que tenha somente meninos, ou somente meninas, pois tanto o número de meninos quanto o de meninas são menores que 24, então o grupo tem que ser misto.
O número mínimo de meninas ocorrerá quando o número de meninos for máximo. Sendo assim, o grupo deve ser formado por todos os meninos da turma: 22, e mais 2 meninas para completar 24. Portanto o grupo tem, no mínimo, 2 meninas.

Resposta: (B) 2

Resoluções do teste 69

681) No reservatório original, $900m^3$ são escoados por 6 ralos, durante 6 horas.
Então cada ralo sozinho esvazia a capacidade total em um tempo 6 vezes maior, ou seja, 36 horas. Claro, quanto mais ralos, menos tempo para esvaziar, e vice-versa.
Cada ralo esvazia $900m^3$ em 36 horas. Então esvaziará $100m^3$ em um tempo 9 vezes menor ou seja, 36 ÷ 9 = 4 horas.
Calculamos o tempo para $100m^3$, pois assim fica mais fácil identificar o tempo para esvaziar $500m^3$ do novo reservatório. Este ralo sozinho esvaziará o novo reservatório em 4 horas x 5 (porque são $500m^3$) = 20 horas.
O problema especifica que o escoamento da água do novo reservatório deve ser feito em 4 horas. Se um único ralo faz isso em 20 horas, precisaremos utilizar 5 ralos.

Resposta: (C) 5

682) Multiplicar por 2 e multiplicar por 5 a seguir, é o mesmo que multiplicar o número original por 10. O resultado é obrigatoriamente um número que termina com 0.
Quando subtraímos 2 unidades de um número que termina com 0, o resultado será um número que termina com 8. Então o algarismo ilegível é 8.

Resposta: (E) 8

683) João tem 2154 e Pedro tem 137 a mais.
Então Pedro tem 2154 + 137 = 2291 selos
Juntos, eles têm 2291 + 2154 = 4445.

Resposta: (E) 4445

684) Podemos calcular o preço por 100 gramas, ou por 200 gramas, e depois multiplicar o valor, respectivamente, por 10 ou por 5, para obter o preço por 1 kg. Vamos fazer isso calculando para 100 gramas.
800 gramas custam R$ 16,00
100 gramas custam R$ 2,00 (8 vezes menos)
1000 gramas custam R$ 20,00 (10 vezes mais)

Resposta: (D) R$ 20,00

685) 24,00 por quilo é o mesmo que 2,40 por 100 gramas, e 1,20 por 50 gramas.
Como forma 650 gramas, o valor a ser pago é 6 x 2,40 + 1,20 = 15,60
Ou então pode ser calculado como 24,00 x 0,65 = 15,60
O troco para uma nota de R$ 50,00 será R$ 34,40

Resposta: (C) 34,40

686) As áreas das regiões indicadas são calculadas, a partir das áreas do retângulo e do triângulo.
1: 4x6 = 24
2: 6x1/1 = 3 (base x altura)/2
3: 4x1/2 = 2
4: 6x1/2, duas vezes = 6
Total: 24 + 3 + 2 + 6 = 35 unidades de área.
Na foto, cada emblema teve sua área reduzida a 1/4: 35/4 é a área de cada emblema. Como são 12 emblemas, a área total é

$$12 \times \frac{35}{4} = 3 \times 35 = 105$$

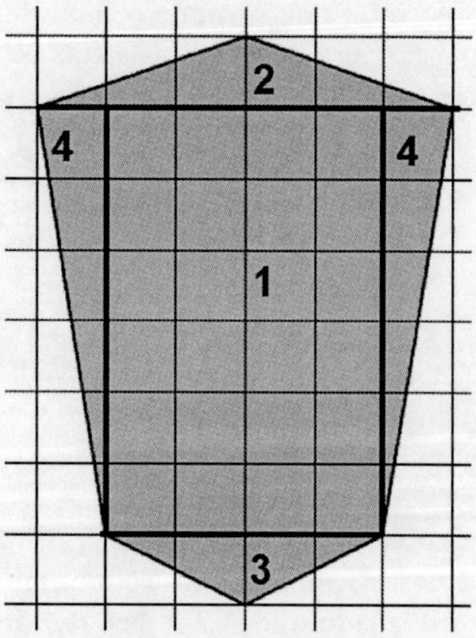

Ou seja, 105 unidades de área.

Resposta: (D) 105 u.a.

687) Isto se chama "princípio da multiplicação". Multiplicamos o número de possibilidades para um evento acontecer, pelo número de possibilidades para o outro evento acontecer. Os eventos referidos são a escolha da saia e a escolha da blusa. São portanto:

4 x 5 = 20

Resposta: (E) 20

688) Temos 20 gotas e 45 gotas. Temos 30 dias e 20 dias
Usaremos o cálculo intermediário para 5 gotas e 10 dias.
O primeiro dado do problema é:
20 gotas por minuto, em 30 dias, desperdiça 100 litros. Dividindo por 4 resulta em:
5 gotas por minuto, em 30 dias, desperdiça 25 litros. Dividindo por 3 resulta em:
5 gotas por minuto, em 10 dias, desperdiça 25/3 litros. Agora transformamos em 45 gotas
45 gotas por minuto, em 10 dias, desperdiça 9 x 25/3 = 75 litros. Agora para 20 dias

45 gotas por minuto, em 20 dias, desperdiça 2 x 75 = 150 litros.
OBS.: É preciso aumentar ou reduzir, uma grandeza de cada vez, e ajustar o resultado, como fizemos acima.

Resposta: (C) 150

689) Se 5/8 são meninas, então 3/8 são meninos.
3/8 são 360 meninos. Então 1/8 são 120. Logo o total de alunos é 8 x 120 = 960.

Resposta: (B) 960

690) Inicialmente é preciso chegar à conclusão de que esses números se repetem de 5 em 5. Isso é fácil de ver, se começamos chamando os números das caixas 1 e 5 de a e b, dois valores desconhecidos. Então as caixas começam assim:
A, 5, 9, 1, B.

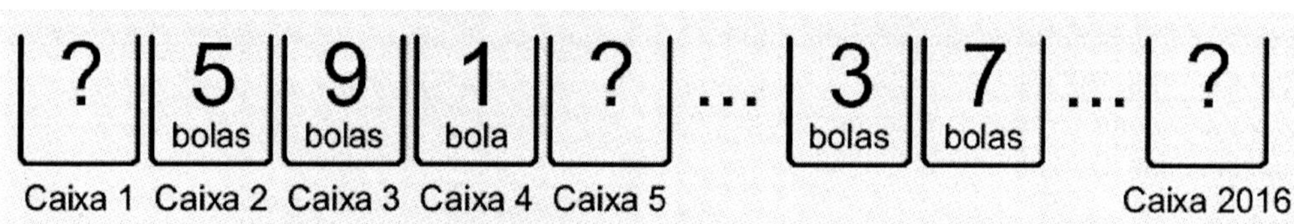

O problema informou que o número total de bolas, em quaisquer 5 caixas consecutivas, é o mesmo. Então esta regra vale para as 5 caixas. Portanto esta soma vale A+5+9+1+B.
A caixa número 6 obrigatoriamente precisa ter o número A, para formar a mesma soma, então as 6 primeiras caixas têm.

A, 5, 9, 1, B, A. Isto garante que a soma, da 2ª à sexta, é a mesma: 5+9+1+B+A.
Continuando com este raciocínio, chegamos à conclusão de que esses cinco números se repetem, nesta ordem, pois esta é a única forma de garantir que a soma de cada cinco é sempre a mesma: A+5+9+1+B

A, 5, 9, 1, B, A, 5, 9, 1, B, A, 5, 9, 1, B, A, 5, 9, 1, B,....
Note que o número B aparece na 5ª, na 10ª, na 15ª, e assim por diante. Na posição 2016ª, aparecerá o número que vem depois de B, que é A. Ocorre que A e B são números ainda desconhecidos.
Entretanto, o problema informa que aparecem, em determinadas posições não informadas, os números 3 e 7 nesta ordem. Como só existem cinco valores para esses números, então eles só podem ser A e B, sendo que A aparece sempre depois de um B. Portanto A vale 7 e B vale 3. O número na 2016ª posição é A=7.

Resposta: (D) 7

Resoluções do teste 70

691) Os passageiros encatarrados são 3/10 de 120 = 36.
A metade desses, 18, tosse 3 vezes por hora. São 54 tossidas por hora. Em duas horas são 108.
A outra metade, 18, pigarreiam 4 vezes por hora. São 72 pigarros por hora, ou 144 em 2 horas.
A quantidade total de tossidas e pigarros, juntos, em 2 horas de viagem, é 144 + 108 = 252.

Resposta: (A) 252

NOME DO CANDIDATO	NÚMERO DE VOTOS	PORCENTAGEM DE VOTOS RECEBIDOS
Diego		14%
Priscilla		17%
André	90	
Christine	180	
Natália		20%
Brancos ou Nulos		4%

692) Somando as porcentagens de votos conhecidas, temos 14% + 17% + 20% + 24% = 55%.
Portanto, restam 45% relativos a André e Cristine. Não sabemos as porcentagens de cada um, mas sabemos as quantidades de votos: 90 e 180. Portanto Cristine teve o dobro do número de votos de André, então terá também o dobro da porcentagem. Como a soma dessas porcentagens é 45%, e uma é o dobro da outra, então uma tem que ser 30% e a outra, 15%.
No caso, Cristine teve o dobro de votos, então ela tem a porcentagem maior, 30%.

Resposta: (C) 30%

693) 100 x 0,1 = 10
0,01 ÷ 0,01 = 1
100 x 0,1 – 5 + 0,01 ÷ 0,01 = 10 – 5 + 1 = 6

Resposta: (C) 6

694) 1cm de raio é o mesmo que 2cm de diâmetro. Como são 8, isso totaliza 16cm.
As 5 moedas com 3cm de diâmetro totalizam 15cm.
Juntando todas as moedas alinhadas, temos 16cm + 15cm = 31cm.

Resposta: (C) 31cm

695) Quatro prestações iguais de R$ 204,00 totalizam R$ 816,00. Se o preço total é R$ 1130,00, então o valor da entrada é a diferença dessas quantias:
1130 – 816 = 314.

Resposta: (C) 314

696) São 5 algarismos desconhecidos; A, B, C, D e E.
1) O algarismo A tem que ser par, pois vem do produto de E por 4. Então A só pode ser 0, 2, 4, 6 ou 8.
2) Como o número ABCDE tem 5 ordens, e o seu quádruplo também, concluímos que A sendo par, só pode ser 2, pois algarismos maiores resultariam em um número com 6 ordens. Concluímos portanto que A=2.
3) Nas dezenas de milhar, temos que o algarismo E tem que ser 8 ou 9, pois foi obtido multiplicando A (2) por 4, o pode ter ocorrido "vai 1" ou não. Então E vale 8 ou 9.

4) Voltando às unidades, vemos que Ex4 é um valor que termina com 2 (já que A vale 2). Então E não pode ser 9, caso contrário no resultado teríamos o final 6, e sabemos que A vale 2. Sendo assim, E só pode ser 8. Vamos escrever novamente a multiplicação usando os valores que já conhecemos: A=2 e E=8.

$$\begin{array}{r} 2BCD8 \\ \times\ 4 \\ \hline 8DCB2 \end{array}$$

5) Note que o resultado é um múltiplo de 4. Um múltiplo de 4, com final 2, não pode ter final 02, 22, 42, 62 ou 82. Tem que ser 12, 32, 52, 72 ou 92. Então B tem que ser ímpar, ou seja, B vale 1, 3, 5, 7 ou 9.

6) O número 2BCD8 não pode ser da forma 25xxx, 27xxx ou 29xxx, caso contrário, o seu quádruplo teria 6 algarismos. Então B, sendo ímpar, só pode ser 1 ou 3.

7) Ocorre que B não pode valer 3, pois estaríamos multiplicando um número da forma 23xx8 por 4, e isso resultaria em um número maior que 92000, que é o quádruplo de 23.000. Então para B só resta o valor 1. B=1.

```
21CD8
  x 4
-----
8DC12
```

8) D é um algarismo, que não pode ser 1, 2 ou 8 (não pode haver repetição dos algarismos), de tal forma que D8 x 4 termine com 12.
Além disso, D tem que ser de 4 em diante, porque 21x4 = 84, não podemos ter para D valores 3 ou inferiores. Então só temos as seguintes possibilidades para D:
D=4, D=5, D=6, D=7 e D=9 (o algarismo 8 já foi usado).

9) Agora testamos esses 5 valores para D, verificando qual resulta em um produto que termina com 12.
48x4 = 192; 58x4 = 232; 68x4 = 272; 78x4 = 312; 98x4 = 392.
Então a única forma do produto terminar com 12 e usando D=7.

10) Finalmente, temos que descobrir C, e isso pode ser feito testando os algarismos. As possibilidades restantes para C são 0, 3, 4, 5, 6 ou 9.
Os algarismos menores provavelmente não irão funcionar. Por exemplo, 1700 x 4 é 6800, não poderia chegar a 7C12. Então valores para C até 6 não darão certo. Tentemos então C=9.
21978 x 4 = 87912, que está de acordo com os algarismos encontrados. Então esses são os valores procurados.

```
21C78
  x 4
-----
87C12
```

O problema pediu a soma A+B+C+D+E, que resulta em 2+1+9+7+8 = 27.

Resposta: (D) 27

OBS: Neste tipo de problema, sempre confirme que algarismos diferentes são representados por letras diferentes. Se duas letras puderem representar o mesmo algarismo, o problema fica extremamente complicado. Letras diferentes com algarismos diferentes permite que eliminemos os algarismos já usados, reduzindo as possibilidades. Comece identificando os algarismos mais fáceis, em geral, o das unidades. Lembre-se que um número não pode começar com zero à esquerda.

697) O nível subiria, de tal forma que o volume de água adicional é igual ao volume do objeto, 2400cm^3. Temos então:
40 x 30 x h = 2400 (medidas todas em centímetros)
1200 x h = 2400
h = 2cm.

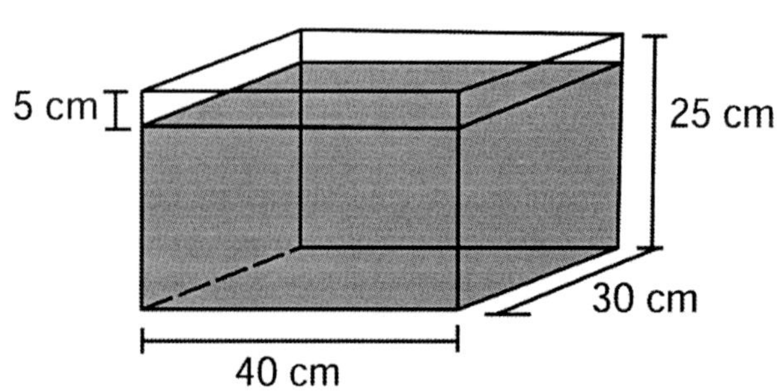

Note pela figura que o nível da água, antes da entrada do objeto, é 20cm. Subirá 2cm, ficando com 22cm.

Resposta: (C) O nível subiria 2cm, fazendo a água ficar com 22cm de altura.

698) Observe que o problema não perguntou quais seriam esses quatro números naturais consecutivos, perguntou apenas quais desses números podem ter essa característica. Quando tomamos quatro números naturais consecutivos, obrigatoriamente um deles é múltiplo de 4, Claro, pois os múltiplos de 4 aparecem a cada quatro números naturais. O mesmo podemos dizer a respeito dos múltiplos de 3. Como eles aparecem de 3 em 3, entre quatro naturais consecutivos sempre existirá um ou dois múltiplos de 3.
Portanto o referido produto tem que ser um múltiplo de 3 e de 4. Testando a divisibilidade por 3, vemos que 712, 548 e 1456 não são múltiplos de 3. E testando a divisibilidade por 4, vemos que 1026 não é múltiplo de 4. Portanto o único múltiplo de 3 e 4 simultaneamente é 1680.

Resposta: (E) 1680.

OBS.: O problema não perguntou, mas se quisermos descobrir quais são esses quatro números naturais consecutivos, começamos fatorando 1680.
$1680 = 2^4.3.5.7$
Com esses fatores, podemos formar os números 5, 6, 7, 8, cujo produto tem essa forma fatorada, e vale 1680.

699) 1000 kg de papel ..... 380.000 litros de água.
Ou seja, o número de litros de água é 380 vezes o número de quilogramas de papel produzidos.
Para 1 kg de papel, o número de litros de água também é 380 vezes, ou seja, 380 litros de água.

Resposta: (B) 380

700) Tentaremos maximizar o resultado obtido, começando com as centenas. Temos um algarismo das centenas no 1º número, e um algarismo das centenas no 3º número. Para o resultado ser o maior possível, o primeiro deve ser máximo e o terceiro deve ser o mínimo, pois está sendo subtraído. Então já descobrimos dois algarismos: 8 e 1.

$\underline{8}\ \_\ \_ + \_\ \_ - \underline{1}\ \_\ \_$

Agora vamos às dezenas. Os três números têm algarismos das dezenas. Para obter o máximo valor, os que estão sendo somados devem ter os maiores algarismos disponíveis, e o que está subtraído deve ter o menor algarismo disponível. Usamos respectivamente 7. 6 e 2. Note que o 7 e o 6 podem trocar de posição, o valor será o mesmo, pois ambos estão nas dezenas. Até agora temos o seguinte:

$\underline{8}\ \underline{7}\ \_ + \underline{6}\ \_ - \underline{1}\ \underline{2}\ \_$

Fazemos a mesma coisa para as unidades: valores máximos para os dois primeiros números, e valor mínimo para o terceiro. Temos apenas mais três algarismos disponíveis, então ficamos com:

$\underline{8}\ \underline{7}\ \underline{5} + \underline{6}\ \underline{4} - \underline{1}\ \underline{2}\ \underline{3}$

Também nesse caso, o 5 e o 4 podem ter suas posições invertidas.

O resultado da conta é 816.

Resposta: (D) 816

Capítulo 8

Suas notas aumentaram

Não tem mistério. Depois de estudar 700 problemas, é claro que você tem agora mais facilidade em esquematizar e resolver problemas de matemática. Nos estudos fora do livro, como por exemplo, na escola, você está com mais facilidade para aprender novos assuntos da matemática. Está apto a resolver praticamente todas as questões de aritmética, seja em nível de 6o, ano, em provas ao fim do ensino fundamental e mesmo nas questões de aritmética em vestibulares e concursos em geral. É claro que para resolver questões de outros assuntos, você precisará estuda-los também, mas é um estudo mais fácil e mais rápido, pois o seu raciocínio melhorou.

Nos últimos capítulos, você resolveu questões de concursos de escolas técnicas e institutos federais de todos os estados brasileiros. Alguns deles são chamados de CEFETs, mas seus concursos para ingresso são similares.

Você deve ter percebido também que o mais importante não é resolver questões do concurso para a escola X, as resolver questões de múltiplos concursos, pois assim você estará apto a resolver qualquer tipo de questão dessa matéria que aparecer pela frente, e não apenas questões que sejam "parecidas" com as do seu concurso.

Teste 71

701) CEFET ES – Numa comunidade, onde 80 crianças estão cursando o 9º ano do Ensino Fundamental, foi feita uma pesquisa sobre a preferência entre ver televisão ou ler livros. Todas participaram da pesquisa e não houve criança que não gostasse de pelo menos uma destas atividades. 40 delas responderam que gostam de ver televisão e 60 responderam que gostam de ler livros. Quantas crianças responderam que gostam de ver televisão e de ler livros?

(A) 10 (B) 15 (C) 20 (D) 25 (E) 30

702) IFRR – Seu Manoel que tem um salário de R$ 6.604,00, transferiu uma parte para uma conta corrente. No caminho de casa, Seu Manoel raciocinou que se tivesse transferido o dobro daquele valor, ainda lhe restariam R$ 4.116,00 do seu salário em conta corrente. Quanto foi o valor da transferência feita?

(A) R$ 1.244,00 (B) R$ 884,00 (C) R$ 2.234,00 (D) R$ 784,00 (E) R$ 1.688,00

703) IFRN – Em um mês, com estética corporal e facial, Maria gastou X, sendo R$ 210,00 com escova, 1/3 do total com massagens redutoras corporais e 2/5 do total com hidratação nos cabelos. Podemos afirmar que, nesse período, o total de gastos de Maria com estética foi de:

(A) R$ 625,50 (B) R$ 787,50 (C) R$ 877,50 (D) R$ 925,50 (E) R$ 825,00

704) IFRO – No processo seletivo para o ano de 2010 do Instituto Federal de Educação Ciência e Tecnologia de Rondônia, foram aprovados 175 alunos para o Campus Porto Velho, 105 para o Campus Ariquemes, 105 para o Campus Ji-Paraná, 35 para o Campus Avançado Cacoal, 70 para o Campus Vilhena e 140 para o Campus Colorado do Oeste. Sabendo que cada turma é composta de 35 alunos, quantas salas ao todo serão formadas?

(A) 16 (B) 19 (C) 17 (D) 18 (E) 20

705) IFPB – O dono de uma construtora programou a entrega de um prédio para 180 dias contatos a partir do início da construção. Para isso, ele contratou 40 trabalhadores e estipulou que eles trabalhassem 6 horas diárias. Passados 120 dias da obra, 10 trabalhadores adoeceram e o empreiteiro não teve como contratar novos trabalhadores. Para que o prédio seja entregue no dia programado, quantas horas a mais os funcionários restantes terão que trabalhar além das que já trabalham?

(A) 2 (B) 4 (C) 6 (D) 7 (E) 8

706) IFMG – Em uma mistura de 80kg de areia e cimento, 20% é cimento. Se acrescentarmos mais 20kg de cimento, qual será sua porcentagem na nova mistura?

(A) 36% (B) 20% (C) 30% (D) 25% (E) 40%

707) CMPM-CE – A imagem mostra o desmatamento na Amazônia em km^2 num período de 10 anos. Analisando as áreas de desmatamento em cada ano, podemos afirmar que a diferença do desmatamento do ano de 2006 e 2016 é:

(A) 6297km^2 (B) 9715km^2
(C) 4571km^2 (D) 5214km^2

708) EAM – Pedro possui R$ 260,00. Sabe-se que 40% do que ele tem corresponde a 25% da quantia que seu primo tem. Com base nos dados apresentados, é correto afirmar que a quantia, em reais, que o primo de Pedro possui é de:

(A) 26 (B) 65 (C) 104 (D) 160 (E) 416

709) CFN – Para ladrilhar uma sala quadrada, foram gastos 225 ladrilhos. Usando o mesmo tamanho de ladrilhos, quantos ladrilhos serão gastos para ladrilhar outra sala quadrada com o dobro do tamanho dos lados da primeira?

(A) 900 (B) 800 (C) 550 (D) 450 (E) 350

710) OBMEP – A professora Elisa aplicou uma prova para cinco alunos. A nota de um deles foi 8,0, e a média das notas dos outros quatro alunos foi 7,0. Qual foi a média das notas desses cinco alunos?

(A) 7,2 (B) 7,3 (C) 7,4 (D) 7,5 (E) 7,6

Teste 72

711) IFS – Escrevendo a expressão $(9^3 \cdot 3^{-2}) / (3^3 \cdot 27^4)$ com uma única potência de base 3, obtém-se como resposta:

(A) 3^0 (B) 3^{-11} (C) 3^{12} (D) 3^4 (E) 3^{-3}

712) IFSP – Na prova de um concurso, determinado candidato acertou 8 das 10 primeiras questões e três quartos das questões restantes, ou seja, 30 questões. O percentual de acerto desse candidato na prova foi de:

(A) 68,5% (B) 72% (C) 76% (D) 77,5% (E) 95%

713) IFRR – A empresa Pedrex possui 5 pedreiros que são igualmente eficientes no assentamento de azulejos de residências da cidade de Pedrecina. Se 3 desses pedreiros assentam todos os azulejos de um banheiro em 7 horas, então os 5 pedreiros da empresa Pedrex assentariam todos os azulejos desse mesmo banheiro em:

(A) 4h 2min (B) 4h 20min (C) 4h 25min (D) 4h 12min (E) 4h 16min

714) IFRO – Dois marceneiros, trabalhando 3 dias, 8 horas por dia, fabricam 10 baús. Se 3 marceneiros trabalharem por 5 dias. Quantas horas eles precisarão trabalhar por dia para produzirem 25 baús?

(A) 6 (B) 8 (C) 4 (D) 10 (E) 12

715) IFPB – Devido a uma crise financeira, uma empresa de turismo resolveu reduzir em 20% o preço do pacote mais procurado por seus clientes. Passados três meses, essa empresa aumentou em 40% o preço desse pacote. Dessa forma, em relação ao preço inicialmente cobrado, esse pacote teve um aumento de:

(A) 12% (B) 16% (C) 20% (D) 24% (E) 28%

716) IFMG – Meu irmão é cinco anos mais velho do que eu. O triplo da minha idade, somado ao dobro da idade dele, corresponde a 100 anos. Qual é a minha idade?

(A) 20 (B) 16 (C) 32 (D) 18 (E) 25

717) CPM-CE – A figura representa um reservatório de água com suas respectivas medidas de arestas. Sabendo que o volume de água contido nesse reservatório representa três quintos de sua capacidade total, determine o volume de água, em litros, que há no recipiente.

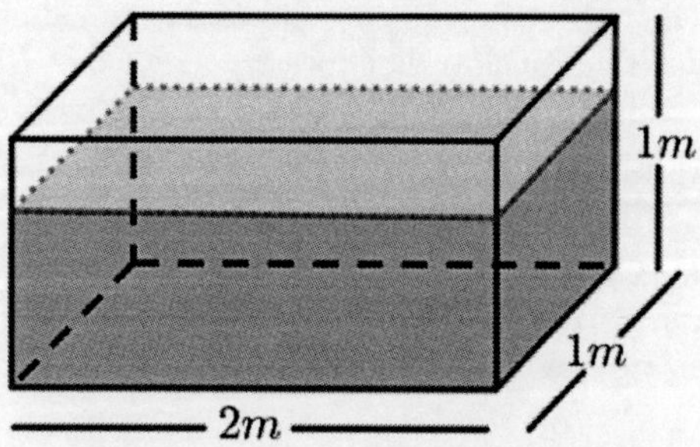

(A) 1200L (B) 800L (C) 2500L
(D) 700L (E) 2000L

718) EAM – Uma balança assinala 325g para um certo copo cheio de água. Jogando-se a metade da água fora, a balança passa a assinalar 180g. Para esse copo vazio, quanto tal balança assinalará em gramas?

(A) 20 (B) 25 (C) 35 (D) 40 (E) 45

719) OBMEP – Em uma loja, os preços dos produtos terminam sempre em 99 centavos. Por exemplo, R$ 0,99, R$ 1,99, R$ 2,99, ...
Juca pagou R$ 41,71 por uma compra nessa loja. Quantos produtos Juca comprou?

(A) 31 (B) 29 (C) 21 (D) 19 (E) 9

720) ENEM – Às 17h 15min começa uma forte chuva, que cai com intensidade constante. Uma piscina em forma de um paralelepípedo retângulo, que se encontrava inicialmente vazia, começa a acumular água da chuva e, às 18 horas, o nível da água em seu interior alcança

20cm de altura. Nesse instante, é aberto o registro que libera o escoamento da água por meio de um ralo localizado no fundo dessa piscina, cuja vazão é constante. Às 18h 40min a chuva cessa e, nesse exato instante, o nível da água na piscina baixou para 15 cm. O instante em que a água dessa piscina terminar de escoar completamente está compreendido entre

(A) 19h 30min e 20h 10min (B) 19h 20min e 19h 30min (C) 19h 10min e 19h 20min
(D) 19h e 19h 10min (E) 18h 40min e 19h

Teste 73

721) CEFET ES – O mosquito da dengue se multiplica em locais com água parada. Na casa de Dona Maria tem uma caixa d'água abandonada no quintal, e dentro dela têm 500 litros de água. Para que a água não fique acumulada na caixa foi feito um furo na parte de baixo por onde vazam 5 litros de água por minuto. Então, para que a caixa fique totalmente vazia, demorarão:

(A) 1h 40min (B) 1h 50min (C) 2h (D) 2h 30min (E) 3h

722) IFSP – Em uma maquete e um condomínio, um de seus prédios de 80 metros de altura está com apenas 48 centímetros. A altura de um outro prédio de 110 metros nessa maquete, mantidas as devidas proporções, em centímetros, será de:

(A) 56 (B) 60 (C) 66 (D) 72 (E) 78

723) IFRN – Os profissionais da saúde recomendam que uma dieta diária saudável para um adulto deve ter 2000 calorias. Considere que, nessa dieta, 50% sejam de carboidratos, 35% de gorduras e 15% sejam de proteína. Mantendo-se essa mesma proporção, para que uma dieta diária seja de 1.500 calorias, a quantidade de gorduras que se deve ingerir a menos em relação à dieta recomendada é de

(A) 75 calorias (B) 150 calorias (C) 175 calorias (D) 250 calorias (E) 300 calorias

724) IFPB – A razão entre o número de alunos e o de alunas em determinada turma do IFPB é igual ao resultado da expressão $E = 5/6 + 3/2 - 1{,}666...$ Dessa forma, sabendo que essa turma possui 24 alunas, é correto afirmar que o número de alunos dessa turma é:

(A) 8 (B) 9 (C) 12 (D) 16 (E) 18

725) CEFET RJ – Uma granja dispõe de ração suficiente para 200 galinhas, durante 100 dias. Transcorridos os primeiros 25 dias e consumo da ração, a granja recebe mais 50 galinhas. A partir dessa data, a granja poderá alimentar as 250 galinhas por mais quantos dias?

(A) 20 (B) 30 (C) 40 (D) 50 (E) 60

726) CMCB-CE – Três rolos de fita sendo 90 metros de fita azul, 450 metros de fita verde a 120 metros de fita preta, serão divididos em pedaços iguais do maior comprimento possível, de modo que não sobre nenhum pedaço de fita. Quantos pedaços de cada cor serão feitos?

(A) 3 pretos, 4 vedes e 15 azuis. (B) 15 pretos, 20 verdes e 72 azuis.
(C) 3 azuis, 15 verdes e 4 pretos. (D) 3 azuis, 15 pretos e 4 verdes.
(E) 15 verdes, 20 azuis e 3 pretos.

727) EAM – Numa competição de arremesso de dardo, o vencedor conseguiu 82m. O segundo colocado 78m. De quanto foi o lançamento do terceiro colocado, sabendo-se que a diferença entre seu lançamento e o lançamento do segundo colocado foi a terça parte da diferença entre o seu lançamento e o do primeiro?

(A) 72m (B) 74m (C) 75m (D) 76m (E) 77m

728) Colégio Militar Tiradentes PMMA – Pedro fez o desenho da praça do seu bairro, ele colocou a medida de alguns dos lados desta praça, conforme podemos ver no desenho.
De acordo com as medidas indicadas por Pedro, qual o perímetro desta praça?

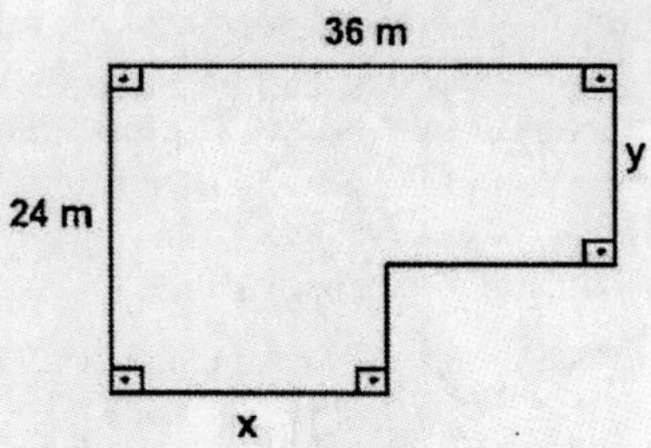

(A) 47m (B) 94m (C) 120m
(D) 720m (E) 320m

729) OBMEP – A área da figura é igual à soma das áreas de quantos quadrinhos no quadriculado?

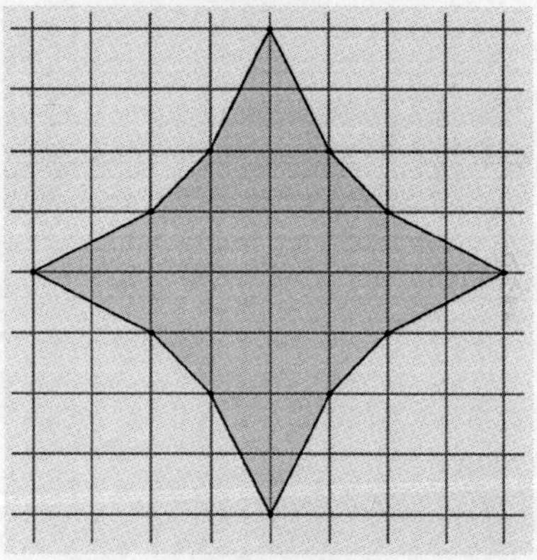

(A) 12 (B) 22 (C) 32 (D) 64 (E) 100

730) ENEM – Um paciente necessita de reidratação endovenosa feita por meio de cinco frascos de soro durante 24h. Cada frasco tem um volume de 800 mL de soro. Nas primeiras quatro horas, deverá receber 40% do total a ser aplicado. Cada mililitro de soro corresponde a 12 gotas. O número de gotas por minuto que o paciente deverá receber após as quatro primeiras horas será

(A) 16 (B) 20 (C) 24 (D) 34 (E) 40

Teste 74

731) IFSC – Roberto e João são amigos de infância e, sempre que podem, saem para pedalar juntos. Um dia, empolgados com a ideia de saberem mais sobre o desempenho da dupla, resolveram cronometrar o tempo que gastavam andando de bicicleta. Para tanto, decidiram pedalar numa pista circular, próxima à casa deles. Constataram, então, que Roberto dava uma volta completa em 24 segundos, enquanto João demorava 28 segundos para fazer o mesmo percurso. Diante disso, João questionou: Se sairmos juntos do mesmo local e no mesmo momento, em quanto tempo voltaremos a nos encontrar pela primeira vez, neste mesmo ponto da largada?

(A) 3min 8s (B) 2min 48s (C) 1min 28s (D) 2min 28s (E) 1min 48s

732) IFRS – Uma empresa A cobra R$ 80,00 por um determinado produto, mais uma taxa mensal de R$ 20,00 para manutenção. Uma empresa B cobra R$ 120,00 pelo mesmo produto, mais a taxa mensal de R$ 12,00 para manutenção. A empresa B será mais vantajosa que a A

(A) a partir do 4º mês (B) a partir do 5º mês (C) a partir do 7º mês
(D) a partir do 10º mês (E) sempre

733) IFRR – Seja x um número inteiro positivo, de maneira que a sua quantidade de divisores positivos seja um número ímpar. Dessa forma, podemos afirmar que:

(A) x é ímpar (B) x é par (C) x é primo (D) x é múltiplo de 3 (E) x é quadrado perfeito

734) IFRN – Um dos problemas de saúde acarretados pela busca exagerada da magreza como símbolo de beleza e elegância é a anorexia, transtorno alimentar caracterizado pelo medo que o paciente tem de ganhar peso. Marta, uma modelo que tem esse distúrbio, decidiu se tratar quando estava pesando 36 quilos. Nos primeiros 10 dias de tratamento, conseguiu ganhar um sexto do peso que tinha ao iniciar o tratamento. Ao final do primeiro mês já tinha conseguido ganhar o equivalente a um terço do peso que tinha ao final dos 10 primeiros dias de tratamento. O peso de Marta, ao final do primeiro mês de tratamento, era de

(A) 52 quilos (B) 58 quilos (C) 54 quilos (D) 56 quilos (E) 57 quilos

735) IFMT – Um professor de matemática do IFMT – Campus Cáceres calculou a nota final de uma prova de 30 questões da seguinte maneira: a cada questão certa, o aluno ganhava 4 pontos; e a cada errada, o aluno perdia 1 ponto. Pedrinho respondeu a todas as questões e obteve 60 pontos. Quantas questões ele acertou?

(A) 15 (B) 18 (C) 19 (D) 20 (E) 24

736) CMCB-CE – Juliana adora animais. Em sua casa, ela cria cães e coelhinhos. Bibi, a melhor amiga de Juliana, um dia perguntou quantos animais, cães e coelhos ela tinha. Então ela propôs a seguinte adivinhação para Bibi: “Na minha casa, o dobro do número de cães menos o número de coelhinhos é igual a 15. E se, eu somar o número de cães com o número 3 e dividir o resultado por 2, eu descubro o número de coelhinhos”. Quantos cães e quantos coelhinhos Juliana tem em sua casa?

(A) 11 e 7 (B) 12 e 6 (C) 13 e 5 (D) 10 e 8 (E) 9 e 7

737) EAM – Uma câmara fotográfica digital custa R$ 500,00 à vista. Se for vendida a prazo, o valor passa a ser R$ 560,00. Qual o percentual de acréscimo na venda dessa câmera a prazo?

(A) 5,6% (B) 10% (C) 12% (D) 20% (E) 56%

738) CFN – Um colecionador possui entre 150 e 200 moedas antigas. Agrupando-as de 6 em 6 sobram 5 moedas, agrupando-as de 12 em 12 ou de 15 em 15 também sobram 5 moedas. Quantas moedas tem esse colecionador?

(A) 155 (B) 165 (C) 175 (D) 185 (E) 190

739) OBMEP – Vários quadrados foram dispostos um ao lado do outro, em ordem crescente de tamanho, formando uma figura com 100 cm de base. O lado do maior quadrado mede 20cm. Qual é o perímetro da figura formada por esses quadrados?

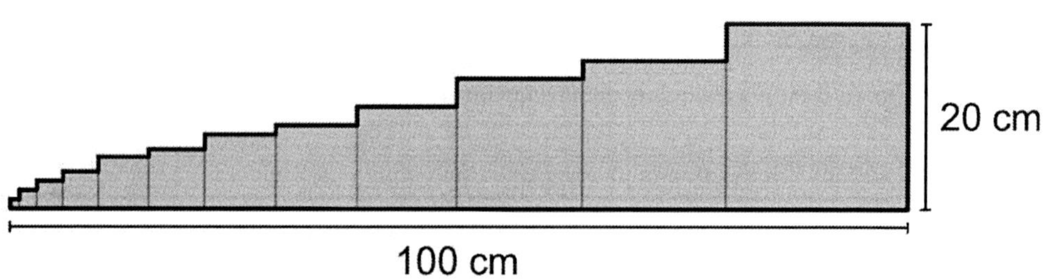

(A) 220cm (B) 240cm (C) 260cm (D) 300cm (E) 400cm

740) ENEM – A cidade de Guarulhos (SP) tem o 8º PIB municipal do Brasil, além do maior aeroporto da América do Sul. Em proporção, possui a economia que mais cresce em indústrias, conforme mostra o gráfico. Analisando os dados percentuais do gráfico, qual a diferença entre o maior e o menor crescimento no polo das indústrias?

(A) 75,28 (B) 64,00 (C) 56,95
(D) 45,76 (E) 30,07

Teste 75

741) IFAL – Para pintar sua casa, Marcos encontra dois pintores: Antônio, que cobra um valor contratual de R$ 100,00 e mais R$ 10,00 por m^2 de área pintada, e Benedito, que cobra R$ 200,00 no contrato e mais R$ 6,00 por m^2 de pintura. Acima de quantos m^2 de área pintada é mais econômico contratar Benedito?

(A) 5 (B) 10 (C) 15 (D) 20 (E) 25

742) IFRS – Uma artesã dispõe de uma folha retangular de cartolina com dimensões 20cm por 25cm e precisa recortar retângulos com as dimensões 3cm por 4cm. O número máximo possível de retângulos com essas dimensões é

(A) 36 (B) 40 (C) 41 (D) 42 (E) 45

743) IFRO – O perímetro de um triângulo é 60cm. As medidas dos lados são diretamente proporcionais aos números 3, 4 e 5; então o menor lado do triângulo mede, em cm:

(A) 12 (B) 13 (C) 15 (D) 18 (E) 22

744) CEFET PI – A soma da dízima periódica 2,666... com a fração 7/9 é:

(A) 31/9 (B) 24/9 (C) 10/9 (D) 10/3 (E) 13/6

745) IFMS – Uma máquina produz 32 peças em 8 horas. Considerando que a máquina mantém sempre a mesma produção, o tempo necessário para que essa máquina produza 51 peças é:

(A) 12h (B) 12h 15min (C) 12h 30min (D) 12h 45min (E) 13h 15min

746) CMCB-CE – A prefeitura da cidade de Mosaicos, contratou dois perfuradores de poços, os dois conseguem perfurar 0,02km (quilômetros) por dia. Quantos perfuradores de poços são necessários para que se tenha uma perfuração de 60m (metros) por dia?

(A) 6000 (B) 600 (C) 60 (D) 6 (E) 12

747) EAM – Observe a figura plana a seguir. Na figura, tem-se dois quadrados. O maior tem 5cm de lado, e o menor, 3cm. A área da região hachurada, em cm^2, é

(A) 16
(B) 17
(C) 18
(D) 20
(E) 25

748) CFN – Numa casa, em um banho de ducha, são consumidos 135 litros de água em 15 minutos. Fechar o registro enquanto se ensaboa e reduzir o tempo de banho com o registro aberto para 5 minutos gera uma grande economia de água. Quantos litros se economiza dessa maneira?

(A) 45 (B) 63 (C) 90 (D) 107 (E) 120

749) OBMEP – Na rede de distribuição de água representada abaixo, a água passa pelos canos e se distribui igualmente em cada ramificação. Em uma hora passam 200 mil litros de água pela saída X. Quantos litros de água passam pela saída Y nessa mesma hora?

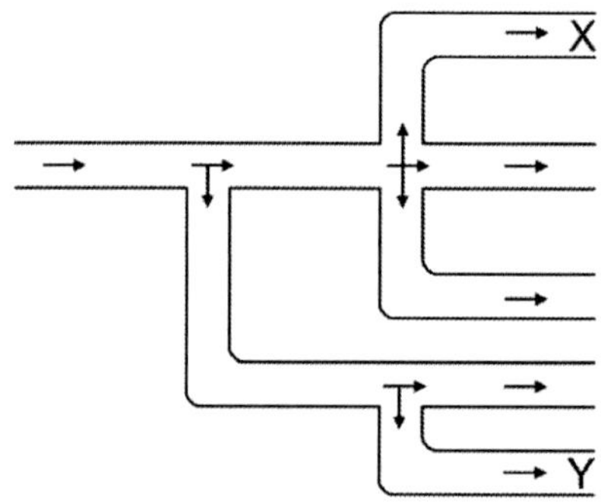

(A) 100 mil (B) 130 mil (C) 300 mil
(D) 450 mil (E) 600 mil

750) ENEM – Um dos grandes problemas enfrentados nas rodovias brasileiras é o excesso de carga transportada pelos caminhões. Dimensionado para o tráfego dentro dos limites legais de carga, o piso das estradas se deteriora com o peso excessivo dos caminhões. Além disso, o excesso de carga interfere na capacidade de frenagem e no funcionamento da suspensão do veículo, causas frequentes de acidentes.
Ciente dessa responsabilidade e com base na experiência adquirida com pesagens, um caminhoneiro sabe que seu caminhão pode carregar, no máximo, 1500 telhas ou 1200 tijolos. Considerando esse caminhão carregado com 900 telhas, quantos tijolos, no máximo, podem ser acrescentados à carga de modo a não ultrapassar a carga máxima do caminhão?

(A) 300 (B) 360 (C) 400 (D) 480 (E) 600

Teste 76

751) IFAM – Em profecia bíblica sabe-se que um dia profético (1 dp) equivale a trezentos e sessenta dias literais (360 dl). Na expressão bíblica "...e fez-se silêncio no céu por meia hora...", pode-se afirmar que o tempo citado nessa profecia equivale a exatamente a:

(A) 30 dl (B) 15 dl (C) 10 dl (D) 7,5 dl (E) 3,5 dl

752) IFRS – Um comerciante vende potes grandes a R$ 3,00 a unidade e potes menores a R$ 2,50 cada um. Hoje ele vendeu 62 potes, recebendo o valor total de R$ 171,00 pela venda. Quantos potes menores foram vendidos?

(A) 28 (B) 30 (C) 32 (D) 34 (E) 36

753) IFRO – Sabino tem 12 anos e sua irmã, 18. Daqui a quantos anos a razão entre a idade de Sabino e a de sua irmã será de 3 para 4?

(A) 5 (B) 6 (C) 3 (D) 4 (E) 7

754) CEFET PI – Uma casa que custa R$ 20.000,00 foi vendida por Marcos a Pedro com um prejuízo de 10%. Depois de algum tempo, Pedro resolve vender a mesma casa para Marcos, com um lucro de 10%. Com relação aos resultados dessas operações é correto afirmar que, no final:

(A) Marcos nem ganhou nem perdeu
(B) Pedro nem ganhou nem perdeu
(C) Marcos teve um prejuízo de R$ 1900,00
(D) Pedro teve um lucro de R$ 1800,00
(E) Pedro teve um prejuízo de R$ 200,00

755) IFMS – Uma piscina com formato de um bloco retangular tem 5m de largura, 15m de comprimento e 2,5m de profundidade. Se a piscina está com 2/3 de seu volume, podemos dizer que o volume de água na piscina é de:

(A) 187,5 m^3 (B) 125 m^3 (C) 1250 m^3 (D) 1875 m^3 (E) 62,5 m^3

756) Colégio Militar Tiradentes DF – Uma rêmora (peixe predador) avista uma tartaruga a 100 metros de distância e passa a persegui-la. Enquanto a tartaruga nada 2 metros, a rêmora nada 10 metros, ambas sempre em linha reta. A respeito desses dados, classifique as afirmativas em "certo" ou "errado".

(A) ( ) A rêmora percorre menos de 120 metros antes de alcançar a tartaruga.
(B) ( ) Quando a rêmora alcança a tartaruga, a soma das distâncias percorridas pelas duas é exatamente 0,25 km.

757) EAM – Um caminhão pode transportar um limite de peso que corresponde a 75 sacos de cimento ou 3000 tijolos. Se esse caminhão já contém 40 sacos de cimento, quantos tijolos, no máximo, ele ainda pode carregar?

(A) 1150 (B) 1200 (C) 1250 (D) 1400 (E) 1600

758) CFN – Onze cubinhos, todos de mesma aresta, foram colocados conforme a figura. O menor número de cubinhos, iguais aos já utilizados, que devem ser colocados no sólido formado pelos onze cubinhos para obtermos um cubo maciço é:

(A) 48 (B) 49 (C) 52 (D) 53 (E) 56

759) OBMEP – Para obter tinta cor laranja, devem-se misturar 3 partes de tinta vermelha com 2 partes de tinta amarela. Para obter tinta de cor verde, devem-se misturar 2 partes de tinta azul com 1 parte de tinta amarela. Para obter tinta de cor marrom, deve-se misturar a mesma quantidade de tintas laranja e verde. Quantos litros de tinta amarela são necessários para obter 30 litros de tinta marrom?

(A) 7 (B) 8 (C) 9 (D) 10 (E) 11

760) ENEM – Nos shopping centers costumam existir parques com vários brinquedos e jogos. Os usuários colocam créditos em um cartão, que são descontados por cada período de tempo de uso dos jogos. Dependendo da pontuação da criança no jogo, ela recebe um certo número de tíquetes para trocar por produtos nas lojas dos parques.
Suponha que o período de uso de um brinquedo em certo shopping custa R$ 3,00 e que uma bicicleta custa 9200 tíquetes. Para uma criança que recebe 20 tíquetes por período de tempo que joga, o valor, em reais, gasto com créditos para obter a quantidade de tíquetes para trocar pela bicicleta é

(A) 153 (B) 460 (C) 1218 (D) 1380 (E) 3066

Teste 77

761) IFAM – Numa cidade, as fábricas trabalhando 8 horas por dia durante 25 dias liberam $40m^3$ de poluição na atmosfera. Se trabalharem 6 horas por dia durante 30 dias, a poluição liberada será de:

(A) $28m^3$ (B) $32m^3$ (C) $36m^3$ (D) $42m^3$ (E) $45m^3$

762) IFRS – Usando azulejos quadrados de 8cm de lado deseja-se forrar as paredes laterais e o fundo de uma piscina que tem 24m de comprimento, 1600cm de largura e sua profundidade é 8% maior que sua largura. Qual a quantidade de azulejos necessários?

(A) 2.760 (B) 76.000 (C) 168.000 (D) 176.640 (E) 276.000

763) IFRO – Um funcionário de uma empresa obteve um aumento salarial de 20% em um ano e de 30% no ano seguinte. Então podemos dizer que o aumento salarial total do funcionário no período foi de:

(A) 50% (B) 36% (C) 46% (D) 56% (E) 60%

764) IFPE – O governo municipal e Palmares, Mata Sul do estado de Pernambuco, decidiu construir um conjunto residencial. Para isso, contratou uma empresa que executasse a obra projetada para ser concluída em 12 meses. A empresa responsável verificou que 40 operários seriam suficientes para concluir todo o trabalho em 12 meses (prazo estabelecido em projeto). Depois de seis meses sem atrasos na construção o governo exigiu que a obra fosse concluída nos 4 meses seguintes, obrigando a empresa a contratar novos operários. Se considerarmos que todos os operários têm a mesma eficiência, quantos funcionários a mais a empresa precisa contratar para terminar a obra no novo prazo exigido?

(A) 60 (B) 50 (C) 40 (D) 30 (E) 20

765) IFMS – Em uma sala de espera de um aeroporto, um painel de propaganda anuncia um determinado produto através de luminosos que acendem em intervalos regulares de tempo: o primeiro a cada 30 segundos, o segundo a cada 18 segundos e o terceiro a cada 12 segundos. Se, em um dado instante, os três luminosos acenderem ao mesmo tempo, eles voltarão a acender simultaneamente depois de:

(A) 180s (B) 36s (C) 1min 30s (D) 2min 30s (E) 120s

766) EAM – A soma do maior com o menor divisor primo de 70 é um número:

(A) par. (B) divisível por 5. (C) quadrado perfeito. (D) múltiplo de 7. (E) divisor de 11.

767) CFN – Os números 14 e 15 são primos entre si porque:

(A) o MDC entre eles é 1.
(B) são divisíveis por zero.
(C) um é par e outro é ímpar.
(D) não possuem nenhum divisor.
(E) nenhum dos dois é primo.

768) CMCB-CE – Uma marcenaria recebeu 74 tábuas de compensado. Algumas com 6mm de espessura e outras com 8mm de espessura. Quanto foram empilhadas atingiram uma altura de 50cm. Quantas tábuas de 8mm ela recebeu?

(A) 29 (B) 197 (C) 123 (D) 66 (E) 115

769) OBMEP – Mônica e seu namorado foram assistir a uma peça de teatro. O auditório era organizado em fileiras paralelas ao palco, todas com o mesmo número de cadeiras dispostas lado a lado. Eles se sentaram um ao lado do outro nos dois últimos lugares vagos. Mônica percebeu que havia, no total, 14 pessoas nas fileiras à sua frente e 21 pessoas nas fileiras atrás da sua. Quantas cadeiras havia no auditório?

(A) 37 (B) 38 (C) 40 (D) 42 (E) 49

770) ENEM – **Café no Brasil**
Em 2009, o consumo atingiu o maior nível da história: os brasileiros beberam o equivalente a 331 bilhões de xícaras.
Considere que a xícara citada na notícia seja equivalente a, aproximadamente, 120 mL de café. Suponha que em 2010 os brasileiros bebam ainda mais café, aumentando o consumo em 1/5 em relação ao que foi consumido em 2009. De acordo com as informações, qual a previsão mais aproximada para o consumo de café, em 2010?

(A) 8 bilhões de litros. (B) 16 bilhões de litros. (C) 32 bilhões de litros
(D) 40 bilhões de litros. (E) 48 bilhões de litros.

Teste 78

771) IFRR – Se $n=2^{2017}$, então o algarismo das unidades de n é:

(A) 8 (B) 6 (C) 4 (D) 2 (E) 7

772) IFRS – Eu tenho 27 adesivos a mais que meu amigo, e meu amigo tem o triplo do meu primo. Se eu tenho 138 adesivos, quantos adesivos juntos temos eu, meu amigo e meu primo?

(A) 111 (B) 138 (C) 165 (D) 286 (E) 323

773) IFMG – Um curral retangular será cercado com três voltas de arame farpado. Ao todo, serão gastos 390m de arame. Considere, para efeito de simplificação, que todo o curral será cercado, ignorando assim a existência de alguma abertura para que se entre e saia dele sem passar pelo arame farpado. Sabendo que a largura do curral é de 25 metros, qual é a sua área?

(A) $1000m^2$ (B) $2000m^2$ (C) $3000m^2$ (D) $4000m^2$ (E) $4800m^2$

774) IFPE – Durante uma aula no IF Sertão, os alunos perguntaram à professora a sua idade. A professora respondeu: “Minha idade pode ser escrita como potência de base 2”. Sabendo que o filho da professora tem 13 anos e o pai dela 65 anos, qual é a idade da professora?

(A) 16 (B) 24 (C) 31 (D) 32 (E) 64

775) IFMS – Um terreno retangular tem dimensões 15m x 30m. Uma parte do terreno será usada para construir um galpão (região mais escura) com as dimensões apresentadas na figura a seguir. Nessas condições, a razão entre a área construída e a área total do terreno é aproximadamente:

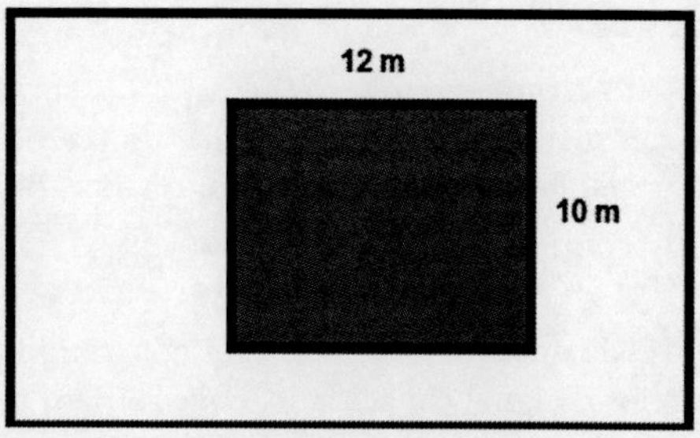

(A) 3,75 (B) 1,20 (C) 0,34
(D) 0,40 (E) 0,27

776) EAM – Uma pessoa que tem, na mão direita, certo número x de moedas, e, na mão esquerda, 9 a mais que na direita, leva 3 moedas da mão direita para a mão esquerda, ficando com 30 moedas nesta mão. De acordo com o exposto, x vale:

(A) 24 (B) 20 (C) 18 (D) 13 (E) 12

777) CFN – Numa caixa havia 3 meias vermelhas, 2 brancas e 1 preta. João retirou 3 meias da caixa. Sabendo-se que nenhuma delas era preta, podemos afirmar, sobre as 3 meias retiradas, que:

(A) são vermelhas.
(B) são da mesma cor.
(C) pelo menos uma é vermelha.
(D) uma é vermelha e duas são brancas.
(E) uma é branca e duas são vermelhas.

778) Colégio Militar Tiradentes DF – Uma piscina com capacidade para 10.000 litros de água estava totalmente cheia. Devido a um reparo que precisava ser feito, teve que ser esvaziada. Ao meio dia, foram retirados 2,2 metros cúbicos (m^3) de água da piscina. Depois, às 15h, foi retirado mais 1/3 da quantidade de água que havia restado. Com a água que sobrou após essa retirada, foram enchidos galões com 25 litros de capacidade. Dessa forma, quantos galões foram obtidos?

(A) 208 (B) 308 (C) 408 (D) 508 (E) 608

779) OBMEP – Na conta armada, cada letra representa um algarismo, e letras diferentes representam algarismos diferentes. Qual é o algarismo que a letra T representa?

(A) 0 (B) 1 (C) 3 (D) 5 (E) 7

$$\begin{array}{r} GOTA \\ GOTA \\ GOTA \\ GOTA \\ +\,GOTA \\ \hline AGUA \end{array}$$

780) ENEM – Para uma atividade realizada no laboratório de Matemática, um aluno precisa construir uma maquete da quadra de esportes da escola que tem 28m de comprimento por 12m de largura. A maquete deverá ser construída na escala de 1:250. Que medidas de comprimento e largura, em cm, o aluno utilizará na construção da maquete?

(A) 4,8 e 11,2 (B) 7,0 e 3,0 (C) 11,2 e 4,8 (D) 28,0 e 12,0 (E) 30,0 e 70,0

Teste 79

781) IFS – Numa editora de livros, 3 revisores de texto trabalhando 5 horas por dia, durante 4 dias, conseguem revisar 240 folhas de texto. Se um revisor ficar doente e a editora tiver que revisar 480 folhas em 6 dias, então quantas horas por dia cada revisor terá que trabalhar?

(A) 10 (B) 9 (C) 8 (D) 7,5 (E) 6

782) IFRR – Um apartamento foi construído em 18 dias por 6 operários. Em quanto tempo 3 operários de igual capacidade, construiriam o mesmo apartamento?

(A) 18 (B) 36 (C) 15 (D) 20 (E) 25

783) IFRO – Com 10 professores podemos realizar os preparativos para o festival de talentos do Campus Porto Velho em 2 dias. Quantos dias levarão 5 professores para fazer o mesmo trabalho?

(A) 6 (B) 3 (C) 4 (D) 10 (E) 2

784) IFMG – Ao realizar a divisão com resto de um número natural por dezesseis obtemos um resto que é o quádruplo do quociente. Nessas condições, qual é a soma dos possíveis valores para o resto?

(A) 4 (B) 24 (C) 40 (D) 105 (E) 121

785) IFSP – Andando de bicicleta a 10,8 km/h, Aldo desloca-se da livraria até a padaria, enquanto Beto faz esse mesmo trajeto, a pé, a 3,6 km/h. Se ambos partiram no mesmo instante, andando em velocidades constantes, e Beto chegou 10 minutos mais tarde que Aldo, a distância, em metros, do percurso é

(A) 720 (B) 780 (C) 840 (D) 900 (E) 960

786) UERJ – Onça e libra são unidades de massa do sistema inglês. Sabe-se que 16 onças equivalem a 1 libra e que 0,4 onças é igual a x libras. O valor de x é igual a:

(A) 0,0125 (B) 0,005 (C) 0,025 (D) 0,05 (E) 0,02

787) CFN – Para controlar a quantidade de remédio que precisava ser administrada em um paciente durante 9 dias, uma enfermeira construiu uma tabela.

Dias	1	2	3	4	5
ml	180	160	140	120	100

A quantidade de remédio registrada na tabela representa uma sequência. No 9º dia, quantos ml desse medicamento o paciente deverá tomar?

(A) 80 (B) 60 (C) 40 (D) 20 (E) 10

788) CMPM-CE – Sólidos geométricos são objetos tridimensionais definidos no espaço, por exemplo: cilindros, esferas, pirâmides, paralelepípedos e outros. Uma pirâmide tem como base um pentágono. É correto afirmar que ela tem:

(A) 8 vértices (B) 10 arestas (C) 5 vértices (D) 6 arestas (E) 7 faces

789) OBMEP – Zequinha tem três dados iguais, com letras O, P, Q, R, S e T em suas faces. Ele juntou esses dados como na figura, de modo que as faces em contato tivessem a mesma letra. Qual é a letra na face oposta à que tem a letra T?

(A) S (B) R (C) Q (D) P (E) O

790) ENEM – Muitas medidas podem ser tomadas em nossas casas visando à utilização racional de energia elétrica. Isso deve ser uma atitude diária de cidadania. Uma delas pode ser a redução do tempo no banho. Um chuveiro com potência de 4800W consume 4,8 kWh por hora. Uma pessoa que toma dois banhos diariamente, de 10 minutos cada, consumirá, em sete dias, quantos kWh?

(A) 0,8 (B) 1,6 (C) 5,6 (D) 11,2 (E) 33,6

Teste 80

791) IFSP – Certo dia, a sirene de uma fábrica e as badaladas do sino de uma igreja tocaram juntos às 8 horas, às 13 horas e às 18 horas. Sabendo-se que a igreja toca o sino de uma em uma hora e a sirene da fábrica toca a cada x minutos, então, o valor mínimo e x, maior que uma hora, é:

(A) 72 (B) 75 (C) 84 (D) 96 (E) 100

792) IFRR – Numa caixa havia 864 laranjas. Dividindo-as em três montes iguais, um deles foi repartido entre 4 homens e os dois montes restantes foram repartidos entre 6 mulheres. Quantas laranjas recebeu respectivamente cada homem e cada mulher?

(A) 52 e 86 (B) 72 e 96 (C) 22 e 94 (D) 20 e 90 (E) 60 e 88

793) IFRO – No dia do estudante foi promovida uma festa onde estavam presentes as alunas do campus Vilhena e os alunos de Ariquemes, a razão de alunas para o número de alunos é 3/4. Se o número total de alunos que estavam presentes foi de 35 alunos, na hora do baile, quantos alunos ficariam sem par?

(A) 7 (B) 12 (C) 15 (D) 5 (E) 20

794) IFPE – Ao entrar em um shopping, um cliente gastou metade do dinheiro que ele possuía e na saída pagou mais R$ 2,00 de estacionamento. Em outra loja, ele gatou metade do que lhe restou com um lanche e deu mais R$ 2,00 de gorjeta, restando-lhe R$ 34,00. Quantos reais esse cliente tinha ao entrar no shopping?

(A) R$ 142,00 (B) R$ 144,00 (C) R$ 146,00 (D) R$ 148,00 (E) R$ 150,00

795) IFMG – A sequência infinita de figuras obedece a uma lógica de formação que se mantém desde a primeira. Cada figura possui uma quantidade de bolinhas maior que a figura anterior. Qual número de bolinhas formará a 25ª figura da sequência?

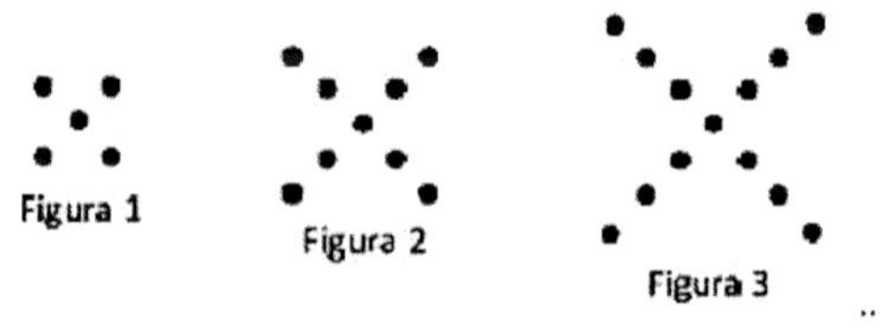

(A) 97 (B) 101 (C) 105 (D) 109 (E) 121

796) IFTO – Sabe-se que a soma das mesadas dos irmãos Luís e Glória é R$ 100,00. Se a mãe de Luís e Glória triplicar a mesada de Luís e dobrar a mesada de Glória, eles terão juntos R$ 240,00. As mesadas de Luís e Glória são, respectivamente:

(A) 35 e 60 reais (B) 10 e 90 reais (C) 70 e 30 reais (D) 20 e 80 reais (E) 40 e 60 reais

797) EAM – Sabendo que um determinado serviço é feito, por três pessoas, em duas horas, em quantos minutos o mesmo serviço será feito por quatro pessoas?

(A) 90 (B) 95 (C) 100 (D) 110 (E) 120

798) CFN – Em uma escola, a Turma I, com 48 alunos, a Turma II, com 36 alunos, e a Turma III, com 30 alunos, organizaram uma competição na qual todos os alunos participaram. Cada Turma formou suas equipes. Todas as equipes tinham o mesmo número de alunos e o maior número possível deles. Quantos alunos participaram de cada equipe?

(A) 2 (B) 3 (C) 6 (D) 12 (E) 18

799) Colégio Militar Tiradentes DF – Considerando que a quantidade de água gerada pelas nascentes de um parque aquático, que é 6,5 milhões de litros por hora, seja constante, e que seja distribuída entre 13 piscinas, então cada uma das piscinas receberá:

I) 0,5 dam^3 de água.
II) 500 dm^3 de água.
III) 500.000.000 cm^3 de água.
IV) 500.000 cm^3 de água.

Sobre as opções acima, é correto afirmar que:

(A) apenas as opções I e III são verdadeiras.
(B) apenas a opção I é verdadeira.
(C) as opções I e IV são verdadeiras.
(D) todas as opções são falsas.
(E) há três opções verdadeiras.

800) OBMEP 2015 – Os pontos destacados nos quadrados são pontos médios dos lados.

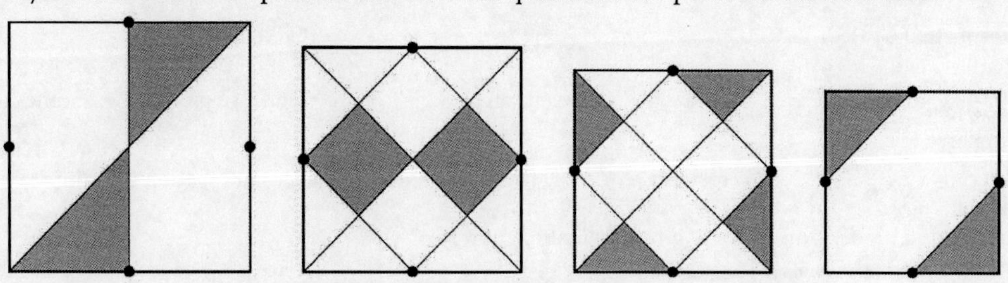

Quantos desses quadrados têm área sombreada igual a 1/4 da sua área?

(A) 0 (B) 1 (C) 2 (D) 3 (E) 4

Respostas dos testes

Respostas do Teste 71

701) C	703) B	705) A	707) A	709) A
702) A	704) D	706) A	708) E	710) A

Respostas do Teste 72

711) B	713) D	715) A	717) A	719) B
712) C	714) E	716) D	718) C	720) D

Respostas do Teste 73

721) A	723) C	725) E	727) D	729) B
722) C	724) D	726) C	728) C	730) C

Respostas do Teste 74

731) B	733) E	735) B	737) C	739) B
732) B	734) D	736) A	738) D	740) C

Respostas do Teste 75

741) E	743) C	745) D	747) A	749) C
742) C	744) A	746) D	748) A	750) D

Respostas do Teste 76

751) D	753) B	755) B	757) D	759) E
752) B	754) D	756) EE	758) E	760) D

Respostas do Teste 77

761) C	763) D	765) A	767) A	769) D
762) E	764) A	766) C	768) A	770) E

Respostas do Teste 78

771) D	773) A	775) E	777) C	779) C
772) D	774) D	776) C	778) A	780) C

Respostas do Teste 79

781) A	783) C	785) D	787) D	789) A
782) B	784) B	786) C	788) B	790) D

Respostas do Teste 80

791) B	793) D	795) B	797) A	799) A
792) B	794) D	796) E	798) C	800) B

Resoluções dos testes

Resoluções do teste 71

701) Todas as 80 crianças responderam à pesquisa. Como a soma das quantidades de criança que responderam "televisão" (40) e "livro" (60) é um total maior que 80, concluímos que algumas crianças deram as duas respostas. Esta soma é 100, e são apenas 80 crianças, então 20 crianças deram as duas respostas. Isto responde o que o problema pergunta.

Resposta: (C) 20

702) O número desconhecido do problema é o valor que foi transferido para a segunda conta. Chamemos este valor de □. É informado que se tivesse transferido o dobro deste valor, ou seja, □□, ainda restariam na conta original, R$ 4.116,00. Esses dois valores são iguais ao seu salário total, ou seja: □□ + 4116 = 6604.

□□ + 4116 = 6604
□□ = 6604 - 4116 = 2488
□ = 1244.

Resposta: (A) R$ 1.244,00

703) A massagem e a hidratação representam 1/3 + 2/5 do total. Essas frações somadas resultam em:
$\frac{1}{3}+\frac{2}{5}=\frac{5}{15}+\frac{6}{15}=\frac{11}{15}$. O restante, que é 4/15, são os 210 reais. Para saber o valor total, tomamos 210, dividimos por 4 e multiplicamos por 15.
210 ÷ 4 = 52,50; 52,50 x 15 = 787,50

Resposta: (B) R$ 787,50

704) Nas escolas das 6 cidades, os alunos aprovados no concurso foram, respectivamente:
175, 105, 105, 35, 70 e 140. Serão formadas turmas de 35 alunos. O número de turmas em cada escola é sua quantidade de alunos, dividida por 35. Note que os seis números citados são múltiplos de 35. 175=5x35, 105=3x35 (este aparece duas vezes), 35=1x35, 70=2x35, e 140=4x35. O número total de salas é:
5 + 3 + 3 + 1 + 2 + 4 = 18 salas.

Resposta: (D) 18

705) Passados 120 dias, a situação é a seguinte:
60 dias para terminar a obra, com 40 trabalhadores 6 horas diárias de trabalho. A partir de então, a situação é diferente. Permanecem os mesmos 60 dias para conclusão da obra, mas agora são 30 trabalhadores, pois 10 adoeceram. No caso não serão contratados 10 novos trabalhadores para substituição, os 30 trabalhadores remanescentes terão que trabalhar mais horas para compensar. Obviamente esses trabalhadores irão receber salário adicional (hora extra).

O serviço que 40 trabalhadores fazem em 6 horas é o mesmo que 30 trabalhadores fazem em quantas horas? Aqui devemos tomar cuidado, pois desta vez estamos lidando com *grandezas inversamente proporcionais*. Quanto menos trabalhadores, mais horas eles precisarão trabalhar para fazer o mesmo serviço. E vice-versa.
O novo número de trabalhadores, 30, é 3/4 do número anterior, que era 40.
Então o novo número de horas deve ser igual a 4/3 (o inverso) do número anterior, que era 6.
Então são 4/3 de 6, ou seja, 8 horas. Esse é o número de horas que os trabalhadores remanescentes terão que trabalhar diariamente para concluir o serviço no prazo. Ou seja, precisam trabalhar 2 horas a mais do que já trabalhavam.

Resposta: (A) 2

706) Se 20% é cimento, temos 20% de 80 kg = 16 kg de cimento.
O restante, 64 kg, é areia.
Agora adicionamos 20 kg de cimento. A quantidade de areia permanece a mesma. Ficamos com:
Areia: 64 kg
Cimento: 16kg + 20kg = 36 kg
Total: 100 kg
De 100 kg da nova mistura, 36kg é cimento. Então a porcentagem de cimento na nova mistura é 36%.

Resposta: (A) 36%

707) O gráfico mostra, ano a ano, a área desmatada em km^2, de 2006 a 2016. Em alguns anos foi registrado aumento em relação ao ano anterior, em outros anos ocorreu uma redução. Sobre os anos citados, o gráfico mostra as seguintes áreas desmatadas:

2006: 14286 km^2
2016: 7989 km^2.
Entre esses dois anos, ocorreu uma redução do valor, dado pela sua diferença:
14286 – 7989 = 6297

Resposta: (A) 6297km^2

708) Pedro possui R$ 260,00
40% do que Pedro possui é 260 ÷ 10 x 4 = 104
Se isto é 25% do que o que o primo tem, lembremos que 25% é o mesmo que a quarta parte. Então o valor que o primo temo é 104 x 4 = 416.

Resposta: (E) 416

709) 225 ladrilhos para uma sala quadrada. Então foi formado um grande quadrado com as medidas 15x15, dadas em ladrilhos (lembrando que 225 é o mesmo que 15^2).
Se a nova sala tem seus lados duas vezes maiores, serão necessários obviamente mais ladrilhos. Será o dobro da quantidade de ladrilhos nas duas dimensões, ou seja, 30x30 ladrilhos.
Isto totaliza 900 ladrilhos.

Resposta: (A) 900

710) A média é igual à soma dos valores, dividida pela quantidade de valores. Digamos que as notas dos 5 alunos envolvidos sejam 8, A, B, C e D. O problema quer a média desses valores, ou seja:

$$M = \frac{8 + A + B + C + D}{5}$$

Não sabemos os valores de A, B, C e D, mas o problema informou que a média desses quatro valores é 7,0.

$$\frac{A + B + C + D}{4} = 7{,}0$$

A média desses quatro valores é feita com a divisão por 4, já que são quatro valores. Então, A+B+C+D é um valor que se dividido por 4, dá como resultado 7. Este valor é 28. Então A+B+C+D vale 28. Com isso podemos calcular a média pedida:

$$M = \frac{8+A+B+C+D}{5} = \frac{8+28}{5} = \frac{36}{5} = 7{,}2$$

Resposta: (A) 7,2

Resoluções do teste 72

711) 9^3 é o mesmo que 9 x 9 x 9, ou 3 x 3 x 3 x 3 x 3 x 3, ou seja, o produto de seis fatores 3.
3^{-2} é uma potência de expoente negativo, o mesmo que:

$3^{-2} = \frac{1}{3^2}$. Isto vale para qualquer potência de base negativa. Então o numerador da nossa expressão é:

$$3^6 \times \frac{1}{3^2} = \frac{3\times3\times3\times3\times3\times3}{3\times3} = 3\times3\times3\times3 \text{ (mediante simplificação).}$$

Já o denominador é o produto de 3 x 3 x 3 por:
27 x 27 x 27 x 27 = 3 x 3 x 3 x 3 x 3 x 3 x 3 x 3 x 3 x 3 x 3 x 3 (12 fatores 3).
Então temos os produtos de 3 fatores 3 e mais 12 fatores 3, totalizando 15 fatores 3. A divisão deste numerador e este denominador fica:

$$\frac{3\times3\times3\times3}{3\times3\times3\times3\times3\times3\times3\times3\times3\times3\times3\times3\times3\times3\times3} = \frac{1}{3\times3\times3\times3\times3\times3\times3\times3\times3\times3\times3} = 3^{-11}$$

Resposta: (B) 3^{-11}

712) O problema diz que 3/4 das questões restantes, então as questões restantes eram 40. Basta tomar 30, dividir por 3 e multiplicar por 4.
Então as questões da prova são as 10 primeiras e mais as 40 restantes, ou seja, 50.
Ele acertou 8 das 10 primeiras e 30 das 40 restantes, portanto acertou ao todo 38.
O índice de acerto foi:

$\frac{38}{50} \times 100\% = 76\%$. Isto indica também que sua nota será 7,6.

Resposta: (C) 76%

713) Este é um caso de grandezas inversamente proporcionais: o número de trabalhadores e o tempo que levam para fazer um trabalho. Quanto maior é o número de trabalhadores, menor será o tempo para realizar o trabalho.
No exemplo, temos duas situações:
Situação 1: 3 trabalhadores fazem o serviço em 7 horas
Situação 2: 5 trabalhadores fazem o mesmo serviço em ? horas
Como o número de trabalhadores foi multiplicado por 5/3, o tempo será multiplicado pela fração inversa, ou seja, 3/5. Este tempo será portanto:

$$7 \times \frac{3}{5} = \frac{21}{5} = 4{,}2$$

4,2 horas é o mesmo que 4 horas mais 1/5 da hora, ou seja, 4 horas e 12 minutos.

Resposta: (D) 4h 12min

714) Vamos usar as informações do problema para identificar o número de horas que 1 trabalhador leva para construir 1 baú:
2 marceneiros trabalhando 3 dias, 8 horas por dia, fabricam 10 baús
<u>1 marceneiro</u> trabalhando (3 dias, 8 horas por dia) fabrica <u>5 baús</u>

1 marceneiro trabalhando 24 horas fabrica 5 baús
1 marceneiro trabalhando 4,8 horas fabrica 1 baú.
Agora são 25 baús. Será necessário um tempo 25 vezes maior:
1 marceneiro trabalhando 120 horas fabrica 25 baús.
Mas são 2 marceneiros, então eles precisarão da metade do tempo:
2 marceneiros trabalhando 60 horas fabricam 25 baús.
Esses marceneiros farão este trabalho em 5 dias. Então para completar 60 horas, serão 12 horas de trabalho por dia.

Resposta: (E) 12

715) O problema não fala em valores reais, apenas em aumentos e reduções percentuais. Então podemos estipular um valor fictício. Usemos 100 reais para o preço original do pacote.
Redução de 20%: 100 – 20 = 80. O preço passou para 80 reais.
Aumento de 40%: 80 + 40% de 80 = 80 + 32 = 112
Comparando o preço inicial (100) com o final (112), vemos que ocorreu um aumento de 12%.

Resposta: (A) 12%

716) O número desconhecido que resolve o problema é a minha idade atual. Chamemos minha idade de □ e usemos as informações que o problema deu:
Minha idade: □, idade de meu irmão: □+5
Triplo da minha idade: □□□
Dobro da idade dele: □□+10
A soma desses valores é 100. Então
□□□+□□+10 = 100
□□□□□+10 = 100
□□□□□=90
□=18
Então minha idade é 18.

Resposta: (D) 12

717) O volume total, em litros, é o produto das dimensões, em decímetros. Este produto é:
20 x 10 x 10 = 2000 litros
Se o volume presente é 3/5 da capacidade total, este valor é:
3/5 de 2000 = 1200 litros

Resposta: (A) 1200L

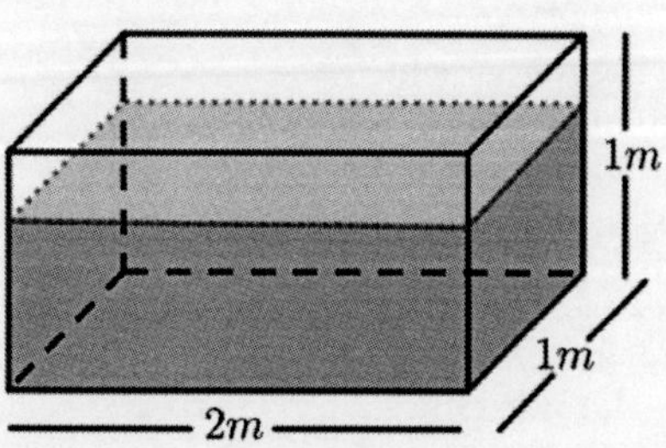

718) Jogando a metade da água foram o peso foi reduzido de 325 para 180, uma redução de 145 gramas. Se isso é a metade da água, jogando a outra metade foram sobram:
180g – 145g = 35g

Resposta: (C) 35

719) Como todos os preços terminam com 99 centavos, o preço de qualquer compra será um múltiplo de 1 real menos 1 centavo. Esses centavos acumulados resultam em 0,29, então ele comprou 29 produtos. Poderia também ter o total de 1,29 com esses centavos acumulados, mas assim a compra teria que somar mais de 129 reais, porém foi apenas 41,71 reais. Então são realmente 29 produtos.

Resposta: (B) 29

720) Com 45 minutos de chuva, o nível da água da piscina subiu 20cm. Isso é o mesmo que dizer que a chuva faz o nível da água subir 20/45 centímetros por minuto, que simplificando resulta em 4/9 centímetros por minuto. Neste instante, é aberto o ralo, e às 18h 40min a chuva cessa e é indicado um nível de 15cm.
Se não fosse o ralo aberto, o nível da água estaria mais alto, teria subido 40min x 4/9 centímetros por minuto. Ou seja, 160/9 centímetros mais alto, com os 20cm que já contava, ficaria com 20+160/9 = 340/9 cm. Graças ao ralo, este nível, ao final da chuva, estava a apenas 15cm. Portanto o ralo retirou água da piscina, contribuindo para reduzir o nível em 340/9 - 15, ou seja, 205/9 centímetros.
E esta redução foi verificada nos últimos 40 min de chuva, ou seja, o ralo reduziu o nível em 205/9 cm em 40 minutos, o mesmo que

$$\frac{205}{9} \times \frac{1}{40} = \frac{41}{72} cm/\min$$

Para saber o tempo necessário para escoar totalmente os 15cm de água na piscina, nesta velocidade, basta dividir os valores:

$$15 \div \frac{41}{72} = 15 \times \frac{72}{41} = 26 \min$$ (aproximadamente).

Este tempo se passou depois de 18h 40min, então chegamos ao horário de 19h 6min, aproximadamente.

Resposta: (D) 19h e 19h 10min

Resoluções do teste 73

721) 5 litros saem da caixa a cada minuto.
Para saírem 500 litros, será preciso um tempo 100 vezes maior, ou seja, 100 minutos.
100 minutos é o mesmo que 1 hora (60min) mais 40 min.

Resposta: (A) 1h 40min

722) 80 metros aparecem com apenas 48 centímetros
10 metros apareceriam com apenas 6 centímetros, ou seja, um tamanho 8 vezes menor.
Para saber o tamanho de um prédio de 110 metros representado na maquete, basta multiplicar por 11.
10 metros 6cm
110 metros .... ?
? = 66m

Resposta: (C) 66

723) Se for mantida a mesma proporção, a porcentagem de gorduras continuará sendo 35% dotal, mas agora não são mais 2000 calorias, e sim, 1500 calorias, ou seja, 500 calorias a menos.
35% de 500 são 175 calorias, ou seja, serão ingeridas 175 calorias a menos relativas a gordura.

Resposta: (C) 175 calorias

724) A expressão dada contém uma dízima periódica, vamos calculá-la primeiro. A dízima 0,666...tem como fração geratriz, 6/9, que simplificada resulta em 2/3. Então 1,666... é o mesmo que 1 + 2/3 = 5/3. Podemos agora escrever a expressão toda com frações:

$E = \frac{5}{6} + \frac{3}{2} - \frac{5}{3}$. O MMC dos denominadores é 6. Reduzindo as frações ao mesmo denominador ficamos com:

$$E = \frac{5}{6} + \frac{9}{6} - \frac{10}{6} = \frac{4}{6} = \frac{2}{3}$$

Então a razão entre o número de alunos e alunas é 2/3. Como o número de alunas é 24, para saber o número de alunos basta dividir por 3 e multiplicar por 2. O resultado é 16. A turma tem portanto 16 alunos e 24 alunas.

Resposta: (D) 16

725) Dados do problema: Ração suficiente para 200 galinhas, por 100 dias.
Depois de 25 dias, foram compradas mais 50 galinhas. Agora são 250 galinhas.
Se chamarmos de □ a quantidade de ração que uma galinha come em um dia, a ração restante é 200□ x 75 = 15000□.
Mas agora são 250 galinhas, elas consomem 250□ por dia. Para saber quantos dias essa ração vai durar, dividimos 15000□ por 250□, ou seja, a quantidade total de ração, dividida pela quantidade de ração que essas 250 galinhas comem em um dia. Ficamos com:

15000□ ÷ 250□, que é o mesmo que 15000 ÷ 250 = 60.

Interessante, a ração daria para 75 dias, mas como o número de galinhas aumentou na proporção de 5/4 (250 para 200), o tempo de ração foi multiplicado por 4/5, era 75 dias, ficou em 60 dias. Essa é a característica de *grandezas inversamente proporcionais.*

Resposta: (E) 60

726) Problema clássico e muito comum em diversos tipos de concursos. É resolvido através do MDC. Cada pedaço é um divisor comum de 90, 450 e 120, e tem que ser o maior possível, então é o MDC desses valores.
MDC(90, 450, 120) = 30
Os pedaços devem ter 30 cm. O número de pedaços de cada fita é:
Azul: 90 ÷ 30 = 3
Verde: 450 ÷ 30 = 15
Preta: 120 ÷ 30 = 4

Resposta: (C) 3 azuis, 15 verdes e 4 pretos.

727) Temos os seguintes resultados para os três primeiros colocados:
1º : 82m
2º : 78m
3º : ?
A diferença entre o terceiro e o segundo foi a 1/3 da diferença entre o terceiro e o primeiro.
Então podemos chamar essas diferenças de □ e □□□. Então □□ é a diferença entre os dois primeiros. Logo vale □ 2m. O resultado do lançamento do terceiro é 2m a menos que o segundo, ou seja, 76m.

Resposta: (D) 76m

728) O problema original informava os valores das medidas x e y, mas esta é uma versão modificada do problema, que omite as medidas dos lados. Claro que se os lados fossem conhecidos seria facílimo calcular o perímetro da figura. Bastaria calcular as medidas que estão faltando, a e b. A medida a é a diferença 36 – x, e a medida b é a diferença 24 – y. Assim sabemos todas as medidas e podemos agora somar todas elas para chegar ao perímetro.

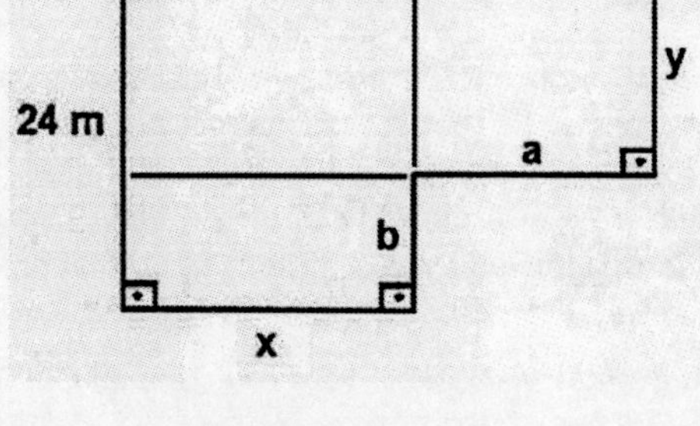

Ocorrem que existem problemas como este nos quais essas medidas não são informadas, então é uma boa ocasião para apresentar esta outra versão mais difícil do problema.

Note que na verdade não precisamos saber quanto valem as medidas desconhecidas, precisamos apenas saber a sua soma. Note ainda pela figura que:
x + a vale 36
y+b vale 24
Ao calcular o perímetro, aparecerão a soma de todas essa medidas. O perímetro é:
24 + 36 + x + a + y + b = 24 + 36 + 36 + 24, que podemos somar facilmente, resulta em 120m.

Resposta? (C) 120m

729) A figura tem 12 quadrados completos, e mais quatro triângulos indicados como (1) e quatro triângulos indicados como (2). A área de um triângulo pode ser calculada como:

$$\frac{base \times altura}{2}.$$

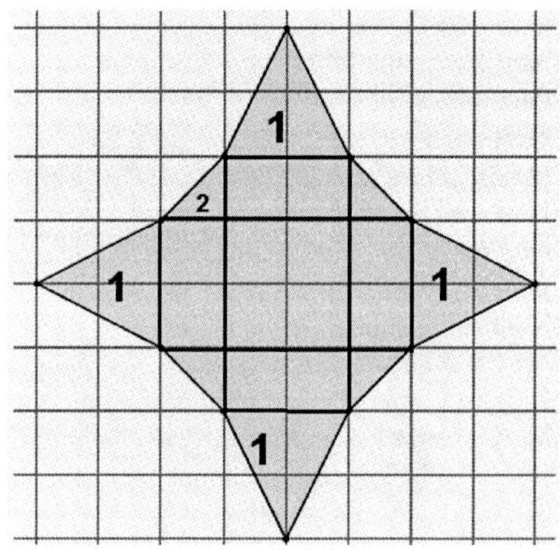

Cada triângulo tipo (1) tem área 2x2/2 = 2
Cada triângulo tipo (2) tem área 1x1/2 = ½.
Somando todas as áreas temos 12 + 4x2 + 4x1/2 = 22 quadrículas.

Resposta: (B) 22

730) O soro total é igual a 5 frascos de 800 mL, isso resulta em 4000 mL.
Nas 4 primeiras horas deve receber 40% deste total, e nas 20 horas seguintes deve receber os 60% restantes.
60% de 4000 mL é 2400 mL, que devem ser ministrados em 20 horas
O número de mL por hora é portanto 2400 mL / 20horas = 120 mL por hora
Isso é o mesmo que 2 mL por minuto.
Como 1 mL são 12 gotas, 2 mL por minuto é o mesmo que 24 gotas por minuto.

Resposta: (C) 24

Resoluções do teste 74

731) Roberto passa pelo ponto de largada a cada 24s.
João passa pelo ponto de largada a cada 28s.
Os dois passarão ao mesmo tempo pelo ponto de largada depois de períodos que sejam múltiplos comuns de 24 e 28 segundos, ou seja, nos múltiplos do MMC entre 24 e 28.
O MMC entre 24 e 28 é 168, ou seja, isto ocorrerá a cada 168 segundos.
Isso é o mesmo que 2 minutos e 48 segundos.

Resposta: (B) 2min 48s

732) A empresa B tende a ser mais vantajosa, pois ela cobra uma taxa de manutenção menor, de apenas 12 reais, enquanto a empresa A cobrar 20 reais pela mesma taxa. Ocorre que o produto da empresa A é mais barato, custa apenas 80 reais, enquanto a empresa B cobra 120 pelo mesmo produto. Depois de alguns meses, o valor total pago na empresa A será menor que o valor total pago na empresa B. É preciso determinar dentro de quantos meses isso vai ocorrer.

A; 80 + 20 =100, 120, 140, 160, 180, 200, 220, 240...

B: 120 + 12 =132, 144, 156, 168, 180, 192, 204, 216...

Vemos que o valor total acumulado nas duas opções, para A e B, "empatam" quando chegam a 180 reais. Depois disso, o valor pago para a empresa B é menor, ou seja, será mais vantajoso. Este empate ocorre no 5º mês. A partir daí, B será mais vantajosa.

Resposta: (B) a partir do 5º mês

733) X tem que ser um quadrado perfeito. Essa é uma característica do número de divisores, mas alguns professores esquecem de apresentar isso.
O número de divisores é calculado como o produto dos expoentes somados com 1, obtidos na fatoração do número em fatores primos. Por exemplo, o número 36 pode ser escrito na forma fatorada como: $2^2.3^2$
Para encontrarmos o número de divisores, somamos 1 a cada expoente e multiplicamos. Ficamos neste exemplo com:
(2+1)x(2+1)=9
Note que este produto só é ímpar quando todos os seus fatores são ímpares. Para isso todos os expoentes do número considerado têm que ser pares. Isto obriga o número a ser quadrado perfeito, ou seja, sendo o produto de dois números iguais, os expoentes serão todos pares. Vejamos alguns quadrados perfeitos e seus divisores:
4: divisores 1, 2 e 4
9: divisores 1, 3 e 9
36: divisores 1, 2, 3, 4, 6, 9, 12, 18 e 36.

Quando um número não é quadrado perfeito, possui algum expoente que é ímpar. Ao somarmos 1, termos um número par. Isto fará com que o produto dos expoentes somados com 1, seja um número par.
Diante dessa explicação, a resposta da questão é a letra (E).

Resposta: (E) x é quadrado perfeito.

734) Peso inicial: 36 kg
1/6 do peso: 6 kg. Ganhou portanto 6 kg, ficou com 42 kg no final do 10º dia.
1/3 do peso que tinha no 10º dia: 1/3 de 42 kg = 14 kg.
Então ganhou 6 kg nos 10 primeiros dias, ficando com 36 kg, depois mais 14 kg, ficando com 42 + 14 = 56 kg.

Resposta: (D) 56kg

735) Se o aluno acertasse todas as 30 questões, faria 30 x 4 = 120 pontos.
Como fez apenas 60 pontos, significa que errou várias questões. Cada questão errada resulta em uma redução de 5 pontos em relação a uma certa. Ao invés de ganhar 4, perde 1, então a perda é de 5 pontos, em relação à nota máxima. Como perdeu ao todo 60 pontos, o número de questões erradas é:
60 ÷ 5 = 12

Portanto foram 12 questões erradas, as 18 restantes são as corretas. Isto está de acordo com a pontuação obtida:
18 x 4 – 12 x 1 = 72 – 12 = 60 pontos.

Resposta: (B) 18

736) Trata-se de um típico "problema de quadradinhos" com duas variáveis. Em nível de 8º ano, a resolução é mais simples, chama-se "sistema de equações". Se chamarmos o número de cães de x, e o número de coelhos de y, as equações fornecidas pelo problema são as seguintes:
(1) 2x – y = 15
(2) (x + 3) ÷ 2 = y

Da 1ª equação, podemos escrever que 2x vale 15 + y. Isso é consequência de uma propriedade da subtração: Se A – B = C, então A = B + C. Por exemplo, 8 – 5 = 3 é o mesmo que 8 = 5 + 3.
Então podemos escrever a equação (1) dessa forma:
(1a) $2x = 15 + y$

A equação (2) diz que a metade da expressão (x + 3) vale y. Se a metade de um valor é y, então este valor é 2y. Então escrevemos:
(2b) $x + 3 = 2y$. Agora calculemos o dobro dos valores indicados em (2b):
(2c) $2x + 6 = 4y$. Isso é uma operação corriqueira na resolução de uma equação. Se dois valores são iguais, seus dobros também serão iguais. Repetindo as equações que temos até agora:
(1a) $2x = 15 + y$
(2c) $2x + 6 = 4y$
Escrevemos agora em (2c), o valor de 2x informado em (1a). Ficamos com:
$15 + y + 6 = 4y$
$21 + y = 4y$
Se 21+y vale 4y, então 21 é a mesma coisa que 3y, ou seja, y vale 7.
Sabendo y, calculamos x em (1a):
$2x = 15 + 7$
$2x = 22$
$x=11$
Portanto são 11 cães e 7 coelhos.

Resposta: (A) 11 e 7

737) É preciso calcular quanto vale, percentualmente, este acréscimo de 60 reais, em comparação com 500 reais. Esta porcentagem vale.

$$\frac{60}{500} \times 100\% = \frac{60}{5}\% = 12\%$$

Resposta: (C) 12%

738) Outro clássico problema resolvido pelo MMC
Agrupando de 6 em 6, sobram 5.
Agrupando de 12 em 12, sobram 5.
Agrupando de 15 em 15, sobram 5.
Quando a sobra é a mesma em todos os agrupamentos, separamos o resto. No caso, separamos 5 moedas e trabalhamos com as restantes. Ocorrerá o seguinte:
Agrupando de 6 em 6, não há sobra.
Agrupando de 12 em 12, não há sobra.
Agrupando de 15 em 15, não há sobra.
Então este novo número de moedas é múltiplo comum de 6, 12 e 15. O menor número que tem essa característica é o MMC entre 6, 12 e 15, que vale 60. Os múltiplos do MMC também têm essa característica. Como o problema informou que é um número entre 150 e 200, sendo múltiplo de 60, só pode ser 180. Adicionando de volta as 5 moedas que foram separadas, ficamos com 185.

Resposta: (D) 185.

739) Não é possível descobrir os valores dos lados dos quadrados, portanto não podemos saber os valores de todos os segmentos envolvidos no perímetro. Na verdade existem infinitas soluções possíveis para os valores dos lados dos quadrados e para esses segmentos. Entretanto,

usaremos aqui um princípio que já apresentamos no problema 728: o que importa no cálculo do perímetro não são os valores dos segmentos, mas sim, a soma desses valores.

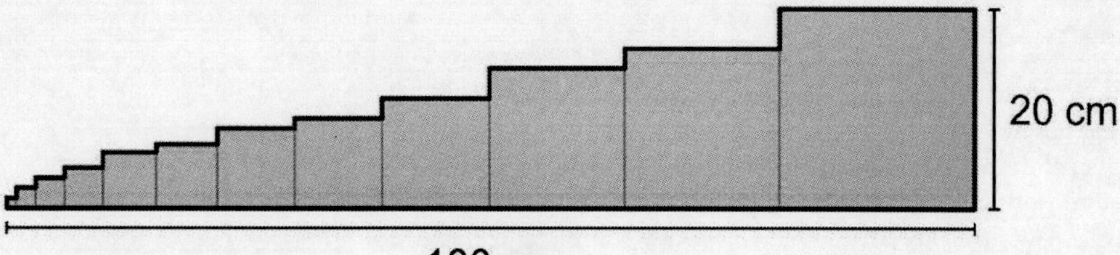

Por exemplo, se somarmos os lados superiores de todos os quadrados, encontraremos a mesmo valor que a soma dos lados inferiores, que é 100cm.
Os segmentos à esquerda de todos os quadrados, envolvidos no perímetro, têm soma igual ao lado direito do quadrado maior, 20cm. Sendo assim o perímetro da figura é:
100 + 100 + 20 + 20 = 240.

Resposta: (B) 240 cm

740) O maior crescimento percentual é o de Guarulhos, que foi de 60,52%. O menor de todos foi o de São Paulo – Capital, que valeu 3,57%. A diferença entre esses dois valores é 56,95%.

Resposta: (C) 56,95

Resoluções do teste 75

741) Problema totalmente similar ao problema 732 já apresentado. Esse aproveitamento de problemas de um concurso em outros concursos é muito comum, por isso é uma boa ideia buscar variedade nas fontes de estudo, e não fazer o que alguns chamam de "focar", ou seja, resolver apenas provas de anos anteriores do concurso que você vai realizar, desprezado todos os demais – isso não é uma boa ideia.

Desta vez usaremos uma outra forma de resolver o problema. Vejamos as características dos valores cobrados pelos dois pintores:

Antônio: R$ 100,00 + R$ 10,00 por m^2.
Benedito: R$ 200,00 + R$ 6,00 por m^2.

Para trabalhos pequenos, a pintura de Antônio tende a ser mais barata, mas para grandes metragens, Benedito tende a praticar um preço mais baixo. Benedito cobra R$ 4,00 a menos por metro quadrado, em comparação com Antônio. Existirá uma certa metragem, na qual os dois preços empatam. A partir desta metragem, o preço de Benedito será menor. Esta metragem de empate é aquela na qual os 100 reais a mais cobrados por Benedito, equivalem à diferença de 4 reais, multiplicada pelo número de metros.
Esta metragem é 100 ÷ 4 = 25 metros quadrados. Os valores cobrados por ambos será:

Antônio: R$ 100,00 + R$ 10,00 x 25 = R$ 350,00
Benedito: R$ 200,00 + R$ 6,00 x 25 = R$ 350,00

A partir daí, o preço de Benedito será maior, pois cada metro adicional são apenas 6 reais, ao invés de 10.

Resposta: (E) 25

742) Note que as dimensões da cartolina não são exatamente múltiplos das dimensões da peça. Sendo assim, não conseguimos aproveitar 100% da cartolina na confecção das peças.
O número máximo teórico de peças é dado pela área da cartolina, dividida pela área de uma peça:

$$\frac{20\times 25}{3\times 4}=\frac{500}{12}=41{,}666...$$

Vejamos se existe uma forma de conseguir o maior número possível de peças, o mais próximo possível do valor acima.
Se ao longo da extensão 20cm colocarmos as peças na posição vertical, teremos 4+4+4...+4, até completar 20, são 5 peças lado a lado neste sentido.

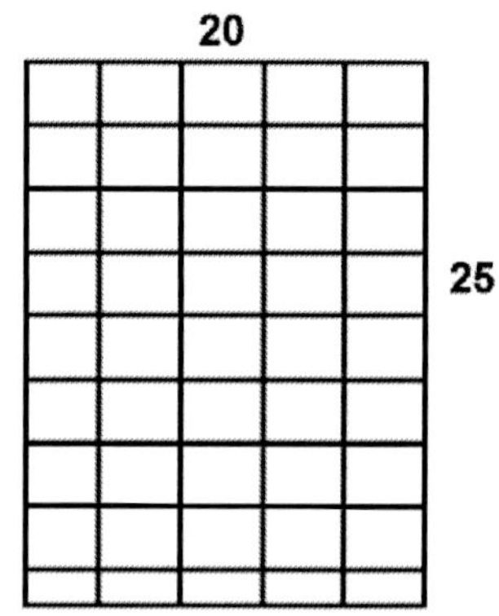

Nesse caso formaríamos 8 fileiras de 5, e sobraria uma tira de 1cm x 20cm, com área de 20cm^2. Somente pela área, poderia "caber" uma última peça. Talvez consigamos fazer um outro arranjo para aproveitar esta área restante. Faremos colocando as peças da 8ª fileira na vertical, como mostra a figura abaixo.

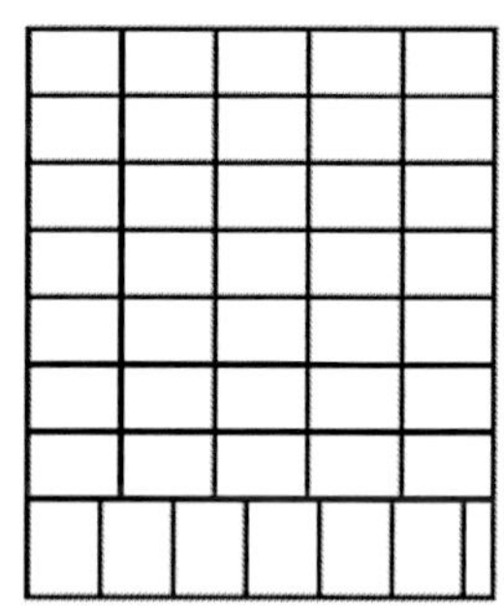

Ficamos então com 7 fileiras de 5 peças, e na 8ª fileira couberam 6 peças, totalizando assim:
7 x 5 + 6 = 35 + 6 = 41.
Sobrou apenas um pequeno espaço com 2cm de largura e 4 de altura, cuja área é inferior à de uma peça. Conseguimos assim chegar ao aproveitamento máximo da cartolina, com o total de 41 peças.

Resposta: (C) 41

743) Começamos com os valores 3, 4 e 5. São valores proporcionais aos números indicados, mas a soma vale 12, e teria que resultar em 60. Então vamos multiplicar todos os valores por 5. Ficamos com:
15, 20 e 25. A soma é realmente 60 e são valores proporcionais a 3, 4 e 5. Isso se chama *divisão proporcional*. O menor lado mede 15cm.

Resposta: (C) 15

744) A dízima 0,666... tem como fração geratriz, 6/9. Portanto a soma referida é:

$$2+\frac{6}{9}+\frac{7}{9}=\frac{18}{9}+\frac{6}{9}+\frac{7}{9}=\frac{31}{9}$$

Resposta: (A) 31/9

745) A máquina produz 32 peças em 8 horas. São *grandezas diretamente proporcionais*, quanto maior é o número de peças, maior é o tempo necessário para produzir.

32 peças ..... 8 horas. Dividindo por 32, temos:
1 peça ..... 8/32 = 1/4 h. Multiplicando por 51:
51 peças ..... 51 x 1/4 h = 51 x 15 min 48 x 15min + 3 x 15min = 12h + 45min

Resposta: (D) 12h 45min

746) 2 perfuradores conseguem perfurar 0,02km = 20 metros por dia.

Para perfurar 60 metros por dia, que é uma profundidade 3 vezes maior, precisaremos do triplo de perfuradores, ou seja, 6.

Resposta: (D) 6

747) A área pedida é igual à área do quadrado maior, menos a área do quadrado menor. Os lados são 5 e 3, então temos:

25 – 9 = 16, ou seja, 16 cm^2.

Resposta: (A) 16

748) 135 litros em 15 minutos é o mesmo que 45 litros em 5 minutos. Então a redução de 15 para 5 minutos reduz o gasto de 135 litros para 45 litros, uma economia de 90 litros.

Resposta: (A) 45

749) O fluxo em X vem do entroncamento A no qual ocorreu a divisão do fluxo em 3 partes iguais. Então chegam em A, 600 mil litros/min. O fluxo em B tem que ser o mesmo, já que ocorreu uma divisão em 2 partes iguais. Os 600 mil que chegam na bifurcação seguinte são divididos em duas partes de 300. Então este é o fluxo que sai por Y.

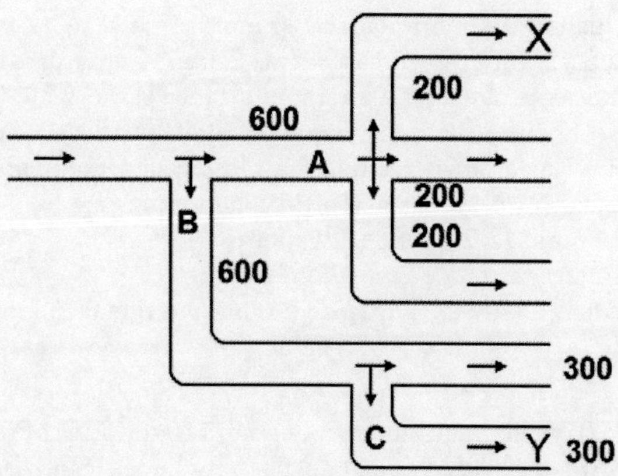

Resposta: (C) 300 mil

750) A capacidade máxima do caminhão é 1500 telhas ou 1200 tijolos. Como já carrega 900 telhas, está com 60% da sua capacidade ocupada, restam apenas 40%. E 40% de 1200 tijolos são 480 tijolos.

Resposta: (D) 480

Resoluções do teste 76

751) A meia hora citada refere-se a um dia profético. Meia hora é 1/48 de um dia. Então trocamos um dia, por dia profético (360 dl). Ficamos então com:

$$\frac{360}{48} = \frac{30}{4} = 7,5$$

Resposta: (D) 7,5 dl

752) potes pequenos, ele receberia 62 x 2,50 = 155. Como recebeu 171 reais, 16 a mais, significa que vendeu 32 potes grandes, já que cada um vale R$ 0,50 a mais. Foram portanto 32 potes grandes e 30 potes pequenos.

Resposta: (B) 30

753) De 3 para 4, quer dizer que a diferença corresponde a 1. Mas a diferença é constante, é sempre igual a 18 – 12 = 6. Então esta diferença proporcional a 1, são 6 anos. Nesse caso, 3 corresponde a 18 anos e 4 corresponde a 24 anos. Isto ocorrerá daqui a exatamente 6 anos.

Resposta: (B) 6

754) A casa era de Marcos e valia 20.000. Foi vendida por 18.000 para Pedro. Pedro vendeu de volta com lucro de 10%, ou seja, recebeu 19.800 pela casa, ou seja, gastou 18000 e recebeu 19.800, ficou com 1.800 e mais do que tinha no início. No fim das contas, Pedro ficou com 1.800 a mais de lucro, e Marcos voltou a ficar com a mesma casa, mas ainda gastou mais 1.800. De acordo com os dados interpretados, a resposta correta é:

Resposta: (D) Pedro teve um lucro de R$ 1800,00

755) O nome correto do sólido não é "bloco retangular", mas sim, "paralelepípedo retângulo". Seu volume em metros cúbicos é o produto das suas três dimensões, em metros:

5m x 2,5m x 15m = 75 x 2,5 m^3.
2/3 deste volume é 2/3 x 75 x 2,5 = 50 x 2,5 = 125 m^3.

Resposta: (B) 125 m^3

756) Pelo enunciado, a cada 10 metros que e rêmora nada, diminui em 8 metros a distância entre os dois animais (10 metros contra 2 metros).
Quando a rêmora nadar 120 metros, ou seja, 12 vezes 10, a distância entre elas diminuirá 12 vezes 8 metros, ou seja, 96m. Como a tartaruga estava originalmente a 100 metros, não foi suficiente ainda para a rêmora alcança-la. Portanto (A) é ERRDA.
No instante citado acima, após 12 etapas de 10 metros, ainda faltam 4 metros para a rêmora alcançar a tartaruga. Então a rêmora terá que nadar mais 5 metros. São portanto 12 etapas e meia. As distâncias percorridas por ambas é:
Rêmora: 12,5 x 10m = 125 metros
Tartaruga: 12,5 x 2m = 25 metros.
Total: 150 metros, que não é o mesmo que 0,25 km, portanto (B) é ERRADA.

Resposta: (E), (E)

757) Muito interessante, a questão 750, do ENEM de 2013, é totalmente similar a esta outra, da EAM de 2008. O método para resolução é o mesmo, mas nesse caso resolveremos usando frações, ao invés de porcentagens.

O caminhão comporta 75 sacos de cimento e já carrega 40 sacos, então ainda comporta 35 sacos, que é o mesmo que 35/75 da sua capacidade máxima. Em tijolos, esta fração da carga livre é 35/75 x 3000, ou seja:

$\frac{35}{75} \times 3000 = 35 \times 40 = 1400$, ou seja, ainda comporta mais 1400 tijolos.

Resposta: (D) 1400

758) O cubo completo precisar ter 4 unidades de aresta, pois nas três dimensões temos 4, 3 e 3 cubinhos de extensão. Um cubo com aresta igual a 4 unidades tem volume igual a 64 cubinhos. A figura mostra que já existem 4+1+1+3+2 cubos = 11 cubos. Para 64, faltam 53 cubos.

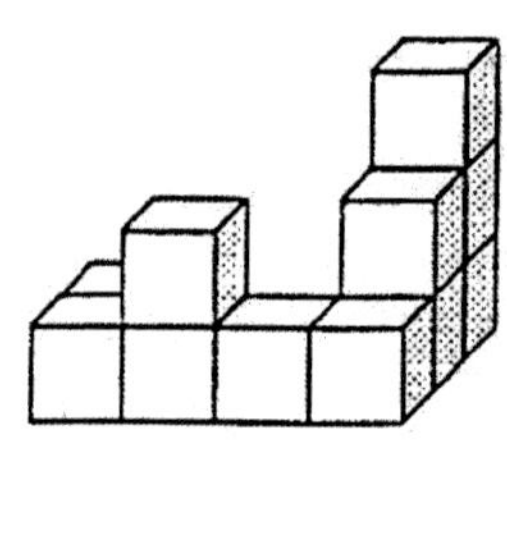

Resposta: (E) 53

759) As relações dadas foram as seguintes:
(1) Laranja = 3 partes de vermelha + 2 partes de amarela. Isso resulta em 5 partes de laranja.
(2) Verde = 2 partes de azul + 1 parte de amarela. Isso resulta em 3 partes de verde.
Marrom = quantidades iguais de laranja e verde.
Logo, 30 litros de Marrom = 15 partes de laranja e 15 partes de verde.
Das relações (1) e (2) temos:
15 partes de laranja = 9 partes de vermelho + 6 partes de amarela.

15 partes de verde = 10 partes de azul + 5 partes de amarela.
Então nessa quantidade teremos ao todo 6 + 5 = 11 partes de amarela.

Resposta: (E) 11

760) 9200 tíquetes é igual a 460 grupos de 20 tíquetes, são 460 períodos.
Cada período custa R$ 3,00, então o gasto será:
460 x 3 = 1380 reais.

Resposta: (D) 1380

Resoluções do teste 77

761) A quantidade de poluição liberada em um período é proporcional ao tempo de trabalho das fábricas. Quanto mais tempo, mais poluição.
Com 8 horas durante 25 dias, são 200 horas de trabalho das fábricas.
Nessas 200 horas, são liberados $40m^3$ de poluição. Isso é o mesmo que 0,2 m^3 por hora.
O problema quer saber a quantidade de poluição liberada durante 30 dias, com 6 horas de trabalho por dia. É um total de 30 x 6 = 180 horas.
Nessas 180 horas, a quantidade de poluição liberada é 180 x 0,2 = 36 m^3.

Resposta: (C) $36m^3$

762) As dimensões da piscina são:
Comprimento: 24m = 2400cm
Largura: 1600cm
Profundidade 8% maior = 1,08 x 1600cm = 108 x 16cm (vamos deixar a multiplicação indicada)

OBS: O valor desta profundidade é um absurdo! Como pode uma piscina ter uma profundidade de quase 18 metros? Isto é o mesmo que a altura de um prédio de 6 andares! Totalmente fora da realidade esses dados e sem noção quem bolou o problema.

Para calcular a quantidade de azulejos vamos somar o número de azulejos para o fundo e para as paredes. Basta calcular a área de cada parte da piscina e dividir pela área de um azulejo. Vamos usar todas as medidas em centímetros.
1) Fundo:
2400 x 1600 ÷ (8 x 8) = 300 x 200 = 60000 azulejos
2) Paredes:
As quatro paredes, juntas, têm uma área igual ao perímetro da piscina, multiplicado pela sua profundidade: (2400 + 1600 + 2400 + 1600) x 108 x 16 = 8000 x 108 x 16

Agora dividimos pela área de um azulejo

$$\frac{8000 \times 108 \times 16}{8 \times 8} = 1000 \times 108 \times 2 = 216.000$$

Portanto o total de azulejos, somando o fundo e as laterais, é:
60.000 + 216.000 = 276.000

Resposta: (E) 276.000

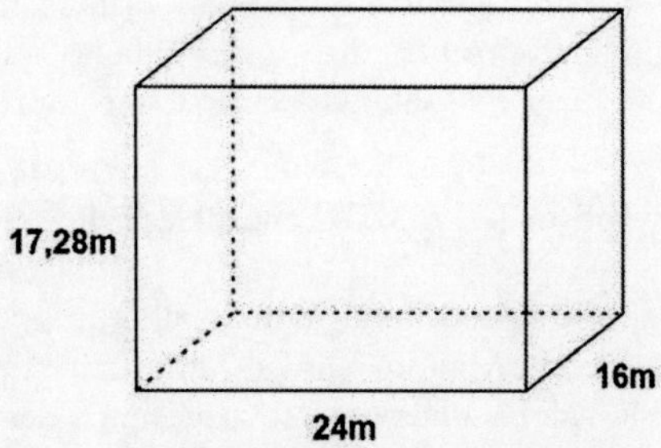

Talvez seja uma piscina para golfinhos.

763) Muitos se enganam e fazem 20% + 30% = 50%, o que está ERRADO !!!!!
O certo é fazer 1,20 x 1,30 = 1,56, ou seja, 56% de aumento.
Ou então fazemos por partes, partindo de um valor inicial 100.
1º aumento: 20% de 100 = 20; ficamos com 100 + 20 = 120.

$2^{\underline{o}}$ aumento: (é calculado sobre o novo valor, não sobre o antigo)
30% de 120 = 36; ficamos com 120 + 36 = 156.

Resposta: (D) 56%

764) OBS: O contratante, no caso a prefeitura, não pode exigir a mudança das condições combinadas, existe um contrato que deve ser respeitado. Se queria terminar o trabalho mais rápido, deveria ter sido especificado no início do contrato, e não no meio. Portanto é uma situação fora da realidade, mas matematicamente podemos resolver.

Depois de 6 meses, a situação programada era a seguinte:
6 meses para terminar o trabalho, com 40 operários.
O tempo para concluir o trabalho e o número de operários, são *grandezas inversamente proporcionais*. Para que o tempo seja menor, o número de operários deve ser maior.
Se o tempo era 6 meses e passou para 4 meses, foi multiplicado por 4/6. Então, para fazer o mesmo trabalho, o número de operários terá que ser multiplicado pelo inverso, ou seja, 6/4.
40 x 6/4 = 60 operários.

Resposta: (A) 60

765) O ciclo se repetirá após um tempo igual ao MMC entre os períodos. O MMC entre 30, 18 e 12 é o seguinte:
30 = 2 x 3 x 5
18 = 2 x 3 x 3 = 2.3^2
12 = 2 x 2 x 3 = $2^2.3$
MMC ➔ $2^2.3^2.5 = 180$ (fatores comuns e não comuns elevados aos maiores expoentes).
Só para lembrar, esta é uma das formas de calcular o MMC. 180 segundos.

Resposta: (A) 180s

766) Os fatores primos de 70 são 2, 5 e 7. Seus divisores são formados por combinações desses três números primos. O maior divisor primo de 70 é 7, os outros são maiores, mas são números compostos: 10, 14, 35, e o próprio 70.
Já o menor divisor primo de 70, é 2, pois 1 é divisor, mas 1 não é número primo.

Então os dois números que o enunciado cita são 7 e 2. A soma desses números é 9. A única resposta que se encaixa é a (C), pois 9 é um quadrado perfeito.

Resposta: (C) quadrado perfeito.

767) Dizer que números são *primos entre si* é o mesmo que dizer que o MDC entre eles é 1. Isso não significa que sejam primos, note que nem 14 nem 15 são números primos. Os números primos entre si são aqueles que não têm nenhum divisor comum, o que é o mesmo que dizer que seu MDC é 1. Isso sempre acontece quando os números são consecutivos, como nesse caso.

Resposta: (A) o MDC entre eles é 1.

768) Se fossem todas tábuas de 6mm, como são 74 tábuas, a altura atingida seria 74 x 6mm = 444 mm. A altura atingida foi 50cm, ou 500mm, 56 mm mais que o calculado inicialmente. Este valor a mais deve-se à presença das tábuas de 8mm, que são 2mm mais espessas. Como a diferença é 56mm, são portanto 28 tábuas de 8mm. As restantes, 74 – 28 = 46, são de 6mm.

Resposta: (A) 28

769) Sentaram nos dois últimos lugares vagos do auditório. Portanto todas as fileiras estavam cheias. Nas fileiras da frente, havia 14 pessoas, e nas fileiras para trás, 21 pessoas. Esses números são múltiplos da quantidade de poltronas de uma fileira, o que é o mesmo que dizer que o número de poltronas em uma fileira é um divisor de 14 e um divisor de 21, ao mesmo tempo. Os únicos divisores comuns de 14 e 21 são 1 e 7. Como são é possível ter fileiras de 1 cadeira, pois Mônica e o namorado sentaram-se lado a lado, o número de cadeiras por fileira só pode ser 7, Então existem as seguintes fileiras: duas para frente, três para trás, e a fileira onde Mônica e o namorado sentaram. São ao todo 6 fileiras.
O número de cadeiras no auditório é 6 x 7 = 42.

Resposta: (D) 42

770) Aumentar 1/5 é o mesmo que aumentar 20%, ou seja, multiplicar por 1,2.
O cálculo a ser feito é o seguinte:
331 bilhões x 1,2 x 0,12L = 331 bilhões x 0,144 =

Seria uma conta um pouco trabalhosa, mas vamos usar um valor aproximado. 331 é aproximadamente igual a 1/3 de 1000. Ficamos então com:

$$\frac{1000}{3} \times 0{,}144 = \frac{144}{3} = 48$$

Portanto seriam cerca de 48 bilhões de litros

Resposta: (E) 48 bilhões de litros.

Resoluções do teste 78

771) Este valor é um número muito grande, tem 608 algarismos, o que só pode ser calculado com a ajuda de um computador. Mas note que o problema não pergunta o valor, mas pergunta apenas o algarismo das unidades, o que é fácil de calcular. O motivo desta facilidade é que quando calculamos potências sucessivas de um número, o algarismo das unidades segue uma sequência repetitiva. Se descobrirmos o tamanho deste ciclo formado, podemos descobrir o que o problema pede.
Fazemos o seguinte: vamos calcular as primeiras potências e verificar sua sequência de algarismos:
$2^1 = 2$
$2^2 = 4$
$2^3 = 8$
$2^4 = 16$
$2^5 = 32$. Observe que neste ponto, o algarismo das unidades começou a repetir, apareceu 2.
$2^6 = 64$
$2^7 = 128$
$2^8 = 256$
$2^9 = 512$. Os algarismos das unidades seguem a ordem 2486 2486 2486...
Para saber com qual algarismo termina 2^{2017}, fazemos ao divisão de 2017 por 4, já que o algarismo das unidades repete-se de 4 em 4. O que interessa é o resto, no caso temos resto 1. A posição do resto 1 nesta sequência é a mesma de $2^1 = 2$, $2^5 = 32$, etc. Portanto, o algarismo das unidades de 2^{2017} é 2. Com 2018, seria resto 2, então o algarismo final seria 4, com 2019 é 8, com 2020 é 6, com 2021 é 2 novamente, e assim até o infinito.

Resposta: (D) 2

772) Eu tenho 27 a mais que meu amigo
Meu amigo tem o triplo dos adesivos de meu primo.
Podemos então usar como número desconhecido, o número de adesivos de meu primo.
Primo: □
Amigo: □□□
Eu: □□□ + 27 = 138 adesivos
Então □□□ = 138 – 27 = 111
□ = 37
O total é portanto 37 + 111 + 138 = 286

Resposta: (D) 286

773) Se 3 voltas de arame são 390 metros, o perímetro do curral é 130 metros. O perímetro é o dobro da soma das dimensões, ou seja, a soma da largura mais comprimento tem que ser 65m. Se uma dimensão é 25m, a outra é 40m. Portanto a área é 25m x 40m = $1000m^2$.

Resposta: (A) $1000m^2$

774) As potências de base 2 são 2, 4, 8, 16, 32, 64, 128...
Alguns valores são inviáveis. A professora não pode ter 2, 4, 8 ou 16 anos, pois diz que tem um filho de 13 anos. Também não pode ter 64 anos, pois diz que seu pai tem 65 anos. 128, nem se fala. A professora só pode ter 32 anos.

Resposta: (D) 32

775) A área construída é 12m x 10m = $120m^2$.
A área total é 15m x 30m = $450m^2$.
A razão entre esses valores é:

$$\frac{120}{450} = \frac{12}{45} = \frac{4}{15} = 0{,}266...$$

Resposta: (E) 0,27

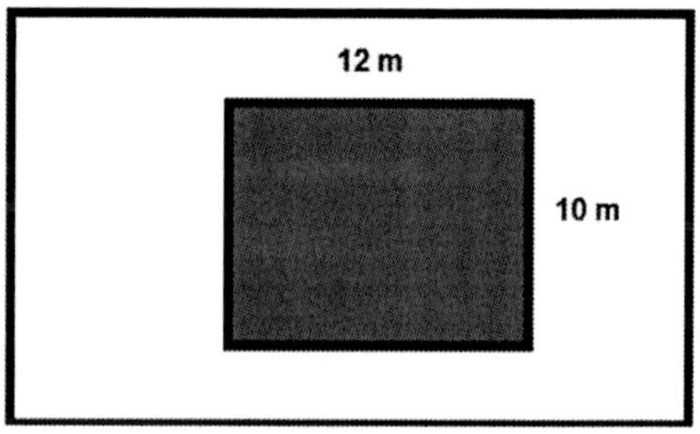

776) Direita: x moedas e Esquerda: x + 9 moedas
Levando 3 moedas da mão direita para a esquerda, fica com:
Direita: x – 3 moedas
Esquerda: x + 9 + 3

Se a mão esquerda ficou com 30 moedas, ou seja, x + 12 = 30, então x vale 18.

Resposta: (C) 18

777) As meias são V V V B B P (vermelhas, brancas, preta)
Retirou 3 meias da caixa, sendo que nenhuma é preta. Então essas 3 meias estão entre as 5 restantes: V V V B B. Então analisemos as 5 opções:
(A) são vermelhas. Não, pode ser BVV ou BBV
(B) são da mesma cor. Não, pode ser BVV ou BBV.
(C) pelo menos uma é vermelha. Sim, pois não podemos ter as 3 brancas pois são só 2 brancas
(D) uma é vermelha e duas são brancas. Não, pode ser VVV, VVB.
(E) uma é branca e duas são vermelhas. Não, pode ser VVV, VBB.

Resposta: (C)

778) A piscina tem capacidade de 10.000 litros. Foram retirados 2,2m^3, o mesmo que 2200 litros.

Sobraram 7800 litros.

Depois foi retirado mais 1/3 da capacidade. 1/3 de 7800 ê 2600, então sobraram:

7800 – 2600 = 5200.

Esta água que sobrou foi retirada usando recipientes com 25 litros de capacidade. O número de recipientes é:

$$\frac{5200}{25} = \frac{52 \times 100}{25} = 52 \times 4 = 208$$

Resposta: (A) 208

OBS.: É errado chamar recipientes como latas, garrafões, vasilhames ou similares de "galão". O galão é uma unidade inglesa de medida, equivalente a 3,6 ou 3,8 litros (aí existem o padrão inglês e o padrão americano). Nas lojas de tinta no Brasil, as letas de tinta têm sua capacidade medida em galões de 3,6 litros. A lata grande tem 5 galões ou 18 litros. As latas de 1 galão são as mais comuns, mas existem latas de 1/2 galão, 1/4 de galão e 1/8 de galão. Então é errado usar uma expressão como "galão de 25 litros". Consulte no dicionário o significado da palavra *galão* para confirmar.

779) É mais fácil trabalhar com a multiplicação por 5, que com a soma de 5 parcelas iguais. Neste tipo de problema, é sempre indicado começar com o algarismo das unidades.

$$\begin{array}{r} GOTA \\ \times 5 \\ \hline AGUA \end{array}$$

O algarismos A, ao ser multiplicado por 5, dá um resultado que termina com A. Então A só pode ser 0 ou 5. Mas A não pode ser 0, caso contrário o resultado seria 0GU0, e não escrevemos zeros à esquerda nos números. Portanto A só pode ser 5. Vamos escrever novamente a multiplicação usando A=5.

$$\begin{array}{r} GOT5 \\ \times 5 \\ \hline 5GU5 \end{array}$$

Agora observe o G. Este algarismo tem que ser 1, caso contrário esta multiplicação por 5, não poderia resultar em 5 nos milhares. Qualquer outro valor para G fornecerá um resultado maior que 10000!. Façamos portanto G=1.

$$\begin{array}{r} 10T5 \\ \times 5 \\ \hline 51U5 \end{array}$$

Observe agora que o algarismo O aparece nas centenas, e está multiplicado por 5. Não pode ser 1 nem superior, a 1, caso contrário o algarismo das centenas do resultado seria 5 ou mais. Então obrigatoriamente O tem que valer zero.

$$\begin{array}{r} 10T5 \\ \times 5 \\ \hline 51U5 \end{array}$$

Observe agora que T não pode valer 4 ou mais, caso contrário, T5 seria maior que 200, e não poderíamos ter no resultado, 1U5. Portanto T só pode valer 2 ou 3, já que não são permitidos algarismo repetidos. Agora ficou simples, basta testar:

T=2: 1025 x 5 = 5125. Não pode, pois teríamos U e T iguais a 2, e os algarismos precisam ser diferentes.

T=3: 1035 x 5 = 5175, nesse caso T=3 e U=7.

Resposta: (C) T=3

780) Se a escala é 1:250, as medidas da maquete são 250 vezes menores que as medidas reais:

28m ➔ 2800 cm ➔ 11,2 cm (dividindo por 250)
12m ➔ 1200 cm ➔ 4,8 cm (dividindo por 250)

Resposta: (C) 11,2 e 4,8

Resoluções do teste 79

781) Vamos começar avaliando a produção da equipe.
3 revisores, trabalhando 5 horas por dia, durante 4 dias. Isso equivale ao seguinte número de horas trabalhadas: 3 x 5 x 4 = 60
Em 60 horas de trabalho, são revisadas 240 folhas de texto, ou seja, 4 folhas por hora. Uma pessoa, em 1 hora de trabalho, revisa 4 folhas.
Agora são apena 2 revisores, são 480 folhas para revisar em 6 dias, e é preciso calcular quantas horas por dia são necessárias.
480 folhas para 2 revisores, são 240 folhas para cada revisor.
Trabalho que tem que ser feito em 6 dias, então são 40 folhas por dia.
Em 1 hora de trabalho cada pessoa revisa 4 folhas. Então 40 folhas em 1 dia necessita de 10 horas de trabalho.

Resposta: (A) 10

782) O número de operários agora é a metade. Farão o mesmo serviço no dobro do tempo, pois tratam-se de grandezas inversamente proporcionais: quanto mais operários, mais rápido o trabalho termina, e quanto menos operários, mais demorada é a conclusão.
O dobro do tempo são 36 dias.

Resposta: (B) 36

783) A mesma ideia do problema anterior. Temos aqui também grandezas inversamente proporcionais. Com menos professores, o trabalho demorará mais. Temos a metade do número de professores, então o tempo necessário será o dobro – note que tanto neste problema como no anterior não estamos citando, nem alterando, o número de horas diárias de trabalho.

Resposta: (C) 4

784) Em uma divisão com resto por 16, o resto pode ser qualquer número de 1 a 15. Como o resto é o quádruplo do quociente, então o resto é um múltiplo de 4. Como está entre 1 e 15, este resto só pode ser:
4, 8, ou 12. A soma dos possíveis valores para o resto é 4 + 8 + 12 = 24.
Note que não é possível identificar qual o número que está sendo dividido, apenas com as informações dadas pelo problema.

Resposta: (B) 24

785) Aldo anda de bicicleta a uma velocidade três vezes maior (10,8 km/h contra 3,6 km/h). Quer dizer que Beto leva um tempo 3 vezes maior. Aldo leva um tempo □, e Beto leva um tempo □□□. No caso do trajeto citado, a diferença, □□, são 10 minutos, e □ são 5 minutos. Aldo leva 5 minutos e Beto leva 15 minutos para fazer o trajeto completo até a livraria. 15 minutos é 1/4 da hora.
Se a velocidade de Beto é 3,6 km/h, anda 3600 metros a cada hora, o mesmo que 900 metros a cada 15 minutos. Então o trajeto de 15 minutos tem 900 metros.

Resposta: (D) 900

786) Tratam-se de grandezas diretamente proporcionais, característica de todas as conversões de unidades.

16 onças ..... 1 libra

0,4 onças .... x libras

Para passar de 16 onças para 0,4 onças, temos que dividir por 40. Então 1 libra, também dividida por 40, fica com x = 1/40 = 0,025.

Resposta: (C) 0,025

787) A cada dia diminui em 20 mL a quantidade do remédio. A partir do 5º dia, são mais 4 dias para chegar ao 9º. Então a dose será igual a 100 – 20 – 20 – 20 – 20 = 20 mL.

Resposta: (D) 20

788) A figura ao lado mostra uma pirâmide de base pentagonal. O número de vértices é 6, ficam 5 na base e 1 na parte superior. Então temos V=6. As faces também são 6, são 5 faces laterais, que são triângulos, e mais a base, que é um pentágono. Então temos F=6. As arestas são 10: 5 ficam na base, e mais 5 que ligam o vértice superior aos vértices da base. Então A=10. Entre as opções, a verdadeira é:

Resposta: (B) 10 arestas

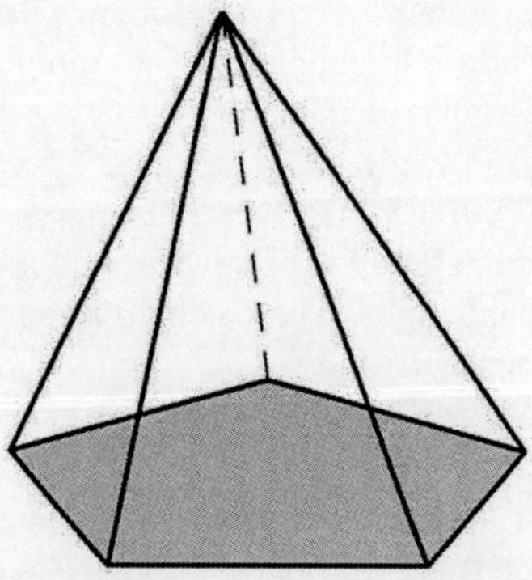

789) De acordo com a figura, as faces vizinhas do O são P, Q, S e T. A face indicada, no encontro entre o 1º e o 2º cubos, só pode ser um T. Isso é fácil de ver. O cubo central, no qual aparecem as letras Q e S, tem ainda um T e um P. Esta face de contato não pode ser P, pois o 1º cubo já tem indicada sua face P voltada para frente. Então a referida face de contato só pode ser T. Então, no próprio cubo do meio, é fácil ver também que a face oposta a este T é o S.

Resposta: (A) S

790) Se o gasto de energia do chuveiro é 4,8kWh por hora, em 10 minutos é consumida a sexta parte, ou seja, 0,8 kWh. Com dois banhos durante 7 dias, basta multiplicar este valor por 14.

14 x 0,8 kWh = 11,2 kWh.

Resposta: (D) 11,2

Resoluções do teste 80

791) Depois de 8 horas, a sirene e o sino tocam juntos a cada 5 horas, coincidindo às 13 horas e às 18 horas. Isso é o mesmo que de 300 em 300 minutos. Então o MMC entre os tempos dos ciclos é 300.
Se o sino da igreja toca de hora em hora, este é o seu período, vamos trabalhar com minutos, 60. Apenas o ciclo do apito da fábrica é x desconhecido, sabemos apenas que é maior que uma hora. Temos então:

Igreja: 60 = 2^2x3x5
Fábrica: x
MMC: 300 = 2^2x3x5^2

Como o MMC é o produto dos fatores comuns e não comuns elevados aos maiores expoentes, concluímos que x precisa ter um fator 5^2. Quanto aos fatores 2 e 3, poderá tê-los também, mas com expoentes no máximo 2 e 1, respectivamente. Portanto não é possível descobrir o valor de x, podemos apenas levantar possibilidades.
Fazendo o expoente do 2 no número x, ser 0, 1 ou 2, e o expoente do 3 no x ser 0 ou 1, temos 6 possibilidades:
5^2, $2x5^2$, 2^2x5^2, $3x5^2$, $2x3x5^2$, 2^2x3x5^2. Esses valores possíveis de para x são:
25, 50, 100, 75, 150 ou 300.
O problema indica também que x tem que ser maior que 1 hora, então 25min e 50 min devem ser eliminados. Temos então as opções para x:
100 min (1h 40 min), 75 min (1h 15min), 150 min (2h 30min) e 300 min (5 horas).
O menor de todos, superior a 1 hora, é 75 min ou 1 hora e 15 min.

Resposta: (B) 75

792) 864 laranjas em 3 montes iguais:
864 ÷ 3 = 288
1 monte repartido entre 4 homens, cada um recebe 288 ÷ 4 = 72
2 montes repartidos entre 6 mulheres: 288 x 2 ÷ 6 = 96.

Resposta: (B) 72 e 96

793) O problema requer que sejam encontrados dois números proporcionais a 3 e 4, cuja soma seja 35. Dois números proporcionais a 3 e 4 poderia, ser os próprios 3 e 4. Sua soma vale 7, mas teriam que ser números cuja soma é 35, 5 vezes maior.
Então multipliquemos 3 e 4, por 5. Ficamos com:
3 x 5 = 15 e 4 x 5 = 20.
Esses são os números procurados: 15 e 20. Proporcionais a 3 e 4, com soma igual a 35. A pergunta do problema é: em um baile, quantos alunos ficariam sem par? Seria, formados 15 pares e sobrariam 5 meninos sem par.

Resposta: (D) 5

794) Gastou metade do dinheiro e pagou 2,00
Gastou a metade e pagou 2,00, restando 34,00
A forma mais fácil de resolver este tipo de problema é realizando as operações ao contrário.

34 ➔ + 2 = 36,00 ➔ x 2 = 72,00 ➔ + 2 = 74,00 ➔ x 2 = 148,00

O cliente tinha 148 reais.

Resposta: (D) 148,00

795) Cada figura tem quatro "pernas" e mais um ponto central. O número de pernas é igual ao número da figura. Por exemplo, figura e, as "pernas" têm 3 pontos. O número total de bolinhas em uma figura é 4 x número da figura + 1. Para a figura 3, por exemplo, temos 4 x 3 + 1 = 13.

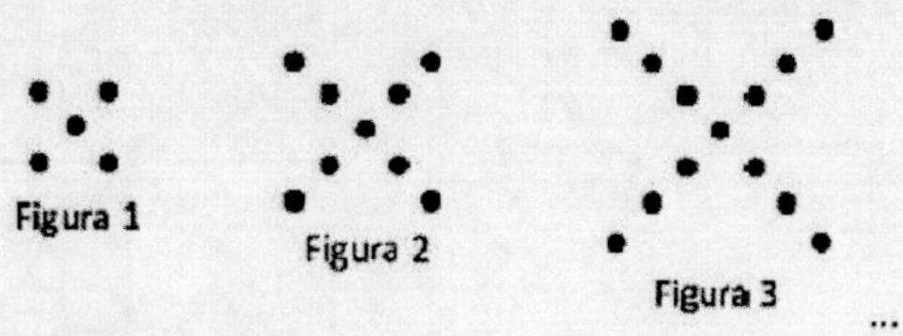

Para a figura 25, teremos 4 x 25 + 1 = 101.

Resposta: (B) 101

796) Se dobrasse as duas mesadas, eles receberiam juntos, 200 reais, mas recebem 240 porque esses 40 reais a mais devem-se ao fato da mesada de Luís ter sido triplicada, e não dobrada. Então a mesada de Luís é 40, e a de Glória é 60. Conferindo os resultados:
Dobro de Gloria + Triplo de Luís = 120 + 120 = 240.

Resposta: (E) 40 e 60 reais

797) O serviço é feito por 3 pessoas em 2 horas, ou seja, 120 minutos.
Uma só pessoa faria o mesmo serviço de forma mais demorada, no triplo do tempo: 360 minutos. Quatro pessoas farão a mesma coisa 4 vezes mais rápido: 90 minutos.

Resposta: (A) 90

798) O clássico problema da formação de grupos na maior quantidade possível de elementos. O tamanho de cada grupo é o MDC entre os valores:
MDC (48, 36, 30) = 6. Os grupos devem ter 6 alunos cada.

Resposta: (C) 6

799) Cada uma das 13 piscinas receberá o total dividido por 13. São 6,5 milhões de litros por hora, divididos por 13, que resulta em 0,5 milhão, ou 500.000 litros por hora.

I) 0,5 dam^3 de água.
II) 500 dm^3 de água.
III) 500.000.000 cm^3 de água.
IV) 500.000 cm^3 de água.

Lembrando que 1 litro é o mesmo que 1000 mL ou 1000 cm^3, vemos que a letra (C) está correta!
500.000 litros = 500.000.000 cm^3 de água. É preciso checar ainda as outras afirmativas, pois pode existir mais de uma correta.
1 dam é o mesmo que 10 metros, ou 100 decímetros. Portanto 1 dam^3 é igual a 1.000.000 de litros. Então 0,5 dam3 é o mesmo que 500.000 litros. A (I) é verdadeira.
A II é obviamente falsa, 500 dm^3 são 500 litros.
A IV é falsa, já vimos que o correto é 500.000.000 cm^3.
Então temos V, F, V, F

Resposta: (A) apenas as opções I e III são verdadeiras.

800) A forma mais fácil de identificar as frações é dividir o quadrado maior em partes de mesma área.

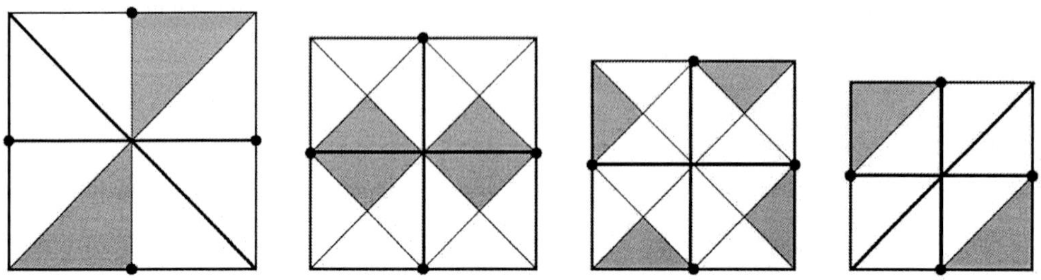

1º : 2/8 = 1/4
2º : 4/16 = 1/4
3º : 4/16 = 1/4
4º : 4/8 = 1/2
São portanto 3 figuras com frações equivalentes a 1/4.

Resposta: (D) 3

Capítulo 9

As difíceis

Neste capítulo, continuamos apresentando questões de aritmética de provas de escolas técnicas, como CEFETs e Institutos Federais. Continuamos também com Olimpíadas de Matemática, mas introduzimos as questões exigentes de concursos para Colégios Militares federais (mantidos pelo Exército), questões do Colégio Naval e da EPCAr. Ainda que você não esteja se preparando para essas escolas, é um excelente desafio resolver suas questões. Você verá que não são muito mais difíceis que outras questões apresentadas ao longo do livro.

Teste 81

801) CEFET RJ – Qual é a soma dos nove primeiros números naturais primos?

(A) 87 (B) 89 (C) 93 (D) 100 (E) 103

802) IFSP 2011 – Pesquisas sobre reciclagem mostram que cerca de 40% de material plástico utilizado pode ser reaproveitado para produção de resinas plásticas. Estima-se que, no Brasil, pelo menos 2,2 milhões de toneladas de plástico, descartados após o uso, se acumulam anualmente. Então, pelo menos x mil toneladas de plástico por ano podem ser reaproveitadas. O valor de x é

(A) 160 (B) 220 (C) 320 (D) 440 (E) 880

803) IFMT – O quadrilátero abaixo foi repartido em quadrados. Sabendo que o quadrado A e o quadrado B têm área de 64 m^2 e 81 m^2, respectivamente, então o valor da área do quadrilátero PQRS, em m^2, é igual a:

(A) 992 (B) 1.024 (C) 1.152 (D) 840 (E) 1.056

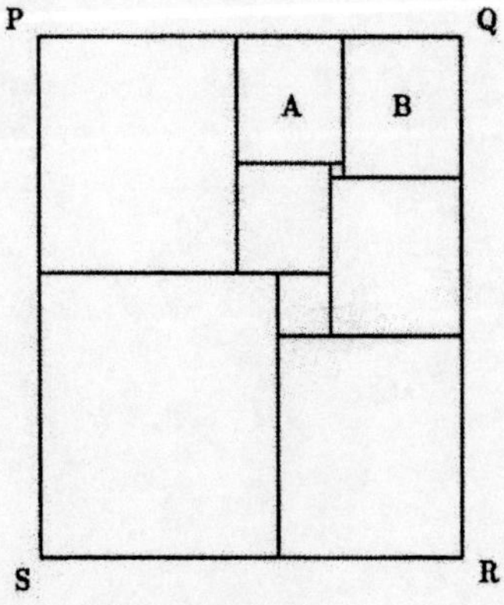

804) FATEC – Segundo informações da Sabesp, até 2 anos de idade, 80% do nosso corpo é formado por água; aos 5 anos, essa porcentagem cai para 70% até que, depois dos 60 anos, temos apenas 58% de água no organismo. Nessas condições, uma pessoa com mais de 60 anos

tem, em relação à quantidade de água no organismo que possuía aos 2 anos de idade, uma redução de x% de água. O valor de x é

(A) 23,5 (B) 24,0 (C) 25,5 (D) 26,0 (E) 27,5

805) UTFPR – Um terreno retangular tem 3.675m^2. A largura do terreno é igual ao triplo do comprimento do terreno. Qual a largura, em metros, deste terreno?

(A) 112 (B) 105 (C) 90 (D) 45 (E) 35

806) EAM – Em uma sala retangular de piso plano nas dimensões 8,80m por 7,60m, deseja-se colocar lajotas quadradas iguais sem a necessidade de cortar qualquer peça. A medida máxima, em centímetros, do lado de cada lajota deverá ser igual a:

(A) 10 (B) 20 (C) 30 (D) 40 (E) 50

807) Colégio Militar Tiradentes DF – Em uma festa junina, as apresentações de quadrilhas começaram às 19 horas e cada quadrilha teve 25 minutos de apresentação. Entre a apresentação de uma quadrilha e a da seguinte, era dado um intervalo de 12 minutos. Considerando que todas as apresentações duraram exatamente 25 minutos, e que o tempo de cada intervalo foi exatamente o estipulado, podemos afirmar que a apresentação da quarta quadrilha terminou às:

(A) 20h 46min (B) 21h 06min (C) 21h 16min (D) 21h 28min (E) 22h 26min

808) CMBH – O número de medalhas que um determinado país ganhará nas próximas olimpíadas é descrito por uma sequência de números iniciados por 1 e 2. Os termos seguintes dessa sequência são obtidos pela soma dos dois termos anteriores a ele. Sendo o início da sequência o número de medalhas conquistadas nos jogos de Pequim, pode-se afirmar que daqui a 31 jogos, o número de medalhas conquistada por esse país será um número:

(A) primo (B) par (C) ímpar (D) menor que 34 (E) irracional

809) Colégio Naval – Dois sinais luminosos fecham juntos num determinado instante. Um deles permanece 10 segundos fechado e 50 segundos aberto, enquanto outro permanece 10 segundos fechado e 40 segundos aberto. O número mínimo de segundos necessários, a partir daquele instante, para que os dois sinais voltem a fechar juntos outra vez é de:

(A) 110 (B) 120 (C) 150 (D) 200 (E) 300

810) OBMEP – A figura é formada por dois quadrados, um de lado 8cm e outro de lado 6cm. Qual é a área da região cinza?

(A) 44cm^2 (B) 46cm^2 (C) 48cm^2 (D) 50cm^2 (E) 56cm^2

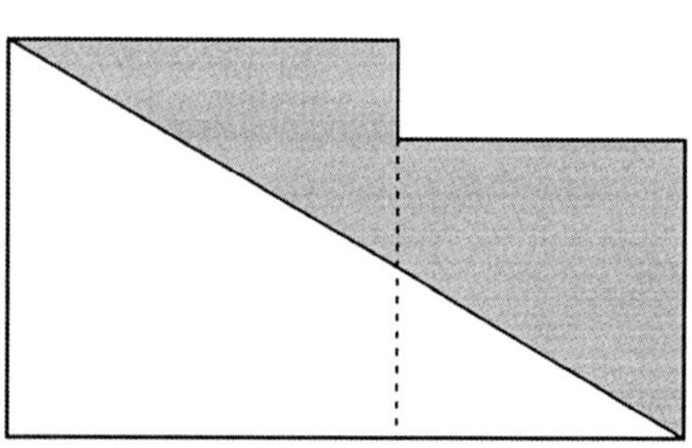

Teste 82

811) CEFET RJ – O gráfico ao lado mostra a distância percorrida e o tempo utilizado em provas de atletismo efetuadas por quatro alunos. Quem foi o mais rápido?

(A) Alice (B) Beatriz (C) Carlos (D) Daniel

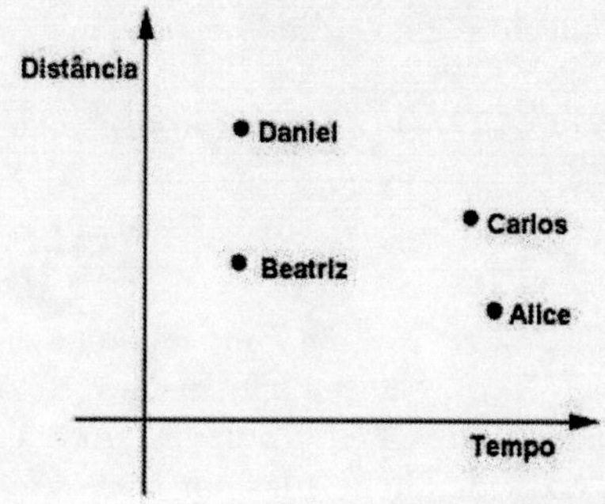

812) IFSP – Josie e Bruno trabalham em um escritório e foram comprar material. Josie comprou 5 lápis e 3 cadernos por R$ 24,50. Bruno comprou 1 lápis e 7 cadernos, iguais aos comprados por Josie, por R$ 30,50. O valor de um lápis é de

(A) R$ 5,00 (B) R$ 4,50 (C) R$ 4,00 (D) R$ 3,00 (E) R$ 2,50

813) FATEC – Considere a sequência de pentágonos, formada de acordo com um determinado critério.

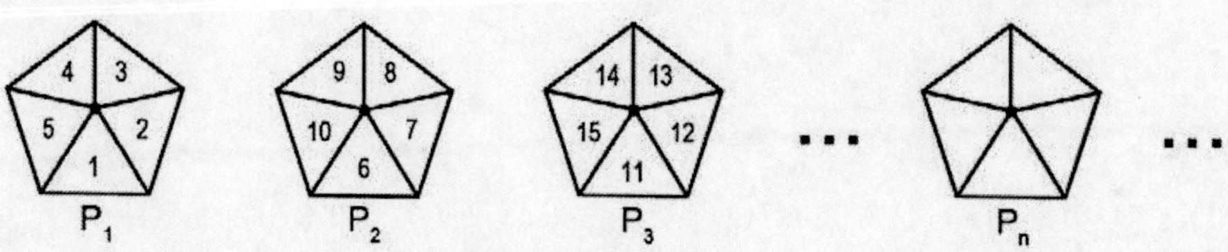

O número 6652 pertence ao pentágono P_n, em que n é natural não nulo. Assim sendo, n é divisível por

(A) 2 (B) 3 (C) 5 (D) 7 (E) 11

814) UTFPR – A quantidade de números inteiros entre 50 e 100 que sejam múltiplos de 3 e 4 ao mesmo tempo é:

(A) 3 (B) 4 (C) 5 (D) 13 (E) 17

815) EAM – Uma pessoa comprou 350m de arame farpado para cercar seu terreno que tem a forma de um retângulo de lados 12m e 30m. Ao contornar todo o terreno uma vez, a pessoa deu a primeira volta no terreno. Quantas voltas completas, no máximo, essa pessoa pode dar nesse terreno antes de acabar o arame comprado?

(A) 2 (B) 3 (C) 4 (D) 5 (E) 6

816) Colégio Militar 2 de julho – Considere as figuras ao lado e marque a alternativa correta.

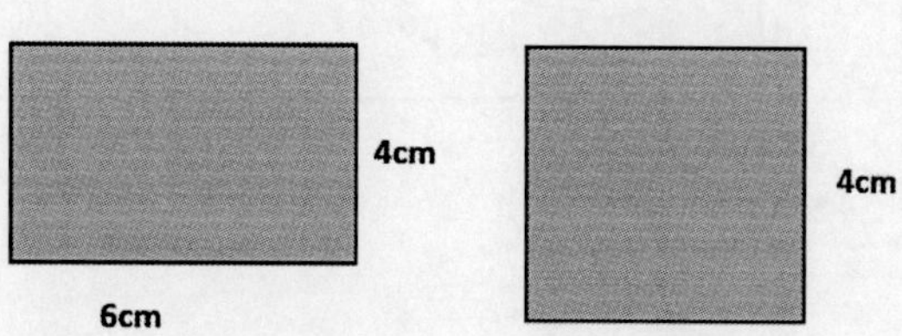

(A) A área do quadrado é maior que a área do retângulo.

(B) A razão entre a área do quadrado e a área do retângulo é 2/3.

(C) A soma dos perímetros das figuras é 40cm.

(D) O perímetro do quadrado é maior que o perímetro do retângulo.
(E) A razão entre os perímetros do retângulo e do quadrado é 4/5.

817) CMRJ – O número de divisores positivos de 35.280 que, por sua vez, são divisíveis por 12, é:

(A) 24 (B) 36 (C) 48 (D) 54 (E) 72

818) Colégio Naval – Uma máquina enche um depósito de cereais na razão de 6 toneladas por hora. Num determinado dia, essa máquina com a tarefa de encher 3 depósitos de mesma capacidade encheu o primeiro normalmente, mas apresentou um defeito e encheu os outros 2 na razão de 3 toneladas por hora. Em média, nesse dia, quantas toneladas por hora trabalhou essa máquina?

(A) 3,2 (B) 3,5 (C) 3,6 (D) 4,0 (E) 4,5

819) EPCAr – Seja o número m = 488a9b, onde ***b*** é o algarismo das unidades e ***a*** é o algarismo das centenas. Sabendo-se que ***m*** é divisível por 45, então **a + b** é igual a:

(A) 1 (B) 7 (C) 9 (D) 16

820) OBM – Qual é o menor número ímpar que possui exatamente 10 divisores positivos incluindo 1 e o próprio número?

(A) 1875 (B) 405 (C) 390 (D) 330 (E) 105

Teste 83

821) CEFET RJ – Uma torta leva, entre outros ingredientes, 500g de trigo, 300g de chocolate e 150g de açúcar. Esta mesma torta vai ser feita em um tamanho maior, e consumirá 2,5kg de trigo. Quais serão, respectivamente, as quantidades de chocolate e açúcar utilizadas?

(A) 1,2kg e 800g (B) 1,5kg e 750g (C) 2,0kg e 500g (D) 2,5kg e 600g (E) 1kg e 500g

822) IFMT – João gasta do seu salário, R$ 120,00 com aluguel, 3/4 do seu salário com sua manutenção e os R$ 240,00 coloca na poupança. Quanto é o seu salário total:

(A) R$ 1200,00 (B) R$ 1680,00 (C) R$ 1800,00 (D) R$ 1440,00 (E) R$ 1500,00

823) IFPS – Um cubo tem figuras em suas faces, e sua forma planificada está indicada abaixo.

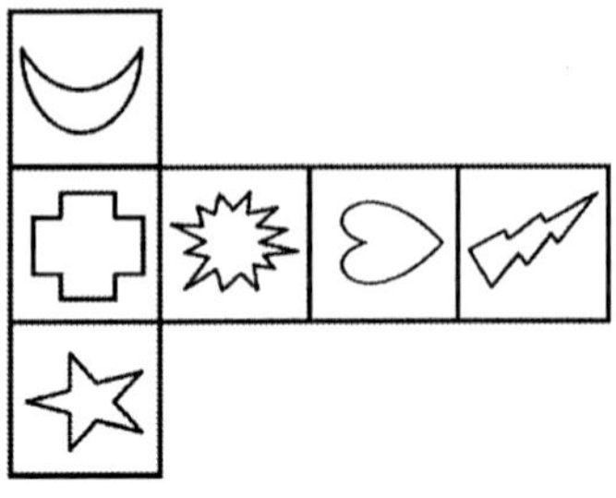

Qual das 5 figuras abaixo está correta?

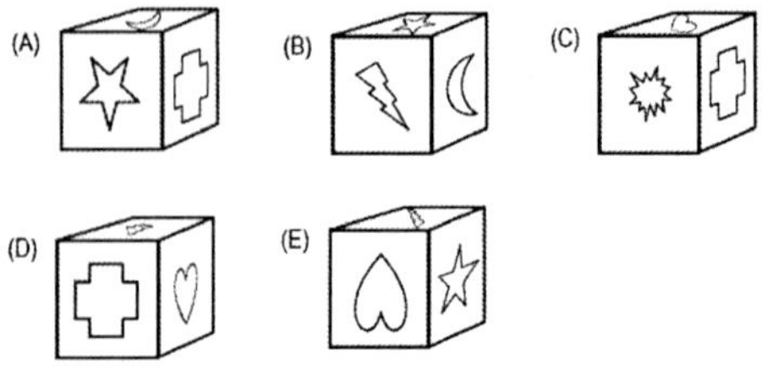

824) UTFPR – Dois pedreiros conseguem construir um muro em 15 dias. Marque a alternativa que apresenta o número de dias em que, se forem 5 pedreiros, se conseguirá construir o mesmo muro.

(A) 8 (B) 7 (C) 6 (D) 5 (E) 4

825) CFN – A torneira X consegue encher uma piscina sozinha em 4 horas enquanto a torneira Y demora 6 horas. Em quanto tempo as torneiras X e Y conseguem encher juntas essa mesma piscina?

(A) 2h 24min (B) 3h 40min (C) 5h (D) 10h (E) 12h

826) Colégio Militar Dom Pedro II – Observe a sequência de figuras ao lado. Se for mantida a regularidade, quantos quadrados estarão pintados na figura 8?

(A) 25 (B) 36 (C) 49 (D) 64 (E) 81

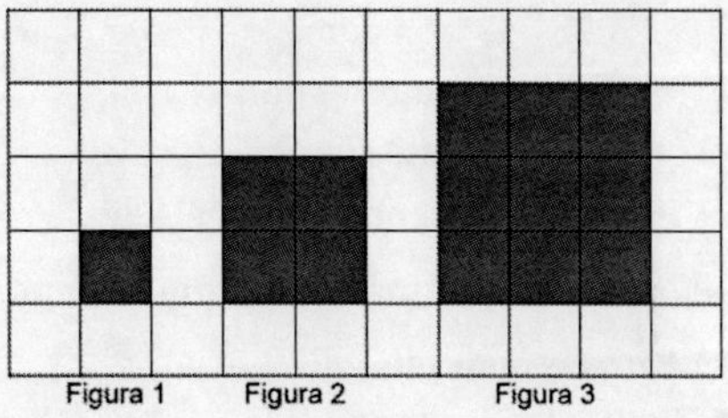

827) IFSP – Arthur é vendedor de automóveis e recebe um salário líquido fixo de R$ 1.000,00 e mais 2% de comissão sobre o valor das vendas efetuadas no mês. Sua comissão é paga integralmente, sem sofrer nenhum desconto. Ao final do último mês, Arthur obteve um total em suas vendas de R$ 80.000,00 e recebeu como pagamento a quantia de R$ 2.500,00. Ao conferir seu pagamento, Arthur concluiu que recebeu

(A) R$ 100,00 a mais (B) R$ 200,00 a mais (C) R$ 100,00 a menos
(D) R$ 200,00 a menos (E) o valor correto

828) Colégio Naval – De uma determinada quantidade entre 500 e 1000 DVDs, se forem feitos lotes de 5 DVDs, sobram 2; se forem feitos lotes com 12 DVDs sobram 9 e se forem feitos lotes com 14 DVDs sobram 11. Qual é a menor quantidade, acima de 5 DVDs por lote, de modo a não haver sobra?

(A) 6 (B) 8 (C) 9 (D) 13 (E) 15

829) EPCAr – Ao separar o total de suas figurinhas, em grupos de 12, 15 e 24, uma criança observou que sobravam sempre 7 figurinhas. Se o total de suas figurinhas está compreendido entre 240 e 360, pode-se afirmar que a soma dos algarismos significativos desse total é:

(A) 6 (B) 9 (C) 10 (D) 13

830) OBM – Quantos números inteiros positivos têm o número 9 como seu maior divisor, diferente do próprio número?

(A) 1 (B) 2 (C) 3 (D) 9 (E) infinitos

Teste 84

831) CEFET RJ – O valor P de uma mercadoria teve dois aumentos sucessivos, um de 8% e outro de 12%, seu preço ficou em R$ 750,00. Se, ao invés destes dois aumentos, P tivesse um único aumento de 20%, o preço final da mercadoria seria:

(A) igual ao preço final obtido com os dois aumentos sucessivos.
(B) aproximadamente R$ 21,53 a menos que o preço final obtido com os dois aumentos.
(C) R$ 6,00 a menos que o preço final obtido com os dois aumentos.
(D) R$ 2,00 a mais que o preço final obtido com os dois aumentos sucessivos.

832) IFSP – Um fisioterapeuta cobra de seus clientes R$ 65,00 pela sessão com hora marcada e R$ 50,00 para os que esperam sem hora marcada. Ele atende por dia um número fixo de 6 clientes com hora marcada e um número variável de clientes sem hora marcada. A quantia que esse fisioterapeuta recebeu num dia em que foi atendido um total de 15 clientes é

(A) R$ 865,00 (B) R$ 840,00 (C) R$ 750,00 (D) R$ 660,00 (E) R$ 575,00

833) IFMT – Em um auditório, as filas foram distribuídas assim: a primeira fila possui 18 assentos, a segunda 21, a terceira 24, e assim por diante. O número de assentos na vigésima fila é igual a:

(A) 120 (B) 105 (C) 930 (D) 75 (E) 108

834) FATEC – Considere quatro moças tais que

- Beth é mais alta que Leila;
- Paula é menos alta que Ana e
- Ana é menos alta que Leila;

Logo, pode-se afirmar corretamente que

(A) Paula é mais alta que Leila.
(B) Beth é mais alta que Paula.
(C) Ana é menos alta que Paula.
(D) Beth é menos alta que Ana.
(E) Leila é menos alta que Ana.

835) UTFPR – Para metais e pedras preciosas, 1 quilate equivale a 200mg. Assim, um anel com 12 brilhantes de 5cg cada possui, em quilates:

(A) 3 (B) 5 (C) 12 (D) 15 (E) 20

836) CFN – Num sítio temos uma rua de laranjeiras e, ao seu lado, uma rua de limoeiros. Os pés de laranja são plantados a cada 4 metros e os de limão, a cada 6 metros. No começo das ruas, foi plantado um pé de laranja na frente de um pé de limão. De quantos em quantos metros isso acontece?

(A) 12 (B) 10 (C) 8 (D) 7 (E) 5

837) Colégio Militar Tiradentes DF – Em um circo, 5 palhaços se apresentavam, cada um tendo 4 minutos para contar piadas; entre cada uma das apresentações de cada palhaço, era dado um intervalo de 30 segundos. O primeiro palhaço começou sua apresentação às 19h 30 min e não houve nenhum atraso. Com base nessas informações, classifique os itens abaixo em "certo" ou "errado".

(A) ( ) O último palhaço terminou sua apresentação às 19h 52min.
(B) ( ) O tempo total dos intervalos foi de 1/30 de hora.
(C) ( ) O espetáculo todo durou 16 minutos.

838) CMF – A prova de um concurso é composta de 20 testes de múltipla escolha. Um candidato ganha 5,0 pontos por cada teste respondido corretamente e perde 3,0 pontos por cada resposta errada. Para ser aprovado no concurso, é necessário que o candidato faça uma pontuação maior ou igual a 60 pontos na prova. O número de testes que um candidato deve acertar para ser aprovado é:

(A) 12 (B) 13 (C) 14 (D) 15 (E) 16

839) Colégio Naval – João vendeu dois carros do modelo SL e SR, sendo o preço de custo de primeiro 20% mais caro que o do segundo. Em cada carro teve um lucro de 20% sobre os seus respectivos preços de venda. Se o total dessa venda foi R$ 88.000,00, o preço de custo do segundo modelo, em reais, era igual a:

(A) 33.000 (B) 32.000 (C) 34.000 (D) 35.000 (E) 36.000

840) EPCAr – Um laboratório importa 50 litros de uma vacina concentrada. Em seguida, dilui o medicamento em 670 dm^3 de água destilada, coloca-o em ampolas com capacidade de 2 cm^3 cada e depois são acondicionadas em caixas com 5000 ampolas cada uma. O número de caixas importadas é:

(A) ímpar (B) primo (C) múltiplo de 5 (D) divisível por 6

Teste 85

841) CEFET RJ – Qualquer bebida extraída de uma máquina custa 1 real. Se a máquina só aceita moedas de 10, 25, 50 centavos e 1 real, de quantas maneiras distintas pode-se pagar uma bebida nesta máquina?

(A) 4 (B) 5 (C) 6 (D) 7 (E) 8

842) IFSP – De 1 até 100, a quantidade de números primos que terminam com o algarismo 9 é

(A) 3 (B) 4 (C) 5 (D) 6 (E) 7

843) IFMT – Observe a piscina representada abaixo e as dimensões indicadas. A quantidade máxima de água, em litros que ela pode conter é igual a:

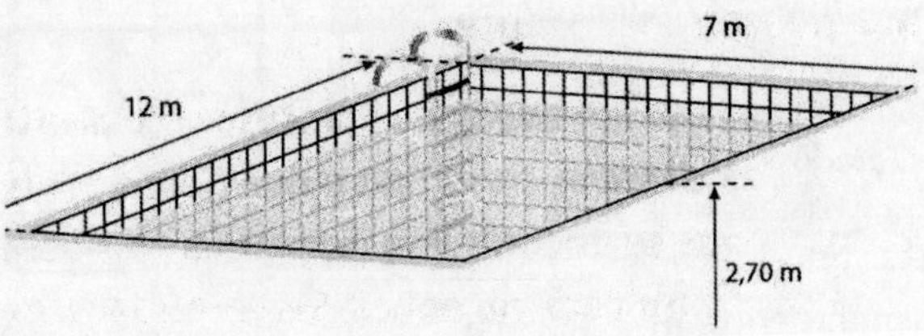

(A) 22,68 litros (B) 226,8 litros
(C) 2.268 litros (D) 22.680 litros
(E) 226.800 litros

844) FATEC – Uma academia possui duas salas contíguas e retangulares: uma para ginástica e outra para ioga, conforme mostra a figura.

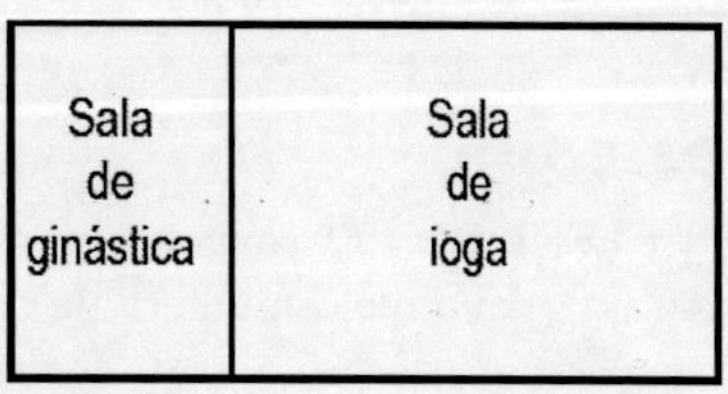

Para adequar o atendimento aos usuários, a academia realizou uma reforma em que a sala de ginástica foi transformada em um quadrado, aumentando o lado menor em 2 metros.

Dessa maneira, a sala de ioga foi reduzida de $30m^2$ para $18m^2$. A área da antiga sala de ginástica, em metros quadrados, era:

(A) 18 (B) 20 (C) 24 (D) 32 (E) 36

845) IFBA – Carlos comprou um celular e uma bicicleta. Posteriormente, ele teve necessidade de vendê-los. O celular foi vendido com 20% de prejuízo, e a bicicleta com 20% de lucro. Carlos vendeu cada um por R$ 960,00. No final da transação:

(A) não houve lucro nem prejuízo
(B) houve um lucro de R$ 80,00
(C) houve um prejuízo de R$ 80,00
(D) houve um lucro de R$ 400,00
(E) houve um prejuízo de R$ 400,00

846) EAM – Uma professora de Matemática, durante uma aula, propôs o seguinte problema para sua turma: "Quando meu filho nasceu minha idade era um quadrado perfeito compreendido entre 20 e 30. Hoje a idade do meu filho é um cubo perfeito compreendido entre 5 e 10. Qual é a soma das nossas idades hoje?"
Assinale a opção que representa a solução desse problema.

(A) 45 anos (B) 41 anos (C) 36 anos (D) 30 anos (E) 28 anos

847) Colégio Militar Tiradentes DF – Uma piscina precisará ter o seu revestimento interno trocado. Sabendo-se que as medias internas da piscina são: 2 metros de profundidade, 25 metros de comprimento e 10 metros de largura; e que o revestimento será feito com azulejos quadrados de 20 centímetros de lado, cada um, quantos azulejos serão utilizados?

(A) 7.950 (B) 9.750 (C) 79.500 (D) 97.500 (E) 11.500

848) EPCAr – Um medicamento deve ser ingerido na quantidade de 3 mg por quilograma da massa corporal. Não pode, contudo, exceder 200 mg por dose ministrada. Cada gota desse medicamento contém 5 mg de remédio. O número de gotas desse medicamento que deve ser prescrito por dose a um paciente de 80 kg, é:

(A) 24 (B) 40 (C) 16 (D) 80

849) Colégio Naval – Um número natural N, quando dividido por 3, 5, 7 ou 11, deixa resto igual a 1. Calcule o resto da divisão de N por 1155, e assinale a opção correta.

(A) 17 (B) 11 (C) 7 (D) 5 (E) 1

850) OBM – O retângulo da figura está dividido em 10 quadrados. As medidas dos lados de todos os quadrados são números inteiros positivos e são os menores valores possíveis. A área desse retângulo é:

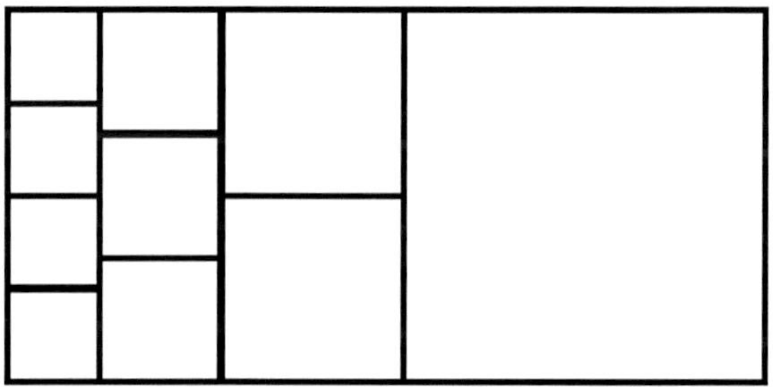

(A) 180 (B) 240 (C) 300
(D) 360 (E) 450

Teste 86

851) CEFET RJ – O elevador panorâmico do Cantagalo pode transportar 12 adultos ou 20 crianças. Qual o maior número de crianças que poderiam ser transportadas com 9 adultos?

(A) 3 (B) 4 (C) 5 (D) 6 (E) 8

852) IFSP – Miro ganhou um prêmio em dinheiro que é superior a R$ 2.000,00. Se ele contá-lo de 30 em 30 reais, ou de 40 em 40 reais, ou ainda de 50 em 50 reais, sempre sobrarão 25 reais. O valor do prêmio foi

(A) R$ 2185,00 (B) R$ 2275,00 (C) R$ 2305,00 (D) R$ 2375,00 (E) R$ 2425,00

853) IFMT – Um salgado na cantina do IFMT – Campus Cel Octayde Jorge da Silva de 160 gramas custa R$ 2,50. Uma refeição no refeitório dessa mesma instituição custa R$ 13,00 o quilo. Qual é a razão entre o valor de um salgado na cantina e a mesma quantidade de comida no refeitório?

(A) 1,40/1,25 (B) 1,25/1,09 (C) 1,25/1,40 (D) 1,09/1,25 (E) 1,25/1,04

854) FATEC – Argamassa é uma mistura de cimento, cal, areia e água a qual serve para o assentamento de tijolos, revestimento de superfícies e execução de juntas. Uma mistura de cimento, cal e areia será preparada de modo que para cada parte de cimento haja duas partes de cal e nove partes de areia. Usando como unidade de medida uma lata de 18 litros, a quantidade de areia para preparar 300 latas dessa mistura será, em metros cúbicos

(A) 1,80 (B) 2,25 (C) 2,78 (D) 4,05 (E) 4,34

855) IFBA – Alguns estudantes, no caminho de volta para casa, perceberam que, num determinado momento, na mesma avenida, havia três semáforos que apresentavam o sinal verde simultaneamente. Considerando as observações a seguir:
O semáforo I demorava 60 segundos para chegar ao sinal verde
O semáforo II demorava 40 segundos
O semáforo III demorava 2 minutos
O tempo necessário para que os três semáforos estejam na cor verde de forma simultânea novamente será de:

(A) 2 minutos (B) 4 minutos (C) 6 minutos (D) 8 minutos (E) 10 minutos

856) EAM – O número natural $N = 2^3 \times 3^p$ possui 20 divisores positivos. Sendo assim, o valor de **p** é:

(A) 2 (B) 3 (C) 4 (D) 5 (E) 6

857) Colégio Militar Tiradentes DF – Mariana comprou um galão de 192 litros de água. Ela quer, com essa água, encher galões menores. Foi, então, verificar os galões de que dispunha em encontrou galões azuis com 16 litros de capacidade, verdes com capacidade para 13 litros, brancos, com capacidade para 8 litros, e amarelos, com capacidade para 15 litros. Sem que sobre água, ela pode utilizar:

(A) apenas os galões verdes.
(B) apenas os galões azuis e amarelos.
(C) apenas os galões verdes e brancos.
(D) apenas os galões azuis e brancos.
(E) apenas os galões amarelos.

858) CMF – Com palitos de fósforos idênticos, constrói-se uma sucessão de quadrados, conforme mostra cada figura abaixo:

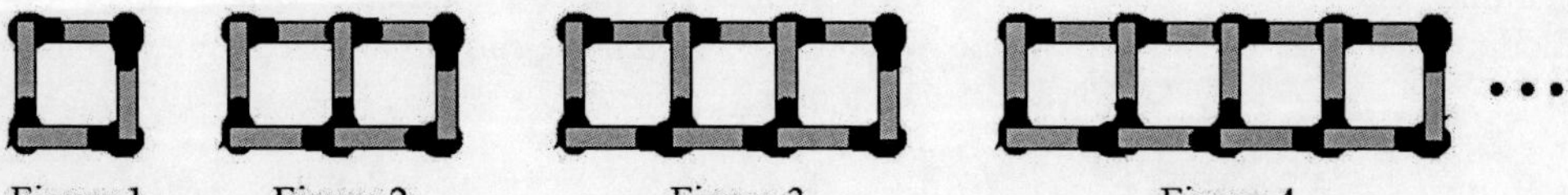

Figura 1 Figura 2 Figura 3 Figura 4

A figura na sucessão que possui exatamente 283 palitos é a de número

(A) 90 (B) 91 (C) 92 (D) 93 (E) 94

859) Colégio Naval – A diferença entre um desconto de 50% e dois descontos sucessivos de 30% e 20% sobre o valor de R$ 40.000,00 é um valor inteiro:

(A) múltiplo de 7.
(B) múltiplo de 9.
(C) múltiplo de 12.
(D) ímpar.
(E) zero, pois os descontos são iguais.

860) OBM – Qual é o primeiro dígito não nulo após a vírgula na representação decimal da fração

$\frac{1}{5^{12}}$?

(A) 1 (B) 2 (C) 4 (D) 5 (E) 7

Teste 87

861) CEFET RJ – Para pavimentar (colocar piso) seu quintal, cuja forma é a do pentágono ABCDE (figura), o Sr. Nonô comprou placas de granito com $1m^2$. Se não houve desperdício nos cortes e foram aproveitados todos os pedaços, o número mínimo de placas que S.r. Nonô comprou é:

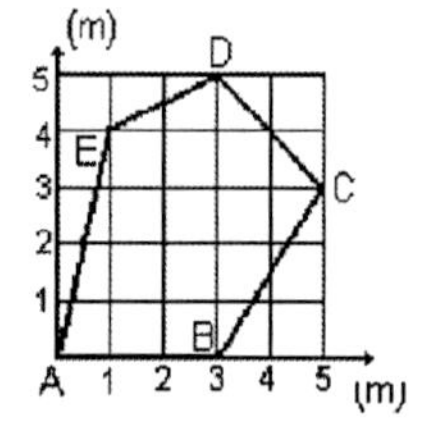

(A) 11 (B) 12 (C) 15 (D) 16 (E) 17

862) IFSP – Um confeiteiro vende bolos de mesmo tamanho e cortados em fatias iguais. Certo dia, ele colocou três bolos à venda em fatias. Venderam-se 3/4 de um bolo de chocolate, 2/3 de um bolo de creme e 5/6 de um bolo de nozes. A fração correspondente ao que sobrou dos bolos é:

(A) 1/2 (B) 1/4 (C) 3/4 (D) 5/6 (E) 3/8

863) IFMT – Na cantina do IFMT é possível comprar 5 salgados + 4 refrigerantes + 2 sorvetes com R$ 21,50. Além disso, podem-se comprar 1 salgado + 2 refrigerantes + 4 sorvetes por R$ 13,00. Considerando esses valores, quanto será pago ao se comprar um salgado + 1 refrigerante + 1 sorvete?

(A) R$ 5,25 (B) R$ 5,75 (C) R$ 5,65 (D) R$ 5,45 (E) R$ 5,55

864) FATEC – Um paralelepípedo retângulo com 3cm, 8cm e 9cm como dimensões é equivalente a um cubo cuja aresta em cm, corresponde a:

(A) 10 (B) 9 (C) 8 (D) 7 (E) 6

865) IFBA – A empresa de bebidas "Beba Mais" possui uma máquina de refrigerantes que, quando opera por 4 horas diárias, consegue engarrafar 9600 litros, num período de 6 dias. Determine em quantas horas diárias esta mesma máquina engarrafará 24000 litros, num período de 20 dias, considerando que a máquina tem um mesmo ritmo padrão durante esses serviços.

(A) 3 (B) 4 (C) 6 (D) 2 (E) 5

866) EAM – Um estudante pagou um lanche de 8 reais em moedas de 50 centavos e 1 real. Sabendo que, para este pagamento, o estudante utilizou 12 moedas, determine, respectivamente, as quantidades de moedas de 50 centavos e de um real que foram utilizadas no pagamento do lanche e assinale a opção correta.

(A) 5 e 7 (B) 4 e 8 (C) 6 e 6 (D) 7 e 5 (E) 8 e 4

867) Colégio Militar Dom Pedro II – Ricardo precisa tomar 2,5 ml de um xarope 3 vezes ao dia durante uma semana. Sua mãe comprou um vidro de xarope com 60ml e está preocupada de não ser suficiente para o tratamento. É correto afirmar que:

(A) O xarope é suficiente para 24 dias.
(B) O xarope é suficiente para exatos 7 dias.
(C) O xarope é suficiente para 7 dias e ainda sobram 7,5 ml
(D) É necessário um outro vidro para continuar o tratamento.

868) CMR – O produto das idades de três adolescentes é 4.080 anos. Qual a soma das suas idades em anos?

(A) 48 (B) 49 (C) 50 (D) 51 (E) 52

869) EPCAr – Trinta operários trabalhando 8 horas por dia, constroem 36 casas em 6 meses. O número de dias que deverão ser trabalhados no último mês para que 2/3 dos operários, trabalhando 2 horas a mais por dia, construam 0,75 das casas, considerando um mês igual a 30 dias, é

(A) 10 (B) 12 (C) 15 (D) 16

870) OBM – Quantos inteiros da lista 100, 101, 102, ..., 999 não possuem algarismos iguais a 2, 5, 7 ou 8?

(A) 160 (B) 170 (C) 180 (D) 190 (E) 200

Teste 88

871) CEFET RJ – "Brasil, o país dos impostos".
Este ano o Brasil bateu o recorde de arrecadação. Cerca de 40% do PIB (produto interno bruto), que é toda riqueza produzida no país, é fruto desta arrecadação.
Em média, para cada R$ 1,00 que gastamos, R$ 0,75 são destinados ao pagamento de impostos. O S.r. Glauco gasta por mês a quantia fixa de R$ 5.000,00 (cinco mil reais). Mantendo-se esse quadro de arrecadação, em quantos meses terá o Sr. Glauco recolhido, a título de impostos, a quantia de R$ 11.250,00 (onze mil, duzentos e cinquenta reais)?

(A) 7 meses (B) 6 meses (C) 5 meses (D) 4 meses (E) 3 meses

872) IFSP – Em uma empresa, 1/7 dos funcionários são solteiros e 1/13 dos solteiros pretendem casar este ano. Analisando esses dados podemos concluir que uma quantidade possível de funcionários é

(A) 1300 (B) 1000 (C) 910 (D) 710 (E) 500

873) IFMT – O Laboratório de Xadrez do IFMT, apresentará em seu piso interno um desenho com as seguintes medidas, conforme a imagem ao lado. Considerando-se que serão pintados o corredor e as paredes verticais internas das 3 salas desse laboratório, quantos galões de tintas de 3,6 litros serão necessários, no mínimo, para pintar todo o laboratório?
Dados: um galão de tinta pinta $35m^2$ de parede e a altura da parede mede 3,5 metros.

(A) 9 (B) 8 (C) 10 (D) 11 (E) 7

874) FATEC – Dado que 236 x 4783 = 1.128.788, pode-se concluir que 236 x 4784 é igual a:

(A) 1.128.024 (B) 1.129.024 (C) 1.129.034 (D) 1.130.044 (E) 1.130.134

875) FATEC 2018 – O retângulo ABCD da figura foi decomposto em seis quadrados. Sabendo que o quadrado EFGH tem área igual a 1cm^2, então a área do retângulo ABCD é, em centímetros quadrados

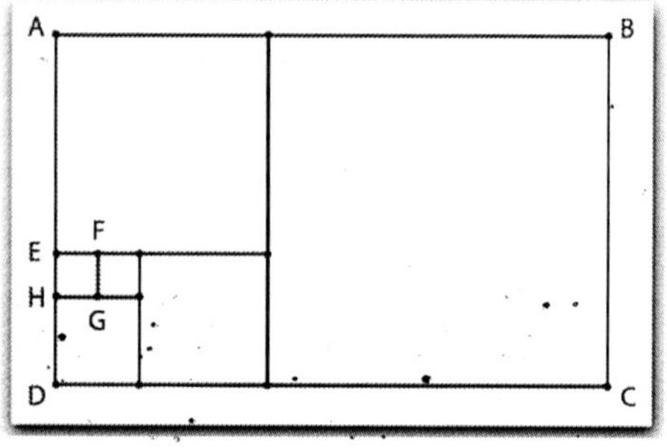

(A) 64 (B) 89 (C) 104 (D) 111 (E) 205

876) CFN – No quadro ao lado são apresentadas as equivalências entre três unidades monetárias. Utilizando esses dados, calcule o preço, <u>em contos</u>, de uma mercadoria que custe duas pilas mais três merrecas.

```
10 pilas   = 8 merrecas
1 merreca = 5 contos
```

(A) 15 (B) 20 (C) 22 (D) 23 (E) 25

877) CMCB-CE – Um relógio cuco **A** desperta a cada 27 minutos, outro relógio cuco **B** desperta a cada 32 minutos, e um terceiro relógio cuco **C** a cada 45 minutos. Qual é o tempo em horas e minutos, para que os relógios **A** e **B** toquem ao mesmo tempo? E quando os três vão despertar juntos? Marque a alternativa que traz esses dois valores.

(A) 14 horas e 24minutos; 72 horas
(B) 14 horas e 40 minutos; 7 horas e 20 minutos
(C) 1 hora e 44 minutos; 72 minutos
(D) 24 horas e 14 minutos; 12 horas
(E) 24 horas e 20 minutos; 1 hora e 20 minutos

878) CMJF – Um comerciante vendeu 1/5 das laranjas que possuía. Em seguida, vendeu 3/8 das que restaram, tendo ficado com 30 laranjas. Nessas condições, a quantidade de laranjas que possuía inicialmente era um número:

(A) múltiplo de 15 (B) divisor de 20 (C) primo (D) ímpar

879) Colégio Naval – Deseja-se revestir uma área retangular de 198 cm de comprimento e 165 cm de largura, com um número exato de lajotas quadradas, de tal forma que a medida do lado dessas lajotas, expressa por um número inteiro em cm, seja a maior possível. Quantas lajotas deverão ser usadas?

(A) 27 (B) 30 (C) 33 (D) 36 (E) 38

880) OBMEP – Na figura, o número 7 ocupa a casa central. É possível colocar os números 1, 2, 3, 4, 5, 6, 8 e 9, um em cada uma das casas restantes, de modo que a soma dos números na horizontal seja igual à soma dos números na vertical. Qual é essa soma?

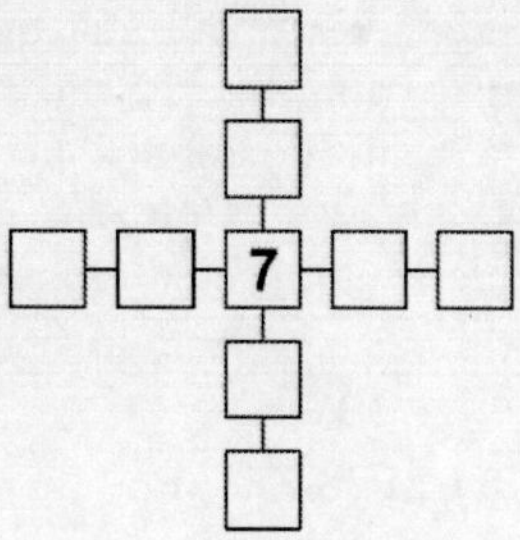

(A) 22 (B) 23 (C) 24 (D) 25 (E) 26

Teste 89

881) CEFET ES – Tenho a terça parte da idade de Cícero. Daqui a quatro anos Cícero terá duas vezes e meia a idade que terei. Quantos anos eu tenho?

(A) 9 (B) 10 (C) 11 (D) 12 (E) 13

882) IFMT – Na figura, as medidas estão dadas em metros. Então, a capacidade desse sólido em litros é igual a:

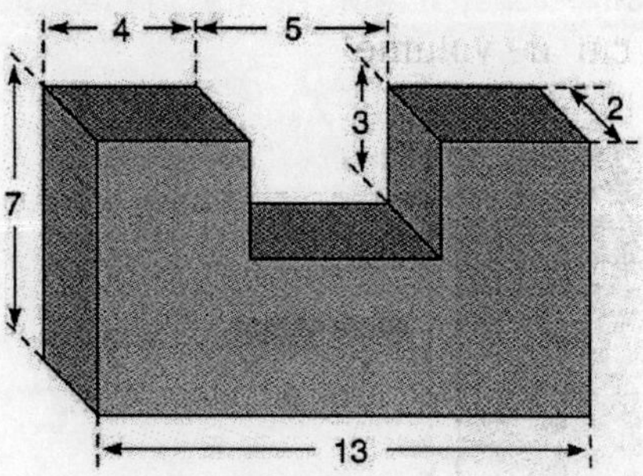

(A) 212×10^3 L (B) 152×10^3 L
(C) 144×10^3 L (D) 182×10^3 L
(E) 167×10^3 L

883) IFMT – Determine a área de um retângulo, sendo o seu perímetro 22m e a diferença entre seus lados 5m.

(A) $20m^2$ (B) $21m^2$ (C) $22m^2$ (D) $23m^2$ (E) $24m^2$

884) IFAL – Um cliente deseja revestir o piso de sua sala retangular de dimensões 6m por 4m, com uma cerâmica de sua escolha, no formato quadrado com lado 45cm, cada pedra de cerâmica. Sabendo que cada caixa da cerâmica em questão possui 10 pedras, o profissional que irá realizar o serviço deve solicitar ao seu cliente a compra de, no mínimo, quantas caixas?

(A) 2 (B) 6 (C) 11 (D) 12 (E) 65

885) FATEC – A malha quadriculada a seguir é formada por 72 quadrados de lado 1. A área sombreada tem o seguinte valor:

(A) 6 (B) 9 (C) 12 (D) 15 (E) 17

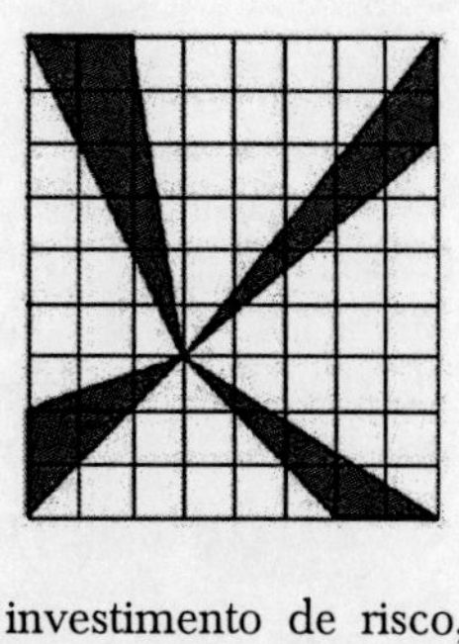

886) IFBA – Bartola tem certa quantia financeira. Ele aplicou num investimento de risco, perdeu 20% deste valor e resolveu retirar a aplicação. Reaplicou o valor retirado em outro investimento que garantiu-lhe um ganho de 20%. Após estas operações financeiras, podemos afirmar, com relação à quantia financeira que Bartola tinha antes das transações, que ele:

(A) ganhou 4% (B) ganhou 2% (C) perdeu 2%
(D) perdeu 4% (E) não ganhou nem perdeu

887) Colégio Militar Tiradentes DF – Em uma grande festa junina, três palcos foram montados para a apresentação das quadrilhas juninas e o custo de instalação deles foi de R$ 190.000,00 para o primeiro, R$ 86.000,00 para o segundo e R$ 30.000,00 para o terceiro. Como o pagamento do serviço foi efetuado à vista, foi concedido um desconto de 24%, 16% e 12% respectivamente (ou seja, nessa ordem), nos custos de instalação de cada palco. O valor total do desconto recebido foi igual a:

(A) R$ 58.960,00 (B) R$ 59.960,00 (C) R$ 60.960,00 (D) R$ 61.960,00 (E) R$ 62.960,00

888) CMCB-CE – Em um condomínio, existe um campo de Society tendo 12,5 m de largura e 25m de comprimento. O síndico do condomínio resolveu passar um alambrado de 5m de altura em todo o contorno do campo. Cada metro quadrado custará para os moradores R$ 68,00. Para cercar todo o campo o condomínio gastará quanto em reais?

(A) R$ 4.250,00 (B) R$ 29.750,00 (C) R$ 35.700,00 (D) R$ 25.500,00 (E) R$ 21.250,00

889) EPCAr – Dois atletas iniciam juntos uma marcha. O comprimento do passo do primeiro é 2/3 do comprimento do passo do segundo. Enquanto o primeiro dá 5 passos, o segundo dá 4 passos. Tendo o primeiro atleta percorrido 60 km, pode-se dizer que o segundo terá percorrido

(A) 32 km (B) 50 km (C) 72 km (D) 90 km

890) OBM – Na fase final da OBM, participaram 600 alunos de todo o Brasil. Seguindo a tradição das olimpíadas internacionais, na premiação são distribuídas medalhas de outro, prata e bronze na proporção 1:2:3, respectivamente. Sabe-se que 60% do total de estudantes ganhou alguma das 3 medalhas. Quantos alunos ganharam medalha de prata?

(A) 60 (B) 120 (C) 180 (D) 240 (E) 300

Teste 90

891) IFSP – A sequência de Fibonacci (1, 1, 2, 3, 5, 8, 13, 21, ...) começa por dois números 1, e cada termo, a partir do terceiro, é a soma dos dois termos anteriores. Nessa sequência, a soma dos algarismos do menor número quadrado perfeito, diferente de 1, é:

(A) 9 (B) 10 (C) 13 (D) 16 (E) 19

892) IFMT – Uma fábrica embala latas de palmito em caixas de papelão de formato cúbico, de 20cm de lado. Em cada caixa, são colocadas 8 latas e as caixas são colocadas, sem deixar espaços vazios, em caixotes de madeira de 80cm de largura por 120cm de comprimento e 60cm de altura. O número máximo de latas de palmito em cada caixote é igual a:

(A) 576 (B) 4.608 (C) 2.304 (D) 720 (E) 144

893) CMB - Um estudante recebe uma mesada para bancar as despesas dele, pois mora distante da sua família. Gastava mensalmente, 20% de sua mesada com transporte e alimentação. Com o aumento dos preços desses itens, no segundo semestre, passou a gastar R$ 120,00 a mais por mês, comprometendo, a partir de então, 25% do que recebe. A mesada desse estudante e, em reais, igual a:

(A) R$ 1.000,00 (B) R$ 1.400,00 (C) R$ 1.800,00 (D) R$ 2.000,00 (E) R$ 2.400,00

894) FATEC – Em um certo jogo tem-se que:
- uma carta azul vale 5 cartas vermelhas;
- uma carta vermelha vale 5 cartas verdes;
- uma carta verde vale 5 cartas pretas.

Logo, 5 cartas azuis valem a seguinte quantidade de cartas pretas:

(A) 3^5 (B) 4^5 (C) 10^3 (D) 15^3 (E) 25^2

895) IFGO – Na festa de João Pedro, comparecem 26 pessoas e cada pessoa cumprimenta todas as outras uma única vez, sendo assim, o número de cumprimentos é de:

(A) 25 (B) 325 (C) 650 (D) 676 (E) 512

896) Colégio Militar Tiradentes DF – Em uma festa junina, os vestidos usados pelas moças participantes de uma quadrilha foram feitos usando 30,5 metros de fita vermelha, 630 decímetros de fita branca, 4740 centímetros de fita azul, além de 8,03 decâmetros de renda branca; e 0,756 hectômetros de renda vermelha. A diferença entre a quantidade total de renda e a quantidade total de fita utilizada na confecção desses vestidos é:

(A) 10 metros (B) 15 metros (C) 20 metros (D) 25 metros (E) 30 metros

897) CMCB-CE – Antunes participou de uma promoção na lanchonete do bairro onde mora, na qual o ganhador da promoção levaria, entre outras coisas, 60dm^3 de refrigerante. Antunes foi o vencedor e ganhou todos os prêmios. A embalagem que continha o refrigerante tem o formato de um paralelepípedo com duas arestas iguais a 20cm e uma terceira diferente, também em centímetros. Pergunta-se: Quantos litros de refrigerante Antunes ganhou e qual a medida da terceira aresta em centímetros?

(A) 20 litros e 15 cm (B) 20 litros e 150 cm (C) 60 litros e 15 cm^2
(D) 60 litros e 150 cm (E) 60 litros e 15 cm

898) CMF – Dos 2800 candidatos inscritos num concurso, 420 não compareceram à prova e foram eliminados. Dos que compareceram, 40% foram aprovados. O percentual dos candidatos que realizaram a prova e foram reprovados, em relação ao número de candidatos inscritos no concurso, é:

(A) 34% (B) 45% (C) 51% (D) 55% (E) 60%

899) EPCAr – Um carro foi vendido com 25% de ágio sobre o preço de tabela. Se o preço de venda atingiu R% 15.000,00, o preço de tabela do carro era:

(A) R$ 11.000,00 (B) R$ 11.250,00 (C) R$ 12.000,00 (D) R$ 12.500,00

900) OBMEP – Télio deu para sua mãe uma caixa com 13 bombons, dos quais 5 são brancos e os demais escuros. Desses 13 bombons, 7 são recheados. Qual é a menor quantidade possível de bombons escuros recheados nessa caixa?

(A) 1 (B) 2 (C) 3 (D) 4 (E) 5

Respostas dos testes

Respostas do Teste 81

801) D 803) E 805) B 807) C 809) E
802) E 804) E 806) D 808) C 810) A

Respostas do Teste 82

811) D 813) E 815) C 817) B 819) B
812) E 814) B 816) B 818) C 820) B

Respostas do Teste 83

821) B 823) E 825) A 827) C 829) D
822) D 824) C 826) D 828) C 830) B

Respostas do Teste 84

831) C 833) D 835) A 837) CCE 839) B
832) B 834) B 836) A 838) D 840) D

Respostas do Teste 85

841) D 843) E 845) C 847) B 849) E
842) C 844) C 846) B 848) A 850) C

Respostas do Teste 86

851) C 853) E 855) A 857) D 859) C
852) E 854) D 856) C 858) C 860) C

Respostas do Teste 87

861) D 863) B 865) A 867) C 869) B
862) C 864) E 866) E 868) A 870) C

Respostas do Teste 88

871) E 873) A 875) C 877) A 879) B
872) C 874) B 876) D 878) A 880) E

Respostas do Teste 89

881) D 883) E 885) E 887) E 889) C
882) B 884) D 886) D 888) D 890) B

Respostas do Teste 90

891) A 893) E 895) B 897) D 899) C
892) A 894) E 896) B 898) A 900) B

Resoluções dos testes

Resoluções do teste 81

801) É importante lembrar que o número 1 é um caso especial. Não é considerado primo, nem composto. Esta classificação entre primo e composto é dada apenas para os números maiores que 1. Sendo assim, os números primos, em ordem crescente, são:
2, 3, 5, 7, 11, 13, 17, 19, 23, 29, 31, ...
A soma dos 9 primeiros da lista acima é 2+3+5+7+11+13+17+19+23 = 100

Resposta: (D) 100

802) 40% de 2,2 milhões de toneladas =
0,4 x 2200 mil toneladas =
880 mil toneladas. Portanto x vale 880, pois é o número de milhares de toneladas.

Resposta: (E) 880

803) Observe os quadrados indicados na ordem alfabética. OBS: PQRS não é necessariamente quadrado.
A e B têm lados (l_A=8 e l_B=9, do enunciado)
C tem lado 1, a diferença entre l_A e l_B.
l_E = 10, a soma de l_B e l_C.
l_D = 7, a diferença entre l_A e l_C.
l_F = 15, a soma de l_A e l_D.
$l_G = l_E + l_C - l_D = 10 + 1 - 7 = 4$
$l_I = l_F + l_D - l_G = 15 + 7 - 4 = 18$.
$l_H = l_E + l_G = 10 + 4 = 14$.
Então as medidas pedidas são PQ = 15 + 8 + 9 = 32 e
PS = 15 + 18 = 33.
A área do quadrilátero PQRS é 33 x 32 = 1056.

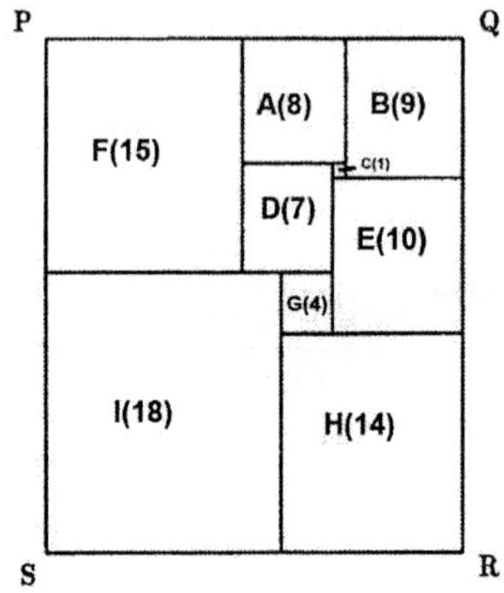

Resposta: (E) 1.056

804) A quantidade de água no organismo variou de 80% (2 anos) para 58% (60 anos). Uma redução de 22% em relação ao percentual original de 80%. A variação percentual foi de:

$$\frac{22}{80}\times 100\% = \frac{11}{40}\times 100\% = \frac{11}{4}\times 10\% = \frac{11}{2}\times 5\% = 27{,}5\%$$

Resposta: (E) 27,5

805) Se uma dimensão é o triplo da outra, então o terreno tem um formato como indicado ao lado, formado por 3 quadrados. Se a área total é $3675m^2$, cada um desses três quadrados tem área de
$3675m^2 \div 3 = 1225m^2$.

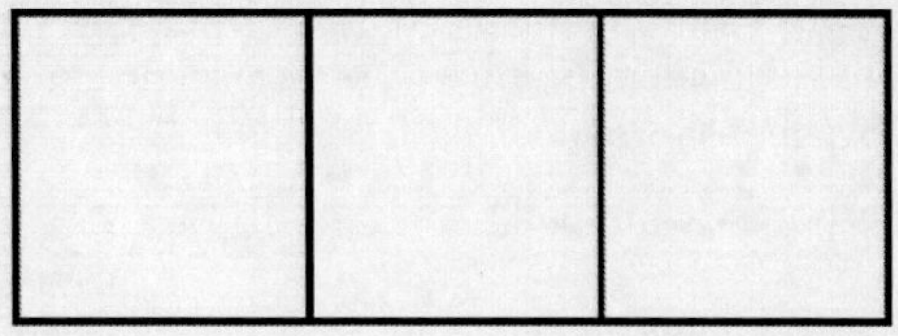

Resta agora identificar qual é o número que elevado ao quadrado é 1225. Existe uma forma fácil de descobrir isso rápido. É um número maior que 30 e que termina com 5. Porque $30^2 = 900$, então testemos 35:
35 x 35 = 1225 OK!

Então o lado menor vale 35, e o lado maior vale o triplo, que é 105. Agora, muita atenção, o problema não deu atenção a chamar a dimensão menor de largura e a dimensão maior de comprimento, ele fez o contrário. Então o que ele pede na verdade é a dimensão maior, 105m.

Resposta: (B) 105

806) Esta medida máxima é o MDC as dimensões da sala. Como não é usual trabalhar com MDC de números decimais, passemos as medidas da sala para centímetros. São portanto 880cm por 760 cm. O MDC entre esses números é 40. Usemos portanto, lajotas de 40cm.

Resposta: (D) 40

807) A sequência de eventos durante a apresentação das quadrilhas, foi uma sucessão de apresentações (A) de 25 minutos, intercaladas por intervalos (I) de 12 minutos, começando às 19 horas:

A I A I A I A

A apresentação da 4ª quadrilha, como no esquema acima, deu-se após 4 períodos de 25 minutos e 3 períodos de 12 minutos, que são os intervalos.

4 períodos de 25 minutos ➔ 100 minutos
3 períodos de 12 minutos ➔ 36 minutos
Total: 136 minutos, o mesmo que 2h 16 min
Como o início foi às 19 horas, o final indicado acima deu-se às 21h 16min.

Resposta: (C) 21h 16min

808) Esta é a famosa *sequência de Fibonacci*, em que cada termo é a soma dos dois termos anteriores. Mas é totalmente surreal prever que o número de medalhas no futuro será dado pelos termos desta sequência. Ainda assim, matematicamente, vamos calcular o que se pede. Os termos da sequência são, de acordo com a lei de formação:

1, 2, 3, 5, 8, 13, 21, 34, 55, 89, ...

O problema pede informações sobre o número de medalhas no 31º termo. Claro que poderíamos ir somando até chegar a 31 termos, mas isto seria muito trabalhoso e sujeito a erros de conta. Podemos entretanto responder o que o problema pede, sem fazer esses cálculos.
(A) primo: a princípio não podemos responder, queremos evitar os cálculos.
(B) par: note que os termos da sequência alternam entre pares e ímpares. Sem levar em conta a soma, apenas checando a "paridade" dos números, temos:
I, P, I, I, P, I, I, P, I, I, P, I, I, P, ...
Depois que passa o primeiro termo, que é ímpar, segue-se uma sucessão infinita na forma Par-Ímpar-Ímpar. A soma de dois ímpares é par, então depois de dois ímpares, sempre virá um

par. Para chegar até o 31º termo da sequência, temos 1 + 30, que são um ímpar, e mais 10 grupos P-I-I. Então o 31º termo é o terceiro de um grupo, que será ímpar.
Com isso identificamos a resposta correta da questão, que é (C). As letras (D) e (E) estão obviamente erradas.

Resposta: (C) ímpar

809) Os sinais fecham juntos, e permanecem fechados juntos durante 10 segundos. Os ciclos dos dois sinais são os seguintes:
1º sinal: 10s fechado e 50s aberto ➔ 60 segundos
2º sinal: 10s fechado e 40s aberto ➔ 50 segundos
Os ciclos coincidirão novamente depois de um tempo igual a MMC entre 60 e 50, ou seja, 300. Note que o "instante" referido no problema, é aquele em que os dois sinais fecham. Isso ocorrerá novamente depois de 300 segundos.

Resposta: (E) 300

810) Usando o pequeno retângulo branco indicado acima e à direita, completamos um grande retângulo de lados 14 e 8. A sua metade é um triângulo de lados 8 e 14. A área pedida é igual à área deste triângulo, menos a área do pequeno retângulo branco:

$$\frac{14 \times 8}{2} - 2 \times 6 = 56 - 12 = 44$$

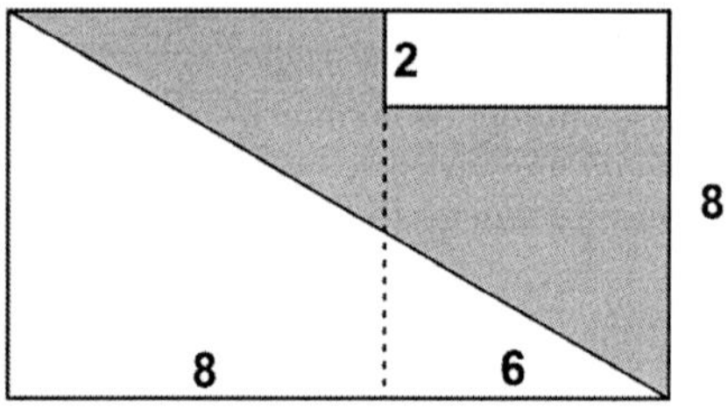

Resposta: (A) 44cm²

Resoluções do teste 82

811) O mais rápido é o que percorre a maior distância dado um tempo determinado. No gráfico, a reta vertical traçada indica que estamos considerando o mesmo tempo para todos. Nesse tempo, Daniel foi mais longe, portanto foi o mais rápido. Por ordem de velocidade, depois vem Beatriz, Carlos e Alice.

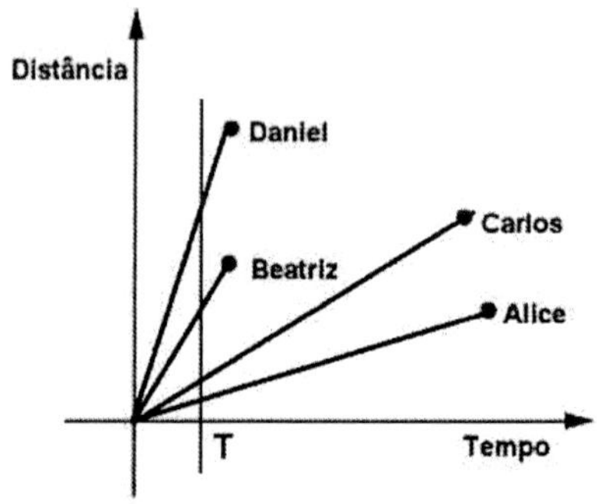

Resposta: (D) Daniel

812) As mercadorias compradas foram Lápis e Cadernos. Pelas informações do problema, temos:
(1) 5L + 3C = 24,50
(2) L + 7C = 30,50
Se multiplicarmos a relação (2) por 5, ficamos com:
(3) 5L + 35C = 152,50
Fizemos isso para as duas relações apresentarem o termo 5L, facilitando a resolução. As diferenças entre (1) e (3) estão nas quantidades de cadernos comprados (C) e no valor total. O valor total em (3) é maior em 128 reais (152,50 – 24,50), justamente porque tem 32 cadernos a mais (35C – 3C). Então concluímos que:
32C = 128, portanto cada caderno custou 4 reais (128 ÷ 32).
Agora que sabemos que um caderno custou 4 reais, voltamos em (2) e descobrimos quanto custou um lápis, através da relação (2), por exemplo.

L + 28 = 30,50
Então um lápis custou 2,50.

Resposta: (E) R$ 2,50

813) Os números variam de 5 em 5. Então temos o seguinte:
6652 ÷ 5 = 1330, resto 2
Então usando números até 6652, completamos 1330 pentágonos e sobram dois para o pentágono seguinte, o de número 1331.
Agora checando as respostas, vemos que 1331 não é divisível por 2, nem por 3, nem por 5, nem por 7 (pode fazer a divisão), mas é divisível por 11. Para comprovar que 1331 é divisível por 11, podemos fazer a divisão, ou usar o critério de divisibilidade por 11. Calculamos as somas dos algarismos de ordem ímpar e de ordem par.
Ordens ímpares: 1 + 3 = 4
Ordens pares: 3 + 1 = 4
Diferença: 0
Quando esta diferença é zero ou múltiplo de 11, então o número testado é divisível por 11.

Resposta: (E) 11

814) Os números que são múltiplos de 3 e 4 ao mesmo tempo são os múltiplos do seu MMC, ou seja, múltiplos de 12. Entre 50 e 100. O primeiro deles é 60, pois antes dele vem o 48, que está fora da faixa. A partir de 60, somamos de 12 em 12 e encontramos outros múltiplos de 12: 72, 84 e 96. O próximo já seria 108, que está fora da faixa. Então são apenas os números 60, 72, 84 e 96, total de 4 valores.

Resposta: (B) 4

815) Para contornar o terreno com uma volta de arame, o comprimento necessário é igual ao perímetro do terreno: 12 + 30 + 12 + 30 = 84m. O número de voltas completas é o resultado da divisão de 350 por 84, que é 4. São portanto 4 voltas.

Resposta: (C) 4

816) Note que as figuras estão fora de escala. No retângulo, o lado de 4cm está menor que o lado de 4cm do quadrado. Para saber qual é a área maior e qual a menor, temos que calcular.
Retângulo: 6x4=24
Quadrado: 4x4=16
Então a área maior é a do retângulo. Vai ser preciso calcular também os perímetros:
Retângulo: 6+4+6+4=20
Quadrado 4+4+4+4=16
Agora podemos verificar as respostas:
(A): ERRADO
(B): 16/24 = 2/3: CORRETO!
(C): 20+16=36: ERRADO
(D): 16 maior que 20? ERRADO
(E): Razão entre os perímetros é 20/16, que é 5/4, e não 4/5. ERRADO

Resposta: (B)

817) Primeiro precisamos fatorar 35.280.

35280	2
17640	2
8820	2
4410	2
2205	3
735	3
245	5
49	7
7	7
1	

Então 35280 é o mesmo que:
2x2x2x2x3x3x5x7x7

Podemos formar todos os divisores, são ao todo 60, e então checar quais são divisíveis por 12. Existe uma forma rápida de fazer isso. Vamos separar os fatores 2, 2 e 3, que têm o produto 12. Os fatores restantes agora podem ser quaisquer, pois juntando com 2x2x3, sempre resultará um múltiplo de 12.
Então temos 35280 = 12 x 2x2x3x5x7x7 = $12 \times 2^2 \times 3^1 \times 5^1 \times 7^2$

Agora calculamos quantos divisores tem o produto $2^2 \times 3^1 \times 5^1 \times 7^2$. Para isso basta somar 1 aos expoentes e multiplicar. Ficamos com:
(2+1) x (1+1) x (1+1) x (2+1) = 3 x 2 x 2 x 3 = 36

Resposta: (B) 36

818) O problema não informou a capacidade de cada depósito. Essa informação não será necessária, podemos estipular um valor e calcular o que se pede em função disso. Isso pode ser feito em problemas que não falam na capacidade exata, e sim, na razão ou na velocidade. É o caso desse problema. Vamos estipular a capacidade do depósito como sendo 6 toneladas.
1º depósito: 6 toneladas, foi cheio em 1 hora, que é a velocidade normal: 6T/hora
2º e 3º: 12 toneladas, deveriam levar 2 horas, mas levaram o dobro, 4, devido ao defeito.
Foram cheios ao todo, 18 toneladas, e o tempo para isso foi 1 hora + 4 horas = 5 horas.
Então foram 18 toneladas em 5 horas, ou seja, 3,6 toneladas por hora.

Resposta: (C) 3,6

819) O número **b** só pode ser 5 ou 0, pois já que é divisível por 45, é um múltiplo de 5, e os múltiplos de 5 terminam com 0 ou 5. Então temos duas possibilidades:
a) b=0: O número seria 488a90
Para este número ser múltiplo de 45, precisa ser múltiplo de 5 e de 9. De 5 já é, falta garantir que seja múltiplo de 9. Um número é múltiplo de 9 quando a soma dos seus algarismos é múltiplo de 9. Esta soma é:
4 + 8 + 8 + a + 9 = a + 29

O algarismo **a** que forma um múltiplo de 9 é 7, ficando 29+7=36. Temos então os seguintes valores: <u>a=7 e b=0</u>.

b) O algarismo **b** também pode ser 5, nesse caso, obrigando o número a ser múltiplo de 9 ficamos com:
4 + 8 + 8 + a + 9 + 5 = a+34

O algarismo **a** que torna o número, um múltiplo de 9, é 2. Portanto podemos ter <u>a=2 e b=5</u>.

O problema pergunta a soma a+b. Nos dois casos (a=7 e b=0 ou a=2 e b=5), esta soma vale 7.

Resposta: (B) 7

820) O número de divisores positivos, incluindo 1 e o próprio número, é o resultado de um produto que envolve os expoentes resultantes da fatoração do número. Os expoentes dos fatores primos são somados com 1 e multiplicados. Para serem 10 divisores, este produto tem que ser 10.
10 pode ser escrito como produtos, das seguintes formas:

10 ou 2 x 5

Não colocamos 1x10 nem 1x2x5 porque estamos multiplicando expoentes somados com 1, então não podemos ter um resultado 1.

Entre os fatores envolvidos, não podemos ter o 2, pois foi indicado no enunciado que o número precisa ser par. Poderíamos ter, portanto, números como:

3^9, 5^9, 7^9...
$3^1 x 5^4$, $5^1 x 7^4$, $3^1 x 11^4$...

Se queremos encontrar o menor número nessas condições, temos que usar fatores primos pequenos. Então usaremos os dois menores: 3 e 5. Um deles está elevado a 1, o outro está elevado a 4. É melhor elevar 3 a 4, encontraremos um resultado menor que se fizéssemos 5^4.
O número procurado poderia ser então
$3^4 x 5^1 = 405$
A opção de 3^9 resultará em um número muito maior que este, então vamos descartá-la.
Então este é o número procurado, $3^4 x 5^1 = 405$. O menor número ímpar com 10 divisores.

Resposta: (B) 405

Resoluções do teste 83

821) Ingredientes básicos: 500g trigo, 300g chocolate, 150g açúcar
A quantidade de trigo usada, que é 2,5kg, é 5 vezes maior. Portanto os outros ingredientes também devem ser usados em quantidades 5 vezes maiores, ou seja:
1,5 kg de chocolate e 750g de açúcar.

Resposta: (B) 1,5kg e 750g

822) Partes do salário:
Aluguel: R$ 120,00
Manutenção: 3/4 do salário
Poupança: o restante = 240,00
O salário está todo indicado nos três itens acima. Se a sua manutenção corresponde a 3/4 do salário, o valor restante, que é 1/4, corresponde aos outros dois itens, que somam 120 + 240 = 360. Então 1/4 do salário é 360, o salário total é 4 vezes este valor, 1440.

Resposta: (D) R$ 1.440,00

823) Comecemos eliminando as opções inválidas usando como base, a forma planificada. Por exemplo, vemos que a lua  e a estrela  são figuras opostas. Figuras opostas em uma planificação de cubo, aparecem formando uma linha de 3 quadrados, com um quadrado entre elas.

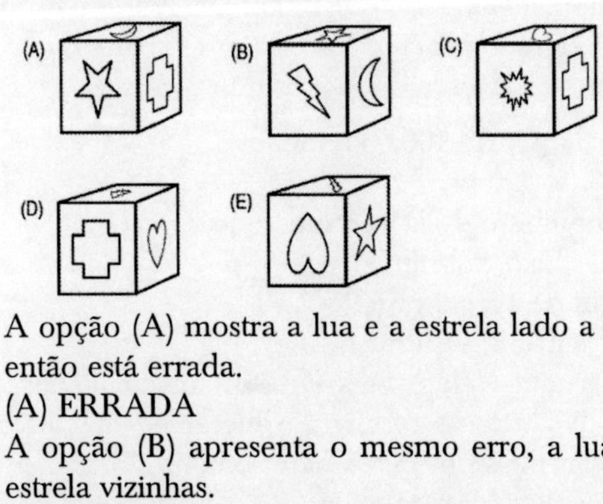

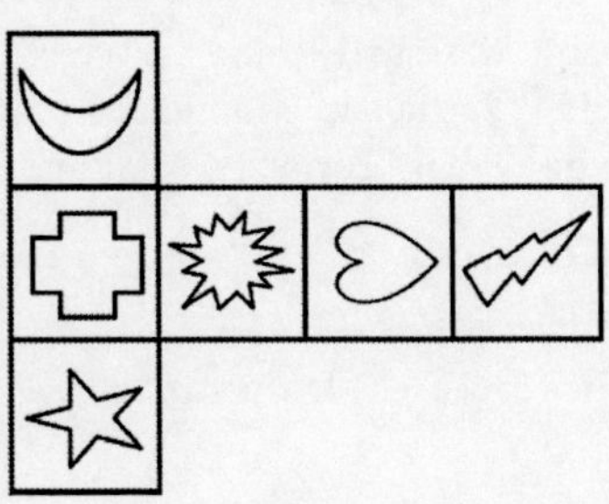

A opção (A) mostra a lua e a estrela lado a lado, então está errada.
(A) ERRADA
A opção (B) apresenta o mesmo erro, a lua e a estrela vizinhas.
(B) ERRADA
A opção (C) apresenta o mesmo erro, o coração e a cruz vizinhas, a planificação mostra que essas figuras são opostas. A (D) apresenta o mesmo problema.
(C) ERRADA, (D) ERRADA

Sobrou apenas a letra (E), que pode ser conferida na planificação. Coração, raio e estrela são realmente figuras vizinhas.

Resposta: (E)

824) 2 pedreiros constroem o muro em 15 dias
1 só pedreiro levaria o dobro do tempo, 30 dias
5 pedreiros fazem o serviço 5 vezes mais rápido, 6 dias.

Resposta: (C) 6

825) A forma mais fácil de resolver este problema, aritmeticamente, é estipular uma capacidade para o tanque. Este capacidade, para que resulte em menos contas, deve ser um número múltiplo dos temos envolvidos. As torneiras enchem o tanque em 4 horas e 6 horas, então vamos estipular uma capacidade de 60 litros. Poderia ser outro múltiplo de 4 e 6, como 12, 24, 36, poderia até ser um número desconhecido (□). Vamos usar 60 litros.
A 1ª torneira demora 4 horas para encher o tanque. Então ela fornece 15 litros por hora.
A 2ª torneira demora 6 horas para encher o tanque. Então ela fornece 10 litros por hora.
As duas juntas fornecerão por hora, 15 litros + 10 litros = 25 litros.
Para saber quantas horas, as duas juntas, demorarão para encher o tanque, basta dividir 60 litros por 25 litros/hora. Isso resulta em:

$\frac{60}{25} = \frac{12}{5} = 2{,}4$, ou seja, 2,4 horas.

0,4 horas é o mesmo que 0,4 x 60 min = 24 min, portanto o tempo é:
2 horas e 24 minutos.

Resposta: (A) 2h 24min

826) O lado de cada quadrado segue a sequência 1, 2, 3, tudo indica que é mantida a mesma lógica: 4, 5, 6, 7, 8, portanto a figura 8 será um quadrado de lado igual a 8, ou seja, terá 64 quadrículas.

Resposta: (D) 64

827) Arthur vendeu 80 mil, reais, o que resultaria em uma comissão de 2%.
2% de 80.000 = 1600 reais.
Deveria receber portanto, 1000 reais (parte fixa) mais 1600 reais de comissão, totalizando 2600 reais. Como recebeu 2500 reais, conclui-se que ocorreu de fato um engano, pois o valor recebido foi 100 reais a menos que o correto.

Resposta: (C) R$ 100,00 a menos

828) O número de DVDs é tal que:
Em lotes de 5, sobram 2
Em lotes de 12, sobram 9
Em lotes de 14, sobram 11.
É um truque velho. Se os restos fossem iguais, bastaria separar o resto e trabalhar com o MMC. No caso os restos são diferentes, mas note que em cada caso, faltam 3 unidades para completar mais um lote. Então somemos 3 unidades a este lote de DVDs. Termos o seguinte:
Em lotes de 5, divisão exata
Em lotes de 12, divisão exata
Em lotes de 14, divisão exata.
Então o número procurado, somado com 3, é o MMC entre 5, 12 e 14, ou um de seus múltiplos.
MMC(5, 12, 14) = 420

Como o número está entre 500 e 1000, 420 não serve. O próximo múltiplo de 420 é 840. Agora retiramos os 3 DVDs que faltavam, ficando com 840 – 3 = 837.

Para responder ao que o problema pergunta, temos que encontrar o menor divisor de 837, acima de 5. Fatorando 837 temos:

$3^3 \times 31$

O menor divisor, acima de 5, é 9.

Resposta: (C) 9

829) O mesmo estilo da questão anterior. No caso, subtraímos as 7 figurinhas, pois o resto é sempre 7. Depois de subtrair 7, ficamos com:
Dividindo por 12, divisão exata
Dividindo por 15, divisão exata
Dividindo por 24, divisão exata.
Este número é múltiplo do MMC entre 12, 15 e 24, que é 120.
Note que no final termos que adicionar 7 ao resultado. Entre 240 e 360, o número tem que ser 240, que somado com 7, resulta em 247. A soma dos algarismos é 13.

Resposta: (D) 13

830) O que o problema especifica como "um divisor de N, que seja menor que N", é chamado na matemática de *divisor próprio*.
O número N precisa ter um fator 3^2, para que seja divisível por 9, ou seja, ter um divisor 9. Entretanto, N não pode ter outros fatores maiores que 3. Qualquer fator acima de 3 fará com que N tenha um divisor maior que 9. Por exemplo, suponha que N tenha um fator 5. Se isto ocorrer, podemos formar um divisor 3x5=15, o que o enunciado não permite, já que especifica que 9 tem que ser o maior divisor de N, além do próprio N.
Sendo assim, N não tem fator primo acima de 3, ou seja, pode apresentar no máximo, fatores 2 e 3.
Quanto ao 3, não pode ser 3^1, caso contrário não teria um divisor 9. O fator 3 poderia aparecer como 3^2 ou mais. Vamos checar as possibilidades, trabalhando com dois casos: no caso 1, teria apenas fatores 3, e no caso 2, N poderia apresentar fatores 3 e 2.

Caso 1:
$N=3^2$. Nesse caso não atenderia às condições do problema, pois foi especificado que o maior divisor, sem contar com N, seria o 9. Se N for 9, não atenderia o problema.
$N=3^3$. Nesse caso N atenderia ao problema. N seria 27, e o maior divisor próprio seria 9. Portanto essa é <u>uma possibilidade válida</u>.
$N=3^4$. Este valor de N, 81, não atenderia ao problema, já que 9 são seria o maior divisor próprio, seria 27. Também outros expoentes para 3, acima de 4, não poderiam ser usados. Resumindo, para este caso 1, quando N é simplesmente uma potência de 3, poderíamos ter, no máximo, $N=3^3$.

Caso 2:
O número N poderia apresentar, além do fator 3, o fator 2. Vajamos os expoentes possíveis, lembrando que o expoente do 3 tem que ser pelo menos 2.
$N=3^2.2 = 18$ Com essa fatoração, os divisores de N seriam, além do 18, 9 e 6. Assim teríamos o maior divisor próprio de <u>N sendo 9, que atenderia ao problema</u>.
$N=3^2.2^2$. Com essa fatoração (N=36), poderíamos formar o divisor 18, que é maior que 9, o que não é permitido. Todos os números com expoentes de 2 maiores não podem ser usados, pois estariam formando divisores acima de 9.
$N=3^3.2$. Também não é permitido, pois estaríamos formando assim os divisores 18 e 27, o que não seria permitido.

Sendo assim, só encontramos dois valores de N que atendem ao problema:
$N=3^3 = 27$ e $N=3^2.2= 18$.

Resposta: (B) 2

Resoluções do teste 84

831) Sabemos que dois aumentos sucessivos não produzem o mesmo resultado que a soma dos aumentos. Aumentos de 8% e 12% não equivalem a um único aumento de 20%. Portanto, a opção (A) é errada. As demais opções falam de valores exatos, então precisaremos calcular as duas opções de aumento para poder responder.
O valor P, depois de multiplicado por 1,08 e 1,12, resultou em 750 reais (os aumentos de 8% e 12%). Então, para saber P, temos que fazer a divisão de 750 por 1,08 e 1,12.

$P = \frac{750}{1{,}08 \times 1{,}12}$. Conta um pouco trabalhosa, pois quase não permite simplificações.

Este valor de P, depois de um aumento de 20%, resultaria em P x 1,2, ou seja,

$\frac{750}{1{,}08 \times 1{,}12} \times 1{,}2$. Observe que não fizemos questão de calcular P, mas encontramos um valor para o valor de P depois de um aumento de 20%. Para resolver o problema, basta calcular este valor e comparar com 750. Ficamos com uma expressão que admite algumas simplificações:

$$\frac{750}{1{,}08 \times 1{,}12} \times 1{,}2 = \frac{750}{108 \times 1{,}12} \times 120 = \frac{750}{9 \times 1{,}12} \times 10 = \frac{250}{3 \times 1{,}12} \times 10 = \frac{2500}{3 \times 1{,}12} = \frac{250000}{3 \times 112}$$

$\frac{250000}{3 \times 112} = \frac{250000}{336} = 744{,}04$, aproximadamente.

Significa que com um único aumento de 20%, obtém-se um preço final, aproximadamente 6 reais a menos que com o uso dos dois aumentos sucessivos.

Resposta: **(C) R$ 6,00 a menos que o preço final obtido com os dois aumentos.**

OBS.: Questão maliciosa, pois exige que o aluno tenha bom conhecimento de porcentagem, frações e números decimais. Mesmo aquele aluno que sabe, que dois aumentos sucessivos produzem um resultado maior que o obtido com um único aumento, ficaria na dúvida entre (B) e (C), e para resolver teria mesmo que fazer a contas.

832) Se atendeu 15 clientes, sendo que sempre são 6 com hora marcada, o valor recebido foi devido a:
6 com hora marcada: 65,00 x 6 = 390,00
9 sem hora marcada: 9 x 50,00 = 450,00
Total: R$ 840,00

Resposta: (B) R$ 840,00

833) Uma forma seria contar as filas, uma a uma, mas isso pode ser muito trabalhoso:
18, 21, 24, 27, ... Esses números aumentam de 3 em 3.
Outro modo seria usar a fórmula do termo geral da P.A. (progressão aritmética), mas é matéria do ensino médio. Outra forma é usar esse mesmo conceito, mas com um raciocínio de 5º ano.
Se os números aumentam de 3 em 3, da 1ª até a 20ª fila, teríamos 19 aumentos de 3. Então o número de assentos na 20ª fila é igual a 18, mais 19x3 = 18 + 57 = 75

Resposta: (D) 75

834) Formamos uma escala em que a parte direita fica a altura maior, e na parte esquerda fica a altura menor. Poderíamos escrever a primeira informação como:

MENOR MAIOR

Leila..........Beth

Estaríamos representando assim a primeira condição, que Beth é mais alta que Leila. A segunda condição envolve Paula e Ana, e não seria ainda possível representar as alturas das duas em relação a Leila e Beth. Então passemos para a terceira condição: Ana é menos alta que Leila.

MENOR MAIOR

Ana.........Leila..........Beth

Agora podemos aplicar a segunda condição: Paula é menos alta que Ana.

MENOR MAIOR

Paula.....Ana.........Leila..........Beth

Agora sabemos a ordem de alturas das quatro moças e podemos identificar a resposta correta.

Resposta (B) Beth é mais alta que Paula.

835) De acordo com o enunciado, 1 quilate vale 200mg = 0,2g, então 1 grama são 5 quilates.
5 cg = 0,05g.
12 brilhantes de 0,05g = 0,6g
Trocando o grama por 5 quilates, temos:
0,6g = 0,6 x 5 quilates = 3 quilates.

Resposta: (A) 3

836) A coincidência ocorre nos múltiplos de 4 e 6 ao mesmo tempo, ou seja, a cada 12 metros. Este é o MMC entre 4 e 6.

Resposta: (A) 12

837) A sequência de apresentações pode ser indicada como:
P I P I P I P I P
Onde P representa a apresentação de um palhaço, que dura 4 minutos, e I representa o intervalo entre eles, que representa 30 segundos (0,5 min). O tempo total da apresentação é:
5x4min + 4x0,5min = 22min

Começando às 19h 30min, o término será 22 minutos depois, às 19h 52min. Então (A) é CORRETA.
O tempo total dos intervalos foi 2 minutos, e 1/30 da hora são 60min/30 = 2min, o que é a mesma coisa. Então (B) é CORRETA.
O espetáculo durou 22 minutos, e não 16 minutos. Então (C) é ERRADA.
A ordem correta é C C E

Resposta: C C E

838) São 20 testes, e é preciso, para aprovação, obter 60 pontos. Se acertasse todos, ficaria com 20 x 5 = 100 pontos. Se 60 pontos são suficientes, então o candidato poderia perder até 40 pontos com os testes errados. Cada teste errado resulta em 8 pontos a menos, pois o candidato perde os 5 pontos do acerto, e ainda é penalizado com uma perda de 3 pontos.
Podendo então suportar uma redução de 40 pontos em relação à nota máxima, o candidato poderia errar 40 ÷ 8 = 5 testes, e precisaria acertar os outros 15.
Conferindo: errar 5 testes significa:
15 acertos e 5 erros = 15x5 – 5x3 = 75 – 15 = 60 pontos.

Resposta: (D) 15

839) O problema tem um fator que cria dificuldade: o lucro está sendo indicado sobre o preço de VENDA, e não sobre o preço e compra.

Digamos que o modelo mais barato (SR) tenha custado □□□□ e tenha sido vendido por □□□□□. Isto está de acordo com lucro (□) ser igual a 20% do valor de VENDA. Comprou por □□□□, vendeu por □□□□□, o lucro, □, é 20% de □□□□□.
O primeiro modelo, o SL é 20% mais caro que o segundo. Se ambos foram vendidos com a mesmo lucro percentual, então o SL foi vendido por 20% a mais que o SR, portanto, □□□□□□.
Os dois carros juntos foram então vendidos por 11□. Se isto vale 88.000 reais, então cada □ vale 8.000 reais.
□ = 8000
O preço de custo do segundo modelo, □□□□, é 4 x 8.000 = 32.000. Isso já responde o problema, mas vamos conferir os resultados:

Modelo SL: Comprado por 38.400, vendido por 48.000, lucro de 20% sobre 48.000: OK
Modelo SR: Comprado por 32.000, vendido por 40.000, lucro de 20% sobre 40.000: OK
Valor total de venda: 40.000 + 48.000 = 88.000
O preço de compra do modelo SL foi calculado como 20% a mais que o do modelo SR.

Resposta: (B) 32.000

840) 1 dm^3 é o mesmo que 1 litro.
Então, o medicamento diluído, é formado por 50 litros de vacina concentrada mais 670 litros de água destilada, totalizando 720 litros de vacina diluída.
1 cm^3 é o mesmo que 1 mL. Então cada ampola tem capacidade de 2 mL.
O número de ampolas é igual a:
720 litros ÷ 2 mL = 720.000 mL ÷ 2 mL = 360.000 ampolas
Serão acondicionadas em caixas para 5.000 ampolas, portanto o número de caixas será:
360.000 ÷ 5.000 = 72 caixas
Entre as opções, a única que se encaixa, é que 720 é um número divisível por 6.

Resposta: (D) divisível por 6

Resoluções do teste 85

841) Trata-se de um problema de simples enumeração. O primeiro caso é usar uma só moeda de 1 real. O segundo caso é usar duas de 50. Se usarmos uma só de 50, podemos adicionar duas de 25 ou 5 de 10. Portanto as possibilidades que temos até agora são:
1 real
50 + 50
50 + 25 + 25
50 + 10 + 10 + 10 + 10 + 10
Essas são todas as possibilidades que usam moedas de 1 real e de 50 centavos.
Vejamos agora as que usam apenas 25 e 10 centavos. Podemos usar 10 moedas de 10 ou 5 moedas de 25, são portanto mais duas possibilidades, totalizando até agora, 6 possibilidades.
Falta verificar as que misturam moedas de 25 e moedas de 10. Não podemos usar 1 ou 3 moedas de 25, pois não é possível formar 25 centavos ou 75 centavos, usando moedas de 10. Então temos que usar 2 moedas de 25 e mais 5 de 10. Com esta, completamos 7 possibilidades.

Resposta: (D) 7

842) Temos que testar os seguintes números: 9, 19, 29, 39, 49, 59, 69, 79, 89 e 99. Eliminemos os que não são primos.
9 é divisível por 3, 39 é divisível por 3, 49 é divisível por 7, 69 é divisível por 3, 99 é divisível por 3. Existem outros divisores, mas indicamos os menores. Sobraram até agora:

19, 29, 59, 79, 89

Para testar se esses números são primos ou não tentamos sua divisão pelos primos menores que 11, pois $11^2 = 121$, valor que ultrapassa todos eles. Este é o critério para identificar o limite até o qual fazemos o teste de divisão, para identificar se um número é primo ou não. Os números primos, até 11, são 2, 3, 5, 7, e 11.

Nenhum dos números acima é par. Nenhum é múltiplo de 3. Nenhum é múltiplo de 5, nem de 7, e nem de 11, pois os múltiplos de 11 menores que 100 são 11, 22, 33, 44, 55, 66, 77, 88 e 99. Logo, todos os números indicados são primos. São ao todo 5 números.

Resposta: (C) 5

843) O volume em litros é igual ao produto das dimensões em decímetros. No caso temos:
120 x 70 x 27 = 226.800

Resposta: (E)

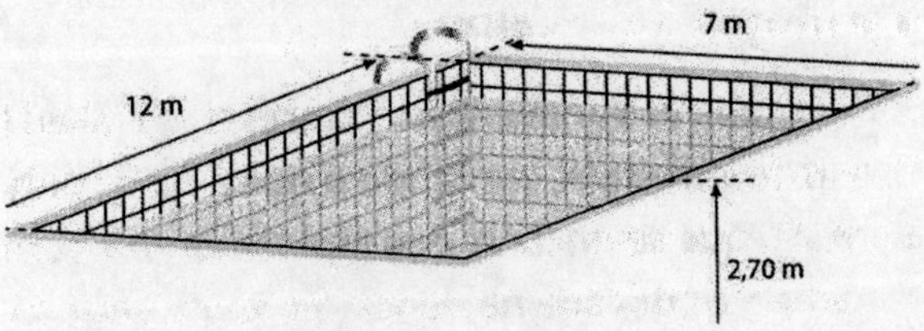

844) A parede, de medida desconhecida L, foi deslocada para a direita, formando um quadrado. A sala maior, teve sua área reduzida de 30 para 18 metros quadrados. Essa diminuição de $12m^2$, foi resultante do recuo da parede separadora, 2 metros.

Portanto, L x 2m = 12 m^2, então L = 6m,

A sala de ginástica agora tem 6x6 metros, significa que sua largura era antes, 2 metros menor, ou seja, 4 metros. Sua área era então, 6m x 4m = $24m^2$.

Resposta: (C) 24

845) O esquema ao lado ilustra a situação. O valor total arrecadado foi
R$ 960 x 2 = R$ 1920.

O celular foi vendido com 20% de prejuízo, então R$ 960 é 80% do seu custo. Custou portanto, R$ 1200,00.

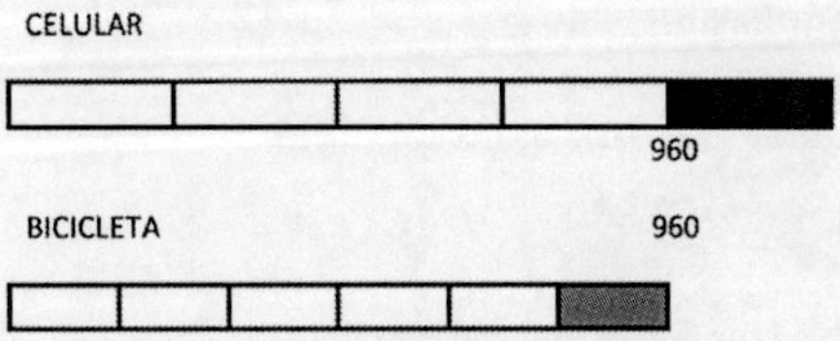

A bicicleta, vendida por R$ 960,00, incluiu 20% de lucro. Então seu custo original foi R$ 800,00 (960 dividido por 120 e multiplicado por 100).

O custo total foi 1200 + 800 = 2000. Portanto Carlos gastou originalmente 2000 reais e obteve nas vendas, 1920 reais. Um prejuízo de 80 reais.

Resposta: (C) houve um prejuízo de R$ 80,00

846) Muito fácil. Quadrado perfeito entre 20 e 30 só existe um: 25.

Cubo perfeito entre 5 e 10 só existe 1: 8. Então o filho tem 8 anos, e a professora tem 25 + 8 = 33. A soma das idades é 41 anos.

Resposta: (B) 41 anos

847) Se o azulejo tem 20cm de lado, então 1 metro quadrado comporta 5 x 5 = 25 azulejos. Então basta calcular a área da piscina, (fundo + paredes), e multiplicar por 25.
Fundo: 25m x 10m = 250 m^2.
Paredes: perímetro x profundidade = 70m x 2m = 140 m^2.
A área total a ser ladrilhada é 250 + 140 = 390 m^2.
O número de azulejos é 390 x 25 = 9.750

Resposta: (B) 9.750

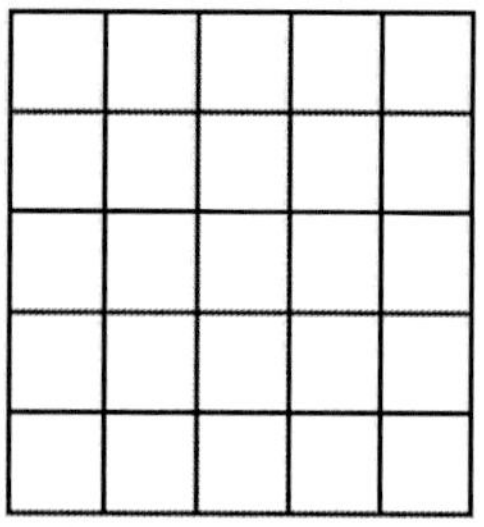

1m^2 = 25 azulejos

848) 3mg por quilograma de massa corporal, para um paciente de 80kg, requer 240 mg. Já que a dosa não pode exceder 200 mg, devemos ministrar o total do medicamento como duas doses de 120mg.
Há que uma gota contém 5 mg, cada dose deve ter 120 ÷ 5 = 24 gotas.

Assim fica correto: duas doses de 24 gotas, ou seja, 2 doses de 120mg. Total de 240mg.

Resposta: (A) 24

849) Dividido por 3, 5, 7 e 11, deixa resto 1. Guardando 1, ficamos com um total que resulta em divisão exata por 3, 5, 7 e 11. É o MMC entre esses valores, que resulta em 1155. O número procurado é portanto, 1156. Se for dividido por 1155, deixará resto 1.

Resposta: (E) 1

850) Os lados dos quadrados são todos números inteiros. Então o lado do quadrado maior é múltiplo de 4, de 3 e de 2, ou seja, é múltiplo do MMC entre 4, 3 e 2, que vale 12. Como é o menor possível, então vale 12. Os lados dos quadrados são 3, 4, 6 e 12.
O lado menor do retângulo vale 12.
O lado maior valo 3 + 4 + 6 + 12 = 25. A área pedida é:
12 x 25 = 300 unidades de área.

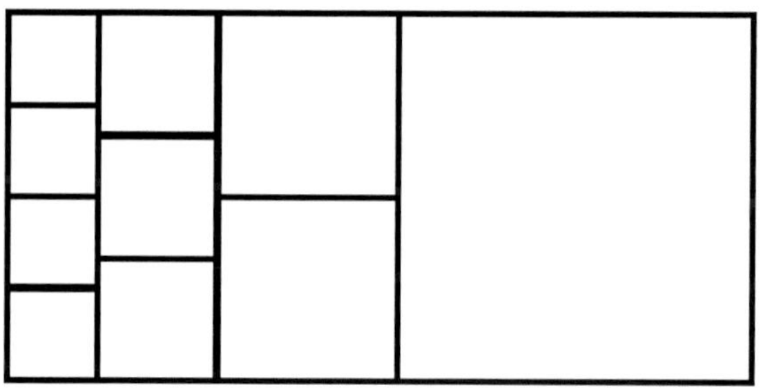

Resposta: (C) 300

Resoluções do teste 86

851) Se pode transportar 12 adultos e já existem 9 adultos, então está com 9/12 da sua capacidade ocupada, ou seja, 3/4. Restam portanto 1/4 da capacidade ainda livro. Esta capacidade, medida em crianças, é 1/4 de 20 crianças, que corresponde a 5 crianças.

Resposta: (C) 5

852) Separando esses 25 reais que sempre sobram, ficamos com um valor que pode ser separado em grupos de 30 reais, de 40 reais, e de 50 reais, ou seja, o MMC entre 30, 40 e 50. Este MMC vale 600, e ainda temos que somar 25 de volta, mas o problema indicou ainda que é um valor superior a 2000 reais.

O valor 600 encontrado tem que ser trocado por um valor maior, múltiplo de 600. O próximo número que satisfaz a essa condição é 2400, então o prêmio poderia ser 2425, que é a letra (E). Note que o problema tem uma imperfeição, pois outros múltiplos maiores de 600 poderiam ser usados, como 3000, 3600, 4200, então o problema também admitiria respostas como 3025, 3625, etc. Então o correto seria perguntar "entre as 5 opções apresentadas", qual poderia ser o valor do prêmio?

Resposta: (E) R$ 2425,00

853) Para responder a pergunta, teremos que usar quantidades iguais de alimento. No caso do salgado, são R$ 2,50 para 160 gramas. No refeitório, são R$ 13,00 para 1000 gramas. Podemos estipular qualquer peso, desde que sejam iguais nos casos da cantina e do refeitório. 160 gramas e 1000 gramas, podemos estipular um peso de referência de 40 gramas, pois 160 é 4 vezes 40 gramas, e 1000 são 25 vezes 40 gramas. Então no caso do salgado da cantina, vamos dividir os valores por 4, e no caso do refeitório, vamos dividir os valores por 25.
Cantina: 2,50 por 160 gramas ➔ 2,50/4 para 40 gramas
Refeitório: 13,00 por 1000 gramas ➔ 13,00/25 por 40 gramas
Agora com os pesos igualados a 40 gramas, podemos calcular a razão entre seus preços:

$$\frac{2{,}50}{4} \div \frac{13{,}00}{25} = \frac{2{,}50}{4} \times \frac{25}{13{,}00} = \frac{25}{4} \times \frac{25}{130} = \frac{25}{4} \times \frac{5}{26} = \frac{125}{104} = \frac{1{,}25}{1{,}04}$$

Resposta: (E) 1,25/1,04

854) A proporção entre os ingredientes é:
1 parte de cimento, 2 partes de cal, 9 partes de areia. TOTAL=12 partes
A quantidade de areia é de 9 partes para um total de 12 partes, ou seja, 3/4. Para saber a quantidade de areia necessária divide-se a quantidade total da mistura por 4, e multiplica-se o resultado por 3.
A quantidade de areia para preparar 300 latas da mistura é obtida dessa forma:
300 ÷ 4 x 3 = 225 latas.
Como cada lata tem 18 litros, o total é 225 x 18 = 4050 litros.
Como 1000 litros é o mesmo que $1m^3$, esta quantidade é igual a 4,05 m^3.

Resposta: (D) 4,05

855) O tempo necessário é o MMC entre os períodos: 60s, 40s e 120s. Este valor é 120s, que são 2 minutos.

Resposta: (A) 2 minutos

856) O número de divisores positivos é obtido, somando 1 aos expoentes da decomposição em fatores primos, e multiplicando os resultados. Ou seja:

4 x (p+1) = 20
Então p+1 vale 5, ou seja, p vale 4.

Resposta: (C) 4

857) SOCORRO! <u>Galão</u> não é o sinônimo de garrafão, latão, recipiente, vasilhame ou similar. Galão é uma unidade inglesa de volume que vale 3,6 litros ou 3,8 litros (existe o padrão inglês e o padrão americano, pelo visto o padrão brasileiro pode ser qualquer valor). Então não é correto usar a expressão "galão de 192 litros", mas esse tipo de coisa aparece muito nas provas de concursos. Vamos usar no lugar de "galão", a palavra "recipiente".
As medidas dos recipientes menores são:
Azul: 16 litros; Verde: 13 litros; Branco: 8 litros; Amarelo: 15 litros.
Para não sobrar água, poderia usar recipientes cuja capacidade seja um divisor de 192, que poderiam ser azul ou branco. A letra (D) apresenta esta opção, misturando azuis e brancos.

Cada azul equivale a 2 brancos, então poderia usar todos azuis, ou todos brancos, ou uma mistura dos dois.

Resposta: (D) apenas os galões azuis e brancos – quer dizer, recipientes.

858) Note que cada figura apresenta 3 palitos a mais que a figura anterior. Comparando a figura de 283 palitos, com a figura de 4 palitos (a primeira), a diferença entre as quantidades de palitos é 283 – 4 = 279. Este número é o triplo de 93.

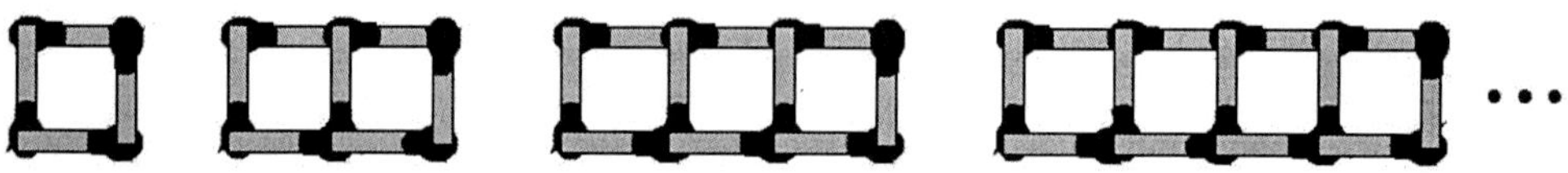

Figura 1 Figura 2 Figura 3 Figura 4

Então a figura procurada tem 93 mais quadrados que a primeira, ou seja, 94 quadrados. Portanto é a figura de número 94.

Resposta: (C) 94

859) Abatendo 50% de 40.000, o resultado é 20.000
Abatendo primeiro 30%, ficamos com 40.000 – 12.000 = 28.000, e agora abatendo mais 20% deste valor ficamos com 28.000 = 5.600 = 22.400.
A diferença entre os dois métodos é 2.400, que é um múltiplo de 12.

Resposta: (C) múltiplo de 12

860) O problema vai ficar fácil se usarmos uma fração decimal. Para isso vamos fazer o denominador se tornar uma potência de 10:

$$\frac{1}{5^{12}} = \frac{2^{12}}{5^{12} \times 2^{12}} = \frac{2^{12}}{(5 \times 2)^{12}} = \frac{2^{12}}{(10)^{12}}$$

Dividir por 10^{12} é o mesmo que andar 12 casas para a esquerda com a vírgula. O primeiro dígito diferente de zero encontrado, vai ser o primeiro algarismo de 2^{12}. 2^{12} vale $2^6 \times 2^6$ =
64 x 64 = 4096
Então o primeiro dígito é 4.

Resposta: (C) 4

Resoluções do teste 87

861) A área pode ser dividida em 8 quadrados ($8m^2$) e mais 4 triângulos. Suas áreas são:
Triângulo 1: 1x4/2 = 2 m^2.
Triângulo 2: 1x2/2 = 1 m^2.
Triângulo 3: 2x2/2 = 2 m^2.
Triângulo 4: 2x3/2 = 3 m^2.
Total de triângulos: $8m^2$.
Total de triângulos + quadrados = $8m^2 + 8m^2 = 16m^2$.

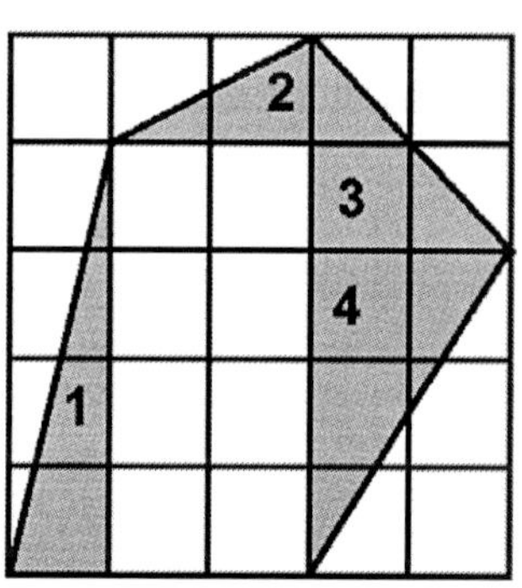

Resposta: (D) 16

862) As sobras foram as seguintes:
Chocolate: 1/4 de sobra
Creme: 1/3 de sobra
Nozes: 1/6 de sobra

Total de sobras: $\frac{1}{4}+\frac{1}{3}+\frac{1}{6}=\frac{3}{12}+\frac{4}{12}+\frac{2}{12}=\frac{9}{12}=\frac{3}{4}$

Resposta: (C) 3/4

863) Podemos chamar os produtos de S, R e I (I de "ice cream", já que o "S" já está tomado).
5S + 4R + 2I = 21,50
S + 2R + 4I = 13,00
Observe que, por sorte, a soma dessas duas compras são:
6S + 6R + 6I = 34,50, que dividindo por 3 resulta em:
S + R + I = 34,50 ÷ 6 = 5,75

Observe que não temos informações suficientes para descobrir o preços de cada produto, mas temos o suficiente para responder ao problema: R$ 5,75

Resposta: (B) R$ 5,75

864) Em geometria, a palavra "equivalente" indica figuras de mesma área, ou mesmo volume. No caso, a questão se refere ao volume, ou seja, temos que encontrar qual é a aresta de um cubo que tenha o mesmo volume do paralelepípedo retângulo citado. Este volume é:

3 x 8 x 9 = 216
216 é o mesmo que 6^3. Então o cubo procurado tem aresta igual a 6 cm.

Resposta: (E) 6

865) A máquina engarrafa 9600 litros, em 6 dias, operando 4 horas por dia. Em um dia, engarrafa 1/6 dessa quantidade, que é 1600 litros, e em 1 hora, engarrafará 1/4 desta quantidade, portanto são 400 litros por hora.
Para engarrafar 24000 litros, levando em conta que opera com 400 litros por hora, precisará de 24000 ÷ 400 = 60 horas.
Para operar durante 60 horas, em 20 dias, terá que operar durante 3 horas por dia.

Resposta: (A) 3

866) Pagou 8 reais com 12 moedas, de 50 centavos e 1 real. Se todas fossem de 50 centavos, teria pago 12 x 0,50 = 6,00. Como o valor pago foi 2,00 maior, significa que usou algumas moedas de 1,00, que são R$ 0,50 mais valiosas. O número de moedas de 1 real é:

2,00 ÷ 0,50 = 4. Portanto pagou com 8 de 50 centavos e 4 moedas de 1 real. Conferindo:

8 x 0,50 + 4 x 1,00 = 4,00 + 4,00 = 8,00

Resposta: (E) 8 e 4

867) A quantidade total de xarope necessária, em mL, é:
2,5 x 3 x 7 = 52,5 mL
O vidro de 60 mL será suficiente. Ainda sobrarão 7,5 mL.

Resposta: (C) O xarope é suficiente para 7 dias e ainda sobram 7,5 ml

868) Para resolver o problema, comecemos fatorando o número 4080.

4080	2
2040	2
1020	2
510	2
255	3

Portanto, 4080 = 2^4 x 3 x 5 x 17

Se é o produto das idades de 3 adolescentes, temos que formar 3 números que sejam idades de adolescentes, ou seja, entre 10 e 20, mais ou menos.
Podemos formar o produto:

85	5
17	17
1	

16 x 15 x 17. Então essas são as idades procuradas.
A soma das três idades é 48.

Resposta: (A) 48

869) Vejamos quantas horas de trabalho de um único operário são necessárias para construir uma casa. Note que 8 horas por dia durante 6 meses, são 8 x 6 x 30 = 1440 horas.

30 operários trabalhando 1440 horas 36 casas.
Para construir 1 casa, esses 30 operários precisam de 1440 ÷ 36 = 40 horas.
Um único operário precisaria portanto de 30 x 40 = 1200 horas para construir uma casa.

Na segunda parte, temos 2/3 do total dos operários, que são 20 operários, construindo 0,75 de 36 casas = 27 casas. O número de horas necessárias é calculado da seguinte forma:
1 operário precisa de 1200 horas para construir uma casa.
20 operários precisarão de um tempo 20 vezes menor, que são 60 horas.

Mas desta vez serão 27 casas, então o tempo necessário será 27 x 60 = 1620 horas
Desta vez eles trabalharão duas horas a mais por dia, ou seja, 10 horas.
Então precisarão de 162 dias.
Isso é igual a 5 meses e mais 12 dias.
Então no último mês, o grupo precisará trabalhar só 12 dias.

Resposta: (B) 12

870) Se não podem ser usados os algarismos 2, 5, 7 nem 8, podem ser usados apenas os algarismos:
0, 1, 3, 4, 6, 9
Para formar um desses números, temos que fazer 3 escolhas: o algarismo das centenas, o algarismo das dezenas e o algarismo das unidades.
Para as dezenas e para as unidades, temos 6 escolhas para cada, mas no caso das centenas, não podemos escolher o zero, são portanto 5 escolas para as centenas, 6 para as dezenas e 6 para as unidades. O número total de escolhas é:

5 x 6 x 6 = 180

Resposta: (C) 18

Resoluções do teste 88

871) O problema traz duas informações sobre carga tributária:
1) 40% do PIB é arrecadado em impostos
2) De cada R$ 1,00 que gastamos, R$ 0,75 é revertido em impostos.

No caso, a pergunta do problema diz respeito aos impostos relativos ao gasto de uma pessoa, ou seja, devemos usar a informação (2).
O Sr. Glauco gasta a quantia de R$ 5.000 por mês, e pela informação (2), 75% deste valor é pagamento de impostos.
75% de 5000 = 3.750
Quer dizer que o Sr Glauco acaba gastando por mês, R$ 3.750 em impostos. Para saber em quantos meses haverá um pagamento totalizado em R$ 11.250,00, calculamos:

$$\frac{11250}{3750} = \frac{1125}{375} = \frac{225}{75} = 3$$

Portanto, em 3 meses terá pago o referido valor em impostos.

OBS.: Os impostos estão embutidos nos preços das mercadorias que pagamos. Por exemplo, os serviços de telefonia são tributados em cerca de 40%. Outros produtos e serviços, quanto mais considerados "supérfluos", apresentam cargas tributárias ainda maiores.

Resposta: (E) 3 meses

872) Já que é falado em "1/7 dos funcionários", é óbvio que o número de funcionários é um múltiplo de 7. Da mesma forma, como é falado em 1/13 deste grupo, então é preciso que o número de funcionários seja também um múltiplo de 13. Então o número de funcionários é múltiplo e 7x13=91. A única opção que apresenta um múltiplo de 91 é (C).

Resposta: (C) 91

873) O desenho representa o corredor e as três salas. Para saber a área total pintada, temos que multiplicar a altura das paredes (3,5) pelo comprimento total dessas paredes. O comprimento total é:

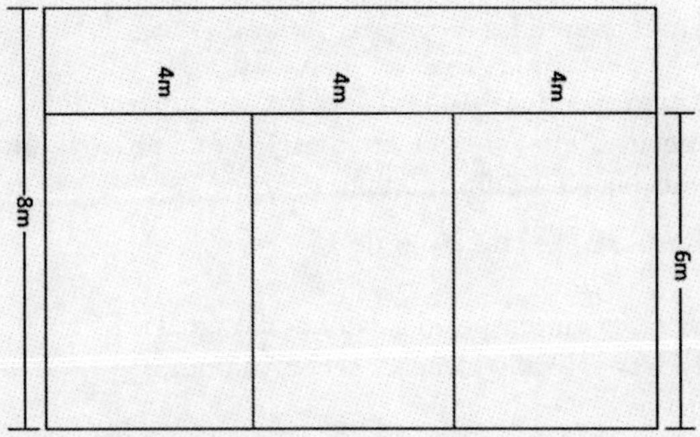

Corredor: 2 x (4 + 4 + 4 + 2) = 28m.
Salas: 3 x (4 + 4 + 6 + 6) = 60m
Extensão total: 60 + 28 = 88m
Área total: 88m x 3,5m = 306m^2.
Um galão de tinta pinta 35m^2, então serão necessários 306 ÷ 35 = 8,7, ou seja, 9 galões.

Resposta: (A) 9

874) O objetivo do problema é chegar à resposta com uma conta mais simples. O número 236 x 4784 é apenas 236 unidades maior que 236 x 4783 (propriedade distributiva). Então podemos calcular rapidamente o resultado, fazendo 1.128.788 + 236 = 1.129.024

Resposta: (B) 1.129.024

875) Os dois quadrados indicados com (1), têm área 1, então seus lados valem 1. O quarado abaixo têm lado valendo 2. O quadrado à direita deles tem lado valendo 3. Acima deste grupo, o próximo quadrado, que tem lado 1+1+3=5. Finalmente, o quadrado maior da figura tem lado 3+5=8. A área do retângulo é 8 x 13 = 104 cm^2.

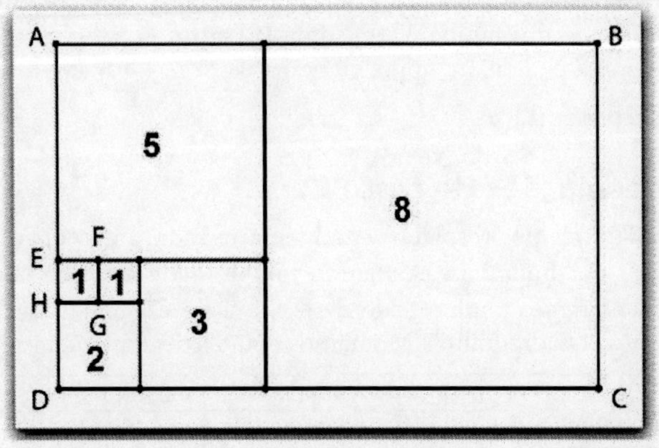

Resposta: (C) 104

876) De acordo com a tabela, temos:
10 pilas = 8 merrecas = 40 contos
Então 2 pilas é a quinta parte, <u>8 contos</u>.
1 merreca = 5 contos, então 3 merrecas = <u>15 contos</u>.

```
10 pilas    = 8 merrecas
1 merreca = 5 contos
```

Então o valor especificado é igual a 8 contos + 15 contos = 23 contos.

Resposta: (D) 23

877) A e B ao mesmo tempo: MMC entre 27 min e 32 min = 864 min = 14h 24min
A, B e C ao mesmo tempo: MMC entre 27, 32 e 45 = 4320 min = 72 horas

Resposta: (A) 14 horas e 24minutos; 72 horas

878) Vendeu 1/5 das laranjas ➔ sobraram 4/5
Vendeu 3/8 das que restaram ➔ 3/8 x 4/5 = ?

$$\frac{3}{8}\times\frac{4}{5}=\frac{3}{10}$$

Foram vendidas até agora, $\frac{1}{5}+\frac{3}{10}=\frac{5}{10}=\frac{1}{2}$

Então nas duas primeiras etapas foram vendidas metade das laranjas. O restante é também a metade, que são 30 laranjas. A quantidade inicial era 60 laranjas. A única opção que se encaixa é (A), um múltiplo de 15.

Resposta: (A) múltiplo de 15

879) As dimensões das lajotas são iguais. Este valor, em cm, é um divisor comum de 198 cm e 165 cm. Como precisa ser o máximo, é o maior divisor comum entre as duas dimensões dadas.
MDC (165, 198) = 33
Então a largura será de 5 lajotas, e o comprimento, 6 lajotas. O número de lajotas é 5 x 6 = 30.

Resposta: (B) 30

880) A soma dos números dados é 1+2+3+4+5+6+8+9=38
Portanto a soma precisa ser 19, na horizontal e na vertical. Escolhendo o número 9, temos que escolher três outros, tal que a soma seja 10. Para formar soma igual a 10 com os números 1, 2, 3, 4, 5, 6, 8, podemos escolher, por exemplo, 6, 3, 1. Usaríamos então os quatro números 9, 1, 3, 6. Os números restantes, que também têm soma 19, são 2, 4, 5, 8.
A soma pedida, na horizontal e na vertical, é 7 + 19 = 26.

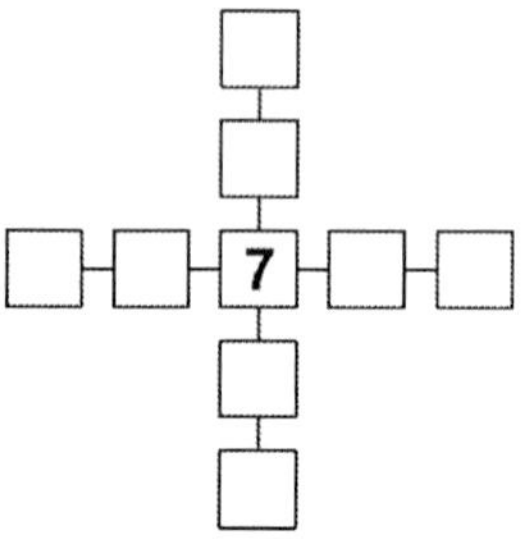

Resposta: (E) 26.

Resoluções do teste 89

881) Podemos resolver o problema usando uma equação ou usando "quadradinhos". Vamos usar quadradinhos, chamando minha idade atual de □ e a de Cícero de □□□. Melhor ainda, chamaremos minha idade de □□, e a de Cícero de □□□□□□, para não termos que lidar com "meio quadradinho". Montamos então a seguinte tabela:

	Hoje	Daqui a 4 anos
Minha idade	□□	□□ + 4
Idade de Cícero	□□□□□□	□□□□□□ + 4

Desta forma, minha idade hoje é realmente 1/3 da idade de Cícero, e dentro de 4 anos, ambos teremos 4 anos a mais. Na ocasião, a idade de Cícero será 2,5 vezes a idade que terei. E 2,5 vezes a idade que terei será:
2,5 x (□□ + 4) = □□□□□ + 10

Comparando minha idade desta forma com a de Cícero dada na tabela, temos:

□□□□□ + 10 = □□□□□□ + 4, que pode ser escrito como

□□□□□ + 4 + 6 = □□□□□ + 4 + □

Isto significa que □ vale 6.

Portanto minha idade hoje é 12, e a de Cícero, hoje, é 36.

Dentro de 4 anos teremos 16 e 30, e realmente duas vezes e meia vezes 16 é 40.

Minha idade é 12.

Resposta: (D) 12

882) Facilmente calculamos as duas medidas na figura, indicadas como 4. Temos 3 sólidos, os dois menores são iguais e têm volumes:

$3 \times 4 \times 2 = 24m^3$.

O sólido maior tem volume:

$4 \times 13 \times 2 = 104\ m^3$.

O volume total, em metros cúbicos, é

$104 + 24 + 24 = 152$.

Portanto, 152 m^3, que é o mesmo que 152.000 L.

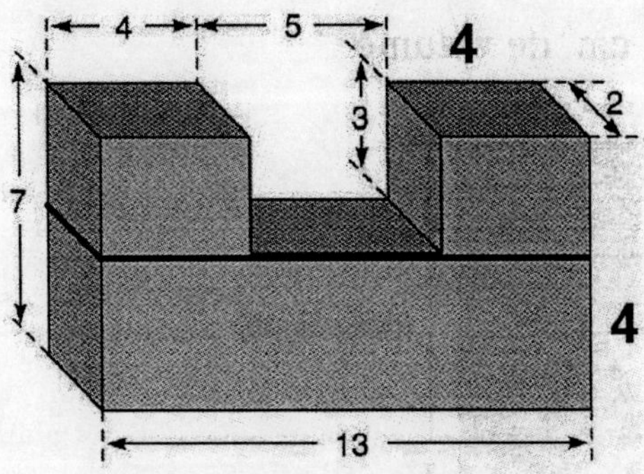

Resposta: (B) 152×10^3 L

883) Se a diferença entre os lados é 5, podemos chamá-los de □ e □+5.

O perímetro é 22, então temos:

□+ □ + □ + 5 + □ +5 = 22

□□□□ + 10 = 22

□□□□ = 12

□ = 3.

Então as medidas dos lados são 3 e 8. De fato, diferença é 5 e o perímetro é 22. A área, como pedida, é 3 x 8 = 24.

Resposta: (E) $24m^2$

884) A área, em cm2, é 600 x 400 = 240000.

Cada pedra tem área de 45 cm x 45 cm = 45x45 cm^2. (vamos deixar indicado pois poderá simplificar a seguir). Uma caixa tem 10 padras, então a área que pode ser coberta com o conteúdo de uma caixa é 45x450 cm^2.

Para saber o número de caixas necessárias, basta dividir a área total da sala, pela área das pedras de uma caixa. Ficamos com:

$$\frac{240000}{45\times450}=\frac{24000}{45\times45}=\frac{4800}{9\times45}=\frac{960}{9\times9}=\frac{320}{3\times9}=11{,}85$$

Então, supondo um aproveitamento máximo, encomendamos 12 caixas.

Resposta: (D) 12

885) A figura é formada por 4 triângulos. Suas áreas são:
1) 2x6/2 = 6
2) 2x5/2 = 5
3) 2x3/2 = 3
4) 2x3/2 = 3
A área total equivale a 6+5+3+3=17 quadrículas. Como cada quadrícula é um quadrado de lado 1, a área de cada uma delas é também 1 unidade de área. Portanto a área é 17.

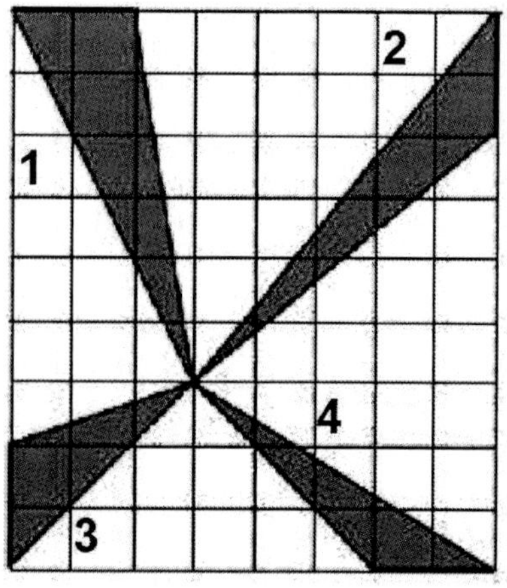

Resposta: (E) 17

886) Estipulemos um valor inicial de 100 reais.
Ao perder 20% deste valor, ficou com 100 – 20% de 100 = 100 – 20 = 80.
A seguir aplicou esses 80 reais e ganhou 20%, ficando com:
80 + 20% de 80 = 80 + 16 = 96.
Comparando os valores, vemos que depois de ganhar e perder, passou de 100 para 96 reais, ou seja, perdeu 4% do valor que tinha inicialmente.

Resposta: (D) perdeu 4%

887) Somando os descontos, ficamos com:
24% de 190.000 + 16% de 86.000 + 12% de 30.000.
A soma resultará no desconto total, em reais. Ficamos com:
45.600 + 13.760 + 3.600 = 62.960

Resposta: (E) R$ 62.960,00

888) "Alambrado" é uma cerca em torno do campo. A área dessa cerca é igual à sua altura, multiplicada pelo perímetro do campo, ou seja:
Perímetro do campo: 12,5m + 25m + 12,5m + 25m = 75m
Área da cerca: 75m x 5m = 375 m^2.
Como cada metro quarado custa R$ 68,00, o custo total será:
68 x 375 = 25.500

Resposta: (D) R$ 25.500,00

889) Podemos aqui estipular a medida da passada de cada atleta, pois o resultado independerá deste valor (os números irão "cortar"). Portanto usemos os valores.
Passo do 1º atleta: 1 metro
Passo do 2º atleta: 1,5 metro.
Enquanto o 1º dá 5 passos = 5 metros, o segundo dá 4 passos = 6 metros
Se o primeiro percorreu 60km, o segundo percorreu 60km ÷ 5 x 6 = 72 km.

Resposta: (C) 72km

890) 60% dos 600 participantes ganharam alguma medalha, ou seja, 360 medalhistas.
A proporção de ouro:prata:bronze é 1:2:3. Portanto em cada grupo de 6, temos uma medalha de ouro, 2 de prata e 3 de bronze.
Como foram 360 medalhistas, temos quantidades 60 vezes maiores, ou seja,
60 de ouro, 120 de prata e 180 de bronze.

Portanto, 120 receberam medalhas de prata.

Resposta: (B) 120

Resoluções do teste 90

891) Na sequência de Fibonacci, como o problema explica, cada novo número é igual à soma dos dois números anteriores. Temos então:

1, 1, 2, 3, 5, 8, 13, 21, 34, 55, 89, 144 (QUADRADO PERFEITO!)
O primeiro quadrado perfeito depois do 1, é 144. A soma dos seus algarismos é 9.

Resposta: (A) 9

892) Cada cubo de 20cm armazena 8 latas.
Um caixote tem dimensões 80cm x 120cm x 60cm, então permite colocar a seguinte quantidade de caixas: 4 x 6 x 3 = 72 caixas.
Uma caixa tem 8 latas, então isso totaliza 72x8 = 576.
Portanto um caixote armazena 576 latas.

Resposta: (A) 576

893) O aumento de 20% para 25% corresponde a 120 reais. Então 5% da mesada são 120 reais, a mesada é um valor 20 vezes maior (5% x 20 = 100%). Este valor é:
R$ 120,00 x 20 = R$ 2400,00

Resposta: (E) R$ 2.400,00

894) De acordo com as informações:
5 x azul = 5 x (5 vermelha) = 5 x 5 x (5 verde) = 5 x 5 x 5 x (5 preta) = 5 x 5 x 5 x 5 x preta.
Ou seja, 5^4 cartas pretas. Entre as opções não encontramos essa resposta, mas encontramos uma equivalente, que é a letra (E), já que 5 x 5 x 5 x 5 é o mesmo que 25 x 25, ou 25^2.

Resposta: (E) 25^2

895) Cada uma das 26 pessoas cumprimenta os demais presentes, ou seja, 25. Temos portanto, 26 x 25 apertos de mão.
Ocorre que desta forma estamos contando todos os apertos de mão em dobro, pois A cumprimentando B é o mesmo que B cumprimentando A. Então para ficar com a contagem correta, devemos dividir este resultado por 2. Ficamos portanto com:
25 x 26 ÷ 2 = 325

Resposta: (B) 325

896) Fitas: 30,5 metros + 630dm + 4740cm.
Rendas: 8,03dam + 0,756 hm
Passemos todas as medidas para metros.
Fitas: 30,5 + 63 + 47,40 = 140,9
Rendas: 80,3 + 75,6 = 155,9
A diferença é 155,9 – 140,9 = 15 metros

Resposta: (B) 15 metros

897) 60dm^3 é a mesma coisa que 60 litros.
O volume do paralelepípedo retângulo, em litros é igual ao produto das medidas, em decímetros. Portanto:

2 x 2 x h = 60 litros
h = 15 dm = 150cm

Resposta: (D) 60 litros e 150 cm

898) Os números envolvidos neste problema são muito "quebradinhos", ou seja, difíceis de trabalhar, mas podemos operar com mais facilidade se observarmos que são números múltiplos de 14. Observe:
Candidatos: 2800 = 14 x 200
Faltosos: 420 = 14 x 30
Presentes: 14 x 200 – 14 x 30 = 14 x 170.
Aprovados: 40% dos que compareceram = 14 x 170 x 0,4 = 14 x 68.
O percentual de aprovação em relação ao número de inscritos foi:

$$\frac{14\times 68}{14\times 200}=\frac{68}{200}=\frac{34}{100}=34\%$$

Resposta: (A) 34%

899) Um aumento de 25% equivale a vender o carro por um preço igual a 125% do preço de tabela. 125% é o mesmo que 5/4. Ou seja, 5/4 do preço de tabela é 15.000. Para saber o preço de tabela, tomamos 15000, dividimos por 5 e multiplicamos por 4. Isto resulta em 12.000.

Resposta: (C) R$ 12.000,00

900) Dos 13 bombons, 5 são brancos e 8 são escuros.
7 deles são recheados.
A menor quantidade possível de escuros recheados ocorrerá quando tivermos o máximo de brancos recheados. No caso, apenas 2 escuros seriam recheados.

Resposta: (B) 2

■

Capítulo 10

Pronto para vencer

Você está pronto para enfrentar os mais desafiadores concursos, e sempre encontra com facilidade o caminho para a resolução dos problemas mais desafiadores. A matemática não será mais uma dificuldade para você. Desafios sempre existirão, mas uma vez aprendendo a matéria necessária, será fácil aplicá-la nos problemas.

Continuamos neste capítulo com questões do Colégio Naval, EPCAr e Colégio Militar (Exército) nas suas escola de ensino médio, e como sempre, as questões das Olimpíadas Brasileiras de Matemática.

A novidade deste capítulo são as questões do concurso para o PROFMAT. Trata-se de um curso de mestrado para professores de matemática do ensino médio. É coordenado pelo IMPA – Instituto de Matemática Pura e Aplicada (o mesmo que organiza a OBM e a OBMEP. Para ingresso nesse curso, os professores precisam realizar uma prova de seleção com questões do ensino médio, e também de ensino fundamental, incluindo Aritmética. Existem questões com todos os níveis de dificuldade. Fizemos à seleção de um grupo dessas questões, ao alcance dos alunos estudiosos.

Teste 91

901) IFGO – Uma dona de casa deseja fazer uma pequena horta em seu quintal, para isso ela dispõe de 12m de tela de arame para cercar essa horta. Para aumentar sua horta ela construiu como mostra a figura. Sabendo que a forma representa um retângulo e que o comprimento desse retângulo é igual ao dobro de sua largura, a área dessa horta é, em metros quadrados:

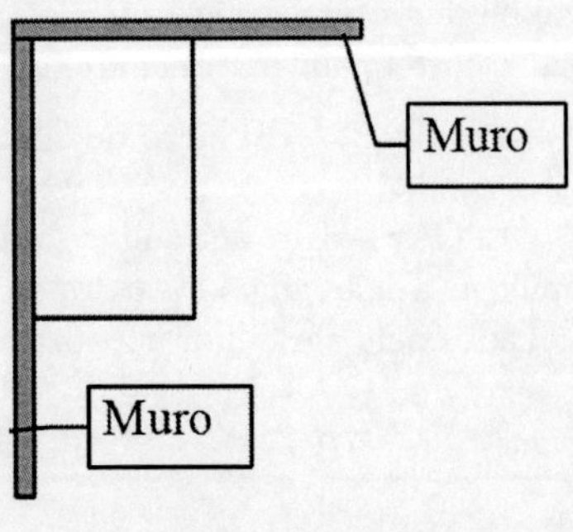

(A) 4 (B) 8 (C) 16 (D) 32 (E) 24

902) IFGO – Setenta por cento de uma fazenda com 350 hectares é destinada à plantação de grãos. Sabendo que o proprietário planta soja e milho e que a área destinada à plantação de soja é 80% da área destinada à plantação de grãos. Nessas condições podemos dizer que a área destinada à plantação de milho é

(A) 56% da área destinada à plantação de soja.
(B) 49 hectares
(C) 12% da área da fazenda
(D) 14 hectares

903) IFMT – Um fazendeiro, na safra passada, usou 12 cortadores para cortar sua plantação de 120 hectares de cana. Trabalhando 6 horas por dia, os trabalhadores concluíram o serviço em 7 dias. Este ano, o fazendeiro plantou 180 hectares e dispõe de 14 cortadores de cana, com as mesmas habilidades que os outros, dispostos a trabalhar 8 horas por dia, durante 5 dias. Nessas condições, pode-se afirmar que serão cortados por estes trabalhadores apenas, quantos hectares de cana?

(A) 120,0 (B) 125,3 (C) 133,3 (D) 135,3 (E) 180,0

904) PROFMAT – A água do mar contém 2,5% do seu peso em sal. Quantos quilogramas de água do mar são necessários para obtermos 200 gramas de sal?

(A) 5 (B) 6 (C) 8 (D) 9 (E) 10

905) Colégio Naval – No dispositivo ao lado, tem-se a decomposição tradicional em fatores primos de um número natural N, em que a letra x está substituindo qualquer número natural diferente de N, zero e um. Sendo y o número total de divisores naturais de N, quantos são os valores possíveis para y?

N	x
x	x
x	x
x	x
1	

(A) 3 (B) 4 (C) 5 (D) 6 (E) 7

906) CMF – Dois números inteiros positivos são tais que a divisão do primeiro deles por 7 deixa resto 6, enquanto a divisão do segundo, também por 7, deixa resto 5. Somando os dois números e dividindo o resultado por 7, o resto será:

(A) 1 (B) 2 (C) 3 (D) 4 (E) 5

907) CMB – Determinado cartão de crédito cobra juros mensais de 11% pelo atraso de pagamento. Se uma fatura no valor de R$ 1000,00 for paga com 2 meses de atraso, o valor percentual cobrado em relação à dívida inicial será de, aproximadamente,

(A) 21% (B) 22% (C) 23,2% (D) 232% (E) 240%

908) EPCAr – Um comerciante vendeu 50% dos 3/5 de seu estoque de pares de meia com lucro de 30% sobre o custo. Como pretendia renovar o estoque, reduziu o preço de venda e acabou tendo um prejuízo de 10% sobre o custo com a venda dos pares que restavam em sua loja. É correto afirmar que, ao final do estoque, esse comerciante teve, sobre o custo, um

(A) lucro de 2% (B) lucro de 20% (C) prejuízo de 2% (D) prejuízo de 20%

909) EPCAr – Um agricultor fará uma plantação de feijão em canteiro retilíneo. Para isso, começou a marcar os locais onde plantaria as sementes. A figura abaixo indica os pontos já marcados pelo agricultor e as distâncias em cm, entre eles.

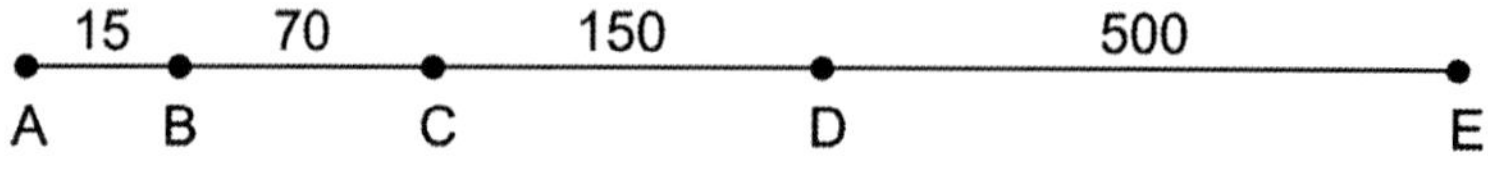

Esse agricultor, depois, marcou outros pontos entre os já existentes, de modo que a distância *d* entre todos eles fosse a mesma e a maior possível. Se *x* representa o número de vezes que a distância *d* foi obtida pelo agricultor, então *x* é um número divisível por

(A) 4 (B) 5 (C) 6 (D) 7

910) OBMEP – Qual é o algarismo das dezenas da soma

$$\underbrace{7}_{\text{um sete}} + \underbrace{77}_{\text{dois setes}} + \underbrace{777}_{\text{três setes}} + \underbrace{7777}_{\text{quatro setes}} + \ldots + \underbrace{777\ldots77}_{\text{setenta e seis setes}} + \underbrace{777\ldots777}_{\text{setenta e sete setes}}?$$

(A) 5 (B) 6 (C) 7 (D) 8 (E) 9

Teste 92

911) PROFMAT – Uma amostra de água salgada apresenta 18% de salinidade. Isto significa que em 100 gramas de amostra temos 18 gramas de sais o 82 gramas de água. Qual a melhor aproximação do percentual de água da amostra a ser evaporado se quisermos obter 30% de salinidade?

(A) 30% (B) 36% (C) 42% (D) 49% (E) 58%

912) IFMG – Telma e Décio trabalham no mesmo setor de uma empresa e começaram a trabalhar no mesmo dia. A jornada de trabalho de Telma é de três dias de trabalho seguidos de um dia de descanso, enquanto a jornada de trabalho de Décio é de quatro dias de trabalho seguidos de dois dias de descanso. Assim, durante seus primeiros 60 dias na empresa, quantos dias de descanso coincidiram para os dois?

(A) 4 (B) 6 (C) 5 (D) 12 (E) 3

913) IFGO – No Processo Seletivo 2018 para os cursos técnicos do Instituto Federal Goiano, campus Posse, deram um total de 200 inscritos, sendo 120 inscritos para curso Técnico em Agropecuária Integrado ao Ensino Médio, 50 inscritos para o curso Técnico em Administração e 30 inscritos para o curso Técnico em Informática. Desta forma, podemos afirmar que o percentual de inscritos para o curso Técnico em Agropecuária Integrado ao Ensino Médio é de:

(A) 50% (B) 60% (C) 90% (D) 120% (E) 75%

914) CMRJ – O número de divisores inteiros e positivos de $N = 2^{14} - 2^{12} + 6.2^{10}$ é igual a:

(A) 13 (B) 22 (C) 36 (D) 45 (E) 66

915) IFBA – Uma chácara, com formato retangular, de dimensões 52m x 117m, vai ser cercada com arame farpado de 8 fios em cada estaca. Sabendo que as estacas estão igualmente espaçadas, encontre o número mínimo de estacas e a quantidade de fios de arame farpados para realizar o serviço.

(A) 13 estacas e 2704 metros de arame farpado
(B) 20 estacas e 2600 metros de arame farpado
(C) 26 estacas e 2704 metros de arame farpado
(D) 28 estacas e 2704 metros de arame farpado
(E) 30 estacas e 2600 metros de arame farpado

916) PROFMAT – Um restaurante vende suco e refresco de uva, que são preparados misturando um concentrado com água na razão de 1 para 2, no caso do suco, e de 1 para 5, no caso do refresco. Para preparar 6 litros de refresco, a que volume de suco devemos acrescentar água?

(A) 2 (B) 3 (C) 4 (D) 5 (E) 6

917) CMB – Um fazendeiro possui 2.400 cabeças de gado e quer distribuí-las proporcionalmente às áreas de três cercados que medem 10 km^2, 15 km^2 e 35 km^2. Determine o número de cabeças de gado que terá que distribuir em cada cercado.

(A) 200, 400, 1200
(B) 300, 500, 1300
(C) 400, 600, 1400
(D) 200, 300, 700
(E) 100, 300, 1300

918) EPCAr – Uma pessoa foi realizar um curso de aperfeiçoamento. O curso foi ministrado em x dias nos períodos da manhã e da tarde desses dias. Durante o curso foram aplicadas 9 avaliações que ocorreram em dias distintos, cada uma no período da tarde ou da manhã, nunca havendo mais de uma avaliação no mesmo dia. Houve 7 manhãs e 4 tardes sem avaliação. O número x é divisor natural de

(A) 45 (B) 36 (C) 20 (D) 18

919) Colégio Naval – Marta comprou petecas, bolas e bonecas, pagando por cada unidade, respectivamente, R$ 1,00, R$ 10,00 e R$ 20,00. Gastou R$ 220,00 em um total de 101 unidades. Quantas petecas ela comprou?

(A) 95 (B) 93 (C) 92 (D) 91 (E) 90

920) OBMEP – A figura representa um retângulo de área $36m^2$, dividido em três faixas de mesma largura. Cada uma das faixas está dividida em partes iguais: uma em quatro partes, outra em três e a terceira em duas. Qual é a área total das partes sombreadas?

(A) $18m^2$ (B) $20m^2$ (C) $22m^2$ (D) $24m^2$ (E) $26m^2$

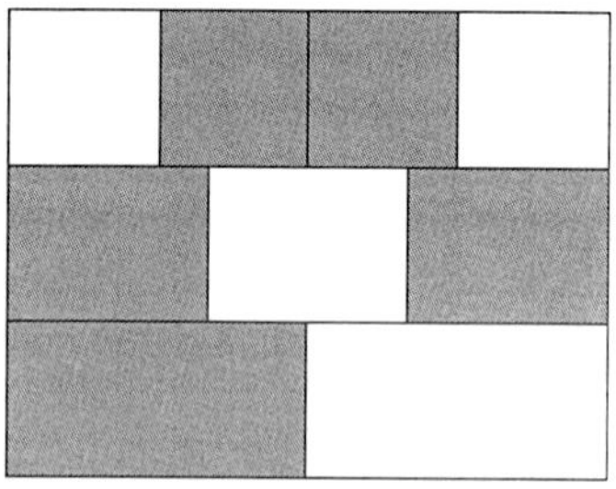

Teste 93

921) CEFET RJ – Decompondo um número N em fatores primos foram encontrados três fatores de 2 e um certo número de fatores 5. Sabendo-se que N possui 16 divisores, podemos afirmar que:

(A) $N<1000$ (B) $N>3000$ (C) $600<N<1200$ (D) $N=2000$ (E) NRA

922) IFMG – Uma loja de eletrônicos anunciou a venda de um produto com duas condições de pagamento: à vista por R$ 2500,00 ou a prazo, em 20 parcelas de R$ 150,00 cada. Isso significa que a condição a prazo recebe um acréscimo, em porcentagem, de:

(A) 10% (B) 20% (C) 110% (D) 150% (E) 30%

923) IFGO – No alto da Serra das Araras, no município de Posse, existem duas torres, uma de rádio e outra de Internet. No alto de cada torre existe uma luz vermelha, que ficam piscando em frequências diferentes. A luz da torre de rádio pisca 15 vezes por minuto, enquanto a luz da torre de Internet pisca 10 vezes por minuto. Se num certo instante, as luzes piscam simultaneamente, após quantos segundos elas voltarão a piscar juntas novamente?

(A) 10s (B) 12s (C) 20s (D) 30s (E) 6s

924) PROFMAT – Uma distribuidora de água possui dois tanques com capacidade de 60.000 litros cada, um deles completamente vazio e outro completamente cheio. No mesmo instante, o primeiro começa a ser enchido a uma taxa constante, de forma a estar completamente cheio em seis horas, e o segundo completamente vazio em três horas. Em quanto tempo, após o começo do processo, os tanques possuirão exatamente a mesma quantidade de água?

(A) 1h (B) 1h 30min (C) 2h (D) 2h 30min (E) 3h

925) CMPA – O algarismo das unidades do produto $A = (5 + 1)(5^3 + 1)(5^6 + 1)(5^9 + 1)(5^{12} + 1)$ é:

(A) 6 (B) 5 (C) 2 (D) 1 (E) 0

926) EPCAr – Juntamente com o Governador de um Estado, foram para uma reunião 4 prefeitos. Cada prefeito levou quatro secretários e cada secretário levou 4 vereadores. Sabendo-se que nessa reunião não houve participação de mais nenhuma pessoa, então o número T, total de participantes, é múltiplo de

(A) 7 (B) 11 (C) 17 (D) 19

927) Colégio Naval – Na divisão exata do número k por 50, uma pessoa, distraidamente, dividiu por 5, esquecendo o zero, e, dessa forma, encontrou o valor 22,5 unidades maior que o esperado. Qual o valor do algarismo das dezenas do número k?

(A) 1 (B) 2 (C) 3 (D) 4 (E) 5

928) CMB – Na construção de um estádio de futebol, um grupo de 6 operários é capaz de instalar 12 cadeiras em 8 horas de trabalho. Com a falta de um funcionário, o número de horas necessárias para que 5 cadeiras sejam instaladas é:

(A) 4 horas (B) 5 horas (C) 6,5 horas (D) 7 horas (E) 7,5 horas

929) OBMEP – A quantidade de água de uma melancia corresponde a 95% de seu peso. Joaquim retirou água dessa melancia até que a quantidade de água correspondesse a 90% de seu peso, que passou a ser 6 kg. Qual era o peso original da melancia?

(A) 6,5 kg (B) 7 kg (C) 8,5 kg (D) 10 kg (E) 12 kg

930) OBMEP – A professora perguntou a seus alunos: "Quantos anos vocês acham que eu tenho?". Ana respondeu 22. Beatriz, 25 e Celina, 30. A professora disse: "Uma de vocês errou minha idade em 2 anos, outra errou em 3 e outra em 5 anos", Qual é a idade da professora?

(A) 26 (B) 27 (C) 28 (D) 29 (E) 30

Teste 94

931) CEFET RJ – A soma de dois números inteiros é 900 e seu MDC é 60. A quantidade de pares de números que satisfazem o problema é:

(A) 3 (B) 2 (C) 4 (D) 5 (E) 6

932) IFMG – Por pura curiosidade, Juninho em uma folha quadrangular, traçou uma diagonal e dobrou uma das pontas até encostar no centro da diagonal que traçou, veja a sequência na figura. Observando a figura final, Juninho pode concluir corretamente que o triângulo obtido da folha representa:

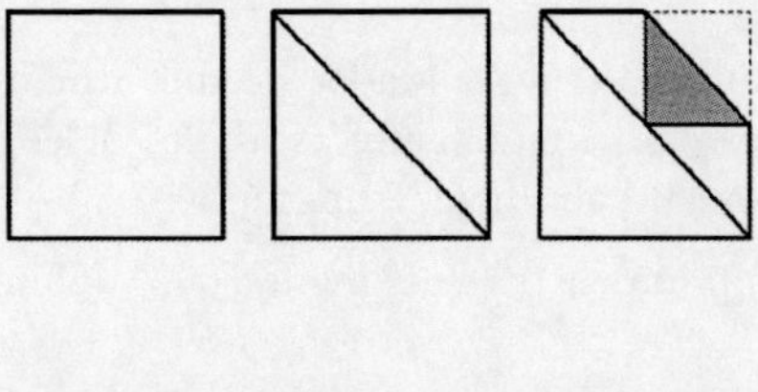

(A) 1/8 da folha (B) 1/3 da folha
(C) 1/6 da folha (D) 1/4 da folha

933) IFGO – Dados os quadriláteros: Retângulo, quadrado e o losango, o que eles possuem em comum?

(A) Os quatro ângulos são retos
(B) Os quadro lados têm mesma medida
(C) As diagonais são perpendiculares
(D) Os lados opostos são paralelos

934) FATEC – Observe a sequência de figuras.

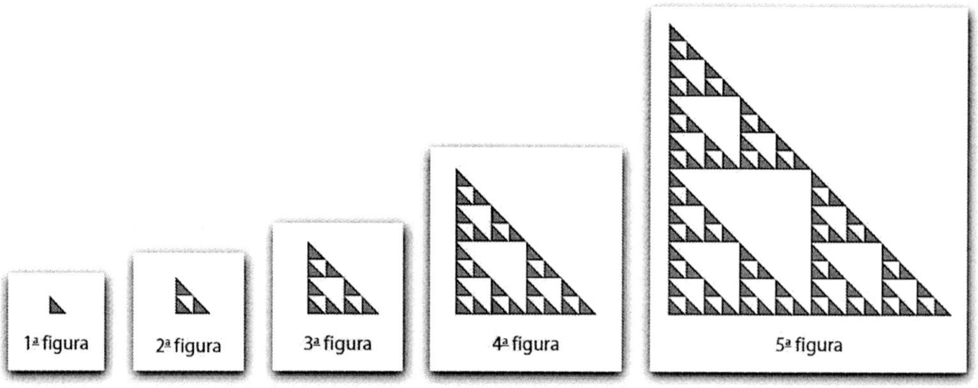

A primeira figura é um triângulo retângulo cinza. A partir da segunda, cada nova figura foi obtida por uma composição utilizando a figura imediatamente anterior na sequência, seguindo sempre o mesmo critério. Nessas condições, o número de triângulos brancos na oitava figura, independentemente do tamanho deles, é

(A) 121 (B) 364 (C) 1093 (D) 3280 (E) 9841

935) CMBH – Uma parede de 484 m^2 de área de um laboratório, foi revestida com cerâmicas quadradas de 0,11 m de lado. Sabendo-se que cada cerâmica custou R$ 2,00 e que a mão-de-obra para colocação foi de R$ 85,00 por m^2, o custo total do revestimento, em reais, foi igual a:

(A) 121140 (B) 121150 (C) 121160 (D) 121170 (E) 121180

936) PROFMAT – Na figura, cada lado do quadrado ABCD, de lado igual a 1, foi dividido em quatro partes de mesma medida. Determine a área da região destacada em cinza.

(A) 5/8 (B) 1/4 (C) 3/8 (D) 5/4 (E) 3/4

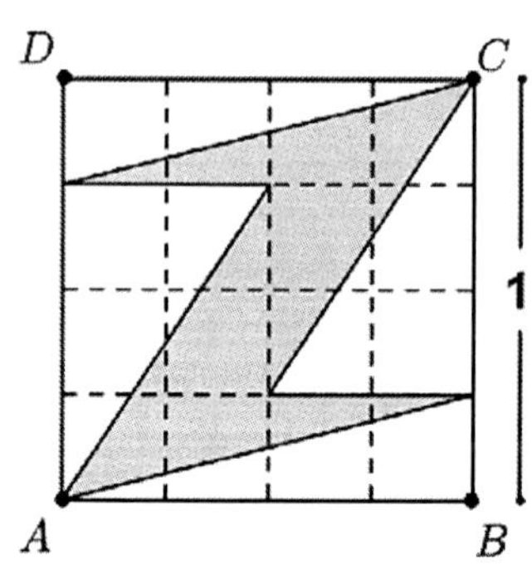

937) EPCAr – As idades de dois irmãos hoje são números inteiros e consecutivos. Daqui a 4 anos, a diferença entre as idades deles será 1/10 da idade do mais velho. A soma das idades desses irmãos, hoje, é um número

(A) primo (B) que divide 100 (C) múltiplo de 3 (D) divisor de 5

938) CMPA – Na soma abaixo indicada, as letras C, D, L e S substituem algarismos maiores do que zero e menores do que 9.

$$\begin{array}{cccc} & C & 9 & C & 0 \\ + & C & 9 & L & 0 \\ \hline & S & 9 & D & 0 \end{array}$$

Assim, a soma C + D + L + S será igual a

(A) 20 (B) 19 (C) 18 (D) 17 (E) 16

939) OBMEP – Ângela tem uma caneca com capacidade para 2/3 L de água. Que fração dessa caneca ela encherá com 1/2 L de água?

(A) 7/12 (B) 2/3 (C) 3/4 (D) 5/6 (E) 4/3

940) OBMEP – Joãozinho subtraiu o menor número de três algarismos diferentes do maior número de três algarismos diferentes. Qual resultado ele obteve?

(A) 882 (B) 883 (C) 885 (D) 886 (E) 888

Teste 95

941) CEFET RJ – Se o MMC dos números inteiros $A = 2^k.15$ e $B = 4.3^p$ é 360, então

(A) k = 2p
(B) k = p
(C) k + p é ímpar
(D) kp é múltiplo de 4
(E) kp é múltiplo de 15

942) IFMG – O Jornal do Brasil em 26/09/12 publicou a reportagem "Somente em agosto, 522 quilômetros quadrados de floresta sumiram no mapa na Amazônia. O grande campeão do desmate na região foi o Pará, responsável por 43% das árvores derrubadas...".
De acordo com a reportagem, pode-se afirmar que o Estado do Pará foi responsável pelo desmatamento de:

(A) menos de $150km^2$ de floresta
(B) mais de $150km^2$ e menos de $260km^2$ de floresta
(C) mais de $260km^2$ e menos de $500km^2$ de de floresta
(D) $522km^2$ de floresta

943) IFGO – Em uma loja de informática, Paulo comprou: um computador no valor de R$ 2200,00, uma impressora por R$ 800,00 e três cartuchos que custam R$ 90,00 cada um. Os objetos foram pagos em 5 parcelas iguais sem acréscimos de juros. O valor de cada parcela, em reais, foi igual a:

(A) R$ 414,00 (B) R$ 494,00 (C) R$ 600,00 (D) R$ 654,00 (E) R$ 444,00

944) PROFMAT – Para pintar 48 metros quadrados de parede em sua casa, João gastou uma lata de tinta e pagou por ela 90 reais. Quanto ele ainda terá que dispor, em reais, para comprar a tinta suficiente para terminar a pintura em sua casa, que tem o total de 240 metros quadrados de parede?

(A) 360 (B) 450 (C) 540 (D) 630 (E) 1200

945) CMPA – Uma parede quadrada, medindo 3 m por 3 m, vai ser toda coberta com azulejos quadrados de 20 cm de lado. Alguns azulejos são brancos e outros são azuis.

Se os azulejos azuis forem usados somente para cobrir as diagonais da parede, podemos concluir que a quantidade de azulejos brancos necessária para esse serviço é um número:

(A) divisível por 4 (B) com 4 algarismos (C) com 90 dezenas
(D) maior que 200 (E) primo

946) CMBH – Um investidor comprou uma barra de ouro de 50g por R$ 1.875,00. Passado algum tempo, ele comprou outra barra de ouro idêntica à primeira por R$ 2.400,00. Dessa forma, é correto afirmar que o quilograma de ouro sofreu um aumento de:

(A) 30% (B) 29% (C) 28% (D) 27% (E) 25%

947) EPCAr – Uma pessoa vai tomar um medicamento 3 vezes ao dia, durante 14 dias, em doses de 6 mL cada vez. Se cada frasco contém 200 cm^3 do medicamento, a quantidade do segundo frasco que não será utilizada é

(A) menor que 75% (B) exatamente 75% (C) maior que 76% (D) exatamente 76%

948) EPCAr – Se gato e meio comem rato e meio em um minuto e meio, quantos gatos comem 60 ratos em 30 minutos?

(A) 3 (B) 4 (C) 3,5 (D) 4,5

949) Colégio Militar 2 de julho – Leia as sentenças a seguir:
I – $10^0 \times 10^1 \times 10^3 = 10^4$
II – $12^8 \div 12^6 = 42998169 \div 2985984 = 144$
III – $(3 \times 4)^3 = (3 \times 4) \times (3 \times 4) \times (3 \times 4) = 1728$
Quais delas são corretas?

(A) I apenas (B) II apenas (C) III apenas (D) I e II (E) Todas são corretas

950) OBMEP – Um grupo de meninos está sentado em volta de uma mesa retangular. Dois meninos estão sentados à frente de Abelardo, no lado oposto da mesa. Um menino está sentado à frente de Beto, quatro à frente de Carlos e cinco à frente de Daniel. Quantos meninos estão sentados à mesa?

(A) 11 (B) 12 (C) 13 (D) 14 (E) 15

Teste 96

951) IFMG – Na semana passada, Lalá comprou um saco de laranjas por R$ 10,00. Ao chegar em casa espremeu a metade das laranjas que havia no saco, obtendo 3 litros de suco de laranja. No sábado, quando Lalá resolveu lanchar com os amigos no Shopping, se surpreendeu ao perceber que um copo de 300mL de suco de laranjas custava R$ 1,50, pois se vendesse o suco das laranjas que comprou na semana passada obteria, de suco, o equivalente a (dado: 1L = 1000 mL):

(A) meio saco de laranjas (B) 1 saco de laranjas
(C) 2 sacos de laranjas (D) 3 sacos de laranjas

952) IFGO – Num depósito existem 24 extintores de incêndio contendo espuma química ou dióxido de carbono. Sabendo-se que o número de extintores contendo dióxido de carbono é o triplo dos extintores com espuma química, conclui-se que a quantidade de extintores contendo espuma química nesse depósito é

(A) 3 (B) 4 (C) 6 (D) 18 (E) 19

953) FATEC – No retângulo ABCD da figura, M é o ponto médio do lado AD e N é o ponto médio do lado DC. Se a área do retângulo ABCD é $72m^2$, então a área do triângulo MDN, em centímetros quadrados, é

(A) 6 (B) 8 (C) 9 (D) 12 (E) 15

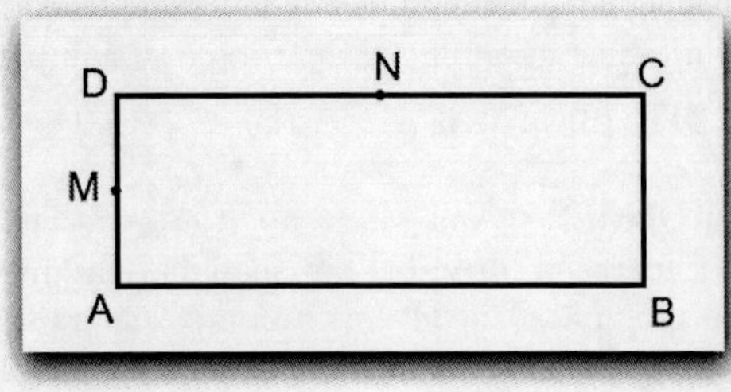

954) CMPA – A quantidade de números de 4 algarismos distintos que podemos formar com os algarismos 1, 2, 3, 4, 5, 6 e 7, incluindo sempre o algarismo 5, é:

(A) 72 (B) 120 (C) 720 (D) 480 (E) 840

955) CMBH – Um hospital tem remédio para medicar 320 pacientes durante 33 dias. Após 8 dias, o hospital recebe mais 80 pacientes, mas a quantidade de medicamentos disponível não sofre acréscimo. Então, será possível medicar o total de pacientes por mais:

(A) 21 dias (B) 20 dias (C) 19 dias (D) 18 dias (E) 17 dias

956) PROFMAT – A Estação de Tratamento de Esgotos de Sarapuí, no Rio de Janeiro, tem a capacidade de tratar 1500 litros de esgoto por segundo. Seja T o tempo necessário para que essa estação processe o volume de esgoto correspondente ao volume de uma piscina de 50 metros de comprimento, 25 metros de largura e 2 metros de profundidade. Dentre as opções abaixo, o valor de T está mais próximo de

(A) 2s (B) 2min (C) meia hora (D) uma hora (E) um dia

957) EPCAr – Uma prestadora de serviços combina um prazo de 9 dias utilizando 12 máquinas, para executar certo trabalho. Ao final do quarto dia, 4 máquinas estragam, não sendo substituídas e não havendo interrupção do trabalho. As máquinas levam 3 dias para serem consertadas, retornando ao trabalho no dia seguinte. Para que seja cumprido o prazo combinado no início, a prestadora coloca, além das 12 máquinas, mais x máquinas iguais às primeiras. É correto afirmar que x é igual a:

(A) 3 (B) 4 (C) 5 (D) 6

958) CMCB-CE – Na tabela abaixo temos os quatro primeiros termos de uma sequência em que cada termo, com exceção do primeiro, é cem vezes o anterior.

1º TERMO	2º TERMO	3º TERMO	4º TERMO	...
0,3	30	3000	300.000	...

Assim sendo, podemos afirmar que o produto do 12º termo pelo número quatro é:

(A) 3×10^6 (B) 12×10^6 (C) 3×10^{21} (D) $1{,}2 \times 10^{22}$ (E) $1{,}2 \times 10^{21}$

959) Colégio Militar Dom Pedro II – Eduardo separou os seguintes ingredientes para fazer um suco para um grupo de amigos reunidos:

- 2/4 de litro de água
- 6/8 de litro de suco de limão
- 2/5 de litro de suco de melancia
- 300 ml de água de coco.

Em seguida bateu todos os ingredientes no liquidificador e serviu todo o suco aos amigos, em copos iguais. Sabendo que os copos tinham capacidade maior que 100mL e menor que 150mL, quantos amigos Eduardo convidou para a reunião?

(A) 29 (B) 14 (C) 15 (D) 9 (E) 8

960) OBMEP – Ana Maria apertou as teclas 1 9 x 1 0 6 = de sua calculadora e o resultado 2014 apareceu no visor. Em seguida, ela limpou o visor e fez aparecer novamente 2014 com uma multiplicação de dois números naturais, mas, desta vez, apertando seis teclas em vez de sete. Nesta segunda multiplicação, qual foi o maior algarismo cuja tecla ela apertou?

(A) 5 (B) 6 (C) 7 (D) 8 (E) 9

Teste 97

961) IFMG – A figura mostra, à esquerda, uma peça em formato de paralelepípedo retângulo de metal. A peça foi derretida e transformada em um cubo de aresta x, como a que está à direita da seta.

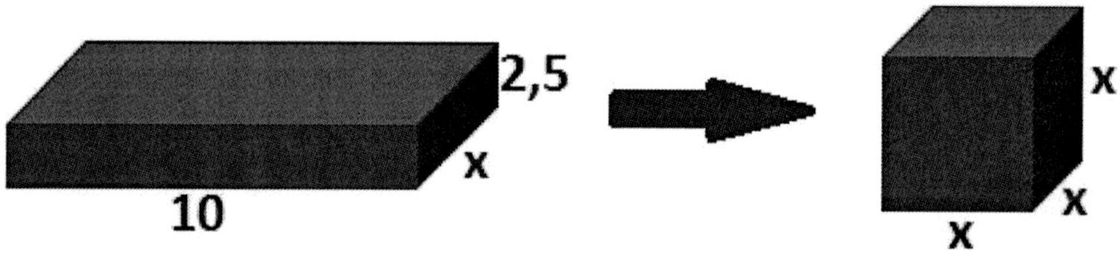

As dimensões, na figura, estão expressas em centímetros. Qual o volume da peça em forma de paralelepípedo?

(A) $96cm^3$ (B) $125cm^3$ (C) $216cm^3$ (D) $343cm^3$ (E) $240cm^3$

962) IFGO – Um feirante compra maçãs ao preço de R$ 0,75 para cada duas unidades e as vende ao preço de R$ 3,00 para cada seis unidades. O número de maçãs que deverá vender para obter um lucro de R$ 50,00 é

(A) 40 (B) 52 (C) 400 (D) 520 (E) 600

963) FATEC – Victor ganhou uma caixa com N bombons. Desses bombons, ele come 1 e dá metade dos que sobraram para Pedro. Dos bombons que recebeu, Pedro come um e dá metade dos bombons que sobraram para Ana. Dos bombons que recebeu, Ana come um e dá metade dos bombons que sobraram para Beatriz. Sabendo-se que Beatriz recebeu dois bombons, então a soma dos algarismos de N é

(A) 5 (B) 6 (C) 7 (D) 8 (E) 9

964) CMBH – O número de divisores de 4.200 que não são primos é igual a:

(A) 4 (B) 6 (C) 22 (D) 44 (E) 46

965) CMRJ – Observe a sucessão de quadrados abaixo.

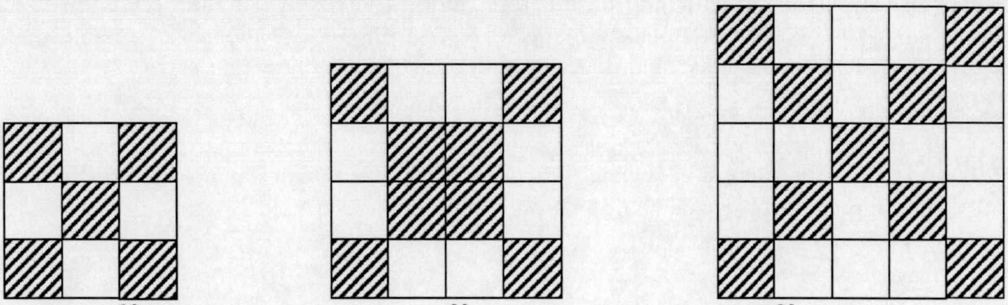

1º 2º 3º

A quantidade de quadrados em BRANCO que estão contidos na figura de posição 3999º é:

(A) 15.984.004 (B) 15.992.001 (C) 16.000.000 (D) 16.008.001 (E) 20.000.000

966) EPCAr – Um relógio adianta 2/3 do minuto por hora. Acertando o mesmo ao meio dia, pode-se dizer que, na manhã seguinte, ao marcar 6h, a hora exata será:

(A) 5 horas (B) 5 2/5 horas (C) 5 1/5 horas (D) 5 4/5 horas

967) EPCAr – Até a primeira quinzena do mês de março de 2017, o combustível comercializado nos postos de nosso país era uma mistura de 1 parte de etanol para 3 partes de gasolina. Considere esse combustível e um outro que apresenta a mistura de 4 partes de etanos para 9 partes de gasolina. Juntando-se volumes iguais dos dois combustíveis, a nova relação de etanol para gasolina, nesta ordem, será:

(A) 5/9 (B) 5/12 (C) 29/75 (D) 31/75

968) Colégio Militar Dom Pedro II – O fosso de um elevador foi inundado durante uma enchente. O fosso tem o formato de um prisma retangular reto, com área da base medindo $6m^2$ e está cheio de água até uma altura de 9 metros. Em situações como esta, duas bombas de sucção usadas pelos bombeiros, conseguem fazer o escoamento de 60 m^3 de água num prazo de 5 horas. Ao iniciar os trabalhos, os bombeiros empregaram apenas uma bomba durante 1 hora e meia, e imediatamente após esse período, outras duas bombas foram colocadas em operação para reforçar a tarefa, então o tempo total, em minutos, necessário para realizar o esgotamento desse fosso foi igual a:

(A) 180 (B) 240 (C) 360 (D) 400 (E) 450

969) PROFMAT – A figura apresenta a planificação de um cubo. A face oposta à face 1:

(A) é a face 3
(B) é a face 4
(C) é a face 5
(D) é a face 6
(E) não pode ser determinada

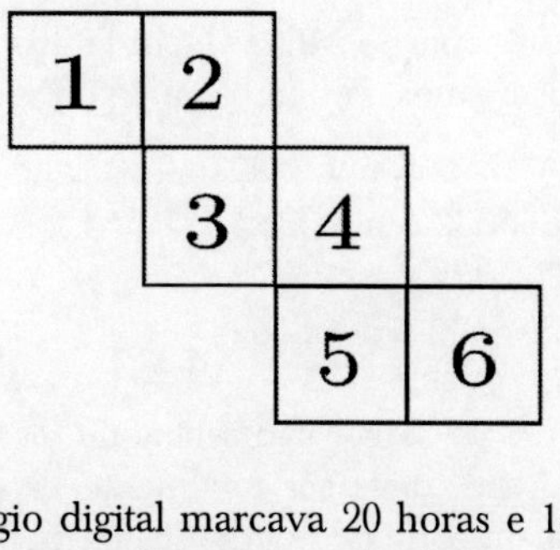

970) OBMEP – Milena começou a estudar quando seu relógio digital marcava 20 horas e 14 minutos, e só parou quando o relógio voltou a mostrar os mesmos algarismos pela última vez antes da meia noite. Quanto tempo ela estudou?

(A) 27min (B) 50min (C) 1h 26min (D) 3h 47min (E) 3h 56min

Teste 98

971) IFGO – Quando o conteúdo de um reservatório é escoado por uma bomba, o tempo necessário para esvaziar completamente esse reservatório é de 1 hora, 37 minutos e 42 segundos. Se forem utilizadas 2 bombas, o tempo necessário para esvaziar será de:

(A) 46min 21s (B) 48min 21s (C) 46min 51s (D) 48min 51s (E) 47min 23s

972) FATEC – Considere a sequência formada por figuras compostas por quadradinhos nas cores cinza e preta dispostos de acordo com um determinado critério.

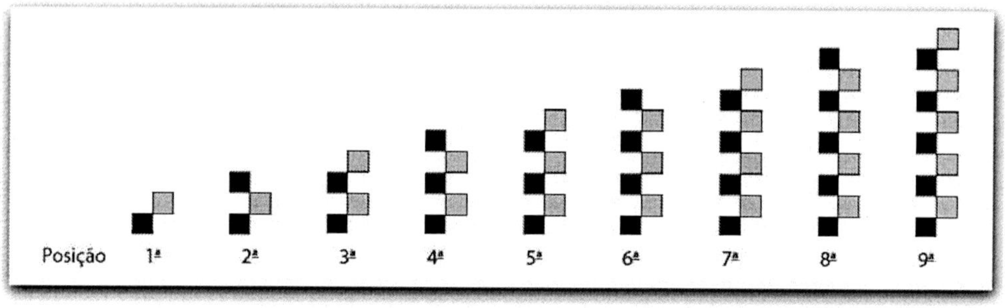

Admitindo o mesmo padrão de formação das figuras, o número de quadradinhos pretos que forma a figura que ocupa a 96ª posição é

(A) 45 (B) 47 (C) 49 (D) 50 (E) 52

973) CMRJ – Se cada letra distinta, em $\sqrt{CMRJ} = CJ$, representa um algarismo significativo distinto, o valor da soma C + M + R + J é igual a:

(A) 12 (B) 14 (C) 15 (D) 16 (E) 18

974) CMR – Ao fazer uma limonada, misturamos água com suco de limão, este em 1/10 do volume da água. Para preparar 5 litros de limonada, que volume de água devemos usar?

(A) 50/10 (B) 50/11 (C) 5/10 (D) 25/10 (E) 25/11

975) CMF – Daniel tem ração suficiente para alimentar quatro galinhas durante 18 dias. No fim do 6º dia, ele comprou mais duas galinhas. Com o restante da ração, ele poderá alimentar suas galinhas durante:

(A) 2 dias (B) 4 dias (C) 6 dias (D) 8 dias (E) 10 dias

976) Colégio Militar Dom Pedro II – Para escrever os números de 1 até n, foram usados 20.781 algarismos. Podemos então afirmar que:

(A) $5232 \leq n \leq 5292$
(B) $5332 \leq n \leq 5382$
(C) $5432 \leq n \leq 5472$
(D) $5532 \leq n \leq 5562$

977) EPCAr – Um retângulo, cujo perímetro é igual a 4,80 m e tendo um dos lados medindo 15 dm, deve ser totalmente dividido em pedaços quadrados com a maior área possível. A quantidade de quadrados assim obtida é um número cuja soma dos algarismos é

(A) 3 (B) 6 (C) 9 (D) 12

978) Colégio Naval – Na multiplicação de um número k por 70, por esquecimento, não se colocou o zero à direita, encontrando-se, com isso, um resultado 32823 unidades menor. Sendo assim, o menor valor para a soma dos algarismos de k é:

(A) par
(B) uma potência de 5
(C) múltiplo de 7
(D) um quadrado perfeito
(E) divisível por 3

979) PROFMAT – Com uma nova invenção, o custo da produção de um produto foi reduzido em 50%. Após uma isenção de impostos, o custo da produção desse mesmo produto foi reduzido em 40% e, em seguida, com a diminuição das tarifas de energia, o custo ainda foi reduzido em 10%. Qual foi a redução percentual do custo de produção desse produto?

(A) 27% (B) 50% (C) 73% (D) 77% (E) 100%

980) OBMEP – Um grupo de 14 amigos comprou 8 pizzas. Eles comeram todas as pizzas, sem sobrar nada. Se cada menino comeu uma pizza inteira e cada menina comeu meia pizza, quantas meninas havia no grupo?

(A) 4 (B) 6 (C) 8 (D) 10 (E) 12

Teste 99

981) IFGO – Num escritório de advocacia trabalhavam apenas dois advogados e uma secretária. Como Francisco e Valdeir sempre advogam em causas diferentes, a secretária, Raquel, coloca um grampo em cada processo de Francisco e dois grampos em cada processo de Valdeir para diferenciá-los facilmente no arquivo. Sabendo-se que ao todo são 78 processos, nos quais foram usados 110 grampos, podemos concluir que o número de processos de Valdeir é igual a:

(A) 32 (B) 46 (C) 40 (D) 64 (E) 48

982) FATEC – Sejam **a** e **b** algarismos. Existem exatamente **N** números naturais de cinco algarismos, da forma **1a79b**, que são divisíveis por 15. Tendo isso em vista, o valor de N é

(A) 15 (B) 12 (C) 9 (D) 6 (E) 2

983) CMB – Numa fábrica, 10 máquinas trabalhando 20 dias produzem 2000 peças. Quantas máquinas serão necessárias para produzir 1680 peças em 6 dias?

(A) 18 (B) 28 (C) 38 (D) 8 (E) 26

984) CMF – Um avião, voando a 600 km/h, faz o trajeto Belém-Itaratame em 90 minutos. Se a mesma aeronave voar a 900 km/h, fará esse mesmo trajeto em:

(A) 40 min (B) 50 min (C) 60 min (D) 70 min (E) 80 min

985) CMM – Um empresário decide presentear os alunos de uma escola com livros de sua biblioteca particular. Observou que se ele desse 2 livros a cada aluno, sobrariam 20 livros e, se ele desse 3 livros a cada aluno, faltariam 30 livros. A quantidade de livros que serão doados é:

(A) 50 (B) 120 (C) 70 (D) 80 (E) 100

986) USP – João tem R$ 150,00 para comprar canetas em 3 lojas. Na loja A, as canetas são vendidas em dúzias, cada dúzia custa R$ 40,00 e há apenas 2 dúzias em estoque. Na loja B, as canetas são vendidas em pares, cada par custa R$ 7,60 e há 10 pares e, estoque. Na loja C, as

canetas que João pode comprar são vendidas avulsas, cada caneta custa R$ 3,20 e há 25 canetas em estoque. O maior número de canetas que João pode comprar nas lojas A, B e C utilizando no máximo R$ 150,00 é igual a:

(A) 46 (B) 45 (C) 44 (D) 43 (E) 42

987) PROFMAT – Dividindo 6 por 7. O 100º algarismo da expansão decimal que aparece após a vírgula é:

(A) 1 (B) 2 (C) 4 (D) 5 (E) 7

988) EPCAr – Certa máquina, funcionando normalmente 5 horas por dia, gasta 3 dias para produzir 1200 embalagens. Atualmente está com esse tempo de funcionamento diário reduzido em 20%, trabalhando, assim, apenas T horas por dia. Para atender uma encomenda de 1840 embalagens, aproveitando ao máximo em todos os dias o seu tempo T de funcionamento, ela gastará no último dia

(A) 120min (B) 150min (C) 180min (D) 200min

989) Colégio Naval – Considere os dois números naturais "a" e "b", ambos formados por dois algarismos. Sabe-se que a.b=2160 e que o máximo divisor comum de "a" e "b" é 12. Sendo assim, é correto afirmar que, ao se dividir a diferença positiva entre "a" e "b" por 11, encontra-se resto igual a:

(A) 9 (B) 6 (C) 5 (D) 2 (E) 1

990) OBM – Seis triângulos idênticos são reunidos para formar um retângulo maior conforme indicado na figura. Qual é a área deste retângulo maior?

(A) $210cm^2$ (B) $280cm^2$ (C) $430cm^2$
(D) $504cm^2$ (E) $588cm^2$

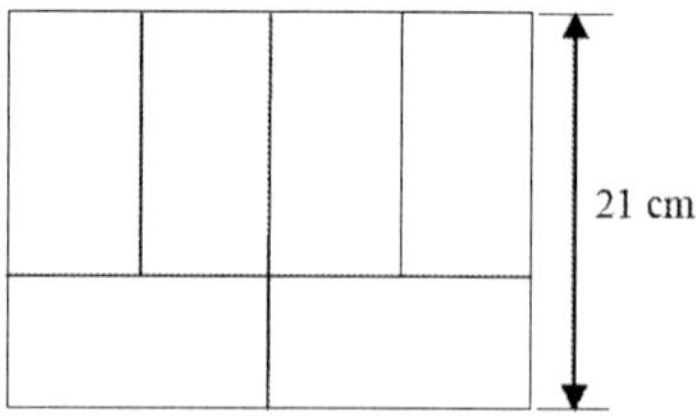

Teste 100

991) IFGO – Uma área retangular possui seu comprimento igual ao dobro da largura. Sabendo que sua área é igual a $128m^2$, podemos dizer que seu comprimento é

(A) 8 (B) 16 (C) 32 (D) 64 (E) 48

992) IFBA – O departamento de Ensino de uma determinada instituição fez um levantamento sobre os 50 professores alocados nos cursos oferecidos e verificou que 30 professores lecionavam no Ensino Médio, 26 professores lecionavam no Ensino fundamental, 10 professores lecionavam em outras modalidades e alguns no Ensino Médio e Fundamental. Com base nestas informações, conclui-se que o número de professores que não lecionavam no Ensino Médio é igual a:

(A) 10 (B) 16 (C) 20 (D) 34 (E) 44

993) FATEC – Os números naturais de 0 a 3000 foram dispostos, consecutivamente, conforme a figura, que mostra o começo do processo.

5ª linha				4								12								20					
4ª linha			3		5						11		13						19		21				
3ª linha		2				6				10				14				18				22			
2ª linha		1						7		9						15		17						....	
1ª linha	0								8								16								....

Nessas condições, o número 2017 está na

(A) 1ª linha (B) 2ª linha (C) 3ª linha (D) 4ª linha (E) 5ª linha

994) UNICAMP – Uma sala retangular de medidas 3,0m por 4,25m vai ser coberta com ladrilhos quadrados iguais, e cuja medida é um número inteiro de centímetros. Suponha que não haja espaço entre os ladrilhos. Sabendo que esses ladrilhos devem ter o maior tamanho possível, qual é a quantidade de ladrilhos a serem usados?

(A) 224 (B) 204 (C) 240 (D) 180 (E) 288

995) CMF – Para a construção de uma obra, uma empresa estimou que com uma determinada turma de operários, trabalhando 8 horas por dia, poderia concluí-la em 12 dias. No entanto, por contenção de despesas, o setor de obras da empresa somente poderá contar com 2/3 da quantidade inicial de operários, trabalhando 6 horas por dia. Nessas condições, a obra deverá ser concluída em:

(A) 24 dias (B) 20 dias (C) 18 dias (D) 28 dias (E) 30 dias

996) CMM – Um terreno retangular tem área igual a 1000 m^2, sendo a largura igual a 2/5 do comprimento. Seu perímetro, em metros, é:

(A) 192 (B) 184 (C) 140 (D) 196 (E) 204

997) PROFMAT – Numa corrida de táxi é cobrado um valor inicial fixo chamado bandeirada e mais uma quantia que é proporcional à quilometragem percorrida. Sabe-se que por uma corrida de 7km são cobrados R$ 22,00, enquanto que uma corrida de 3km custa R$ 11,80. O valor da bandeirada, em reais, é

(A) 3,75 (B) 3,95 (C) 4,05 (D) 4,15 (E) 4,25

998) EPCAr – Uma loja aumenta o preço de um determinado produto cujo valor é de R$ 600,00 para, em seguida, a título de "promoção", vendê-lo com "desconto" de 20% e obter, ainda os mesmos R$ 600,00, então o aumento percentual do preço será de

(A) 20% (B) 25% (C) 30% (D) 35%

999) EPCAr – Três pedaços de arame têm comprimento 3,6 dam, 4800 cm e 0,72 hm. Deseja-se cortá-los em pedaços menores, cujos comprimentos sejam iguais com o maior valor possível, e sem que haja perda de material. Com base nisso, é INCORRETO afirmar que

(A) o comprimento de cada pedaço de arame, após cortá-los, é 120 dm
(B) o menor número de pedaços de arame com a mesma medida é 12
(C) o arame de comprimento 3.6 dam será dividido em 3 partes iguais
(D) os arames de 4800 cm e 0,72 hm, após cortados, formam um conjunto de 10 pedaços

1000) OBM – Eduardo escreveu todos os números de 1 a 2009 numa folha de papel. Com os amigos, combinou o seguinte: cada um deles poderia apagar quantos números quisesse e escrever, no fim da lista, o algarismo das unidades da soma dos números apagados. Por exemplo, se alguém apagasse os números 28, 3, 6, deveria escrever no fim da lista o número 7, pois 28 + 3 + 6 = 37. Após algum tempo, sobraram somente dois números. Se um deles era 2000, qual dos números a seguir poderia ser o outro?

(A) 0 (B) 1 (C) 3 (D) 5 (E) 8

Respostas dos testes

Respostas do Teste 91

901) D	903) C	905) C	907) C	909) D
902) B	904) C	906) D	908) A	910) A

Respostas do Teste 92

911) D	913) B	915) C	917) C	919) E
912) C	914) C	916) B	918) C	920) B

Respostas do Teste 93

921) C	923) B	925) A	927) B	929) E
922) B	924) C	926) C	928) A	930) B

Respostas do Teste 94

931) C	933) D	935) A	937) A	939) C
932) A	934) C	936) C	938) B	940) C

Respostas do Teste 95

941) C	943) D	945) A	947) A	949) E
942) B	944) A	946) C	948) A	950) B

Respostas do Teste 96

951) D	953) C	955) B	957) D	959) C
952) C	954) D	956) C	958) D	960) D

Respostas do Teste 97

961) B	963) A	965) C	967) C	969) B
962) C	964) D	966) D	968) B	970) C

Respostas do Teste 98

971) D	973) D,E	975) D	977) B	979) C
972) C	974) B	976) C	978) A	980) E

Respostas do Teste 99

981) A	983) B	985) B	987) A	989) D
982) D	984) C	986) B	988) C	990) E

Respostas do Teste 100

991) B	993) B	995) A	997) D	999) B
992) C	994) B	996) C	998) B	1000) D

Resoluções dos testes

Resoluções do teste 91

901) Tanto o comprimento como a largura da horta são valores desconhecidos. Como o comprimento é o dobro da largura, podemos chamar a largura de □ e o comprimento de □□. Note que apenas dois lados serão cercados pelo arame, já que o muro delimita os outros dois lados. Então temos:

□ + □□ = 12

Logo □=4, ou seja, a largura é 4m e o comprimento é 8m. O problema pergunta a área:

4m x 8m = $32m^2$.

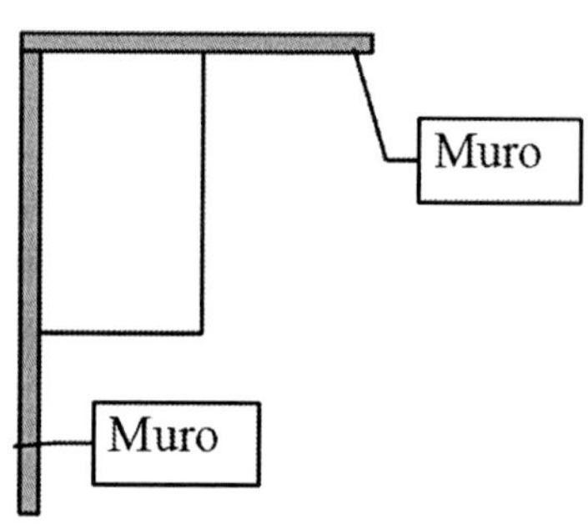

Resposta: (D) 32

902) Para resolver o problema, é preciso saber que tanto a soja quanto o milho são grãos.

Dos 350 hectares, 70% são destinados à plantação de grãos, ou seja, soja e milho.

70% de 350 = 245

Dessa área, 80% é destinada à soja, portanto 20% é destinada à plantação de milho., que é o que o problema pede.

20% de 245 é o mesmo que 1/5 de 245, que é 49.

Resposta: (B) 49 hectares

903) Na safra passada, 12 cortadores, colheram 120 hectares em 42 horas
1 cortador colhe 10 hectares em 42 horas
Em 1 hora de trabalho, cortará a cana de uma área 42 vezes menor:
1 cortador colhe 10/42 hectares em 1 hora

Na safra atual, serão 14 cortadores que trabalharão por 40 horas (5 dias de 8h):
14 cortadores colhem 14x10/42 hectares em 1 hora. Nas 40 horas serão
14 cortadores colhem 40x14x10/42 hectares em 40 horas

$$\frac{40 \times 14 \times 10}{42} = \frac{40 \times 10}{3} = 133{,}3$$

Ou seja, com esses cortadores, trabalhando por 40 horas, colherá apenas 133,3 hectares de cana.

Resposta: (C) 133,3

904) 2,5% é o mesmo que 1/40:
De fato, $\frac{2{,}5}{100} = \frac{5}{200} = \frac{1}{40}$
Então a quantidade de água do mar é 40 vezes a quantidade correspondente de sal.
Para 200g de sal, são necessários 40x200g de água, que são 8000g, ou 8 kg.

Resposta: (C) 8

905) Quer dizer que N tem 4 fatores primos, repetidos ou não. Pode portanto ter uma das formas: a^4, $a^2.b^2$, $a^3.b$, $a^2.b.c$ ou a.b.c.d, não há como saber.
Em cada um desses casos, o número de divisores será:

a^4 → (4+1) = 5
$a^2.b^2$ → (2+1).(2+1) = 9
$a^3.b$ → (3+1).(1+1) = 8
$a^2.b.c$ → (2+1).(1+1).(1+1) = 12
a.b.c.d → (1+1).(1+1).(1+1).(1+1) = 16

Portanto y, que é o número de divisores de N, pode ser igual a 5, 9, 8, 12 ou 16, ou seja, 5 valores possíveis.

Resposta: (C) 5

906) O primeiro número é um múltiplo de 7, mais 6.
O segundo número é um múltiplo de 7, mais 5.
Somando dois números, teremos a soma de dois múltiplos de 7, mais 6, mais 5.
A soma de dois múltiplos de 7 é também um múltiplo de 7. Teremos então:
Um múltiplo de 7, +11
Este 11 podemos separar como 7 + 4. Ficaremos então com:
Um múltiplo de 7, mais 7, mais 4. Ou seja, trata-se de
Um múltiplo de 7, mais 4. Então o resultado da divisão por 7, é 4.
Podemos chegar à mesma conclusão tomando exemplos:
1º número: 13 (deixa resto 6 na divisão por 7).
2º número: 12 (deixa resto 5 na divisão por 7).
A soma é 25, que deixa resto 4 na divisão por 7.

Resposta: (D) 4

907) Esses juros usados no cartão de crédito são chamados *juros compostos*. A cada mês, os juros são aplicados ao valor anterior.

1º mês de atraso: dívida = 1000 + 11% de 1000 = 1000 + 110 = 1110.
2º mês de atraso: dívida de 1110 + 11% de 1110 = 1110 + 122,10 = 1232,10
Em relação ao valor inicial (1000 reais), os juros cobrados foram 232,10, ou seja, 23,21% de 1000

Resposta: (C) 23,2%

908) O problema não faz perguntas, nem apresenta dados sobre quantidades específicas do estoque (no caso, um número de pares de meias), mas apresenta apenas frações e porcentagens. Nesses casos, podemos estipular uma quantidade fictícia, e assim facilitar os cálculos. Vamos estipular 100 unidades, pois as frações e porcentagens envolvidas resultarão em números inteiros.
Suponha portanto um estoque de 100 peças.
3/5 do estoque são 60 peças, e 50% disso é a metade de 60 peças, ou seja, 30 peças. Então tivemos:
30 peças vendidas com lucro de 30% sobre o custo.
70 peças vendidas com prejuízo de 10% sobre o custo.
Para continuar com os cálculos, podemos aqui também estipular o preço de custo. Digamos que cada produto tenha custado para o comerciante, 10 reais. Portanto os 30 primeiros foram vendidos por 13, e os 70 restantes foram vendidos por 9. Foram gastos 100 x 10,00 = 1000,00, e o valor arrecadado foi:
30 x 13,00 + 70 x 9,00 = 390,00 + 630,00 = 1020,00
Portanto o lucro foi 20,00, que sobre os 1000 reais gasto com a compra as mercadorias, corresponde à porcentagem de 20/1000 = 2/100, ou 2%.

Resposta: (A) lucro de 2%

909) Os espaçamentos de 15m, 70m, 150m e 500m foram divididos em partes iguais, e com o maior valor possível. A distância é então o MDC entre 15, 70, 150 e 500, que vale 5. A distância d é de 5 metros, e foi obtida nos quatro trechos:
AB ➔ 3 vezes
BC ➔ 14 vezes
CD ➔ 30 vezes
DE ➔ 100 vezes
Total: 147 vezes. Um número múltiplo de 7.

Resposta: (D) 7

910) Nas unidades temos 77 x 7 = 539
Nas dezenas temos 760 x 7 = 5320
O algarismo das dezenas é 3 + 2 = 5

Resposta: (A) 5

Resoluções do teste 92

911) A amostra original tinha 100 gramas, sendo 18g de sal e 82g de água. Parte da água irá evaporar, mas a quantidade de sal continuará a mesma. Então, os 18g de sal correspondem a 30% do total. Dividindo 18 por 3 obtemos 10%, e multiplicando por 10 temos 100%, ou seja, a água salgada terá 60 gramas após a evaporação. Como eram 100 gramas, 40 gramas serão evaporadas.
Portanto irão evaporar 40 gramas dos 82 gramas anteriores.

$\frac{40}{82} \times 100\% = \frac{20}{41} \times 100\% = 48{,}8\%$, aproximadamente.

Resposta: (D) 49%

912) Seria uma simples questão de MMC, se não fosse por um fator complicativo: o descanso de Décio 2 dias, enquanto o de Telma é 1 dia. Somando trabalho e descanso, o clico de Telma é de 4 dias, e o de Décio é 6 dias. O MMC é 12, então vamos formar uma sequência completa de 12 dias:

Telma: T T T D T T T D T T T D
Décio: T T T T D D T T T T D D

Este ciclo de 12 dias se repetirá 5 vezes durante os 60 dias citados. Observe que dentro de um ciclo, existe um único dia em que ambos estão descansando, que é o 12º dia. Isto ocorrerá a cada 12 dias, então em 60 dias, serão 5 folgas coincidentes.

Resposta: (C) 5

913) Total de inscritos: 200 = 120 + 50 + 30.
Os inscritos para o curso de Técnico em Agropecuária foram 120 de um total de 200, uma porcentagem de:

$$\frac{120}{200}\times 100\% = \frac{120}{2}\% = 60\%$$

Resposta: (B) 60%

914) Poderia ser feita a conta, descobrindo o valor de N, para então fazer a decomposição de N em fatores primos, e assim descobrir o número de divisores. Neste processo será preciso avaliar 2^{10}, 2^{12} e 2^{14}. Isto pode ser feito dobrando o número 2, descobrindo as potências de 2: 2, 4, 8, 16, 32, 64, 128, 256, 512, 1024, 2040, 4096, 8192, 16.384 então ficamos com 2^{10} = 1024, 2^{12} = 4096 e 2^{14} = 16.384, mas este processo dá muito trabalho. Faremos de outra forma mais simples.
O número N, dado por $2^{14} - 2^{12} + 6.2^{10}$, pode ser escrito como $2^4.2^{10} - 2^2.2^{10} + 6.2^{10}$.
Isso é o mesmo que 2^{10} x (16 – 4 + 6) = 18.2^{10}. Note que 18 tem 1 fator 2 e dois fatores 3, ou seja, 18 = 2 x 3^2. Então podemos escrever N como 2^{11} x 3^2. Estando N decomposto em fatores, primos, podemos calcular o seu número de divisores:
(11 + 1)x(2 + 1) = 36

Resposta: (C) 36

915) O número mínimo de estacas é obtido fazendo o seu espaçamento ser máximo, ou seja, O MDC entre 52 e 117. Este MDC é 13. Então serão 4 estacas na largura e 9 estacas no comprimento, mas para evitar erros, façamos um desenho, como na figura ao lado. O número total de estacas é 26.

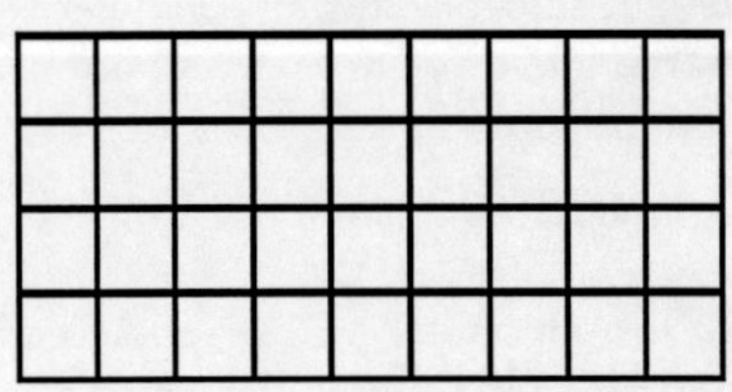

O arame farpado dará 8 voltas, então o comprimento total será 8 vezes o perímetro. Este perímetro é 52 + 52 + 117 + 117 = 338
338m x 8 = 2.704m

Resposta: (C) 26 estacas e 2704 metros de arame farpado

916) As proporções de concentrado + água para formar o suco e o refresco estão indicadas abaixo.

Suco 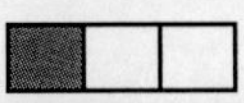

Refresco 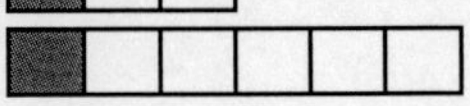

Se cada quadrado representar 1 litro, a figura acima está representando 3 litros de suco e 6 litros de refresco. A segunda parte do desenho mostra exatamente o que o problema pede: 6 litros de refresco. Para formá-lo, basta tomar 3 litros de suco, indicados acima, e acrescentar 3 litros de água.

Resposta: (B) 3

917) Os números indicados devem ser proporcionais a 10, 15 e 35. Comecemos distribuindo essas quantidades de cabeças de gado, depois façamos o ajuste para que a soma seja 2400. Se usarmos esses números, a soma será 10 + 15 + 35 = 60.
Para totalizar 2400, devemos multiplicar os números acima por 40, assim o total será 60 x 40 = 2400 e os três valores somarão esta quantidade.
Sendo assim, os números serão 10x40, 15x40 e 35x40, ou seja, 400, 600 e 1400.

Resposta: (C) 400, 600, 1400

918) Considerando um período como uma manhã ou uma tarde, vamos enumerar todos os períodos que ocorreram durante o curso:
9 períodos com avaliação
7 manhãs sem avaliação
4 tardes sem avaliação
Total: 20 períodos, o equivalente a 10 dias.
O número 10 é um divisor de 20.

Resposta: (C) 20

919) Foram compradas 101 unidades por R$ 220,00. Os preços são: peteca=1, bola=10 e boneca=20.
Como os preços da bola e da boneca são múltiplos de 10, então o valor gasto com as petecas tem que ser um múltiplo de 10. Portanto os números possíveis de petecas compradas são: 0, 10, 20, 30, etc.
O único múltiplo de 10 nas opções é 90, então esta é a única resposta possível para o número de petecas. É válido marcar (E) nesse momento e passar para a questão seguinte.
Apenas para conferir, vejamos se podemos determinar os números de bolas e bonecas de acordo. Sendo 90 petecas, que custam 90 reais, restam mais 11 itens, ao custo de 130 reais. Isso poderia ser formado com 2 bonecas + 9 bolas. Seriam 11 brinquedos e custo de 30 reais. Então, de fato, a solução é: 90 petecas, 9 bolas e 2 bonecas.
Observe que o ponto principal do problema foi identificar que o número de petecas precisava ser um múltiplo de 10.

Resposta: (E) 90

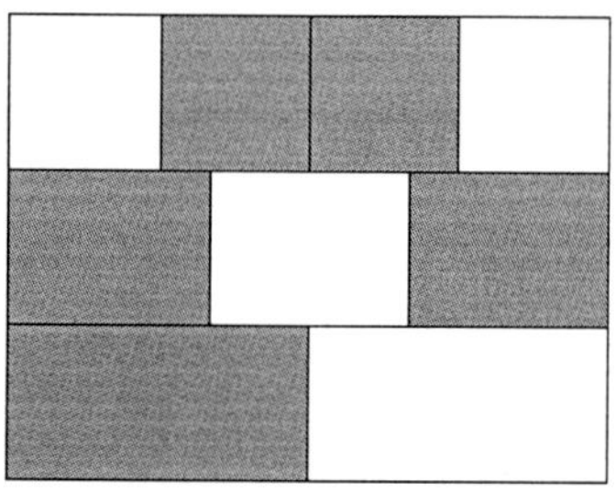

920) Se a área total é $36m^2$, então cada faixa vale $12m^2$. Sendo assim, as partes da 1ª faixa vale 3 unidades de área cada, as da 2ª faixa vale 4, e as da 3ª faixa valem 6.
O total é:
3+3+4+4+6=20

Resposta: (B) $20m^2$

Resoluções do teste 93

921) Três fatores 2 e um certo número (x) de fatores 5: $N = 2^3 \times 5^x$
O número de divisores é o produto dos expoentes somados com 1.

16 = (3+1) x (x+1).
16 = 4 x (x+1)
x+1 = 4, x = 3
Portanto podemos afirmar que N vale $2^3 \times 5^3 = 1000$. A única resposta válida é (C)

Resposta: (C) 600<N<1200

922) A prazo, o preço total será 20 x 150 = 3.000
O acréscimo é 500, que corresponde à seguinte porcentagem em relação ao 2500:

$$\frac{500}{2500} \times 100\% = 20\%$$

Resposta: (B) 20%

923) Atenção: este tipo de problema é calculado com o MMC, mas é o MMC entre os períodos, e não entre os números de "piscadas" por minuto.
Luz da torre de rádio: período 1 min ÷ 15 = 4s
Luz da torre de Internet: período = 1 min ÷ 10 = 6s
As luzes voltarão a piscar simultaneamente depois do MMC entre os períodos.
MMC(4, 6) = 12

Resposta: (B) 12s

924) O primeiro tanque, que começa vazio, é cheio em 6h, então recebe 10.000 litros por hora
O segundo tanque, que começa cheio, é esvaziado em 3, então perde 20.000 litros por hora.
As quantidades de água em cada tanque, ao longo do tempo, são>

	1º tanque	2º tanque
0h	0	60.000
1h	10.000	40.000
2h	20.000	20.000
3h	30.000	0
4h	40.000	
5h	50.000	
6h	60.000	

Observe que após 2 horas, ambos os tanques estavam com 20.000 litros.

Resposta: (C) 2h

925) É claro que se calcularmos o produto, saberemos qual é o seu algarismo das unidades. Entretanto podemos fazer isso de uma forma mais simples. Basta multiplicar os algarismos das unidades de cada um dos fatores.
Além disso, note que tem todos os fatores, temos potências de 5. Potências de 5 sempre terminam com 5, portanto somando com um terminarão com 6. Então temos o produto de 6 fatores que terminam com 6. E observe o seguinte:
6 x 6 = 36
36 x 6 = 216
216 x 6 = ...6
Quando multiplicamos vários números que terminam com 6, o resultado terminará com 6.

Resposta: (A) 6

926) Governador + 4 prefeitos → 1 + 4
Cada prefeito, 4 secretários → 4 x 4 = 16
Cada secretário, 4 vereadores. → 16 x 4 = 64
Total: 85 participantes, que é múltiplo de 17.

Resposta: (C) 17

927) Ao invés de dividir por 50, dividiu por 5, então o resultado encontrado foi 10 vezes maior. A diferença em relação ao valor correto, é 9 vezes o valor correto. No caso, 22,5 unidades são 9 vezes 2,5.
Então a divisão por 50 deveria dar como resultado, 2,5. Portanto o número que foi dividido foi 50 x 2,5 = 125. Conferindo:
125 ÷ 50 = 2,5
125 ÷ 5 = 25, que realmente é 22,5 unidades a mais que o resultado correto. O número k é 125, e seu algarismo das dezenas é 2.

Resposta: (B) 2

928) Vejamos em quantas horas 1 operário instala 1 cadeira:
6 operários instalam 12 cadeiras em 8 horas.
1 operário instala 2 cadeiras em 8 horas
1 operário instala 1 cadeira em 4 horas.

Agora usamos esta informação para resolver o problema:
5 operários instalam 5 cadeiras em quantas horas?
Simples: nessas mesmas horas, 1 operário instalaria 1 cadeira. Comparando com o que já havíamos encontrado, que 1 operário instala 1 cadeira em 4 horas, a resposta é 4 horas, ou seja, 5 operários também instalarão nessas 4 horas, 5 cadeiras.

Resposta: (A) 4 horas

929) A parte da melancia que não é água, chamemos de "sólido", é 5% , contra 95% de água. Portanto é uma parte de sólido para 19 partes de água.
Para a melancia passar a ter 90% de água, precisa ter uma parte de sólido para 9 partes de água. Sendo assim, como a parte sólida da melancia é a mesma, temos que reduzir a água de 19 partes para 9 partes, ou seja, precisamos retirar 10 partes de água, de um total de 20. Portanto a água que a melancia perde é a metade do seu peso. Como passou a pesar 6kg, seu peso original era o dobro, 12 kg.

Resposta: (E) 12kg

930) A idade real da professora tem que ser um número entre 25 e 30. Não pode ser maior que 30, nem menor que 22, caso contrário haveria um erro maior que 8 unidades, e os erros foram 2, 3 e 5. Não pode ser um número entre 22 e 25, pois se assim fosse, o erro do 30 seria maior que 5. A única forma disso funcionar é tendo a idade da professora entre 25 e 30.

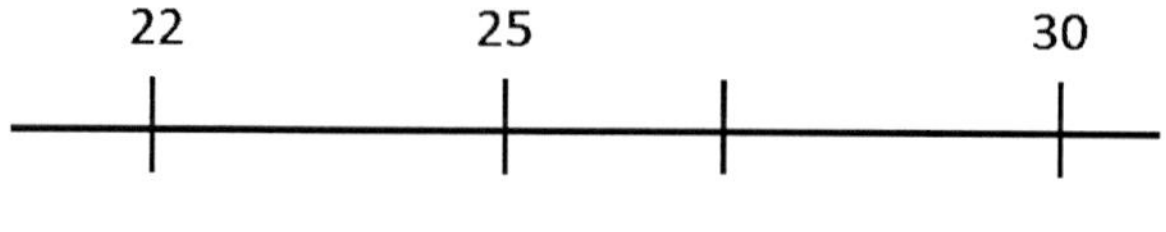

Dessa forma, o erro igual a 5 tem que ser do aluno que disse "22", então a idade da professora é 27. Temos erro 5, erro 2 e erro 3, como o problema especificou.

Resposta: (B) 27

Resoluções do teste 94

931) Se o MDC entre dois números é 60, então podemos chama-los de X.60 e Y.60, onde X e Y são números primos entre si. Claro, primos entre si porque X e Y não têm fatores comuns, já que todos os fatores comuns estão no MDC. Já que a soma dos dois números é 900, então X + Y tem que valer 15, pois assim teremos a suma 15 x 60 = 900.

Portanto encontrar os dois números consiste em descobrir valores de X e Y, primos entre si, e cuja soma é 15. Podem ser:

1 e 14 ➔ os números seriam 60 e 840

2 e 13 ➔ os números seriam 120 e 780

4 e 11 ➔ os números seriam 240 e 660

7 e 8 ➔ os números seria, 420 e 480.

São essas as 4 possibilidades de pares de números que atendem ao problema.

Resposta: (C) 4

932) Traçando as linhas auxiliares na terceira figura, fica fácil ver que o triângulo formado é 1 parte de um total de 8.

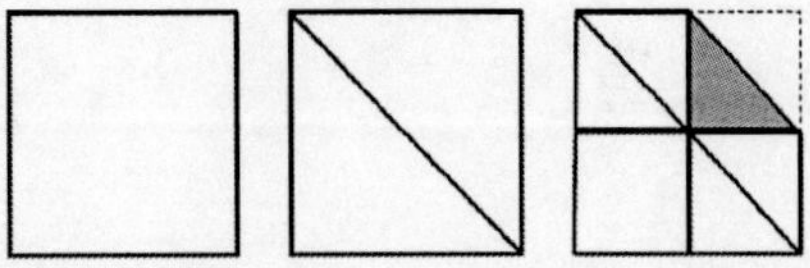

Resposta: (A) 1/8 da folha.

933) O retângulo, o quadrado, e o losango são todos *paralelogramos.* Eles têm os lados opostos iguais e paralelos.

Resposta: (D)

934) Cada nova figura possui o triplo do número de triângulos brancos que a anterior, mais uma unidade.

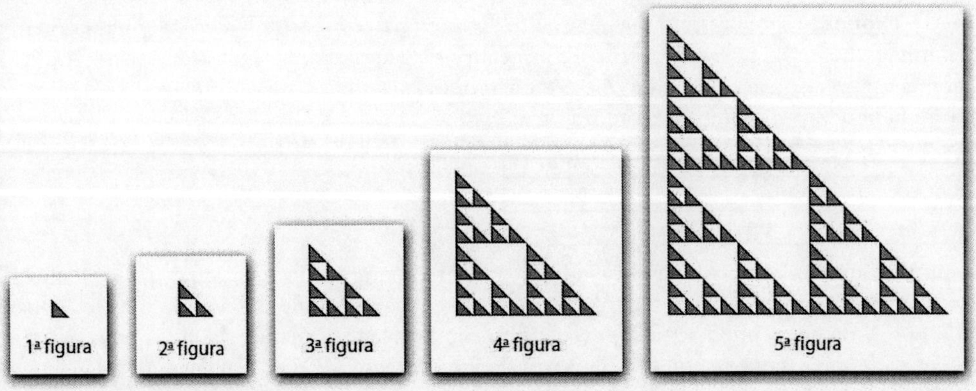

Isso é consequência da maneira como as figuras são formadas. Cada figura é triplicada, surgindo um novo triângulo branco central, além dos anteriores, que aparecem triplicados. Então o número de triângulos brancos segue a seguinte sequência (triplica e soma 1), da qual indicamos os 8 primeiros termos:

0, 1, 4, 13, 40, 121, 364, 1093

Resposta: (C) 1093

935) O número de cerâmicas é igual à área total, dividida pela área de uma cerâmica:

$$\frac{484}{0,11\times 0,11}=\frac{4840000}{11\times 11}=\frac{4840000}{121}=40000$$

São 40.000 cerâmicas, custando R$ 2,00 cada, então o custo do material é R$ 80,00.

Acrescente-se a este valor, o custo da colocação, que é R$ 85,00 para cada metro quadrado, ou seja:
85 x 484 = R$ 41.140,00
Somando os dois valores temos:
R$ 80.000,00 + R$ 41.140,00 = R$ 121.140,00.

Resposta: (A)

936) Primeiramente vamos calcular a área da figura cinza, em quadrículas. Podemos calcular esta área somando 4 triângulos, mas também podemos tomar o quadrado grande (16 quadrículas) e subtrair os quatro triângulos brancos, que são iguais dois a dois. As áreas dos triângulos brancos são as seguintes:
1: 1x4/2 = 2 quadrículas
2: 3x2/1 = 3 quadrículas
Portanto, a área cinza é igual a:
16 – 2 – 3 – 2 – 3 = 6 quadrículas.

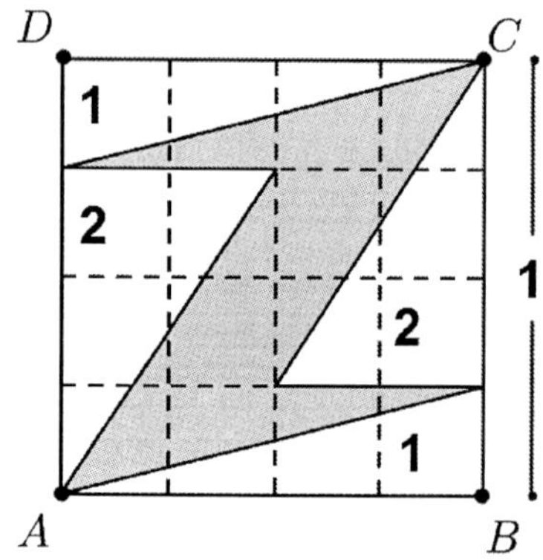

O problema indicou que o quadrado maior tem lado 1, então sua área é 1. A área de cada quadrícula é 1/16, já que são 16 quadriculas. Portanto a área pedida é:

$$6\times\frac{1}{16}=\frac{3}{8}$$

Resposta: (C) 3/8

937) Os chamados "problemas de idade" geralmente podem ser resolvidos com o uso de uma tabela. Nas linhas, colocamos as pessoas envolvidas, e nas colunas, as épocas. Normalmente é preciso exprimir os valores em função de um "número desconhecido". Por exemplo, as idades dos irmãos hoje são números inteiros consecutivos, sugere chamar essas idades de □ e □+1. Também é preciso usar o fato de que o aumento dos anos para um, é o mesmo aumento que ocorre para o outro, os anos passam por igual.

	Hoje	+ 4 anos
+ novo	□	□+4
+ velho	□+1	□+5

Dentro de quatro anos, a diferença de idades, continuará sendo a mesma, que é 1 ano de idade. Então 1 ano é 1/10 da idade do mais velho, concluímos que a idade do mais velho será 10 anos. A do mais novo será 9, pois sempre será um ano a menos. Hoje, 4 anos antes, as idades são 4 anos menores, ou seja, ao invés de 9 e 10, serão 5 e 6.
Como o problema pede, a soma das idades hoje é 5+6=11. A única resposta que se aplica é (A), um número primo.

Resposta: (A) primo

938) As letras desconhecidas, que são C, D, L e S, representam algarismos entre 1 e 8. A adição nas dezenas indica que C+L=D, e ocorre "vai 1", pois nas centenas, 9+9 é um resultado que termina com 9. Isso só pode acontecer se tivermos 1+9+9=19, ou seja, certamente ocorreu "vai 1" das dezenas para as centenas. Da mesma forma, ocorreu "vai 1" para os milhares. Então temos C+C+1=S.

$$\begin{array}{cccc} & C & 9 & C & 0 \\ + & C & 9 & L & 0 \\ \hline & S & 9 & D & 0 \end{array}$$

Agora vem uma questão de interpretação do enunciado. Nesse tipo de problema normalmente é dito que algarismos diferentes são representados por letras diferentes, e vice-versa. Isto não foi indicado neste enunciado, mas a expressão de que as letras "substituem" algarismos dá a ideia de que não existe repetição.

Sendo assim, como já temos um algarismo 9 no cálculo, nenhuma letra pode representar 9. Como temos C+C+1=S, concluímos que S precisa ser ímpar. Então temos as possibilidades: C=1 e S=3, C=2 e S=5, ou C=3 e S=7.

Analisemos então esses três casos:

a) C=1 e S=3

Esta combinação não dá certo, pois se tivermos C=1, a soma dos dígitos das dezenas não terá "vai 1".

b) C=2 e S=5

Se tivermos C=2, só ocorrerá "vai 1" nas dezenas se tivermos L=8. Então teríamos 2+8=10. Ocorre que as letras representam algarismos de 1 e 8, então o zero não é permitido. Esta é portanto uma combinação inválida para C e S.

c) C=3 e S=7

Esta é a única combinação restante. Os algarismos que restam para D e L são 1, 2, 4, 5, 6, 8

Com C valendo 3, e obrigando a ocorrer "vai 1" na soma C+L, poderíamos ter:

3+8=11 como o único resultado válido. Portanto, L=8 e D=1. O resultado final é:

C=3, S=7, D=1 e L=8. A soma C+D+S+L vale 19. O cálculo é

3930+3980=7910

Resposta: (B) 19

939) A fração perdida é igual ao volume de água usado, dividido pelo volume da caneca, ou seja:

$$\frac{1/2}{2/3} = \frac{1}{2} \div \frac{2}{3} = \frac{1}{2} \times \frac{3}{2} = \frac{3}{4}$$

Resposta: (C) 3/4

940) Para formar o maior número de 3 algarismos diferentes, preenchemos as centenas, depois as dezenas, depois as unidades, com os maiores algarismos possíveis, sem repetir. Formamos então o número:

987.

Para formar o menor número, não podemos começar com o zero. Então o algarismo das centenas precisa ser 1. Entretanto, o zero pode ser usado nas dezenas. Ficamos então com:

102

Finalmente, 987 – 102 = 885

Resposta: (C) 885

Resoluções do teste 95

941) Para calcular o MMC, os números precisam estar na forma de produto de fatores primos.

$A = 2^k.15 = 2^k.3.5$

$B = 4.3^p = 2^2.3^p$

O MMC apresenta os fatores comuns e não comuns, elevados os maiores expoentes. Então:

- possui o fator 2, elevado ao maior expoente entre 2 e k.
- possui o fator 3, elevado ao maior expoente entre 1 e p.
- possui o fator 5 elevado a 1.

Foi dito que o MMC é 360. A fatoração de 360 é:

$2^3.3^2.5$

Então o expoente do 2, que vale 3, é o maior entre k e 2. Portanto k vale 3.
O expoente do 3, que vale 2, é o maior entre 1 e p. Portanto, p vale 2.
Para esses valores de k e p, a única resposta correta é a (C)

Resposta: (C) k + p é ímpar

942) É preciso calcular 43% de 522 km^2, mas em casos como este, muitas vezes um cálculo aproximado é suficiente. É preciso localizar o resultado entre os valores 150.000, 260.000 e 500.000. Fazendo um cálculo rápido, 522x43, resulta em 22.446. Então 43% de 522 quilômetros quadrados resulta em cerca de 224 quilômetros quadrados. Logo a resposta correta é (B).

Resposta: (B) mais de 150km^2 e menos de 260km^2 de floresta

943) Computador + impressora somam 3000 reais, com os cartuchos, o total é 3270,00. Em 5 parcelas iguais, cada uma será 3270 ÷ 5 = 654,00

Resposta: (D) R$ 654,00

944) 240m^2 metros são 5 vezes 48m^2. Então ao todo serão 5 latas de tinta. 1 lata já foi comprada, faltam mais 4. O gasto para comprar a tinta restante será 4 x 90,00 = 360,00.

Resposta: (A) 360

945) 3m por 3m, são 9m^2.
Em cada metro quadrado, os azulejos de 20cm por 20cm formarão um mosaico com 25 azulejos. Portanto o número total de azulejos é 25 x 9 = 225.
Mesmo sem fazer o desenho, é fácil ver que os azulejos formam um arranjo quadrado com 3 x 5 = 15 azulejos de lado. Uma diagonal são 15 azulejos, de cima a baixo. A outra diagonal também tem 15 azulejos, mas como o tamanho da diagonal é ímpar, o azulejo central pertence às duas diagonais. Então o número total de azulejos nas duas diagonais são 15 + 14 = 29.
A quantidade de azulejos brancos é 225 – 29 = 196. Um número divisível por 4.

Resposta: (A) divisível por 4

946) O aumento percentual vale para qualquer peso em ouro. Se 100 gramas ficam 30% mais caros, 1000 gramas também ficam 30% mais caros. Então para saber o aumento percentual, podemos comparar as duas barras citadas no problema, ambas com o mesmo peso. O aumento percentual é a diferença dividida pelo valor inicial, multiplicado por 100%.

$$\frac{525}{1875}\times 100\% = \frac{105}{375}\times 100\% = \frac{21}{75}\times 100\% = \frac{7}{25}\times 100\% = 7\times 4\% = 28\%$$

Resposta: (C) 28%

947) A quantidade total de medicamento necessário é:
6 mL x 3 x 14 = 252 mL
Será preciso comprar dois frascos. O primeiro será integralmente consumido, o outro terá apenas 52% dos seus 200 mL consumidos, um total de 26%. Sobrarão portanto, 74%. Uma quantidade menor que 75%. Claro, matematicamente falando. Na vida real não é possível obter essa exatidão nas quantidades.

Resposta: (A) menor que 75%

948) Um gato e meio come um rato e meio e um minuto e meio.
Vamos reduzir proporcionalmente as "quantidades" de ratos e gatos. É o mesmo que dizer que:

1 gato como 1 rato em 1 minuto e meio. Se tivermos 60 ratos, este gato demorará 60 vezes mais:
1 gato come 60 ratos em 90 minutos. Mas para fazer isso em apenas 30 minutos, precisaremos do triplo de gatos:
3 gatos comem 60 ratos em 30 minutos.

Resposta: (A) 3

949) Conferindo:
I – $10^0 = 1$, $10^3 = 1000$, então $10^0 \times 10^1 \times 10^3 = 10 \times 1000 = 10000 = 10^4$; CORRETO!
II – $12^8 \div 12^6 = 12^2 = 144$: CORRETO! A rigor seria necessário conferir se os valores dados para 12^8 e 12^6 são realmente 42998169 e 2985984, mas pela propriedade das potências, o cálculo de $12^8 \div 12^6 = 12^{8-6} = 12^2$ está correto.
III – O cubo de 3X4 é o mesmo que 12x12x12, que realmente é 1728, portanto, CORRETO!

Resposta: (E) Todas são corretas

950) O problema cita que existem lados da mesa que contém 1, 2 4 e 5 meninos. Como a mesa é retangular, são só esses quatro lados, e o número total de meninos é 1+2+4+5 = 12

Resposta: (B) 12

Resoluções do teste 96

951) O saco de laranjas custou R$ 10,00 e a metade das laranjas renderam 3 litros de suco. Quer dizer que o saco inteiro renderia 6 litros de suco.
Dividindo por 20, concluímos que 300 ml custariam R$ 0,50.
No Shopping é cobrado R$ 1,50 por 300mL, ou seja, 3 vezes mais caro que o suco equivalente das suas laranjas espremidas.
Portanto se vendesse no Shopping o suco das suas laranjas, obteria uma quantia suficiente para comprar o triplo, ou seja, 3 sacos de laranjas.

Resposta: (D) 3 sacos de laranjas

952) É preciso encontrar dois números cuja soma é 24, sendo que um é o triplo do outro. Com a prática fica fácil concluir que os números são 6 e 18, mas se isso não ficar fácil de concluir, podemos chamar os números de □ e □□□. Logo temos:
□□□□ = 24
□ = 6

Então os números são 6 e 18. Os que têm mais são os de dióxido de carbono, que são o triplo, e os que estão em menor quantidade são os de espuma química.

Resposta: (C) 6

953) Traçando as linhas fica fácil concluir que a área do triângulo pedido é 1/8 da área do retângulo ABCD, ou seja, $9m^2$.

Resposta: (C) 9

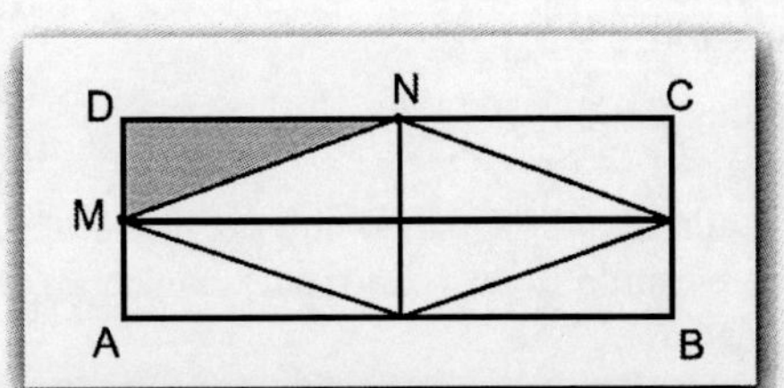

954) A forma mais fácil de calcular isso é achar o número total, e subtrair os que não têm o algarismo 5.
1) TOTAL:

Para o algarismo das unidades de milhar, temos 7 escolhas, que são de 1 a 7.
Para o algarismo das centenas, temos 6 escolhas, que são os 7 números, exceto o que já foi escolhido para os milhares.
Para as dezenas, temos 5 escolhas, e para as unidades, 4 escolhas.
O número total de escolhas é 7 x 6 x 5 x 4 = 840

2) Os que não têm o algarismo 5.

Nesse caso, devemos formar números apenas com 1, 2, 3, 4, 6 e, 7.
São 6 escolhas para os milhares, 5 para as centenas, 4 para as dezenas e 3 para as unidades.
6 x 5 x 4 x 3 = 360
Agora podemos calcular o total menos os que não têm 5:
840 – 360 = 480. Esses são os que possuem o 5.

Resposta: (D) 480

955) Restavam 25 dias, com 320 doses para cada dia, num total de 8000 doses.
Agora o número de pacientes aumentou para 320 + 80 = 400. As 8000 doses irão durar:

8000 ÷ 400 = 20 dias.

Resposta: (B) 20 dias

956) O volume da "piscina de esgoto", em litros, é:
500x250x20 = 2.500.000 litros (o volume em litros é o produto das dimensões em decímetros)
Como são tratados 1500 litros por segundo, o número de segundos necessários será:
$\frac{2500000}{1500} = \frac{25000}{15} = \frac{5000}{3}$. O mesmo que 1666 segundos.
Como 1 hora = 3600 segundos, esses 1666 segundos são quase meia hora, o valor mais próximo entre as opções.

Resposta: (C) meia hora

957) Se 12 máquinas operando por 9 dias fazem o serviço, então o serviço total equivale a 12x9 = 108 dias de máquina, ou seja, o mesmo que uma máquina operando sozinha durante 108 dias. Esta medida é um número que avalia a quantidade total de trabalho.
No final do 4º dia, faltavam ainda 5 dias de trabalho, ou seja, 5x12 = 60 dias de máquina.
4 máquinas estragaram, ficando apenas 8. Essas 8 máquinas operaram por 3 dias enquanto as outras consertavam. Então fizeram nesses 3 dias, o equivalente a 3x8 = 24 dias de máquina. Faltavam ainda 60 – 24 = 36 dias de máquina, mas agora só restam 2 dias para terminar o serviço!
Nesses 2 dias restantes, para completar o trabalho, será necessário um número de máquinas igual a:

36 ÷ 2 = 18 máquinas.

Ou seja, além das 12, será preciso mais 6 máquinas para terminar o serviço no prazo combinado.

Resposta: (D) 6

958) Cada termo é igual ao anterior multiplicado por 100.
Então, partindo do 2º termo, para chegar ao 12º, será preciso multiplicar por 100, 10 vezes.
Ficará então:
30 x 100 x 100 x 100 x 100 x 100 x 100 x 100 x 100 x 100 x 100 = 3 seguido de 21 zeros.
Isso é o mesmo que 3×10^{21}.
Agora multiplicamos este valor pelo número 4, resultando em 12×10^{21}.

Não existe este valor entre as opções, mas notando que 12 é o mesmo que 1,2 x 10, o número encontrado pode ser escrito como $1{,}2 \times 10 \times 10^{21} = 1{,}2 \times 10^{22}$.

Resposta: (D) $1{,}2 \times 10^{22}$

959) Calculemos a quantidade total de suco, somando os volumes dos ingredientes. Note que 300 mL é o mesmo que 3/10 de litro. Ficamos com:

$\frac{2}{4}+\frac{6}{8}+\frac{2}{5}+\frac{3}{10}$. As duas primeiras frações podem ser simplificadas. Ficamos com:

$$\frac{1}{2}+\frac{3}{4}+\frac{2}{5}+\frac{3}{10}=\frac{10}{20}+\frac{15}{20}+\frac{8}{20}+\frac{6}{20}=\frac{39}{20}$$

Isso é o mesmo que 1950mL

Como os copos tinham volume maior que 100mL e menor que 150mL, o número de participantes era no máximo 19, e no mínimo 1950 ÷ 150 = 13. Ou seja, entre 13 e 19. Entre as opções, poderiam ser 14 ou 15. Note que todo o suco foi servido para os amigos, sem resto. Apenas os amigos foram servidos. Então a divisão de 1950 pelo número de amigos tem que ser exata. Não pode ser 14, pois deixaria resto na divisão. Só pode ser 15.

Resposta: (C) 15

960) Se apertou 6 teclas, contando com x e =, os números multiplicados usavam 4 algarismos. Portanto devemos fatorar 2014 e verificar se é possível escrevê-lo como o produto de dois números, ou ambos com 2 algarismos, ou um de 1 algarismo e outro de 3 algarismos.

2014 = 2 x 19 x 53

2014 é o produto desses três números primos. A fatoração seria fácil se partíssemos de 19x106, dado no enunciado. Podemos então usar 38x53. Não daria certo usar 2 multiplicado por 1007, é preciso usar 4 algarismos. Então a única forma de resolver o problema é escrever como 38x53. Respondendo o que é perguntado, o maior algarismo foi 8.

Resposta: (D) 8

Resoluções do teste 97

961) Os volumes das duas peças são iguais, já que uma foi derretida para construir a outra. Então temos:

10 . 2,5 . x = x.x.x

Para que esta igualdade funcione, x.x tem que ser a mesma coisa que 10.2,5. Este produto é 25. Então x.x = 25, logo x vale 5.

De fato, com x valendo 5, o volume da primeira peça será 10 x 2,5 x 5 = 125, e o volume da segunda peça também: 5 x 5 x 5 = 125.

Resposta: (B) $125cm^3$

962) Se vende a R$ 3,00 cada 6 unidades, vende a R$ 0,50 cada unidade, o mesmo que R$ 1,00 cada duas unidades. Se compra por R$ 0,75 cada duas, então lucra R$ 0,25 a cada duas unidades. Isso é o mesmo que lucrar R$ 1,00 com 8 unidades.
Para lucrar R$ 50,00, tem que vender 50 vezes mais, ou seja, 8 x 50 = 400 unidades.

Resposta: (C) 400

963) Victor: Ganha N, come 1 e da a metade para Pedro
Pedro: Come 1 e dá a metade para Ana

Ana: Come 1 e dá a metade para Beatriz
Beatriz: recebeu 2 bombons
Para descobrir qual era o número original de bombons (N), podemos realizar essas operações ao contrário, como "passando o filme ao contrário". Operar ao contrário significa dobrar a somar 1.
Ana: 2, dobra e soma 1 ➔ 5
Pedro: 5, dobra e soma 1 ➔ 11
Victor: 11, dobra e soma 1 ➔ 23
A caixa tinha 23 bombons, a soma dos algarismos é 5.

Resposta: (A) 5

964) Primeiramente devemos fatorar o número 4200.
$4200 = 2^3 \times 3 \times 5^2 \times 7$

O número de divisores é obtido somando 1 aos expoentes e multiplicando, portanto ficamos com:
$4 \times 2 \times 3 \times 2 = 48$ divisores

Devemos excluir dessa contagem, os primos, que são 2, 3, 5 e 7. Portanto, excluímos 4 primos (lembre-se que 1 não é primo, nem composto).
Sobram então 44 divisores.

Resposta: (D) 44

965) Primeiro encontremos o lado do quadrado grande.

- Na 1ª posição, o lado vale 3;
- Na 2ª posição, o lado vale 4;
- Na 3ª posição, o lado vale 5.

O lado é 2 unidades a mais que o número da posição.
Portanto na 3999ª posição, o lado vale 4001.

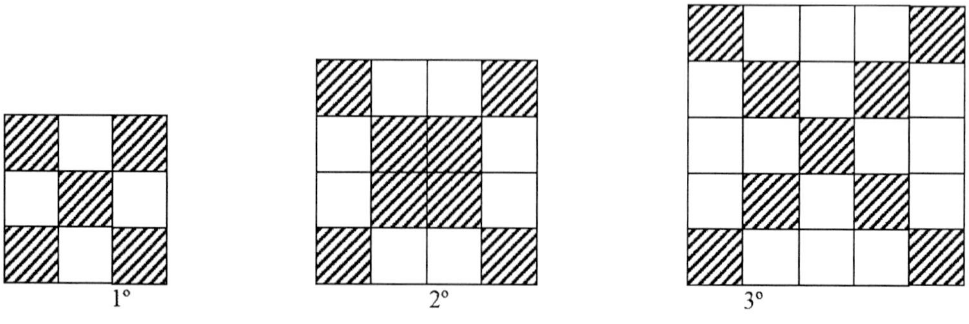

O quadrado grande tem uma quantidade de quadrados brancos e pretos igual a 4001 x 4001 = 16.008.001
Agora vamos subtrair daí, as duas diagonais. Que são formadas por quadrados pretos. Sobrarão os brancos.
Nesse quadrado de lado 4001, temos uma diagonal preta, com 4001 quadrados, e mais uma diagonal preta, com 4000 quadrados. Note que quando este número é ímpar, existe um quadrado central que pertence às duas diagonais ao mesmo tempo. Quando o lado é par, não existe um quarado central (veja o 2º quadrado). Portanto subtraímos 4001 e 4000, ficamos com 16.008.001 – 4.001 = 4.000 = 16.000.000

Resposta: (C) 16.000.000

966) Às 6 horas da manhã do dia seguinte, terão passado 18 horas. O relógio estará adiantado, em minutos:
18 x 2/3 = 12 minutos. Ou seja, o relógio marcaria 6:12. Então o relógio marcou 6:00 12 minutos antes aproximadamente, que seria no horário real, 5:48. Isso é o mesmo que 5 horas + 4/5 da hora.

Resposta: (D) 5 4/5 horas

967) Para podemos fazer cálculos com essas "partes" de gasolina e de etanol, ambas devem ter partes iguais. Considere 1 litro de cada uma das duas misturas, e as proporções estejam definidas por partes.
Mistura 1: 1 parte de etanol para 3 partes de gasolina
Mistura 2: 4 partes de etanol para 9 partes de gasolina
Essas "partes" têm medidas diferentes. Na mistura 1, cada parte vale 1/4 do litro, e na mistura 2, cada parte vale 1/13 do litro. Note que estamos totalizando 2 litros, e as quantidades de gasolina são:

Mistura 1: 1/4 de litro (e 3/4 de etanol)
Mistura 2: 4/13 de litro (e 9/13 de etanol)
Os volumes de gasolina somados são:

$$\frac{1}{4}+\frac{4}{13}=\frac{29}{52}$$

Nessa mistura, a quantidade de etanol é o restante, mas lembre-se que o total que estamos considerando é 2 litros, já que tomamos 1 litro de cada mistura. Então o etanol presente é:

$$2-\frac{29}{52}=\frac{75}{52}$$

A proporção entre gasolina e etanol nessa mistura é a razão entre essa duas quantidades:
29/52 ÷ 75/52 = 29/75.

Resposta: (C) 29/75

968) O volume, em metros cúbicos, de água no fosso é:
$6m^2 \times 9m / 54\ m^3$.
Note que o volume do paralelepípedo retângulo é o produto das três dimensões, mas a área dada de $6m^2$, é exatamente o produto de duas dessas dimensões, então falta apenas multiplicar pela altura para obter o volume: $54m^3$.

Normalmente são usadas nesse caso, duas bombas, com capacidade de escoamento de $60m^3$ em 5 horas, o mesmo que $12m^3$ por hora, portanto cada uma das bombas retira $6m^3$ por hora. O trabalho entretanto iniciou com apenas uma bomba, que operando por 1 hora e meia, resultou no volume de água retirado de $1{,}5 \times 6m^3 = 9m^3$. Faltavam ainda $54 - 9 = 45m^3$.
A partir daí, acionaram mais duas bombas, triplicando o desempenho, que passou de 6 para $18m^3$ por hora. Para escolar os $45m^3$ restantes, essas três bombas levaram juntas um tempo de:
45 ÷ 18 = 2,5 horas
Sendo assim, o tempo total para escoamento da água, nas duas etapas, foi:
1,5h + 2,5h = 4h, ou 240 minutos.

Resposta: (B) 240

969) Para identificar uma face oposta a outra em uma planificação de cubo, basta caminhar dois quadrados na mesma direção. Partindo do 1 e caminhando para a direita, chegamos no 2. Andando mais um quadrado para a direita, chegamos ao quadrado "vizinho" do 2, que é o 4. Portanto 1 e 4 são faces opostas.

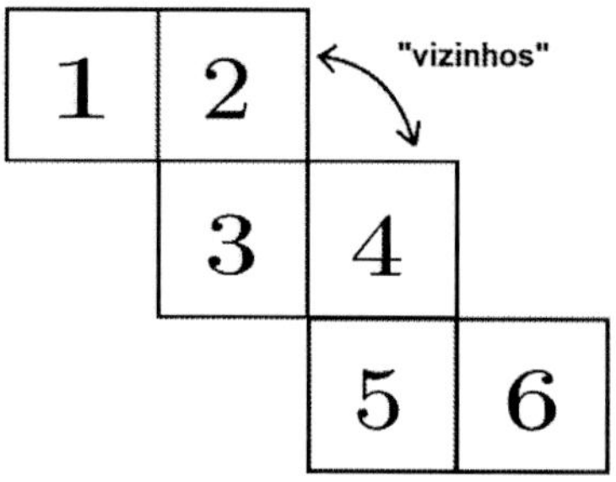

Uma outra forma de verificar isso é checando quais são os "vizinhos" do r. Na planificação, identificamos esses vizinhos como 5, 6, 3 e 2. O 1 é o único que não é vizinho do 4, portanto 1 e 4 são faces opostas.

Resposta: (B) é a face 4

970) Às 20 horas e 14 minutos, o relógio mostrava 20:14
O último horário que mostrava esses mesmos algarismos, antes da meia noite, foi 21:40.
Portanto Milena estudou durante este intervalo de tempo, que foi:
21h 40min – 20h 14min = 1h 26 min.

Resposta: (C) 1h 26min

Resoluções do teste 98

971) Se forem usadas duas bombas iguais, o reservatório será escoado na metade do tempo. O resultado será menor que uma hora. A conta ficará mais fácil se usarmos apenas minutos e segundos.
1h 37min 42s = 60min + 37min + 42s = 97min + 42s
Dividindo ao meio, resulta em 97÷2 = 48 min, e resta 1 minuto. Transformamos este minuto em 60s e juntamos com os 42 segundos, resultando em 102 segundos. A metade é 51 segundos.
Então o tempo pedido é 48min 51s

Resposta: (D) 48min 51s

972) Cada figura tem um quadrado a mais que o seu número. Por exemplo, a figura 1 tem 2 quadrados no total. A figura 5 tem 6 quadrados. O número de quadrados vai aumentando de 1 em 1, então o número de quadrados será sempre igual a 1 a mais que o número da figura. Portanto, a figura na 96ª posição tem 97 quadrados, das duas cores.

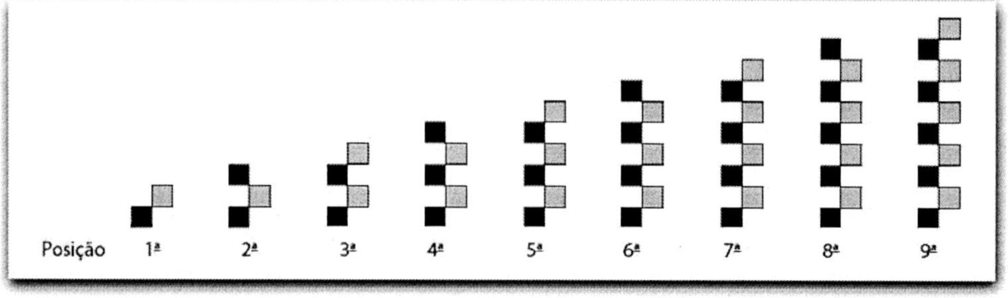

Note ainda que todas as figuras de numeração ímpar, têm quantidades iguais das duas cores, e todas as figuras de numeração par têm um quadrado preto a mais. 96 é um número par, o total é 97 quadrados, e como 96 é par, tem 1 preto a mais. Então são 49 pretos e 48 cinza.

Resposta: (C) 49

973) Para que um número tenha o mesmo algarismo das unidades que seu quadrado, este número precisa terminar com 0, 1, 5 ou 6. Então esses são por enquanto, os valores possíveis para C.

Tentemos agora verificar um valor possível para C, levando em conta que CMRJ é o mesmo que o número CJ^2.
C não pode ser 1, pois um número da forma 1C, ao quadrado, não passa de 400.
C não pode ser 2, pois um número da forma 2C, ao quadrado, não passa de 900
C não pode ser 3, pois um número da forma 3C, ao quadrado, não passa de 1600, então não pode ser da forma 3MRJ.
C não pode ser 4, pois um número da forma 4C, ao quadrado, não passa de 2500, então não pode ser da forma 4MRJ
C não pode ser 5, pois um número da forma 5C, ao quadrado, não passa de 3600, então não pode ser da forma 5MRJ
C não pode ser 6, pois um número da forma 6C, ao quadrado, não passa de 4900, então não pode ser da forma 6MRJ.
C não poderia ser 7, pois um número da forma 7C, ao quadrado, não passa de 6400, então não poderia ser da forma 7MRJ.
Pelo mesmo critério, C poderia ser 8 ou 9.
Então os números envolvidos, a princípio, poderiam ser 80, 81, 85, 86, 90, 91, 95 ou 96. É preciso testar cada um deles.
$80^2 = 6400$ $81^2 = 6561$ $85^2 = 7225$ $86^2 = 7386$
Nenhum deles serve, pois o algarismo dos milhares não resulta em 8.
$90^2 = 8100$ $91^2 = 8281$ $95^2 = 9025$ $96^2 = 9216$
90 e 91 não servem, pois seus quadrados não começam por 9.
As soluções possíveis são:
$\sqrt{9025} = 95$ e $\sqrt{9216} = 96$
As duas respostas estão corretas, essa questão é passível de anulação. O valor da soma C+M+R+J poderia ser 18, ou 16.

Resposta: (D) 16 ou (E) 18

974) Suco de limão e água, na proporção de 1/10.
Significa que usamos uma parte de suco de limão para 10 partes de água, ou seja, a água ocupa 10/11 do volume total de limonada, e o suco ocupa 1/11 do total.
Para 5 litros de limonada, a quantidade de água é 10/11 x 5 = 50/11 litros.

Resposta: (B) 50/11

975) No final do 6º dia, ainda havia ração para as 4 galinhas por mais 12 dias, ou seja, 4x12 = 48 "refeições". Entenda-se como "refeição" a quantidade consumida por uma galinha, em um dia.
Ao comprar mais duas galinhas, ficou com 6. A ração disponível continua sendo 48 "refeições". Então o tempo que esta ração vai durar é:

48 ÷ 6 = 8 dias

Resposta: (D) 8 dias

976) Os números de 1 algarismo são de 1 a 9, necessitam de <u>9</u> algarismos para serem escritos.
Os números de 2 algarismos são de 10 a 99, totalizando 90. Cada um necessita de 2 algarismos para ser escrito, totalizado <u>180</u> algarismos.
Os números de 3 algarismos são de 100 a 999, totalizando 900. Cada um necessita de 3 algarismos para ser escrito, totalizando <u>2700</u> algarismos.
Portanto até 999, são necessários 9 + 180 + 2700 = 2889.
A seguir temos os números de 4 algarismos, mas não chegamos até o último deles, 9999, pois isto necessitaria de 36000 algarismos.
De 1000 até n, foram gastos 20781 – 2889 = 17.892 algarismos. Os números nessa faixa usam 4 algarismos cada, então o total de números foi 17892 ÷ 4 = 4473.

Portanto, começando com 1000, foram escritos 4473 números, então chegamos até 5472.
Esse cálculo realizado acima foi o seguinte: 4473 + 1000 – 1. Um erro comum nesse ponto é fazer 4473 + 1000, mas esta conta é errada. O certo seria 999 + 4473, pois só havíamos contato até 999. Essa questão explora justamente uma "pegadinha" sobre este conceito, se esquecermos de subtrair 1 encontraremos 5473, que é a letra (B), mas o correto é 5472, letra (C).

Resposta: (C) 5432 ≤ n ≤ 5472

977) Um quarado de maior área possível, tem também o maior lado possível. O maior lado possível é o MDC entre os lados. Para que isto funcione temos que usar como medidas, números inteiros. Para tal, trabalharemos com as medidas em decímetros. Os valores conhecidos são:
Perímetro: 48dm
Um lado: 15dm
Sendo assim, a soma das dimensões é 24, como um deles é 15, o outro é 9. As medidas dos lados são 9dm e 15dm.
O MDC ente 9 e 15 é 3. Então teremos na largura, 3 quadrados, e no comprimento, 5 quadrados, totalizando 15 quadrados. A soma dos algarismos é 6.

Resposta: (B) 6

978) Ao invés de multiplicar por 70, foi multiplicado por 7, então o resultado encontrado ao invés de 70k, foi 7k, ou seja, um valor 63k unidades menor. Se esta diferença foi dada como sendo 32823, temos que
63k = 32823, ou seja,
k = 32823 ÷ 63 = 521
521 é o número que deveria ter sido multiplicado por 70, e ao invés disso foi multiplicado por 7, resultando na diferença de 32823
A somados algarismos é 8, que de acordo com as respostas, é um número par.

Resposta: (A) par

979) Reduzir 50% é o mesmo que multiplicar por 0,5
Reduzir em 40% é o mesmo que multiplicar por 0,6
Reduzir em 10% é o mesmo que multiplicar por 0,9.
Então, o custo de fabricação foi multiplicado por:
0,5 x 0,6 x 0,9 = 0,27
Ser multiplicado por 0,27 é o mesmo que sofrer uma redução de 73%.

Resposta: (C) 73%

980) Um menino come meia pizza a mais que uma menina
Se todos os 14 do grupo fossem meninas, teriam sido comidas 7 pizzas, mas foram 8, uma pizza a mais. Portanto o número de meninos foi 1 ÷ 1/2 = 2.
Foram 2 meninos e 12 meninas
Conferindo:
2 meninos = 2 pizzas
12 meninas = 6 pizzas
Total: 8 pizzas

Resposta: (E) 12

Resoluções do teste 99

981) Um grampo nos processos de Francisco e dois grampos nos processos de Valdeir. Se todos os 78 processos fossem de Francisco, seriam ao todo 78 grampos. Como são 110, temos 32 grampos a mais, ou seja, 32 processos de Valdeir. Os outros 46 são os de Francisco.

Resposta: (A) 32

982) Para que um número seja divisível por 15, precisa ser divisível por 3 e por 5. Os números divisíveis por 5 terminam com 0 ou 5. Então b só pode valor 0 ou 5.
Caso 1: b=0
Se b=0, o número é 1a790. Este número precisa ser também divisível por 3, portanto a soma dos seus algarismos precisa ser um múltiplo de 3.
1 + a + 7 + 9 é múltiplo de 3, ou seja, 17+a tem que ser múltiplo de 3. Como a é um algarismo, para que seja formado um múltiplo de 3, deve ser 1, 4 ou 7. Sendo assim, o número poderia ser 11790, 14790 ou 17790.
Caso 2: b=5
Nesse caso, para formar um múltiplo de 3, 1+a+7+9+5 = 22+a, tem que ser múltiplo de 3. Nesse caso, a pode ser 2, 5 ou 8. Os números possíveis são 12795, 15795 ou 18795.
São portanto 6 valores possíveis para o número dado.

Resposta: (D) 6

983) Calculemos o trabalho realizado por uma máquina em 1 dia.
10 máquinas produzem em 20 dias, 2000 peças
1 máquina produz em 20 dias, 200 peças
1 máquina produz em 1 dia, 10 peças
Para produzir 1680 peças, uma máquina precisará de 168 dias.
Como 6 dias é um tempo 28 vezes menor (168 ÷ 6 = 28), então será preciso usar 28 máquinas.

Resposta: (B) 28

984) 600 km por hora, significa que:
Em 60 minutos (1 hora), percorre 600km
Se tiver 90 minutos, que é um tempo 1,5 vezes maior, percorrerá uma distância 1,5 vezes maior, ou seja, 900 km.
Portanto a distância entre as cidades citadas é 900 km.
Se o avião fizer esse trajeto a 900 km por hora, precisará de 1 hora para percorrer os mesmos 900km, ou seja, 60 minutos.

Resposta: (C) 60min

985) Chamemos de n o número de alunos da turma (claro, poderia ser □). Se dando 2 livros a cada aluno, sobram 20, então o número total de livros doados pode ser escrito como:
2n + 20. (são 2 livros para cada aluno mais 20 de sobra).
Se der 3 livros para cada aluno, faltam 30. Então o número de livros também pode ser escrito da forma:
3n – 30 (são 30 a menos que 3 por aluno).
Essas duas quantidades, 2n + 20 e 3n – 30, são a mesma coisa, ou seja, o número total de livros que o empresário vai doar. Então podemos escrever:

2n + 20 = 3n – 30

Comparando esses dois valores, que precisam ser iguais, notamos que comparando 2n com 3n há um aumento de n. Então, de 20 para –30 há uma diminuição que também precisa ser igual a n, já que o dois valores têm que ser iguais. Ou seja, aumentou n, mas diminuiu 50. Então n vale 50.

De fato, com n valendo 50, são 50 alunos. O número de livros é 2n + 20 = 120. Com 120 livros sobrariam 20 se fossem dados 2 para cada aluno. Mas faltariam 30 se fossem dados 3 para cada aluno.

Resposta: (B) 120

986) O custo unitário da caneta varia de uma loja para outra. Para comprar o máximo de canetas, devemos escolher a loja que oferece o menor custo unitário. O problema que existem estoques limitados, obrigando a comprar também nas lojas que cobram mais caro. Calculemos os custos unitários da caneta em cada uma das lojas:
A: 40,00 a dúzia, cada caneta custa R$ 3,33. Estoque: 2 dúzias
B: 7,60 o par, cada caneta custa R$ 3,80. Estoque: 10 pares
C: Cada caneta pode ser comprada individualmente por R$ 3,20. Estoque: 25 canetas
Existem métodos avançados para resolver este tipo de problema, na sua forma geral, em uma parte da matemática chamada *Pesquisa Operacional*, que é estudada em cursos de engenharia, mas pode ser resolvida também na matemática básica para números simples e usando tentativas. A primeira tentativa é dar prioridade à compra das canetas de menor custo unitário.

Tentativa 1.
Compramos todas as canetas da loja C, que é a mais barata. Compramos as 25 canetas do estoque e gastamos com elas, 80 reais. Ainda ficamos com 70 reais para gastar nas outras duas lojas.
A loja A tem custo unitário menor que o da loja B, mas só vende em caixas de dúzia, a R$ 40,00. Os 70 reais restantes só permitem comprar uma caixa. Então compramos 1 dúzia de canetas na loja A, por 40 reais. Ficamos com mais 12 canetas e ainda restam 30 reais. Não é possível comprar mais canetas na loja A, pois só vendem uma dúzia, a 40 reais.
Com os 30 reais restantes, compramos canetas na loja B. O par é vendido a 7,60, então podemos comprar 3 pares, pagando 22,80.
O número total de canetas compradas foi 25 + 12 + 6 = 43, e ficaram R$ 7,20 de troco. Sobrou dinheiro que daria para comprar mais duas canetas, se existisse estoque disponível.

Tentativa 2.
Usaremos um outro critério, visando conseguir comprar um número maior de canetas. Na primeira tentativa, compramos todo o estoque da loja C, que é a mais "barateira", mas o valor restante, 70 reais, não foi suficiente para comprar 2 dúzias na loja A, a 2ª mais "barateira", o que nos obrigou a adquirir algumas na loja C, a mais cara. Vamos usar uma outra abordagem. Vamos procurar evitar comprar na loja C, evitando assim a compra mais cara. Vamos primeiro comprar primeiro as duas caixas disponíveis da loja A. Com isso temos
2 caixas de 12, na loja A. Ficamos com 24 canetas a um gasto de R$ 80,00. Restam R$ 70,00
Com esses 70,00 vamos à loja C e compramos o máximo em canetas. Conseguimos assim comprar 21 canetas, e resta um troco de 2,80. Totalizamos assim 24 + 21 = 45 canetas. O troco, 2,80, é menor que o preço de uma caneta em qualquer uma das lojas. Assim conseguimos o máximo aproveitamento, em termos de número de canetas.

Resposta: (B) 45

987) Sabemos que frações irredutíveis, em denominadores que apresentam fatores diferentes de 2 e 5, resultam em dízimas periódicas. Fazendo a divisão 6 de por 7 encontraremos:

6/7 = 0,857142857142...

Ou seja, uma dízima com período formado por 6 algarismos. Para saber o centésimo algarismo, fazemos a divisão de 100 por 6 (o tamanho do período) e tomamos o resto.
100 ÷ 6 = 16, resto 4
Então contamos 4 algarismos do período:
1º = 8, 2º = 5, 3º 7 e 4º = 1

Então o 100º algarismo da dízima, que é o 4º de um período, é 1.

Resposta: (A) 1

988) 5 horas por dia, durante 3 dias, totalizam 15 horas.
Portanto a máquina produz 1200 embalagens em 15 horas, o mesmo que 80 embalagens por hora.
Agora a máquina trabalha não 5 horas por dia, mas T=4 horas, que representa a redução de 20% nas 5 horas de trabalho.
Para produzir 1840 embalagens, a máquina precisará trabalhar um total de
$1840 \div 80 = 23$ horas
Como opera durante 4 horas por dia, para completar 23 horas de trabalho, precisará de 5 dias e mais 3 horas, o mesmo que 180 minutos.

Resposta: (C) 180min

989) Se o MDC entre a e b é 12, podemos dizer que a = 12.x e b=12.y, sendo x e y primos entre si, pois os únicos fatores comuns entre a e b são os que fazem parte do MDC.
O produto de a por b, por sua vez, 2160, pode ser escrito na forma fatorada como:

$a.b = 2^4 . 3^3 . 5$

Como a =12.x e b=12.y, podemos escrever ainda:

$a.b = 2^2.3.x . 2^2.3.y$

Comparando as duas expressões, concluímos que x.y precisa valer 3.5

Sendo assim, x e y só podem valer 3 e 5, ou então 1 e 15.

3 e 5 ➔ os números a e b seriam 3.12 e 5.12, ou 36 e 60 (ou vice-versa)
1 e 15 ➔ os números a e b seriam 1.12 e 15.12, ou seja, 12 e 180 (ou vice-versa)

O enunciado indica que são números de 2 algarismos, então não podemos ter 180. A única solução é 36 e 60, e vice-versa.

A diferença entre a e b é 24, que dividida por 11 resulta em resto 2.

Resposta: (D) 2

990) Observamos que o comprimento de cada retângulo é o dobro da sua largura. Como a soma da largura com o comprimento é 21, esses números são 7 e 14, Portanto o comprimento do retângulo maior é 14 + 14 = 28. A área do retângulo maior é:
28 x 21 = 588

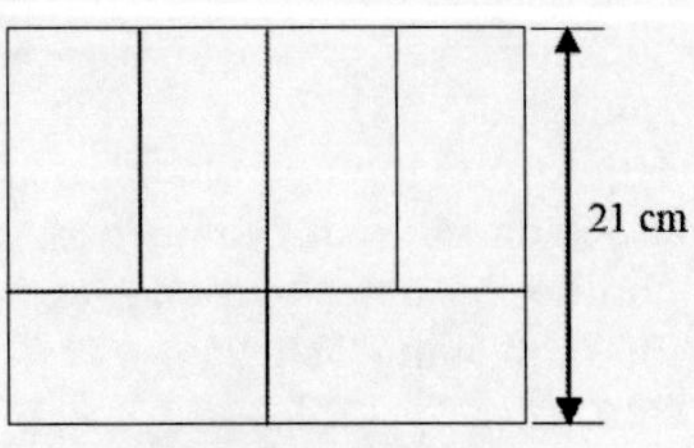

Resposta: (E) 588cm^2

Resoluções do teste 100

991) Se o comprimento deste retângulo é o dobro da largura, então é formado por dois quadrados, como indica a figura. Cada quadrado tem a metade dessa área total, que resulta em 64. E a área do quadrado é o quadrado do lado. Portanto o lado de cada quadrado é 8. A largura é 8 e o comprimento é 16.

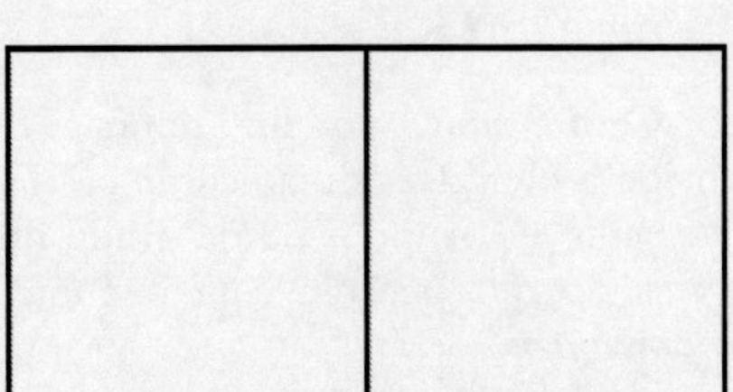

Resposta: (B) 16

992) As informações estão descritas na figura. O total são 50 professores. 10 lecionam em outras atividades, então os outros 40 lecionam nos ensinos fundamental e médio. Como a soma resulta em 56, significa que 16 deles atuam simultaneamente no médio e no fundamental. Assim descobrimos todas as categorias:
Médio e fundamental: 16
Só fundamental: 10
Só médio: 14
Outros: 10

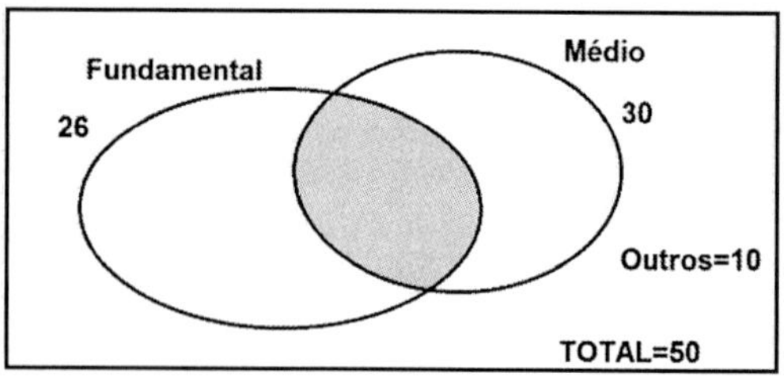

Os que não lecionam no médio são dois grupos: outros (10) e só fundamental (10), que totaliza 20.

Entretanto, se quiséssemos apenas responder ao problema, não precisaríamos encontrar todos esses grupos. Bastaria fazer o total (50) menos os que lecionam no médio (30), e o resultado é 20 de qualquer forma.

Resposta: (C) 20

993) Observe que os quadrados inferiores são todos múltiplos de 8: 0, 8, 16, 24, etc.
Dependendo do resto da divisão por 8, o número ocupará uma determinada quadrícula. Se for resto 0, ocupa uma posição similar à do número 0. Se for resto 1, uma posição similar à do número 1. O número 2017, dividido por 8, deixará resto 1, Então a posição que ocupará será similar à do número 1, ou seja, na 2ª linha.

Resposta: (B) 2ª linha

5ª linha					4								12								20				
4ª linha				3		5						11		13						19		21			
3ª linha			2				6				10				14				18				22		
2ª linha		1						7		9						15		17						....	
1ª linha	0								8								16								....

994) Como procuramos medidas que sejam um número inteiro de centímetros, usemos as dimensões da sala em centímetros. 3,0m x 4,25m é o mesmo que 300cm x 425cm. Como o tamanho dos ladrilhos tem que ser o maior possível, este número é o máximo divisor comum entre 300 e 425, que vale 25.
As dimensões da sala serão cobertas por 12 ladrilhos na largura e 17 ladrilhos no comprimento. O número de ladrilhos a serem usados é 12 x 17 = 204.

Resposta: (B) 204

995) Com 8 horas por dia, durante 12 dias, esta turma de operários usaria 96 horas para concluir a obra. Devido ao corte, passou-se a trabalhar com um grupo de operários menor. Se o tamanho do grupo é 2/3 do grupo original, então o tempo necessário aumentará, da forma inversa do que ocorreu com o número de operários. Trata-se de *grandezas inversamente proporcionais*.
Então com 2/3 da quantidade de operários, o tempo para conclusão será 3/2 do tempo original, ou seja, 3/2 de 96 horas, que são 144 horas.

O novo grupo trabalhará 6 horas por dia. O número de dias para realizar a obra é então:

144 ÷ 6 = 24.

Resposta: (A) 24 dias

996) Dois números na proporção de 2 para 5, de tal forma que o produto é 1000, são....
20 e 50. Produto é 1000, e razão é 2/5.
Podemos encontrar isso calculando, chamando as dimensões de 2x e 5x. O produto é 10.x.x que para valer 1000, devemos ter x.x = 100, ou seja, x=10. Então os números são 20 e 50.
O perímetro do terreno é 20 + 50 + 20 + 50 = 140.

Resposta: (C) 140

997) O custo de qualquer corrida será igual à bandeirada + x vezes o número de quilômetros, onde x é o custo por quilômetro. Temos então, nas duas corridas:
1ª corrida: bandeirada + 7x = 22
2ª corrida: bandeirada + 3x = 11,80
A diferença entre as duas corridas é 4x, que deve ser igual a 22 – 11,80 = 10,20
Se 4x vale 10,20, então x vale 2,55.
Para descobrir o valor da bandeirada, vejamos o preço de uma das corridas, escolhemos a 2ª:
11,80 = bandeirada + 3x = bandeirada + 3 x 2,55 = bandeirada + 7,65
Se a bandeirada + 7,65 vale 11,80, então a bandeirada vale 4,15.

Resposta: (D) 4,15

998) Dar um desconto de 20% é o mesmo que multiplicar por 0,8. O inverso de 0,8 é 1,25, facilmente calculado:
0,8 = 4/5, o inverso de 4/5 é 5/4, que é 1,25
Então, o aumento que deve ser dado antes, é de 25%.
Ou seja, com um aumento de 25% e um desconto de 20%, a mercadoria voltará ao preço original.

Resposta: (B) 25%

999) Os comprimentos dos pedaços de arame, em metros, são:
3,6 dam = 36 m
4800 cm = 48 m
0,72 hm = 72 m
O comprimento máximo de cada pedaço é o MDC entre 36, 48 e 72, que resulta em 12 m.
Os três pedaços de arame serão cortados em partes de 12 metros. Serão respectivamente 3 partes, 4 partes e 6 partes, total de 13 partes. Sendo assim, a afirmativa (B) está é INCORRETA. Não são 12 partes, e sim, 13.

Resposta: (B)

1000) Neste problema, não é necessário lidar com a soma de todos os números, apenas com os seus algarismos das unidades.
Os algarismos das unidades formarão o grupo 1 2 3 4 5 6 7 8 9 0, um total de 200 vezes, até chegar a 2000. Depois formarão os últimos números da sequência, de 2001 a 2009, cujos algarismos têm como soma, o mesmo valor: a soma dos algarismo 1 2 3 4 5 6 7 8 9. Então este grupo aparecerá ao todo 201 vezes. Cada grupo tem soma:
1+2+3+4+5+6+7+8+9 = 45
Então a soma e todos os algarismos das unidades é 45 x 201 = 9045
Sempre que um número é escrito no lugar de números apagados, este número é um algarismo, ou seja, de 0 a 9. Se no final havia ainda no quadro o número 2000, significa que era o número

2000 original da lista, ou seja, ninguém escolheu aquele número. Como 2000 tem zero nas unidades, ele não contribuiu para a soma dos algarismos das unidades dos outros números.
É importante notar que cada vez que um amigo retira números e acrescenta o algarismo das unidades da soma, não altera este último algarismo das unidades. Quer dizer, no início somavam 9045, mas à medida em que são apagados e substituídos, a soma desses algarismos se altera, mas sempre terminará com 5.
Se sobraram apenas dois números, e um deles, 2000, é original, o outro, só poderá ser 5, já que o "final 5" é preservado com essas operações.
Note que se aquele número que sobrou fosse, digamos, 13, este seria o 13 original, e para completar final 5, o outro número teria que ser 2.

Resposta: (D) 5

■

Impressão e acabamento
Gráfica da Editora Ciência Moderna Ltda.
Tel: (21) 2201-6662